国家出版基金项目
NATIONAL PUBLICATION FOUNDATION

中国猪业科学与技术创新系列丛书

猪肠道健康与营养调控

彭 健 主编

Intestinal Health and Nutritional Manipulation in Pigs

中国农业大学出版社
China Agricultural University Press
·北 京·

内容简介

以猪肠道健康为目标，在介绍肠道解剖和组织结构、生理功能和发育特点的基础上，讨论了各类营养物质在肠道的代谢特征及其对肠道健康的影响。本书对肠道微生物与健康相关机制做了较为深入的探讨，反映了肠道微生物及其调控研究的最新进展。在此基础上，介绍了营养物质和功能性物质对肠道功能和菌群结构的影响，提出了以调控肠道菌群结构、炎症和氧化应激为核心的营养调控策略，系统阐述了改善肠道健康的营养调控技术，为饲料"无抗"生产下的综合技术方案提供理论基础和技术支持。

图书在版编目(CIP)数据

猪肠道健康与营养调控/彭健主编.—北京：中国农业大学出版社，2022.5
(中国猪业科学与技术创新系列丛书)
ISBN 978-7-5655-2695-4

Ⅰ.①猪… Ⅱ.①彭… Ⅲ.①养猪学-肠道微生物-研究②养猪学-动物营养-研究 Ⅳ.①S828

中国版本图书馆 CIP 数据核字(2021)第 262852 号

书　　名 猪肠道健康与营养调控
Zhuchangdao Jiankang yu Yingyang Tiaokong
作　　者 彭　健　主编

总 策 划 席　清　丛晓红
策　　划 韩元凤　赵　中
责任编辑 韩元凤
封面设计 李尘工作室
出版发行 中国农业大学出版社
社　　址 北京市海淀区圆明园西路 2 号
邮政编码 100193
电　　话 发行部 010-62733489，1190
编辑部 010-62732617，2618
读者服务部 010-62732336
出　版　部 010-62733440
网　　址 http://www.caupress.cn
E-mail cbsszs@cau.edu.cn
经　　销 新华书店
印　　刷 涿州市星河印刷有限公司
版　　次 2023 年 1 月第 1 版　　2023 年 1 月第 1 次印刷
规　　格 185 mm×260 mm　16 开本　25.25 印张　630 千字
定　　价 168.00 元

丛书编委会

本书编委会

主　　编　彭　健

编写人员　彭　健　华中农业大学

白　宇　中国农业大学

程国富　华中农业大学

方正锋　四川农业大学

刘玉兰　武汉轻工大学

马　曦　中国农业大学

武振龙　中国农业大学

王军军　中国农业大学

王春维　武汉轻工大学

魏宏逵　华中农业大学

杨晓静　南京农业大学

曾祥芳　中国农业大学

张安定　华中农业大学

序一

养猪产业作为畜牧业占比最大的产业，改革开放40年以来，特别是“863”和“973”计划实施以来，取得了巨大的进步，保持着持续快速的发展。但是，我们也应该清楚地看到，与先进国家相比，与现实需求和国家整体战略发展目标相比，还存在着相当大的差距。

目前中国养猪业面临的环保、效率、疫病等问题与挑战仍十分严峻。近几年的蓝耳病和非洲猪瘟，更是给生猪产业造成严重的损失。不论是消费需求还是生产供给，两个方面都出现了新的特点。这种局面昭示中国猪业大生态发生重大变化，进入了转型攻坚新阶段。我国养猪业如何进一步转型升级，提高竞争力，克服资源和环境的约束难题，走出一条健康、稳定、可持续发展之路，是行业内专家和管理者需要认真思考和回答的问题。

到本世纪中叶，我国将建成为富强民主文明和谐美丽的社会主义现代化强国。在未来30年，中国猪业将进入一个高质量发展的快车道。作为产业发展的重要驱动力，科技在养猪产业未来发展中将起到越来越关键支撑作用。基于此，由行内多位优秀专家编写的、聚焦当前我国生猪产业链重要技术领域热点、难点，以及未来走向等问题的这套《中国猪业科学与技术创新系列丛书》，对于解决当前问题，引导行业未来的健康发展，有着特别重要的意义。

从已经提交的书稿来看，本系列专著是基于产业发展的需要，全面阐述养猪业具有前沿性的创新性科研成果。《猪基因组选择》论述了应用现代生物信息学技术、大数据理论和人工智能技术结合的全基因育种技术，将性状选择从单一性状跨越到多性状选择的新阶段，会极大改变中国猪育种现状，大大提高育种效率。该书对于猪的良种选育工作很有价值。猪病已经是制约生猪产业发展的瓶颈，必须从理论上突破，《基因编辑与猪抗病育种》介绍了基因编辑技术在猪抗病育种方面的最新研究成果，并提出了利用基因编辑技术进行抗病育种的新策略，对于抗病育种工作有重要的参考价值。《猪主要传染病与防控新技术》《猪病毒病研究与防控》和《疫苗免疫与养猪生产》专著，基于生猪产业疫病防控理论与方法的创新，把现代猪病防治理论突破与实践结合在一起。猪的肠道健康是决定猪健康水平和养猪生产效益的关键因素之一，《猪肠道健康与营养调控》作为国内第一本系统论述猪的肠道健康研究的专著，对于猪精细化、高效化健康养殖提供了重要的理论和技术支撑。《福利化养猪与工程防疫》专著，论述养猪生态补偿的创新性机制，并从系统工程理论提出工程防疫的概念和技术。《人工智能与智能养猪》将信息技术与智能养猪新技术导入猪业生产系统，全面提高饲养效率。基于人类健康与生物安全，《无抗饲料营养调控》与《饲用抗生素替代品》代表了最新的对于无抗饲养要求下饲料的营养调控理论与技术，以及抗生素替代品的研发及应用。《中国地方猪种质资源特性研究》对我国现有地方猪种保种理论与方法的研究进行系统分析，对于我国地方品种猪的品种保护、品种选育、遗传资源保护都具有重要意义。总之，各分册专著，都体现了养猪主要领域的国内外最新研究、技术发展的成果。

系列专著各分册主编年龄都是在45～60岁之间，是我国猪科学研究领域里的中坚力量。他们一直紧跟猪业科技国际研究水平，结合中国猪业生产实际开展和承担国家相关科学研究项目，很多成果已获得国家级科技进步奖。这些学者多年研究的成果，是中国猪业科学研究领域不可多得的宝贵财富。

本套专著作为一批优秀专家学者前瞻性科技创新成果的集成，具有战略引领意义，将为中国养猪业未来高质量的发展发挥重要导向和推动作用。相信这套系列专著的出版，将促进中国养猪生产整体水平的极大提升。

吴常信院士 吴常信

2022年10月

序二

经过改革开放40年的发展，中国养猪业取得了举世瞩目的成绩，猪肉产销量占全世界一半以上，生产方式从最初的分散小规模饲养走向规模化机械化，正在向智能化发展。随着规模化养殖集约化程度的日益增强，一些矛盾逐步显现，猪业发展与资源环境、疾病暴发、养猪福利等矛盾越来越突出，生产力提高与品质风味下降、品种单一、退化等矛盾不断加大，养猪成本高，市场供给大起大落，未来养猪产业仍面临多种挑战。尤其近几年非洲猪瘟的暴发，更是集中暴露了养猪行业业已存在亟待解决的问题。全社会对于高质量健康食物的要求，生态环境对于产业发展的要求，促使养猪业必须反思过去，重新选择新的发展道路，选择基于健康、绿色、环保理念的新的道路和策略。面对这样的发展瓶颈，迫切需要行业内有识之士、行业内科学家共同研究和提出系统化的应对策略，用前瞻性的理论和理念、创新性技术指导产业转型升级。

非常欣喜地看到，集合行业内众多领军科学家的集体智慧，共同编著的这套《中国猪业科学与技术创新系列丛书》，具有鲜明的针对性、创新性和引领性，全角度反映了养猪业目前迫切关注和需要解决的核心问题的最新研究进展，特别对于猪基因组选择、肠道营养、基因编辑与抗病育种等新的抗病防病机制的研究，对于工程防疫、智能化养殖、无抗饲料的理论研究与技术研制，以及我国猪种质资源的研究等，这些科学家在自身扎实的研究基础上，结合国内外最新研究进展提出的新理论新技术新方法，对于解决我国目前猪业发展中面临的问题，推进我国养猪业健康发展，争取在本世纪中叶真正实现绿色、健康、环保和高效的目标，有着重要的战略引领意义和技术指导作用，是不可多得的全角度系统化集中反映养猪业前沿研究成果的高水平系列专著。

本套著作立意高远，作者队伍权威。各分册均由高等院校、科研院所获得过国家及省部级奖励的长江学者、国家杰青等正在岗位上工作的中年骨干学者专家担任主要编著者，以他们研究团队多年的科研成果为基础集体完成。本套专著是创新性科技成果集成的再创新，对于中国养猪业未来的发展具有重要的战略引领作用和科学技术支撑作用。

李德发院士 李德发

2022年10月

— 前言 —

猪肠道健康不仅是营养物质消化吸收作用的保障，而且是猪应对断奶、运输等应激因子的影响以及抵抗病原微生物感染的关键，是对猪的健康水平和养猪生产效益具有决定性的影响因素之一。当前我国已经迎来饲料“无抗”的生猪养殖新时代，维持和提高猪的肠道健康水平是实现饲料“无抗”养殖的关键环节。

要实现对猪肠道健康的调控，首先要清楚认识猪肠道结构和功能的发育规律及影响机制，解析肠道在感染和应激状态下的响应机制，并在此基础上形成提高肠道健康的调控新技术和新产品。

当前国内尚没有针对猪的肠道健康和饲养管理的著作出版。本书以国内从事猪肠道健康领域研究的专家学者多年的研究成果和实践经验为基础，同时集成了国内外相关研究进展，在介绍肠道解剖和组织结构、生理功能和发育特点的基础上，讨论了各类营养物质在肠道的代谢特征及其对肠道健康的影响。本书对肠道微生物与健康相关机制做了较为深入的探讨，反映了肠道微生物及其调控研究的最新进展。在此基础上，介绍了营养物质和功能性物质对肠道功能和菌群结构的影响，提出了以调控肠道菌群结构、炎症和氧化应激为核心的营养调控策略，系统阐述了改善肠道健康的营养调控技术，为饲料“无抗”生产下的综合技术方案提供理论基础和技术支持。

本书内容既包含了最新的理论研究进展，也兼顾了营养调控技术的实际应用，为推动猪肠道健康相关的基础研究指明了重要的研究方向，提供了较为系统的理论体系，同时也为从事养猪生产管理的朋友提供了一定的技术指导。

本书由华中农业大学彭健教授担任主编，组织华中农业大学程国富教授、张安定教授、魏宏逵副教授，中国农业大学武振龙教授、王军军教授、白宇博士、马曦教授、曾祥芳教授，武汉轻工大学刘玉兰教授、王春维教授，南京农业大学杨晓静教授，四川农业大学方正锋教授等共同完成。

由于编者水平有限，加上相关领域专业发展十分迅速，内容涉及的专业跨度较广等原因，书中难免有错漏和不妥之处，敬请广大读者批评指正。

编　者

2021 年 6 月

目录

第1章 绪 论

本章提要

本章作为全书的绪论，介绍肠道健康的概念和影响因素，以及与养猪生产的关系。在养猪生产中，肠道健康不仅意味着肠道对病原的抵抗力，而且决定了饲料的消化和吸收。此外，肠道健康还对全身代谢和炎症状态有重要的影响，并最终影响饲料转化效率、肉质和繁殖性能等重要性状。日粮、肠黏膜和肠道共生菌的互作是决定肠道健康的关键要素。

1.1 肠道健康的概念

1.1.1 肠道健康的定义

由于人类的克罗恩病、溃疡性结肠炎和肠易激综合征等疾病，肠道健康的概念最先出现在医学领域。在养猪生产中，仔猪腹泻等肠道疾病对动物健康和生产效益造成了极大的不良影响，尤其是在当前全球禁止使用饲用抗生素的浪潮下，提高肠道健康水平的重要性逐渐被大家普遍认可。然而，不论是医学还是畜牧学中，对肠道健康都还没有完整和通用的定义(Montagne et al.,2003)。传统意义上的健康等同于没有疾病。但根据世界卫生组织对健康的定义，没有疾病已经无法涵盖目前对肠道健康内涵的理解，它还涵盖了发生肠道疾病或应激的风险较小。基于对现有研究的总结，一个由从事肠道健康研究人员组成的科学委员会提出如下5个标准来评价肠道健康(表1-1)，即无肠道疾病、高效的营养物质消化和吸收能力、正常和稳定的肠道菌群、有效的肠道免疫和舒适的胃肠道感觉(Bischoff et al.,2011)。这些标准的提出为积极、客观地定义肠道健康奠定了基础。考虑到生产中的猪很少处于老龄阶段，基本不会发生肠道癌症，相关指标可不在养猪生产中考虑。

表1-1 肠道健康的标准(Bischoff and Stephan,2011)

肠道健康的五大标准	肠道健康的具体指标
食物的有效消化和吸收	正常营养状态，高效吸收食物、水和矿物质 排便正常，无腹痛 大便正常，无恶心、呕吐、腹泻、便秘和腹胀等症状

续表1-1

肠道健康的五大标准	肠道健康的具体指标
无肠道疾病	无胃酸、胃食管反流或其他胃部炎症性疾病 无消化酶缺乏或碳水化合物不耐受症状 无炎症性肠病、腹部疾病或其他炎症 无结直肠癌或其他癌症
正常且稳定的肠道菌群	无细菌过度生长 肠道微生物组成正常 无胃肠道感染或抗生素相关性腹泻
有效的肠道免疫	有效的胃肠道屏障功能、黏液产生正常且无细菌移位 血浆免疫球蛋白 A 含量、免疫细胞数量和活性正常 免疫耐受且无过敏或黏膜层超敏性
舒适的胃肠道感觉	生活质量正常 对肠道的感官良好 平衡的血清素生成且维持肠道神经系统的正常功能

1.1.2 肠道健康与养猪生产

良好的肠道功能对猪在生长发育过程中维持正常的代谢和生理状态以及抵抗疾病均十分重要。对于仔猪而言，肠道的消化功能和免疫力尚未发育成熟，肠道共生菌群尚处于不稳定的阶段。在长途运输、日粮改变等多种应激因子的刺激下，仔猪表现为对产毒性大肠杆菌和沙门氏菌等病原的易感性增加，导致腹泻甚至死亡，成为威胁仔猪成活和影响养猪业经济效益的重要原因。即使没有表现出明显的临床症状，仔猪在断奶后的数天之内也可以观察到肠道形态和结构的明显改变，表现为绒毛萎缩，隐窝加深（McCracken et al.，1999）。仔猪断奶后肠道形态和结构的改变一方面是由于断奶后采食量的显著降低，肠绒毛无法获得足够的营养物质支持肠上皮细胞更新；另一方面是由于来源于植物性饲料的大分子抗原等应激因子导致肠道炎症和氧化应激，造成了肠上皮细胞的损伤（Celi et al.，2017；Kim et al.，2012）。最新的研究证据表明，仔猪断奶后肠道菌群的剧烈变化也与肠道形态和结构的破坏密切相关。伴随着形态和结构的改变，肠道的消化吸收功能、屏障功能、免疫功能和神经内分泌功能均受到损害。值得注意的是，肠道健康的破坏不仅影响了肠道自身的结构和功能，而且由于肠道通透性的增加，大量的肠道微生物进入循环系统，引起系统性的炎症反应，即使没有发生典型的临床症状，也会增加营养物质向免疫系统的分配，最终引发仔猪整体生长效率的下降。

相比于仔猪而言，由于肠道免疫系统的成熟和肠道共生菌群的相对稳定，生长育肥猪对肠道疾病的易感性明显降低。但在宰前运输应激引起的肠道损害仍不容忽视。经过长途运输后，猪的肠道会表现出明显的充血现象，肠道的隐窝-绒毛轴发生损伤，肠道的屏障功能遭到破坏，通透性明显增加（Zou et al.，2016）。更为重要的是，由于肠道通透性的增加，细菌内毒素进入血液的量增加，引发了肌肉的氧化损伤，增加了屠宰后 PSE 肉的发生。此外，在经历长途运输后，众多猪只会有明显的体重损失，甚至在强烈的应激反应后会发生死亡的现象。由于在众多器官对运输应激的响应中，肠道最为敏感，而且会引发全身性的氧化应激和炎性反应，因此肠道被认为是响应运输应激的重要始动器官（Zhang et al.，2015）。

对于母猪而言，以往关注的肠道健康问题主要集中在围产期的便秘、胃溃疡和胃肠胀气疾病。由于妊娠期的严格限饲，妊娠母猪的采食量远低于随意采食量，造成食糜量少，对肠道的物理刺激不足，从而易引发便秘。便秘的发生可能造成肠道内毒素的增加和向其他组织器官的异位。并且已有明确证据表明，产前便秘是延长产程，增加产死胎发生的风险因素。此外，便秘可能还会进一步引发肠道菌群的紊乱，增加胃肠胀气疾病发生的风险。母猪胃溃疡的发生是造成母猪淘汰的原因之一，通过控制饲料的粉碎粒度可有效降低胃溃疡的发生率。传统的观点认为，母猪的肠道功能成熟，不易发生结构屏障的损伤。然而，最新的研究发现，围产期母猪的肠道通透性会显著增加，并且伴随着系统性的低度炎症、氧化应激和胰岛素抵抗(Cheng et al.,2017)。围产期母猪的肠道通透性增加与肠道菌群的变化密切相关，在妊娠期肠道共生微生物会随着妊娠的进程发生明显的改变，特别是到了妊娠后期，产短链脂肪酸的细菌含量显著降低，造成丁酸产量显著降低，从而增加了肠道通透性(Cheng et al.,2019)。从已有的研究证据看，围产期肠道菌群的变化和通透性的增加，是造成围产期代谢综合征，即系统性的低度炎症、氧化应激和胰岛素抵抗的重要原因，进而影响母猪进入泌乳期后的采食量以及仔猪的生长性能。

对于公猪而言，肠道微生物的组成可能与精液品质存在密切的关系。目前已经发现了几种与精液品质显著关联的标志微生物，这些特定微生物的增加或减少可能通过影响机体的炎症状态或微量元素的代谢平衡，影响了精液品质。然而目前仍然缺乏相关的机制研究。

1.2 营养、菌群与肠道健康的关系

1.2.1 营养与肠道健康的关系

Conway(1994)提出日粮、肠道黏膜和肠共生菌群是决定肠道健康三大要素，三者之间相互关联，共同决定了肠道的健康水平。营养对肠道健康的影响首先体现在能量和蛋白质等对肠上皮细胞的营养支持。众所周知，肠上皮细胞是机体内更新速度最快的细胞之一。快速的细胞更新需要大量的营养物质作为底物和能源。与机体内的绝大部分细胞不同，肠上皮细胞会优先使用氨基酸，尤其是酸性氨基酸作为能量底物。因此，充足的氨基酸是保证肠上皮维持正常的结构和功能的必需。然而，如前所述，在仔猪断奶后早期阶段，采食量可能会出现明显的下降，从而造成营养的供应不足，引发肠绒毛的萎缩。因此，在断奶仔猪日粮中补充谷氨酰胺等酸性氨基酸有利于肠上皮形态、结构和功能的维持。而补充精氨酸、腐胺等可刺激细胞增殖的营养物质，也具有一定的改善作用。但值得注意的是，在仔猪断奶后，通过高蛋白水平来满足肠道对氨基酸能源底物的需求似乎并不是合理的策略。这是因为在仔猪断奶时，胃酸的分泌功能尚未发育成熟，胃的 pH 较高，对胃蛋白酶的激活能力差，不能很好地消化蛋白质。因此，断奶仔猪并不能完全消化高蛋白质水平的日粮，而未被消化的蛋白质会进入后肠，在微生物的作用下代谢生成 NH_4^+、支链脂肪酸、吲哚类物质等代谢产物，对肠道健康产生不利影响。因此，在断奶仔猪中，保持低的蛋白质水平，在此基础上添加谷氨酰胺、精氨酸等功能氨基酸是更为合理和有效的方案。有关的具体内容见本书的第 7 和第 8 章。

一些营养物质与肠道的免疫发育和免疫应答密切相关。在氨基酸中，支链氨基酸(BCAA)对哺乳动物的先天免疫起重要的调控作用，在肠道中，BCAA 可以刺激黏膜免疫并保

持肠道完整性。BCAA 尤其是异亮氨酸的缺乏，会导致淋巴细胞和白细胞的缺乏，并导致 SIgA 分泌的减少。苏氨酸在黏蛋白中的含量丰富，因此充足的苏氨酸对维持正常的黏液分泌具有重要作用。此外，一些氨基酸的代谢产物，如 GABA、吲哚-3-乙酸、犬尿酸等物质对肠道免疫的发育和免疫应答的作用也被逐渐揭示，相关内容可见本书第 8 章。在碳水化合物中，影响肠道免疫的主要是纤维类物质。寡糖类物质多被认为是益生元，可以诱导免疫调节作用。然而，传统上认为这种调节功能反映了肠道内的微生物相互作用。然而，寡糖独立于微生物的直接调节宿主免疫的作用也已经被揭示。在这种直接调节作用中，寡糖主要是抑制了由病原体诱导的肠黏膜中 NF-κB 和 MAPK 的活化。此外，在模型动物的研究中发现，多种类型的多糖具有免疫激活的调节作用，例如激活巨噬细胞和 NK 细胞，提高 IgA、IgG、IgM、IL-6、IFN-γ 和 TGF-β 的水平，相关详细内容可见本书第 9 章。在脂类物质中，必需脂肪酸是重要的免疫调节因子如前列腺素、白三烯等的前体物质，因此在肠道免疫调节中发挥重要作用。此外，*n*-3 多不饱和脂肪酸还可以通过直接激活核受体 PPARγ 或膜受体 GPR120 的方式抑制炎性反应。总体而言，*n*-3 多不饱和脂肪酸和 *n*-6 多不饱和脂肪酸和他们的代谢产物对炎性反应的调节是相反的。此外，短链脂肪酸和中链脂肪酸对肠道抗菌肽的分泌均具有一定的促进作用。相关的具体信息可见本书的第 10 章。此外，其他营养物质，如维生素 E、维生素 A、维生素 C、钙、硒等营养物质对肠道的免疫发育和免疫应答也具有一定的调控作用。

部分营养物质具有较好的抗氧化物质，被认为在调控肠道健康中发挥积极的作用。除经典的维生素 E、维生素 C 和硒等具有抗氧化作用的营养物质外，一些功能性氨基酸和小肽也表现出抑制肠道氧化应激的作用。此外，植物提取物中酚类和黄酮类物质也具有较好的自由基清除功能，能抑制肠道的氧化应激。值得注意的是，一些植物提取物不仅能直接清除自由基，而且可以通过上调抗氧化酶的表达和抑制巨噬细胞的呼吸爆发，从而发挥抗氧化作用。

1.2.2 菌群与肠道健康的关系

与其他动物一样，猪的肠道中也存在大量的共生微生物。随着二代测序技术的大量应用，在过去十年中，对猪肠道微生物的组成、演替和功能的认识突飞猛进。在猪肠道的不同区位以及猪的不同发育阶段，肠道细菌的聚集程度不同，种群密度和多样性也不同（Holman et al.，2017；Leser et al.，2002；Richards，2005）。此外，肠道菌群形成的肠黏膜表面细菌结合位点的占据，以及对其他细菌的化学性抑制，是影响肠道致病菌和宿主互作，以及触发宿主免疫反应的关键，这种作用在幼龄动物中尤为突出（Kelly and King，2001；Montagne et al.，2003；Celi et al.，2017）。此外，肠道菌群的稳定并与肠上皮细胞的互作，有益于上皮屏障功能的维持，并能从免疫耐受和免疫应答中维持平衡（Celi et al.，2017）。肠道接触细菌是刺激黏液合成的充分途径。同时，黏液的成熟度和丰度也依赖于肠道细菌。另外，通过构建无菌猪，已经明确了肠道共生菌对肠道免疫系统的正常发育有极其重要的作用。这种肠道微生物对免疫系统发育的调控可能与微生物代谢营养物质产生的代谢产物，如短链脂肪酸（SCFA）、吲哚-3 乙-酸、琥珀酸等物质密切相关。

值得注意的是，在微生物群和肠道健康的关系中，可能不能简单地关注“好”细菌与“坏”细菌及其对肠道结构和功能的影响上。Hillman（2004）提出，相比某个特定的细菌，肠道菌群的组成和多样性则更为重要。因为即使在没有明显疾病的情况下，在大多数猪的肠道中，共生和致病菌通常并存。因此，病原生物的存在与否可能不一定预示疾病的发生，除非数量激增至某种程度，以至于破坏了菌群的平衡(Hopwood et al.,2005)。这也意味着，在某些特定的情况下，如菌群数量和多样性严重减少的情况下，单一来源的益生菌可能对菌群的恢复和肠道健康的调控反而不利。而与之相反的是，通过粪菌移植补充来源于健康个体的混合菌群，则更有利于恢复肠道菌群，提高肠道健康水平。尽管相关研究并未在猪中证实，但仔猪阶段肠道微生物数量和多样性也同样较少，因此在仔猪阶段使用益生菌需经过谨慎评估。

有许多因素会影响肠道微生物群的多样性和活性，包括微生物种群的定植和相关演替、猪的年龄和它所居住的环境、抗生素、饮食组成、饲料添加剂、饲料加工、喂养方式、疾病、断奶、季节、环境、应激和遗传等。尤其是在仔猪出生后到断奶 2 周后的时间内，肠道微生物的可塑性较高。因此，这个阶段也成为调控仔猪肠道微生物的窗口期。在仔猪出生后早期移植来源成熟个体的健康菌群，会加速菌群的演替，促进肠道免疫的发育，降低在无抗饲养条件下，仔猪在哺乳期和断奶后的腹泻，提高生长速度(Xiang et al.,2020)。尽管早期的菌群干预对肠道菌群的影响似乎很难维持到断奶 3 周以后，但是通过对前期肠道健康的调控，已经完全可以满足应对仔猪断奶应激的需求。相关的具体内容见本书的第 12 章。

1.2.3 营养与菌群的互作

1.营养物质对菌群组成的影响

不可消化碳水化合物和多酚可调节肠道菌群丰度和结构，促进宿主健康。肠道微生物的主要营养来源是可发酵的日粮纤维；可发酵日粮纤维为肠道微生物提供碳源，促进微生物的生长(Ramakrishna,2013)，进而诱导菌群组成发生改变。摄入高可发酵纤维日粮上调肠道微生物多样性(Dore and Blottiere,2015)，并特异性地增加某些细菌的丰度。例如，抗性淀粉和菊粉可分别增加瘤胃球菌属(*Ruminococci*)或双歧杆菌(*Bifidobacteria*)和柔嫩梭菌(*Faecalibacterium prausnitzii*)的丰度(Flint,2012)；而低可发酵纤维日粮降低肠道微生物多样性和纤维降解菌[如卵形拟杆菌(*Bacteroides ovatus*)]丰度(Desai et al.,2016)。Stephen 等(1987)提出膳食纤维摄入的增加促进肠道转运，增加结肠肠道微生物数量，降低结肠 pH，促进 SCFA 产生(Stephen et al.,1987)。肠道中大量 SCFA 的积累，反向引起肠道微生物组成发生改变。

对于蛋白质而言，在前肠未被消化的蛋白质会被后肠微生物发酵(Ma et al.,2017)。多项研究表明，肠道微生物发酵蛋白质产生氨、胺、酚和支链脂肪酸，调控肠道微生物的成活和增殖并影响微生物结构(Libak-Mercado et al.,2009)。此外，多酚由于其化学结构和生物活性被认为是调控肠道菌群的重要营养物质。临床试验研究证实，富含多酚类的食物(如茶、可可、坚果)具有益生菌作用；膳食中补充多酚提取物促进乳酸杆菌和双歧杆菌生长(Dueñas et al.,2015)。对猪而言，日粮添加多酚显著降低厚壁菌门和拟杆菌门比值(Anhê et al.,2016)。此外，日粮添加多酚会增加 AKK 菌丰度，缓解肠道炎症(Magistrelli et al.,2016)。然而，多酚提取物调控 AKK 菌丰度具有特异性。

2.菌群代谢营养物质调控肠道健康

肠道微生物以宿主营养物质为底物生成多种代谢产物，调控宿主健康。大量的微生物代谢物在哺乳动物的肠道和相关的黏膜免疫系统中存在。它们通常是具有生物活性的小分子，具有调控病原菌感染，影响黏膜和系统性免疫成熟的作用，并参与巨噬细胞、树突状细胞(DC)、T 细胞和固有淋巴细胞(ILC)等多种免疫信号途径(Tan et al.,2014；Thorburn et al.,2014)。

结肠微生物发酵碳水化合物生成的SCFA调控宿主免疫应答。小鼠灌胃SCFA与肠道上皮细胞GPP43结合，促进RegⅢγ和β-防御素的表达；然而抑制mTOR和STAT 3信号通路则破坏肠道上皮屏障稳态(Zhao et al.,2018)。丁酸促进辅助性T细胞因子的产生并增强肠道上皮的完整性，阻碍肠腔病原菌在肠道上皮黏附，保护宿主肠道健康(Bird et al.,1998;Peng et al.,2007)。乙酸具有抗炎作用，其通过与GPP43结合缓解小鼠DSS诱导的结肠炎并抵抗大肠杆菌介导的肠道病原菌感染(Fukuda et al.,2011)。此外，丙酸和丁酸具有组蛋白去乙酰化抑制剂活性，在慢性肠道炎性疾病中抑制炎症的发生。

肠道微生物代谢色氨酸产生的吲哚、犬尿氨酸及5-羟色胺是免疫活性物质，参与肠道先天性和获得性免疫应答。肠道高浓度的吲哚具有抗炎活性，维持肠道健康。例如，在小鼠肠病模型中，添加适量吲哚，可调控先天性免疫反应，缓解肠道炎症。体外研究也表明，吲哚诱导肠道上皮细胞紧密连接蛋白和抗炎因子IL-10的表达，并抑制促炎因子IL-18的分泌(Lee and Lee,2010)。梭状芽孢杆菌代谢色氨酸生成吲哚丙酸，与肠道上皮孕烷x受体(PXR)结合增强肠道上皮屏障(Dodd et al.,2017)。肠道乳酸杆菌和拟杆菌代谢色氨酸生成吲哚及吲哚衍生物充当芳香烃受体(AhR)配体，调控细胞因子IL-22的产生，维持肠道黏膜屏障功能(Zelante et al.,2013)。动物试验进一步证实3-吲哚-乙醛阻碍大肠杆菌黏附，抑制病原菌感染诱导的炎症(Lee and Lee,2010)。

此外，宿主合成并进入肠道的初级胆汁酸和微生物代谢生成的次级胆汁酸是调控宿主健康代谢和免疫的重要物质。例如，在生理状态下，微生物来源的胆汁酸充当炎性小体负调控因子，调控TGR5-cAMP-PKA信号通路，抑制NLRP3炎性小体的激活，阻碍多种炎性疾病的发生(Guo et al.,2016)。同时促进巨噬细胞分泌IL-10，缓解宿主炎症的发生。肠道微生物代谢胆汁酸产生的3β-羟基-脱氧胆酸(isoDCA)抑制DC细胞免疫刺激，敲除DC中法尼醇X受体(FXR)诱导外周调节性T细胞生成，这提示isoDCA拮抗FXR介导的转录调控作用(Campbell et al.,2020)。

肠道健康与猪的健康和生长密切相关，是当前猪营养和饲料研究的热点，也是养猪生产中关注的重点。肠道健康的内涵应包括无肠道疾病、高效的营养物质消化和吸收能力、正常和稳定的肠道菌群、有效的肠道免疫和舒适的胃肠道感觉。饲料、肠黏膜和肠道共生微生物的互作是决定肠道健康的关键。在肠黏膜免疫与微生物密切互作的基础上，营养物质产生的代谢产物可作为连接营养物质、免疫和细菌之间的相互作用与调控的重要桥梁。这种复杂的网络可能由代谢物分泌和信号途径驱动。此外，许多代谢物可能转运到远端器官并调节宿主无菌区域的免疫反应。无论在稳态还是在疾病期间，代谢物的类型、组成、浓度，甚至代谢物的不平衡与宿主信号转导偶联协同调节免疫功能。

参考文献

Anhê F F,Pilon G,Roy D,et al.Triggering *Akkermansia* with dietary polyphenols: A new weapon to combat the metabolic syndrome? Gut Microbes,2016,7(2):146-153.

Bird J J, Brown D R, Mullen A C, et al. Helper T cell differentiation is controlled by the cell cycle. Immunity,1998,9(2):229-237.

Bischoff and Stephan.'Gut health':a new objective in medicine? BMC medicine,2011,9(1):24.

Campbell C, McKenney P T, Konstantinovsky D, et al. Bacterial metabolism of bile acids promotes generation of peripheral regulatory T cells. Nature, 2020, 581(7809): 475-479.

Desai M S, Seekatz A M, Koropatkin N M, et al. A dietary fiber-deprived gut microbiota degrades the colonic mucus barrier and enhances pathogen susceptibility. Cell, 2016, 167(5): 1339-1353, e1321.

Dodd D, Spitzer M H, Van Treuren W, et al. A gut bacterial pathway metabolizes aromatic amino acids into nine circulating metabolites. Nature, 2017, 551(7682): 648-652.

Dueñas M, Muñoz-González I, Cueva C, et al. A survey of modulation of gut microbiota by dietary polyphenols. Biomed Res Int, 2015: 850902.

Flint H J. The impact of nutrition on the human microbiome. Nutr Rev, 2012, 70(1): 10-13.

Fukuda S, Toh H, Hase K, et al. Bifidobacteria can protect from enteropathogenic infection through production of acetate. Nature, 2011, 469(7331): 543-547.

Guo C, Xie S, Chi Z, et al. Bile acids control inflammation and metabolic disorder through inhibition of NLRP3 inflammasome. Immunity, 2016, 45(4): 802-816.

Lee J H, Lee J. Indole as an intercellular signal in microbial communities. FEMS Microbiol Rev, 2010, 34(4): 426-444.

Libao-Mercado A J, Zhu C L, Cant J P, et al. Dietary and endogenous amino acids are the main contributors to microbial protein in the upper gut of normally nourished pigs. J Nutr, 2009, 139(6): 1088-1094.

Ma N, Tian Y, Wu Y, et al. Contributions of the interaction between dietary protein and gut microbiota to intestinal health. Curr Protein Pept Sci, 2017, 18(8): 795-808.

Magistrelli D, Zanchi R, Malagutti L, et al. Effects of cocoa husk feeding on the composition of swine intestinal microbiota. J Agric Food Chem, 2016, 64(10): 2046-2052.

Peng L, He Z, Chen W, et al. Effects of butyrate on intestinal barrier function in a Caco-2 cell monolayer model of intestinal barrier. Pediatr Res, 2007, 61(1): 37-41.

Ramakrishna B S. Role of the gut microbiota in human nutrition and metabolism. J Gastroenterol Hepatol, 2013, 28(S14): 9-17.

Stephen A M, Wiggins H S, Cummings J H. Effect of changing transit time on colonic microbial metabolism in man. Gut, 1987, 28(5): 601-609.

Tan J, McKenzie C, Potamitis M, et al. The role of short-chain fatty acids in health and disease. Adv Immunol, 2014, 121: 91-119.

Thorburn A N, Macia L, Mackay C R. Diet, metabolites, and "western-lifestyle" inflammatory diseases. Immunity, 2014, 40(6): 833-842.

Zelante T, Iannitti R G, Cunha C, et al. Tryptophan catabolites from microbiota engage aryl hydrocarbon receptor and balance mucosal reactivity via interleukin-22. Immunity, 2013, 39(2): 372-385.

Zhao Y, Chen F, Wu W, et al. GPR43 mediates microbiota metabolite SCFA regulation of anti-microbial peptide expression in intestinal epithelial cells via activation of mTOR and STAT3. Mucosal Immunol, 2018, 11(3): 752-762.

第2章 猪消化道的结构、功能和发育

本章提要

猪在生长、发育、繁殖、泌乳等生命活动过程中，都必须不断地从外界摄取营养物质，以供机体需要。消化系统通过对饲料的消化和吸收，为猪新陈代谢提供营养物质和能量来源，实现猪的肠道健康及营养调控必须首先深入了解猪消化道的结构、功能和发育特点。本章介绍猪的消化系统中口腔、胃、小肠和大肠及相应消化腺的组成和结构，阐述饲料如何在该系统中通过物理的、化学的和微生物的消化作用将其分解成可吸收的小分子物质并被吸收进入血液和淋巴的过程，分析猪不同发育阶段消化系统的特点以及神经、体液调节方式，指出如何根据猪不同阶段消化系统的生理特点进行调控，为进一步提高猪对饲料营养物质的消化和吸收利用效率，促进猪健康养殖提供理论基础。

2.1 猪消化道的解剖学与组织学组成及特征

消化道为食物通过的管道，开始于口腔，顺次延续为咽、食管、胃、小肠（包括十二指肠、空肠、回肠）、大肠（包括盲肠、结肠、直肠），末端以肛门开口于体外。

2.1.1 消化道的解剖学结构

1.口腔解剖学结构

口腔为消化道的起始部，有采食、吸吮、咀嚼等功能。猪的口腔狭窄而长，但存在品种差异性，口腔在犬齿平面最宽。其上唇短而厚，与鼻连在一起构成吻突，能掘地觅食，下唇小而尖，随下颌运动而活动。口腔底的大部分由舌占据，舌分为舌尖、舌体和舌根三部分，具有辨味、搅拌和推送食物等作用。猪舌窄而长，且尖薄，主要由横纹肌构成。舌表面有一层黏膜，上面5种不规则的舌乳头，分别为轮廓乳头、叶状乳头、菌状乳头、丝状乳头和锥状乳头，其中菌状乳头、轮廓乳头和叶状乳头有味蕾，能辨别口味。新生仔猪的舌边缘有花边状的边缘乳头，15～18日龄时消失，边缘乳头有助于仔猪吸吮活动。猪的齿可分为切齿、犬齿和臼齿，除犬齿为长冠齿外，其余均为短冠齿。猪犬齿发达，尖而锐利，公猪上犬齿齿冠持续生长，可伸出口腔外。猪口腔内主要有三对大的唾液腺，即腮腺、颌下腺和舌下腺，其中腮腺发达，呈三角形，位于耳根下方。

2.胃解剖学结构

胃是食管与十二指肠之间的消化管膨大部位，具有储存食物并对其进行初步的机械性和化学性消化以及推送食物进十二指肠的作用。猪胃横卧于腹前部，壁面朝前，与膈和肝相邻，脏面朝后，与胰、肠、肠系膜和大网膜相邻。猪胃为单室胃，容积大，成年猪胃 5～8 L。解剖学上单室胃分为贲门部、胃底、胃体和幽门部，通过贲门和食管相连，通过幽门与十二指肠相连。胃左端大而圆，在近食管口的贲门处有一扁平的锥形盲突，为胃憩室。右端幽门部小且急转而上，与十二指肠相连。在幽门小弯处有幽门圆枕，与对侧唇形隆起相对应，能关闭幽门。

猪胃黏膜分无腺部和有腺部，无腺部为贲门周围四边形区域，面积较小，呈白色；有腺部包括贲门腺区、胃底腺区和幽门腺区。贲门腺区较大，由胃的左端到胃的中部，约占全胃黏膜的 1/3，黏膜光滑柔软，呈淡灰色；胃底腺区位于贲门右侧，黏膜较厚，有褶皱和胃小凹，呈红棕色；幽门腺区位于幽门部，黏膜有不规则褶皱，呈灰红色至黄色。

3.小肠解剖学结构

肠道由幽门起始至肛门终止，分为小肠和大肠。小肠包括十二指肠、空肠和回肠，为细长管道，是消化道的最长部分，也是饲料消化吸收的主要部位。猪的小肠约为体长的 15 倍。十二指肠在第 10～12 肋间隙平面起始与胃幽门相连，胰腺的总导管开口于十二指肠中部，该处还有胆导管开口。空肠是小肠中最长的部分，卷成无数肠圈，形成肠袢，由长而宽的空肠系膜固定于腰下部，故空肠的移动范围较大。回肠位于左腹股沟部，肠管短且直，肠壁较厚，末端开口于盲肠和结肠交接处的腹侧。猪回肠固有膜和黏膜下组织内的集合淋巴小结特别明显，呈长带状，分布于肠系膜附着缘对侧的肠壁内。

4.大肠解剖学结构

猪的大肠 3.5～6 m，管径较粗且黏膜内无肠绒毛，借系膜悬于两肾之间的腹腔顶壁，包括盲肠、结肠和直肠，主要功能为消化纤维素、吸收水分、形成和排出粪便。猪的盲肠不发达，呈圆筒状，盲端钝圆，位于左腹外侧区。结肠主要在腹腔左侧，胃后方，起始部的管径与盲肠相似，之后逐渐缩小，可分为升结肠、横结肠和降结肠三部分。猪的结肠对饲料中的纤维有一定的消化作用。猪直肠短而直，位于盆腔内，在肛门前方形成直肠壶腹，周围有大量脂肪。

2.1.2 消化道的组织学结构

1.消化道组织学的一般特性

从组织学结构看，消化道从里到外由黏膜层、黏膜下层、肌层、外膜层构成。黏膜层为消化道壁的最内层，由上皮层、固有层和黏膜肌层三部分组成。上皮层根据部位不同类型有差异，口腔、咽、胃的无腺部为复层扁平上皮细胞，主要是起保护作用；胃的腺部、小肠和大肠为单层柱状上皮，主要发挥消化和吸收功能。黏膜下层为疏松结缔组织，含有较大的血管、神经、淋巴管和一些淋巴组织，还有散在分布的黏膜下神经丛。肌层除口腔、咽、食管和肛门为骨骼肌，其余都是平滑肌，肌层一般分为环形肌和纵形肌，中间有肌间神经丛，结构与黏膜下神经丛相似。外膜是消化管的最外层，分为纤维膜和浆膜。其中，纤维膜仅由薄层结缔组织构成，与相邻器官的结缔组织无明显的界限，例如食管；而浆膜由薄层结缔组织和其表面的间皮构成，例如胃肠道外膜为浆膜，可以减少脏器间的摩擦。

2.胃组织学结构

胃壁由内向外由四层构成，黏膜、黏膜下层、肌层和浆膜层。猪胃黏膜有许多褶皱，胃内容物较少时，黏膜形成许多褶皱；胃内充满食糜时，褶皱舒展变小或者消失，胃容积扩大。胃黏膜包括有腺部和无腺部。胃无腺部为复层扁平上皮；有腺部为单层柱状上皮，能分泌黏液（主要为黏多糖），覆盖在黏膜表面形成黏液保护层，具润滑和保护胃黏膜免受胃酸和胃蛋白酶侵蚀作用。有腺部黏膜分布有胃腺,该处黏膜表面有由上皮凹陷形成的小窝,为胃小凹,是胃腺开口处。猪有腺部包括贲门腺、胃底腺和幽门腺。贲门腺为黏液腺,其腺体短,腺腔宽,为分支少的单管状腺,猪贲门腺有散在主细胞。胃底腺是胃中主要腺体,为分支管状腺或单管状腺,由四种细胞组成,分别为:主细胞,分布于腺底和腺体部,能分泌胃蛋白酶原;壁细胞,分布于腺体颈部和体部,能分泌盐酸;颈黏液细胞,分布于腺体各部,以底部最多,能分泌黏液,保护胃黏膜;内分泌细胞,散在分布于胃腺细胞间,能分泌胃肠激素从而调节腺体分泌及胃肠运动。幽门腺分布于幽门固有层,排列疏松,为分支管状腺,腺体短,分支多且弯曲,腺细胞主要分泌黏液。

猪胃的黏膜下层很厚,含较大血管、淋巴管和神经丛,在贲门和幽门处有淋巴小结。胃壁肌层由外纵行肌层、中环形肌层和内斜行肌层三层平滑肌构成。其中外纵行肌层,主要分布于胃大弯、胃小弯部和幽门窦部;中环形肌层,主要在幽门部增厚,形成幽门括约肌;内斜行肌层,主要分布于胃黏膜无腺部,在贲门处最厚,形成贲门括约肌。猪幽门部有两条环形肌带。胃的外层大部分被覆浆膜,光滑而湿润,并沿胃的大小弯分别与大网膜和小网膜相延续。

仔猪出生后,胃呈现快速生长期。初生仔猪的胃重只有 8 g,容积 30～40 mL,3 周龄仔猪胃的重量达 35 g,容积达 100～150 mL。仔猪胃重和年龄之间、胃重和体重之间呈显著的正相关。在出生后的前三天内胃呈现出快速生长,包括细胞肥大和细胞增殖。组织形态学分析表明,胃体部的增长比贲门部、幽门部的快,同时黏膜层的增长比其他层的快。在贲门部黏膜中壁细胞的数量在 0～3 日龄期间迅速显著上升。仔猪出生后胃组织形态的变化和胃的功能性变化相一致。

3.小肠组织学结构

小肠与其他消化道的组织学特征主要区别是黏膜的组织学结构。小肠黏膜的结构特点是有环形皱襞、肠绒毛、微绒毛。环形皱襞是由黏膜和黏膜下层膜向肠腔突起形成的,这种结构可使吸收黏膜的表面积增加 3 倍。皱襞上还有伸向肠腔的绒毛,高度约为 1 mm,它的存在又可使小肠的吸收面积增加 10 倍左右。每一个绒毛表面是一层柱状上皮细胞,每个柱状上皮细胞的表面还存在 600～1 000 条微绒毛(又称刷状缘),其高度为 1 μm,直径约为 0.1 μm,这种结构使吸收面积进一步扩大,约增加 20 倍,所有这些结构最终使吸收面积为原有的 600 倍。巨大的吸收面积,使得小肠成为营养物质消化的主要部位,而绒毛高度和隐窝深度及其比值成为衡量消化和吸收功能的重要指标之一。仔猪出生后其小肠上皮黏膜的结构、消化酶活性和机体免疫情况都会发生显著变化。在出生后 3 d 左右,可以明显观察到小肠上皮细胞的快速生长和分裂,由此使得小肠绒毛升高、隐窝加深,黏膜重量增加。

小肠黏膜上存在四种主要的细胞类型:柱状细胞、杯状(黏液)细胞、肠嗜铬(内分泌)细胞和未分化细胞。柱状细胞底面附着于基膜上,顶端有纹状缘,增加了细胞吸收面积;杯状细胞散布于柱状细胞间,能分泌黏液,具有润滑保护上皮作用;肠嗜铬细胞由肠上皮基底干细胞分化,散布于上皮及腺体细胞中,主要作用是作为化学感受器通过肠-脑回路与神经细胞建立直接突触联系,感受胃肠道摄入的食物以及相关化学因子,调控胃肠道吸收营养物质。柱状细胞的数量比其他细胞多。前三种细胞由隐窝基底部未分化细胞分化而来。在隐窝,细胞至少经过两次分裂,迁移至绒毛上发挥其成熟后的功能。在机体所有的正常组织中,肠上皮细胞的周转率最高,因此它具有最强的再生能力。这种周转能力随年龄变化,例如新生仔猪的小肠绒毛上皮细胞每 7～10 d 更新一次,而 3 周龄仔猪每 2～4 d 就更新一次。

肠道不同部位，其组织学结构有差异：①十二指肠绒毛密集，短而宽，呈叶片状，杯状细胞较少，黏膜下层有丰富的十二指肠腺，黏膜固有层有弥散淋巴组织。②空肠绒毛密集细长，多呈细长柱状，杯状细胞增多，黏膜固有层有淋巴小结。③回肠绒毛细而少，在盲结口消失，环形皱褶较低矮，杯状细胞最多，回肠固有层分布有大量的集合淋巴小结。

4.大肠组织学结构

大肠包括盲肠、结肠和直肠，其肠黏膜无皱襞或肠绒毛，表面较光滑，为单层柱状上皮，大量杯状细胞位于柱状细胞之间，无纹状缘。黏膜固有层发达，有较多孤立淋巴小结，还有大量长而直的大肠腺，能分泌碱性黏液。大肠肌层发达，由内环、外纵两层平滑肌组成。大肠除直肠腹膜外均覆有浆膜。肛门黏膜上皮为复层扁平上皮，固有层内有围肛腺。

2.1.3 消化道的神经支配

支配消化道功能的神经包括内在神经系统和外来神经系统两大类。

1.内在神经系统

消化道内在神经系统，也称为肠神经系统，是包埋于消化壁内的内源性神经系统。肠神经系统起始于食道，直至肛门。肠神经系统是一种独立于中枢神经系统之外的神经结构，又称之为“肠脑”。由肠神经元和神经胶质组成，约有神经元 10^8 个。消化道内在神经系统主要包括两类神经丛，即位于环形肌与纵行肌之间的肌间神经丛（或欧式神经丛）和位于环形肌与黏膜层间的黏膜下神经丛（或麦氏神经丛）。

神经丛中包括有感觉神经元、运动神经元和大量的中间神经元，其中感觉神经元能感受消化道内化学、机械和温度等刺激，运动神经元支配消化道平滑肌、腺体和血管。内在神经系统具有复杂多样的化学递质。各种神经元之间形成网络联系，构成一个具有相对独立调节消化系统的运动、分泌、吸收和血液循环等功能的系统。

2.外来神经系统

消化道除口腔、咽、食道上端肌肉及肛门外括约肌由躯体神经支配外，其余主要受自主神经系统支配。自主神经通过调节内在神经丛产生的局部反射和中枢神经的各级中枢反射实现对胃肠功能调节作用。自主神经包括交感神经和副交感神经。

（1）副交感神经　支配胃肠道的副交感神经可分为头区和荐区，除了口腔和咽部以外，头区副交感神经几乎完全由迷走神经传递信息，其纤维相继进入食道、胃、胰、小肠及大肠前段，反射性地调节胃肠道运动。荐区副交感神经源于荐部脊髓第二、三、四节外侧柱，通过盆神经进入大肠末端。迷走神经传入支主要感受胃肠道营养机能，即主要将胃肠道各种营养信号传入中枢。迷走神经对胃肠道调节既有兴奋作用，也存在抑制作用。多数情况下，迷走神经对胃肠道的作用是兴奋的。兴奋性迷走神经节后纤维释放递质为乙酰胆碱，支配腺细胞、平滑肌细胞等，可使局部胃肌对基本电节律敏感性增高，远端胃平滑肌收缩加强。总体，迷走神经对胃肠道作用以兴奋为主，兴奋性迷走神经可引起消化道运动增强，腺体分泌增加。

（2）交感神经　胃肠道交感神经从脊髓胸腰段侧角发出，节前纤维在腹腔神经节、肠系膜神经节或腹下神经节换元，节后肾上腺素能纤维分布到肠道各部，释放去甲肾上腺素参与胃肠运动调控。虽然 α 与 β 肾上腺素在胃肠道不同区域分布存在差异，但总体而言，交感神经对胃肠道作用以抑制效应为主。交感神经兴奋主要引起食管括约肌紧张性下降、胃肠运动减弱和消化腺分泌减少等。如刺激胃的交感神经，降低近端胃张力，减弱远端胃运动。在胃肌间神经中，交感神经末梢释放的去甲肾上腺素可抑制兴奋性递质乙酰胆碱的释放，使胃运动减弱。

交感神经与副交感神经相互协调作用帮助维持消化道功能正常发挥。如食管的上 1/3 处存在 α1 肾上腺素能受体，其受体激活后引起该处食管平滑肌的收缩，从而完成吞咽动作。食管中段有 β-肾上腺素能受体，食管下括约肌上有 α1，α2 和 β3 肾上腺素受体以及 M3 胆碱受体，激活导致食管舒张（Lychkova，2013）。而食管下括约肌 50%～80%由胆碱能机制介导，作用为防止胃内容物反流入食管（Nilsson et al.，2004）。

3.肠道神经系统的作用

（1）肠道神经系统信息传递作用　神经系统是机体主要的调节系统之一，其功能复杂多样，肠道神经系统归纳起来主要为：①感觉功能即感受饲料性状以及消化道内外刺激，分布于消化道的感受器接受刺激后，通过迷走传入神经将信息传至中枢神经。②效应功能，感觉信号通过中枢神经处理后，最终通过传出神经控制效应器（消化道平滑肌、内分泌腺、外分泌腺等）活动的改变实现对饲料以及消化道内外刺激的反应。在没有外来神经系统的情况下，内在神经系统可以调节胃肠的分泌以及运动，而在正常的动物机体内，消化道内在神经系统收受外来神经的调节。

（2）肠道神经系统的监测和保护作用　肠道神经系统广泛分布于不同的肠道组织中。这使得当肠道受到外来有害物质或者病菌的入侵时，肠道神经可以将收集的信息传递给相应的免疫系统并做出快速免疫应答反应。以往的研究观点认为神经系统在机体防御过程中只是警报作用，发现危险并保持持续的监视。随着研究的不断深入，发现肠道神经系统在防御过程中不只是起到传感器的作用，它还可以通过直接调节肠道免疫力，抵抗感染，来维持肠道内部稳态。

最新的研究显示，具有完整肠道神经元的小鼠在受到沙门氏菌的侵袭过程中，肠道神经元会释放降钙素基因相关肽（CGRP）（Lai et al.，2020），该物质一方面通过抑制肠道上皮细胞向 M 细胞的转化来控制有害菌的进入，另一方面可以增加分节丝状菌（segmented filamentous bacteria，一种保护性肠道细菌）的数量，阻止沙门氏菌的进入。研究发现通过外源性给药的方式给予以神经受体为靶点的药物可以调节肠道黏膜以及抗菌蛋白的分泌（Birchenough et al.，2016）。耶鲁大学医学院最近的研究表明肠道神经元可以分泌促炎因子白介素 18（IL-18）作用于肠道中的杯状细胞，促进抗菌蛋白的表达（Jarret et al.，2020）。此外，肠道神经系统还可以通过经典的模式识别受体来响应病原体相关的分子模式（Barajon et al.，2009）。肠道神经元不仅可以通过抑制有害菌的进入来保护肠道也可以通过识别病原体并且释放包括神经肽等代谢产物并与免疫细胞相互作用促进炎症因子的释放，同时加强抗菌蛋白的表达（Lai et al.，2017）。相反，长期的免疫炎症反应也会导致神经功能障碍，如严重的肠道应激往往也伴有动物神经功能紊乱的发生。因此，肠道内错综复杂的神经网络可以和肠道免疫系统的相互协作完成对肠道健康的保护作用。

2.2　消化功能及其发育

2.2.1　胃的消化及胃液的作用

胃具有暂时性储存食物和消化食物的功能。胃液是无色的酸性液体，pH 为 0.9～1.5。胃液由水、电解质以及有机物组成。其中电解质有 H^+、Cl^-、HCO_3^-、Na^+、K^+ 等，有机物主要有胃蛋白酶、内因子、黏液等。

1.盐酸

盐酸是由壁细胞分泌的，胃中的盐酸也称胃酸。盐酸在胃液中有两种形式，一种呈游离状态，称为游离酸；另一种与蛋白质结合称为结合酸。两者在胃液中的总浓度称为胃液的总酸度。猪空腹时总酸排出量较少，采食后胃酸分泌大量增加。

壁细胞分泌盐酸是逆浓度梯度进行的主动转运，需要消耗大量的能量。每分泌 1 L 胃液约需耗能 6.28 kJ。H^+ 的分泌是依靠壁细胞顶端膜上的 H^+-K^+ ATP 酶即质子泵(proton pump)实现的。质子泵是一种转运蛋白，每分解 1 分子的 ATP，可以使 1 个 H^+ 分泌进入小管腔，同时从管腔内转运回 1 个 K^+。壁细胞分泌的 H^+ 是细胞内的水解离而产生的，壁细胞内的水解离成 H^+ 和 OH^-，在顶端膜的质子泵作用下，主动将 H^+ 分泌入小管腔内。壁细胞中 CO_2(由代谢产生或来自血液)与留在胞质中的 OH^-，在碳酸酐酶的作用下形成碳酸氢盐，从胞浆扩散进入细胞外液以交换 Cl^-，Cl^- 从细胞外液进入细胞，同时顶端膜上 Cl^- 通道也开放，细胞内的 Cl^- 通过 Cl^- 通道进入管腔。

盐酸有多种生理作用，包括：①有利于蛋白质的消化，盐酸能够激活胃蛋白酶原，使无活性的胃蛋白酶原变为有活性的胃蛋白酶，并为胃蛋白酶提供合适的酶作用环境，盐酸还能够使蛋白质变性易于消化。②抗菌与保护作用，胃酸对随着饲料进入胃内的病原体有强烈的杀灭作用，能够有效防止外来病原细菌的侵入。③刺激小肠内消化，盐酸进入小肠后可以引起促胰液素的释放，从而增加胰液、胆汁的分泌。④促进小肠中 Ca^{2+} 和 Fe^{2+} 等离子的吸收，胃酸能够增加钙的溶解性，促使高价铁还原成亚铁，同时酸性环境有利于 Ca^{2+} 和 Fe^{2+} 等离子的吸收。因为盐酸对于猪的消化有重要作用，如何提高猪胃内的酸度，特别是对于盐酸分泌不足、胃酸分泌调节机制不健全的仔猪，是生产中广泛关注的问题。提高猪胃内酸度包括添加外源性酸和提高内源性酸分泌能力两种方式。目前应用较为广泛的是在日粮中添加外源性有机酸如甲酸、柠檬酸、延胡索酸等，无机酸如磷酸及这些酸的盐类物质来提高仔猪胃内酸度。

2.胃蛋白酶

胃蛋白酶原主要是由胃底腺的主细胞分泌的，黏液细胞也能分泌少量的胃蛋白酶。胃蛋白酶原是原始的分泌物，没有消化活性，进入胃腔后，在酸性环境中，分离出 1 个小分子的多肽，从而转变为有活性的胃蛋白酶。已被激活的胃蛋白酶对胃蛋白酶原也有激活作用。胃蛋白酶的功能是水解蛋白质，主要作用于蛋白质中含苯丙氨酸或酪氨酸的肽键，使其分解为䏡和胨，以及少量的多肽和氨基酸。胃蛋白酶的最适 pH 为 1.8～3.5，pH 超过 5 时便失去活性，所以胃的强酸性环境对胃蛋白酶发挥消化作用是必需的。因此，在仔猪日粮中添加外源酸或者配制低系酸力的饲料，降低胃内 pH，可以显著提高仔猪胃蛋白酶的活性，促进蛋白质的消化。

3.黏液和碳酸氢盐

胃的黏液由胃黏膜表面的上皮细胞、泌酸腺的颈黏液细胞、贲门腺和幽门腺分泌，其主要成分是黏蛋白。胃内的黏液主要分为两种：①可溶性黏液，它们与饲料混合，起到润滑作用，猪空腹时分泌较少。采食后迷走神经兴奋和 ACh 刺激下大量分泌。②凝胶状黏液，也称之为不溶性黏液，覆盖于胃黏膜表面。

胃内 HCO_3^- 主要由胃黏膜非泌酸细胞所分泌。黏液和碳酸氢盐结合，共同构成一个 0.5～

1.0 mm 厚的黏液胶体层，称为黏液-碳酸氢盐屏障（mucus bicarbonate barrier）。当 H^+ 从黏膜表面向深层扩散时，与 HCO_3^- 相遇而发生中和，形成 H_2CO_3。此时在胃黏膜层中出现一个 pH 梯度，即靠近胃腔面一侧的黏液层呈酸性，pH 约为 2.0，靠近胃壁侧呈中性或偏碱性，pH 约为 7.0。研究表明，单独的黏液或碳酸氢盐都不能有效地保护胃黏膜免受胃内盐酸和胃蛋白酶的损伤，黏液-碳酸氢盐共同构成的屏障是胃黏膜抵抗损伤的第一道防线。该屏障可避免胃酸和胃蛋白酶对胃黏膜的损害，同时减少胃黏膜表面的摩擦力，使胃免受饲料的摩擦。

4.内因子

壁细胞在分泌盐酸的同时还分泌内因子。内因子是一种糖蛋白，有两个活性部位，一个部位与进入胃内的维生素 B_{12} 结合，形成内因子维生素 B_{12} 复合物，保护维生素 B_{12} 不被小肠内水解酶破坏。当内因子与维生素 B_{12} 结合后运行到回肠后，内因子的另一个活性部位与回肠黏膜上的受体结合，促进维生素 B_{12} 的吸收。当缺乏内因子时，会造成维生素 B_{12} 吸收障碍，影响红细胞生成，甚至出现恶性贫血。各种刺激胃液分泌的因素例如迷走神经兴奋、组胺等都可以增加内因子的分泌。猪胃酸分泌受损后，会出现内因子分泌减少。

5.胃液分泌的调节

消化间期（空腹）胃液的分泌很少，猪采食后，通过神经和体液的调节，可以引起胃液的大量分泌。在生理情况下，刺激胃酸分泌的主要是乙酰胆碱、组胺和胃泌素。支配胃的大部分迷走神经节后纤维释放乙酰胆碱（ACh），可直接作用于壁细胞上的（M_3 型）胆碱能受体，引起 HCl 分泌。组胺是由肠嗜铬细胞（enterochromaffin cell，ECL）分泌的，通过旁分泌方式作用于邻近壁细胞的 H_2 受体，具有很强的刺激胃酸分泌的作用。甲氰咪呱（cimetidine）及其类似物可以阻断组胺与壁细胞结合而抑制胃酸分泌。胃泌素是由胃窦和十二指肠黏膜内的 G 细胞分泌的一种肽类激素，胃泌素能够刺激胃酸和胃蛋白酶原的分泌。还有些内源性物质能够抑制胃酸分泌，作用较强的例如生长抑素（somatostatin，SS）是由胃体和胃窦黏膜内的 D 细胞分泌的激素，可以通过抑制胃泌素、组胺的释放，以及直接抑制壁细胞的功能等多个途径对胃酸的分泌产生强的抑制作用。SS 是胃酸分泌的重要抑制因子，仔猪消化道内高表达的 SS 是导致其胃酸分泌能力弱的一个重要原因，因此减少仔猪消化道内的 SS 水平，降低其对胃酸分泌的抑制作用，能够促进仔猪胃酸分泌，这是提高猪内源性泌酸能力的一个重要靶点。半胱胺，又名 β-巯基乙胺，能特异性地耗竭机体内生长抑素，从而促进动物胃酸分泌。

6.猪胃内消化的发育性变化

仔猪出生后虽然胃的生长较为迅速，但胃功能发育缓慢。猪胃内盐酸的分泌呈明显的年龄特点。仔猪出生后 1 周，胃中盐酸分泌量很低，此时胃液 pH 约 4.5。出生后 1～3 周，胃内仍检测不到游离盐酸。4 周后，胃中盐酸分泌迅速增加，2 月龄可以达到成年猪水平。胃酸分泌能力与 H^+-K^+ ATP 的活性直接相关，许多研究表明 H^+-K^+ ATP 酶在基因水平和蛋白质水平呈明显的发育性变化。仔猪断奶后，由于断奶所产生一系列应激问题使仔猪胃酸分泌能力减弱，同时仔猪失去母乳这一乳糖源，消化道内乳酸含量明显下降，因此仔猪胃内酸度在断奶后降低，胃液 pH 升高。

猪从胚胎发育 70～90 d 到出生后 1～2 周，胃中以凝乳酶为主，逐渐被胃蛋白酶原代替，至3～4 周龄则主要以胃蛋白酶为主。由于仔猪缺乏盐酸，抑制了胃蛋白酶的活性（Craig et al.，1998；Nogami et al.，1999）。体外试验证明：胃蛋白酶的活性随着 pH 的下降而上升（Cranwell et al.1985）。哺乳仔猪的胃内能够发酵乳糖作为乳酸，使胃中的 pH 保持在 4 左右，可弥补胃酸分泌的不足。同时由于乳中的蛋白质易于消化，胃内环境 pH 达到 4 时，仔猪胃蛋白酶的活性可将其消化，所以尽管吮乳仔猪分泌盐酸的能力很弱，但仍然消化良好。

早期断奶会引起仔猪的消化不良。这是因为早期断奶仔猪不仅胃酸分泌不足，而且在开始采食固体饲料后，还会引起胃内 pH 的大幅度升高，可达到 5.5 以上（Cranwell et al.，1992；Cranwell et al.，1976）。另一个方面大肠杆菌、沙门氏菌、葡萄球菌等生存的适宜 pH 6～8，在 pH≤4 时死亡。因此，早期断奶会导致胃酸分泌下降，胃蛋白酶活性降低，仔猪消化不良，同时由于胃内酸度不够，仔猪易感染有害病菌，出现生长缓慢、下痢、甚至死亡，给养猪业带来巨大的损失。解决这一问题的关键，必须要了解在生理状况下仔猪胃酸分泌的发育模式。另外，仔猪胃液分泌受神经系统和内分泌系统的调节，随着仔猪日龄的增长其体内这种调控机制逐渐完善。因此，根据不同的仔猪品种选择合适的断奶日龄，减少断奶及其他环境应激，选择合适的饲料原料进行科学配比等对于提高仔猪胃液的分泌，改善仔猪的消化能力具有重要意义。

2.2.2 小肠的消化及胰液、胆汁的作用

小肠中的消化包括腔内消化和黏膜消化两种形式。腔内消化指发生在肠腔内，主要是各种消化液的作用。黏膜消化发生在黏膜上皮细胞表面，腔内消化的产物与黏膜表面接触进一步分解，也称为膜消化，参与这类消化的酶主要存在于肠上皮的微绒毛刷状缘上。

1.胰液

胰液是无色无味的碱性液体，pH 约为 8.0。胰液的无机成分中，主要包括水、HCO_3^-、Cl^-、Na^+和 K^+等离子。HCO_3^- 是保持肠内碱性环境的重要因素。它中和来自胃的酸性食糜，为胰液和肠液内各种酶的作用提供合适条件，并保护肠黏膜免受强酸的侵蚀，对肠内消化有重要意义。胰液中 HCO_3^- 的分泌量因胰液分泌率和生理状态而异。胰液分泌率加快时，HCO_3^- 浓度增加。猪胰液中含有多种消化酶，包括各种蛋白质分解酶、碳水化合物分解酶、脂肪分解酶等。胰液中含有消化饲料中三大营养物质的消化酶，因此胰液也是最重要的消化液。如果胰液分泌障碍，会造成饲料消化不良，特别是蛋白和脂肪消化障碍。

（1）胰液中主要消化酶类

①消化蛋白质的酶　主要包括胰蛋白酶、糜蛋白酶和羧基肽。正常情况下，胰蛋白酶不会对胰腺组织产生消化，因为它以蛋白酶原的形式存在于胰腺中。胰蛋白酶原进入十二指肠后，在小肠液中肠激酶的作用下，迅速激活水解掉一个小分子的肽，转变为具有活性的胰蛋白酶。胰蛋白酶是一个触发酶，它可以进一步活化胰液中其他酶。胰蛋白酶的作用最强，并具有高度特异性，裂解底物的精氨酸和赖氨酸之间的肽链，产生胨、朊。糜蛋白酶由胰蛋白酶激活，糜蛋白酶特异性作用于芳香族氨基酸（色氨酸、苯丙氨酸、酪氨酸）的肽链。羧基肽酶将蛋白质或多肽分解成单个氨基酸。

②碳水化合物水解酶　胰淀粉酶属于 α-淀粉酶，不需要激活就具有活性。胰淀粉酶对生、熟淀粉都有作用，可以将淀粉、糖原及大多数碳水化合物水解，产生糊精、麦芽糖和麦芽寡糖，但不能水解纤维素。胰淀粉酶结构上存在一定的种别差异，猪的淀粉酶有两个—SH 基。酶的活性取决于酶内—SH 数量，数量越多，裂解程度也越高。Ca^{2+} 是胰淀粉酶活性能否发挥作用的重要因子，而 Cu^{2+} 则对其活性有抑制作用。

③脂类分解酶　胰脂肪酶是消化脂肪的主要酶，以活性形式分泌。在胰腺分泌的另一种

酶——辅脂酶和胆盐的共同存在下，胰脂肪酶将甘油三酯分解为甘油、脂肪酸和甘油一酯。辅脂酶可以将脂肪酶紧密附着于油-水界面，使胰脂酶的水解作用大大增强。胰液中还有胆固醇酶和磷脂酶，能分别水解胆固醇和磷脂。

(2)胰液分泌及调节　胰液分泌有一定的种别特点，正常饲喂条件下猪为 7～10 L。动物没有进食时，胰液分泌很少，进食后胰液分泌增加。胰腺分泌受植物性神经支配，食物的形状、气味，食物对消化道的刺激都可通过神经反射(包括条件反射和非条件反射)引起胰液分泌。迷走神经是主要的传出神经，迷走神经兴奋，释放乙酰胆碱，可直接作用于胰腺细胞。此外，迷走神经还可通过促进胃窦和小肠黏膜释放胃泌素，后者通过血液循环作用于胰腺，间接引起胰液的分泌，但这一作用较小。

化学性物质对猪胰液分泌的调节是调节胰腺分泌的主要途径，特别是十二指肠分泌的一些肽类激素例如促胰液素(secretin)和胆囊收缩素(cholecystokinin，CCK)的作用。酸性食糜进入小肠后，可以刺激十二指肠和空肠上端黏膜的 S 细胞分泌促胰液素，其主要作用于胰液小导管上皮细胞，使其分泌大量的水和碳酸氢盐，碳酸氢盐可以迅速中和酸性食糜，为胰腺分泌的消化酶提供合适 pH 环境。CCK 主要作用于胰腺的腺泡细胞，引起胰酶的大量分泌，所以又称为促胰酶素。食物中的蛋白质分解产物、脂肪酸等都可以刺激 CCK 的分泌。胰液分泌的调节过程中，促胰液素与 CCK 对胰液分泌相互加强作用，存在着协同作用。影响胰液分泌的其他物质还有促胃液素和血管活性肠肽等。

有些化学物质能够抑制胰液的分泌。生长抑素是具有很强的抑制胰液分泌的一种激素，能够抑制促胰液素和 CCK 的分泌从而抑制胰液的分泌，胰多肽是胰岛的 D 细胞分泌的，对胰液的分泌具有抑制作用。胰高血糖素的结构与促胰液素相似，能够与促胰液素产生竞争性抑制，从而抑制胰液的分泌。胰高血糖素对水、碳酸氢盐和胰酶的分泌都具有抑制作用。

(3)猪胰液分泌的发育性变化　胰腺既是外分泌器官又是内分泌器官，在其外分泌作用中，胰腺分泌的消化酶通过导管系统到达十二指肠。新生期是猪一个非常重要的发育阶段，在新生猪出生后的头 2 d，胰腺组织明显增重(高达 80%)(Widdowson et al，1976；Tarvid et al，1994)。自然哺乳的仔猪，体重和胰腺重量均随年龄增长而增加。胰腺重量的增长比体重的增长快得多，尤其是在出生后的第一天。然而，导致胰腺组织快速生长的机制还未知，自然哺乳仔猪胰腺组织的快速生长与初乳的摄入有关。研究表明，猪初乳含有多种激素和促生长肽，如胰岛素、皮质醇、表皮生长因子(EGF)、蛙皮素和胰岛素样生长因子-Ⅰ和-Ⅱ(IGF-Ⅰ和-Ⅱ)(Jaeger et al.，1990)，这些营养因子可能刺激新生猪的胰腺生长。

2.胆汁

胆汁是由猪肝脏细胞分泌的消化液，是具有苦味的有色液体。胆汁的颜色有明显的种别特点，主要取决于色素的种类和浓度。人和食肉动物以胆红素为主，一般呈红褐色，草食动物则以胆绿素为主，一般呈暗绿色，猪一般呈橙黄色。胆汁除水分外，还包括无机和有机成分。无机成分主要为一系列电解质，包括 Na^+、K^+、Ca^{2+}、Mg^{2+}、Cl^-、HCO_3^- 等，尤以 Na^+、Cl^- 和 HCO_3^- 含量较高。有机成分主要包括胆盐、胆固醇、脂肪酸、胆色素和卵磷脂等。

在正常情况下，胆盐、胆固醇和卵磷脂之间能够维持适宜的比例，使得胆固醇呈溶解状态。如果胆固醇过多，或胆盐、卵磷脂过少，胆固醇会析出形成胆固醇结石。胆汁的主要色素为胆红素，是血红蛋白的代谢产物，而胆绿素则是胆红素的氧化产物。胆汁中没有消化酶。胆汁的分泌可以分为两个阶段。第一阶段是胆汁由肝细胞合成储存在胆小管中，第二阶段是导管系统的加入，来自胆小管的初级分泌物在通过胆管过程中，胆管系统上皮细胞分泌含有 Na^+、HCO_3^- 和水分的次级分泌物。次级分泌物的加入，大大增加了胆汁总量。肝细胞分泌胆汁是连续的，食物尤其是含脂类较高的食物到达十二指肠后，胆囊收缩和奥地氏括约肌松弛，胆囊胆汁排出。

(1)胆汁主要成分　胆盐占胆汁中固定成分的 50%。胆汁酸主要包括胆酸和鹅脱氧胆酸，它们与甘氨酸和牛磺酸结合，形成氨胺胆酸、牛磺胆酸、甘氨鹅脱氧胆酸和牛磺鹅脱氧胆酸。胆酸与 Na^+ 结合形成胆盐，它是胆汁中参与脂肪消化和吸收的主要成分。进入十二指肠的胆盐随食糜运输至回肠末端时，在此处 95%胆盐被重吸收，经肝门静脉返回肝脏，被肝细胞再次分泌，这一过程称为胆盐的肠肝循环(enterohepatic circulation of bile salts)，其余 5%胆盐随粪便排出。

胆汁中的磷脂主要是卵磷脂，占胆汁固体成分的 30%～40%，参与脂肪的乳化和有利于形成微胶粒。胆固醇约占胆汁固体成分的 4%。正常情况下，胆汁中的胆盐、胆固醇和卵磷脂保持适当的比例，从而维持胆固醇呈溶解状态。如果胆汁中胆固醇含量过高，易形成胆固醇结晶，形成胆结石。胆色素占胆汁固体成分的 2%，是血红蛋白在体内分解代谢的产物，包括胆红素、胆绿素等。

(2)胆汁的主要生理功能　胆汁在猪消化系统中的作用主要由胆盐来承担，对脂肪以及脂类物质的消化和吸收具有重要意义，主要表现在以下几个方面。

①对饲料中的脂肪进行乳化　胆汁中的胆汁酸、胆固醇以及卵磷脂都是脂肪的高效乳化剂，使脂肪乳化为 3～10 μm 的脂肪微滴，分散在肠腔，从而增加了与脂肪酶的接触面积，加快胰脂肪酶对脂肪的消化。

②促进脂肪的吸收　胆盐达到一定的浓度后，其分子可以聚合成 3～6 μm 微胶粒(micelle)，将脂肪的消化产物包裹在中间，形成水溶性的混合微胶粒(mixed micelle)。在微胶粒中，胆盐分子的极性端向外，将脂肪酸、甘油一酯、胆固醇等包裹在微胶粒的内部，形成水溶性的复合物，运载不溶于水的脂肪分解产物到达小肠黏膜表面，从而促进脂肪的吸收。

③有利于脂溶性维生素的吸收　由于胆汁能促进脂肪分解产物的吸收，所以对脂溶性维生素 A、维生素 D、维生素 E 和维生素 K 的吸收也有促进作用。

④其他作用　胆盐在小肠中被吸收后，可直接刺激肝细胞合成和分泌胆汁，胆汁能在十二指肠内中和胃酸，提供适宜的 pH 环境。最近的研究表明胆汁能影响肠道微生物的菌群，同时具有一定的抗菌效果等。

(3)胆汁分泌的调节　采食或消化道内食糜的刺激可以反射性引起胆汁分泌，胆囊收缩。迷走神经是该反射的传出神经，切断双侧迷走神经或使用抗胆碱类药物可以阻断此反应。另外，迷走神经还可以通过促进胃泌素的释放，间接引起肝胆汁分泌以及胆囊的收缩。但总体神经系统对胆汁分泌作用较弱。

调节胆汁分泌的主要体液因素包括：胆囊收缩素、促胰液素、胃泌素和胆盐。在胆管、胆囊和奥地氏括约肌上均有 CCK 受体分布，肠腔内蛋白质和脂肪的分解产物能有效刺激小肠黏膜中的 I 细胞释放 CCK，从而引起胆囊收缩和奥地氏括约肌松弛，促进胆汁的排出。促胰液素主要作用于胆管系统，引起胆汁中水和碳酸氢盐量的增加。胃泌素可以作用于肝细胞和胆囊，促进肝胆汁的分泌和胆囊收缩，同时胃泌素还能通过刺激盐酸分泌，引起促胰液素的分泌从而导致肝胆汁的分泌。另外，小肠内的胆盐 95%能被肠黏膜吸收，通过门静脉返回到肝脏，可以直接刺激肝细胞分泌胆汁。

（4）猪胆汁分泌的发育性变化　经典胆汁酸生物合成的途径为通过胆固醇 7α-羟化酶（cholesterol-1alpha-hydroxylase，CYP7A1）和胆固醇 27α-羟化酶（cholesterol-27alpha-hydroxylase，CYP27A1）等酶的作用将胆固醇合成胆汁酸。7α-羟化酶的活性决定胆汁酸生成的总体速率。由于仔猪肝脏等器官的发育还不成熟，特别是相关酶的不完善，分泌的胆汁酸可能不足以消化和吸收脂肪。添加适量的胆汁酸在仔猪日粮中，可以乳化脂肪成为乳糜脂肪微粒，提高仔猪对日粮脂肪的消化吸收，有利于其生长发育。同时，由于胆汁酸本身具有杀菌等生物功能，无任何药物残留，在仔猪日粮中添加适量胆汁酸，可有效改善仔猪免疫功能，增加胆汁分泌，保肝利胆，提高仔猪的生长发育（Seo et al.，2019）。有试验表明，猪日粮中添加胆汁酸，可以促进日粮脂肪摄入与吸收（Li et al.，2019）。

早期断奶使仔猪与母猪突然分离，饮食环境发生改变，仔猪产生应激会出现一段时间的短暂性厌食，可能引起肠黏膜萎缩和肠功能紊乱。有试验表明，将鹅去氧胆酸补充进早期断奶仔猪日粮中，可增强远端小肠黏膜保护和屏障功能的基因表达（Lee et al.，2019）。另一项试验表明，日粮中添加猪去氧胆汁酸（HDCA）可以通过影响与分化有关的 mRNA 表达来调节肠内分泌细胞的分化，从而提高断奶仔猪的体液免疫（Kumar et al.，2019）。

3.小肠液

猪小肠内的消化液除胰液、胆汁外，小肠本身也具有分泌功能。小肠内腺体主要包括位于十二指肠黏膜下层的十二指肠腺（brunner gland）和分布于整个小肠黏膜层内的小肠腺（lieberkühn crypt）。小肠液是小肠黏膜中各种腺体的混合分泌物，分泌量大，其成分变动也较大。

小肠液是一种弱碱性液体，pH 约 7.6，小肠液中含有丰富的电解质，包括 Na^+、K^+、HCO_3^-、Cl^-等。HCO_3^- 能中和胃酸，保护肠黏膜不被胃酸侵蚀。小肠液中含有的酶类较少，从小肠腺分泌进入肠腔的酶主要是肠激活酶，它可以激活胰蛋白酶原。小肠液中还有一些酶类如：氨基肽酶、二肽酶等，但一般认为它们不是由肠腺分泌，而是由脱落的肠黏膜上皮细胞释放的，这些酶类主要存在于肠上皮细胞的刷状缘，当营养物质被吸收进入肠上皮细胞后，这些存在于上皮细胞刷状缘的消化酶可发挥消化作用。

小肠液的分泌受神经系统支配。肠黏膜中存在机械和化学感受器，它们对食糜的局部刺激，尤其对机械扩张最为敏感，可引起小肠液的分泌。这些刺激主要通过肠壁神经丛的局部神经反射起作用。激素对小肠分泌也有一定的调节意义，胃泌素、促胰液素、胆囊收缩素、血管活性肠肽等都可促进小肠液的分泌。

4.猪小肠内消化的发育性变化

一般情况下，除乳糖酶外动物出生时胰酶和刷状缘酶的水平均较低，这对完整抗体分子的吸收可能是有好处的。随着动物年龄增加，尤其是当采食固体饲料时，胰酶和刷状缘酶随之增加，而肠道乳糖酶例外，它随年龄增长必然地降低。这些变化对适应从乳汁（高脂肪、高蛋白、低碳水化合物）到固体饲料（低脂肪、高碳水化合物）的转变是必要的。胰酶能快速适应日粮的改变，对饲料中蛋白质和脂肪的适应是通过肠道激素胆囊收缩素和促胰液素调节的，它们分别诱导胰蛋白酶和脂肪酶的基因表达。

断奶时小肠刷状缘酶变化的启动取决于肠上皮细胞内在的程序。它并不完全依赖于饲料，调节激素如糖皮质激素和甲状腺素的水平，需要达到一个最低阈值，才能容许这些酶发生变化。如果动物提前断奶,酶也会提前增加。同样,如果提前注射糖皮质激素,酶也会同时增加。这些结果表明,早期断奶应激引起的糖皮质激素水平增加能导致内在程序提前启动。刷状缘酶增加或减少的速率则依赖于糖皮质激素或甲状腺素的水平。

母乳是新生仔猪唯一的日粮来源,而乳糖是母乳中重要的碳水化合物,猪初乳中乳糖的含量达 2.0%~7.5%,因此乳糖酶的成熟对新生仔猪消化机能显得特别重要。乳糖酶和麦芽糖酶等二糖酶作为新生动物肠道中重要的消化酶,是肠道功能发育成熟的指示剂。有研究表明(周根来,2005)从新生到 7 日龄,仔猪小肠黏膜乳糖酶总活性随着日龄增加而显著提高,比活性随着日龄的增加逐渐降低,仔猪乳糖酶总活性的增加主要发生在出生后前 3 d,而麦芽糖酶随着日龄增加,总活性和比活性都显著提高。

2.2.3 小肠的吸收功能

吸收是指饲料经消化后,其分解产物通过消化道的上皮细胞进入血液或淋巴的过程。消化道各段的吸收能力相差很大。这主要取决于猪各部分消化道的组织结构、饲料在各部位消化的程度和停留时间。口腔和食管基本没有吸收能力。胃黏膜没有绒毛,而且上皮之间都是紧密连接,吸收功能一般较差,通常只有一些高脂溶性物质,如乙醇可被少量吸收。小肠是吸收的主要部位,糖类、蛋白质和脂肪的消化产物绝大部分是在小肠吸收的。

小肠具备多种条件,使得小肠能够成为吸收的主要部位:①吸收面积大。小肠长度较长,黏膜上有许多向肠腔突出的皱襞,尤以十二指肠和空肠最为发达,皱襞上有大量绒毛,在绒毛的每个柱状上皮细胞顶端又有上千条微绒毛。②绒毛中含有丰富的毛细血管和淋巴管,消化期,小肠绒毛的节律性摆动,可以加速血液和淋巴的回流。③饲料在小肠中的停留时间长,一般为 3~8 h。④在小肠内,糖、蛋白质和脂类已经被消化为可吸收的小分子形式。

营养物质的吸收机制,大致可分为被动转运和主动转运两种方式。被动转运包括:简单扩散和易化扩散。简单扩散是一种非耗能过程,它的发生主要依赖于物理学驱动力引起物质由高浓度一侧向低浓度一侧转运。易化扩散也是一种非耗能的顺浓度梯度进行的转运过程,但需要有特异性载体参与。主动转运是一种逆浓度梯度的物质转运过程。它有两个必需的条件:细胞膜上必须有特异性载体,膜上具有转运功能的 ATP 酶。由于提供能量的方式不同,主动转运可分为原发性主动转运和继发性主动转运两大类。原发性主动转运是指离子泵利用分解 ATP 产生的能量将离子逆浓度梯度或电位梯度进行的跨膜转运,如 Na^+ 的转运;继发性主动转运是指驱动力并不直接来自 ATP 的分解,而是来自原发性主动转运所形成的离子浓度梯度而进行的物质逆浓度梯度或电位梯度的跨膜转运,如糖、氨基酸等的主动转运。

1.糖的吸收

机体用于维持、生长、繁殖所需的大部分能量是由日粮中的碳水化合物提供的(Chen et al.,2018)。饲料中的糖类必须水解为单糖后才能被机体吸收利用,吸收的部位主要在猪小肠的前段。各种单糖的吸收速度差异较大,己糖的吸收速度最快,而戊糖吸收慢。在己糖中,半乳糖和葡萄糖的吸收最快,果糖次之,甘露糖最慢。如果以葡萄糖的吸收速率为 100,半乳糖 110,果糖 43,甘露糖 15,阿拉伯糖 9。造成不同单糖吸收速度的差别主要是转运单糖的载体种类和单糖对载体的亲和力。

葡萄糖的吸收是逆浓度梯度进行的,协同葡萄糖转运的载体可以被归类为 Na^+ 依赖性葡萄糖转运蛋白(SGLTs)和非 Na^+ 依赖性葡萄糖转运蛋白(GLUTs),包括 SGLT1、GLUT2、GLUT5、GLUT7 和 GLUT12。肠道葡萄糖转运蛋白的表达沿腺窝—绒毛轴(gut apical,CVA)方向受多种因素调控,如底物浓度、饲料限制、疾病、昼夜循环、局部或全身激素水平、猪的发育阶段等。断奶仔猪的 SGLT1 蛋白主要表达在绒毛细胞的顶膜上,其在其他组织中的表达有限,该蛋白被认为是唯一一种逆浓度梯度的钠-葡萄糖共转运蛋白,是肠上皮细胞吸收饲料葡萄糖的主要途径,每次转运可以将肠腔中 1 分子的葡萄糖和 2 个 Na^+ 同时转运到上皮细胞内。该蛋白已在猪上得到克隆和鉴定,大小约为 75 kD(Moran et al.,2010)。肠顶端高活性的 SGLT1 有助于改善仔猪葡萄糖稳态。SGLT1 活性受 PKC 和 mTOR 信号通路的调控。此外 SGLT1 的表达还可能受到某些氨基酸的影响,例如,在喂食缺乏异亮氨酸的日粮的动物整个小肠中糖转运受到抑制(Zhang et al.,2017)。肠上皮细胞的另一侧基底侧膜上有 GLUT,其家族共有 14 个成员,其中 GLUT2、GLUT5、GLUT7、GLUT9 和 GLUT12 在小肠表达,它们以易化扩散的方式转运上皮细胞内的葡萄糖到细胞间隙而入血。

因此葡萄糖的吸收是需要消耗能量的,即继发性的主动转运,对于葡萄糖的吸收来讲,钠泵的正常转运是必需的因素。其他糖类的转运各有特点,半乳糖的吸收机理与葡萄糖一样,而果糖则是通过易化扩散机制吸收的,不过有一部分果糖在通过上皮细胞时是转变为葡萄糖后被吸收,所以果糖的吸收速度较慢,仅为葡萄糖或半乳糖的一半。

2.蛋白质的吸收

蛋白质的消化分解产物有氨基酸、二肽和三肽,吸收的主要部位也是在猪小肠的前段。吸收的过程是耗能的主动过程,同时大多需要 Na^+ 浓度差来实现,但涉及的载体比单糖的吸收复杂。现今已发现的氨基酸转运载体根据转运载体蛋白的底物特异性可分为碱性、酸性和中性氨基酸转运载体三类,按照转运过程是否依赖钠离子可以分为钠离子依赖性转运载体和钠离子非依赖型转运载体,另外根据底物的亲和力、特异性进行分类,又可以分为 $b^{0,+}$、y^+、L^+ 等二十多种不同类型的转运载体。氨基酸转运载体在功能上通常表现出较宽的底物特异性,即一个转运载体能转运多种氨基酸。随着猪肠道的发育,肠道中氨基酸转运载体总体转运能力逐渐增强。

已有实验证据表明,猪肠道中的二肽和三肽也可以被小肠黏膜上皮细胞摄取。目前认为从上皮细胞纹状缘上进入黏膜上皮细胞后,寡肽被细胞质中的寡肽酶水解为氨基酸,再经基底侧膜上的氨基酸载体转运出细胞,这也是一耗能过程。为了区别于氨基酸和葡萄糖的继发性主动转运机制,有人将寡肽的吸收过程称为第三级主动转运。许多实验证实,少量的蛋白质可以完整地进入血液,例如初乳中的一些蛋白质抗体,可被仔猪完整地吸收进入血液。随着年龄的增加,完整蛋白质的吸收越来越少,外来蛋白质被成年猪吸收进入血液后,会引起淋巴细胞产生特异性抗体,如果再次摄入同样蛋白质,会引起抗原-抗体反应引发过敏。

3.脂肪的吸收

进入猪胃肠道的脂类包括饲料脂类(三酰基甘油、胆甾醇酯和磷脂)和来自胆汁的内源性脂类(磷脂和胆固醇)以及来自脱落的肠上皮细胞中的脂成分。脂类物质的吸收途径有几个明显的特点。首先,所有的脂质在进入肠上皮细胞之前都在管腔内被消化;在肠上皮细胞内,消化产物被重新酯化成复杂的脂质分子。其次,大多数细胞内的脂质被组装成脂蛋白,主要是乳糜微粒。最后,携带大部分脂质的乳糜微粒首先被分泌到细胞间隙,然后进入固有层,然后进入乳糜管,最后进入淋巴系统。

猪日粮中的脂质在进入小肠后首先被胆汁酸进一步乳化，随后甘油三酯被胰脂肪酶消化产生甘油、脂肪酸和甘油一酯，胆固醇酯被羧基酯水解酶(胆固醇酯酶)水解释放出游离的胆固醇和脂肪酸。脂肪酸、甘油一酯、甘油和胆固醇都是脂溶性物质，而在小肠上皮细胞刷状缘有一层非流动性的水层，脂溶性的物质很难到达水分子层，因此它们必须先与胆盐结合形成微胶粒才可以到达刷状缘表面，而后甘油单酯和脂肪酸直接经微绒毛膜进入细胞内，而胆盐微胶粒仍然留在食糜中，以保证脂肪酸和甘油单酯的继续吸收。

脂肪酸通过两种不同的机制从肠腔进入肠细胞：当肠腔内浓度高于细胞内时，脂肪酸被动地通过简单扩散进入细胞内；当细胞内脂肪酸浓度高于肠腔内时，脂肪酸的转运就需要受体蛋白的介导。CD36是肠上皮细胞转运脂肪酸的主要载体。此外，脂肪酸转运蛋白4(fatty acid transport protein 4，FATP4)也被认为参与了肠道脂肪酸摄取。脂肪酸在被肠上皮细胞吸收后，通过脂肪酸结合蛋白1(fatty acid-binding protein 1，FABP1)和FABP2等蛋白继续在细胞内进行运输。胆固醇的吸收主要是依靠简单扩散作用。近年来，一些参与调节胆固醇吸收的重要载体蛋白也被发现，如小肠上皮细胞刷状缘表面的糖基化蛋白NPC1L1(niemann-pick C1-like 1)，其参与了70%胆固醇的吸收转运(Ko et al.，2020)。

4.维生素的吸收

维生素可以分为水溶性维生素和脂溶性维生素两大类。大多数的水溶性维生素都是通过钠离子同向转运而吸收，一般在小肠前段吸收。维生素 B_{12} 的吸收比较特殊，维生素 B_{12} 需要与胃黏膜分泌的内因子连接形成复合物，在回肠进行吸收。

脂溶性维生素有维生素A、维生素D、维生素E、维生素K四种，它们的吸收与脂类的吸收密切有关。这类维生素主要在小肠前段被吸收。脂溶性维生素的吸收与脂类消化产物相同，如果脂肪吸收出现障碍，脂溶性维生素的吸收也会受到影响。

5.无机盐的吸收

(1) Fe^{2+} 的吸收　猪日粮中铁的吸收主要在小肠上部，Fe^{2+} 经膜上二价金属离子转运蛋白(divalent metal transporter 1，DMT1)共转运入上皮细胞内。转运入上皮细胞内的 Fe^{2+} 在胞内亚铁氧化酶催化下生成 Fe^{3+}，胞内 Fe^{3+} 则有两种去路：一部分与胞内铁蛋白(ferritin)结合留存于胞内，所以肠黏膜是铁的储库；另一部分与铁结合蛋白(iron binding proteins)结合后经底侧膜上铁转运蛋白(ferroprotein)转运入血液，与血浆中转铁蛋白(transferrin)结合进行转运。

当机体缺铁时，吸收能力加强。肠道中铁的形态也影响其吸收，有机铁和高价铁都不易被吸收，故需还原为亚铁后被吸收。亚铁的吸收速度比相同量的高价铁快2～5倍。维生素C能将高铁还原为亚铁而促进铁的吸收。铁在酸性环境中易溶解而便于吸收，胃酸有促进铁吸收的作用。胃大部分切除的患者常伴有缺铁性贫血。

(2) Ca^{2+} 的吸收　饲料中的钙必须要变成 Ca^{2+} 才能被吸收。猪日粮中的钙离子主要在十二指肠和空肠前段被吸收。钙的吸收率受维生素D和机体对钙的需求情况的影响。此外，饲料中钙与磷的适宜比例、肠内酸度、脂肪、乳酸、某些氨基酸(如赖氨酸、色氨酸和亮氨酸)等都可促进 Ca^{2+} 吸收，而饲料中的草酸和植酸可以与 Ca^{2+} 形成不溶解的化合物而妨碍 Ca^{2+} 的吸收。

钙的主动吸收包括三个步骤：肠道内 Ca^{2+} 顺着电化学梯度经刷状缘膜上钙通道(calcium channel)进入胞内，与细胞质内钙结合蛋白结合，经底侧膜上钙泵(Ca^{2+}-ATPase)主动转

运或 Na^+-Ca^{2+} 交换泵(Na^+-Ca^{2+}-exchanger)继发性主动转运至胞外后被吸收入血液。当胞内 Ca^{2+} 浓度较低时，以 Ca^{2+} 泵主动转运为主；而当胞内 Ca^{2+} 浓度高时，Na^+-Ca^{2+} 交换泵转运效率更高。

6.猪小肠吸收的发育性变化

新生仔猪肠道具有吸收大量完整的蛋白质的能力(胞饮作用)，这种吸收有助于新生动物获得母源性抗体。此种吸收过程分为两个阶段。第一个阶段是大分子蛋白吸收到小肠吸收细胞的微绒毛膜。第二阶段是当这些分子达到一定的临界浓度时，膜内陷形成小的囊泡，膜结合囊泡迁移至细胞核上方的区域，与溶酶体合并为大的空泡，在其中发生细胞内的消化。猪出生后所有的母源性免疫球蛋白均来自初乳，在刚出生的阶段，短期内肠黏膜对所有与黏膜接触的大分子均有高度的通透性。肠黏膜对免疫球蛋白摄取的增加仅持续一个较短的时间，猪一般持续 2～3 d，之后肠道“关闭”以阻止蛋白质的大量通过。

出生后猪的肠道直径，总重和表面积显著增加，在哺乳的最初 6 h 内，猪的肠道和黏膜总重量分别增加了 58%和 80%，并且出生后 24 h 的黏膜 DNA 含量增加了 4.6 倍(Zhang et al.,1997)。这种生长的增加是由肠道隐窝干细胞的加速增殖所驱动的(Kelly and Coutts, 2000)。微绒毛开始覆盖小肠上皮的顶端表面直至成年，小肠表面积不断增大，在发育过程中，表面积的增加对养分吸收能力具有重要意义(Neu et al.,2007)。

2.2.4 大肠的消化与吸收

猪大肠液是大肠黏膜的柱状上皮细胞及杯状细胞分泌的，分泌物富含黏液和碳酸氢盐，没有消化酶。大肠是单胃动物纤维素消化的主要部位。猪大肠中的纤维素消化率也可达 47.2%～54.3%。肠道微生物生态系统的调节主要与日粮组成、宿主生理状态以及微生物本身三种因素有关。大肠中纤维素消化的终产物是挥发性脂肪酸(VFA)，主要是乙酸、丙酸和丁酸。VFA 是大肠黏膜代谢的重要能量来源，约占 15%，其中丁酸是促进大肠细胞生长的关键因子。另外，大肠中产生的酸可引起 pH 的下降，以促进电解质的吸收，并抑制病原菌的繁殖。大肠食糜中的一些未被消化的营养物质也可进一步被消化。大肠微生物还可合成蛋白质、B 族维生素和 K 族维生素。微生物发酵的终产物中还有 CO_2、CH_4、NH_3 等。此外，大肠还可以吸收部分水和电解质，大肠内钠离子的主动转运引起的渗透梯度是其吸收水的主要动力。

2.3 消化道的运动功能

消化道的运动是指通过消化道肌肉的舒缩活动，将饲料磨碎，使之与消化液充分混合，并将食糜不断向消化道后端推送。除了口腔、咽、食管上端和肛门外括约肌是骨骼肌外，消化道其余部分都是平滑肌。消化道平滑肌细胞呈长纺锤形的纤维状，肌细胞间存在大量缝隙连接，这种连接电阻很低，使电信号能迅速在肌细胞间传递。

消化道平滑肌具有肌肉组织的共同特性，如兴奋性、传导性和收缩性，但也有自身的特点：①消化道平滑肌的兴奋性比骨骼肌低，收缩的速度缓慢，具有自动节律性，但节律缓慢且不规则，变异性较大。②消化道平滑肌具有很大的伸展性，使得消化道能够容纳较多的食物。③消化道平滑肌处于持续微弱的收缩状态，即具有紧张性。④消化道平滑肌对化学、温度和牵张刺激很敏感，如一定范围内温度的升高、微量的乙酰胆碱或者牵拉刺激均引起平滑肌收缩。

2.3.1 胃的运动功能

胃有储存食物的功能，也具有把胃内容物排入十二指肠的功能。胃的运动也是和它的生理功能相适应。猪采食饲料时，胃先发生舒张，以容纳饲料，接下来进行蠕动，使胃液与饲料进行混合，并且将食糜向小肠推进。胃主要包括以下运动形式。

1.容受性舒张

猪采食时，饲料对咽、食道等处感受器的刺激可引起胃底和胃体肌肉的舒张，使胃容量扩大，胃壁肌肉的这种活动称为容受性舒张。容受性舒张是胃的特征性运动形式，其生理意义在于，当猪大量采食时，胃的容积会随之增加，但胃内压变化很小，有利于饲料在动物体内的暂时储存。胃的容受性舒张反射的传出神经是迷走神经，切断迷走神经后容受性舒张就不再出现。

2.蠕动

当饲料进入猪胃内几分钟后，胃开始蠕动。这种蠕动波起始于胃壁中部，沿胃壁向幽门方向传递。随着胃窦内压力增大，食糜被推向幽门，此外驱动收缩环对食糜的均匀混合有重要作用。神经和体液因素可以调节胃的蠕动，迷走神经兴奋可以使胃的蠕动加强，胃泌素和胃动素均可使胃的收缩强度和频率加大。

3.紧张性收缩

猪空腹时胃就有一定的紧张性，采食后略有增加。紧张性收缩使胃保持一定的形状和位置，维持一定的胃内压，有利于饲料和胃液的充分混合，并有助于将食糜推向十二指肠。

4.胃的排空

胃内的食糜进入十二指肠的过程称为胃排空。猪胃排空的速度和食糜的性状和化学成分有关。一般来说，颗粒较小的饲料比大块的饲料排空快，液体饲料排空比固体快，等渗溶液比非等渗液体快。在三大类主要的饲料营养成分中，糖类排空最快，蛋白质次之，脂类最慢。胃排空还受胃和十二指肠两方面因素的影响。胃的运动会增加胃内的压力，胃内容物和一些体液因素都能加强胃的运动，增加胃内压，加快胃的排空。

相反十二指肠内的一些因素可增加十二指肠内的压力，从而减少胃和十二指肠之间的压力梯度，抑制胃的排空。十二指肠壁上存在许多感受器，酸、脂肪、渗透压的改变以及机械扩张都可以刺激这些感受器，反射性地抑制胃的排空，使胃排空减缓，称为肠-胃反射。这个反射对酸的刺激特别敏感，当小肠内 pH 降到 3.5～4.0 时，肠胃反射就会发生，胃的排空减慢，从而保证小肠的食糜能充分消化。

2.3.2 小肠的运动功能

小肠壁的肌层有两层，内层为较厚的环行肌，外层是较薄的纵行肌。小肠的运动由这两层平滑肌的舒缩活动完成。猪消化期小肠运动的基本形式是紧张性收缩、分节运动和蠕动。

1.紧张性收缩

小肠平滑肌的紧张性是其他运动形式有效进行的基础。紧张性收缩使猪小肠平滑肌保持一定的紧张度，并维持一定的肠内压，有利于肠内容物的混合，促进消化。

2.分节运动

分节运动主要是猪小肠环形肌产生节律性收缩和舒张的结果。当一段肠管被食糜充满时，环形肌在许多不同部位同时收缩，把食糜分成许多节段，随后原收缩处舒张，原舒张处收缩，使原来的节段分成两半，相邻两半则合成新的节段，如此反复进行。猪在空腹时分节运动几乎不发生，采食后，分节运动逐渐增强。分节运动促进食糜与消化液充分混合，有利于消化；分节运动还可使食糜与肠壁紧密接触，从而有利于吸收功能的正常进行；此外，通过对肠壁的挤压，有利于血液和淋巴的回流，为吸收创造良好的条件。

3.蠕动

蠕动是猪肠壁环形肌和纵行肌协同作用的结果。食糜前面的纵行肌收缩，环行肌舒张，而食糜后面的环行肌收缩，纵行肌舒张，从而将食糜向后一段消化道推进。小肠每次蠕动只把食糜推进一小段距离。蠕动的意义是使经过分节运动的食糜向前推进，到达新的肠段，再开始新的分节运动。此外，小肠中还有一种进行速度很快、传播很远的蠕动，称为蠕动冲。蠕动冲一般由进食时的吞咽动作或食糜刺激十二指肠而引起，不但速度快(2～25 cm/s)而且传播远，它可把食糜从小肠起始端，一直推送到小肠末端，甚至大肠。

食糜对猪小肠的机械性刺激和化学性刺激均可以通过壁内神经丛反射使小肠蠕动增加。当切断外来神经的支配，小肠的蠕动仍可以进行，说明在小肠运动的调节中壁内神经丛起主要作用。外来神经中的迷走神经的兴奋能加强小肠的运动，交感神经兴奋会抑制小肠运动。它们对小肠运动的调节一般是通过壁内神经丛实现的。除各种神经递质外，胃肠道激素是小肠运动的主要调节因子。促进小肠运动的胃肠道激素主要包括胃泌素、CCK、胰岛素等，抑制小肠运动的激素主要有促胰液素、胰高血糖素、生长抑素等。

2.3.3 大肠的运动功能

大肠的运动较小肠少、弱和慢，对各种刺激的反应液较迟缓。猪大肠的运动主要有三种形式：①袋状往返运动，由环行肌的不规则收缩引起，它使结肠出现一串结肠袋，这种运动使肠腔内容物不断混合，但不向结肠远端推进。②蠕动，速度较缓慢，但推动食糜前进，通常还可看到逆蠕动。③集团蠕动，是一种行进很快、传播很远的蠕动，可以将大肠内一部分内容物推送到直肠。

排便是一个复杂的反射活动过程。一旦粪便被推进到直肠，直肠内压升高。当刺激达到一定程度时，直肠壁感受器发出神经冲动传到中枢，引起排便反射。粪便在大肠内停留过久，粪便中的水分被吸收过多，粪便会变得干燥，排便困难。饲料中的纤维对于猪肠道功能和排便反射具有重要意义，其中一个重要因素即纤维素可以刺激肠运动，缩短粪便在大肠内停留的时间，同时纤维素可以和水形成凝胶，限制大肠食糜中水的吸收，增加粪便体积，促进粪便的排出。

2.4 内分泌功能

2.4.1 胃肠道的内分泌细胞

猪消化道从胃到大肠的黏膜内存在四十多种内分泌细胞，可合成和释放多种具有生物活性的化学物质，统称为胃肠激素。由于胃肠道黏膜的面积很大，这些内分泌细胞的种类很多，总体数量远大于体内其他内分泌腺中内分泌细胞数量，因此，猪消化道被认为不仅是其体内的消化器官，也是体内最大、最复杂的内分泌器官。虽然胃肠内分泌细胞的种类繁多，但却有共同的生物化学特性，即具有摄取胺或胺的前体(氨基酸、多巴)，并脱去其羧基，进而转变为活性胺(如多巴胺)的能力，这类细胞被称为 APUD 细胞系统(amine precursor uptake and decarboxylation，APUD)。这类激素在化学结构上都属于肽类物质，故又称为胃肠肽(gastrointestinal peptide)，目前已被鉴定的有数十种。胃肠内分泌细胞(enteroendocrine cells，EECs)所分泌的多种激素参与调节肠道自身的运动和分泌功能、食欲和摄食行为、胃肠化学感应、营养物质代谢等过程。

胃肠内分泌细胞(EECs)起源自胚胎的神经嵴，由胃肠道干细胞分化而来，广泛分布于整个胃肠道和胰腺组织。猪胃肠激素起作用主要有两种途径：①激素从内分泌细胞释放入血，到达远端器官发挥功能，通过内分泌的方式发挥作用；②激素能被释放到邻近细胞并发挥作用，这种作用模式被称为旁分泌作用。虽然许多肠激素的主要作用靶细胞很可能是在各自的邻近位置，但还是有一些物质被认为是作为循环激素发挥作用，如胃泌素、胆囊收缩素(CCK)、促胰液素、胃动素等。许多内分泌细胞在胃肠道的分布特点表明它们在猪进食后产生的时间先后有差异。胃肠道产生的主要激素及其产生细胞类型见表 2-1。

表 2-1 主要胃肠道内分泌细胞及其分泌的激素

细胞类型	分布	激素
D 细胞	胃肠道	生长抑素(somatostatin)
EC 细胞	胃肠道	5-羟色胺(5-HT)
G 细胞	胃窦、胃幽门、十二指肠	胃泌素(gastrin)
ECL 细胞	胃底	组胺(histamine)
X/A 样细胞	胃窦	胃饥饿素(ghrelin)
D1 细胞	胃底、胃幽门、肠道	血管活性肠肽(VIP)
S 细胞	十二指肠、空肠	促胰液素(secretin)
K 细胞	空肠、回肠	抑胃多肽(GIP)
I 细胞	十二指肠、空肠	胆囊收缩素(CCK)
M0 细胞	空肠、回肠	胃肠动素(motilin)
N 细胞	空肠、回肠	神经降压素(neurotensin)
L 细胞	小肠远端和结肠	胰高血糖素样肽-1/2(GLP-1/2)、酪酪肽(PYY)
P 细胞	胃底、胃幽门、空肠	蛙皮素(bombesin)
PP 细胞	胃肠道	胰多肽(PP)

猪胃肠道的内分泌细胞散布在肠管黏膜的上皮组织中，根据有无露出肠管内腔的突起分为开放型细胞和封闭型细胞两类。大部分胃肠道的内分泌细胞为“开放型”，细胞呈锥形，顶端由绒毛突起深入胃肠腔内，直接感受胃肠道内食物成分或者 pH 的刺激，从而引起细胞的分泌活动。如 G 细胞能感受蛋白质分解产物的刺激而分泌胃泌素，S 细胞感受酸刺激而释放促胰液素，I 细胞能感受脂肪类物质的刺激分泌胆囊收缩素等。也有少数胃肠道内分泌细胞无微绒毛，与胃肠腔不直接接触，不能感受食物的刺激和肠道 pH 的改变，但它们可以通过旁分泌感受内容物等变化来调节其内分泌状态，包括肠嗜铬细胞(EC 细胞)、肠嗜铬样细胞(ECL 细

胞)、X/A 细胞和 D 细胞,这类细胞称为闭合性细胞。

2.4.2 主要胃肠激素及其生理作用

猪消化道中存在大量不同类型的内分泌细胞,可以分泌胃泌素、促胰液素、胰岛素、胰高血糖素及生长抑素等多种激素。胃肠道激素的作用是多方面的,主要表现在:①调节消化腺的分泌和消化道的运动,不同的胃肠激素作用的靶组织不同。②对胃肠道组织的代谢和生长具有重要作用,也称为"营养作用",胃肠道激素可以刺激胃、肠、肝等组织器官的血管扩张使其血流量增多,从而促进其生长和代谢。③调节其他激素的释放,胃肠道激素除了调节消化器官的功能外,还能调节体内其他激素的释放,例如抑胃肽具有很强的刺激胰岛素分泌的作用。④影响机体的免疫,肠黏膜固有层的淋巴组织中有肽类神经纤维,不少胃肠肽对免疫细胞的增生、炎症因子的释放、白细胞的趋化和吞噬作用都有广泛的影响。

1.胃泌素

胃泌素(gastrin)是 1905 年由剑桥生理学家约翰·悉尼·埃德金斯(John Sydney Edkins)最初发现的一种与胃酸分泌有关的激素,当时也称为胃分泌素。但是直到 1964 年胃泌素才被分离出来并确定了其结构。胃泌素由 G 细胞分泌,G 细胞主要存在于胃肠道,特别是胃窦的黏膜中,少量存在于十二指肠黏膜。胃泌素也称为促胃液素,属于多肽,根据所含氨基酸数目的不同可以分为很多种,最常见的是 17 肽和 34 肽的胃泌素。

胃泌素的主要作用是:①刺激胃黏膜壁细胞分泌胃酸,胃泌素-17 刺激胃液分泌的作用比胃泌素-34 强 5~6 倍。胃泌素通过与肠嗜铬样细胞上的胃泌素受体结合,刺激肠嗜铬样细胞释放组胺,组胺与壁细胞上的受体结合刺激壁细胞分泌胃酸(张宝林,2000)。②胃泌素能够作用于胃体、胃窦、幽门平滑肌细胞,使其收缩频率和收缩幅度都增加。③胃泌素促进胃肠道黏膜生长,还能刺激胃肠和胰腺的蛋白质、DNA 和 RNA 合成,尤其是调节胃泌酸区的生长。④同时胃泌素还可参与胃蛋白原、胰酶以及胆汁分泌的调节。

胃泌素由 G 细胞分泌后可以直接进入外周循环后作用于胃肠道,还可以通过旁分泌途径发挥作用。通常认为胃泌素是通过两种途径来调节胃酸分泌的:①胃泌素直接与壁细胞上的受体结合,使细胞外液中的 Ca^{2+} 内流而引起胞内 Ca^{2+} 浓度增加,Ca^{2+} 激活蛋白激酶 C(PKC),使 H^+-K^+-ATP 酶磷酸化,泌酸增多,壁细胞上胃泌素受体和 H^+-K^+-ATPase mRNA 的表达量呈胃泌素剂量依赖性。②胃泌素间接地促进胃酸分泌,也就是胃泌素与 ECL 细胞上的特异性受体结合,促进组胺的分泌,组胺再与壁细胞上的 H2 受体结合来提高壁细胞内的 Ca^{2+} 浓度和 CAMP,激活蛋白激酶 C 和蛋白激酶 A,同样使 H^+-K^+-ATP 酶磷酸化,胃酸分泌增加(Hersey et al.,1995;Wang et al.,1999)。

研究表明猪在 28 胚龄时胃组织中已有 G 细胞,93 胚龄时,循环血液和胃肠道里出现胃泌素,随后血液中和胃窦部胃泌素的含量逐渐增加,至 6 周龄时,胃窦部胃泌素的含量达到峰值。胚胎期胃窦部的胃泌素大部分为 G17(66%~91%),胃窦部 G34 含量到 8 周龄时达到成年猪水平 4%(Alumets et al.,1983)。胃窦部的胃泌素含量在出生前 22 d 较胃底部高,并且一直维持到出生后。胚胎期胃泌素的存在对胎儿胃肠道发育有重要作用,组织学分析表明 D 细胞通过其伸出的长突起与胃体部的主细胞直接接触,提示胃泌素可以通过旁分泌影响主细胞的功能。

2.促胰液素

促胰液素(secretin)主要由 S 细胞分泌,S 细胞主要存在于十二指肠黏膜,少量分布于空肠、回肠和胃窦部。促胰液素主要作用是促进胰腺外分泌细胞增殖肥大,使细胞蛋白质合成增多,同时刺激胰导管上皮细胞分泌胰液。促胰液素还可以抑制胃酸的分泌和胃泌素的释放,抑制胃的运动。后来的研究将其功能不断地扩展到脂肪酸代谢,葡萄糖稳态调节等(Chu et al.,2007; Sekar et al.,2013; Sekar et al.,2014)。促胰液素还可以作用于肝脏促进胆汁的合成以及释放,其中的机理是促胰液素通过与上皮细胞上促胰液素受体结合激活 cAMP/PKA 通路,最终促进胆汁的分泌。此外,促胰液素和促胰液素受体在各个大脑区域广泛分布,因此促胰液素也是一个脑肠肽。早在 1979 年,研究人员从猪脑提取物中就鉴定到了具有生物活性的促胰液素(Mutt et al.,1979),并通过原位杂交(ISH)和免疫组织化学(IHC)染色进一步揭示了脑内促胰液素蛋白的区域特异性表达。通过脑室注射促胰液素能够刺激催乳激素(PRL)和促黄体生成激素(LH)的释放(Kimura et al.,1987; Samson et al.,1984)。

3.胆囊收缩素

胆囊收缩素(cholecystokinin,CCK)是一种能引起猪胆囊收缩的胃肠道多肽激素,它同时广泛分布于中枢和外周神经系统,并以神经递质或调质的形式发挥重要的生理作用,是一种典型的脑肠肽。各种形式的胆囊收缩素均是经过含 115 个氨基酸残基的胆囊收缩素原加工剪切形成的多肽。作为胃肠激素时,胆囊收缩素由十二指肠及近端空肠离散的肠内分泌细胞(I 细胞)释放,以大分子形式(CCK-33)为主参与胃肠功能的调节,并作为饱感信号起到抑制食欲的作用。胰腺和胆囊是胆囊收缩素在胃肠道中的主要靶器官,受体 CCK-AR 主要分布于胰腺、胆囊等外周组织。CCK 对胃肠分泌的作用主要表现为刺激胰酶的合成和分泌,因此也被称为促胰酶素,同时对胃酸分泌有一定的刺激作用。CCK 对胃肠运动的作用主要表现为引起胆囊收缩,降低胃排空速率,增加小肠运动。

同时胆囊收缩素还可以作为中枢神经递质与其他摄食相关递质相互作用,共同参与中枢的摄食调节。胆囊收缩素是通过与低亲和力的受体作用而发挥饱感信号功能的,而且只有硫化的胆囊收缩素才能起到食欲抑制作用。研究表明,胆囊收缩素不能穿透血脑屏障,静脉注射的胆囊收缩素作用于外周部位引起饱感抑制进食。缺失 CCK-1 受体基因,大鼠表现为贪食、肥胖,提示 CCK 无论在外周消化道还是脑内均对大鼠的摄食起到抑制作用。CCK 的转基因小鼠可能通过调节小鼠的摄食量和物质代谢降低了体重(杜静,2007)。脂肪是促进 CCK 释放的刺激物,脂肪酸可与小肠上皮细胞的 G-蛋白偶联受体相结合以促进 CCK 的释放,从而引起动物短期的饱感。目前关于 CCK 通过抑制胃排空途径和迷走神经途径抑制动物摄食的机制还有待进一步研究。

4.胃动素

胃动素(motilin)是由内分泌细胞分泌的一种胃肠激素,是由 22 个氨基酸组成的多肽,主要分布在猪的十二指肠、近端空肠的黏膜内,由嗜铬细胞分泌。因该激素能够刺激胃体运动,故命名为胃动素。

胃动素主要作用是增加移行性复合运动促进猪胃肠运动,同时也能够刺激胃蛋白酶和生长抑素的分泌。胃动素作用于消化系平滑肌上的胃动素受体,导致平滑肌收缩加强,加速胃排空和缩短食物在小肠内的停留时间,可将胃肠内残渣、脱落的细胞碎片和细菌等清除干净,起着“清道夫”的作用。由于胃动素有促胃排空的作用,胃排空可以影响胆囊的排空,促使胆囊胆汁释放，有研究表明胃动素可使胆囊体积减小 30%。胃动素为肠道中的食欲肽，随着胃动素诱导的胃收缩可以显著增加动物的饥饿感(Singaram et al.,2020)。

5.胰高血糖素样肽-2

胰高血糖素样肽-2(glucagon-like peptide 2,GLP-2)由猪肠道 L 型内分泌细胞合成并分泌，由胰高血糖素原编码，同时该前体还可以编码胰高血糖素和 GLP-1 的序列。GLP-2 含有 33 个氨基酸多肽，主要分子形式有 2 种：有活性的 GLP-2-(1-33)和无活性的 GLP-2-(3-33)。在营养物质摄入后肠道内 L 型细胞将会按 1∶1 的比例释放 GLP-1 和 GLP-2，主要是以碳水化合物以及脂肪类营养物质为主。短链脂肪酸丁酸以及 GLP-2 在胃肠道中表现出相似的生理作用，后经研究表明饲喂丁酸盐可以促进仔猪肠道 GLP-2 的分泌(Bartholome et al., 2004)。外周循环中 GLP-2 的生物半衰期相对较短(大约 7 min)，主要是被蛋白水解酶二肽基肽酶-4(DPP-4)降解，在缺乏 DDP-4 活性的动物中 GLP-2 表现出更有效的诱导肠生长能力(Wang et al.,1999)。

最早确定 GLP-2 为肠道营养因子，是因为实验发现每天两次给小鼠服用 GLP-2 会显著增加小肠重量和营养吸收(Drucker et al.,1996)。肠重量的增加主要是由于隐窝细胞增殖导致数量增加。此外 GLP-2 还促进肠绒毛延长和隐窝腔室扩张，并使黏膜厚度增加(唐仁勇等,2007)。GLP-2 在肠内发挥的作用是可逆的，有实验显示当停止给药后，肠的生长会出现停止甚至退化。GLP-2 除了可以促进肠黏膜的生长扩张以外，在肠道内还有许多其他生理功能来促进能量的吸收。GLP-2 可以促进糖、氨基酸等肠腔内营养物质的吸收，通过促进 GLUT2 嵌入空肠刷状缘来增强黏膜己糖运输(Cheeseman et al.,1998)。GLP-2 可以抑制胃酸的分泌以及胃窦的排空。由于 GLP-2 可以有效刺激肠蠕动，增强吸收功能并保护肠黏膜不受损伤，因此越来越多研究尝试探究 GLP-2 作为胃肠道疾病的潜在治疗方法。通过许多动物模型证实 GLP-2 可以用来治疗临床短肠综合征。在临床前研究中，对进行小肠切除的动物给予替度鲁肽(一种 GLP-2 类似物)可恢复小肠的复营养吸收能力(Scott et al.,1998)，另外，GLP-2 可以在数分钟至数小时内显著地增加肠道的屏障作用。

6.抑胃肽

抑胃肽(gastric inhibitory peptide,GIP)也称葡萄糖依赖性胰岛素释放肽，为猪十二指肠和空肠黏膜 K 细胞产生的一种含 42 个氨基酸的多肽，属促胰液素族。抑胃肽拥有特殊的前体，当前体被蛋白酶水解后抑胃肽才能释放出来与相应的受体结合产生生物效应。抑胃肽和胰高血糖素样肽-1 二种胃肠激素是肠道促胰岛素物质，可以刺激胰岛素分泌。

抑胃肽主要生理作用有：①抑胃肽能够抑制胃酸分泌且与剂量呈正比关系。②抑胃肽直接作用于脂肪细胞，剂量依赖性增强脂蛋白脂酶活性和脂肪酸的合成，并促进脂肪酸进入脂肪组织。③抑胃素能够促进胰岛 β 细胞增生和存活，抑制 β 细胞凋亡。④抑胃素能够促进肠液的分泌，主要是增加小肠液的排出。

7.P 物质

P 物质(substance P)是一种主要分布于中枢神经系统和胃肠道的脑肠肽激素，含 11 个氨基酸，分子量为 1 340 kD。肠道 P 物质几乎都在肠道神经元中，只有少数在肠道黏膜的嗜铬细胞中。

P 物质对于消化道的作用主要包括：①P 物质能够使胃肠道的平滑肌收缩，在大多数的情况下直接作用于胃体和幽门平滑肌，并且对胃体的作用大于幽门，从而导致胃排空加强。②P 物质可使肠道的纵行肌和环行肌收缩,有研究表明 CCK 和 5-HT 引起的大肠平滑肌收缩可能是通过 P 物质释放,然后作用于大肠平滑肌引起的。③P 物质可以直接作用于胆囊和胆管平滑肌引起收缩,并且这种作用不受迷走和肾上腺能神经的影响。

8.胰多肽

胰多肽(pancreatic polypeptide)是由猪胰腺胰多肽细胞分泌,含 36 个氨基酸残基的激素,是胰多肽超家族的一员。胰多肽具有重要的生理作用:①胰多肽可以促进动物采食,降低胃肠道运动如延缓胃排空和十二指肠运动,从而使胃肠道有充分的时间来消化饲料,提高饲料转化率促进动物生长,还有研究报道胰多肽可以提高肌细胞内 DNA 和 RNA 的含量促进蛋白质的合成。②胰多肽可以促进机体内其他激素的分泌,如生长激素、P 物质、儿茶酚胺、胰岛素。③胰多肽能够抑制血管活性肠肽,松弛血管平滑肌以及促进胆囊收缩。④胰多肽促进肝糖原和脂肪的分解。

2.4.3 脑肠肽及其生理作用

存在于猪胃肠道内的许多生物活性物质也存在于中枢神经系统中,表现为双重分布,统称为脑肠肽。脑肠肽的意义不仅在于它表明了神经和胃肠之间在功能上存在着密切的关系,更重要的是,由于同一肽类分子既具有内分泌功能,又可作为神经递质起作用,使神经和内分泌这两个机体主要的调节系统有机整合为一体。除了经典的胃肠激素,如促胰液素、胆囊收缩素等,新的肽类不断地被提出,到目前为止已确定的脑肠肽激素有二十余种,它们在中枢和消化道的细胞定位以及生理功能正在不断地被阐明。

1.生长抑素

生长抑素(somatostatin,SS)有 2 种主要的结构形式:生长抑素-14 和生长抑素-28,分别由 14 个和 28 个氨基酸残基组成。生长抑素-28 和生长抑素-14 均是由同一基因编码转录的产物。生长抑素最早是从下丘脑中提取分离出来的,具有抑制垂体生长激素细胞分泌生长激素的作用。后来发现分布于胃泌酸黏膜和胃窦部黏膜上的 D 细胞也能够分泌生长抑素,主要表现为抑制各种胃肠激素的释放。生长抑素浓度最高的区域在幽门区,其次为胃体、十二指肠等,其中胃肠道中的生长抑素占全身的 70%。生长抑素主要是通过膜上的生长抑素受体发挥生理调节功能,例如参与激素调节、抑制细胞增殖、神经递质释放等生理活动(Martinez et al.,1998; Schubert,2016;Zou et al.,2009)。在肠道中,生长抑素表现为抑制肠道蠕动和肠液的分泌。生长抑素还可以抑制胆汁的分泌、胰液的分泌,抑制消化道对葡萄糖、氨基酸、甘油三酯及离子的吸收。

在仔猪发育过程中胃内生长抑素细胞的数量与盐酸细胞的数量成反比。生长抑素细胞数量在仔猪出生后 3 日龄时达最高值,而此时盐酸细胞数量处在仔猪发育过程中较低水平;生长抑素细胞数量随着猪的发育逐渐减少,而盐酸细胞数量却不断增加;到 90 日龄时,生长抑素细胞数量已明显降低,而盐酸细胞达到最高峰,表明生长抑素细胞的发育直接影响盐酸细胞的发育。这些结果也表明生长抑素是胃酸分泌的发育性调节的一个重要因子。此外,生长抑素还能够抑制由胃泌素刺激的胃黏膜上皮细胞 DNA 合成,相反生长抑素对十二指肠和空肠上皮细胞的 DNA 合成的抑制作用相对较弱,这也提示我们,生长抑素能抑制正常胃黏膜增殖。生长抑素还是一种重要的神经调节物质和神经递质,主要通过其受体(SSTR1-5)来发挥生理功能,其受体属于 G 蛋白偶联受体家族。细胞内 SSTR 通过与激动剂的相互作用诱导产生了一系列的生化反应。激活脑内生长抑素受体可以抑制腺苷酸环化酶的活性,并降低细胞内 Ca^{2+} 水平、K^+ 通道介导的细胞超极化、激活蛋白磷酸酶和丝裂原激活的蛋白激酶。

2.血管活性肠肽

血管活性多肽(vasoactive intestinal peptide,VIP)是一种碱性肠肽,由 28 个氨基酸组成,分布在黏膜固有层和肌层神经纤维中。血管活性多肽是由 170 个氨基酸残基的前血管活性多肽原经酶解加工形成,属于促胰液素族,分子的羧基端是其与受体结合的部位,氨基端是分子的活性部位,其末端的组氨酸残基对激活受体极为重要。近年来许多资料证明,VIP 在神经系统中分布也很广,在中枢神经中,以大脑皮层、下丘脑、纹状体等部位含量较高。在外周神经中,主要存在于胃肠道的内在神经丛的神经细胞体和神经纤维中。

作为胃肠激素时,血管活性多肽具有松弛消化道平滑肌和舒血管的作用,有研究报道,肠道扩张可能与血管活性多肽在肌间神经丛的合成及释放增加有关,而扩张肠道平滑肌细胞的血管活性多肽受体的失敏是平滑肌细胞对抗扩张因子过度刺激的保护性机制。血管活性多肽能够抑制胃酸分泌、胃蛋白酶的分泌、胃蠕动及胃泌素的分泌,可以刺激肠道分泌水和电解质,此外还具有胰高血糖素样活性和肠促胰泌素样活性,例如能促糖原和脂肪分解,使血糖和脂肪酸升高。VIP 还能促进多种激素如胰岛素、胰高血糖素、生长激素等的释放。

3.生长素

生长素(Ghrelin)是 1999 年发现的一种含有 28 个氨基酸残基的脑肠肽,是一种生长激素促分泌物受体内源性配基。Ghrelin 在胃肠道组织中的表达呈时空特异性,并且与胃的形态和功能发育模式关系密切。Ghrelin 可促进猪胃肠道上皮细胞的更新,保护胃黏膜免受应激等引起的损伤,促进胃肠道运动和胃酸分泌等。研究表明 Ghrelin 可能作为胃肠激素调节网络的成员之一,参与胃酸分泌的调节。Ghrelin 还可以通过作用于中枢神经系统而调节胃酸分泌,给小鼠脑室内注射 Ghrelin,引起小鼠剂量依赖性的胃酸分泌,迷走神经切断或给予阿托品后,能阻断 Ghrelin 引起的胃酸分泌增多,提示 Ghrelin 对胃酸分泌的促进作用主要是通过中枢神经系统来调节(Date et al.,2001)。

Ghrelin 免疫活性细胞主要分布于胃的泌酸腺黏膜部位,猪以贲门和幽门部位较多。胃底 Ghrelin mRNA 的表达丰度明显高于胃窦部,胃底 Ghrelin mRNA 表达的发育性变化与胃的相对重量和胃 H^+-K^+-ATPase mRNA 的表达呈中等正相关。同时猪十二指肠和空肠中均检测到 Ghrelin mRNA 的表达,断奶后仔猪十二指肠和空肠 Ghrelin mRNA 表达水平均呈下降趋势(杜改梅等,2005)。

Ghrelin 与生长激素促分泌素受体结合发挥许多生物学功能,原位杂交实验表明 Ghrelin 在下丘脑中作用的主要部位是下丘脑食欲中枢的神经肽 Y(NPY)神经元和刺鼠基因相关蛋白(AgRP)神经元。生长素与特异性受体结合后,产生一系列生物学效应,如刺激垂体前叶释放生长激素,调节心血管功能、食欲,通过激活下丘脑弓状核细胞的 NPY/AgRP 神经元来促进采食,促进脂肪形成,降低能量消耗,参与体重和能量平衡的调节等生物功能(Fehrentz et al.,2002)。还有研究报道 Ghrelin 选择性刺激膈下迷走神经,通过迷走神经将信号传入大脑从而导致动物摄食增加。

4.神经肽 Y

神经肽 Y(neuropeptide Y,NPY),在许多的物种内被发现,从氨基酸数量上来看在猪体内的 NPY 属于 36 肽。NPY 主要存在于大脑的各个区域，同时还存在于唾液腺、胃肠道系统。神经肽 Y 的结构与胰多肽(PP)和肽 YY(PYY)的结构相似，故也被认为同属胰多肽家族。神经肽的中枢神经元分布主要位于下丘脑弓状核，NPY 也与许多生理功能调节有关。NPY 受体与 G 蛋白结合后，可抑制 cAMP 的合成，并在中枢神经系统、内分泌系统、消化道系统等中起作用，并参与调节能量存储(Shende et al.,2020)。NPY 通过促肾上腺皮质激素释放因子之间的相互作用来调节应激和焦虑等行为，这些情绪行为主要通过受体 Y1 介导。

对于消化系统，NPY 通过多种因素发挥促摄食调控作用，例如，通过神经纤维与对应的摄食相关神经元形成突触，发出能量需求的信号，从而调节摄食活动。在动物的脑室内注射神经肽 Y 可显著增加动物的摄食量，并抑制交感神经活性，降低能量消耗，引起动物体重增加。在动物饥饿、耗能等情况下，机体的神经肽 Y 信号显著增强，采食补充后，信号逐渐减弱。此外，Y1、Y2 和 Y5 的选择性拮抗剂受体释放应激诱导的糖皮质激素和垂体激素，从而抑制脂解作用和生热作用。因此，NPY 合成分泌的紊乱与采食、机体能量代谢等紊乱有着密切的关系。

脑肠肽是机体内的一种重要调节物质，具有广阔的研究前景。各种脑肠肽之间存在复杂的相互联系，但是很多脑肠肽在猪上的功能研究还有待于进一步深入。深入研究猪体内脑-肠相关激素的作用，有利于更好地理解猪消化道功能的调控机制，揭示出有效的营养和环境调控的作用靶点，在猪健康养殖中具有重要的意义。

2.5 肠道屏障组成及其功能

肠道是猪的消化器官，同时也具有免疫功能，肠道具有的比较完善的防御功能，是保护机体的第一道防线。肠道系统的正常工作能够使机体内环境保持相对稳定，从而维持机体正常的生命活动。肠道作为猪机体与外界直接发生联系的组织之一，其暴露于一个相对复杂的环境中，包括饲料、有害物质、病原菌等。肠道在消化、吸收各种营养物质的同时，又能将有害物质及其代谢产物抑制于肠道内，有效阻止有害物质进入机体其他组织，肠道的这种生物作用被称为肠道屏障。肠道屏障主要由机械屏障、化学屏障、免疫屏障及生物屏障组成。

2.5.1 机械屏障

1.肠道上皮之间的连接方式

猪肠道的机械屏障是由肠道上皮细胞、上皮细胞之间的连接所构成，将肠道内容物与机体内环境隔开。完整的肠上皮细胞紧挨排列在一起构成了机械屏障的结构基础，相邻上皮细胞之间的连接方式主要包括细胞侧部的紧密连接(tight junction,TJ)、缝隙连接(gap junction,GJ)、黏附连接(adherence junction,AJ)以及桥粒(desmosome)。这些细胞间的连接可以使单层上皮细胞紧密连接在一起，形成完整的具有选择通透性的物理屏障，以阻止外来病原菌等物质的入侵。其中紧密连接在保护肠道屏障中起着至关重要的作用，是最重要的一种连接方式(Suzuki,2011)。紧密连接位于上皮细胞近顶膜处，并与黏附连接、桥粒和缝隙连接组成连接复合体，呈点状或条带样分布于相邻上皮细胞周围，封闭相邻细胞之间的间隙。紧密连接具有选择通透性，允许机体需要的小分子营养物质、离子和水通过，阻止肠腔病原微生物等穿过肠黏膜到达其他部位(Groschwitz,2009)。当机体受到外界刺激和自身病变时，紧密连接发生障碍，肠道的通透性会发生改变。存在于所有哺乳动物组织中最古老的是黏附连接(adherence junction,AJ)，它们具有介导组织完整性、控制细胞增殖和运动等众多关键功能。AJ 结构的一般模型假设其跨膜黏附核心与几个连接 AJ 与肌动蛋白细胞骨架的细胞质支架相互作用。上皮 AJs 的跨膜黏附核心由两大类整合膜蛋白(钙粘蛋白和粘连蛋白)组成，分别调节钙依赖性和非钙依赖性细胞间黏附。

2.紧密连接相关蛋白

紧密连接可以阻止离子和分子通过细胞间隙，其不通透性构成了上皮细胞屏障的结构基础，决定着整个肠上皮细胞的屏障功能。肠上皮紧密连接一旦发生变异、减少或缺失，肠上皮细胞间隙通透性就会增加，细菌、内毒素及大分子物质就可通过紧密连接进入体循环。紧密连接以不同类型的蛋白质为基础镶嵌在质膜中，其跨膜蛋白与其他多个跨膜蛋白相互作用，从而产生细胞间屏障。紧密连接的建立由多种跨膜蛋白参与，包括 Claudin 蛋白家族、Occludins 家族、ZOs 以及连接黏附分子 A(JAM-A)等(Anderson,2009; Furuse,2010; Ivanov,2013)。

Claudins 是一种具有 4 个跨膜结构域的蛋白质，其中两个胞外环富含疏水性氨基酸，有助于与质膜上的其他 Claudins 分子相互作用。根据功能分类，Claudin 蛋白可以分为两类:紧凑型 Claudins 蛋白和渗漏型 Claudins 蛋白，紧凑型 Claudins 过表达可增加跨上皮电阻，表明细胞壁具有更强的屏障功能。相反，渗漏型 Claudins 过表达可导致上皮的通透性增加(Anderson et al.,2009; Furuse et al.,2010)。

紧密连接的 TAMP 家族有同源成员:Occludin、Tricellulin 等。Occludin 均匀地分布在单层上皮细胞和上皮组织的紧密连接中，而 Tricellulin 选择性地分布在 3 个相邻的上皮细胞交界处。尽管关于 TAMPs 的研究很多，但是这些蛋白的生理作用仍不清楚，文献中关于不同的 TAMPs 是否在建立和调节单层上皮细胞的紧密连接中起着重要的作用也不十分一致(Ivanov et al.,2013; Van Itallie et al.,2014)。也有一些研究表明，Occludin 可能不是维持肠上皮细胞屏障所必需的，这很可能反映了这些黏附蛋白之间的功能冗余，或者因为 TAMPs 可能具有细胞间黏附的非依赖性功能，如调节上皮细胞的死亡和增殖(Zihni et al.,2014)。

JAM 在结构上与 Claudins 和 TAMPs 不同，它们只有一个跨膜结构域，是单跨膜蛋白，为免疫球蛋白超家族成员。JAM 有两个胞外免疫球蛋白样结构域和一个细胞质尾部区域。这些蛋白的胞外结构域可以参与同构或异型顺反作用。有实验表明，JAM-A 可调节模型肠上皮细胞紧密连接结构和功能(Van Itallie et al.,2014; Luissint et al.,2014)。

紧密连接蚀斑是一种大型蛋白复合物，这种复合物对紧密连接的稳定性起着重要作用。Zonula occluden(ZO)蛋白(ZO-1,2 和 3)是紧密连接蚀斑中最具有特征性的分子。这些分子具有多个 PDZ 和 SH3 结构域，这些结构域对于结合跨膜紧密连接蛋白是必不可少的。已有研究报道 ZO 蛋白在调节顶端连接结构和通透性方面具有独特和冗余的功能，虽然 ZO-2 和 ZO-3 蛋白的表达下调不影响紧密连接结构的形成，但是 ZO-1 蛋白的下调削弱了紧密连接的组装和细胞上皮屏障的建立(Ivanov et al.,2010)。

2.5.2 化学屏障

1.黏液层保护作用

猪消化道的化学屏障主要由肠道黏液层构成，还包含了消化道内的胃酸、各种消化酶、溶菌酶、胆汁和肠道黏液蛋白等各种化学物质。黏液层除黏蛋白(mucin,MUC)等生物大分子外,95%是水。MUCs 由肠道杯状细胞产生和分泌并覆盖在整个肠道表面。MUCs 以两种形式存在:形成凝胶层的 MUC2 是黏液层的主要成分;跨膜 MUC 形成保护肠道的多糖-蛋白复合物。黏液层在猪消化道不同段均有分布,但厚度不均,成年猪胃黏液层最厚,其次是大肠,小肠最薄。不同小肠段中,结肠黏膜表面覆盖的黏液层较厚,为黏膜表面的共生菌提供营养物质,正常情况下细菌不能通过,使结肠不受细菌的入侵和物理机械损伤;十二指肠和空肠的消化道黏液层较稀薄,有利于营养物质的吸收。肠道表面的黏液层不仅能保持肠上皮细胞的水分,润滑肠道,还能为正常微生物定植和肠道抗菌物质提供作用位点。黏液层富含抗菌蛋白和 SIgA,共同抵御肠道内有害菌的入侵,保护肠道上皮细胞的完整性。所有黏蛋白都参与调控黏膜的完整性,参与肠上皮细胞生长、修复和免疫系统调控。断奶应激对仔猪的黏蛋白和杯状细胞有一定的影响,断奶后仔猪大肠的杯状细胞数目和黏液层厚度都显著下降。

2.黏液层的其他抑菌作用机制

除了形成相对不渗透的凝胶作为屏障外,黏液还为多种抗菌分子(包括抗菌肽)提供底物。上皮黏蛋白是一类复杂的糖蛋白,含有一组密集排列的聚糖,占黏蛋白质量的一半以上。黏蛋白的广泛糖基化保护它们免受由驻留的微生物产生和分泌的大多数蛋白水解酶的影响。黏蛋白在抵抗微生物感染方面具有直接和间接的作用,黏蛋白可以与微生物结合,在某些情况下它们具有直接的抗菌活性或携带其他抗菌分子。这些抗菌肽和蛋白质能产生局部抗菌活性并在上皮表面和肠腔之间的无细菌区域发挥作用。除了它们的抗菌活性之外,小肠碱性磷酸酶作为一种由肠上皮细胞分泌并与黏液基质相关的磷酸酶,具有排除细菌内毒素并降低局部和全身免疫刺激潜力的作用。有研究表明结肠黏液结构的过滤功能依赖于微生物菌群,微生物群组成的微小变化可以改变结肠黏液层的通透性(Jakobsson et al.,2015)。Ermund(2013)等研究了小肠中可渗透细菌的黏液层的功能,发现黏液不断地流入管腔阻止了细菌接近上皮细胞。这两项研究进一步说明了黏液层在宿主-微生物相互作用中的重要性。因此,肠道的黏液层化学屏障、肠上皮细胞机械屏障、微生物屏障、免疫屏障不是相互孤立的,这些屏障相互作用和支持,共同维护着肠道的健康。

2.5.3 免疫屏障

1.肠道免疫屏障

肠道黏膜不断受到各种信号刺激,肠道黏膜免疫系统需要依靠严格的机制来区分这些信号,对有危害的病原微生物产生免疫反应,以维持肠道内环境的稳定。消化道黏膜含有大量淋巴组织,统称为与肠道有关的淋巴组织(gut associated lymphoid tissue,GALT)。它可分为三类,即上皮内淋巴细胞、黏膜固有层中淋巴细胞和派伊尔结。胃肠道淋巴组织是全身淋巴组织的重要组成部分,它既具有与其他淋巴组织相同的功能,又有其特殊性,是能够对抗原摄取、处理并诱导机体发生免疫反应的相对独立系统。肠黏膜免疫屏障包括非特异性免疫屏障和特异性免疫屏障。非特异性免疫屏障是由先天吞噬细胞、巨噬细胞等非特异性细胞构成。特异性免疫屏障是指由肠黏膜介导的细胞和体液免疫系统组成,主要包括肠相关淋巴组织、细胞因子等。小肠壁含有派尔集合淋巴结(Peyer's patch),在该集合淋巴结上分布有 M 细胞也叫作微褶皱细胞(microfold cell),被称之为肠道黏膜免疫的门户。在抗原刺激后由派伊尔结产生的特殊淋巴细胞可经肠系膜淋巴结和胸导管进入血液循环，最后回到肠黏膜固有层和肠黏膜上皮组织或转移至其他黏膜组织形成全身的黏膜免疫系统，所以派伊尔结可视为黏膜免疫的始发点。

肠上皮细胞表达的先天性免疫识别受体如Toll样受体（TLRs）和NOD样受体（NLRs），在肠黏膜先天性免疫应答中起着重要作用。机体受到抗原物质刺激时，激活相关的信号通路产生免疫应答，调控细胞因子的分泌，并与免疫细胞联系，共同维持肠道免疫平衡。TLRs还参与上皮细胞增殖、IgA生成、紧密连接蛋白和抗菌肽表达，保证肠道上皮屏障的完整性。

2.分泌型免疫球蛋白A的作用

消化道B淋巴细胞合成的免疫球蛋白是IgA和IgM，而不是IgG，IgA可通过肠黏膜上皮细胞分泌到肠腔故称为分泌型IgA（secretory，SIgA）。黏膜浆细胞产生的SIgA是猪体内消化道分泌最多的免疫球蛋白，是特异性免疫屏障的重要组成部分。SIgA是由两个IgA组成的双体，此外还包括两个多肽：一个为分泌小体，系糖蛋白，其功能是使IgA容易通过肠黏膜上皮细胞，进入肠腔；另一个为J链，可将单体免疫球蛋白连成多体。以SIgA为主的体液免疫是抑制病原菌，抵御肠道内有害菌黏附和定植的第一道防线。SIgA借助多聚体免疫球蛋白受体（pIgR）穿过上皮细胞，SIgA-pIgR复合物通过细胞内囊泡腔运送至上皮细胞顶端表面，在细胞外部分被蛋白水解酶裂解后释放。除了免疫反应外，SIgA在肠中的功能还包括：①抑制病原微生物黏附在肠上皮细胞；②加强非特异性防御功能；③维持上皮屏障的完整性；④调节上皮细胞和树突状细胞的反应（Geuking et al.，2012；Corthesy et al.，2013；Johansen et al.，2011；Pabst et al.，2012；Mantis et al.，2011）。

2.5.4 生物屏障

1.肠道菌群维持生物屏障

猪肠道微生物的正常菌群是机体对抗致病菌的重要防御机制。通常情况下，这些菌群之间相互制约、相互依存，维持微生态平衡。它们主要通过营养竞争和分泌多种杀菌物质来抵御病原微生物的入侵，增强肠道屏障功能。肠道有益微生物可以通过竞争性黏附肠道上皮细胞结合位点减少病原菌的黏附。当这种微生态平衡被破坏，那么肠道黏膜屏障就会受损，引起肠道内环境失衡。某些因素会破坏肠道菌群的动态平衡，导致生物屏障的破坏。一些肠道感染致病菌会破坏肠道生物屏障，使抗原从肠腔转移到肠黏膜固有层，会激活肠道免疫系统，引起肠道炎症等病理反应。细菌感染引起的连续损伤肠黏膜是细菌移位的前提，细菌向机体内移位，进入血液循环系统，通过肠道屏障进入其他器官，导致肠源性感染或细菌内毒素血症。除细菌感染外，肠道菌群失调、细菌产物免疫功能下降及机体功能下降均可造成肠道生物屏障的损伤（颜君，2011）。

微生物种群在肠道中定植，并参与宿主的许多生理过程。动物中肠道微生物的减少影响肠上皮细胞，导致微绒毛形成模式的改变和细胞更新数量的减少，同时肠道微生物与肠上皮细胞之间的信息交流对肠上皮细胞代谢和免疫反应有重要影响。黏液对机体的防御也至关重要，有研究表明，微生物的存在会影响黏液的质量，可能是微生物对肠道细胞的刺激可以增加核心黏液蛋白的产生（Ge et al.，2017；Johansson et al.，2015）。因此，肠道的微生物屏障对其他屏障的建立和维持也有重要的作用。

2.早期菌群定植对肠道生物屏障的重要性

早期菌群定植是建立肠道屏障免疫防御成功、成熟和稳态的重要过程。目前数据显示,微生物种群、免疫系统和肠道屏障之间存在复杂的相互交流,它们必须协同工作,在保持耐受性和平衡的同时,对抗病原体。仔猪断奶后的前两周肠道微生态环境及微生物组成发生显著变化,可引起仔猪消化分泌物和屏障功能的短期和长期变化。断奶引起的肠道微生态系统的变化和早期微生物多样性的丧失,大大增加了肠道疾病的发病率。有研究表明,肠道微生物的早期发育和建立对宿主具有长期的生理作用。因此,改善仔猪肠道菌群不仅可以减少仔猪腹泻等肠道疾病的发生,而且对其后期的生长也很重要。

综上所述,猪采食饲料后,其中大多数营养物质需要在消化道内经过消化,成为小分子物质的形式。猪的消化系统由消化道和消化腺组成,消化道主要包括口腔、咽、食管、胃、小肠和大肠,消化腺有唾液腺、胰腺等以及散在分布于消化道壁内的腺体。饲料在消化道内分解成可吸收小分子物质的过程称为消化。消化道内的水、无机盐、氨基酸、葡萄糖等营养物质通过消化道黏膜上皮细胞进入血液和淋巴的过程,称为吸收。消化系统实现其功能主要通过四个方面的活动:①通过消化道的物理运动将摄入的饲料进行研磨并同消化液混合,同时使食糜向消化道远端推进;②通过分泌消化液消化饲料,将饲料分解为小分子物质;③吸收消化产物、水及电解质,进入血液和淋巴循环中;④与其他系统联系,通过神经体液调节,共同维持机体稳态,同时肠道对于维护机体健康还有重要的物理、化学、免疫以及生物屏障作用。深入了解猪消化道的结构、功能及其发育情况,清楚营养物质在猪体内的消化吸收规律,对于进一步通过营养方式调控猪的各种生命活动都具有重要意义。

参考文献

杜改梅.断奶仔猪胃肠道 Ghrelin 表达及其对胃功能的调节.南京:南京农业大学,2006.

杜静.PDGF-CCK 转基因小鼠的建立及 CCK 对摄食行为影响的初步研究.北京:中国协和医科大学,2007.

唐仁勇,陈代文,张克英,等.胰高血糖素样肽-2 的研究进展.中国畜牧杂志,2007,1:44-47.

颜君,周国华.肠黏膜生物屏障的研究进展.医学综述,2011,17(21):3246-3247.

张宝林.胃泌素及其受体的分子生物学研究进展.国外医学(分子生物学册),2000,2:96-101.

赵茹茜.动物生理学.5 版.北京:中国农业出版社,2011.

周根来,王恬,霍永久,等.胎儿宫内发育迟缓对新生仔猪小肠消化酶发育的影响.畜牧兽医学报,2005,36(8):778-783.

Alumets J,Hakanson R,Sundler F,et al.Ontogeny of endocrine cells in porcine gut and pancreas.Gastroenterology,1983,85(6):1359-1372.

Anderson J M,Van Itallie C M.Physiology and function of the tight junction.Cold Spring Harbor Perspectives in Biology,20091(2):a002584.

Barajon I,Serrao G,Arnaboldi F,et al.Toll-like receptors 3,4,and 7 are expressed in the enteric nervous system and dorsal root ganglia.J Histochem Cytochem,2009,57(11):1013-1023.

Birchenough G M,Nystrom E E,Johansson M E,et al.A sentinel goblet cell guards the colonic crypt by triggering Nlrp6-dependent Muc2 secretion.Science,2016,352(6293):1535-1542.

Chen C, Yin Y, Tu Q, et al. Glucose and amino acid in enterocyte: absorption, metabolism and maturation.Front Biosci(Landmark Ed),2018,23:1721-1739.

Corthesy B.Multi-faceted functions of secretory IgA at mucosal surfaces.Front Immunol,2013,4:185.

Corthesy B. Role of secretory IgA in infection and maintenance of homeostasis. Autoimmunity Reviews,2013,12(6):661-665.

Craig A J, Blanca O L, Wensheng G, et al. Regulatory mechanisms of growth hormone secretion are sexually dimorphic.J Clin Invest,1998,102:153-164.

Cranwell P D.Acid and pepsin secretion in young pigs reared solely by the sow or supplemented with solid food and weaned at 21 d.Biol Neonate,1992,62(5):363-372.

Cranwell P D.Gastric secretion in the young pig.Proc Nutr Soc,1976,35(1):28A.

Cranwell P D.The development of acid and pepsin(EC3.3.23.1)secretory capacity in the pig; the effects of age and weaning.Br J Nutr,1985,54(1):305-320.

Date Y,Nakazato M,Murakami N,et al.Ghrelin acts in the central nervous system to stimulate gastric acid secretion.Biochem Biophys Res Commun,2001,280(3):904-907.

Ermund A,Schutte A,Johansson M E V,et al.Studies of mucus in mouse stomach,small intestine,and colon.I.Gastrointestinal mucus layers have different properties depending on location as well as over the Peyer's patches.Am J Physiol-Gastr L,2013,305(5):6341-6347.

Fehrentz J A,Martinez J,Boeglin D,et al.Growth hormone secretagogues:past,present and future,2002,5(8):804-814.

Furuse M.Molecular basis of the core structure of tight junctions.Cold Spring Harbor Perspectives in Biology,2010,2(1): a002907.

Ge X,Ding C,Zhao W,et al.Antibiotics-induced depletion of mice microbiota induces changes in host serotonin biosynthesis and intestinal motility.J Transl Med,2017,15:13.

Geuking M B,McCoy K D,Macpherson A J.The function of secretory IgA in the context of the intestinal continuum of adaptive immune responses in host-microbial mutualism. Semin Immunol, 2012, 24(1): 36-42.

Groschwitz K R,Hogan S P.Intestinal barrier function:molecular regulation and disease path-ogenesis.J Allergy Clin Immun,2009,124(1):3-20.

Ivanov A I,Young C,Den Beste K,et al.Tumor suppressor scribble regulates assembly of tight junctions in the intestinal epithelium.American Journal of Pathology,2010,176(1):134-145.

Ivanov A I.Structure and regulation of intestinal epithelial tight junctions current concepts barriers and unanswered questions.Biology and Regulation of Blood-Tissue,2013,763:132-148.

Jaeger L A,Lamar C H,Cline T R,et al.Effect of orally administered epidermal growth factor on the jejunal mucosa of weaned pigs.Am J Vet Res,1990,51:47.

Jakobsson H E,Rodriguez-Pineiro A M,Schutte A,et al.The composition of the gut microbiota shapes the colon mucus barrier.Embo Rep,2015,16(2):164-177.

Jarret A,Jackson R,Duizer C,et al.Enteric nervous system-derived IL-18 orchestrates mucosal barrier immunity.Cell,2020,180(4):813-814.

Johansen F E,Kaetzel C S.Regulation of the polymeric immunoglobulin receptor and IgA trans-port: new advances in environmental factors that stimulate pIgR expression and its role in mucosal immunity.Mucosal Immunology,2011,4(6):598-602.

Johansson M E V,Phillipson M,Petersson J,et al.The inner of the two Muc2 mucin-dependent mucus layers in colon is devoid of bacteria.Proceedings of the National Academy of Sciences of the United States of America,2008,105(39):15064-15069.

Johansson M E,Jakobsson H E,Holmen-Larsson J,et al.Normalization of host intestinal mucus layers requires long-term microbial colonization.Cell Host Microbe,2015,18:582-92.

Kelly D,Coutts A G.Early nutrition and the development of immune function in the neonate.Proc Nutr Soc,2000,59(2):177-185.

Ko C W,Qu J,Black D D,et al.Regulation of intestinal lipid metabolism: current concepts and relevance to disease.Nat Rev Gastroenterol Hepatol,2020,17(3):169-183.

Kumar S,Singh S V.Inhibition of NF-kappaB signaling pathway by astaxanthin supplementation for prevention of heat stress-induced inflammatory changes and apoptosis in Karan Fries heifers.Trop Anim Health Prod,2019.

Lai N Y,Mills K,Chiu I M.Sensory neuron regulation of gastrointestinal inflammation and bacterial host defence.J Intern Med,2017,282(1):5-23.

Lai N Y, Musser M A, Pinho-Ribeiro F A, et al. Gut-innervating nociceptor neurons regulate peyer's patch microfold cells and SFB levels to mediate salmonella host defense.Cell,2020,180(1):33-49.

Lee H G,Khummuang S,Youn H H,et al.The effect of heat stress on frame switch splicing of X-box binding protein 1 gene in horse.J Anim Sci,2019.

Li H,Liu Y,Wen M,et al.Hydroxysafflor yellow A(HSYA)alleviates apoptosis and autophagy of neural stem cells induced by heat stress via p38 MAPK/MK2/Hsp27-78 signaling pathway. Biomed Pharmacother,2019,114:108815.

Luissint A C,Parkos C A.JAM-related proteins in mucosal homeostasis and inflammation.Semin Immunopathol,2014,36(2):211-226.

Lychkova A E.Nervous regulation of the esophagus motor activity.Eksp Klin Gastroenterol,2012,(6):52-59.

Mantis N J,Rol N,Corthesy B.Secretory IgA's complex roles in immunity and mucosal homeostasis in the gut.Mucosal Immunology,2011,4(6):603-611.

Moran A W,Al-Rammahi M A,Arora D K,et al.Expression of Na^+/glucose co-transporter 1(SGLT1)in the intestine of piglets weaned to different concentrations of dietary carbohydrate.Br J Nutr,2010,104(5):647-655.

Neu J.Gastrointestinal development and meeting the nutritional needs of premature infants.Am J Clin Nutr,2007,85(2):S629-634.

Nilsson M,Johnsen R,Ye W,et al.Lifestyle related risk factors in the aetiology of gastro-oesophageal reflux.Gut,2004,53(12):1730-1735.

Nogami H,Inoue K,Moriya H,et al.Regulation of growth hormone-releasing hormone receptor messenger ribonucleic acid expression by glucocorticoids in MtT-S cells and in the pituitary gland of fetal rats.Endocrinology,1999,140(6):2763-2770.

Pabst O.New concepts in the generation and functions of IgA. Nature Reviews Immunology, 2012, 12(12):821-832.

Seo E, Kang H, Choi H, et al. Reactive oxygen species-induced changes in glucose and lipid metabolism contribute to the accumulation of cholesterol in the liver during aging.Aging Cell,2019,18(2):e12895.

Shende P,Desai D.Physiological and therapeutic roles of neuropeptide Y on biological functions.Adv Exp Med Biol,2020,1237:37-47.

Singaram K, Gold-Smith F D, Petrov M S. Motilin: a panoply of communications between the gut, brain,and pancreas.Expert Rev Gastroenterol Hepatol,2020,14(2):103-111.

Suzuki T,Tanabe S,Hara H.Kaempferol enhances intestinal barrier function through the cytoskeletal association and expression of tight junction proteins in Caco-2 cells.Journal of Nutrition,2011,141(1):87-94.

Tarvid I,Cranwell P D,Ma L,et al.The early postnatal development of protein digestion in pigs.Edited by Rostock,1994:199-202.

Van Itallie C M, Anderson J M. Architecture of tight junctions and principles of molecular composition.Proceedings of the Seminars in cell & developmental biology.Elsevier,2014.

Widdowson E M,Crabb D E.Changes in the organs of pigs in response to feeding for the first 24 h after birth I.Biol Neonate,1976,28:261-271.

Zhang H,Malo C,Buddington R K.Suckling induces rapid intestinal growth and changes in brush border digestive functions of newborn pigs.J Nutr,1997,127(3):418-426.

Zhang S, Zeng X, Ren M, et al. Novel metabolic and physiological functions of branched chain amino acids: a review.J Anim Sci Biotechnol,2017,8:10-22.

Zihni C,Balda M S,Matter K.Signalling at tight junctions during epithelial differentiationand microbial pathogenesis.Journal of Cell Science,2014,127(16):3401-3413.

第3章 猪肠道菌群的组成及其功能

本章提要

肠道中栖息着数量庞大且复杂多样的微生物菌群，在维持动物肠道微环境稳态中发挥重要作用。肠道微生物既影响营养物质的消化吸收和能量供给，又调控动物体的生理机能，并且防止疾病的发生。本章从肠道微生物角度出发，首先介绍猪肠道微生物组成特点、定植特征及其影响因素；并结合肠道微生物介导的肠-肝轴和肠-脑轴等内容，综合阐明猪肠道微生物在动物机体中发挥的功能，以期为通过靶向调控或者干预肠道微生物提高猪的生长性能或改善肠道健康提供理论基础。

3.1 猪肠道菌群的组成特点

猪肠道微生物主要包括寄生在肠道内的细菌、病毒、寄生虫、真菌、古生菌和原生生物等，细胞总数为10^{12}～10^{13}个，分为30多个属500多个种；其中细菌占绝对优势，主要分为需氧菌、兼性厌氧菌和专性厌氧菌（孙笑非等，2011）。小肠中主要是需氧菌和兼性厌氧菌，而大肠中主要是厌氧菌（杨利娜等，2014；Zhao et al.，2015）。在分类上主要以拟杆菌门和厚壁菌门为主。大量的研究指出，肠道微生物在肠道发育、免疫应答、消化吸收和调节宿主健康等方面发挥重要作用。

3.1.1 猪肠道微生物的来源及变化规律

一般认为，仔猪出生前保持几乎无菌的状态，出生后，母猪产道、母乳、环境、日粮等不同来源的微生物选择性定植在仔猪肠道内（Funkhouser et al.，2013）。外源微生物定植在仔猪肠道中的方式主要包括两种：母仔间微生物的垂直传递和环境微生物的水平传递。微生物垂直传递指共生菌由亲代传至子代，主要包括分娩前子宫内传递（Bian et al.，2016）、分娩时产道传递（Wang et al.，2013）、分娩后母乳传递（Liu et al.，2019）三种方式，母猪微生物通过这三种途径将自身的部分共生菌传递给后代并参与肠道菌群的定植与发育，肠道、口腔、皮肤等其他部位的微生物同样可以借助这三种途径定植到仔猪肠道内。微生物水平传递即指仔猪从其周围生活环境中获取的微生物（Merrifield et al.，2016）。微生物的垂直传递和水平传递共同影响着仔猪肠道菌群的定植与演替。

猪肠道微生物结构随着日龄的变化而逐渐变化。仔猪肠道菌群定植过程并非混乱无章随机发生的，而是具有一定的先后顺序与规律（Wang et al.，2019）。外界细菌群落在仔猪胃肠道内的定植顺序依次是需氧菌、兼性厌氧菌和专性厌氧菌。首先定植的是大肠杆菌和链球菌等需氧性菌群，消耗肠道中氧气，为随后而来的拟杆菌属、双歧杆菌属、梭菌属和乳杆菌属等的定植创造厌氧条件（Kovatcheva-Datchary et al.，2015）。在门水平，变形杆菌门和厚壁菌门占主导地位（Huang et al.，2019），兼性厌氧菌以大肠杆菌为主。在出生后 48 h，专性厌氧菌迅速取代兼性厌氧菌成为优势菌群，数量超过总细菌数的 90%（Swords et al.，1993）。初期仔猪肠道菌群以厚壁菌门和变形杆菌门为主，乳酸杆菌丰度较高（Li et al.，2018），这与哺乳仔猪的肠道生理特点相适应，有利于更好地利用母乳中的营养成分（Everaert et al.，2017）。随着日龄增长，伴随着饲养环境以及采食方式等的转变，仔猪肠道微生物的丰富度和多样性进一步增加，直到断奶后 2～3 周，逐渐达到一个相对稳定成熟的菌群结构（Slifierz et al.，2015）。稳定成熟的猪肠道菌群以厚壁菌门和拟杆菌门为主（Kim et al.，2011），其丰度占所有细菌的 90%以上。肠道菌群定植与演替期间，宿主体内不同微生物种属之间以及和宿主之间相互作用，肠道微生物的种类和数量不断变化，最终发育成一个种类繁多、数量庞大的微生物群落。

3.1.2 猪肠道微生物的区室化分布特征

猪肠道微生物具有空间异质性特点，不同肠道生理部位的微生物结构与功能具有区室化差异性（Donaldson et al.，2016；Martinez-Guryn et al.，2019）。猪肠道主要包括小肠和大肠，而小肠又细分为十二指肠、空肠和回肠，大肠分为盲肠、结肠和直肠。研究表明，十二指肠中微生物含量较少，为 10～10^3 CFU/mL；空肠和回肠中微生物数量为 10^4～10^7 CFU/mL；结肠中微生物含量最多，为 10^{11}～10^{12} CFU/mL（O'Hara et al.，2006）。因各肠段形态结构、生理功能存在差异，肠段中定植的微生物也相应发生变化，各肠段微生物发挥的功能也不尽相同。

小肠是营养物质消化的主要场所，定植的微生物与促进消化相关，主要是一些可以耐受胆汁酸、抗菌肽的兼性厌氧菌；而大肠则具有更长的通过时间、氧气浓度极低、难降解碳水化合物含量丰富，为厌氧微生物的发酵和大量繁殖提供了便利的条件，定植的微生物则大多与营养物质的发酵与代谢相关（Donaldson et al.，2016；Li et al.，2019；Martinez-Guryn et al.，2019）。整体上，大肠的菌群丰度和多样性显著高于小肠。在门水平，小肠主要定植厚壁菌门和放线菌门，大肠主要定植厚壁菌门、拟杆菌门、放线菌门和螺旋体门，大肠中互养菌门丰度显著高于小肠。在属水平，小肠定植的厌氧杆菌属和 *Turicibacter* 属较多，而大肠中普雷沃氏菌属和琥珀酸弧菌属丰度较高。在菌群功能方面，小肠中的微生物主要富集在单糖和氨基酸吸收方面，而大肠中微生物主要富集在果胶和半纤维素降解方面（Looft et al.，2014）。

此外，猪肠道黏膜和肠腔中定植的微生物也存在横向差异性（Looft et al.，2014；Mu et al.，2017）。小肠具有微绒毛与隐窝结构以及单一、紧密附着的黏液层，主要定植为分节丝状菌、乳酸菌和螺旋杆菌等微生物。结肠则具有两层较厚的黏液层，外层较为松散的黏液层主要是由 *Bacteroides acidifaciens*、脆弱拟杆菌和双歧杆菌等组成的多样性更高的微生物结构，而紧密附着的黏液层是由脆弱拟杆菌和不动杆菌属等组成的多样性更低的微生物结构（Donaldson et al.，2016）。与肠道黏膜相比，在门水平，回肠肠腔中主要定植厚壁菌门，黏膜中主要定植放线菌门，并且，肠腔和黏膜中拟杆菌门丰度随肠道推移逐渐增加（回肠、盲肠和结肠）；在科水平，普雷沃氏菌科、瘤胃球菌科和韦荣氏菌科主要在肠腔定植，而普雷沃氏菌科、肠杆菌科和肠球菌科等主要定植在黏膜上（Zhang et al.，2018）。在属水平，小肠肠腔中厌氧杆菌属丰度较高而普雷沃氏菌属丰度较低（Looft et al.，2014）；结肠肠腔中拟杆菌门和厚壁菌门丰度较高（Zhao et al.，2015）。与盲肠肠腔相比，盲肠黏膜富含弯曲杆菌科和螺旋杆菌科，而普雷沃氏菌科和毛螺菌科较少(Kelly et al.,2017)。

多种因素影响肠道微生物空间定植差异性(图 3-1),比如肠道中营养物质浓度、pH、氧分压、胆酸浓度等(Zhang et al.,2018)。在回肠中,丰富而简单的营养物质、弱酸性的 pH 和微氧环境主要富集耐胆酸的兼性厌氧菌;相反结肠中主要富集厌氧菌,它可以利用复杂的碳水化合物。随肠段变化,营养物质来源和氧分压发生变化,肠道微生物的结构和功能也随之变化,比如,促进某些条件性致病菌在黏膜中定植。

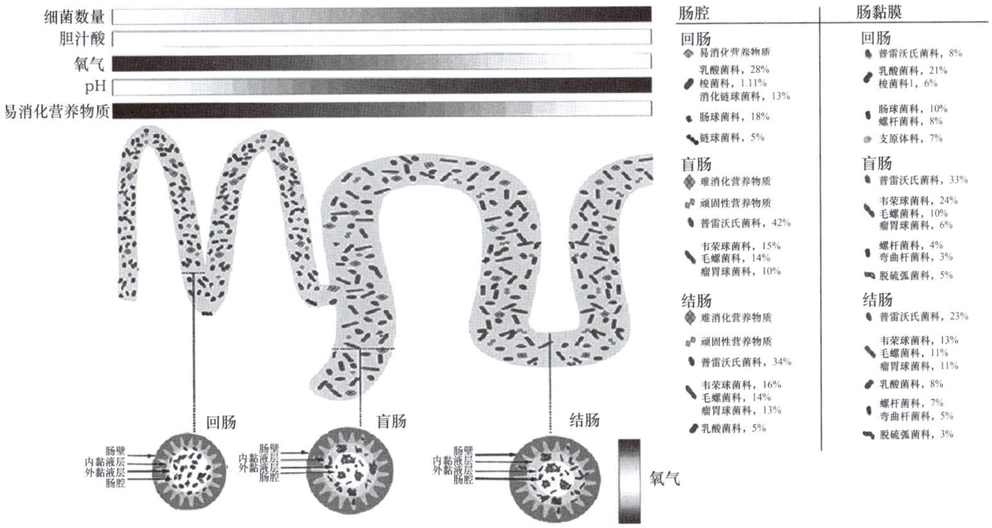

图 3-1 猪肠道微生物的区室化特征(Zhang et al.,2018)

图片说明:猪肠道中可利用营养物质浓度、pH 梯度、氧气和胆汁酸含量均参与塑造小肠和大肠微生物群落的大小和结构。小肠富含易消化营养物质、微酸性 pH 和微需氧环境,有利于具有胆汁酸耐受性的兼性厌氧菌的生长。而大肠中则富含可以利用复杂碳水化合物的厌氧微生物。猪肠道微生物也存在横向差异性,而肠黏膜中的营养来源和氧气浓度有利于一些条件致病菌的繁殖,如弯曲杆菌科和螺旋杆菌科。

3.1.3 猪肠道微生物的功能概述

肠道微生物参与机体各种生理代谢过程,在营养物质代谢、机体免疫应答、抵抗外来病原体等方面发挥重要作用。主要表现在:①参与多种物质的营养代谢。肠道微生物能产生一系列催化酶,参与膳食纤维、复杂碳水化合物等物质的代谢,从而促进肠道吸收短链脂肪酸(SCFAs);肠道菌群也能够合成一些机体所需的营养物质,如叶酸、核黄素等维生素,并参与胆汁酸和外源性物质代谢(Zmora et al.,2018;Sanna et al.,2019)。②参与机体先天性免疫应答和适应性免疫应答的发育和调节。肠道微生物产生微生物相关分子模式,通过与宿主免疫细胞的模式识别受体结合实现与宿主免疫系统之间的双向互动交流。此外,其还能够调节或影响不同类型免疫细胞的成熟及功能(Ost & Round,2018;Sonnenberg et al.,2019)。③参与肠道屏障功能的形成与调节,抵抗外来病原菌的侵袭。肠道微生物黏附于肠上皮细胞,形成天然独特的生物黏膜屏障,有效防止病原菌的入侵,且肠道微生物产生的某些代谢产物,如 SCFAs、次级胆汁酸等,有助于修复受损肠上皮细胞(Lalles,2016;张萌萌等,2019)。

肠道微生物又被称为“被遗忘的器官”，不仅调节肠道自身的功能，参与宿主多种重要的生理作用，还与肠外组织产生紧密联系（O'Hara et al.，2006）。随着科学技术的发展，人们逐渐意识到肠道微生物与全身各个系统的疾病的发生发展都存在着密切的关联，从而提出一些像“肠-脑轴”“肠-肝轴”和“肠-肺轴”等概念。“肠-脑轴”是由中枢神经系统、自主神经系统以及肠神经系统共同构成的网络系统，肠道微生物通过感应内分泌系统参与能量代谢调控，同时行为意识改变也会通过激活副交感神经影响肠道微生物的组成和结构（Carabotti et al.，2015）。“肠-肝轴”又称为肠肝循环，肠道静脉血液中富含的细菌产物、环境毒素需依赖肝脏的固有免疫系统发挥防御作用，同时肝脏可通过胆汁的分泌来调节机体代谢、内分泌及免疫应答，进而影响肠道功能及肠道微生物（Milosevic et al.，2019）。“肠-肺轴”是指肠道微生物构成和功能的改变通过黏膜免疫系统影响到呼吸系统，而呼吸道的菌群紊乱也能通过免疫调节影响肠道微生物（Mjosberg et al.，2018）。

3.2 猪肠道菌群的定植和演替

猪肠道内栖息着数量庞大、种类繁多的细菌群落，主要分为需氧菌、兼性厌氧菌、专性厌氧菌三大类，这三大类细菌按一定的定植顺序在猪肠道内定植并逐步演替成一个稳定、独特的微生物区系。

3.2.1 生命早期猪肠道微生物的定植规律

仔猪出生时面临着一系列严峻的挑战，包括从相对无菌水生恒温环境转为有菌陆生变温环境、脐带血转为消化道营养供给、脐带血携氧转为肺部呼吸等变化，其消化和免疫等系统尚在发育初期，特殊的生理和发育特点决定此时的肠道菌群极易受外界环境影响。因此，生命早期仔猪的菌群定植是保证商品猪的存活率及后续的生长发育的核心环节（Guevarra et al.，2019）。刚出生时，仔猪肠道处于相对无菌的状态，日粮、母体和环境等来源的微生物与宿主相互作用，共同塑造其早期的肠道菌群结构（Guevarra et al.，2019）。随着日龄的增加，在诸多方面的选择压力下，宿主体内肠道微生物的种类和数量不断变化，不同微生物种属之间以及微生物和宿主之间相互作用，微生物区系不断演替并逐步和宿主达到互利共生状态，最终构成一个功能统一协调的整体。

1.胎儿期

通常认为，哺乳动物在胎儿时期处于无菌环境中（Funkhouser et al.，2013）。然而，近年来在人上的一些研究揭示新生儿的初始菌群定植可能发生在出生前。许多研究已在母体胎盘、羊水新生儿胎粪和脐带血中检测到大肠杆菌、梭杆菌和屎肠球菌等微生物（Jimenez et al.，2005；Jimenez et al.，2008；Aagaard et al.，2014；Rackaityte et al.，2020），这些发现支持了分娩前胎儿菌群的存在。目前尚不清楚这些微生物的来源以及迁移至子宫内的具体途径。母体血液循环系统及阴道细菌可能是胎儿菌群的来源之一，胎盘传递或者羊水吞噬可能是胎儿肠道微生物的获取方式。但是，现存的相关研究仍存在杂菌污染、缺乏对照试验、人群样本有限等瓶颈（Perez-Munoz et al.，2017）。有关出生前胎猪肠道中是否存在细菌定植也尚未见报道，猪生命早期的肠道菌群定植究竟发生在何时，有待进一步的研究。

2.哺乳期

出生时，仔猪先后从母猪产道、粪便、皮肤、母乳及周围环境中接触丰富的微生物，这些外源微生物被认为是仔猪肠道中最初的定植者(von Mutius，2017)。研究发现，新生仔猪粪便中的菌群结构与漏缝地板、母猪乳汁和乳头表面的菌群更加相似，但这些细菌多数是仔猪肠道内早期的过路菌，而母猪粪便细菌则更容易长期定植于仔猪的肠道内(Chen et al.，2018)。外界细菌在仔猪胃肠道内的定植顺序依次是需氧菌、兼性厌氧菌和专性厌氧菌。刚出生时，仔猪肠道内充满氧气，乳杆菌属、葡萄球菌属、肠杆菌属和肠球菌属等好氧菌和兼性厌氧菌最先在肠道中定植(Bian et al.，2016；Li et al.，2018；Huang et al.，2019)。菌群结构初期以厚壁菌门、变形菌门和梭杆菌门为主。1～3 日龄期间埃希氏志贺菌属、链球菌属、肠球菌属和梭杆菌属等占主导地位(Bian et al.，2016；Li et al.，2018；Huang et al.，2019)。肠道中的氧气被这些细菌消耗殆尽而形成了厌氧环境，且由于仔猪肠道尚未发育完全，胃分泌盐酸的能力较弱，胃肠道的 pH 偏高，为专性厌氧菌的定植和增殖提供了有利条件。随后，肠道菌群多样性逐渐增加，拟杆菌属、双歧杆菌属和梭菌属等专性厌氧菌逐渐在数量上占据优势，14 日龄后瘤胃球菌属、布劳特氏菌属和普雷沃氏菌属等比例升高(Bian et al.，2016；Li et al.，2018)。

3.2.2 断奶后猪肠道微生物的定植规律

1.保育期

断奶后，仔猪的食物来源由母乳变为固体饲料，因此诱发断奶应激，使得仔猪肠道内环境骤变，肠道菌群结构也随之改变。在断奶过渡期，仔猪肠道微生物多样性也降低，乳酸杆菌数量明显下降，而梭状芽孢杆菌、普雷沃氏菌或一些兼性厌氧菌(如变形杆菌科)，包括大肠杆菌，则呈线性增加趋势(Gresse et al.，2017)。但随着仔猪胃肠道逐渐适应固体饲料，肠道微生物区系逐渐稳定，并在 10 d 左右达到相对稳定的水平，多样性随时间增长显著增加(Chen et al.，2017)。厚壁菌门和拟杆菌门仍是断奶仔猪肠道微生物的两大优势菌门，其丰度占所有菌的 90%以上，布劳特氏菌属、*Clostridium* ⅪVa、乳酸菌属等逐渐成为断奶仔猪肠道中的优势菌群(Chen et al.，2017；Lu et al.，2018)。研究发现，断奶仔猪肠道微生物成员中仅有 8%来自哺乳期(Wang et al.，2019)，其肠道菌群变化主要由年龄和饲料共同驱动，饲料中蛋白质或纤维的含量和来源对断奶仔猪肠道菌群组成起着决定性作用(Rist et al.，2013；Pieper et al.，2015；Wang et al.，2019)。

2.生长育肥期

育肥猪肠道微生物群落中有相当大一部分来自保育和生长期微生物群落。生长阶段微生物组对随后的育肥阶段贡献了 89%，而其 81%的成员来自保育阶段。在门水平，生长育肥猪肠道菌群主要由厚壁菌门和拟杆菌门构成。随日龄增加，厚壁菌门所占比例增加，拟杆菌门比例减少。猪在 10 周龄时，普雷沃氏菌属相对丰度最高，占所有菌属的 30%，但当猪生长至 20 周龄时，普雷沃氏菌属相对丰度仅为 3.5%～4.0%，而厌氧杆菌属的比例急剧上升(Kim et al.，2011)。在整个生长育肥阶段，猪肠道中优势菌属主要是普雷沃氏菌属、链球菌属、乳酸菌属、粪肠球菌属等(Kim et al.，2011；He et al.，2018；He et al.，2019)。

3.2.3 影响猪肠道微生物定植与演替的因素

诸多方面包括内源或者外源因素均会对猪肠道微生物的结构与组成产生重要影响，主要包括日龄、遗传背景、日粮、益生菌、益生元、环境、初生重、抗生素的使用和母源因素等(Guevarra et al.,2019)。

1.遗传背景

肠道菌群建立的过程也是与宿主相互作用和选择的过程,宿主的遗传背景在一定程度上决定了菌群的组成和结构。研究显示,巴马猪等国内本地猪种的肠道菌群结构显著不同于国外猪种,而处于高海拔地区的藏猪则与二者均不同(Yang et al.,2014;Xiao et al.,2016)。而与梅山猪相比,长白猪的肠道微生物多样性更高,拟杆菌门丰度和*mcrA*产甲烷基因拷贝数也更高(Guo et al.,2008;Luo et al.,2012)。长白猪与约克夏猪肠道菌群结构比较相似,而与杜洛克猪显著不同(Pajarillo et al.,2014)。与长白猪相比,金华猪十二指肠、空肠和盲肠菌群多样性更高,但二者回肠和结肠菌群结构较为相似,且金华猪肠道菌群中含有更为丰富的参与脂肪酸生物合成的基因(Xiao et al.,2018),而来自不同品系的金华猪肠道"核心"菌群成员也显著不同(Yang et al.,2018)。宿主遗传背景同样影响仔猪新生期肠道微生物的定植。将约克夏猪和梅山猪的新生仔猪交叉寄养,结果发现相比于哺乳母猪的影响,品种因素对哺乳仔猪肠道微生物的影响更加显著。新生梅山猪肠道中乳杆菌属的相对丰度更高,而潜在致病菌埃希志贺氏菌属的相对丰度更低,其抗病能力更强,而约克夏仔猪肠道中具有更丰富的产甲烷细菌(Su et al.,2014;Bian et al.,2016)。

2.日粮

作为宿主和肠道微生物的营养来源,日粮在猪肠道菌群结构的塑造中起着决定性作用。在进食方式上,代乳粉喂养的仔猪肠道菌群结构和代谢模式显著不同于母乳喂养的仔猪,其患肠道疾病和过敏的风险也高于采食母乳的仔猪(Thymann et al.,2009;Poroyko et al.,2011;Saraf et al.,2017)。采食母乳的仔猪胃食糜中含有的乳酸杆菌丰度最高,采食代乳粉的仔猪回肠中肠杆菌科和溶血性细菌的比例显著增加,而采食牛初乳的仔猪其回肠菌群结构与母乳喂养的仔猪更为相似(Poulsen et al.,2017)。母猪乳汁中乳糖、蛋白质和脂质的含量是影响仔猪肠道菌群结构的主要因素,仔猪肠道中乳杆菌属、拟杆菌属、瘤胃球菌属和粪肠球菌属等有益菌的相对丰度与乳糖含量成正比而与蛋白质含量成反比,梭菌属、链球菌属、葡萄球菌属和埃希志贺氏菌属等潜在有害菌则相反(Bian et al.,2016)。在出生至35日龄期间,母乳微生物是仔猪小肠黏膜微生物的主要来源,其中,盐单胞菌、芽孢杆菌和乳球菌属为乳汁微生物中的核心菌属。在母猪母乳、阴道、乳晕皮肤、母猪粪便和环境等众多微生物来源中,母乳微生物对仔猪小肠黏膜微生物定植的贡献度可高达80%~90%,并一直持续到断奶后,提示母乳微生物在仔猪肠道菌群形成过程中的重要作用(Liu et al.,2019)。而值得注意的是,当仔猪断奶后,固体饲料的引入便逐渐取代了遗传背景和母乳来源对仔猪肠道菌群的共同作用(Bian et al.,2016)。日粮(尤其是玉米的中性洗涤纤维)是塑造仔猪从出生到上市肠道菌群的最主要因素,其中约35%的变异可归因于日粮变化。

此外,给母体或仔猪补充益生菌、益生元或合生元也是影响猪肠道菌群的重要方式之一。给妊娠母猪补充发酵乳制品后,所产仔猪肠道菌群的多样性增加,肠杆菌科数量减少,有益菌数量增多(Veljovic et al.,2017)。母猪饲料中添加粪肠球菌也可增加其粪便中乳酸菌数量,降低体细胞数,增加母猪乳汁中乳糖含量,且其后代仔猪的肠道菌群和肠道免疫功能明显区别于其他仔猪(Starke et al.,2013;Scharek-Tedin et al.,2015)。给妊娠母猪补充2%可溶性纤维(糊化糯玉米淀粉+瓜尔胶)可显著增加后代仔猪肠道乳酸菌数量,降低嗜胆菌属数量,并改善生长性能，降低肠道通透性（Cheng et al.，2018）。在仔猪代乳粉中补充短链低聚果糖和葡聚糖等益生元，仔猪结肠梭菌和回肠乳酸菌数量显著增加，其肠道中 SCFAs 产量也与母乳喂养仔猪更接近（Wang et al.，2013）。在代乳粉中分别补充短乳杆菌 1E1、粪肠球菌、罗伊氏乳杆菌 I5007、植物乳杆菌和丁酸梭菌，均能够显著降低仔猪小肠内容物中致病菌大肠杆菌的数量，提高乳酸菌、乙酸产生菌等有益菌的数量，并促进其肠道免疫系统的发育（Gebert et al.，2011；Liu et al.，2014；Hou et al.，2015；Wang et al.，2016；Hu et al.，2018；Zhang et al.，2018）。在教槽料中分别添加益生菌、低聚果糖或两者组成的合生元，均能够改善仔猪的肠道菌群结构并提高其生长性能，其中低聚果糖与合生元的效果更好（Shim et al.，2005）。

3.饲养环境

仔猪出生后的饲养环境同样是影响其早期肠道菌群定植的重要因素之一。出生第 1 天环境的改变即可长时间影响仔猪的肠道菌群结构并持续到断奶后（Merrifield et al.，2016）。同窝仔猪的肠道菌群结构是高度相似的（Katouli et al.，1997）。将同窝仔猪分别饲喂在其哺乳母猪身边和人工喂养环境中，发现两种饲喂模式下的仔猪肠道微生物具有不同的定植规律（Schmidt et al.，2011）。相比于人工饲喂的高度干净条件，在母猪喂养的低卫生条件下，仔猪肠道菌群多样性更高，有益菌乳酸菌属数量显著增加，条件性致病菌数量显著降低（Inman et al.，2010）。由此可见，即使在相同的遗传背景下，仔猪生活环境也可显著影响其肠道微生物的定植过程。

将来自不同窝的新生仔猪同栏喂养，发现同栏仔猪个体间的肠道菌群结构比同窝仔猪更具相似性，提示环境因素对仔猪肠道菌群结构的影响可能超过了宿主基因（Thompson et al.，2008）。将具有相似遗传背景的仔猪分别饲养在舍内和舍外环境中，发现舍外仔猪回肠菌群以乳杆菌属为主，而舍内仔猪回肠菌群中乳杆菌属相对丰度较低，条件性致病菌增多（Mulder et al.，2009）。将土壤表层土引入新生仔猪的饲养环境，仔猪生长性能更佳，肠道菌群成熟速度更快，表现为肠道内与饮食变换（从母乳到以植物为主的饮食）相关的物种比例更高，断奶后仔猪肠道中与饲料中纤维分解相关的普雷沃氏菌属和厚壁菌门的许多成员显著富集（Vo et al.，2017）。

4.初生重

仔猪初生重也是影响猪肠道菌群定植的因素之一。早在 2010 年，研究发现 2 日龄低初生重仔猪回肠和结肠黏膜上的细菌数量明显高于同龄对照组仔猪（D'Inca et al.，2010；D'Inca et al.，2011）。连续比较 0～35 日龄下低初生重与正常仔猪粪便微生物发育规律的差异，发现二者肠道菌群存在显著差异，这种差异主要集中在哺乳期（Li et al.，2018；Huang et al.，2019；Li et al.，2019）。与正常仔猪相比，低初生重仔猪粪便中厚壁菌和乳酸菌（如淀粉乳杆菌、唾液乳杆菌）数量显著减少，但条件性致病菌弯曲杆菌和梭杆菌等的数量显著增加。通过检测 7 日、21 日和 28 日龄下正常与低初生重仔猪前肠微生物结构的差异，发现后者前肠微生物多样性显著低于正常仔猪，拟杆菌属、双歧杆菌和瘤胃球菌科等的数量显著降低，而埃希氏志贺杆菌属和巴氏杆菌属等的丰度则显著增加。低初生重仔猪后肠中一些产 SCFAs 的细菌（如拟杆菌科、瘤胃球菌科和普雷沃氏菌科等）的相对丰度也显著低于正常仔猪（Li et al.，2019）。这些细菌的减少进一步导致低初生重仔猪肠道中 SCFAs 的产生量减少，反映了其肠道发酵日粮纤维的能力较正常仔猪差。在生长猪上的试验也表明，低初生重猪后肠黏膜菌群中 Prevotellaceae_UCG-004、*Alistipes* 和 *Helicobacter* 等革兰氏阴性菌定植数量显著高于正常仔猪（Tao et al.，2019）。对 518 头健康仔猪的粪便微生物组进行聚类分析，结果表明猪的肠道菌群呈现一个与生长性状(平均日增重和体重)显著相关的生态系统结构(Ramayo-Caldas et al.,2016)。

5.其他因素

除上述影响因素以外,还有许多其他因素也可能参与了仔猪肠道菌群的定植与演替,包括早产、抗生素使用、酶制剂、植物提取物等。早产仔猪肠道中乳酸菌的丰度显著低于正常仔猪(Cilieborg et al.,2011)。早期抗生素的使用可降低断奶仔猪胃和小肠中乳酸菌的丰度,增加猪链球菌等条件性致病菌的繁殖,并改变肠道菌群的区室化分布特点(Mu et al.,2017)。此外,添加复合酶制剂可增加断奶仔猪盲肠中乳酸菌数量而减少大肠杆菌数量,达到增重的效果(Yi et al.,2013)。添加植物精油和有机酸复合物,可促进断奶仔猪盲肠黏膜乳酸菌的繁殖并抑制肠球菌的定植(Yang et al.,2019)。添加复合有机酸酸化剂(五酸肽)能降低断奶仔猪肠道 pH,促进小肠中乳酸菌的繁殖,降低大肠杆菌数量(姚继明等,2017)。添加玉米皮或小麦麸等纤维原料可增加断奶仔猪粪便中丁酸产生菌(如 *Fibrobacteres*)的丰度,并提高仔猪平均日增重和饲料利用效率(Zhao et al.,2018)。添加燕麦麸可促进生长猪后肠普雷沃氏菌属、*Butyricicoccus* 和 *Catenibacterium* 的增殖,而降低粪肠球菌属和脱硫弧菌属的丰度,并促进 SCFAs 的合成及代谢利用率(He et al.,2018)。

3.3 猪肠道菌群与肠道生理功能

3.3.1 肠道微生物与肠道屏障功能

肠道微生物经过长期的进化与宿主建立了长期、双向和系统的关系。肠道微生物在免疫系统的成熟和肠道屏障功能上起着重要作用(Hooper et al.,2001;Smith et al.,2007)。新生期肠道微生物定植或成年后的紊乱可能会导致肠道炎症影响动物的生长性能和健康(Blumberg et al.,2012)。正常情况下,微生物并不损伤动物机体健康,这依赖于机体完整的肠道黏膜屏障。肠道黏膜屏障主要由机械屏障、化学屏障、免疫屏障和微生物屏障构成,四种屏障相互调控肠道健康。近年来,共生菌被认为是肠道屏障功能的关键调节因子,通过调控以上四种屏障功能,进而改善动物的健康。

1.机械屏障

机械屏障是肠道屏障中最重要的屏障。机械屏障是由完整的肠上皮细胞和细胞之间的相互连接构成的,能够有效地阻止毒素和病原微生物的侵入。上皮细胞主要由吸收细胞(超过80%)、分泌黏液的杯状细胞、肠道内分泌细胞和分泌抗菌肽的潘氏细胞等组成(Natividad et al.,2013)。上皮细胞的完整性和结构在很大程度上受微管和肌动蛋白的调节。另外,细胞间的连接对维持肠道屏障起着关键作用。上皮细胞间的连接由紧密连接(tight junctions,TJs)、中间或黏附连接(adherens junction)、桥粒(desmosome)以及缝隙连接组成(gap junction)。黏附连接和桥粒提供上皮细胞之间的机械黏附强度,但不决定细胞旁通透性,相反紧密连接允许水、离子和溶质通过孔隙来调节对溶质的选择性(Sánchez de Medina et al.,2014)。TJs 是位于肠上皮细胞(intestinal epithelial cells,ICEs)侧膜顶端的多蛋白复合物,恰好位于黏附连接的顶端,因而紧密连接显得尤为重要,紧密连接由咬合蛋白(occludin)、闭合(calaudin)蛋白、带状闭合(zonula occludens,ZO)蛋白和连接黏附分子(junctional adhesion molecule,JAM)组成,occludins、claudins 和 JAM 通过 ZO 蛋白与肌动蛋白细胞骨架相连(图 3-2),因此,在肠道屏障中将紧密连接蛋白作为检测肠道屏障的潜在的生物标记(Wells et al.,2017)。

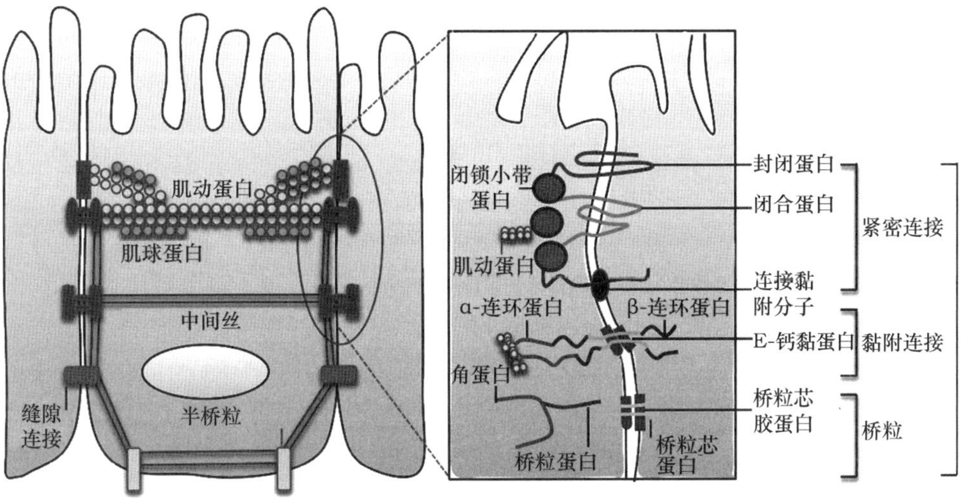

图 3-2 肠道上皮细胞屏障结构(Natividad et al.,2013)

图片说明:上皮细胞的完整性和结构在很大程度上受细胞骨架的调控。在细胞内,存在两种类型的细胞骨架蛋白:①α-interin 聚合成微管蛋白;②actin 聚合成肌动蛋白。顶端连接复合体由紧密连接、黏附连接和桥粒黏附组成。黏附连接由钙黏蛋白组成,如 E-钙黏蛋白(也称为钙黏蛋白-1),并与 α 和 β 连环蛋白结合。黏附连接对于紧密连接的正确组装是必要的,紧密连接是连接蛋白中位于最顶端的。紧密连接是由跨膜蛋白咬合蛋白、闭合蛋白和连接黏附分子组成,它们通过带状闭合蛋白与肌动蛋白细胞骨架相连。

2.化学屏障

化学屏障主要是由黏液层构成,黏液层主要是由杯状细胞分泌的黏蛋白形成的。肠道的黏液层由两层组成,外层黏液层(靠近肠腔)由黏液和稀释的抗菌物质组成,肠道共生菌定植于该部位,一些微生物也能穿透该层;内层黏液层黏附牢固,富含上皮细胞来源的抗菌物质和黏蛋白(mucin,MUC),微生物密度低(McGuckin et al.,2009)。目前已经有 20 种黏蛋白被鉴定出来(Ma et al.,2018),在大肠和小肠分泌的黏液中主要是 MUC2,也是产生有效黏液成分的关键,但在大肠中,某些条件下可能会产生少量的 MUC5 和 MUC6(McGuckin et al.,2011)。共生肠道微生物群的定植通常局限于由 MUC2 形成的外部“松散”黏液层,在小鼠中敲除该基因时能够自发地形成肠炎(Van der Sluis et al.,2006),但敲除 MUC13 基因不能自发形成肠炎,而容易被感染诱导性的肠炎(Sheng et al.,2011)。黏蛋白能被肠道菌降解,作为自身的营养物质。研究发现,阿克曼嗜黏液菌(*Akkermansia muciniphila*)能够以黏蛋白作为营养,当肠道黏液层厚度减低时,能够增加病原菌的感染(Desai et al.,2016)。此外,胃酸、胆汁、各种消化酶、溶菌酶、微生物分泌的细菌素也是肠黏膜化学屏障的组成成分(Yan et al.,2013)。

3.免疫屏障

正常情况下,上皮细胞的机械屏障、潘氏细胞分泌的抗菌物质、微生物屏障和肠道蠕动限制了抗原物质和微生物从肠腔进入体内环境。然而,这些非特异的机制并不总是足够的,因而需要建立特异性的监控系统,这就是免疫系统。肠道免疫屏障指的是肠道相关淋巴组织(gut associated lymphoid tissue,GALT),包括组织样淋巴组织和分散在肠道中的淋巴细胞,前者主要由派尔氏节(Peyer' patch)和肠系膜淋巴结组成(mesenteric lymph nodes,MLN),在这里诱导最初的免疫反应(Luongo et al.,2009)。肠黏膜免疫系统具有多种免疫细胞类型,如中性粒细胞、单核/巨噬细胞、树突状细胞(dendritic cells,DC)、肥大细胞(mast cell)、固有淋巴样细胞、B细胞和T细胞等(Sánchez de Medina et al.,2014)。此外,上皮细胞越来越多地被视为免疫系统不可分割的一部分(Peterson et al.,2014)。首先被激活的免疫反应是非特异性免疫,在肠道中主要的先天性免疫细胞包括上皮细胞、树突状细胞、巨噬细胞、先天性淋巴细胞(innate lymphoid cells,ILCs)、杯状细胞、潘氏细胞等(Sun et al.,2018)。这些细胞通过模式识别受体尤其是上皮细胞(pattern recognition receptors,PRRs),如Toll样受体(toll like receptor,TLR)和核苷酸结合结构域(nucleotide oligomerization domain,NOD like receptors,NLRs)受体和C型凝集素受体(C-type lectin receptors,CLRs)识别细菌、真菌和病毒特定成分中的病原相关分子,如微生物核酸、脂蛋白和碳水化合物、尿酸和DNA结合核蛋白(Akira et al.,2006;Schaefer,2014)。在正常情况下,共生细菌对PRRs的活化有助于分泌抗菌物质并维持一定的炎症耐受性(Yan et al.,2010)。当上皮屏障的结构发生变化时,细菌可能会进入,并且需要通过激活先天免疫细胞上的PRRs来促发炎症反应(Sansonetti,2004)。同时,DC不断检测细菌和其他抗原,它们在吞噬体中内化,并使用Ⅱ类主要组织相容性复合物(major histocompatibility complex,MHC)进行呈递,这决定了适应性免疫系统对细胞和体液免疫反应的发展(Bernardo,2013)。在局部引起足够的炎症反应之前,这些非特异性免疫细胞必须区分来自致病微生物的信号和来自共生微生物的信号以及无害抗原(Blander et al.,2012)。与病原微生物相比,共生微生物中的PAM与PRRs的亲和力较小,或者它们可能需要其他病原信号的聚集才能触发免疫反应(Sansonetti,2011)。

适应性免疫(adaptive immune system)是一个复杂的系统和反应过程。简单地说肠道内适应性免疫细胞主要是T淋巴细胞和B淋巴细胞,并受到肠道中微生物的持续调控。肠腔中的抗原和病原微生物进入黏膜主要有三种方式(Baumgart et al.,2002;Mowat,2003)。在肠道淋巴细胞聚集的地方叫派尔氏结,高度特异化的上皮细胞M细胞(microfold cell)覆盖在派尔氏结上,肠道管腔类的抗原可以通过M细胞摄取、转运进入派尔氏结呈递给巨噬细胞和DC细胞。另外,肠道中的抗原通过跨细胞途径由上皮细胞进入并呈递给T细胞。DC细胞还能穿透肠上皮直接进入肠腔摄取抗原。初始T细胞和B细胞迁移到肠道相关淋巴组织(GALT),T细胞随后经过抗原驱动启动/激活、分化和增殖(Agace,2008)。在GALT内启动后,激活的T细胞获得返回肠道的能力。$CD8^+$ T细胞迁移到肠道上皮,一部分停留在固有层,$CD4^+$ T和B细胞(主要是产生IgA的浆细胞)进入固有层(Mowat,2003)。上皮内淋巴细胞与固有层的淋巴细胞不同之处在于上皮内淋巴细胞主要以$CD8^+$细胞为主,而固有层主要是$CD4^+$细胞。尽管肠道中含有Th2、Th9、Th22、辅助性滤泡T细胞(follicular helper T,T_{FH})、I型调节性T细胞(type I regulatory T cell)和iTreg,但肠道中主要为$CD4^+$ T细胞,包括Th1(T helper 1,Th1)、Th17和调节性T细胞(regulatory T cell,Treg)(Kreisman et al.,2011;Brucklacher-Waldert et al.,2014)。肠道中Treg细胞在维持肠道稳态和调节微生物引起的肠道炎症方面有重要的作用(Haghikia et al.,2015)。将$CD4^+$ T细胞转移到缺乏Treg细胞的无特异性病原(SPF)小鼠中,能消除微生物诱导的肠炎(Powrie et al.,1993)。Th17细胞主要介导炎症反应,参与胞外菌与真菌的对抗和维持免疫耐受功能,因此,Th17和Treg细胞在功能上是对立的(Honda et al.,2016)。固有层中IgA^+ B细胞分化成的浆细胞产生大量的IgA包被在微生物表面防止微生物的扩增和侵入上皮细胞(Kato et al.,2014)。因此,在稳态状态下的肠道中，各种微生物之间通过各种复杂机制保持平衡，除了上述的免疫细胞外，还有许多细胞因子参与。

4.微生物屏障

（1）肠道微生物对机械屏障的影响　肠道黏膜定植的微生物数量达到 10^{14} 数量级，超过 500 种（Eckburg et al.，2005）。微生物作为屏障通过平衡各种微生物来维持动态平衡，其次分泌一些抗菌肽抑制病原菌的生长，微生物有的还能利用肠道中的营养物质产生 SCFAs、乳酸等物质降低肠道的 pH。另外，微生物对肠道细胞的更新、通透性和黏液层厚度也发挥着重要作用（Natividad et al.，2013）。正常的肠道屏障功能需要细胞增殖和细胞死亡之间的平衡。许多比较无菌动物和常规饲养动物的研究表明，缺乏肠道微生物区系会严重损害肠道的形态、结构和细胞更新（Hooper et al.，2001；Smith et al.，2007）。在无菌条件下饲养的小鼠与在常规条件下饲养的小鼠有一个显著的区别，在没有肠道细菌的情况下，小鼠的总肠道表面积显著减小（Meslin et al.，1999），这与无菌小鼠回肠绒毛变短、肠腺变小的异常肠道形态是相关的（Abrams et al.，1962）。在定植 8 d 后，细胞更新恢复到与传统小鼠相同的程度。细胞更新减少可能会对上皮的增殖和再生能力产生不利影响（Khoury et al.，1969）。在养猪生产中，通常使用益生菌或者病原菌在体内外研究肠道的机械屏障和通透性功能。在轮状病毒攻击断奶仔猪后降低了空肠绒毛高度与隐窝高度比以及 ZO-1 和 Occludin mRNA 表达水平，但使用鼠李糖乳杆菌（*Lactobacillus rhamnosus* GG）缓解了轮状病毒引起的黏膜屏障损伤（Mao et al.，2016）。给新生仔猪灌服罗伊氏乳杆菌（*Lactobacillus reuteri*）后增加了空肠和回肠 ZO-1 和 Occludin 的表达（Yang et al.，2015）。研究表明，子宫内生长受限（intrauterine growth retardation，IUGR）猪肠道处于不健康的状态，通过添加解淀粉芽孢杆菌改善了 IUGR 猪的肠道形态，降低了肠道炎症，提高了断奶仔猪的生长性能（Li et al.，2018）。细胞模型是研究肠道通透性的重要手段，利用猪肠道上皮模型研究致病菌和益生菌对肠道健康的影响。大肠杆菌 K88 能够显著降低 IPEC-J2 细胞跨膜电阻值和紧密连接蛋白的基因表达，植物乳杆菌能够缓解 K88 对肠道通透性的影响，增加紧密连接蛋白的基因和 Occludin 蛋白表达和跨膜电阻值，改善上皮细胞的机械屏障（Wu et al.，2016）。解淀粉乳酸菌（*Lactobacillus amylolyticus*）也能缓解由 K88 引起的肠道屏障损伤，增加紧密连接蛋白 ZO-1 和 Occludin 的表达（Roselli et al.，2007）。体外试验表明，罗伊氏乳杆菌还能缓解脂多糖（LPS）引起的 IPEC-J2 细胞紧密连接蛋白的损伤（Yang et al.，2015）。植物乳杆菌能够缓解大肠杆菌对 IPEC-J2 细胞肠道紧密连接蛋白的破坏，动物试验表明植物乳杆菌能够调节仔猪肠道微生物，缓解肠道炎症（Wang et al.，2018）。

（2）肠道微生物对化学屏障的影响　肠道微生物还能调控化学屏障功能，化学屏障主要是调节肠道中黏蛋白（Mucin）和抗菌肽的表达，从而限制外源性病原菌的入侵，同时调节肠道微生物的组成。与普通饲养的动物相比，无菌小鼠盲肠中分泌黏蛋白的杯状细胞数量较少（Kandori et al.，1996）。此外，与有菌小鼠相比，无菌小鼠的黏液层更薄、更不稳定（Szentkuti et al.，1990；Enss et al.，1992；Meslin et al.，1999；Petersson et al.，2011）。暴露于细菌产物脂多糖（LPS）和肽聚糖使无菌小鼠黏液层厚度增加到与常规饲养小鼠相似的水平（Petersson et al.，2011）。综上所述，这些发现表明肠道内源性微生物群的组成可以调节黏液层。黏蛋白也是防止肠腔细菌黏附或穿透肠上皮的关键。在猪上的研究也发现益生菌同样能增加黏蛋白的表达，饲粮中添加鼠李糖乳杆菌不仅缓解了由轮状病毒引起的紧密连接蛋白的表达下调，还增加了大肠中黏蛋白的水平(Liu et al.,2013);在细胞试验上发现鼠李糖乳杆菌增加了 IPEC-J2 细胞 Mucin-3 的水平(Liu et al.,2010)。使用含有多种益生菌的 SLAB51(主要是乳酸菌和双歧杆菌)改善了猪肠道生长形态,增加了十二指肠、盲肠和结肠中分泌 α2,6-唾液黏蛋白杯状细胞数量,但降低盲肠中分泌 α-2,3-唾液黏蛋白的杯状细胞数量,这表明微生物对不同黏蛋白的杯状细胞具有调节作用(Desantis et al.,2019),同时益生菌的补充影响猪的黏蛋白组成(Accogli et al.,2018)。

表 3-1 肠道上皮细胞表达的抗菌肽(Bevins et al.,2011;Natividad et al.,2013)

家族	成员	分泌部位	抗菌类型	是否被转录诱导
α-Defensins	人 HD-5	潘氏细胞、小肠、结肠上皮细胞	G^+,G^-	否
α-Defensins	人 HD-6	潘氏细胞、小肠、结肠上皮细胞	G^+,G^-	否
α-Defensins	鼠 Cryptidins	潘氏细胞	G^+,G^-	否
α-Defensins	鼠 Cryptidins related peptide	潘氏细胞	G^+,G^-	否
β-Defensins	人 HBD-1	结肠上皮细胞	G^+,G^-	否
β-Defensins	人 HBD-2,鼠 mBD-3	结肠上皮细胞	G^+,G^-	是
β-Defensins	人 HBD-3	结肠上皮细胞	G^+,G^-	是
β-Defensins	Lysozyme C	潘氏细胞	G^-	否
Phospholipid sn-2 enterase	sPLA2	潘氏细胞	G^+	否
C-type lectin	人 Reg3-α,鼠 Reg3-γ	潘氏细胞、小肠、结肠上皮细胞	G^+	是
C-type lectin	鼠 Reg3-β	潘氏细胞、小肠、结肠上皮细胞	G^+	是
Ribonuclease	ANG-4	潘氏细胞	G^+,G^-	是

注:G^+,抗革兰氏阳性菌;G^-,抗革兰氏阴性菌。

抗菌肽具有双重作用,一是限制病原体入侵,二是调节肠道微生物群组成。肠道的抗菌肽来源主要有肠道上皮细胞、潘氏细胞和肠道微生物。潘氏细胞(Paneth cell)是小肠上皮的一类分泌细胞,位于肠道隐窝底部,其分泌的抗菌肽有的是持续表达,有的是可以被诱导表达的(表 3-1)(Bevins et al.,2011)。防御素家族是哺乳动物的主要抗菌物质。普通饲喂的小鼠中增加了空肠中潘氏细胞的数量,仅有抗菌肽 reg3γ 基因表达显著增加,对肠道干细胞的数量和周转没有影响。因此,微生物还可能通过调控潘氏细胞数量和抗菌肽的表达调节肠道屏障功能(Schoenborn et al.,2019)。重要的是,在微生物缺乏的情况下,防御素同样也能表达,在无菌小鼠中,也表达溶菌素和 sPLA2,因而这些抗菌肽不需要微生物信号诱导(Pütsep et al.,2000;Ayabe et al.,2002)。但与在无菌条件下饲养的小鼠相比,常规饲养的小鼠中防御素明显更高,这表明肠道菌群可能会影响防御素的表达水平(Pütsep et al.,2000)。在断奶仔猪添加猪源的 β-防御素,提高了生长性能,降低了腹泻率,改善了肠道形态结构,增加了十二指肠、空肠绒毛高度,添加 5 g/kg 组与对照组相比降低了盲肠食糜和黏膜中微生物多样性和病原微生物数量(Peng et al.,2016)。同样使用外源合成的猪 β-防御素可减低空肠中炎症因子 IL-1β、

IL-8 和 TNF-α 的表达，同时增加盲肠食糜中乳酸菌和双歧杆菌的数量，改善肠道形态，提高断奶仔猪生长性能（Tang et al.，2016）。体外试验也表明猪 β-防御素有很好的抗菌作用，能够在 30 min 杀伤大肠杆菌和副伤寒沙门氏菌（Fan et al.，2019）。猪源的 β-防御素转基因小鼠通过 TLR4/NF-κB 途径抑制鼠伤寒沙门氏菌和 LPS 的炎症反应（Huang et al.，2019）。将金华猪的粪菌移植到商品断奶猪中，改善了肠道形态和紧密连接，同时还提高了 MUC2 和 β-防御素的表达水平（Hu et al.，2018）。因此，肠道宿主表达的抗菌肽对维持肠道健康有重要作用。

微生物除了调节肠道上皮细胞间的紧密连接和黏蛋白的分泌外，其自身还有额外的防御系统，包括抗生素、代谢产物、裂解剂、多种蛋白质的胞外毒素和细菌素，下面主要介绍细菌素的作用。细菌素与传统的抗生素相比最大的一个不同之处，就是细菌素杀伤谱相对较窄，而且只对与生产菌株密切相关的细菌有毒性。细菌素的抑菌机制主要是破坏细胞膜和进入胞内干扰细胞壁的合成、酶的活性、抑制核酸与蛋白质合成以及与核酸物质结合（王利君等，2020）。大肠杆菌素（Colicins）是由大肠杆菌产生的一类细菌素，对大肠杆菌有活性，被认为是养猪生产中可能替代抗生素的一种细菌素（Lagha et al.，2017）。体外试验表明，Colicin E1 可以抑制引起猪断奶后腹泻和水肿病的大肠杆菌菌株的生长。在仔猪日粮中添加 Colicin E1 可降低肠毒素大肠杆菌引起的试验性断奶后腹泻率和严重程度，改善仔猪的生长性能（Cutler et al.，2007）。最新的研究还发现，乳酸菌来源的细菌素还能通过激活 mTOR 信号通路调节肠道的水盐平衡，降低断奶仔猪的腹泻率（Hu et al.，2018）。因此，使用细菌素或者使用能够产生细菌素的相关微生物将成为抗生素有效的替代措施。

3.3.2 肠道微生物对肠道的免疫调节

1.先天免疫

越来越多的研究发现肠道微生物还参与肠道的免疫调控，因而对保护肠道健康发挥着很重要的作用。肠道上皮细胞（IECs）是肠道先天性免疫的重要细胞，IECs 具有多种免疫功能，分泌多种细胞因子和 MCH 分子。肠道上皮细胞的模式识别受体能识别病原微生物以及相关病原分子，其中 TLRs 和 NLRs 有着重要作用。肠道上皮细胞中的 TLR 识别肠道中的微生物、调节肠道完整性、调节肠道抗菌肽的表达和细胞因子的产生。TLR2 调节杯状细胞 Mucin 的表达（Podolsky et al.，2009），增加 ZO-1，减少上皮细胞通透性（Cario et al.，2004）。TLR4 不仅识别 LPS，避免 LPS 引起的肠道损伤，增加肠道上皮细胞的存活和增殖，还能促进抗菌肽的表达（Ayabe et al.，2000；Kobayashi et al.，2005；Vaishnava et al.，2011），同样 NOD2 也调节肠道潘氏细胞的 Reg3γ 的表达（Eckmann et al.，2005；Kobayashi et al.，2005），重要的是微生物还参与调节这些 PPRs（Ayabe et al.，2000；Kobayashi et al.，2005；Vaishnava et al.，2011）。在无菌小鼠中表现出先天免疫缺陷（表 3-2）。因此，模式识别受体（如 TLR 受体）在 IECs 的表达和分布受到微生物定植的影响。先天性免疫对微生物也存在着调控作用，先天免疫系统将信号传递给宿主，以适应组织水平的生理学，并可能调整微生物群的组成和功能。来自人类和小鼠的遗传证据表明，随着时间的推移以及个体之间的差异，先天免疫系统在调节微生物组成方面发挥着重要作用。在一些先天性免疫缺陷的小鼠模型中，如在缺乏 NOD2 基因或 TLR5 的小鼠中肠道微生物失调（Thaiss et al.，2016）。因此，先天免疫系统可能会促进微生物群有益菌的生长，并有助于维持一个稳定的微生物群落，说明肠道微生物与免疫系统存在动态的关系。

断奶仔猪由于断奶应激往往会引起肠道损伤，断奶后的第 4 天肠道微生物多样性显著降低，在断奶后的第 1 天和第 4 天对肠道 PPRs 影响最大，因此断奶后微生物变化引起 PPRs 的变化有助于肠道发育和成熟（Tao et al.，2015）。使用芽孢杆菌一周后增加空肠 TLR4、NOD1、NOD2 和 IκBα 表达，增加了肠道紧密连接蛋白 ZO-1 基因表达水平，可预防大肠杆菌对断奶仔猪的感染（Yang et al.，2016）。粪菌移植能够促进肠道微生物稳定和肠道健康，将藏猪的肠道微生物移植到商品新生猪中，活化了 TLR 和 NOD 信号通路，缓解了葡聚糖硫酸钠对仔猪的肠道损伤（Xiao et al.，2017）。使用猪上皮细胞研究短双歧杆菌对大肠杆菌耐受机制中发现，短双歧杆菌还能通过 TLR2 通路发挥作用（Murata et al.，2014）。与无菌小鼠相似的是，在无菌猪回肠单核细胞 TLR mRNA（主要有 TLR1/2/4/6/9/10）表达水平显著降低，说明肠道中微生物对猪肠道免疫的调控同样很重要（Shao et al.，2016）。

表 3-2 无菌小鼠肠道免疫缺陷（Thaiss et al.，2016）

免疫缺陷	部位	无菌小鼠与正常小鼠差异
小肠发育	派尔氏节	变小，数量减少
	固有层	变薄，细胞数量减少
	生发中心	浆细胞减少
	独立淋巴滤泡	变小，数量减少
肠系膜淋巴结	生发中心	变小，细胞数量减少，浆细胞减少
$CD8^+$ T 细胞	肠上皮淋巴细胞	数量减少，减少细胞毒性
$CD4^+$ T 细胞	固有层	细胞数量减少，减少小肠中 Th17 数量，增加结肠中 Th17 数量
$CD4^+CD25^+$ T 细胞	肠系膜淋巴结	减少 Foxp3 的表达，降低抑制能力
ANG4	潘氏细胞	减少
Reg3	潘氏细胞	减少
sIgA	B 细胞	减少
MCH Ⅱ	肠上皮细胞	减少
TLR9	肠上皮细胞	减少
IL25	肠上皮细胞	减少

2.适应性免疫

除了先天免疫外，适应性免疫在维持肠道健康过程中同样起到重要作用。这里主要介绍肠道微生物对肠道 IgA、Th17 和 Treg 细胞的影响。

（1）IgA　无菌动物是研究动物肠道免疫重要的模型，与 SPF 条件饲养的动物相比，无菌动物在肠道相关淋巴组织的发育和抗体产生方面表现出广泛的缺陷（Falk et al.，1998；Macpherson et al.，2004），其派尔氏节和肠系膜淋巴结更少和更小（Round et al.，2009）（表 3-2）。研究还发现，无菌动物损伤了独立淋巴滤泡的成熟（Pollard et al.，1970；Bouskra et al.，2008）。与 SPF 小鼠相比，无菌小鼠黏膜系统发育不良，仅有极少的生发中心，而且 IgA 浆细胞数量和 IgA 水平也显著减少（Pollard et al.，1970），但在无菌小鼠中重新定植微生物后 IgA 水平恢复正常(Hapfelmeier et al.,2010)(表3-2)。这提示了肠道微生物对肠道 IgA 浆细胞的分化和 IgA 的产生有重要作用。

乳酸菌作为一种饲料添加剂已经广泛应用在养猪生产中,在断奶仔猪中添加植物乳杆菌提高了饲料效率,改善了肠道形态,降低了肠道中大肠杆菌数量,增加了双歧杆菌和乳酸菌数量,这可能与植物乳杆菌增加了肠道中 sIgA 的数量有关(Xu et al.,2016)。相似的是,给断奶仔猪灌胃有乳酸菌、粪球菌和双歧杆菌的混合益生菌,增加了血清中 IgA 含量和肠系膜淋巴结中 IgA 浆细胞数量,但灭活后的益生菌没有提高其相应水平,因此,存活的益生菌具有更好的效果(Rodrigues et al.,2007)。将健康金华猪的粪菌移植到商品断奶猪中,可改善其生长性能和肠道健康,同时增加肠道黏膜中 sIgA 浆细胞数量(Hu et al.,2018)。将母猪粪菌移植到断奶仔猪中进行早期干预,改善肠道屏障功能,增加了粪便中 sIgA 的含量(Xiang et al.,2020)。因此,益生菌或微生物可能通过调节机体 IgA 分泌细胞数量和 IgA 含量改善猪的肠道健康。

(2)Th17 与 Treg　$CD4^+$ T 细胞经抗原刺激后增殖分化成不同的细胞群,主要是辅助性 T 细胞(Th1、Th2 和 Th17)和 Treg 细胞。Th17 细胞主要介导炎症反应,参与胞外菌与真菌的对抗和维持免疫耐受功能。Treg 细胞则具有抑制炎症和维持免疫耐受的功能。因此 Th17 和 Treg 细胞在功能上相互制约,二者之间的平衡对维持肠道稳态具有重要意义。

Treg 细胞表达 $CD4^+$ 和 Foxp3 特征分子,在肠道固有层 T 细胞中占有较高的比例(Atarashi et al.,2011;Stefka et al.,2014)。肠道组织中包含两种 Treg 细胞,一类是有胸腺起源的 Treg 细胞,另一类是外周分化的 Treg(pTreg)细胞,pTreg 细胞大量分布在结肠,pTreg 大部分表达 RORγt(Ohnmacht et al.,2015;Sefik et al.,2015;Yang et al.,2016)。与普通小鼠相比,无菌小鼠 RORγt+ pTreg 细胞数量减少,说明微生物可诱导 RORγt+pTreg 细胞(Ohnmacht et al.,2015;Sefik et al.,2015;Yang et al.,2016)。肠道特定微生物活菌在肠道 Treg 细胞的积累和成熟过程中所起的作用开始被揭示。梭菌在诱导结肠 Treg 细胞积累中发挥着重要作用,无菌小鼠口服来自正常小鼠粪便的 46 种梭状菌强烈地诱导了结肠 Treg 细胞分化(Atarashi et al.,2011)。从健康人中分离 17 株菌混合后灌服小鼠和大鼠同样诱导结肠中 Treg 细胞(Atarashi et al.,2011)。在小鼠移植物抗宿主病(Graft-versus-host disease,GVHD)模型中,引入 17 株梭状芽孢杆菌诱导 Treg,降低了疾病的严重程度(Mathewson et al.,2016)。这些梭状芽孢杆菌还刺激 ILC3 产生 IL-22,有助于增强肠上皮细胞屏障并降低肠道对膳食蛋白质的渗透性(Stefka et al.,2014)。梭状芽孢杆菌诱导的 Treg 细胞促进肠道中 IgA 的产生,有助于增加微生物区系的多样性,尤其是增加梭状菌的多样性(Kawamoto et al.,2014)。

轮状病毒是引起婴儿腹泻的主要病原体,通过损伤上皮细胞而腹泻。使用无菌猪模型,研究微生物对轮状病毒的预防作用中发现,定植婴儿的肠道菌群后同时接种轮状病毒疫苗(粪菌移植联合疫苗组),接着使用轮状病毒感染小猪,与使用轮状病毒疫苗组具有相同的腹泻率。与疫苗组相比,粪菌移植联合疫苗组在粪菌移植后 28 d 各组织 $CD4^+$ 和 $CD8^+$ 数目无显著差异,但增加了回肠中 IFN-γ^+ $CD8^+$ T 细胞比例,还降低了轮状病毒感染 7 d 后回肠中 Treg 细胞数量(Wen et al.,2014)。粪菌移植联合疫苗组的仔猪同时接受不同剂量鼠李糖乳杆菌,结果表明鼠李糖乳杆菌在定植 23 d 后显著高于粪菌移植联合疫苗组,增加了粪菌移植 28 d 后和轮状病毒感染 7 d 后回肠中 $CD4^+$ 和 $CD8^+$ T 细胞数量,低剂量组显著增加了小肠中 sIgA 和血液中 IgA 和 IgG 的含量(Wen et al.,2014)。研究还发现将猪肠道上皮细胞和派尔氏节共培养系统,短双歧杆菌 MCC-117 能够刺激 Treg 细胞分化(Fujie et al.,2011)。因而,微生物或益生菌能够影响肠道免疫细胞种类和数量以及抗体的产生，进而调节动物健康。

3.3.3 肠道微生物与消化吸收

营养物质在机体内消化和代谢所产生的能量直接供给机体，因此机体的营养代谢是猪高效健康生产的关键环节。饲料中的营养物质被动物摄取后，经过动物咀嚼，再进入胃肠道进行消化代谢，一系列的营养物质再经过肠壁的吸收随血液进入肝脏、肌肉等靶器官进行代谢或沉积，从而促使机体正常运行及生长。因此，肠道的消化吸收是营养物质转化的关键。而其中肠道微生物也在动物的营养物质吸收中扮演关键角色。研究者对无菌动物研究发现，肠道微生物对动物的胰岛素抵抗、脂肪沉积均有影响。猪的胃肠道大体可以分为三个部分：胃、小肠和大肠。其中，微生物参与消化吸收主要发生在小肠和大肠。但是，由于小肠和大肠结构的差异，它们的功能也具有一定差异，因此微生物所起到的作用也不同。大多数的营养物质都在小肠彻底消化，如淀粉、脂肪、蛋白质，然后这些营养物质被分解为能够被小肠吸收的小分子，最终进入毛细血管。而小肠内未被消化的蛋白质、碳水化合物进入大肠后，被大肠内的微生物发酵从而进一步利用或以其他形式排出。

1.小肠微生物与消化吸收

动物饲料的消化开始于胃，但是胃的 pH 较低，微生物活性有限，所以当猪摄入大量饲料时，大部分可利用的营养物质（如碳水化合物、蛋白质、脂肪等）都被小肠吸收。因此小肠是营养物质消化最主要的场所，机体摄入的物质以及内源分泌的蛋白质等进入小肠后，被消化酶以及胆汁所消化，生成小分子化合物如甘油单酯、寡肽和氨基酸。传统营养学认为营养物质的分解主要来自机体本身的生理结构及分泌的酶的作用，然后转化为一系列小分子物质被吸收。然而近年的研究表明，微生物在小肠营养物质的消化吸收中也扮演了非常重要的角色。小肠微生物可以调节肠道上皮消化和吸收过程，对宿主适应膳食脂质变化至关重要。研究发现无菌动物小肠内脂质消化和吸收功能均有受损，当植入高脂饲粮诱导的空肠菌群后，机体脂质吸收能力增加，同时特定肠道菌株的条件培养基能够上调机体近端小肠上皮类器官的脂质吸收基因（Martinez-Guryn et al.，2018）。此外，小肠微生物在氨基酸的吸收中也扮演重要角色。猪小肠细胞能大量代谢支链氨基酸（亮氨酸、异亮氨酸和缬氨酸），但是缺乏分解代谢其他必需氨基酸的酶，如苏氨酸脱氢酶、组氨酸脱羧酶和苯丙氨酸羟化酶等（Chen et al.，2009），故有推测，小肠中的微生物可能参与了氨基酸的代谢。对仔猪微生物体外培养发现，十二指肠、空肠及回肠微生物可以代谢多种必需氨基酸，且不同区室微生物对不同氨基酸的代谢作用也不相同（Dai et al.，2010）。猪空肠或回肠的微生物能够选择性氧化赖氨酸、苏氨酸和精氨酸，而某些革兰氏阴性细菌，如克雷伯菌和普雷沃菌可以合成谷氨酰胺、亮氨酸、异亮氨酸、精氨酸等（Dai et al.，2012）。再者，不同层次微生物对于氨基酸的代谢也不同，肠道微生物可以分成三层：肠腔微生物、黏膜微生物、肠壁微生物。体外培养研究表明，肠腔微生物能够更多地分解代谢多种游离氨基酸，而肠壁微生物既能分解代谢部分氨基酸，也具有合成氨基酸的功能（杨宇翔，2016）。因此，尽管肠腔微生物对氨基酸的代谢在营养上可能是一种浪费，但是，肠壁微生物利用氨合成氨基酸又能在一定程度上缓解宿主对氨基酸的需求。小肠内的碳水化合物如淀粉大部分被消化吸收，但是小肠中微生物群影响葡萄糖和能量的代谢，再者小肠代谢功能会随着定植菌群的变化产生即时反应（El Aidy et al.，2013）。

2.大肠微生物与消化吸收

大肠的消化机能比小肠低，小肠中未消化的饲料成分（主要是蛋白质、膳食纤维和脂质）以及肠壁分泌的内源性物质在大肠中被微生物发酵。在这一阶段，发酵所产生的 SCFA、氨基酸及一些维生素会被机体吸收供能。对于饲料中的碳水化合物，虽然大多数摄入的膳食淀粉在小肠中被完全消化，但仍有一部分未被消化而运输到大肠，这部分被称为“抗性淀粉”，属于膳食纤维的一种。盲肠和结肠是猪机体内膳食纤维消化发酵的最主要部位，对于大多数营养物质来说，膳食纤维是被认为结肠细菌繁殖所需能量的最大来源。大肠中拥有数量庞大、种类繁多的微生物，其中有大量的纤维降解细菌，如瘤胃球菌、普雷沃氏菌、真杆菌属等。膳食纤维在盲肠和结肠内被微生物发酵产生大量 SCFAs，包括乙酸、丙酸、丁酸等，部分被机体吸收供能。因此，微生物活动为宿主提供能量（估计值约占饲料总能量的 10%）（Tremaroli et al.，2012）。其中丁酸能够作为结肠上皮细胞的能量来源，乙酸和丙酸则参与肝脏的能量代谢。日粮蛋白质在小肠中被分解成小肽或氨基酸，通过小肠吸收。但是，部分未被消化吸收的蛋白质或者肽类，以及前端肠壁分泌的内源性含氮化合物会进入大肠，与微生物接触，然后经过微生物的作用部分转化为小肽和氨基酸，以及多种微生物代谢产物。已有报道，大肠中存在一系列的蛋白质发酵菌，如大肠杆菌（*Escherichia coli*）、克雷伯氏菌（*Klebsiella* spp.）、弯曲杆菌（*Campylobacter* spp.）、链球菌（*Streptococcus* spp.）、产气荚膜梭菌（*Clostridium perfringens*）、艰难梭菌（*Clostridium difficile*）等，都被报道为优势蛋白发酵菌。传统的观点认为，结肠肠腔内的氨基酸不会被宿主大量吸收，结肠微生物产生的氨基酸也不能够转运至宿主细胞中被宿主利用。但是，也有学者表示不能排除大肠对氨基酸的吸收利用。猪的模型研究结果显示，大肠中注入蛋白质或者氨基酸之后，机体整体的氮平衡得到了增强（Fuller et al.，1998）。此外，在猪的结肠上皮细胞上也存在一些氨基酸转运载体，也证实了结肠具有吸收氨基酸的能力。因此，小肠并不是蛋白质代谢吸收的终点，未被吸收的含氮化合物在大肠内得到进一步加工，部分被机体吸收。

3.4 猪肠道菌群与肠外组织关系

3.4.1 肠道微生物介导肠-肝轴

1.肠-肝轴概述

宿主-微生物代谢轴被定义为一系列细胞信号转导途径和代谢物介导的宿主器官与微生物之间的双向调控，主要包括肠-肝轴、肠-脑轴等（Nicholson et al.，2012）。其中肠-肝轴的双向调控主要通过胆管和门静脉完成。一方面，肝脏分泌胆汁酸和生物活性分子到胆管；另一方面，宿主和肠道微生物共同代谢内源和外源（主要是日粮）底物，代谢产物通过门静脉进入肝脏并调控肝脏功能，其中参与肠-肝代谢轴的代谢产物主要包括胆汁酸（初级胆汁酸和次级胆汁酸）和 SCFAs 等。

2.微生物介导胆汁酸肠-肝循环对动物机体代谢及健康的影响

（1）胆汁酸的肠-肝循环　胆汁酸的肠-肝循环是肠-肝代谢轴的重要组成部分。胆汁酸的肠-肝循环起始于肝脏初级胆汁酸的合成。初级胆汁酸主要包括鹅去氧胆酸（CDCA）和胆酸（CA），在肝脏由胆固醇合成（Wahlstrom et al.，2016）。初级胆汁酸与甘氨酸（人）或牛磺酸

(小鼠)结合后生成甘氨胆酸(GCA)、甘氨去氧胆酸(GDCA)、牛磺胆酸(TCA)、牛磺去氧胆酸(TDCA)并贮存在胆囊中,在动物摄食后释放到十二指肠。大约95%的胆汁酸在回肠末端被重吸收并转运回肝脏。剩余的5%胆汁酸则在肠道微生物(主要是回肠末端和结肠微生物)的作用下形成次级胆汁酸。肝脏通过释放和重吸收胆汁酸来完成胆汁酸肠-肝循环。在正常生理状况下,每天肝脏和肠道间的胆汁酸大约循环8次,循环总量在3g左右(Jia et al.,2018)。胆汁酸的合成受到负反馈调节的影响,法尼酯X受体(FXR)是调节胆汁酸和肠-肝循环的关键信号分子之一(Tripathi et al.,2018)。肠道中的初级胆汁酸到达回肠末端与肠上皮细胞的FXR结合后诱导肠成纤维细胞生长因子19(FGF19)的转录,FGF19经门静脉到达肝脏后与FGR受体4结合,并通过JNK1/2和ERK1/2通路抑制胆固醇7α-单加氧酶(CYP7A1)的表达从而下调胆汁酸从头合成,这构成了胆汁酸肠-肝循环的负反馈调节机制,从而避免胆汁酸在肝脏淤积。

(2)肠道微生物参与胆汁酸肠-肝循环　胆汁酸除了作用于上述核受体信号分子,其本身对肠道微生物的组成和功能也具有重要调控作用,同时肠道微生物也反过来对FXR和TGR5功能的发挥具有调控作用(皮宇等,2017)。一方面,胆汁酸可以促进胆汁酸耐受型微生物的生长,抑制胆汁酸敏感性微生物的生长。有研究表明,胆管堵塞诱导的胆汁酸分泌受阻会导致微生物的过度生长和移位,而胆汁酸注射可逆转这一表型。除了对微生物的直接作用,胆汁酸还可以通过FXR诱导一系列抗菌分子(iNOS、IL-18、抗菌肽等)的转录和表达,通过免疫系统调控肠道微生物。其中胆汁酸组成和日粮背景对FXR介导的调控功能尤为关键。饲喂高脂日粮的FXR敲除鼠与野生型小鼠相比,厚壁菌门丰度升高,变形菌门丰度降低。血清和盲肠食糜中的初级胆汁酸浓度升高。这意味着微生物对初级胆汁酸的代谢能力受到抑制。此外,无菌FXR敲除鼠与野生型小鼠相比呈现一致的胆汁酸谱,这意味着FXR对胆汁酸组成的调控依赖于肠道微生物(Wahlstrom et al.,2016)。另一方面,微生物对胆汁酸的代谢能力对于维持胆汁酸稳态尤为关键。通过对胆汁酸解偶联并将初级胆汁酸转化为次级胆汁酸,这些代谢物可激活一系列下游信号分子从而发挥生物学功能。其中,拟杆菌属(*Bacteroides*)、梭菌属(*Clostridium*)、乳杆菌属(*Lactobacillus*)和双歧杆菌属(*Bifidobacterium*)等通过表达胆汁盐水解酶(BSH)参与初级胆汁酸的解偶联反应;*Bacteroides*、真杆菌属(*Eubacterium*)、*Clostridium*、大肠埃希氏菌属(*Escherichia*)和消化链球菌属(*Peptostreptococcus*)等主要参与催化C-3、C-7和C-12处羟基的氧化和差向异构;*Clostridium* 和 *Eubacterium* 可对胆汁酸进行7α-脱羟基化;*Bacteroides*、*Eubacterium* 和 *Lactobacillus* 可酯化胆汁酸;*Clostridium*、梭杆菌属(*Fusobacterium*)、消化球菌属(*Peptococcus*)和假单胞菌属(*Pseudomonas*)可进行脱硫作用。在这些微生物的作用下,初级胆汁酸被转化为一系列次级胆汁酸,大部分初级和次级胆汁酸都被重吸收回到肝脏,少量通过粪便被排出体外。

(3)胆汁酸肠-肝循环对机体代谢的影响　胆汁酸除了参与日粮脂肪等营养物质的消化吸收,还是重要的信号分子,调节一系列生理过程。胆汁酸合成、转运和代谢的紊乱会导致疾病的发生。目前关于肠-肝代谢轴的研究主要集中于探究人和小鼠模型中肠-肝代谢轴与非酒精性肝癌等代谢性疾病的关联性,这里主要对肥胖、非酒精性肝癌等研究比较热门且深入的领域做简要介绍(Molinaro et al.,2018)。在胆汁酸生理功能中扮演核心角色的主要是两个信号分子,FXR和G蛋白偶联胆汁酸受体1(TGR5)。FXR和TGR5在胆汁酸信号传导中的作用主要集中在肝脏和肠道中,其中FXR在肝细胞和回肠末端和结肠上皮细胞中高度表达,而

TGR5 主要在肠内分泌细胞以及胆囊和胆管上皮细胞中表达。Watanabe 等(2006)研究发现胆汁酸能够完全逆转高脂日粮诱导的肥胖和棕色脂肪组织沉积,这是因为动物摄入的胆汁酸具有微弱的 TGR5 功能,但在肠道微生物的作用下被转化为 TGR5 的激动剂,TGR5 通过提高细胞内甲状腺激素活性促进棕色脂肪组织产热,避免肥胖和棕色脂肪组织沉积的发生。随后的研究证实了 TGR5 通过棕色脂肪组织和肌肉能量消耗以及胰高血糖素样肽(GLP-1)两种途径调节糖稳态。此外,胆汁酸在非酒精性肝癌发生中扮演的角色开始被逐步揭示。非酒精性肝癌患者的肝脏纤维化程度随胆汁酸升高而升高,随着初级/次级胆汁酸比例升高而下降。此外,非酒精性肝癌患者的 CYP7A1 表达升高,说明 FXR 介导的胆汁酸负反馈调节受到抑制,胆汁酸合成增加。这提示微生物对初级胆汁酸的代谢作用在肝脏疾病尤其是非酒精性肝癌中尤为关键,但以微生物为靶点的检测和治疗措施仍依赖对肠道微生物-肝互作的进一步了解。

目前关于猪的胆汁酸肠-肝代谢轴的研究仍处于初始阶段,且主要集中在探究日粮组分(膳食纤维)对胆汁酸代谢的影响。众所周知,日粮纤维(主要是可溶性纤维)可以通过促进胆汁酸排泄降低血清胆固醇水平。饲喂添加小麦阿拉伯木聚糖的日粮可以降低猪门静脉、颈静脉、胆囊和小肠食糜总胆汁酸水平,同时血浆甘油三酯也显著降低(Gunness et al.,2016)。生长猪日粮中添加果胶可以降低血清胆固醇和低密度脂蛋白水平,同时发现猪不同肠段的胆汁酸库组成存在明显差异,这与胆汁酸转运相关基因表达呈现肠段特异性一致(Fang et al.,2018)。猪日粮中添加菊粉、马铃薯淀粉和果胶均降低了肝脏胆固醇水平,增加肝脏胆汁酸水平,下调肝脏脂质降解相关基因表达。此外,马铃薯淀粉和果胶可以上调氨基酸代谢和糖异生相关基因表达(Wang et al.,2020)。燕麦中含有的 β-葡聚糖可以降低血清总胆固醇、胆汁酸和低密度脂蛋白水平,同时结肠微生物可将胆汁酸转化为治疗性的熊去氧胆酸,抑制石胆酸的生成(Gunness et al.,2016)。总之,膳食纤维可以降低全身循环胆固醇和胆汁酸水平,但这一有益效果依赖于膳食纤维的来源和种类。同时胆汁酸的代谢对于膳食纤维功能的发挥可能具有重要作用,但具体机制仍待探究。

3.SCFAs 介导微生物-肠-肝轴对动物机体代谢和健康的影响

SCFAs 作为肠道微生物的主要代谢产物,对肠-肝代谢轴也具有调控作用。正常生理状况下,SCFAs 主要来自日粮膳食纤维的降解,主要包括乙酸、丙酸和丁酸。其中丁酸是结肠上皮细胞的主要能源物质,剩余的丁酸、乙酸和丙酸经由门静脉进入肝脏,肝脏主要吸收丙酸和丁酸,丙酸主要通过 TCA 循环参与肝脏糖异生,并且抑制脂肪合成,肝脏中未被利用的 SCFAs(主要是乙酸)则进入全身循环,发挥一系列生物学功能。研究发现盲肠瘘管灌注丙酸盐能够显著降低猪血清和肝脏中甘油三酯水平,并且肝脏脂肪酸合成受到抑制,而脂代谢活动增加(Yu et al.,2019)。此外,日粮中添加 0.1%的乙酸、丙酸或丁酸均能不同程度地减少猪的体脂沉积,减少肝脏脂肪的合成(下调肝脏中脂肪酸合成相关基因 FAS 和 ACC 的表达)、增加肝脏脂肪的分解(上调肝脏中脂肪酸分解基因 PGC-1α 的表达),并且伴随着胃肠激素的增加,如 GLP-1 和酪酪肽(PYY)(Jiao et al.,2020)。通过静脉注射丁酸钠能够增加生长猪机体脂肪动员和减少硬脂酸盐的生物合成代谢,进而影响脂肪代谢(Wang et al.,2020)。这些研究表明,SCFAs 通过调控肝脏脂肪酸合成和分解来调控机体脂代谢。

除了直接向日粮中添加 SCFAs,直接添加日粮膳食纤维(菊粉、果寡糖、抗性淀粉等)同样影响肠-肝代谢轴。日粮补充乙酸、丙酸和菊粉均可改善小鼠肝脏代谢,但瓜尔胶却不具有这一功能。同时，菊粉通过上调肝脏线粒体功能来改善肝脏代谢，而乙酸则通过抑制肝脏脂肪合成来实现(Weitkunat et al.,2017)。在高脂日粮背景下，果胶对肝脏脂代谢的缓解作用存在剂量依赖效应(Li et al.,2018)。值得注意的是，肠道微生物发酵膳食纤维产生的琥珀酸可以在肠上皮细胞参与糖异生，生成的葡萄糖进入门静脉，改善机体糖耐受、胰岛素敏感性和肝脏代谢(de Vadder et al.,2016)。这提示除了直接作用于肝脏，SCFAs 在肠道中的进一步代谢同样关键。此外，在肠道微生物失调状态下，菊粉发酵会导致胆汁淤积型肝癌的发生，而不可发酵纤维无法诱导这一表型(Singh et al.,2018)。这些结果提示 SCFAs 除了直接作用于肝脏，还可以作用于肠道本身。由于 SCFAs 的来源(膳食纤维或直接添加)、添加水平等因素影响，关于 SCFAs 调控肠-肝代谢轴及肝脏糖脂代谢的具体机制尚无定论。如何将细胞模型、小鼠模型和猪/人类试验的结果进行整合，明晰 SCFAs 发挥作用的具体机制仍需进一步研究。

3.4.2 肠道微生物介导肠-脑轴

肠道微生物还与宿主神经系统功能的调控密切相关(Mu et al.,2016)。大量的研究发现肠道微生物利用肠道营养素合成产生的代谢产物，如 SCFAs 能通过肠-脑轴介导宿主脑部各项神经生理功能，如食欲、摄食行为、能量代谢等(De Vadder et al.,2014;Frost et al.,2014)。因此，肠道微生物在维持宿主脑功能正常运作中的作用受到了越来越多的关注。与此同时，微生物-肠-脑轴(Microbiota-gut-brain axis)的概念也由此产生。

肠-脑轴是由中枢神经系统(central nervous system,CNS)、自主神经系统以及肠神经系统(enteric nervous system,ENS)共同构成的网络系统，该系统由大量神经纤维组成并广泛分布于动物肠道中，这些神经纤维包括交感神经纤维和迷走神经纤维，其中，迷走神经纤维占肠道神经纤维总量的 80%，可通过纤维末端特异性识别肠道中的脑肠肽激素(GLP-1 和 PYY 等)(高侃等,2019)。动物肠道感应肠腔中的营养素后，通过肠-脑轴中的脑肠肽对受体激活后转化为神经信号，继而经迷走神经传递至 CNS，使机体做出相应的应答反应，调节机体整体代谢以及各项生理过程，如食欲、摄食行为和能量代谢的改变等(朱伟云等,2014)。

肠道微生物-肠-脑轴是宿主 CNS 与肠道微生物间的双向信号传递形成的，主要通过神经信号途径、内分泌途径和免疫途径等完成(Collins et al.,2012)。神经信号途径主要由机体 ENS 和 CNS 构成的神经通信网络构成。一方面，肠道表面的感受器信号通过特异性受体识别微生物表面结构，将其转变为神经电信号上传至 CNS，从而影响 CNS 相关功能；另一方面，CNS 的神经电信号通过 ENS 的传递作用于肠道，改变肠道生理功能，进而影响肠道微生物菌群结构和功能(Collins et al.,2012)。内分泌途径主要由肠道内分泌系统和营养感应系统构成。肠道内分泌系统由多种肠道内分泌细胞(enteroendocrine cells,EECs)组成，包括 L 细胞、K 细胞、I 细胞和肠嗜铬细胞等。EECs 分散于肠道上皮细胞(intestinal epithelial cells,IECs)中，尽管 EECs 的比例只占 IECs 总量的 1%，但是通过激活特异性感应受体，EECs 能够分泌多达 20 多种脑肠肽激素(高侃等,2016)。动物肠道内分泌系统能够感应肠腔中的微生物及其代谢产物，通过肠-脑轴作用于 CNS，肠道内分泌系统不仅参与机体食欲和能量代谢调控，同时还可通过肠-脑轴介导肠道各项生理功能，包括肠肌反射、肠道免疫、肠道渗透性以及肠道内分泌调控等(高侃等,2016)。免疫途径主要由细胞因子、趋化因子和一些微生物内毒素等构成。肠道微生物菌群结构和功能的改变，如肠球菌属和大肠杆菌属等条件性致病菌属内细菌丰度的增加，会引起肠道炎症反应，造成肠道组织通透性增强(Mangell et al.,2002)。炎性细胞因子、细菌及其内毒素成分能够进入血液循环系统，到达 CNS 引起神经相关功能改变。通过 *Trichuris muris* 诱导小鼠结肠慢性炎症反应，增加了血液中致炎性细胞因子，如 TNF-α 的浓度。同时，小鼠伴随有焦虑样情绪的产生。通过灌服益生菌 *Bifidobacterium longum*，能够有效缓解结肠炎症反应，同时改善小鼠精神状态(Bercik et al.,2010)。

1.微生物-肠-脑轴调控动物的行为

动物和人的行为主要受宿主 CNS 的控制(Sharon et al.,2016)。目前已有多种实验方法研究肠道菌群对肠-脑轴作用的调节作用，包括抗生素对肠道菌群的调控、粪便微生物移植和无细菌(GF)动物模型(图 3-3)。以无菌小鼠作为动物模型研究发现，肠道微生物在宿主行为调控过程中具有重要的作用。与无特定病原菌小鼠相比，无菌小鼠肌动活动增加，而焦虑样行为减少(Heijtz et al.,2011；Hoban et al.,2016)。肠道微生物影响着动物机体的行为和意识，并对大脑具有潜在的保护机制(Mu et al.,2016)。肠道微生物菌群结构和功能的改变，往往会引起机体神经生理相关功能发生变化。大量研究显示，肠道微生物通过介导神经突触可塑性相关基因表达调控宿主行为。与正常小鼠相比，无菌小鼠前额皮质基因 *NGFI-A*、杏仁核和海马区的突触可塑性相关基因 *BDNF*、齿状回的多巴胺受体基因 *Drd1a* 表达量显著下降(Heijtz et al.,2011)。与正常小鼠相比，无菌小鼠杏仁核 N-甲基天冬氨酸受体(N-methyl-D-aspartate receptor,NMDA)亚型 *NR2B* 基因和 5-HT 受体 *5HT1A* 基因表达量显著下降，而齿状回 *BDNF* 基因表达量显著上升。这些基因表达的改变，与无菌小鼠焦虑样行为减少密切相关(Neufeld et al.,2011)。以上研究表明，*BDNF* 基因可能是肠道微生物介导宿主行为的主要作用位点。日粮富含益生元和生物活性乳组分可以通过增加肠道中 *Lactobacillus* 引起幼年大鼠情绪回路中焦虑相关行为的减少和增加大脑中 cfos 和 5-羟色胺受体基因表达(Mika et al.,2018)。利用猪作为动物模型，研究发现 *Ruminococcus* 能够通过增加血浆中皮质醇引起大脑中 N-乙酰天冬氨酸(与神经元活动和脑细胞代谢异常有关的信号分子)含量的增加(Mudd et al.,2017)。这些研究表明，肠道微生物在动物行为调控中发挥着重要的作用。

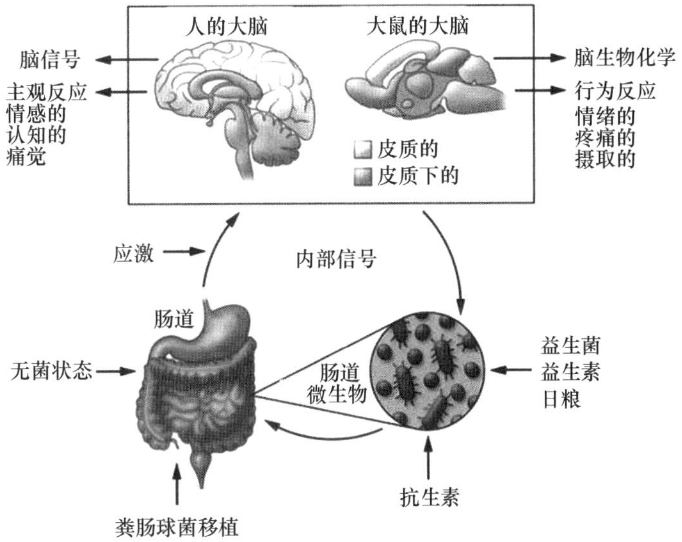

图 3-3 肠道微生物-肠-脑轴在鼠和人上的研究(Mayer et al.,2015)

肠道微生物代谢产物在介导肠-脑轴的过程中同样发挥着重要的作用。SCFAs已被报道能够调节组蛋白去乙酰化酶，刺激交感神经系统，并能够影响啮齿类动物的社会行为。Perry等(2016)的研究显示，通过改变肠道微生物菌群结构增加乙酸盐含量后，激活了副交感神经系统，并使胰岛素和胃促生长素的分泌增加，进而使食欲过盛，最终引起肥胖及相关症状的产生。饲喂SCFAs能够改善小鼠大脑平衡状态，缓解由反复应激引起的选择性和持久性行为的改变(van de Wouw et al.,2018)。饲喂丁酸4周能够增加猪伏隔核和海马的基础脑葡萄糖代谢、增加海马颗粒细胞层的体积以及促进神经发生(Val-Laillet et al.,2018)。利用瘘管猪为研究对象，发现大肠灌注混合抗生素(氨苄西林、庆大霉素和甲硝唑)减弱大肠微生物碳水化合物代谢和增强芳香族氨基酸(AAA)代谢，降低了肠道中AAA的浓度，同时发现大肠、血液和下丘脑中神经递质5-羟色胺(5-HT)和多巴胺的浓度减少，最终减少下丘脑神经递质合成(Gao et al.,2018)；相反，进一步的研究发现，当盲肠灌注玉米淀粉增加大肠中可利用碳水化合物后，大肠中的AAA微生物代谢减弱，增加肠道中AAA含量的同时增加了大肠、血液和下丘脑中神经递质5-HT和多巴胺的浓度，最终促进下丘脑神经递质合成。借助小鼠模型和体外神经细胞模型对其做了深入的机制研究，证实了芳香族氨基酸是大肠微生物调控宿主神经递质表达的介质之一，表明猪大肠微生物可以通过影响肠道中AAA的代谢介导肠-脑轴(图3-4)(Gao et al.,2019)。

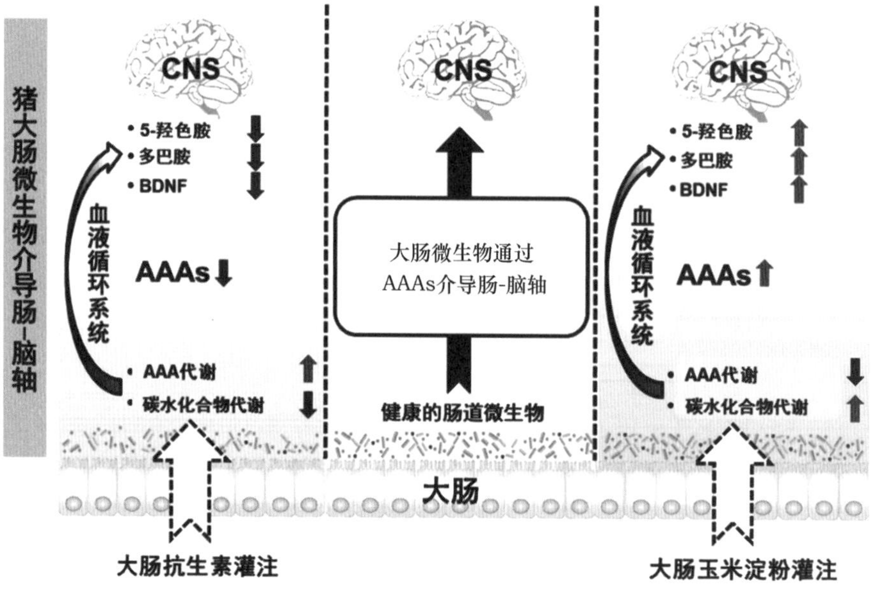

图3-4 猪大肠微生物通过调控机体芳香族氨基酸(AAAs)介导宿主神经因子表达的模型

注：BDNF(brain-derived neurotrophic factor)，脑源性神经营养因子。

2.微生物-肠-脑轴调控动物的机体代谢

动物肠道微生物菌群在介导机体整体代谢过程中发挥着重要的作用，其主要通过直接或间接的方式与肠道表面营养素感应受体互作，经肠-脑轴参与机体能量代谢调控，影响食欲以及采食行为，形成微生物-肠-脑轴(朱伟云等，2014)。一方面，肠道微生物能够调控营养素感应受体和脑肠肽的表达，经肠-脑轴影响机体采食量和能量代谢。研究发现，与正常小鼠相比，无菌小鼠肠道中脂肪酸感应受体如FFAR2、FFAR3和FFAR4蛋白表达显著下降，同时伴随 CCK、PYY 和 GLP-1 等脑肠肽分泌量显著下降，而采食量增加、能量利用率上升（Duca et al.，2012）。另有研究将肥胖大鼠肠道微生物定植于无菌小鼠肠道后发现，无菌小鼠肠道营养素感应受体表达量和脑肠肽分泌量均显著下降，而采食量和体增重显著上升（Duca 等，2014）。另一方面，肠道微生物菌群还可通过结构和功能的改变调控机体肠道营养感应，参与机体营养吸收和能量代谢（Hwang et al.，2015）。小鼠肠道中益生菌，如双歧杆菌属（*Bifidobacterium*）和乳酸杆菌属（*Lactobacillus*）相对丰度的升高，可进一步促进 EECs 分泌的 GLP-1 和 PYY 升高，引起小鼠能量摄取、脂肪含量、体增重下降（Everard et al.，2013）。另有研究报道，与正常大鼠相比，肥胖大鼠肠道微生物菌群中厚壁菌门（Firmicutes）/拟杆菌门（Bacteroidetes）比率上升，其中梭菌 14a 菌属（*Clostridium clusters* ⅪVa）和梭菌 4 菌属（*Clostridium clusters* Ⅳ）相对丰度显著上升，引起小鼠摄食过盛、脂肪生成、体重增加等机体能量代谢紊乱（Duca et al.，2014）。

此外，微生物代谢产物同样能够介导肠道营养感应，经肠-脑轴调控机体能量代谢平衡（Mayer et al.，2015）。SCFAs、生物胺、胆酸盐及氨基酸等微生物代谢产物均可被肠道营养素感应受体识别，从而调控脑肠肽的表达，同时调节营养素的感应转运，进而介导机体能量代谢以及各项生理功能等（Everard et al.，2013）。其中，有关 SCFAs（乙酸、丙酸和丁酸）营养素感应的研究最为广泛。肠道微生物如瘤胃球菌属、罗氏菌属、拟杆菌属和 *Blautia* 属内的细菌能够利用肠腔内的碳水化合物合成产生 SCFAs，包括乙酸、丙酸和丁酸等（Koh et al.，2016）。大量试验表明，微生物代谢产物 SCFAs 能够被分布于小肠和结肠上皮的内分泌细胞（EECs）的 FFAR2 和 FFAR3 识别表达，作用于机体的肠-脑轴，可促进脑肠肽（GLP-1 和 PYY）的分泌，进而调节动物机体的摄食行为和能量代谢；同时肠道 FFAR2 和 FFAR3 受体的激活还能够参与机体急性炎症的调控作用（Alvarez-Curto et al.，2016）。研究报道，小鼠结肠微生物产生的乙酸能够被肠道表面 FFAR2 受体识别，促进 GLP-1、PYY 等脑肠肽的表达，使小鼠食欲降低，能耗增加（Tolhurst et al.，2012）。乙酸还可以通过副交感神经系统增加葡萄糖刺激的胰岛素分泌、胃饥饿素分泌、多食和肥胖（Perry et al.，2016）。因此，该研究表明乙酸参与肠-脑轴调控机体能量代谢。另有研究发现，丙酸也能够被结肠 L 细胞 FFAR2 和 FFAR3 特异性识别，促进 L 细胞分泌 PYY、GLP-1 等脑肠肽激素，使小鼠食欲降低，同时参与机体能量代谢（Psichas et al.，2015）。丁酸除了为结肠上皮细胞提供能量之外，还能被肠道表面 FFAR3 受体识别，引起脑肠肽的分泌，经肠-脑轴改善机体胰岛素敏感性、增加能量消耗（Vidrine et al.，2014）。此外，在猪上的研究发现，饲喂丁酸钠能够诱发伏隔核和海马基底部葡萄糖代谢的变化、海马颗粒细胞层体积增加与神经发生（增加神经细胞的增殖）（Val-Laillet et al.，2018）。这些研究表明，肠道微生物的代谢产物参与了机体体内很多代谢和生理过程，因此它们影响着机体的整体代谢。研究动物肠道微生物菌群与机体肠-脑轴的互作机制，有助于理解肠道微生物对机体代谢调节的贡献。

参考文献

高侃，慕春龙，余凯凡，等.肠道内分泌与营养素感应系统.动物营养学报，2016，28：1633-1640.

高侃，慕春龙，朱伟云.微生物-肠-脑轴的研究进展.微生物学报，2019，59：1737-1746.

皮宇，高侃，朱伟云.机体胆汁酸肠-肝轴的研究进展.生理科学进展，2017，48:161-166.

孙笑非，孙冬岩，王文娟，等.猪肠道微生物定植规律和生理功能.饲料研究，2011:70-72.

王利君，郦萍，付碧石，等.乳酸菌细菌素抗菌作用机制研究进展.食品科技，2020，45:36-42.

杨利娜，边高瑞，朱伟云.单胃动物肠道微生物菌群与肠道免疫功能的相互作用.微生物学报，2014，54:480-486.

杨宇翔.消化道微生物对猪和大鼠氨基酸代谢的影响.南京:南京农业大学，2016.

姚继明，孟秀丽，吕锋，等.复合有机酸酸化剂对断奶仔猪生长性能及其肠道微生物菌群的影响.饲料工业，2017，38:11-16.

张萌萌，姜宁，张爱忠.肠道微生物对肠道屏障功能完整性的维护机制研究概况.微生物学通报，2019，1-9.

朱伟云，余凯凡，慕春龙，等.猪的肠道微生物与宿主营养代谢.动物营养学报，2014，26:3046-3051.

Aagaard K，Ma J，Antony K M，et al.，The placenta harbors a unique microbiome.Science Translational Medicine，2014，6(237):65.

Abrams G D，Bauer H，Sprinz H.Influence of the normal flora on mucosal morphology and cellular renewal in the ileum.A comparison of germ-free and conventional mice.Mount Sinal Hospital New York，1962.

Accogli G，Crovace A M，Mastrodonato M，et al.Probiotic supplementation affects the glycan composition of mucins secreted by Brunner's glands of the pig duodenum.Annals of Anatomy-Anatomischer Anzeiger，2018，218:236-242.

Agace W W.T-cell recruitment to the intestinal mucosa.Trends in Immunology，2008，29(11):514-522.

Akira S，Uematsu S，Takeuchi O.Pathogen recognition and innate immunity.Cell，2006，124(4):783-801.

Alvarez-Curto E，Milligan G.Metabolism meets immunity: the role of free fatty acid receptors in the immune system.Biochemical Pharmacology，2016，114:3-13.

Atarashi K，Tanoue T，Shima T，et al.Induction of colonic regulatory T cells by indigenous *Clostridium species*.Science，2011，331(6015):337-341.

Ayabe T，Satchell D P，Wilson C L，et al.Secretion of microbicidal α-defensins by intestinal Pan-eth cells in response to bacteria.Nature Immunology，2000，1(2):113-118.

Ayabe T，Wulff H，Darmoul D，et al.Modulation of mouse Paneth cell α-defensin secretion by mIKCa1，a Ca^{2+}-activated，intermediate conductance potassium channel.Journal of Biological Chemistry，2002，277(5):3793-3800.

Baumgart D C，Dignass A U.Intestinal barrier function.Current Opinion in Clinical Nutrition and Metabolic Care，2002，5(6):685-694.

Bercik P，Verdu E F，Foster J A，et al.Chronic gastrointestinal inflammation induces anxiety-like behavior and alters central nervous system biochemistry in mice.Gastroenterology，2010，139(6):2102-2112，e1.

Bernardo D.Human intestinal dendritic cells as controllers of mucosal immunity.Revista Espanola De Enfermedades Digestivas，2013，105(5):279-290.

Bevins C L，Salzman N H. Paneth cells，antimicrobial peptides and maintenance of intestinal homeostasis.Nature Reviews Microbiology，2011，9(5):356-368.

Bian G，Ma S，Zhu Z，et al.Age，introduction of solid feed and weaning are more important determinants of gut bacterial succession in piglets than breed and nursing mother as revealed by a reciprocal cross-fostering model.Environmental Microbiology，2016，18(5):1566-1577.

Blander J M，Sander L E.Beyond pattern recognition: five immune checkpoints for scaling the microbial threat.Nature Reviews Immunology，2012，12(3):215-225.

Blumberg R, Powrie F. Microbiota, disease, and back to health: a metastable journey. Science Translational Medicine, 2012, 4(137): 7.

Bogdanova N G, Kolpakov A A, Sudakov S K. Effect of peptide agonists of peripheral opioid receptors on operant feeding behavior and food motivation in rats. Bulletin of Experimental Biology and Medicine, 2015, 158(5): 589-591.

Bouskra D, Brézillon C, Bérard M, et al. Lymphoid tissue genesis induced by commensals through NOD1 regulates intestinal homeostasis. Nature, 2008, 456(7221): 507-510.

Brucklacher-Waldert V, Carr E J, Linterman M A, et al. Cellular plasticity of $CD4^+$ T cells in the intestine. Frontiers in Immunology, 2014, 5: 488.

Carabotti M, Scirocco A, Maselli M A, et al. The gut-brain axis: interactions between enteric microbiota, central and enteric nervous systems. Annals of Gastroenterology: Quarterly Publication of the Hellenic Society of Gastroenterology, 2015, 28(2): 203.

Cario E, Gerken G, Podolsky D K. Toll-like receptor 2 enhances ZO-1-associated intestinal epithelial barrier integrity via protein kinase C. Gastroenterology, 2004, 127(1): 224-238.

Chen L, Li P, Wang J, et al. Catabolism of nutritionally essential amino acids in developing porcine enterocytes. Amino Acids, 2009, 37(1): 143-152.

Chen L, Xu Y, Chen X, et al. The maturing development of gut microbiota in commercial piglets during the weaning transition. Frontiers in Microbiology, 2017, 8: 1688.

Chen X, Xu J, Ren E, et al. Co-occurrence of early gut colonization in neonatal piglets with microbiota in the maternal and surrounding delivery environments. Anaerobe, 2018, 49: 30-40.

Cheng C, Wei H, Xu C, et al. Maternal soluble fiber diet during pregnancy changes the intestinal microbiota, improves growth performance, and reduces intestinal permeability in piglets. Applied and Environmental Microbiology, 2018, 84(17).

Cilieborg M S, Boye M, Mølbak L, et al. Preterm birth and necrotizing enterocolitis alter gut colonization in pigs. Pediatric Research, 2011, 69(1): 10-16.

Collins S M, Surette M, Bercik P. The interplay between the intestinal microbiota and the brain. Nature Reviews Microbiology, 2012, 10(11): 735-742.

Cutler S A, Lonergan S M, Cornick N, et al. Dietary inclusion of colicin e1 is effective in preventing postweaning diarrhea caused by F18-positive *Escherichia coli* in pigs. Antimicrobial Agents and Chemotherapy, 2007, 51(11): 3830-3835.

Dai Z L, Li X L, Xi P B, et al. Metabolism of select amino acids in bacteria from the pig small intestine. Amino Acids, 2012, 42(5): 1597-1608.

Dai Z L, Zhang J, Wu G, et al. Utilization of amino acids by bacteria from the pig small intestine. Amino Acids, 2010, 39(5): 1201-1215.

De Vadder F, Kovatcheva-Datchary P, Goncalves D, et al. Microbiota-generated metabolites promote metabolic benefits via gut-brain neural circuits. Cell, 2014, 156(1-2): 84-96.

De Vadder F, Kovatcheva-Datchary P, Zitoun C, et al. Microbiota-produced succinate improves glucose homeostasis via intestinal gluconeogenesis. Cell Metabolism, 2016, 24(1): 151-157.

Desai M S, Seekatz A M, Koropatkin N M, et al. A dietary fiber-deprived gut microbiota degrades the colonic mucus barrier and enhances pathogen susceptibility. Cell, 2016, 167(5): 1339-1353, e21.

Desantis S, Mastrodonato M, Accogli G, et al. Effects of a probiotic on the morphology and mucin composition of pig intestine.Histology and Histopathology,2019,34(9):1037-1050.

Donaldson G P,Lee S M,Mazmanian S K.Gut biogeography of the bacterial microbiota.Nature Reviews Microbiology,2016,14(1):20-32.

Duca F A,Lam T K T.Gut microbiota,nutrient sensing and energy balance.Diabetes,Obesity and Metabolism,2014,16(S1):68-76.

Duca F A,Swartz T D,Sakar Y,et al.Increased oral detection,but decreased intestinal signaling for fats in mice lacking gut microbiota.PLoS One,2012,7(6).

D'Inca R,Gras-Le Guen C,Che L,et al.Intrauterine growth restriction delays feeding-induced gut adaptation in term newborn pigs.Neonatology,2011,99(3):208-216.

D'Inca R,Kloareg M,Gras-Le Guen C,et al.Intrauterine growth restriction modifies the developmental pattern of intestinal structure,transcriptomic profile,and bacterial colonization in neonatal pigs.The Journal of Nutrition,2010,140(5):925-931.

Eckburg P B,Bik E M,Bernstein C N,et al.Diversity of the human intestinal microbial flora.Science,2005,308(5728):1635-1638.

Efeyan A,Comb W C,Sabatini D M.Nutrient-sensing mechanisms and pathways.Nature,2015,517(7534):302-310.

El Aidy S,Merrifield C A,Derrien M,et al.The gut microbiota elicits a profound metabolic reorientation in the mouse jejunal mucosa during conventionalization.Gut,2013,62(9):1306-1314.

Enss M L,Grosse-Siestrup H,Schmidt-Wittig U,et al.Changes in colonic mucins of germfree rats in response to the introduction of a "normal" rat microbial flora.Rat colonic mucin.Journal of Experimental Animal Science,1992,35(3):110-119.

Everaert N,Van Cruchten S,Weström B,et al.A review on early gut maturation and colonization in pigs,including biological and dietary factors affecting gut homeostasis.Animal Feed Science and Technology,2017,233:89-103.

Everard A,Cani P D.Diabetes,obesity and gut microbiota.Best Practice and Research Clinical Gastroenterology,2013,27(1):73-83.

Falk P G,Hooper L V,Midtvedt T,et al.Creating and maintaining the gastrointestinal ecosystem: what we know and need to know from gnotobiology.Microbiology and Molecular Biology Reviews,1998,62(4):1157-1170.

Fan K,An Y,Wang Z,et al.Antibacterial activity of recombinant porcine β-defensin 2.Pakistan Veterinary Journal,2019,39(3).

Fang W,Zhang L,Meng Q,et al.Effects of dietary pectin on the profile and transport of intestinal bile acids in young pigs.Journal of Animal Science,2018,96(11):4743-4754.

Frost G,Sleeth M L,Sahuri-Arisoylu M,et al.The short-chain fatty acid acetate reduces appetite via a central homeostatic mechanism.Nature Communications,2014,5(1):1-11.

Fujie H,Villena J,Tohno M,et al.Toll-like receptor-2-activating bifidobacteria strains differentially regulate inflammatory cytokines in the porcine intestinal epithelial cell culture system: finding new anti-inflammatory immunobiotics.FEMS Immunology and Medical Microbiology,2011,63(1):129-139.

Fuller M F,Reeds P J.Nitrogen cycling in the gut.Annual Review of Nutrition,1998,18(1):385-411.

Funkhouser L J,Bordenstein S R.Mom knows best: the universality of maternal microbial transmission.PLoS Biology,2013,11(8).

Gao K,Pi Y,Mu C L,et al.Antibiotics-induced modulation of large intestinal microbiota altered aromatic amino acid profile and expression of neurotransmitters in the hypothalamus of piglets.Journal of Neurochemistry,2018,146(3):219-234.

Gao K,Pi Y,Mu C L,et al.Increasing carbohydrate availability in the hindgut promotes hypothalamic neurotransmitter synthesis: aromatic amino acids linking the microbiota-brain axis.Journal of Neurochemistry,2019,149(5):641-659.

Gebert S,Davis E,Rehberger T,et al.*Lactobacillus brevis* strain 1E1 administered to piglets through milk supplementation prior to weaning maintains intestinal integrity after the weaning event.Beneficial Microbes,2011,2(1):35-45.

Gresse R,Chaucheyras-Durand F,Fleury M A,et al.Gut microbiota dysbiosis in postweaning piglets: understanding the keys to health.Trends in Microbiology,2017,25(10):851-873.

Guevarra R B,Lee J H,Lee S H,et al.Piglet gut microbial shifts early in life: causes and effects.Journal of Animal Science and Biotechnology,2019,10(1):1-10.

Gunness P,Williams B A,Gerrits W J J,et al.Circulating triglycerides and bile acids are reduced by a soluble wheat arabinoxylan via modulation of bile concentration and lipid digestion rates in a pig model.Molecular Nutrition and Food Research,2016,60(3):642-651.

Guo X,Xia X,Tang R,et al.Real-time PCR quantification of the predominant bacterial divisions in the distal gut of Meishan and Landrace pigs.Anaerobe,2008,14(4):224-228.

Haghikia A,Jörg S,Duscha A,et al.Dietary fatty acids directly impact central nervous system autoimmunity via the small intestine.Immunity,2015,43(4):817-829.

Hapfelmeier S,Lawson M A E,Slack E,et al.Reversible microbial colonization of germ-free mice reveals the dynamics of IgA immune responses.Science,2010,328(5986):1705-1709.

He B,Bai Y,Jiang L,et al.Effects of oat bran on nutrient digestibility,intestinal microbiota,and inflammatory responses in the hindgut of growing pigs.International Journal of Molecular Sciences,2018,19(8):2407.

He B,Li T,Wang W,et al.Metabolic characteristics and nutrient utilization in high-feed-efficiency pigs selected using different feed conversion ratio models.Science China Life Sciences,2019,62(7):959-970.

Heijtz R D,Wang S,Anuar F,et al.Normal gut microbiota modulates brain development and behavior.Proceedings of the National Academy of Sciences,2011,108(7):3047-3052.

Hoban A E,Moloney R D,Golubeva A V,et al.Behavioural and neurochemical consequences of chronic gut microbiota depletion during adulthood in the rat.Neuroscience,2016,339:463-477.

Honda K,Littman D R.The microbiota in adaptive immune homeostasis and disease.Nature,2016,535(7610):75-84.

Hooper L V,Wong M H,Thelin A,et al.Molecular analysis of commensal host-microbial relationships in the intestine.Science,2001,291(5505):881-884.

Hou C,Liu H,Zhang J,et al.Intestinal microbiota succession and immunomodulatory consequences after introduction of *Lactobacillus reuteri* I5007 in neonatal piglets.Plos One,2015,10(3).

Hu J,Ma L,Nie Y,et al.A microbiota-derived bacteriocin targets the host to confer diarrhea resistance in early-weaned piglets.Cell Host and Microbe,2018,24(6):817-832,e8.

Huang C,Yang X,Huang J,et al.Porcine beta-defensin 2 provides protection against bacterial infection by a direct bactericidal activity and alleviates inflammation via interference with the TLR4/NF-κB pathway.Frontiers in Immunology,2019,10:1673.

Huang S, Li N, Liu C, et al. Characteristics of the gut microbiota colonization, inflammatory profile, and plasma metabolome in intrauterine growth restricted piglets during the first 12 hours after birth. Journal of Microbiology, 2019, 57(9): 748-758.

Hwang I, Park Y J, Kim Y R, et al. Alteration of gut microbiota by vancomycin and bacitracin improves insulin resistance via glucagon-like peptide 1 in diet-induced obesity. The FASEB Journal, 2015, 29(6): 2397-2411.

Inman C F, Haverson K, Konstantinov S R, et al. Rearing environment affects development of the immune system in neonates. Clinical and Experimental Immunology, 2010, 160(3): 431-439.

Jia W, Xie G, Jia W. Bile acid-microbiota crosstalk in gastrointestinal inflammation and carcinogenesis. Nature Reviews Gastroenterology and Hepatology, 2018, 15(2): 111.

Jiang W, Wang X, Zeng B, et al. Recognition of gut microbiota by NOD2 is essential for the homeostasis of intestinal intraepithelial lymphocytes. Journal of Experimental Medicine, 2013, 210(11): 2465-2476.

Jiao A, Yu B, He J, et al. Short chain fatty acids could prevent fat deposition in pigs via regulating related hormones and genes. Food and Function, 2020, 11(2): 1845-1855.

Jiménez E, Fernández L, Marín M L, et al. Isolation of commensal bacteria from umbilical cord blood of healthy neonates born by cesarean section. Current Microbiology, 2005, 51(4): 270-274.

Jiménez E, Marín M L, Martín R, et al. Is meconium from healthy newborns actually sterile? Research in Microbiology, 2008, 159(3): 187-193.

Kandori H, Hirayama K, Takeda M, et al. Histochemical, lectin-histochemical and morphometrical characteristics of intestinal goblet cells of germfree and conventio-nal mice. Experimental Animals, 1996, 45(2): 155-160.

Kato L M, Kawamoto S, Maruya M, et al. The role of the adaptive immune system in regulation of gut microbiota. Immunological Reviews, 2014, 260(1): 67-75.

Katouli M, Lund A, Wallgren P, et al. Metabolic fingerprinting and fermentative capacity of the intestinal flora of pigs during pre-and post-weaning periods. Journal of Applied Microbiology, 1997, 83(2): 147-154.

Kawamoto S, Maruya M, Kato L M, et al. Foxp3^{+} T cells regulate immunoglobulin a selection and facilitate diversification of bacterial species responsible for immune homeostasis. Immunity, 2014, 41(1): 152-165.

Kelly J, Daly K, Moran A W, et al. Composition and diversity of mucosa-associated microbiota along the entire length of the pig gastrointestinal tract; dietary influences. Environmental Microbiology, 2017, 19(4): 1425-1438.

Khoury K A, Floch M H, Hersh T. Small intestinal mucosal cell proliferation and bacterial flora in the conventionalization of the germfree mouse. The Journal of Experimental Medicine, 1969, 130(3): 659-670.

Kim H B, Borewicz K, White B A, et al. Longitudinal investigation of the age-related bacterial diversity in the feces of commercial pigs. Veterinary Microbiology, 2011, 153(1-2): 124-133.

Kobayashi K S, Chamaillard M, Ogura Y, et al. Nod2-dependent regulation of innate and adaptive immunity in the intestinal tract. Science, 2005, 307(5710): 731-734.

Koh A, De Vadder F, Kovatcheva-Datchary P, et al. From dietary fiber to host physiology: short-chain fatty acids as key bacterial metabolites. Cell, 2016, 165(6): 1332-1345.

Kovatcheva-Datchary P, Nilsson A, Akrami R, et al. Dietary fiber-induced improvement in glucose metabolism is associated with increased abundance of Prevotella. Cell Metabolism, 2015, 22(6): 971-982.

Kreisman L S C, Cobb B A. Glycoantigens induce human peripheral Tr1 cell differentiation with guthoming specialization.Journal of Biological Chemistry,2011,286(11):8810-8818.

Lagha A B,Haas B,Gottschalk M,et al.Antimicrobial potential of bacte-riocins in poultry and swine production.Veterinary Research,2017,48(1):22.

Lallès J P.Microbiota-host interplay at the gut epithelial level,health and nutrition.Journal of Animal Science and Biotechnology,2016,7(1):66.

Li N,Huang S,Jiang L,et al.Characterization of the early-life microbiota development and predominant Lactobacillus species at distinct gut segments of low-and normal-birth-weight piglets. Frontiers in Microbiology, 2019,10:797.

Li N,Huang S,Jiang L,et al.Differences in the gut microbiota establishment and metabolome characteristics between low-and normal-birth-weight piglets during early-life.Frontiers in Microbiology,2018,9:1798.

Li W, Zhang K, Yang H. Pectin alleviates high fat(lard) diet-induced nonalcoholic fatty liver disease in mice: possible role of short-chain fatty acids and gut microbiota regulated by pectin.Journal of Agricultural and Food Chemistry,2018,66(30):8015-8025.

Li Y,Zhang H,Su W,et al.Effects of dietary *Bacillus amyloliquefaciens* supplementation on growth performance,intestinal morphology,inflammatory response,and microbiota of intra-uterine growth retarded weanling piglets.Journal of Animal Science and Biotechnology,2018,9(1):22.

Liu F,Li G,Wen K,et al.*Lactobacillus rhamnosus* GG on rotavirus induced injury of ileal epithelium in gnotobiotic pigs.Journal of Pediatric Gastroenterology and Nutrition,2013,57(6).

Liu F,Li G,Wen K,et al.Porcine small intestinal epithelial cell line(IPEC-J2)of rotavirus infection as a new model for the study of innate immune responses to rotaviruses and probiotics.Viral Immunology,2010,23(2):135-149.

Liu H,Zeng X,Zhang G,et al.Maternal milk and fecal microbes guide the spatiotemporal development of mucosa-associated microbiota and barrier function in the porcine neonatal gut. BMC Biology, 2019, 17(1):106.

Liu H,Zhang J,Zhang S,et al.Oral administration of *Lactobacillus fermentum* I5007 favors intestinal development and alters the intestinal microbiota in formula-fed piglets. Journal of Agricultural and Food Chemistry,2014,62(4):860-866.

Looft T,Allen H K,Cantarel B L,et al.Bacteria,phages and pigs: the effects of in-feed antibiotics on the microbiome at different gut locations.The ISME Journal,2014,8(8):1566-1576.

Lu D,Tiezzi F,Schillebeeckx C,et al.Host contributes to longitudinal diversity of fecal microbiota in swine selected for lean growth.Microbiome,2018,6(1):4.

Luo Y,Su Y,Wright A D G,et al.Lean breed Landrace pigs harbor fecal methanogens at higher diversity and density than obese breed Erhualian pigs.Archaea,2012.

Luongo D,D'Arienzo R,Bergamo P,et al.Immunomodulation of gutassociated lymphoid tissue: current perspectives.International Reviews of Immunology,2009,28(6):446-464.

Ma J,Rubin B K,Voynow J A.Mucins,mucus,and goblet cells.Chest,2018,154(1):169-176.

Macpherson A J, Harris N L. Interactions between commensal intestinal bacteria and the immune system.Nature Reviews Immunology,2004,4(6):478-485.

Mangell P,Nejdfors P,Wang M,et al.*Lactobacillus plantarum* 299v inhibits Escherichia coli-induced intestinal permeability.Digestive Diseases and Sciences,2002,47(3):511-516.

Mao X,Gu C,Hu H,et al.Dietary *Lactobacillus rhamnosus* GG supplementation improves the mucosal barrier function in the intestine of weaned piglets challenged by porcine rotavirus.Plos One,2016,11(1).

Martinez-Guryn K,Hubert N,Frazier K,et al.Small intestine microbiota regulate host digestive and absorptive adaptive responses to dietary lipids.Cell Host and Microbe,2018,23(4):458-469,e5.

Martinez-Guryn K,Leone V,Chang E B.Regional diversity of the gastrointestinal microbiome.Cell Host and Microbe,2019,26(3):314-324.

Mathewson N D,Jenq R,Mathew A V,et al.Gut microbiome-derived metabolites modulate intestinal epithelial cell damage and mitigate graft-versus-host disease.Nature Immunology,2016,17(5):505.

Mayer E A, Tillisch K, Gupta A. Gut/brain axis and the microbiota. The Journal of Clinical Investigation, 2015,125(3):926-938.

McGuckin M A,Eri R,Simms L A,et al.Intestinal barrier dysfunction in inflammatory bowel diseases.Inflammatory Bowel Diseases,2009,15(1):100-113.

McGuckin M A,Lindén S K,Sutton P,et al.Mucin dynamics and enteric pathogens.Nature Reviews Microbiology,2011,9(4):265-278.

Merrifield C A,Lewis M C,Berger B,et al.Neonatal environment exerts a sustained influence on the development of the intestinal microbiota and metabolic phenotype.The ISME Journal,2016,10(1):145-157.

Meslin J C, Fontaine N, Andrieux C. Variation of mucin distribution in the rat intestine, caecum and colon: effect of the bacterial flora.Comparative Biochemistry and Physiology Part A: Molecular and Integrative Physiology,1999,123(3):235-239.

Mika A,Gaffney M,Roller R,et al.Feeding the developing brain: juvenile rats fed diet rich in prebiotics and bioactive milk fractions exhibit reduced anxiety-related behavior and modified gene expression in emotion circuits.Neuroscience Letters,2018,677:103-109.

Milosevic I,Vujovic A,Barac A,et al.Gut-liver axis,gut microbiota,and its modulation in the management of liver diseases: a review of the literature.International Journal of Molecular Sciences,2019,20(2):395.

Mjösberg J,Rao A.Lung inflammation originating in the gut.Science,2018,359(6371):36-37.

Molinaro A,Wahlström A,Marschall H U.Role of bile acids in metabolic control.Trends in Endocrinology and Metabolism,2018,29(1):31-41.

Mowat A M I.Anatomical basis of tolerance and immunity to intestinal antigens.Nature Reviews Immunology,2003,3(4):331-341.

Mu C,Yang Y,Su Y,et al.Differences in microbiota membership along the gastrointestinal tract of piglets and their differential alterations following an early-life antibiotic intervention. Frontiers in Microbiology, 2017,8:797.

Mu C,Yang Y,Zhu W.Gut microbiota: the brain peacekeeper.Frontiers in Microbiology,2016,7:345.

Mudd A T,Berding K,Wang M,et al.Serum cortisol mediates the relationship between fecal *Ruminococcus* and brain N-acetylaspartate in the young pig.Gut Microbes,2017,8(6):589-600.

Mulder I E,Schmidt B,Stokes C R,et al.Environmentally-acquired bacteria influence microbial diversity and natural innate immune responses at gut surfaces.BMC Biology,2009,7(1):79.

Murata K,Tomosada Y,Villena J,et al.*Bifidobacterium breve* MCC-117 induces tolerance in porcine intestinal epithelial cells: study of the mechanisms involved in the immunoregulatory effect.Bioscience of Microbiota,Food and Health,2014,33(1):1-10.

Natividad J M M,Verdu E F.Modulation of intestinal barrier by intestinal microbiota: pathological and therapeutic implications.Pharmacological Research,2013,69(1):42-51.

Nemcová R,Bomba A,Gancarčíková S,et al.Effects of the administration of lactobacilli,maltodextrins and fructooligosaccharides upon the adhesion of *E.coli* O8: K88 to the intestinal mucosa and organic acid levels in the gut contents of piglets.Veterinary Research Communications,2007,31(7):791-800.

Neufeld K M, Kang N, Bienenstock J, et al. Reduced anxiety - like behavior and central neurochemical change in germ-free mice.Neurogastroenterology and Motility,2011,23(3):255,e119.

Nicholson J K, Holmes E, Kinross J, et al. Host-gut microbiota metabolic interactions. Science, 2012, 336 (6086):1262-1267.

Ohnmacht C, Park J H, Cording S, et al. The microbiota regulates type 2 immunity through RORγt^+ T cells.Sciencc,2006,349(6251):989-993.

Ost K S,Round J L.Communication between the microbiota and mammalian immunity.Annual Review of Microbiology,2018,72:399-422.

O'Hara A M,Shanahan F.The gut flora as a forgotten organ.EMBO Reports,2006,7:688-693.

Pajarillo E A,Chae J P,Balolong M P,et al.Pyrosequencing-based analysis of fecal microbial communities in three purebred pig lines.Journal of Microbiology,2014,52: 646-651.

Peng Z,Wang A,Xie L,et al. Use of recombinant porcine β-defensin 2 as a medicated feed additive for weaned piglets.Scientific Reports,2016,6:26790.

Perez-Munoz M E,Arrieta M C,Ramer-Tait A E,et al.A critical assessment of the "sterile womb" and "in utero colonization" hypotheses: implications for research on the pioneer infant microbiome. Microbiome, 2017,5:48.

Perry R J,Peng L,Barry N A,et al.Acetate mediates a microbiome-brain-beta-cell axis to promote metabolic syndrome.Nature,2016,534:213-217.

Peterson L W, Artis D. Intestinal epithelial cells: regulators of barrier function and immune homeostasis.Nature Reviews Immunology,2014,14:141-153.

Petersson J,Schreiber O, Hansson G C, et al. Importance and regulation of the colonic mucus barrier in a mouse model of colitis. American Journal of Physiology-Gastrointestinal and Liver Physiology, 2011, 300: G327-333.

Pieper R, Vahjen W, Zentek J.Dietary fibre and crude protein: impact on gastrointestinal microbial fermentation characteristics and host response.Animal Production Science,2015,55:1367-1375.

Podolsky D K,Gerken G,Eyking A.Colitis-associated variant of TLR2 causes impaired mucosal repair because of TFF3 deficiency.Gastroenterology,2009,137:209-220.

Pollard M,Sharon N.Responses of the Peyer's patches in germ-free mice to antigenic stimulation.Infection and Immunity,1970,2:96-100.

Poroyko V,Morowitz M,Bell T,et al.Diet creates metabolic niches in the "immature gut" that shape microbial communities.Nutricion Hospitalaria,2011,26:1283-1295.

Poulsen A R, de Jonge N, Sugiharto S. The microbial community of the gut differs between piglets fed sow milk,milk replacer or bovine colostrum.British Journal of Nutrition,2017,117:964-978.

Powrie F, Leach M W, Mauze S. Phenotypically distinct subsets of $CD4^+$ T cells induce or protect from chronic intestinal inflammation in C.B-17 scid mice.International Immunology,1993,5:1461-1471.

Psichas A,Sleeth M L,Murphy K G.The short chain fatty acid propionate stimulates GLP-1 and PYY secretion via free fatty acid receptor 2 in rodents.International Journal of Obesity,2015,39:424-429.

Pütsep K, Axelsson L G, Boman A, et al. Germ-free and colonized mice generate the same products from enteric prodefensins.Journal of Biology Chemistry,2000,275:40478-40482.

Rackaityte E,Halkias J,Fukui E M.Viable bacterial colonization is highly limited in the human intestine in utero.Nature Medicine,2020,26(4):599-607.

Ramayo-Caldas Y,Mach N,Lepage P,et al.Phylogenetic network analysis applied to pig gut microbiota identifies an ecosystem structure linked with growth traits.The ISME Journal,2016,10:2973-2977.

Rist V T,Weiss E,Eklund M.Impact of dietary protein on microbiota composition and activity in the gastrointestinal tract of piglets in relation to gut health: a review.Animal,2013,7:1067-1078.

Rodrigues M A M,Silva D A,Taketomi E A,et al.IgA production,coliforms analysis and intestinal mucosa morphology of piglets that received probiotics with viable or inactivated cells. Pesquisa Veterinaria Brasileira,2007,27:241-245.

Roselli M,Finamore A,Britti M S.The novel porcine Lactobacillus sobrius strain protects intestinal cells from enterotoxigenic *Escherichia coli* K88 infection and prevents membrane barrier damage.The Journal of Nutrition,2007,137:2709-2716.

Round J L,Mazmanian S K.The gut microbiota shapes intestinal immune responses during health and disease.Nature Reviews Immunology,2009,9:313-323.

Sanna S,van Zuydam N R,Mahajan A,et al.Causal relationships among the gut microbiome,short-chain fatty acids and metabolic diseases.Nature Genetics,2019,51:600-605.

Sansonetti P J.War and peace at mucosal surfaces.Nature Reviews Immunology,2004,4:953-964.

Sansonetti P. To be or not to be a pathogen: that is the mucosally relevant question. Mucosal Immunology,2011,4:8-14.

Saraf M K, Piccolo B D, Bowlin A K, et al. Formula diet driven microbiota shifts tryptophan metabolism from serotonin to tryptamine in neonatal porcine colon.Microbiome,2017,5:77.

Schaefer L.Complexity of danger: the diverse nature of damage-associated molecular patterns.Journal of Biological Chemistry,2014,289:35237-35245.

Scharek-Tedin L,Kreuzer-Redmer S,Twardziok S O,et al.Probiotic treatment decreases the number of CD14-expressing cells in porcine milk which correlates with several intestinal immune parameters in the piglets.Frontiers in Immunology,2015,6:108.

Schmidt B,Mulder I E,Musk C C,et al.Establishment of normal gut microbiota is compromised under excessive hygiene conditions.PloS One,2011,6:e28284.

Schoenborn A A,von Furstenberg R J,Valsaraj S,et al.The enteric microbiota regulates jejunal Paneth cell number and function without impacting intestinal stem cells.Gut Microbes,2019,10:45-58.

Sefik E,Geva-Zatorsky N,Oh S,et al.Individual intestinal symbionts induce a distinct population of ROR γ+ regulatory T cells.Science,2015,349:993-997.

Shao L,Fischer D D,Kandasamy S,et al.Tissue-specific mRNA expression profiles of porcine Toll-like receptors at different ages in germ-free and conventional pigs.Veterinary Immunology and Immunopathology,2016,171:7-16.

Sharon G,Sampson T R,Geschwind D H,et al.The central nervous system and the gut microbiome. Cell,2016,167:915-932.

Sheng Y H,Lourie R,Lindén S K,et al.The MUC13 cell-surface mucin protects against intestinal inflammation by inhibiting epithelial cell apoptosis.Gut,2011,60:1661-1670.

Shim S B,Verstegen M W,Kim I H,et al.Effects of feeding antibiotic-free creep feed supplemented with oligofructose, probiotics or synbiotics to suckling piglets increases the preweaning weight gain and composition of intestinal microbiota. Archives of Animal Nutrition, 2005, 59: 419-427.

Singh V, Yeoh BS, Chassaing B, et al. Dysregulated microbial fermentation of soluble fiber induces cholestatic liver cancer. Cell, 2018, 175: 679-694, e622.

Slifierz M J, Friendship RM, Weese J S. Longitudinal study of the early-life fecal and nasal microbiotas of the domestic pig. Bmc Microbiology, 2015, 15: 184.

Smith K, McCoy K D, Macpherson A J. Use of axenic animals in studying the adaptation of mammals to their commensal intestinal microbiota. Seminars in Immunology, 2007, 19: 59-69.

Sonnenberg G F, Artis D. Novel connections and precision approaches. Nature Reviews Immunology, 2019, 19: 75-76.

Starke I C, Pieper R, Neumann K, et al. Individual responses of mother sows to a probiotic *Enterococcus faecium* strain lead to different microbiota composition in their offspring. Beneficial Microbes, 2013, 4: 345-356.

Stefka A T, Feehley T, Tripathi P, et al. Commensal bacteria protect against food allergen sensitization. Proceedings of the National Academy of Sciences, 2014, 111: 13145-13150.

Su Y, Bian G, Zhu Z, et al. Early methanogenic colonisation in the faeces of Meishan and Yorkshire piglets as determined by pyrosequencing analysis. Archaea, 2014, 2014: 547908.

Sun X, Jia Z. Microbiome modulates intestinal homeostasis against inflammatory diseases. Veterinary Immunology and Immunopathology, 2018, 205: 97-105.

Swords W E, Wu C C, Champlin F R, et al. Postnatal changes in selected bacterial groups of the pig colonic microflora. Biology of the Neonate, 1993, 63: 191-200.

Szentkuti L, Riedesel H, Enss M L, et al. Pre-epithelial mucus layer in the colon of conventional and germ-free rats. The Histochemical Journal, 1990, 22: 491-497.

Sánchez de Medina F, Romero-Calvo I, et al. Intestinal inflammation and mucosal barrier function. Inflammatory Bowel Diseases, 2014, 20: 2394-2404.

Tang Z, Xu L, Shi B, et al. Oral administration of synthetic porcine beta-defensin-2 improves growth performance and cecal microbial flora and down-regulates the expression of intestinal toll-like receptor-4 and inflammatory cytokines in weaned piglets challenged with enterotoxigenic *Escherichia coli*. Animal Science Journal, 2016, 87: 1258-1266.

Tao S, Bai Y, Li T, et al. Original low birth weight deteriorates the hindgut epithelial barrier function in pigs at the growing stage. The FASEB Journal, 2019, 33: 9897-9912.

Tao X, Xu Z, Wan J, et al, Intestinal microbiota diversity and expression of pattern recognition receptors in newly weaned piglets. Anaerobe, 32: 51-56.

Thaiss C A, Zmora N, Levy M, et al. The microbiome and innate immunity. Nature, 2016, 535: 65-74.

Thompson C L, Wang B, Holmes A J. The immediate environment during postnatal development has long-term impact on gut community structure in pigs. The ISME Journal, 2008, 2: 739-748.

Thymann T, Moller H K, Stoll B, et al. Carbohydrate maldigestion induces necrotizing enterocolitis in preterm pigs. American Journal of Physiology-Gastrointestinal and Liver Physiology, 2009, 297: G1115-1125.

Tolhurst G, Reimann F, Gribble F M. Intestinal sensing of nutrients. Handb Experimental Pharmacology, 2012, 309-335.

Tremaroli V, Backhed F. Functional interactions between the gut microbiota and host metabolism. Nature, 2012, 489: 242-249.

Tripathi A,Debelius J,Brenner D A,et al.The gut-liver axis and the intersection with the microbiome.Nature reviews Gastroenterology & hepatology,2018,15:397-411.

Vaishnava S,Yamamoto M,Severson K M,et al.The antibacterial lectin RegⅢγ promotes the spatial segregation of microbiota and host in the intestine.Science,2011,334:255-258.

Val-Laillet D,Guerin S,Coquery N,et al.Oral sodium butyrate impacts brain metabolism and hippocampal neurogenesis,with limited effects on gut anatomy and function in pigs.Faseb Journal,2018,32:2160-2171.

Van de Wouw M,Boehme M,Lyte J M,et al.Short-chain fatty acids: microbial metabolites that alleviate stress-induced brain-gut axis alterations.Journal of Physiology-London,2018,596:4923-4944.

Van der Sluis M, De Koning B A, De Bruijn A C, et al. Muc2-deficient mice spontaneously develop colitis,indicating that MUC2 is critical for colonic protection.Gastroenterology,2006,131:117-129.

Veljovic K,Dinic M,Lukic J,et al.Promotion of early gut colonization by probiotic intervention on microbiota diversity in pregnant sows.Frontiers in Microbiology,2017,8:2028.

Vidrine K,Ye J,Martin R J,et al.Resistant starch from high amylose maize(HAM-RS2)and Dietary butyrate reduce abdominal fat by a different apparent mechanism.Obesity,2014,22:344-348.

Vo N Y,Tsai T C,Maxwell C,et al.Early exposure to agricultural soil accelerates the maturation of the early-life pig gut microbiota.Anaerobe,2017,45:31-39.

Von Mutius E.The shape of the microbiome in early life.Nature Medicine,2017,23:274-275.

Wahlstrom A,Sayin S I,Marschall H U,et al.Intestinal crosstalk between bile acids and microbiota and its impact on host metabolism.Cell Metabolism,2016,24:41-50.

Wang H Y,Ren E D,Xiang X E,et al.Dynamic changes in serum metabol-omic profiles of growing pigs induced by intravenous infusion of sodium butyrate.Metabolites,2020,10(1):20.

Wang J, Ji H, Wang S, et al. Probiotic Lactobacillus plantarum promotes intestinal barrier function by strengthening the epithelium and modulating gut microbiota.Frontiers in Microbiology,2018,9:1953.

Wang J,Xu R,Xiang X,et al.Transcriptomic and metabolomic responses in the livers of pigs to diets containing different non-starchy polysaccharides.Journal of Functional Foods,2020,64:103590.

Wang M,Radlowski E C,Monaco M H,et al.Mode of delivery and early nutrition modulate microbial colonization and fermentation products in neonatal piglets.The Journal of Nutrition,2013,143:795-803.

Wang X, Tsai T, Deng F, et al. Longitudinal investigation of the swine gut microbiome from birth to market reveals stage and growth performance associated bacteria.Microbiome,2019,7:109.

Wang Y B,Du W,Fu A K,et al.Intestinal microbiota and oral administration of *Enterococcus faecium* associated with the growth performance of newborn piglets.Beneficial Microbes,2016,7:529-538.

Watanabe M,Houten S M,Mataki C,et al.Bile acids induce energy expenditure by promoting intracellular thyroid hormone activation.Nature,2006,439:484-489.

Weitkunat K,Stuhlmann C,Postel A,et al.Short-chain fatty acids and inulin,but not guar gum,prevent diet-induced obesity and insulin resistance through differential mechanisms in mice. Scientific Reports, 2017, 7:6109.

Wells J M,Brummer R J,Derrien M,et al.Homeostasis of the gut barrier and potential biomarkers.American Journal of Physiology-Gastrointestinal and Liver Physiology,2017,312:G171-193.

Wen K,Tin C,Wang H,et al.Probiotic *Lactobacillus rhamnosus* GG enhanced Th1 cellular immunity but did not affect antibody responses in a human gut microbiota transplanted neonatal gnotobiotic pig model.PLoS One,2014,9(4):e94504.

Wu Y, Zhu C, Chen Z, et al. Protective effects of Lactobacillus plantarum on epithelial barrier disruption caused by enterotoxigenic *Escherichia coli* in intestinal porcine epithelial cells. Veterinary Immunology and Immunopathology, 2016, 172: 55-63.

Xiang Q, Wu X, Pan Y, et al. Early-life intervention using fecal microbiota combined with probiotics promotes gut microbiota maturation, regulates immune system development, and alleviates weaning stress in piglets. International Journal of Molecular Sciences, 2020, 21: 503.

Xiao L, Estelle J, Kiilerich P, et al. A reference gene catalogue of the pig gut microbiome. Nature Microbiology, 2016, 1: 16161.

Xiao Y, Kong F, Xiang Y, et al. Comparative biogeography of the gut microbiome between Jinhua and Landrace pigs. Scientific Reports, 2018, 8: 5985.

Xiao Y, Yan H, Diao H, et al. Early gut microbiota intervention suppresses DSS-induced inflammatory responses by deactivating TLR/NLR signalling in pigs. Scientific Reports, 2017, 7: 1-12.

Xu Y G, Yu H, Zhang L, et al. Probiotic properties of genetically engineered *Lactobacillus plantarum* producing porcine lactoferrin used as feed additive for piglets. Process Biochemistry, 2016, 51: 719-724.

Yan F, Polk D B, Disruption of NF-κB signalling by ancient microbial molecules: novel therapies of the future? Gut, 2010, 59: 421-426.

Yan L, Yang C, Tang J. Disruption of the intestinal mucosal barrier in Candida albicans infections. Microbiology Research, 2013, 168: 389-395.

Yang B, Hagemann S, Mamareli P, et al. Foxp3+ T cells expressing RORγt represent a stable regulatory T-cell effector lineage with enhanced suppressive capacity during intestinal inflammation. Mucosal Immunology, 2016, 9: 444-457.

Yang C, Zhang L, Cao G, et al. Effects of dietary supplementation with essential oils and organic acids on the growth performance, immune system, fecal volatile fatty acids, and microflora community in weaned piglets. Journal of Animal Science, 2019, 97: 133-143.

Yang F, Wang A, Zeng X, et al. *Lactobacillus reuteri* I5007 modulates tight junction protein expression in IPEC-J2 cells with LPS stimulation and in newborn piglets under normal conditions. Bmc Microbiology, 2015, 15: 32.

Yang G Y, Zhu Y H, Zhang W, et al. Influence of orally fed a select mixture of *Bacillus* probiotics on intestinal T-cell migration in weaned MUC4 resistant pigs following *Escherichia coli* challenge. Veterinary Research, 2016, 47: 71.

Yang H, Xiao Y, Wang J, et al. Core gut microbiota in Jinhua pigs and its correlation with strain, farm and weaning age. Journal of Microbiology, 2018, 56: 346-355.

Yang L, Bian G, Su Y, et al. Comparison of faecal microbial community of Lantang, Bama, Erhualian, Meishan, Xiaomeishan, Duroc, Landrace, and Yorkshire sows. Asian-Australasian Journal of Animal Sciences, 2014, 27: 898-906.

Yi J Q, Piao X S, Li Z C, et al. The effects of enzyme complex on performance, intestinal health and nutrient digestibility of weaned pigs. Asian-Australasian Journal of Animal Sciences, 2013, 26: 1181-1188.

Yu K, Zhang Y, Chen H, et al. Hepatic metabolomic and transcriptomic responses induced by cecal infusion of sodium propionate in a fistula pig model. Journal of Agricultural and Food Chemistry, 2019, 67: 13073-13081.

Zhang J, Chen X Y, Liu P, et al. Dietary *Clostridium butyricum* induces a phased shift in fecal microbiota structure and increases the acetic acid-producing bacteria in a weaned piglet model.Journal of Agricultural and Food Chemistry,2018,66:5157-5166.

Zhang L, Wu W, Lee Y K, et al. Spatial heterogeneity and co-occurrence of mucosal and luminal microbiome across swine intestinal tract.Frontiers in Microbiology,2018,9:48.

Zhao J B,Liu P,Wu Y.Dietary fiber increases butyrate-producing bacteria and improves the growth performance of weaned piglets.Journal of Agricultural and Food chemistry,2018,66:7995-8004.

Zhao W,Wang Y,Liu S, et al.The dynamic distribution of porcine microbiota across different ages and gastrointestinal tract segments.PloS one,2015,10:e0117441.

Zmora N,Suez J,Elinav E.You are what you eat: diet,health and the gut microbiota.Nature Reviews Gastroenterollgy & Hepatology,2018,16:35-56.

第4章 肠道的营养代谢及其生理意义

本章提要

肠道不仅是营养物质消化、吸收和代谢的主要场所，而且在动物的健康、生长、发育、繁殖和生命的延续方面都有至关重要的作用。从“肠”计议、改善肠道健康已经成为现代畜牧业中动物健康、安全、高效生产的主要抓手。本章重点介绍肠道营养感应受体及其功能、肠道营养物质代谢特征与功能，以及肠道代谢对肠-脑轴、肠-肝轴和肠-卵巢轴的调控及其与机体健康的关系，为动物肠道生长发育、物质代谢及肠道健康的营养调控提供理论参考。

4.1 肠道的主要生理功能与营养效率及健康的关系

消化吸收碳水化合物、蛋白质、脂肪等营养物质是肠道的主要生理功能之一。饲粮中营养物质的消化和吸收离不开胃酸、胆汁酸和消化酶（淀粉酶、蛋白酶、脂肪酶等）的共同作用。饲粮的因素如饲粮蛋白质水平过高、蛋白质品质不佳或者氨基酸结构不合理、存在有毒有害因子（如蛋白酶抑制剂）和动物的因素如幼龄动物胃酸分泌不足、消化酶分泌不足或者消化酶（如植酸酶、纤维素酶）活性缺乏等均会影响动物对饲料中营养物质的消化吸收和利用率。动物消化不良会引起腹泻、肠绒毛萎缩和生长停滞等不良后果。因此，饲料原料的选择，饲料加工，氨基酸、酸化剂和酶制剂的添加均是从改善动物的消化吸收功能方面提高养分利用率、促进动物健康。

除了消化吸收，小肠也是重要的内分泌器官。肠内分泌细胞可以分泌与饥饿和饱腹相关的肠肽激素（Roura et al.，2019），主要包括胆囊收缩素（cholecystokinin，CCK）、酪酪肽（peptide tyrosine tyrosine，PYY）和胰高血糖素样肽1（glucogan-like peptide，GLP-1）等。这些激素通过调节大脑中与饥饿和饱腹感相关的系统来调节能量和葡萄糖代谢。蛋白质的消化分解产物（氨基酸、小肽）、碳水化合物的消化分解产物（葡萄糖、果糖、半乳糖等）和脂肪的消化分解产物（游离脂肪酸和单酰基甘油）均可通过相应的营养感应受体调节营养物质转运载体的表达以及肠肽激素的分泌，进而调节动物的摄食行为。这为通过功能性脂肪酸、功能性氨基酸以及非营养性添加剂如甜味剂等措施调控动物采食量和能量代谢提供了重要的生物学基础。

此外，肠道也是抵抗病原微生物及其有毒、有害的代谢产物入侵动物机体的一道重要生物学屏障。肠屏障的核心成分是肠上皮细胞，它们通过包括幽闭蛋白、闭塞蛋白、黏附蛋白、桥粒和连接黏附分子在内的顶端连接蛋白与相邻细胞紧密结合（Odenwald et al.，2017）。这个屏障可以限制来自肠道腔的微生物和分子移动，同时允许选择性、主动运输的营养物质通过紧密连接。肠道屏障通过几个额外的防线得到进一步的加强。黏蛋白（高度糖基化的蛋白聚合物）在肠腔的细菌和上皮细胞层的底层之间形成一个物理屏障（Turner，2009），而抗菌凝集素的产生，如再生胰岛衍生蛋白质Ⅲγ，是便于肠道潘氏细胞作用于有关黏膜表层的靶细菌（Abreu，2010）。此外，免疫球蛋白（特别是分泌性免疫球蛋白 A）由浆细胞产生，并通过肠上皮细胞进入管腔，它可以通过阻塞肠上皮受体来中和微生物病原体（Mantis et al.，2011）。最后，共生细菌与肠黏膜密切相关，它通过 toll 样受体（toll-like receptor，TLR）介导的信号（Rakoff-Nahoum et al.，2004）或通过产生的代谢物（短链脂肪酸）直接强化紧密连接和抑制其他微生物来刺激细胞介导的免疫，从而加强屏障的完整性（Yaku et al.，2012；Lobos et al.，2017）。因此，维持肠道结构的完整性是通过营养策略调控动物肠道健康和机体健康的关键。

4.2 肠道营养感应受体及其功能

1964 年，Mcintyre 等发现，口服葡萄糖比静脉注射更能有效地促进胰岛素的分泌，证实胃肠道在感应和传导营养信号中起重要作用，这一结果引起了人们极大的兴趣。摄食会引发肠内外产生一系列复杂的生理反应，对采食和葡萄糖稳态进行调节，而肠道营养感应受体在这一过程中起到关键作用。肠道营养感应受体是由味觉感受器或肠上皮细胞中与内分泌系统相关的一些感应器或转运体组成，它可以促使相应的靶组织或器官产生适宜的生物化学反应，从而对摄入的营养物质做出应答。由于食物的营养成分差异很大，所以在肠道中每一种营养成分均有一个相对应的营养感应通路，它们被直接或间接连接来响应，如酶和电解质离子的分泌，协调胃排空和肠蠕动，或者激活神经元和激素信号通路，从而作用于大脑和外围组织（Tolhurst et al.，2012b）。

4.2.1 肠道营养感应受体的类型

肠上皮细胞的几种类型，如潘氏细胞、杯状上皮细胞、簇状上皮细胞和肠内分泌细胞（enteroendocrine cells，EECs），都含有化学感受器（Roura et al.，2019），但目前鉴定的肠道营养感应受体大部分集中于胃肠道的肠内分泌细胞，位于其膜的管腔侧。肠道营养感应受体主要包括膜表面溶质载体和 G 蛋白偶联受体。肠道刷状缘膜表面富含表面溶质载体，它是营养物质、离子和药物吸收的重要门户。膜表面溶质载体的作用方式主要包括依赖于细胞膜内外电位差的促进扩散或将溶质转移到离子（如 Na^+ 和 H^+）电化学梯度上的主动运输（Tolhurst et al.，2012b）。例如，单糖转运蛋白包括钠/葡萄糖共转运载体（sodium-coupled glucose transporter，SGLT）和葡萄糖协助扩散转运载体（facilitative glucose transport，GLUT）（如 GLUT1、GLUT2 和 GLUT5）。

G 蛋白偶联受体（G-protein-coupled receptors，GPCRs）是最大的细胞表面受体家族，可以对多种配体做出应答，配体与受体胞外表面结合后可以激活细胞内 G 蛋白，从而触发级联转导通路。GPCRs 家族同样被确定为肠道营养感应受体，其中有许多可以在肠道中表达（Wellendorph et al.，2010）。口服营养物质主要是通过 GPCR 刺激来实现的。甜味、苦味和鲜味的味觉形式是通过 GPCRs 亚群的 Tas1 和 Tas2 两个味觉受体家族发挥作用（Raka et al.,2019)。甜味感受器是由 T1R2 和 T1R3 组成的异二聚体 GPCR,它可以对多种天然和人工甜味剂均做出反应(Margolskee,2002)。另外,T1R1 和 T1R3 一起作为鲜味受体感应谷氨酸,并形成鲜味。哺乳动物的 Tas2 受体家族大约有 30 个成员,它们是多种化学物质苦味的来源(Behrens et al.,2009)。味觉感受器与包括 α-味蛋白在内的 G 蛋白亚基相互作用,通过磷脂酶 C(phospholipase C,PLC)β2 激活磷脂酰肌醇通路,使细胞内钙离子的浓度升高,进而激活一价阳离子通道味觉信号系统,使钠离子进入细胞内以及膜去极化(Margolskee,2002)。

4.2.2 碳水化合物感应受体及其功能

肠道碳水化合物感应受体主要介导碳水化合物参与调控的许多生理反应,包括细胞内葡萄糖转运蛋白的转运、肠内分泌细胞分泌活动的刺激和肠神经元的激活等(Tolhurst et al.,2012b)。动物从食物中摄入简单结构的碳水化合物首先被唾液淀粉酶和胰液淀粉酶降解,随后被刷状缘酶分解成葡萄糖、半乳糖和果糖。肠道感应这些碳水化合物主要涉及 GPCRs 的两个异二聚体,即 T1R2 和 T1R3 组成的甜味感应受体(Bachmanov et al.,2007)。该系统与 SGLT 和 GLUTs 以及味觉感应细胞顶膜中存在的刷状缘酶有关(Glendinning et al.,2015; Sukumaran et al.,2016)。SGLT1 主要在上皮细胞顶端而非基底外侧表面表达,它由基底外侧 Na^+/K^+ 泵所建立的向内的 Na^+ 梯度驱动,促进腔内的葡萄糖吸收(Steensels et al.,2018)。基底外侧葡萄糖流出由上消化道的 GLUT2 和远端的 GLUT1 驱动(Yoshikawa et al.,2011),从而促使葡萄糖从细胞外腔流入血流。有研究表明,刺激甜味感受受体可以上调 SGLT1 的表达,促进肠道内葡萄糖的摄取(Mace et al.,2007; Margolskee et al.,2007)。另外,Moran 等在猪上发现,饮食中的碳水化合物或人工合成甜味剂均可以增强包括 L 和 K 细胞在内的小肠上皮细胞中 SGLT1 的表达,从而可以增加葡萄糖吸收(Moran et al.,2010a,b)。但是,到目前为止,对于复杂结构的淀粉以及一些葡萄糖聚合物,对于它们受体的认识依然不够,仍需深入研究。

另外,甜味感受器感应葡萄糖可能是肠内分泌细胞的基础功能(Daniel et al.,2015),特别是对于可以释放 GLP-1 和抑胃肽的细胞(Tolhurst et al.,2012b)。与野生型小鼠相比,葡萄糖灌胃后 α-味蛋白敲除的小鼠,血浆 GLP-1 和抑胃肽水平降低(Jang et al.,2007)。另有研究表明,人工甜味剂三氯蔗糖能促进肠促激素从肠道 GLUTag 细胞中释放出来,而使用甜味受体抑制剂则抑制这一过程(Margolskee et al.,2007)。大量研究已经证实,肠道中单糖可以激活甜味感应受体在 EECs 中的表达,进而可以促进与饥饿和饱腹相关的肠肽(Roura et al.,2019),参与这一过程的主要激素包括胆囊收缩素(cholecystokinin,CCK)、PYY 和 GLP-1 等,这些激素通过调节大脑中与饥饿和饱腹感相关的系统来调节能量和葡萄糖代谢。此外,在人的胃中也发现糖感应受体,表达于内分泌 P/D1 细胞(也指实验室啮齿类动物的 X/A 细胞),并抑制饥饿素的释放(Wang et al.,2019d)。

4.2.3 蛋白质感应受体及其功能

由于饲粮中的蛋白质需要降解为肽或氨基酸才能被肠道吸收,所以蛋白质感应受体在本质上是氨基酸和肽的感应受体,这些受体均属于膜表面溶质载体家族,它是一个复杂且高度特异性的网络(Roura et al.,2019)。由于蛋白质的降解产物包括单个氨基酸、二/三肽和更大的寡肽，所以肠道感应蛋白质的能力可能是多因素的(Tolhurst et al.,2012b)。G-蛋白偶联受体(GPCRs)已被证实在氨基酸或肽的感应中发挥作用(Choi et al.,2007)。其中，GPCRs 的异二聚体 T1R1/T1R3 受体对一系列脂肪族而非芳香族氨基酸(包括鲜味剂、*L*-谷氨酸)具有感应作用(Li et al.,2002; Nelson et al.,2002)。据报道，尽管 T1R1 和 T1R3 亚基在包括内分泌细胞的整个肠道离散型细胞中均有表达(Bezençon et al.,2006)，但该受体在肠道中的功能性反应是调节大鼠空肠中 GLUT2 和肽转运载体(proton-driven peptide transporters,PepT1)的转运(Mace et al.,2009)。同时，其他氨基酸感应器也已经被识别，其中包括钙感应受体(主要感应碱性氨基酸，它与 Ca^{2+} 协同转运)和 GPRC6A(主要感应芳香族氨基酸)(Zhang et al.,2014; Steensels et al.,2018)。而二肽和三肽可以被 GPR92/93 感应。这些受体与之前的受体相类似，均可以在人类、啮齿动物和猪的肠道中表达。

由于氨基酸或肽的感应受体参与了肠道激素分泌的信号转导，所以蛋白质及其消化产物在体内外也可诱导多种肠道激素的分泌。例如，蛋白胨可激活 GPR93 受体，促使 I 细胞或 STC-1 细胞增加 CCK 表达和分泌(Ne'moz-Gaillard et al.,1998)。GPR93 的激活被认为可以作用于磷脂酰肌醇通路、cAMP 和 $G_{12/13}$ 介导的信号通路(Choi et al.,2007)。另外，有研究发现，将钙感应受体作为特异性靶标可以刺激内源性 GLP-1 的分泌(Modvig et al.,2019)。钙感应受体最初是在甲状旁腺中发现的(Brown,2007)，但后来发现它对众多的氨基酸，尤其是苯丙氨酸等芳香族氨基酸可以作出响应，而这些氨基酸起变构调节的作用(Conigrave et al.,2006)。钙感应受体可以通过磷脂酰肌醇途径，提高细胞内 Ca^{2+} 水平(Rey et al.,2010)。钙感应受体可以在整个肠道的上皮细胞和分泌 CCK 的细胞中表达，并与芳香族氨基酸刺激 CCK 释放和细胞内 Ca^{2+} 转移有关(Cheng et al.,2002; Liou et al.,2011)。另外，氨基酸受体 GPRC6A 可以在整个肠道中表达，但是其生理功能还需要进一步研究。

许多 GPCRs 和生电性的转运蛋白在氨基酸、肽或蛋白胨感应，促使肠道激素释放中发挥作用。味觉受体 T1R1/T1R3 通过 α-味蛋白(Gg)信号，释放细胞内 Ca^{2+}，通过瞬时受体电位离子通道蛋白 5 触发膜去极化，从而激活电压门控 Ca^{2+} 通道。其他 GPCRs 偶联途径通过磷脂酰肌醇途径作用于氨基酸，提高细胞内 Ca^{2+} 和蛋白激酶 C 水平，或调节 cAMP 水平，可能对鸟嘌呤核苷酸交换蛋白和蛋白激酶 A 的下游产生影响。磷脂酰肌醇途径和 cAMP 途径诱发的通路是内分泌细胞中常见的分泌机制通路。一些氨基酸离子(如谷氨酰胺)或二/三肽，通过各自的载体(ATA2 和 PEPT1 和/或 PEPT2)在转运过程中，沿着电化学梯度使膜去极化，通过电压门控制的 Ca^{2+} 离子通道触发 Ca^{2+} 进入，促进肠内分泌激素的分泌(Tolhurst et al.,2012b)。

4.2.4 脂肪感应受体及其功能

肠道脂肪感应受体在肠道激素的释放中发挥重要作用。肠道脂肪感应受体通过感应脂肪的分解产物如游离脂肪酸(free fat acids,FFA)和单酰基甘油(Roura et al.,2019)，从而对摄入的脂肪做出反应(Liu et al.,2016)。

脂肪的化学感觉系统主要围绕脂肪酸的感应而展开，由 9 个脂肪酸感应受体和基于链特异长度的营养感应转运体组成(Roura et al.,2019)。对于 FFAR2(GPR43)、FFAR3(GPR41)和嗅觉感应受体的主要配体是短链脂肪酸(short-chain fatty acids,SCFA)，感应受体 FFAR1(GPR40)和 GPR84 对中链脂肪酸(medium-chain fatty acids,MCFA)亲和力最高

(Wang et al.,2006; Liu et al.,2018),而FFAR4(GPR120)和脂肪酸结合蛋白2、脂肪酸转运蛋白4和分化群36(cluster of differentiation 36,CD36)被认为是长链脂肪酸(long-chain fatty acids,LCFAs)的受体(Bachmanov et al.,2007; Mattes,2011)。此外,GPR119被认为是含有油酸(如油酰乙醇胺)和2-单酰基甘油的内源性脂类的感应受体(Hansen et al.,2012)。

脂肪的摄入对一些肠内分泌激素分泌具有较强刺激作用,其中包括CCK、抑胃肽和GLP-1。LCFA和乳糜微粒,可能是通过刺激肠内分泌细胞分泌,而抑制胃排空和诱导饱腹感(Glatzle et al.,2002)。LCFA(>12个碳)和乳糜微粒是CCK分泌的有效刺激物,而CCK调节胃功能早已为人们所知(McLaughlin et al.,1998)。事实上,LCFA对于迷走神经的刺激是一个间接的过程,即FFA被I细胞感应,释放的CCK以旁分泌的方式刺激传入迷走神经上的CCK受体(Lal et al.,2001)。脂质和某些特定的LCFA也被证明可以提高血浆中抑胃肽、GLP-1和PYY的水平(Ellrichmann et al.,2008; Moss et al.,2016),这表明脂质感应受体通路可能在肠内分泌细胞中很常见。

许多GPCRs已被证实对脂质有感应作用,并被认为参与了介导脂质诱导的肠内分泌细胞释放激素的过程(Tolhurst et al.,2012b)。这些受体结合到磷脂酰肌醇途径,触发细胞内Ca^{2+}的释放和蛋白激酶C途径的激活,两者都被认为是潜在的促分泌剂,或者能调节cAMP途径。cAMP及其下游效应因子鸟嘌呤核苷酸交换蛋白和蛋白激酶A也与胞吐机制有关。由于乳糜微粒的形成可能有助于某些肠内分泌细胞的脂质感应,所以对肠上皮细胞的需求和脂质传感器的确切细胞位置仍然未知。脂肪酸转运蛋白CD36被认为是一种脂质感应受体,但也可能将LCFA转运至内分泌细胞,从而激活PKC通路。

FFAR1和GPR120都与磷脂酰肌醇途径结合,该途径可提高细胞内钙含量,并激活胞吐所需的其他关键分子(Briscoe et al.,2003)。这些受体可能调节肠道激素的释放,并可能解释肠道内分泌细胞系和原代培养细胞对FFAs的敏感性。有研究表明,FFAR1的敲除与GLP-1和抑胃肽在体内对高脂肪饮食的反应降低(Edfalk et al.,2008),以及与亚油酸刺激的CCK分泌和I细胞Ca^{2+}在体外反应受损有关(Liou et al.,2011)。肠道的远端有较高浓度的SCFA,可以促进GLP-1和PYY的分泌(Freeland et al.,2010; Larraufie et al.,2017)。GPR43优先与C2-C3链的SCFA结合,并通过磷脂酰肌醇途径提高细胞内钙含量或通过cAMP途径降低细胞内Ca^{2+}浓度,而GPR41优先与C3-C5链的脂肪酸结合,并且仅作用于cAMP途径(Nilsson et al.,2003)。SCFA可能利用这些途径调节GLP-1的分泌(Tazoe et al.,2009)。

GPR119虽然对FFA本身没有感应作用,但对脂质衍生物,特别是油酰乙醇胺和溶血卵磷脂有感应作用(Overton et al.,2006)。与FFA受体类似,GPR119在肠道L和K细胞中表达量较高(Parker et al.,2009),这与合成的GPR119配体提高小鼠血浆中GLP-1和抑胃肽水平(Chu et al.,2008)以及油酰乙醇胺减少大鼠采食量的发现是一致的(de Fonseca et al.,2001)。另外,在敲除GPR119基因小鼠上研究发现,GPR119在口服油脂后诱导GLP-1分泌的过程中起到关键作用(Moss et al.,2016)。

CD36是一种FFA的转运体,是味觉乳头状突的传感器,它可以触发存储Ca^{2+}释放和膜去极化(Sclafani et al.,2007; Simons et al.,2011)。CD36不仅作为味蕾中的LCFA转运体,而且还作为GPR120的共受体,CD36可能通过此作用与LCFA结合并转移到低亲和力受体GPR120(Martin et al.,2011)。CD36在十二指肠和空肠的刷状缘也有表达,可能在肠中发挥类似的作用(Tolhurst et al.,2012b)。缺乏CD36的小鼠表现出油酰乙醇胺产生减少和降低油酰乙醇胺诱导的饱腹感(Schwartz et al.,2008)。

4.3 猪小肠代谢与营养效率及肠道健康

4.3.1 猪小肠营养物质代谢的特点及对肠道健康的影响

小肠为了维持自身生长和功能的需要,需要消耗大量的营养物质特别是氨基酸(Wu et al.,2005)。由于肠细胞(小肠上皮吸收细胞)结构的特殊性,即每个肠细胞的基顶膜和基底膜都存在化学、生物化学和物理学上的不同特性,使得每个肠细胞既可以通过基底膜利用动脉源的营养物质,也可以透过纹状缘黏膜利用肠腔中的营养物质(Madara,2010)。但是,长期以来,一直假定小肠黏膜吸收的饲粮氨基酸全部完整地进入门静脉循环,并在不被小肠黏膜代谢的条件下供肠外组织利用(印遇龙,2008)。Windmuller及其同事的开拓性研究发现,饲粮来源的大部分谷氨酰胺和几乎全部的谷氨酸和天冬氨酸在首次经过(简称首过)肠黏膜时便被分解代谢(Windmueller et al.,1975,1976; Windmueller,1982)。近年的研究发现,饲粮中30%~50%的赖氨酸、苯丙氨酸、支链氨基酸(亮氨酸、异亮氨酸和缬氨酸)、蛋氨酸和苏氨酸也在首过肠道时被代谢(Stoll et al.,1997; Stoll et al.,1998)。这些研究表明,小肠黏膜中氨基酸的代谢十分活跃,小肠在氨基酸的代谢中发挥重要作用(黄瑞林等,2006; Li et al.,2008)。Windmuller及其同事的发现推动了近30年来肠道氨基酸营养领域的广泛研究。

近年的研究表明,小肠不仅是营养物质消化和吸收的主要器官,而且也是氨基酸的合成、转化和降解的主要器官。小肠的代谢十分旺盛,细胞内蛋白质周转率很高,小肠黏膜细胞大量分泌黏液素和酶等。虽然小肠中的蛋白质含量仅为总体蛋白含量的5%,小肠每天所合成蛋白质的量却占到了总体蛋白合成量的15%~20%(McNurlan et al.,1980; Reeds et al.,1993)。这主要是由于小肠首先需要利用大量的氨基酸进行结构蛋白和分泌蛋白的合成,同时还需要利用氨基酸氧化供能以便于营养物质的转运;另外,肠道上皮细胞的更新和消化酶的补充也需要氨基酸。一个值得注意的现象是,小肠黏膜优先代谢饲粮来源的氨基酸,而很少代谢动脉来源的氨基酸(谷氨酰胺除外)(Windmueller,1982; Wu et al.,1994)。不同氨基酸在小肠中的代谢命运也是截然不同的,这主要取决于氨基酸本身的结构及其营养生理作用。根据氨基酸在小肠中的代谢命运,可将氨基酸分为以下四类(Wu et al.,2005):①在小肠中既不合成又不降解的氨基酸,如天冬酰胺、半胱氨酸、色氨酸和组氨酸。②在小肠中合成但不降解的氨基酸,如酪氨酸。③在小肠中降解但不合成的氨基酸,如支链氨基酸、赖氨酸、蛋氨酸、苯丙氨酸和苏氨酸。④在小肠中既合成又降解的氨基酸,如谷氨酸、谷氨酰胺、天冬氨酸、苯丙氨酸、精氨酸、脯氨酸、丝氨酸和甘氨酸。

小肠结构的完整性和正常功能受到肠黏膜氨基酸代谢的调节,主要涉及以下两个方面的机制:①通过氨基酸的氧化为肠道的生长以及肠道发挥生理功能提供必需的能量。研究表明,日粮谷氨酸、谷氨酰胺、天冬氨酸和动脉源的谷氨酰胺的分解代谢,可以为依赖ATP的肠道生理过程如营养物质的转运、细胞内黏膜蛋白的高速周转以及上皮细胞的增殖和迁移等提供主要的能量来源。②氨基酸的分解代谢还可以为肠道的生长以及肠道发挥生理功能所需要的物质的合成提供必要的前体物质。例如，鸟氨酸（精氨酸、谷氨酰胺和脯氨酸的代谢产物）是肠细胞用于多胺合成的中间前体（Wu et al.，2000a；Wu et al.，2000b），而多胺可用于 DNA 和蛋白质的合成，在肠道上皮细胞的增殖、分化和修复中起重要作用（Lux et al.，1980；Guoyao et al.，1998）；谷氨酰胺和甘氨酸是鸟氨酸脱羟酶有效的促进剂（Kandil et al.，1995），从而加速由精氨酸和脯氨酸降解产生的鸟氨酸向多胺的合成；精氨酸是一氧化氮（nitric oxide.，NO）的生理前体，NO 在调节肠道的血流速度、完整性、分泌和上皮细胞迁移（Kandil et al.，1995），胃肠道平滑肌细胞的松弛以及动物的采食量方面发挥重要作用（Morley et al.，1991）；谷氨酸、甘氨酸和半胱氨酸是合成谷胱甘肽的前体，而谷胱甘肽在肠黏膜防御毒物和氧化损伤方面起关键作用（Reeds et al.，1997）。

4.3.2 猪小肠首过代谢对氨基酸营养效率的影响

研究表明，饲粮来源的谷氨酰胺在成年人、成年鼠和生长猪的首过肠道代谢率分别为 55%（Morley et al.，1991）、66%（Windmueller et al.，1975）和几乎 100%（Stoll et al.，1998）。大鼠的空肠对饲粮来源的谷氨酸和天冬氨酸的首过代谢率则分别高达 98%和 99%以上。同样，被人的内脏组织和猪的门静脉回流内脏组织（portal-drained viscera，PDV）所利用的饲粮来源的谷氨酸的比例也分别高达 96%（Battezzati et al.，1995）和 95%（Reeds et al.，1996）。由此可见，日粮来源的绝大部分谷氨酰胺和几乎全部的谷氨酸是不能进入门静脉循环的。从营养的角度而言，日粮中的氨基酸在肠道的大量分解代谢降低了氨基酸的营养效率。例如，对于许多单胃动物包括大鼠和猪，从日粮所吸收的谷氨酰胺在肠道的大量分解代谢限制了通过肠道供给谷氨酰胺以提高循环血液中谷氨酰胺的浓度的作用（Wu et al.，1996；Wu，1998）。断奶后的生长动物对日粮精氨酸的特别高的需要量在一定程度上是由于从日粮所吸收的氨基酸被肠道进行了大量的分解代谢（Wu，1997）。采用同位素示踪技术在仔猪上的研究发现，61%的日粮苏氨酸在第一次进入门静脉之前便被 PDV 组织所利用（Stoll et al.，1998）。与此结果一致的是，通过全静脉营养饲喂的仔猪对苏氨酸的需要量低于通过肠道饲喂的仔猪需要量的 50%（Bertolo et al.，1998）。猪肠细胞的线粒体中检测到苏氨酸脱氢酶活性的报道（Wu et al.，2005）为苏氨酸的分解代谢提供了机制上的解释。同样，日粮中的赖氨酸、亮氨酸、苯丙氨酸和蛋氨酸在首过肠道时被利用的比例高达 30%～50%（Stoll et al.，1998）。近年的研究显示，通过肠营养饲喂的新生仔猪的蛋氨酸需要量比通过全静脉营养饲喂的新生仔猪的需要量高 35%（Shoveller et al.，2000）。研究发现，通过全静脉营养饲喂的新生仔猪的总支链氨基酸的需要量仅为通过肠营养饲喂的新生仔猪需要量的 56%（Elango et al.，2002），这意味着 44%的总支链氨基酸在首过肠道时被利用。以上研究一方面证实了饲粮中的必需氨基酸跟非必需氨基酸一样，也在肠道发生大量的首过代谢；另一方面也反映了不同的氨基酸在肠道的首过代谢的程度是迥然不同的，如赖氨酸和苯丙氨酸的首过代谢率为摄入量的 35%，而苏氨酸则高达 61%。换句话说，肠道对饲粮氨基酸的首过代谢直接改变了吸收进入门静脉循环的氨基酸组成。因此，日粮中的氨基酸模式与肠道组织、门静脉循环和肠外组织的氨基酸组成有显著的不同（Stoll et al.，1998；Floc'h et al.，2000）。同时，动物组织或动物产品（如蛋、乳、毛和肉）中氨基酸的组成模式与动物日粮的理想蛋白质氨基酸模式也未必相同。此外，通过肠营养饲喂和通过全静脉营养饲喂的新生仔猪和婴儿的器官或血浆中的氨基酸浓度也有很大的差异（Bertolo et al.，2000）。

饲粮中的必需氨基酸在肠道的首过代谢引发了一个重要的营养问题，即这些氨基酸在肠道中的代谢命运如何？这个问题之所以重要，是因为如果饲粮中的必需氨基酸在肠细胞的代谢命运主要是分解代谢，那么肠道对氨基酸的首过代谢是导致氨基酸营养效率降低的源头。美国 Baylor 医学院儿童营养研究中心学者（Stoll et al.，1998）采用 13C 均标记的海藻蛋白在仔猪上的研究发现，日粮中的必需氨基酸如蛋氨酸、苏氨酸、亮氨酸、赖氨酸和苯丙氨酸等均在肠道发生大量的首过代谢（Stoll et al.，1998），但是，这些首过肠道时即被利用的氨基酸的代谢命运并不是主要用于黏膜蛋白的合成，而是分解代谢。例如，在首过肠道时被利用的亮氨酸、赖氨酸和苯丙氨酸占到了日粮摄入量的 1/3，被首过代谢的苏氨酸的比例则高达 61%，但是在这些被利用的氨基酸中只有不到 20%的部分用于肠黏膜蛋白质的合成，其余至少有 60%的部分被分解代谢。由此可见，饲粮中的必需氨基酸也在肠道的首过代谢中被大量的分解。因此，肠道对必需氨基酸的首过代谢降低了这些氨基酸用于蛋白质沉积的效率，是导致饲粮氨基酸利用率降低的重要因素。

对于动物生产方面的研究者而言，我们总是期望更多的氨基酸能够进入肠外组织用于蛋白质的沉积。因此，让营养研究者非常关注的一个问题就是肠黏膜对氨基酸的高比例的分解代谢是否可以受到日粮特别是动物所摄入的蛋白质的调控。要解决这个问题离不开清楚地回答另外一个问题，即氨基酸在肠道的分解代谢是代表营养和功能的一种必需，还是受到肠细胞中日粮来源的可利用底物的驱动？针对这两个问题，美国贝勒医学院的 Burrin 研究小组开展了系列的研究。特别令人注目的是，该研究小组 2003 年在仔猪上的一项研究发现，肠黏膜对日粮赖氨酸的首过代谢受到肠细胞中日粮来源的可利用底物量的驱动（Bos et al.，2003）。该发现对“氨基酸在肠道的分解代谢是代表营养和功能的一种必需”的假设提出了质疑。van Goudoever 在生长猪上的研究发现，饲喂高蛋白日粮时肠道首过分解代谢赖氨酸的量是整个机体赖氨酸氧化量的 1/3（van Goudoever et al.，2000）；但是，饲喂低蛋白日粮时，肠道对日粮赖氨酸的氧化几乎可以忽略。该研究为“氨基酸在肠道的分解代谢受到肠细胞中日粮来源的可利用底物的驱动”的观点提供了证据。鉴于小肠能够消化和吸收蛋白质和氨基酸的量大大超过了日粮中可能摄入量的事实（Burrin et al.，1999），这意味着肠道消化和吸收蛋白质和氨基酸的能力是过剩的，因此，有理由认为肠道为了维持需要而消耗的相当一部分氨基酸是一种不必要的浪费（Bertolo et al.，2000）。

4.3.3 猪小肠首过代谢的调控对提高氨基酸营养效率的作用

肠黏膜细胞的首过代谢程度是影响日粮氨基酸在门静脉的净吸收率的决定因素（Stoll et al.，1998），换言之，饲粮氨基酸在肠道的分解代谢对调控肠外组织氨基酸的可利用率发挥重要作用（Wu，1998；Wu et al.，2005）。研究表明，饲粮氨基酸首过肠道分解代谢的量与肠黏膜的重量成正相关（Stoll et al.，1998）。因此，影响肠道生物量的因素，如抗生素、生长激素、类胰岛素生长因子等，对日粮氨基酸的需要量可能有重要影响（Wu et al.，2005）。例如，饲喂抗生素的仔猪，肠黏膜生物量的降低与动物机体生长速度的提高是相关的（Yen et al.，1985；Cromwell，2001）。该结果提出了一种可能性，即降低氨基酸在肠道的分解代谢是抗生素发挥促生长作用的一种机制。鉴于日粮中的必需氨基酸在肠道的分解代谢的一种可能机制是为肠道提供能源（Stoll et al.，1998），而且这是一种昂贵的、可能是不必要的供能（Bertolo et al.，2005），因此，寻找另外的可替代能源从而减少氨基酸在肠道的分解代谢有望提高氨基酸的营养效率。鉴于饲粮氨基酸首过肠道分解代谢的量与肠黏膜的重量成正相关(Stoll et al.,1998),在不影响肠道消化、吸收或保护功能的前提下,选育低肠道代谢的动物可能是提高氨基酸营养效率的途径之一。

为了探讨能否通过氨基酸源调控氨基酸的肠道代谢进而提高氨基酸的营养效率,华中农业大学彭健教授团队以断奶仔猪为模型动物,以 *DL*-蛋氨酸(*DL*-MET)和其类似物 *DL*-2-羟基-4-(甲硫基)丁酸(OH-MET)两种蛋氨酸源为研究素材,探讨了日粮蛋氨酸的首过肠道代谢对其肠外组织利用率的影响及机制,发现 OH-MET 可通过以下三条途径提高蛋氨酸在门静脉的净吸收量:①OH-MET 化学本质上是一种短链脂肪酸(SCFA),在胃中即可被高效吸收,这直接减少了日粮氨基酸到达肠道时可被肠细胞代谢的蛋氨酸量;②肠道组织将 OH-MET 转化为蛋氨酸的关键酶(*L*-HAOX 和 *D*-HADH)活性相对较低,以致肠道对 OH-MET 的转化效率低,这同样减少日粮蛋氨酸被肠道代谢的可能性。相比而言,肝脏、肾脏和肌肉等组织对 OH-MET 的转化能力均较强,这为 OH-MET 在肠外组织的利用提供了条件(Fang et al.,2010a);③OH-MET 可改变肠道食糜中 SCFA 的浓度和组成,提高胰高血糖素原、胰高血糖素样肽-2 受体和内皮型一氧化氮合酶基因在胃肠道上段的表达,从而加快血流速度,缩短氨基酸在肠黏膜细胞的停留时间,降低氨基酸被肠道代谢的可能性(Fang et al.,2009)。由以上结果可见,与 *DL*-MET 相比,OH-MET 具有逃逸(bypass intestine)肠道首过代谢的优势,为日粮蛋氨酸更多地用于肠外组织蛋白质的合成提供了可能性。为了弄清楚门静脉中蛋氨酸净吸收量的增加是否能提高蛋氨酸在肠外组织的沉积率,彭健教授团队进一步采用稳定同位素(1-^{13}C-MET)示踪技术对含不同蛋氨酸源的日粮蛋氨酸在肠外组织的沉积规律进行了研究(Fang et al.,2010b)。结果显示,与 *DL*-MET 相比,OH-MET 具有提高仔猪肝脏和肌肉组织中 1-^{13}C-MET 丰度的作用。肝脏组织中 1-^{13}C-MET 丰度较高,提示有更多的蛋氨酸代谢的中间产物可以在这里被再甲基化为蛋氨酸,再通过血液循环运送到肝外组织被利用。相比而言,肌肉组织中蛋氨酸发生转硫反应的比例非常低,肌肉组织中 1-^{13}C-MET 丰度的提高则表明蛋氨酸更多地用于蛋白质沉积的效果。以上结果表明,提高蛋氨酸在门静脉的净吸收量有利于增加蛋氨酸在肠外组织的沉积。因此,与 *DL*-MET 相比,OH-MET 逃逸肠道首过代谢的优势,使日粮蛋氨酸能更多地用于肠外组织蛋白质的沉积。

鉴于 *DL*-MET 和 OH-MET 两种蛋氨酸源存在肠道首过代谢的差异(Fang et al.,2010a),而且,OH-MET 具有提高肠道发酵产生乙酸的特性(Fang et al.,2009)。乙酸一方面是合成乳脂的原料,另一方面也可通过激活脂肪组织 GPR-43 受体调控脂质代谢。方正锋教授团队以泌乳母猪为对象,通过系列研究探讨了饲粮添加两种蛋氨酸源对乳脂合成、泌乳性能和仔猪肠道发育的调控作用。结果发现,分别以 *DL*-MET 和 OH-MET 提高泌乳期饲粮含硫氨基酸水平(比 NRC 推荐水平提高 25%),两种蛋氨酸源的应用效果并不一致,OH-MET 显著增强仔猪肠道的抗氧化能力,促进仔猪生长(Li et al.,2014),*DL*-MET 则未表现促生长作用,而是显著降低血浆赖氨酸和葡萄糖水平(Zhang et al.,2015),并显著引起母猪能量负平衡(Zhong et al.,2016),其机制与两种蛋氨酸源(脂肪酸与氨基酸)化学本质不同,因而在胃肠道的吸收部位、首过代谢命运以及是否对赖氨酸的吸收产生抑制等因素有关(Fang et al.,2010a)。此外,与 *DL*-MET 组相比,OH-MET 还具有提高血液中乙酸浓度、乳中脂肪和蛋白质水平的作用(Zhang et al.,2015)。推测乳脂合成的增加与 OH-MET 促进肠道乙酸发酵有关,而乳蛋白合成的增加则与 OH-MET 逃逸肠道代谢,直接以 OH-MET 形式到达乳腺组织，提升乳腺细胞内可利用 *L*-Met 水平，上调 mTOR 信号通路表达有关(Zhang et al.，2018)。相比而言，*DL*-MET 中 50%为 *D*-MET，*D*-MET 若不经过肠道或其他组织代谢，则不能被乳腺组织摄取利用。在因采食量不足导致的营养缺乏状态下，乳腺组织会产生进程性氧化应激，首先表现为血液蛋氨酸水平降低、IgM 分泌减少，进而发生谷胱甘肽过氧化物酶 GPx 活性下降，血液组氨酸和硫磺酸水平降低，而丙二醛水平升高，表明氧化应激程度随着哺乳时间的推移逐渐加重。在此基础上，乳腺酪蛋白表达量下降，表明乳腺蛋白质合成能力受损，而 mTOR 及其下游靶蛋白 S6K1 和 4EBP1 的磷酸化水平均降低，表明乳腺合成能力受损与 mTOR 信号通路的抑制有关(Zhong et al.，2018)。鉴于 mTOR 在调节蛋白质、脂肪的合成代谢中均有重要作用，该结果为泌乳母猪饲粮中添加 OH-MET 促进乳脂合成、提高泌乳性能提供了进一步的机制上的解释。

4.4 猪大肠代谢与营养效率及肠道健康

猪大肠具有与草食动物相似的微生物繁殖条件，定植着大量微生物，大肠内微生物代谢延续了小肠对营养物质的消化。大肠微生物可将大量不能被宿主直接利用的物质如半纤维素进行转化，供微生物自身和宿主利用，提高营养物质利用率。大肠内的特定微生物还可合成 B 族维生素(硫胺素、核黄素、维生素 B_{12})及维生素 K，并通过大肠上皮黏膜吸收入血，供宿主利用(Smith et al.，2005)。大肠内微生物代谢产物的种类及其数量与大肠内微生物区系、食糜内容物组成和浓度密切相关。通常大肠内含有消化道前段未消化的蛋白质、氨基酸、淀粉、非淀粉多糖、单糖、粗纤维以及动物内源分泌物等。这些物质在大肠微生物分泌的酶的作用下进行分解，生成微生物源代谢产物供微生物和宿主利用，参与调控肠道物理屏障、化学屏障、微生物屏障及免疫屏障，对动物生长和健康具有重要作用。

4.4.1 大肠蛋白质和氨基酸代谢对养分利用及肠道健康的影响

小肠内未消化利用的蛋白质，如膳食蛋白质残渣及小肠分泌的酶类，到达大肠后，可在拟杆菌属(尤其是 *B. fragilis*)、梭杆菌属产气荚膜杆菌(*Clostridium perfringens*)、丙酸杆菌(*Propionibacterium*)、链球菌(*Streptococcus*)、芽孢杆菌(*Bacillus*)和葡萄球菌(*Staphylococcus*)等细菌作用下降解，为细菌提供氮元素和氨基酸。降解生成的氨基酸进一步被消化球菌属(*Peptococcus*)、氨基酸球菌属(*Acidaminococcus*)、韦荣球菌属(*Veillonella*)等细菌发酵。蛋白质发酵产生的代谢产物具有多样性，能够提高肠道 pH 和支链脂肪酸及氨的浓度(张晶等，2015)。

前肠未消化的氨基酸在结肠中经微生物作用，脱氨基生成支链脂肪酸(包括异丁酸、2-甲基丁酸乙酯和异戊酸)和氨。其中大部分的氨会被迅速吸收，转运至肝脏，代谢为尿素后随尿液排出。含硫氨基酸如蛋氨酸、胱氨酸等，则会在硫酸盐还原菌的作用下生成 H_2S。H_2S 是一种内源性气体信号分子，具有多重生理功能。生理浓度的 H_2S 可作为内源性的抗炎介质减轻炎症反应和结肠黏膜损伤，而高浓度的 H_2S 可以抑制细胞色素 C 氧化酶从而削弱细胞的呼吸作用，破坏结肠黏膜上皮细胞(郑雪等，2014；Kushkevych et al.，2019)。由此可见，H_2S 对肠道健康的作用具有双重性。此外，精氨酸等氨基酸可在双歧杆菌(*Bifidobacterium*)等作用下从头合成多胺，如腐胺、亚精胺及精胺。多胺具有维持肠道黏膜物理屏障、调节肠道免疫、提高肠道抗氧化和调控肠道代谢等作用(方婷婷等,2016)。然而,许多致病菌又能依赖多胺在宿主体内致病和存活,如幽门螺旋杆菌(*Helicobacter pylori*)、肠炎和鼠伤寒沙门氏菌(*Salmonella enterica subsp*)、志贺氏杆菌(*Shigella* spp.)、金黄色葡萄球菌(*Staphylococcus aureus*)、肺炎链球菌(*Streptococcus pneumonia*)和霍乱弧菌(*Vibrio cholera*)。此外,许多癌症病人,其尿和血中多胺含量升高,以用于维持癌细胞快速生长的需要(Rooks et al.,2016)。因此,多胺对机体健康的调节具有多样性。

除以上氨基酸外,大肠内的芳香族氨基酸,如色氨酸,则可在梭状芽孢杆菌属(*Clostridium sporogenes*)、消化链球菌属(*Peptostreptococcus*)、乳酸杆菌属(*Lactobacillus*)等细菌微生物作用下转化为吲哚衍生物。常见的吲哚衍生物有吲哚-3-甲醛(indole-3-aldehyde,IAld)、吲哚-3-丙酸(indole-3-propionic acid,IPA)和吲哚乙酸(indoleacrylic acid,IA)。研究发现吲哚衍生物是芳香烃受体(aryl hydrocarbon receptor,AhR)的重要配体。而AhR信号被认为是屏障免疫反应的关键组成部分,能作用于许多种类的免疫细胞,如上皮内淋巴细胞、Th17细胞、先天性淋巴细胞、巨噬细胞、树突细胞(dendritic cells,DCs)和中性粒细胞(Roager et al.,2018)。体外实验中,IAld通过与AhR结合,提高体外培养的人结肠腺癌细胞T84和肠道组织中IL-10受体的表达,减少肠道炎症导致的肠道屏障损伤,提高肠道跨膜电阻值(Zelante et al.,2013; Alexeev et al.,2018)。IPA则通过与孕烷X受体(pregnane X receptor,PXR)结合,降低肠道促炎细胞因子IFNγ、TNFα、IL-1β的表达,而维持肠道物理屏障的完整性,减少异硫氰酸荧光素右旋糖酐的渗透(Venkatesh et al.,2014)。IA能通过AhR信号途径促进杯状细胞生长,提高抗炎因子IL-10、抑制促炎因子TNF的表达,而维持肠道健康(Wlodarska et al.,2017)。由此可见,大肠内蛋白质代谢产物既可直接作用于肠道局部组织,亦可进入血液参与远端器官代谢,且功能各异,其中吲哚衍生物具有改善肠道健康的作用。

4.4.2 大肠碳水化合物代谢对养分利用及肠道健康的影响

除蛋白质和氨基酸以外,大肠内的糖、淀粉及纤维亦是大肠微生物代谢的重要底物。由于微生物种类繁多,其代谢产物具有多样性。短链脂肪酸(short chain fatty acids,SCFA)产生菌,可利用前肠未消化的淀粉、非淀粉多糖(non-starch ploysaccharides,NSP)、膳食纤维进行发酵生成SCFA,主要包括乙酸、丙酸和丁酸(Topping et al.,2001)。丁酸在生成后能快速被结肠上皮细胞吸收利用,而乙酸和丙酸则可以通过门静脉运输到肝脏及远端器官进行代谢(Rombeau et al.,1990)。SCFA可为生长猪提供24%的维持能量需要(Yen et al.,1991),且在成年猪上的供能比例可能更高。SCFA中的丁酸在肠道健康中具有重要作用。首先,丁酸可作为结肠上皮细胞的能量底物,直接进入结肠上皮细胞,在线粒体中快速氧化分解供能,缓解细胞自噬,起到保护肠道物理屏障的作用(Donohoe et al.,2011)。其次,丁酸能够通过激活GPR43而诱导肠上皮细胞产生RegⅢγ和β防御素等抗菌肽(Zhao et al.,2018),抑制肠道内有害菌生长,维持微生物屏障健康。此外,丁酸、丙酸和戊酸作为组蛋白去乙酰酶(histone deacetylases,HDAC)抑制剂(Verma et al.,2018),能够减少肠道巨噬细胞和树突细胞释放促炎细胞因子(如,IL-6和IL-12),从而发挥抗炎作用,降低肠道炎症的发生(Arpaia et al.,2013; Chang et al.,2014)。然而随着底物的消耗以及SCFA不断地在结肠被吸收利用,越靠近大肠后端SCFA浓度越低,SCFA对大肠后端健康的作用减弱(Topping et al.,2001)。此外，前肠未消化利用的可溶性功能多糖，如果寡糖等，到达大肠后，可选择性被乳酸菌、双歧杆菌等有益微生物发酵利用，产生有机酸（如乳酸），从而降低肠腔内 pH，抑制有害菌生长，维持肠道微生态平衡。因此，在动物饲粮中适量添加易于发酵的高纤维饲料，不仅能为动物提供额外的能量，而且还能促进大肠内有益菌的生长，进一步提高有益代谢产物的产量，维持动物肠道局部及全身系统健康。

到达大肠的膳食纤维还可被拟杆菌属（普氏杆菌）、真菌、寄生虫等共生菌发酵生成琥珀酸。琥珀酸在代谢稳态以及肠道微生物屏障中起着重要作用。琥珀酸盐存在于细胞内和细胞外，既是三羧酸（tricarboxylic acid，TCA）循环的中间产物，同时也是 GPCR、琥珀酸盐受体（succinate receptor1，SUCNR1）的配体（Lampropoulou et al.，2016；Lei et al.，2018）。琥珀酸盐在肠道的局部健康调节中，具有两面性：其一能够依赖 SUCNR1 诱导 2 型免疫应答，抵抗肠腔内病原微生物的入侵（Lei et al.，2018）；其二可被致病菌利用完成其 TCA 循环，促进致病菌的生长（Spiga et al.，2017）。并且，在 LPS 存在时，琥珀酸盐发挥着促进炎症信号因子的作用，破坏肠道健康（Mills et al.，2016）。肠道中的簇状细胞大量表达 SCFA 受体（FFAR3）和 SUCNR1，但是只有琥珀酸盐能够激活簇状细胞 ILC2 路径（Schneider et al.，2018），依赖 SUCNR1 诱导 2 型免疫应答，使得肠道中簇状细胞和杯状细胞增生，进而对抗病原微生物入侵肠道组织。SUCNR1 除了能在上皮细胞中表达，同时也能在先天免疫细胞，如巨噬细胞和 DC 细胞中表达（Tannahill et al.，2013；Bonnardel et al.，2015）。研究发现，琥珀酸盐自身对巨噬细胞中细胞因子的产生没有影响，但在 LPS 存在时，琥珀酸盐则驱动巨噬细胞由氧化磷酸化产 ATP 状态变为糖酵解状态，提高琥珀酸水平。琥珀酸和 TLR 一起增效促进促炎细胞因子 IL-1β 的产生（Mills et al.，2016）。琥珀酸作为糖分解的燃料，既可被宿主使用，也可被肠道致病菌利用，并与本土细菌竞争定植。如沙门氏菌可利用共生细菌产生的琥珀酸完成它的 TCA 循环，诱导肠道炎症（Spiga et al.，2017）。肠道微生物紊乱，将提高本土琥珀酸盐产生菌的生长，而琥珀酸的增加将促进致病菌（如艰难梭菌）的生长（Ferreyra et al.，2014；Lei et al.，2018）。由此可见，肠道微生物组成对于琥珀酸的作用方向起着指向性作用。

4.4.3 大肠脂质代谢对养分利用及肠道健康的影响

大肠脂质的代谢目前研究得比较多的是关于胆汁酸的代谢。胆汁酸是胆固醇在肝脏的分解代谢产物。尽管胆囊分泌进入肠道的胆汁酸有 95%都通过回肠重吸收，但其余 5%进入大肠的代谢产物对动物生理健康同样具有重要意义。动物肝细胞以胆固醇为原料合成的胆汁酸称为初级胆汁酸，在胆汁酸的肠肝循环过程中没有被回肠重吸收的胆汁酸（主要是初级胆汁酸）进入大肠后，在微生物（梭菌属、拟杆菌属、乳杆菌属、双歧杆菌属等）作用下生成一系列代谢产物（次级胆汁酸），如脱氧胆酸盐（deoxycholate，DCA）和石胆酸盐（lithocholate，LCA）。这些次级胆汁酸可通过动物体内的受体，如 G 蛋白偶联胆汁酸受体 1（G protein-coupled bile acid receptor 1，GPBAR1/TGR5）、法尼酯 X 受体（farne-soid X receptor，FXR）、肝 X 受体（liver X receptor，LXR）和维生素 D 受体（vitamin D receptor，VDR）等（Fiorucci et al.，2018），调控肠道伤口愈合，降低肠道炎症发生。

研究报道指出，DCA 对肠道黏膜伤口的关闭至关重要。DCA 通过经典的 FXR 依赖式途径促使 TLR2/My88 信号通路发挥作用。DCA 与 FXR 结合，抑制细胞质型磷脂酶 A（cy-tosolic phospholipase A2，cPLA2）活性，减少前列腺前体细胞产生，降低前列腺素 2（prostaglandin E2,PGE2)产生,进而调控伤口修复。在伤口的屏障重建阶段,伤口处的 DCA 水平降低,而在过渡至伤口通道形成阶段,DCA 水平升高。DCA 水平升高降低 PGE2 合成,而促进过渡到伤口通道形成和伤口隐窝重生阶段。通过抗生素减少 DCA 产生菌后降低了 DCA 水平,在结肠伤口修复期,减弱伤口附近隐窝的上皮细胞增殖。而通过 DCA 重建能拯救此现象(Janeway,1989)。同时,体外研究表明 DCA 和 LCA 能抑制肠道致病菌艰难梭菌(*Clostridium difficile*)、产气荚膜梭菌(*C. perfringens*)生长(Buffie et al.,2015; Wang et al.,2019a)。给肉鸡饲喂含有 1.5 mg/kg DCA 的日粮,虽然未显著降低回肠内容物中 *C. perfringens* 的含量,但是观察到回肠组织中的 *C. perfringens* 含量显著降低,说明 DCA 在降低 *C. perfringens* 入侵回肠屏障中有重要作用,其作用机理是否与 DCA 促进肠道伤口愈合有关,有待考证(Wang et al.,2019a)。DCA 还能够下调肠上皮细胞上空肠弯曲杆菌(*Gampylobacter jejuni*)诱导的促炎基因 IL-1β 的表达,降低遗传学上对 *G. jejuni* 易感的老鼠的肠道损伤评分(Sun et al.,2017)。由此可知,次级胆汁酸在调控动物肠道健康中具有重要作用。

4.5 肠道代谢对肠-肝轴的调控及对动物健康的影响

4.5.1 肠道代谢调控肠-肝轴的主要途径

肠道和肝脏通过胆管、门静脉和体循环的紧密双向联系进行沟通。肝脏通过分泌胆汁酸和许多生物活性介质进入胆管和体循环与肠道进行交流(Tripathi et al.,2018)。在肠道内,宿主和微生物代谢内源性(胆汁酸和氨基酸)以及外源性(饮食和环境暴露)底物,其产物通过门静脉进入肝脏并影响肝脏功能(Stärkel et al.,2016)。近年来,随着肝脏和胃肠道以及免疫系统紊乱等疾病的发病率不断增加,肠道和肝脏之间的互作,越来越被人们所重视(Schnabl et al.,2014)。目前对肝脏疾病病因学的解释是由宿主的促炎因子变化所导致(Tripathi et al.,2018)。肠道失调(异常增殖或肠道微生物组成的不平衡)和肠道通透性增加导致微生物和微生物产物的转移,其中包括细胞壁组分(来自革兰氏阴性菌的内毒素和来自真菌的 β-葡聚糖)和 DNA,一起被称为微生物相关分子模式(microbial-associated molecular patterns, MAMPs)或病原体相关分子模式(pathogen-associated molecular patterns,PAMPs)(Tripathi et al.,2018)。这些模式被肠固有层(肠上皮下的一种富含免疫细胞的组织)和肝细胞上的免疫受体(如枯否氏细胞和肝星状细胞)识别,它们启动并维持炎症级联,最终导致肝纤维化(Csak et al.,2011; Seki et al.,2012; Anand et al.,2016)。这种损害可从肝硬化(严重纤维化)发展为原发性肝癌,这是原发性肝癌最主要的形式(>80%)(Jemal et al.,2011)。微生物在原发性肝癌中的潜在作用已得到部分研究的证实(Garrett,2015)。

肠上皮细胞间的紧密连接受损是肝脏疾病中的一种常见现象(Miele et al.,2009)。已有证据表明,肝损伤与小肠细菌过度生长和下消化道的失调有关(Philips et al.,2017)。这些过程共同导致 MAMPs 进入门静脉循环的转移增加。在到达肝脏时,MAMPs 通过枯否氏细胞(Seki et al.,2007)和肝星状细胞(Isayama et al.,2006)上的模式识别受体(pattern-recognition Receptors,PRRs)诱导局部炎症。内毒素介导的 TLR4(Isayama et al.,2006; Seki et al.,2007),TLR9(被甲基化的 DNA 激活)(Gäbele et al.,2008)和 TLR2(被革兰氏阳性菌激活)

(Hartmann et al.,2012)的激活是肝脏免疫反应疾病的主要驱动因素。在枯否氏细胞中 TLR 信号激活下游一系列促炎症反应,导致骨髓分化主要反应蛋白介导的核受体(nuclear factor-κB,NF-κB)激活(Seki et al.,2012)。此外,TLR4 信号也通过在肝星状细胞下调 BMP 和激活素膜结合抑制剂同系物(一个转化生长因子——β 的诱饵受体)促进纤维化(Seki et al.,2012)。这些步骤导致炎症细胞因子的表达、氧化和内质网应激以及随后的肝损伤(Lebeaupin et al.,2015)。

肝脏和微生物共同参与包括致癌物(如日粮衍生物 2-氨基-3-甲基咪唑[4,5-f]喹啉)在内的外源性生物的代谢,这些致癌物可使宿主易于发生原发性肝癌(Koppel et al.,2017)。肠道微生物对胆碱的代谢产物三甲胺(trimethylamine,TMA)也是引发肝癌的重要因素。TMA 可通过门静脉循环转运至肝脏,在门脉循环中,TMA 被转化为三甲胺 N-氧化物(trimethylamine N-oxide,TMAO)(Velasquez et al.,2016)。在肝脏、心脏代谢和神经系统疾病方面,甲胺的重要性越来越受到人们的重视(Velasquez et al.,2016; Del Rio et al.,2017)。TMAO 全身循环的增加伴随着宿主产生的磷脂酰胆碱水平的降低,这种不平衡在肠道菌群失调的人群中很常见(Tripathi et al.,2018)。TMAO 与肝损伤有关归因于它增加甘油三酯的积累(肝脂肪变性)(Gogiashvili et al.,2017)。在人类和实验模型中,非酒精性脂肪肝(nonalcoholic fatty liver disease,NAFLD)也与 TMAO 有关(Chen et al.,2016b)。

游离脂肪酸包括短链脂肪酸(short-chain fatty acids,SCFAs)和长链脂肪酸(long chain fatty acids,LCFAs)也通过影响肠道的屏障功能而影响肝脏健康。丁酸盐、丙酸盐(由细菌发酵产生)和乙酸盐(由宿主和细菌共同产生)是大肠中主要的 SCFAs。丁酸盐是肠上皮细胞的能量来源,有助于维持肠道屏障的完整性(Yaku et al.,2012)。酒精性肝损伤的特点是丁酸盐和丙酸盐水平降低,而乙酸盐水平升高(可能由肠腔内的乙醇代谢产生,但主要来源于肝脏内的乙醇代谢)。丁酸盐的减少与肠道紧密连接的减弱有关,因此也与通透性减弱有关(Cresci et al.,2017)。在短期酒精饮食的小鼠中,丁酸盐以甘油酯、三丁酸甘油酯的形式补充,可降低乙醇诱导的肠道通透性和诱发的肝脏损伤(Cresci et al.,2017)。肠腔内 LCFAs 的种类包括十五烷酸(C15∶0),棕榈酸(C16∶0),十七酸(C17∶0)和硬脂酸(C18∶0)(Tripathi et al.,2018)。长期饲喂酒精的小鼠,与饲喂等热量日粮的对照组相比,C15∶0 和 C17∶0(仅由细菌发酵产生)含量显著降低,同时,总的饱和 LCFA 水平也降低,这与肠腔中乳酸菌的丰度降低有关(饱和 LCFAs 的代谢产物)(Chen et al.,2015; Shi et al.,2015)。但根据目前已知的,通过补充 LCFA 来恢复乳酸菌尚未得到实验证明。然而,饮食中添加鼠李糖乳杆菌已被证明可以增加肠腔 LCFA 水平(Shi et al.,2015),提示乳酸菌诱导肠道游离脂肪酸的增加有助于其益生作用(Chen et al.,2016a; Kim et al.,2017)。

4.5.2 肠肝胆汁酸循环对肠肝功能的调控及对健康的影响

胆汁酸(bile acids,BAs)是由胆固醇在肝脏代谢产生的具有两性分子结构的化合物(Tripathi et al.,2018)。这些初级胆汁酸与甘氨酸或牛磺酸重新结合,并在胆道中释放(Chiang et al.,2019)。胆汁酸通过十二指肠到达小肠,与其他肠道成分一起促进饮食中脂肪、胆固醇和脂溶性维生素的乳化和吸收(王朋等,2019)。约 95%的胆汁酸在回肠末端被主动再吸收并运回肝脏(Wahlström et al.,2016)。其余 5%由结肠微生物去结合、脱氢、脱羟基形成次级胆汁酸,经门静脉循环被动吸收到达肝脏(Arab et al.,2017)。肝脏将胆汁酸吸收并将其分泌回胆道,完成所谓的肠肝循环,即肠道与肝脏之间的交换系统(Tripathi et al.,2018)。

运输亲水的初级胆汁酸穿过细胞膜进入肠上皮细胞是一个载体介导的过程(Tripathi et al.,2018)。具有调节效应的胆汁酸受体包括核受体 FXR 受体和 TGR5 受体已经被广泛研究(王朋等,2019)。胆汁酸与肠上皮细胞中的 FXR 结合,诱导肠上皮细胞的成纤维细胞生长因子 19(fibroblast growth factor 19,FGF19;鼠为 FGF15)的表达和分泌(Zarrinpar et al.,2012)。FGF19 通过肝门静脉到达肝脏,通过抑制肝细胞内胆固醇 7α-单加氧酶(7α-monooxygenase,CYP7A1),降低胆汁酸的从头合成,形成一个负反馈系统调节胆汁酸的稳态(Zarrinpar et al.,2012)。一旦胆汁酸的肠肝循环受损,就会引起肝脏胆汁酸合成增加,而胆汁酸的脱毒和排泄能力下降,引起胆汁酸淤积症,对人和动物机体特别是胎儿的健康产生严重影响(详见 3.4.1)。另外,已经非常明确的是胆汁酸与核受体 FXR 的激活会影响葡萄糖和脂质代谢(Copple et al.,2016)。胆汁酸与膜受体 TGR5 结合,则作用于肠肝外循环组织。这种结合介导宿主能量消耗(Pols et al.,2011)、葡萄糖稳态(Thomas et al.,2009)和抗炎免疫反应(Perino et al.,2015)。

胆汁酸对葡萄糖稳态和能量代谢的调节对动物肠道生长发育具有重要意义。例如,初级胆汁酸鹅去氧胆酸 CDCA 处理可显著提高全静脉营养仔猪小肠重量及回肠绒隐比,同时还改善肠外营养引起的 FXR 下游标志因子成纤维生长因子 19(fibroblast growth factor19,FGF19)和促肠道生长营养因子胰高血糖素样肽-2(glucagon-like peptide 2,GLP-2)分泌的下降(Jain et al.,2012)。TCA 处理体外培养的大鼠小肠细胞也可促进其增殖(Dossa et al.,2016)。胆汁酸对肠道细胞增殖的调控可能是通过影响酪氨酸激酶、表皮生长因子受体、细胞外信号调节激酶、TGR5 以及 FXR 信号通路共同起作用。除了调节肠细胞的增殖外,维持 FXR 的活性还有助于缓解炎症并维持肠道上皮屏障的完整性,抑制微生物进入肠道,并调控肠道微生物的生长。研究显示,FXR 的激动剂可抑制肠道巨噬细胞肿瘤坏死因子 α、白介素-1β、白介素-6、环氧合酶-1 和环氧合酶-2 等基因表达。同时,向野生型小鼠灌喂 FXR 的激动剂 INT747 可以显著缓解葡聚糖硫酸钠诱导的肠道炎症反应增强、形态学评分下降、杯状细胞损失等结肠炎症状,而 INT747 对于 FXR 敲除小鼠没有该作用(Gadaleta et al.,2011)。此外,INT747 还显著降低了肠道的通透性并抑制了肠道炎症因子的表达。以上结果表明 FXR 的激活有助于缓解肠道炎症反应。

胆汁酸与肠道菌群密切地相互作用、相互调节,可直接调控肠道菌群。它们通过与核受体 FXR 结合,诱导产生如血管生成素 1 和 RNase 家族成员 4 等抗菌肽(antimicrobial peptides,AMPs),这些抗菌肽直接参与抑制肠道微生物过度生长和诱发的肠道屏障功能障碍(Parséus et al.,2017)。肠道菌群失调改变了初级和次级胆汁酸之间的平衡以及它们随后的肠肝循环,其代谢作用尚不完全清楚。然而,由于这两类胆汁酸对 FXR 的亲和力不同,所以这些变化与肝胆汁酸合成和代谢应激的变化有关(Ridlon et al.,2014;Jiang et al.,2015)。胆汁酸和肠道细菌的不平衡会引起一系列与肝病发生相关的宿主免疫反应。例如,革兰氏阴性厌氧菌-阿克曼氏菌(*Akkermansia muciniphila*)丰度的降低与肠黏膜层的变薄(肠道屏障的完整性受损)和炎症增加有关,它会促进酒精性和非酒精性的肝损伤(Grander et al.,2018)。当肠道屏障受损时,微生物和微生物源分子可通过门静脉系统进入肝脏,引起炎症和肝损伤(Seki et al.,2012)。一些转移的肠道产物也可能直接与宿主因子相互作用,导致肝脏疾病的加重(Elamin et al.,2013)。

除了核受体 FXR 以外，膜受体 TGR5 是介导胆汁酸参与肠道生理功能及葡萄糖稳态调节的另一重要胆汁酸受体。次级胆汁酸 LCA 则是激活 TGR5 活性最强的胆汁酸。方正锋教授团队联合美国贝勒医学院 Burrin 教授团队分别以猪空肠上皮细胞系（IPEC-J2）、断奶仔猪（Lin et al.，2019b；Lin et al.，2020）、短肠综合征模型仔猪（Lin et al.，2019a）和全静脉营养仔猪为模型（Burrin et al.，2015；Jin et al.，2015），对胆汁酸和 TGR5 激动剂调控肠道和肝脏健康的作用开展了系列研究。以 IPEC-J2 为模型的试验表明，高水平的次级胆汁酸 LCA 能破坏肠上皮细胞紧密连接蛋白 ZO-1、Occludin 和 Claudin-1 的基因或蛋白表达，抑制肠细胞的增殖（Lin et al.，2019b）。高浓度的 LCA（5 μmol/L）还可刺激肠细胞 IL-8 的分泌、上调 IL-8 与 IL-6 的基因表达，下调抗氧化基因 CAT 和 SOD1 表达。有趣的是，LCA 与 LPS 在调节养分转运基因表达上存在互作关系。在添加 LCA 条件下，添加 LPS 显著抑制葡萄糖转运载体 GLUT2 基因表达；在添加 LPS 条件下，添加 LCA 显著抑制钠葡萄糖共转运载体 SGLT1 和肽转运载体 PEPT1 的基因表达。以上结果表明，较高浓度的 LCA 对细胞增殖、屏障、免疫和抗氧化等功能均具有损害作用，而在应激源 LPS 存在条件下，这些胆汁酸还可损害细胞对葡萄糖等养分的转运功能。在断奶仔猪上的研究则发现，与营养正常仔猪相比，营养缺乏仔猪结肠内容物中乳杆菌属的相对丰度较高，结肠内容物和血液中次级胆汁酸 LCA 和 DCA 水平成倍升高，提示乳杆菌可能在胆汁酸代谢中发挥重要作用（Lin et al.，2019b）。进一步的饲养试验发现，饲喂乳杆菌的仔猪结肠食糜中与胆汁酸代谢相关的菌属 *Bacteroides*，*Clostridium*_sensu_stricto_1，*Parabacteroides*，*Ruminococcus*_1 和 *Desulfovibrio* 相对丰度均低于对照组，回肠组织中总 LCA 水平也显著低于对照组。LCA 作为激活胆汁酸受体 TGR5 活性最强的胆汁酸，其在对照组回肠组织中含量的升高伴随了 TGR5 下游产物 GLP-1 水平在血液中的升高，提示 LCA 增强了 TGR5 的激活（Lin et al.，2020）。与此一致的是，GLP-1 作为一种重要的降血糖因子，其在乳杆菌组仔猪血液中浓度的降低，伴随了采食后 1 h 的血糖浓度以及餐后 3 h 血糖曲线下面积 AUC 显著高于对照组。以上结果表明，饲喂乳杆菌可通过影响胆汁酸代谢相关微生物的丰度，降低 LCA 的产生和 GLP-1 的分泌，提高葡萄糖在体内的代谢速率。在短肠综合征模型仔猪上的研究则发现，TGR5 激活剂可诱导仔猪 GLP-2 分泌，降低肝脏组织炎症因子的基因表达，并有降低肠道炎症因子基因表达的趋势（Lin et al.，2019a）。因此，干预肠道微生物或者使用 TGR5 激活剂有望缓减断奶应激对仔猪肠道健康的损害，这为断奶仔猪肠道健康营养策略的开发提供了新思路。

4.5.3 肠肝胆汁酸循环受损的机制及对胎儿健康的影响

肠肝胆汁酸循环受损是指肝脏合成的胆汁酸不能有效分泌进入肠道，减少了胆汁酸在回肠的重吸收，从而减弱胆汁酸对胆汁酸合成的负反馈调节。调节途径包括：途径 1，胆汁酸通过激活肝脏 FXR 受体，提高小异源二聚体分子伴侣（small heterodimer partner，SHP）表达，进而抑制胆汁酸合成限速酶 CYP7A1 基因表达；途径 2，BA 激活肠道 FXR，提高肠道 FGF15 和 FGF19 表达，进而抑制肝脏 Cyp7a1 表达；途径 3，BA 激活肠道 VDR 进而抑制肝脏 Cyp7a1 表达。因此，导致大量 BA 或胆盐在肝脏细胞和血液中累积。肝脏中过高 BA 可影响肠道对脂类的消化吸收，改变肝脏葡萄糖和脂类代谢，导致胆汁淤积发生。BA 的疏水性特征使其表现出细胞毒性，BA 的大量累积会损害机体健康。大量研究显示，BA 代谢与胎儿存活之间存在密切关联。母体血清总胆汁酸 TBA≥40μmol/L 的孕妇比 TBA＜40μmol/L 的孕妇有更高的胎儿不良结局发生率，包括死胎、低初生重和早产等。

方正锋教授团队在妊娠母猪上关于胆汁酸代谢开展了系列研究（Wang et al.，2019b；Wang et al.，2019c；王朋等，2019）。结果发现，妊娠中后期胆汁酸代谢紊乱母猪（以妊娠90 d和妊娠60 d TBA比值＞3.0作为判断依据）肠道FXR的表达产物FGF19的水平成倍降低，表明肠道FXR信号通路受损是引发母猪胆汁酸稳态失调的重要原因。而且，胎猪死亡数和死亡率与妊娠90 d母猪血液和分娩脐带血TBA水平显著正相关，表明胎猪死亡与妊娠中后期母猪胆汁酸稳态失调有密切关联，母猪胆汁酸可能通过影响胎猪血液胆汁酸水平和代谢进而提高其死亡风险。进一步分析胆汁酸的组成发现，HDCA、CDCA和HCA是妊娠母猪血液主要胆汁酸，三者之和占TBA比例不低于93.9%；与妊娠60 d相比，妊娠90 d和分娩当天母猪血液TBA水平分别提高了3.39倍和1.57倍，妊娠90 d和分娩当天母猪血液TBA水平升高主要归因于HDCA、CDCA和HCA水平升高；作为胆汁酸脱毒能力（硫酸化能力）最重要指标之一，妊娠60 d到分娩母猪血液硫酸化胆汁酸（BA-Sulfate）比例并无显著性改变。对母猪肝脏、胆汁、粪便和回肠等肠肝循环组织胆汁酸代谢分析发现，妊娠90 d母猪血液TBA水平升高与肝脏胆汁酸向肠道分泌的降低而向血液循环系统转运增强有关。而且，母猪胆汁酸水平的升高会导致胎盘TBA浓度升高，有趣的是，母猪胆汁酸水平并未直接影响胎猪胆汁酸水平；胎盘RNA-Seq结果表明，与妊娠60 d相比，妊娠90 d和分娩当天胎盘中显著富集于KEGG通路的是"胆汁分泌"相关基因，参与碳酸氢根离子合成与吸收基因（CA2和SLC4A4）表达的持续降低，可能损害胎盘将胆汁酸由胎猪排向母体的外排功能。随着妊娠的进行，胎猪肝脏胆汁酸合成能力不断增强，然而肝脏胆汁酸分泌和脱毒能力却并未匹配胆汁酸合成能力变化。主要表现为妊娠90 d到分娩胎猪TBA水平显著升高，而硫酸化胆汁酸（猪胆汁酸的主要脱毒形式）的比例却保持不变，胎猪肝脏胆汁酸合成的主要基因CYP7A1（负责75%的胆汁酸合成）表达成倍升高，而负责胆汁酸硫酸化脱毒的主要基因SULT2A1表达并非呈现同步升高表达的趋势。因此，胎猪胆汁酸稳态失调是母猪肠肝循环受损、母体胆汁酸损害胎盘胆汁酸转运能力、胎猪肠肝循环尚未成熟以及胎猪胆汁酸硫酸化脱毒能力不足的综合结果。

人的临床研究表明，雌激素和孕酮与孕妇胆汁淤积疾病密切相关，而且，雌激素和孕酮及其代谢产物均随胆汁酸的分泌和重吸收而发生肠肝循环，进而对肝脏的胆汁酸合成与分泌产生持续的影响。大鼠上的系列研究发现，雌激素代谢产物雌二醇17-*β*-葡萄糖醛酸，雌三醇-17*β*（*β*-*D*-葡萄糖醛酸）和雌三醇-16*α*（*β*-*D*-葡萄糖醛酸）均可通过抑制肝脏胆盐输出泵基因表达（bile salt export pump，Bsep），阻止肝脏胆汁酸分泌进入胆囊，损害胆汁酸的肠肝循环，进而诱导胆汁淤积发生（Stieger et al.，2000；Vallejo et al.，2006）。近年的研究显示，硫酸化孕酮代谢产物也与胆汁酸稳态有密切关联。作为FXR的部分激动剂，硫酸化孕酮代谢产物可以竞争性抑制胆汁酸介导的FXR激活，影响肝脏胆汁酸吸收和转运（Vallejo et al.，2006），导致胆汁淤积发生。以猪原代肝细胞为模型的研究也表明，PM4S以剂量依赖方式降低肝细胞FXR及参与胆汁酸合成、硫酸化、重吸收和分泌等生物学过程的关键基因表达，提高细胞培养基TBA水平；在鹅去氧胆酸CDCA激活FXR信号通路前提下，PM5S以剂量依赖方式降低CDCA对FXR及其参与胆汁酸合成和分泌靶基因的激活，显著提高培养基TBA水平。该结果表明，PM4S和PM5S分别通过直接和竞争性抑制FXR信号通路起到促进胆汁酸合成和抑制胆汁酸分泌作用，因此，孕酮硫酸化代谢产物PM4S和PM5S动态变化可能是引起母猪和胎猪妊娠中后期肝脏胆汁酸合成或分泌异常的重要因素。

鉴于肠道微生物对硫酸化类固醇代谢及重吸收的调节作用，方正锋教授团队进一步以妊娠母猪为研究对象，研究了饲粮添加抗生素（万古霉素，VAN）对初产母猪妊娠中后期肠道微生物组成、孕酮硫酸化代谢产物和胆汁酸代谢的影响及其机制（宋雨默，2019；王朋，2020）。结果发现，妊娠中后期对照组母猪血液 TBA 水平持续升高，而 VAN 组母猪血液 TBA 水平始终维持相对恒定。另外，对照组胆汁酸代谢紊乱母猪妊娠中后期 FXR-FGF19 信号通路和粪便 TBA 水平持续降低，而 VAN 组母猪维持血液 FXR-FGF19 和粪便 TBA 水平，表明 VAN 处理通过肠-肝 FXR 信号通路起到了维持正常肝脏胆汁酸分泌功能。而且，VAN 处理母猪粪便 PM4S 和 PM5S 排泄量提高，而血液中 PM4S 和 PM5S 的累积量相比对照组降低，表明 VAN 处理缓解母猪妊娠中后期胆汁酸稳态失调与其降低母猪体内 PM4S 和 PM5S 累积进而维持肠-肝 FXR-FGF19 信号通路高度相关。肠道微生物的分析数据表明，VAN 对母猪 PM4S 和 PM5S 调节作用，与其降低粪便中参与硫酸化固醇脱硫酸化作用微生物表达丰度进而提高粪便 PM4S 和 PM5S 排泄有关。这为通过肠道微生物的干预，调节孕酮代谢产物 PM4S 和 PM5S 水平，进而维持胆汁酸稳态提供了重要的理论参考。

4.6 肠道代谢对肠-脑轴的调控及对动物健康的影响

目前，已经有大量研究结果有力地支持脑-肠-微生物（brain-gut-microbiome，BGM）的双向相互作用。肠道微生物与中枢神经系统的沟通至少通过 3 个平行和相互作用的通道，涉及有神经、内分泌和免疫信号机制（Martin et al.，2018）。改变这些交互作用不仅涉及经典脑肠紊乱的发病机理和病理生理（Rhee et al.，2009；Mayer，2011），如肠易激综合征（irritable bowel syndrome，IBS）和其他功能性胃肠道功能紊乱，并且涉及越来越多的精神病学和神经病理，包括情感障碍（Cryan et al.，2012；Park et al.，2013）、自闭症谱系障碍（Vuong et al.，2017）、帕金森病（Sampson et al.，2016）、多发性硬化（Berer et al.，2011）、慢性疼痛（Amaral et al.，2008）。

4.6.1 脑-肠-微生物三者关系的建立

在动物模型中，有几种实验方法被用来研究肠道菌群对 BGM 轴的影响，包括抗生素处理（Bercik et al.，2011）、粪便微生物移植（Collins et al.，2013）、人工或人微生物菌群定植（Bowey et al.，2003；Desai et al.，2016）、培养的肠道器官系统（Bellono et al.，2017；Yissachar et al.，2017）、灌服益生菌（Bravo et al.，2011）和无菌（germ-free，GF）动物模型（Sudo et al.，2004）。尽管这些方法具有局限性，但是自 Sudo 等（2004）首先研究表明，在生命早期正常肠道菌群的缺失对成人应激反应有显著影响，这些变化可以通过早期肠道菌群的定植来部分逆转，甚至是一个单一的微生物菌种。这一结果使人们对肠道微生物的研究取得了明显的进步。随后的研究进一步表明相关的神经化学变化，包括皮质和海马脑源性神经营养因子水平的改变（Sudo et al.，2004；Neufeld et al.，2011）、海马血清素受体 1A 表达的减少（Neufeld et al.，2011）、纹状体单胺递质翻转的增加（Heijtz et al.，2011）、突触可塑性基因表达的减少（Heijtz et al.，2011），显示微生物群落多样性对中枢神经系统（central nervous system，CNS）表型的改变具有强有力的影响。因此，除了应激反应外（Bravo et al.，2011），肠道微生物群还与焦虑样和抑郁样行为、伤害性反应、进食行为、味觉偏好、代谢结果以及它们各自潜在生理机制有关(Martin et al.,2018)。尽管 GF 模型具有一定的局限性,但表型可以通过使用特定无致病原、人类衍生的和合成的微生物群进行逆转证实一些结论(Desbonnet et al.,2015)。

另一种替代 GF 模型的方法是使用广谱抗生素来诱导粪便菌群的组成和多样性的短暂变化(Bercik et al.,2011),尽管对与黏膜相关的微生物群落的影响尚不完全清楚。抗生素也可能在独立于微生物组的机制中直接与宿主发生生理学相互作用,例如研究较为充分的神经毒素作用(Grill et al.,2011)。尽管如此,广谱抗生素处理仍然是鉴别肠道微生物对中枢神经系统影响的有力工具。在 SPF 级微生物群的小鼠中,口服抗生素增加了探索性行为和脑源性神经营养因子的海马表达,这与微生物结构的变化有关(Bercik et al.,2011)。在 GF 小鼠中未能重复这些抗生素诱导的效应,这表明 CNS 的变化并不是由于抗生素的非靶标相互作用的结果,然而,GF 模型的发育变化使这一发现不具有结论性。在成年小鼠中,长期的抗生素治疗减少海马神经发生,并通过依赖于循环单核细胞的机制导致新目标识别任务出现缺陷(Möhle et al.,2016)。在通过运动和益生菌恢复抗生素治疗小鼠这些表型的过程中,Ly6Chi 单核细胞发挥了部分介导作用(Möhle et al.,2016)。

与完全或部分消耗肠道菌群作为一种实验方法来识别和描绘微生物对宿主中枢神经系统的影响不同,将已知微生物(通常为益生菌)引入常规模型可使其正常发育,并减少脱靶效应的风险(Martin et al.,2018)。然而,重要的是要认识到,短暂的接触可能引起宿主的反应,但较难成为定植菌群。口服益生菌已被证明可以减少基础或诱发的焦虑样行为(Desbonnet et al.,2010; Bravo et al.,2011),减弱诱发的强迫样行为(Kantak et al.,2014),改善炎症相关的疾病行为(D'Mello et al.,2015),甚至在早期生活压力后使情绪相关行为的发展轨迹正常化(Cowan et al.,2016)。虽然很少专门用于针对肠道菌群的干预,但饮食可以对人和小鼠的肠道菌群结构产生深远、快速和可复制的影响(David et al.,2014)。饮食变化引起的肠道微生物群落的改变会影响记忆和学习(Jørgensen et al.,2014),而益生菌的应用可以恢复饮食引起的大鼠记忆缺陷(Beilharz et al.,2018)。总之,临床前研究已经明确了肠道微生物群对中枢神经系统的潜在影响,但试验的可重复性和脱靶干预效应等问题需要持续改进实验方法。

4.6.2 肠道微生物向大脑传递信号的机制及相关生理意义

目前的证据表明,微生物对中枢神经系统自下而上的调节主要通过神经免疫和神经内分泌机制发生,通常涉及迷走神经(Bravo et al.,2011; Singh et al.,2016)。这种交流是由几种微生物衍生的分子介导的,包括短链脂肪酸、次级胆汁酸和色氨酸代谢物(Wikoff et al.,2009; Tolhurst et al.,2012; Yano et al.,2015)。这些分子主要通过与肠内分泌细胞(enteroendocrine cells,EECs)、肠嗜铬细胞(enterochromaffin cells,ECCs)和黏膜免疫系统的相互作用来传递信号,但也有一些穿过肠屏障,进入体循环,并可能穿过血脑屏障(Haghikia et al.,2015; Yano et al.,2015)。目前仍不清楚这些分子是直接到达大脑部位,还是仅通过迷走神经和/或脊髓传入神经的长距离神经信号来诱导中枢反应(Goehler et al.,2005; Bravo et al.,2011)。除了生成这些代谢物激活内源性中枢神经系统信号机制,微生物可以独立地产生或诱导产生许多刺激神经组织的分子包括但不限于 γ-氨基丁酸(Barrett et al.,2012)、5-羟色胺(serotonin,5-HT)(Özogul,2011)、去甲肾上腺素和多巴胺(Shishov et al.,2009; Özogul,2011),虽然目前还不清楚它们是否达到相关受体或达到足够的水平来引起宿主的反应。

神经内分泌和肠内分泌信号通路存在重要的交互作用。肠道微生物及其代谢产物与中枢神经系统沟通的一个重要途径涉及组成肠道内分泌系统的细胞(Furness et al.,2013)。这些细胞至少有12种不同类型,有几个亚型(特别是A、K和L细胞)包含不同分子组合沿着肠道以亚群形式出现。肠上皮细胞之间散布着EECs遍及整个肠道,肠上皮细胞中含有20多种不同类型的信号分子,这些信号分子通常是共区域化和共同释放。化学或机械刺激后释放,这些分子可以进入体循环并到达中枢神经系统参与摄食行为(包括孤束核和下丘脑)或者在局部活动,并激活肠或肝内邻近的迷走神经传入终末,以产生脑信号。这些细胞具有一系列调节饱感和饥饿感的受体,它们被包括胆汁酸和SCFAs在内的微生物代谢物激活(Martin et al.,2018)。

虽然胆汁酸是由肝脏中的胆固醇合成的内源性分子,但这些分子的大小和组成在很大程度上受到饮食摄入,特别是脂肪的摄入(Morton et al.,2014),以及肠道微生物群的下游代谢的影响(Wahlström et al.,2016)。核受体FXR的回肠表达可被胆汁酸激活,产生FGF15或19,后者可进入体循环并穿过血脑屏障(Hsuchou et al.,2013)。FXR/FGF19对刺鼠相关肽/神经肽Y(Marcelin et al.,2014)的作用激活下丘脑弓状核,这与改善能量和葡萄糖代谢的中心调节(Tomlinson et al.,2002)以及抑制下丘脑垂体肾上腺轴的活动有关(Perry et al.,2015)。部分肠细胞表达TGR5,主要由次级胆汁酸激活,受微生物活性影响较大(Maruyama et al.,2002; Ridlon et al.,2006)。TGR5信号通过增加L细胞释放的胰高血糖素样肽-1(glucagonlike peptide-1,GLP-1)等机制控制葡萄糖稳态(Thomas et al.,2009)。有趣的是,这些L细胞也表达FXR,可以调节GLP-1的合成(Trabelsi et al.,2015)。

SCFAs被认为是介导宿主-微生物通过EECs和ECCs通信的主要信号分子。这些分子由微生物发酵宿主的抗性淀粉和非淀粉多糖产生,在宿主的能量摄取中起着重要作用,同时还能促进结肠的血液流动、体液和电解质的摄取以及黏膜的增殖(Topping et al.,2001)。膳食纤维摄入量是SCFA浓度的主要调节因子。在宿主饮食中可发酵纤维含量较低的情况下,微生物以黏液聚糖为食,并使用替代的、不太有利于生长的能源,从而导致发酵活性和SCFA产量的降低(Russell et al.,2011)。临床前和临床资料均显示,微生物活动,特别是SCFAs的产生,可刺激回肠远端L细胞分泌PYY和GLP-1,引起饱腹感和行为改变(Russell et al.,2011)。乙酸、丁酸和丙酸盐通过L细胞上的FFAR2、GPR43和FFAR3/GPR41调节GLP-1的表达和分泌(Tolhurst et al.,2012a),在肠道内不同的EECs上已经鉴定出GPR41(Nøhr et al.,2015)。这些受体在EECs和ECCs上广泛分布,参与食物摄入和消化的调节,这与肠道微生物在这些过程中的重要作用以及对整体生物进化的期望是一致的。

肠嗜铬细胞因合成5-羟色氨(5-HT)而被认为是形成脑-肠-微生物轴的重要信号途径之一。肠道微生物与宿主相互作用的最佳特征之一是微生物、ECCs和中枢神经系统之间的双向相互作用。5-HT是由胃肠道的ECCs产生的,人体内95%的5-HT储存在ECCs和肠神经元中,只有5%储存在中枢神经系统中(Kim et al.,2000)。考虑到5-HT在调节胃肠道运动和分泌方面的重要作用,肠道微生物可能面临巨大的选择性压力对5-羟色胺能系统起作用,从而有效地调节它们的环境(例如,通过影响局部运输时间和液体分泌)。对无菌小鼠血浆代谢物的分析表明,与常规定植小鼠相比,5-HT水平降低2倍以上(Wikoff et al.,2009)。SCFAs和来自肠道微生物形成的次级胆汁酸调节ECCs 5-HT的大量合成和释放(Yano et al.,2015)。

色氨酸是脑-肠-微生物轴上的一个关键分子，因为它是神经递质 5-HT 和许多其他代谢物的前体，作用于脑-肠-微生物内的神经内分泌信号(Ruddick et al.,2006)。由于宿主不能产生色氨酸，饮食中含有色氨酸(tryptophan,Trp)的蛋白质的摄入是其可以被有效利用的主要调节因素。肠道微生物群有助于 Trp 的外周利用，这对 5-HT 的 CNS 合成至关重要。GF 小鼠血浆中 Trp 水平和海马中 5-HT 水平升高，有趣的是，细菌定植可使血浆 Trp 水平正常化，但不能使海马体 5-HT 水平正常(Clarke et al.,2013)。虽然外周 Trp 调节的确切机制尚不清楚，但同一研究表明，微生物通过犬尿酸途径调节 Trp 的降解。在另一项研究中，观察到这种通路的相互作用，并将其与行为表型联系起来。这与微生物产生的 H_2O_2 抑制双氧酶 RNA 表达，从而导致循环犬尿酸水平降低有关(Marin et al.,2017)。

肠道微生物对自身免疫、炎症和免疫细胞运输的调节作用(Benakis et al.,2016; Winek et al.,2016)也在近年来通过多发性硬化症和中风的小鼠模型研究得到确定。需要强调的是，肠道菌群影响中枢神经系统固有免疫细胞的发育和功能，尤其是小胶质细胞(Erny et al.,2015)。与 SPF 小鼠相比，GF 小鼠的小胶质细胞成熟和形态受损，导致对病原体侵袭的早期反应减弱(Erny et al.,2015)。这种表型可以通过出生后补充 SCFA 或在复杂的微生物群落中定植来实现正常化。值得注意的是，SPF 成年小鼠经抗生素杀灭细菌后，小胶质细胞恢复不成熟状态，然后通过复合菌群的再移植使其正常化，提示在整个成年期，需要活跃的微生物信号来维持小胶质细胞的成熟(Erny et al.,2015)。在神经信号调节方面，大多数证据都指向迷走神经感受器，这些感受器感知具有调节作用的肠道肽、炎症分子、饮食组成和细菌代谢物，将信号传递给中枢神经系统(de Lartigue et al.,2011)，但也有一些证据表明肠道微生物可直接激活神经元。先天免疫模式识别受体 toll 样受体 3 和 7(识别病毒 RNA)，以及 toll 样受体 2 和 4(识别肽聚糖和脂多糖)在小鼠和人的肠道神经系统中均有表达(Barajon et al.,2009; Brun et al.,2013)。鼠李糖乳杆菌、脆弱类杆菌和分离的脆弱类杆菌的多糖 A 都被证明在体外可以激活肠传入神经元(Mao et al.,2013)。然而，尚不清楚腔内微生物抗原在多大程度上可以与体内神经元发生直接的物理接触(Keita et al.,2010)。微生物代谢物也可能介导神经元的直接激活。脑神经元中表达受体 FXR 和 TGR5，但健康受试者的这些组织中胆汁酸浓度较低或检测不到(Keitel et al.,2010; Huang et al.,2016)。有几项研究将 GPR41/FFAR3 受体定位于颈上神经节(Kimura et al.,2011)、椎前神经节(Won et al.,2013)、黏膜下神经节和肌肠神经节神经元(Nøhr et al.,2013)、胸腰椎交感神经节和迷走神经节(Nøhr et al.,2015)，提示神经细胞被微生物源性 SCFAs 激活。GPR41 激活后，原代培养的颈上神经元释放去甲肾上腺素，将其作为微生物衍生物和交感神经系统的直接功能接口(Kimura et al.,2011)。

4.6.3 脑-肠-微生物轴的信号屏障

在脑-肠-微生物轴中有两个天然的信号屏障：肠屏障和血脑屏障。由于肠道微生物、压力和炎症能够调节这两种结构的通透性，从肠道到达大脑的信息量是高度可变的，这种变化取决于宿主的状态(Martin et al.,2018)。

肠屏障由两层构成：一层是由紧密连接的上皮细胞组成的基础单层，另一层是黏液层，其厚度和成分随时间变化，包含分泌型 IgA 和抗菌肽(Kelly et al.,2015)。当检测到特定的微生物产物时，位于整个胃肠道黏膜的模式识别受体可以介导增强抗菌防御、肠道炎症甚至免疫耐受(Ivanov et al.,2009; Round et al.,2011)。在健康的稳态条件下,许多微生物和大分子通过微褶细胞(M 细胞)进入,这些细胞存在于肠道和黏膜相关的淋巴组织中,这使得免疫细胞能够不断取样(Kucharzik et al.,2000)。潘氏细胞通过 MYD88 依赖的 toll 样受体激活来自主感知细菌,从而触发抗菌因子,最终限制细菌对宿主组织的渗透(Vaishnava et al.,2008)。微生物和微生物衍生配体有助于维持细胞与细胞间的连接,这对细胞的完整性至关重要(Hooper et al.,2001; Rakoff-Nahoum et al.,2004)。益生菌处理可以通过未知的机制帮助恢复应激诱导的屏障缺陷(Silva et al.,2014)。

肠黏膜是肠屏障功能的第二组成部分。结肠黏液分为两层:较厚的疏松外层和与上皮紧密相连的内层(Atuma et al.,2001)。共生微生物栖息在外层,这是形成生物膜的关键栖息地(Macfarlane et al.,2007),也是富含糖蛋白的可靠能源,当缺乏膳食纤维时,微生物群会降解糖蛋白,从而增加了病原体的易感性(Desai et al.,2016)。内层通常是无菌的,通过物理分离、固有免疫机制(包括抗菌肽)和适应性免疫机制(包括分泌型 IgA)来保护上皮细胞不受微生物侵袭(Johansson et al.,2011)。

血脑屏障(blood-brain barrier,BBB)是调节循环系统和中枢神经系统脑脊液之间的分子交通。肠道菌群可以上调紧密连接蛋白的表达,包括 occlding 和 claudin-5,从而降低 BBB 的通透性(Braniste et al.,2014)。从子宫内生活到成年期,与对照组相比,GF 小鼠具有更高的通透性,但将正常肠道菌群引入成年的 GF 小鼠后,部分功能得以恢复。通透性可以通过定植产生 SCFA 的细菌和丁酸钠的灌胃来降低。SCFAs 可能通过进入细胞或作为组蛋白去乙酰化酶抑制剂作用于表观遗传调节表型,或通过与 GPR41/GPR43 结合,成为 BBB 发育和维持的主要信号代谢物(Brown et al.,2003; Michel et al.,2016)。系统免疫激活可能导致破坏性的 BBB 变化,通常使用 LPS 建模。有趣的是,宿主的物种是解释差异的唯一重要预测因子:小鼠出现 BBB 变化的可能性是大鼠的 4 倍。所有研究均未观察到剂量依赖效应,尽管所使用的剂量水平基本上与败血症剂量相当。在这个系统的免疫激活模型中,BBB 反应的可变性限制大多数临床前研究结果对人类微生物群落相互作用的普遍性,尤其是在非病理条件下(Varatharaj et al.,2017)。

4.7 肠道代谢对肠-卵巢轴的调控及对生殖健康的影响

关于肠道代谢对卵巢的作用鲜有报道,现有的报道大多有肠道微生物的介导。例如,肠道-微生物-胆汁酸-IL-22-卵巢轴和肠道-微生物-血清素-卵巢轴。此外,日粮碳水化合物与蛋白质比值亦可通过肠道-肝脏-卵巢轴影响雌性动物卵巢发育。

在哺乳动物上,多囊卵巢症患者体内雄性激素分泌过多,进而导致荷尔蒙失调(血清促黄体激素水平、黄体生成素与促卵泡激素的比率、甘油三酯水平和低密度脂蛋白胆固醇水平等都显著上升)。因此,在排卵期,其毛囊不会破裂而是形成囊肿,不能正常排卵,从而出现生育率下降等问题。研究发现,与健康女性相比,多囊卵巢症患者的肠道拟杆菌属(*Bacteroides vulgatus*)显著升高,而血清和粪便中的甘胺脱氧胆酸(glycodeoxycholic acid,GDCA)和牛磺熊去氧胆酸(tauroursodeoxycholic acid,TUDCA)水平显著降低(Qi et al.,2019)。GDCA 和 TUDCA 具有促进 GATA3 表达而诱导肠道 3 型天然淋巴细胞分泌 IL-22 的作用。因此,当肠道 GDCA 和 TUDCA 升高后,肠道 3 型天然淋巴细胞分泌的 IL-22 降低,患者血清和卵泡液中

IL-22下降，导致宿主出现多囊卵巢症。而通过给小鼠外源补给IL-22或胆汁酸后，能够显著改善小鼠因定植 *Bacteroides vulgatus* 而出现的多囊卵巢症，其可能与IL-22具有促进脂肪褐化、抑制卵巢颗粒细胞炎症的作用有关。具体的作用机理有待进一步研究。

近年来的研究发现，血清素可能与雌性动物卵泡发育密切相关。血清素，又名5-羟色胺，属于吲哚衍生物。机体血液循环中90%的血清素来自肠道，特别是由肠嗜铬细胞产生的。色氨酸在色氨酸羟化酶1(TpH1)作用下产生5-羟色氨酸，并进一步代谢成5-羟色胺。在无菌老鼠上，其结肠(非小肠)中5-羟色胺生成减少，并且血液中的浓度相应降低，说明肠道菌群在血清素的产生中具有重要作用。肠道菌群如何调控血清素的产生，其机制尚未明确。其可能与短链脂肪酸(丁酸)刺激羟化酶1的表达，以及一些次级胆汁酸刺激血清素的合成有关(Gershon et al.,2007; Agus et al.,2018)。在哺乳动物上，血清素作为一种一元胺神经递质，广泛作用于动物的繁殖功能，如调控性行为、促性腺激素释放和促性腺激素释放激素分泌(Prasad et al.,2015)。在母猪上的研究发现，随着纤维水平的升高(增加75%)，肠道、血液、卵泡液、卵巢组织血清素浓度呈线性增加。同时，结肠中丁酸浓度与肠道、血液、卵泡液、卵巢组织中血清素浓度呈线性相关关系。对后备母猪颗粒细胞基因定量分析发现，随着日粮纤维摄入水平的增加，促卵泡凋亡相关基因Bax和Caspase3表达均显著呈线性降低。而与血清素信号相关的抗凋亡相关基因Bcl-2、5-HT7R、5-HT2BR及5-HT2CR则均呈显著线性增加。同时，原始卵泡激活相关的基因GDF-9和AMH的相对表达量亦随日粮纤维摄入水平的增加而呈线性增加，而结肠TpH1则随日粮纤维摄入水平的增加而呈线性和二次增加，最终表现为纤维水平线性降低了卵泡凋亡(曹猛,2019)。

在母猪和大鼠上的研究发现，当供给母猪的日粮中碳水化合物水平由59.6%增至64.3%，同时降低蛋白质水平(即高碳水化合物与蛋白质比)时，发现母猪血液中成纤维细胞因子21(FGF21)升高(Zhuo et al.,2019)。FGF21是日粮碳水化合物的关键代谢信号，血液循环中87%的FGF21来自肝脏表达与分泌，其剂量依赖性地提高脂肪细胞表达与分泌脂联素。在老鼠上的研究发现，当FGF21升高后，通过提高脂联素水平，抑制mTORC1信号通路，进而抑制卵巢原始卵泡过度激活。同时，卵巢分泌的雌二醇通过肝脏雌激素受体反馈性地引起肝脏分泌FGF21。FGF21与雌二醇共同作用于腹股沟脂肪组织，介导白色脂肪的褐化，增强机体的能量代谢，为发情阶段的动物提供能量(Hua et al.,2018)。最终，使得卵巢上原始卵泡向初级卵泡转化的比例降低，但不影响卵巢表面直径为1～3 mm卵泡的数量，提高母猪终身繁殖力。但日粮成分的变化如何影响肝脏中FGF21变化有待进一步研究。

肠道代谢对雌性动物卵巢的影响，目前更多的是观察到表型的变化，但中间所涉及的机制和路线颇多，仍需要进一步研究，为通过调控肠道代谢改善卵巢健康和发育奠定基础。

总之，肠道代谢过程复杂多变，与机体的其他器官或系统紧密联系，相互依存，从而维持机体的稳态，这对于机体的健康至关重要。充分发掘和认识肠道营养物质感应受体的功能，弄清碳水化合物、蛋白质、脂肪在小肠和大肠中的代谢过程以及代谢产物对肠道健康、肠-肝轴、肠-脑轴和肠-卵巢轴的影响及机制，对建立提高营养物质利用效率和机体健康的营养策略具有重要的参考价值。通过合理的营养调控，不仅可以减少不必要的营养物质消耗，提高营养物质的利用效率，还有助于调控肠道代谢，改善动物机体健康，提高动物生产效率。

参考文献

曹猛.日粮纤维水平对后备母猪卵泡发育的影响及机制.成都:四川农业大学,2019.

方婷婷,刘光芒,贾刚,等.多胺对动物肠道稳态的调控作用及可能机制.动物营养学报,2016,028(11):3400-3407.

黄瑞林,印遇龙,戴求仲,等.采食不同来源淀粉对生长猪门静脉养分吸收和增重的影响.畜牧兽医学报,2006,37(3):262-269.

宋雨默.万古霉素对妊娠母猪肠道菌群及胆汁酸稳态的影响研究.成都:四川农业大学,2016.

王朋,林森,吴德,等.胆汁酸的营养生理作用及代谢调控研究进展.动物营养学报,2019,31(5):2002-2011.

王朋.母猪妊娠期胆汁酸代谢对胎猪存活的影响及其调控.成都:四川农业大学,2020.

印遇龙.猪氨基酸营养与代谢.北京:科学技术出版社,2008.

张晶,覃小丽,刘雄.膳食主成分对肠道微生物的影响研究进展.食品科学,2015,036(5):305-309.

郑雪,毛华.硫化氢对胃肠道疾病作用的研究进展.广东医学,2014,000(010):1629-1631.

Abreu,M T.Toll-like receptor signalling in the intestinal epithelium:how bacterial recognition shapes intestinal function.Nature Reviews Immunology,2010,10(2):131-144.

Agus A J, Planchais H, Sokol. Gut microbiota regulation of tryptophan metabolism in health and disease.Cell Host & Microbe,2018,23(6):716-724.

Alexeev E E,Lanis J M,Kao D J,et al.Microbiota-derived indole metabolites promote human and murine intestinal homeostasis through regulation of interleukin-10 receptor. The American Journal of Pathology,2018,188(5):1183-1194.

Amaral F,D Sachs,V Costa,et al.Commensal microbiota is fundamental for the development of inflammatory pain.Proceedings of the National Academy of Sciences,2008,105(6):2193-2197.

Anand G A,Zarrinpar R,Loomba.Targeting dysbiosis for the treatment of liver disease.In: Seminars in Liver Disease,2016:037-047.

Arab J P,Karpen S J,Dawson P A,et al.Bile acids and nonalcoholic fatty liver disease: molecular insights and therapeutic perspectives.Hepatology,2017,65(1):350-362.

Arpaia N,Campbell C,Fan X,et al.Metabolites produced by commensal bacteria promote peripheral regulatory T-cell generation.Nature,2013,504(7480):451-455.

Atuma C,Strugala V,Allen A,et al.The adherent gastrointestinal mucus gel layer: thickness and physical state in vivo.American Journal of Physiology-Gastrointestinal and Liver Physiology,2001,280(5):G922-929.

Bachmanov A A,Beauchamp G K.Taste receptor genes.Annu Rev Nutr,2007,27:389-414.

Barajon I,Serrao G,Arnaboldi F,et al.Toll-like receptors 3,4,and 7 are expressed in the enteric nervous system and dorsal root ganglia.Journal of Histochemistry & Cytochemistry,2009,57(11):1013-1023.

Barrett E,Ross R,O'toole P,et al.γ-Aminobutyric acid production by culturable bacteria from the human intestine.Journal of Applied Microbiology,2012,113(2):411-417.

Battezzati A,Brillon D,Matthews D.Oxidation of glutamic acid by the splanchnic bed in humans.American Journal of Physiology-Endocrinology and Metabolism,1995,269(2):e269-276.

Behrens M,Reichling C,Batram C,et al.Bitter taste receptors and their cells.Annals of the New York Academy of Sciences,2009,1170(1):111-115.

Beilharz J, Kaakoush N, Maniam J, et al. Cafeteria diet and probiotic therapy: cross talk among memory, neuroplasticity, serotonin receptors and gut microbiota in the rat. Molecular Psychiatry, 2018, 23 (2):351-361.

Bellono N W, Bayrer J R, Leitch D B, et al. Enterochromaffin cells are gut chemosensors that couple to sensory neural pathways. Cell, 2017, 170(1):185-198, e116.

Benakis C, Brea D, Caballero S, et al. Commensal microbiota affects ischemic stroke outcome by regulating intestinal γδ T cells. Nature Medicine, 2016, 22(5):516.

Bercik P, Denou E, Collins J, et al. The intestinal microbiota affect central levels of brain-derived neurotropic factor and behavior in mice. Gastroenterology, 2011, 141(2):599-609, e593.

Berer K, Mues M, Koutrolos M, et al. Commensal microbiota and myelin autoantigen cooperate to trigger autoimmune demyelination. Nature, 2011, 479(7374):538-541.

Bertolo R F, Chen C Z, Law G, et al. Threonine requirement of neonatal piglets receiving total parenteral nutrition is considerably lower than that of piglets receiving an identical diet intragastrically. The Journal of Nutrition, 1998, 128(10):1752-1759.

Bertolo R F, Pencharz P B, Ball R O. Organ and plasma amino acid concentrations are profoundly different in piglets fed identical diets via gastric, central venous or portal venous routes. The Journal of Nutrition, 2000, 130(5):1261-1266.

Bertolo R, Pencharz P, Ball R. Role of intestinal first-pass metabolism on whole-body amino acid requirements. Biology of Growing Animals No.3. Elsevier, 2005:127-156.

Bezençon C, Le Coutre J, Damak S. Taste-signaling proteins are coexpressed in solitary intestinal epithelial cells. Chemical Senses, 2006, 32(1):41-49.

Bonnardel J, Da Silva C, Henri S, et al. Innate and adaptive immune functions of peyer's patch monocyte-derived cells. Cell Reports, 2015, 11(5):770-784.

Bos C, Stoll B, Fouillet H, et al. Intestinal lysine metabolism is driven by the enteral availability of dietary lysine in piglets fed a bolus meal. American Journal of Physiology-Endocrinology and Metabolism, 2003, 285 (6):e1246-1257.

Bowey E, Adlercreutz H, Rowland I. Metabolism of isoflavones and lignans by the gut microflora: a study in germ-free and human flora associated rats. Food and Chemical Toxicology, 2003, 41(5):631-636.

Braniste V, Al-Asmakh M, Kowal C, et al. The gut microbiota influences blood-brain barrier permeability in mice. Science Translational Medicine, 2014, 6(263):158.

Bravo J A, Forsythe P, Chew M V, et al. Ingestion of Lactobacillus strain regulates emotional behavior and central GABA receptor expression in a mouse via the vagus nerve. Proceedings of the National Academy of Sciences, 2011, 108(38):16050-16055.

Briscoe C P, Tadayyon M, Andrews J L, et al. The orphan G protein-coupled receptor GPR40 is activated by medium and long chain fatty acids. Journal of Biological Chemistry, 2003, 278(13):11303-11311.

Brown A J, Goldsworthy S M, Barnes A A, et al. The Orphan G protein-coupled receptors GPR41 and GPR43 are activated by propionate and other short chain carboxylic acids. Journal of Biological Chemistry, 2003, 278(13):11312-11319.

Brown E. The calcium-sensing receptor: physiology, pathophysiology and CaR-based therapeutics, calcium signalling and disease. Springer, 2007:139-167.

Brun P, Giron M C, Qesari M, et al. Toll-like receptor 2 regulates intestinal inflammation by controlling integrity of the enteric nervous system. Gastroenterology, 2013, 145(6):1323-1333.

Buffie C G, Bucci V, Stein R R, et al. Precision microbiome reconstitution restores bile acid mediated resistance to Clostridium difficile. Nature, 2015, 517(7533): 205-208.

Burrin D, Jiang Y, Fang Z, et al. Enteral obeticholic acid prevents hepatic cholestasis in total parenteral nutrition-fed neonatal pigs. Hepatology, 2015: a307.

Burrin D, Stoll B, Chang X, et al. Total parenteral nutrition does not compromise digestion or absorption of dietary protein in neonatal pigs. In: Faseb Journal, 1999: a1024.

Chang P V, Hao L, Offermanns S, et al. The microbial metabolite butyrate regulates intestinal macrophage function via histone deacetylase inhibition. Proc Natl Acad Sci U S A, 2014, 111(6): 2247-2252.

Chen P, Torralba M, Tan J, et al. Supplementation of saturated long-chain fatty acids maintains intestinal eubiosis and reduces ethanol-induced liver injury in mice. Gastroenterology, 2015, 148(1): 203-214, e216.

Chen R C, Xu L M, Du S J, et al. *Lactobacillus rhamnosus* GG supernatant promotes intestinal barrier function, balances Treg and TH17 cells and ameliorates hepatic injury in a mouse model of chronic-binge alcohol feeding. Toxicology Letters, 2016, 241: 103-110.

Chen Y M, Liu Y, Zhou R F, et al. Associations of gut-flora-dependent metabolite trimethylamine-N-oxide, betaine and choline with non-alcoholic fatty liver disease in adults. Scientific Reports, 2016, 6(1): 1-9.

Cheng S X, Okuda M, Hall A E, et al. Expression of calcium-sensing receptor in rat colonic epithelium: evidence for modulation of fluid secretion. American Journal of Physiology-Gastrointestinal and Liver Physiology, 2002, 283(1): G240-250.

Chiang J Y, Ferrell J M. Bile acids as metabolic regulators and nutrient sensors. Annual Review of Nutrition, 2019, 39: 175-200.

Choi S, Lee M, Shiu A L, et al. GPR93 activation by protein hydrolysate induces CCK transcription and secretion in STC-1 cells. American Journal of Physiology-Gastrointestinal and Liver Physiology, 2007, 292(5): G1366-1375.

Chu Z L, Carroll C, Alfonso J, et al. A role for intestinal endocrine cell-expressed g protein-coupled receptor 119 in glycemic control by enhancing glucagon-like Peptide-1 and glucose-dependent insulinotropic Peptide release. Endocrinology, 2008, 149(5): 2038-2047.

Clarke G, Grenham S, Scully P, et al. The microbiome-gut-brain axis during early life regulates the hippocampal serotonergic system in a sex-dependent manner. Molecular Psychiatry, 2013, 18(6): 666-673.

Collins S M, Kassam Z, Bercik P. The adoptive transfer of behavioral phenotype via the intestinal microbiota: experimental evidence and clinical implications. Current Opinion in Microbiology, 2013, 16(3): 240-245.

Conigrave A D, Brown E M. Taste receptors in the gastrointestinal tract II. l-Amino acid sensing by calcium-sensing receptors: implications for GI physiology. American Journal of Physiology-Gastrointestinal and Liver Physiology, 2006, 291(5): G753-761.

Copple B L, Li T. Pharmacology of bile acid receptors: evolution of bile acids from simple detergents to complex signaling molecules. Pharmacological Research, 2016, 104: 9-21.

Cowan C S, Callaghan B L, Richardson R. The effects of a probiotic formulation (*Lactobacillus rhamnosus* and *L. helveticus*) on developmental trajectories of emotional learning in stressed infant rats. Translational Psychiatry, 2016, 6(5): e823.

Cresci G A, Glueck B, McMullen M R, et al. Prophylactic tributyrin treatment mitigates chronic-binge ethanol-induced intestinal barrier and liver injury. Journal of Gastroenterology and Hepatology, 2017, 32(9):

1587-1597.

Cromwell G L.Antimicrobial and promicrobial agents.Swine Nutrition,2001:421.

Cryan J F,Dinan T G.Mind-altering microorganisms: the impact of the gut microbiota on brain and behaviour.Nature Reviews Neuroscience,2012,13(10):701-712.

Csak T,Ganz M,Pespisa J,et al.Fatty acid and endotoxin activate inflammasomes in mouse hepatocytes that release danger signals to stimulate immune cells.Hepatology,2011,54(1):133-144.

Daniel H,Zietek T.Taste and move: glucose and peptide transporters in the gastrointestinal tract.Experimental Physiology,2015,100(12):1441-1450.

David L A,Maurice C F,Carmody R N,et al.Diet rapidly and reproducibly alters the human gut microbiome.Nature,2014,505(7484):559-563.

De Fonseca F R, Navarro M, Gomez R, et al. An anorexic lipid mediator regulated by feeding. Nature, 2001,414(6860):209.

De Lartigue G,de La Serre C B,Raybould H E.Vagal afferent neurons in high fat diet-induced obesity; intestinal microflora,gut inflammation and cholecystokinin.Physiology & Behavior,2011,105(1):100-105.

Del Rio D,Zimetti F,Caffarra P,et al.The gut microbial metabolite trimethylamine-N-oxide is present in human cerebrospinal fluid.Nutrients,2017,9(10):1053.

Desai M S,Seekatz A M,Koropatkin N M,et al.A dietary fiber-deprived gut microbiota degrades the colonic mucus barrier and enhances pathogen susceptibility.Cell,2016,167(5):1339-1353,e1321.

Desbonnet L,Clarke G,Traplin A,et al.Gut microbiota depletion from early adolescence in mice: implications for brain and behaviour.Brain,Behavior,and Immunity,2015,48:165-173.

Desbonnet L,Garrett L,Clarke G,et al.Effects of the probiotic *Bifidobacterium infantis* in the maternal separation model of depression.Neuroscience,2010,170(4):1179-1188.

Donohoe D R,Garge N,Zhang X,et al.The microbiome and butyrate regulate energy metabolism and autophagy in the mammalian colon.Cell Metabolism,2011,13(5):517-526.

Dossa A Y,Escobar O,Golden J,et al.Bile acids regulate intestinal cell proliferation by modulating EGFR and FXR signaling. American Journal of Physiology-Gastrointestinal and Liver Physiology, 2016, 310(2): G81-92.

D'Mello C,Ronaghan N,Zaheer R,et al.Probiotics improve inflammation-associated sickness behavior by altering communication between the peripheral immune system and the brain.Journal of Neuroscience,2015,35(30):10821-10830.

Edfalk S,Steneberg P,Edlund H.Gpr40 is expressed in enteroendocrine cells and mediates free fatty acid stimulation of incretin secretion.Diabetes,2008,57(9):2280-2287.

Elamin E E,Masclee A A,Dekker J,et al.Ethanol metabolism and its effects on the intestinal epithelial barrier.Nutrition Reviews,2013,71(7):483-499.

Elango R,Pencharz P B,Ball R O.The branched-chain amino acid requirement of parenterally fed neonatal piglets is less than the enteral requirement.The Journal of Nutrition,2002,132(10):3123-3129.

Ellrichmann M,Kapelle M,Ritter P R,et al.Orlistat inhibition of intestinal lipase acutely increases appetite and attenuates postprandial glucagon-like peptide-1-(7-36)-amide-1,cholecystokinin,and peptide YY concentrations.The Journal of Clinical Endocrinology & Metabolism,2008,93(10):3995-3998.

Erny D,de Angelis A L H,Jaitin,et al.Host microbiota constantly control maturation and function of microglia in the CNS.Nature Neuroscience,2015,18(7):965.

Fang Z F, Huang F R, Jie L, et al. Effects of DL-2-hydroxy-4-methylthiobutyrate on the first-pass intestinal metabolism of dietary methionine and its extra-intestinal availability. British Journal of Nutrition, 2010b, 103 (5): 643-651.

Fang Z, Luo H, Wei H, et al. Methionine metabolism in piglets fed DL-methionine or its hydroxy analogue was affected by distribution of enzymes oxidizing these sources to keto-methionine. Journal of Agricultural and Food Chemistry, 2010, 58(3): 2008-2014.

Fang Z, Luo J, Qi Z, et al. Effects of 2-hydroxy-4-methylthiobutyrate on portal plasma flow and net portal appearance of amino acids in piglets. Amino Acids, 2009, 36(3): 501-509.

Ferreyra J A, Wu K J, Hryckowian A J, et al. Gut microbiota-produced succinate promotes *C. difficile* infection after antibiotic treatment or motility disturbance. Cell Host & Microbe, 2014, 16(6): 770-777.

Fiorucci S, Biagioli M, Zampella A, et al. Bile acids activated receptors regulate innate immunity. Frontiers in Immunology, 2018, 9: 1853.

Floc'h N l, Seve B. Protein and amino acid metabolism in the intestine of the pig: from digestion to appearance in the portal vein. Productions Animales, 2000, 13(5): 303-314.

Freeland K R, Wolever T M. Acute effects of intravenous and rectal acetate on glucagon-like peptide-1, peptide YY, ghrelin, adiponectin and tumour necrosis factor-α. British Journal of Nutrition, 2010, 103 (3): 460-466.

Furness J B, Rivera L R, Cho H J, et al. The gut as a sensory organ. Nature Reviews Gastroenterology & Hepatology, 2013, 10(12): 729.

Gadaleta R M, Van Erpecum K J, Oldenburg B, et al. Farnesoid X receptor activation inhibits inflammation and preserves the intestinal barrier in inflammatory bowel disease. Gut, 2011, 60(4): 463-472.

Garrett W S. Cancer and the microbiota. Science, 2015, 348(6230): 80-86.

Gershon M D, Tack J. The serotonin signaling system: from basic understanding to drug development for functional GI disorders. Gastroenterology, 2007, 132(1): 397-414.

Glatzle J r, Kalogeris T J, Zittel T T, et al. Chylomicron components mediate intestinal lipid-induced inhibition of gastric motor function. American Journal of Physiology-Gastrointestinal and Liver Physiology, 2002, 282 (1): G86-91.

Glendinning J I, Stano S, Holter M, et al. Sugar-induced cephalic-phase insulin release is mediated by a T1r2+T1r3-independent taste transduction pathway in mice. American Journal of Physiology-Regulatory, Integrative and Comparative Physiology, 2015, 309(5): R552-560.

Goehler L E, Gaykema R P, Opitz N, et al. Activation in vagal afferents and central autonomic pathways: early responses to intestinal infection with Campylobacter jejuni. Brain, Behavior, and Immunity, 2005, 19(4): 334-344.

Gogiashvili M, Edlund K, Gianmoena K, et al. Metabolic profiling of ob/ob mouse fatty liver using HR-MAS 1 H-NMR combined with gene expression analysis reveals alterations in betaine metabolism and the transsulfuration pathway. Analytical and Bioanalytical Chemistry, 2017, 409(6): 1591-1606.

Grander C, Adolph T E, Wieser V, et al. Recovery of ethanol-induced Akkermansia muciniphila depletion ameliorates alcoholic liver disease. Gut, 2018, 67(5): 891-901.

Grill M F, Maganti R K. Neurotoxic effects associated with antibiotic use: management considerations. British Journal of Clinical Pharmacology, 2011, 72(3): 381-393.

Guoyao W, Morris S M. Arginine metabolism: nitric oxide and beyond. Biochemical Journal, 1998, 336

(1):1-17.

Gäbele E, Mühlbauer M, Dorn C, et al. Role of TLR9 in hepatic stellate cells and experimental liver fibrosis.Biochemical and Biophysical Research Communications,2008,376(2):271-276.

Haghikia A,Jörg S,Duscha A,et al.Dietary fatty acids directly impact central nervous system autoimmunity via the small intestine.Immunity,2015,43(4):817-829.

Hansen H S, Rosenkilde M M, Holst J J, et al. GPR119 as a fat sensor. Trends in Pharmacological Sciences,2012,33(7):374-381.

Hartmann P, Haimerl M, Mazagova M, et al. Toll-Like receptor 2-mediated intestinal injury and enteric tumor necrosis factor receptor I contribute to liver fibrosis in mice. Gastroenterology, 2012, 143(5): 1330-1340,e1331.

Heijtz R D,Wang S,Anuar F,et al.Normal gut microbiota modulates brain development and behavior.Proceedings of the National Academy of Sciences,2011,108(7):3047-3052.

Hooper L V,Wong M H,Thelin A,et al.Molecular analysis of commensal host-microbial relationships in the intestine.Science,2001,291(5505):881-884.

Hsuchou H,Pan W,Kastin A J.Fibroblast growth factor 19 entry into brain.Fluids and Barriers of the CNS,2013,10(1):32.

Hua L,Zhuo Y,Jiang D,et al.Identification of hepatic fibroblast growth factor 21 as a mediator in 17β-estradiol-induced white adipose tissue browning.The FASEB Journal,2018,32(10):5602-5611.

Huang C,Wang J,Hu W,et al.Identification of functional farnesoid X receptors in brain neurons. FEBS Letters,2016,590(18):3233-3242.

Isayama F,Hines I N,Kremer M,et al.LPS signaling enhances hepatic fibrogenesis caused by experimental cholestasis in mice. American Journal of Physiology-Gastrointestinal and Liver Physiology, 2006, 290(6):G1318-1328.

Ivanov I I, Atarashi K, Manel N, et al. Induction of intestinal Th17 cells by segmented filamentous bacteria.Cell,2009,139(3):485-498.

Jain A K,Stoll B,Burrin D G,et al.Enteral bile acid treatment improves parenteral nutrition-related liver disease and intestinal mucosal atrophy in neonatal pigs. American Journal of Physiology-Gastrointestinal and Liver Physiology,2012,302(2):G218-224.

Janeway C A.Approaching the asymptote? Evolution and revolution in immunology.Cold Spring Harbor Symposia on Quantitative Biology,1989:1-13.

Jang H J, Kokrashvili Z, Theodorakis M J, et al. Gut-expressed gustducin and taste receptors regulate secretion of glucagon-like peptide-1. Proceedings of the National Academy of Sciences, 2007, 104(38): 15069-15074.

Jemal A,Bray F,Center M M,et al.Global cancer statistics.A Cancer Journal For Clinicians,2011,61(2):69-90.

Jiang C, Xie C, Li F, et al. Intestinal farnesoid X receptor signaling promotes nonalcoholic fatty liver disease.The Journal of Clinical Investigation,2015,125(1):386-402.

Jin J,Hong I H,Lewis K,et al.Cooperation of C/EBP family proteins and chromatin remodeling proteins is essential for termination of liver regeneration.Hepatology,2015,61(1):315-325.

Johansson M E, Larsson J M H, Hansson G C. The two mucus layers of colon are organized by the MUC2 mucin,whereas the outer layer is a legislator of host-microbial interactions.Proceedings of the National

Academy of Sciences,2011,108(1):4659-4665.

Jørgensen B P, Hansen J T, Krych L, et al. A possible link between food and mood: dietary impact on gut microbiota and behavior in BALB/c mice.PLoS One,2014,9(8).

Kandil H M, Argenzio R A, Chen W, et al. L3glutamine and L-asparagine stimulate ODC activity and proliferation in a porcine jejunal enterocyte line. American Journal of Physiology-Gastrointestinal and Liver Physiology,1995,269(4):G591-599.

Kantak P A, Bobrow D N, Nyby J G. Obsessive-compulsive-like behaviors in house mice are attenuated by a probiotic(*Lactobacillus rhamnosus* GG). Behavioural Pharmacology,2014,25(1):71-79.

Keita å v, Söderholm J D. The intestinal barrier and its regulation by neuroimmune factors. Neurogastroenterology & Motility,2010,22(7):718-733.

Keitel V, Görg B, Bidmon H J, et al. The bile acid receptor TGR5(Gpbar-1)acts as a neurosteroid receptor in brain. Glia,2010,58(15):1794-1805.

Kelly J R, Kennedy P J, Cryan J F, et al. Breaking down the barriers: the gut microbiome, intestinal permeability and stress-related psychiatric disorders. Frontiers in Cellular Neuroscience,2015,9:392.

Kim D H, Jeong D, Kang I B, et al. Dual function of *Lactobacillus kefiri* DH5 in preventing high-fat-diet-induced obesity: direct reduction of cholesterol and upregulation of PPAR-α in adipose tissue. Molecular Nutrition & Food Research,2017,61(11):1700252.

Kim D Y, Camilleri M. Serotonin: a mediator of the brain-gut connection. The American Journal of Gastroenterology,2000,95(10):2698.

Kimura I, Inoue D, Maeda T, et al. Short-chain fatty acids and ketones directly regulate sympathetic nervous system via G protein-coupled receptor 41 (GPR41). Proceedings of the National Academy of Sciences,2011,108(19):8030-8035.

Koppel N, Rekdal V M, Balskus E P. Chemical transformation of xenobiotics by the human gut microbiota. Science,2017,356(6344):2770.

Kucharzik T, Lügering N, Rautenberg K, et al. Role of M cells in intestinal barrier function. Annals of the New York Academy of Sciences,2000,915(1):171-183.

Kushkevych I, Dordević D, Kollar P, et al. Hydrogen sulfide as a toxic product in the small-large intestine axis and its role in IBD development. Journal of Clinical Medicine,2019,8(7):1054.

Lal S, Kirkup A J, Brunsden A M, et al. Vagal afferent responses to fatty acids of different chain length in the rat. American Journal of Physiology-Gastrointestinal and Liver Physiology,2001,281(4):G907-915.

Lampropoulou V, Sergushichev A, Bambouskova M, et al. Itaconate links inhibition of succinate dehydrogenase with macrophage metabolic remodeling and regulation of inflammation. Cell Metabolism, 2016, 24(1):158-166.

Larraufie P, Doré J, Lapaque N, et al. TLR ligands and butyrate increase Pyy expression through two distinct but inter-regulated pathways. Cellular Microbiology,2017,19(2):e12648.

Lebeaupin C, Proics E, De Bieville C, et al. ER stress induces NLRP3 inflammasome activation and hepatocyte death. Cell Death & Disease,2015,6(9):e1879.

Lei W, Ren W, Ohmoto M, et al. Activation of intestinal tuft cell-expressed Sucnr1 triggers type 2 immunity in the mouse small intestine. Proceedings of the National Academy of Sciences, 2018, 115(21): 5552-5557.

Li H, Wan H, Mercier Y, et al. Changes in plasma amino acid profiles, growth performance and intestinal antioxidant capacity of piglets following increased consumption of methionine as its hydroxy analogue. British Journal of Nutrition, 2014, 112(6): 855-867.

Li T J, Dai Q Z, Yin Y L, et al. Dietary starch sources affect net portal appearance of amino acids and glucose in growing pigs. Animal, 2008, 2(5): 723-729.

Li X, Staszewski L, Xu H, et al. Human receptors for sweet and umami taste. Proceedings of the National Academy of Sciences, 2002, 99(7): 4692-4696.

Lin S, Stoll B, Robinson J, et al. Differential action of TGR5 agonists on GLP-2 secretion and promotion of intestinal adaptation in a piglet short bowel model. American Journal of Physiology-Gastrointestinal and Liver Physiology, 2019a, 316(5): G641-652.

Lin S, Yang X, Long Y, et al. Dietary supplementation with *Lactobacillus plantarum* modified gut microbiota, bile acid profile and glucose homeostasis in weaning piglets. British Journal of Nutrition, 2020, 124(8): 797-808.

Lin S, Yang X, Yuan P, et al. Undernutrition shapes the gut microbiota and bile acid profile in association with altered gut-liver FXR signaling in weaning pigs. Journal of Agricultural and Food Chemistry, 2019b, 67(13): 3691-3701.

Liou A P, Sei Y, Zhao X, et al. The extracellular calcium-sensing receptor is required for cholecystokinin secretion in response to L-phenylalanine in acutely isolated intestinal I cells. American Journal of Physiology-Gastrointestinal and Liver Physiology, 2011, 300(4): G538-546.

Liu D, Archer N, Duesing K, et al. Mechanism of fat taste perception: Association with diet and obesity. Progress in Lipid Research, 2016, 63: 41-49.

Liu D, Costanzo A, Evans M D, et al. Expression of the candidate fat taste receptors in human fungiform papillae and the association with fat taste function. British Journal of Nutrition, 2018, 120(1): 64-73.

Lobos O, Barrera A, Padilla C. Microorganisms of the intestinal microbiota of *Oncorhynchus mykiss* produce antagonistic substances against bacteria contaminating food and causing disease in humans. Italian Journal of Food Safety, 2017, 6(2): 6240.

Lux G, Marton L J, Baylin S B. Ornithine decarboxylase is important in intestinal mucosal maturation and recovery from injury in rats. Science, 1980, 210(4466): 195-198.

Mace O J, Affleck J, Patel N, et al. Sweet taste receptors in rat small intestine stimulate glucose absorption through apical GLUT2. The Journal of Physiology, 2007, 582(1): 379-392.

Mace O J, Lister N, Morgan E, et al. An energy supply network of nutrient absorption coordinated by calcium and T1R taste receptors in rat small intestine. The Journal of Physiology, 2009, 587(1): 195-210.

Macfarlane S, Dillon J. Microbial biofilms in the human gastrointestinal tract. Journal of Applied Microbiology, 2007, 102(5): 1187-1196.

Madara J L. Functional morphology of epithelium of the small intestine. Comprehensive Physiology, 2010: 83-120.

Mantis N J, Rol N, Corthésy B. Secretory IgA's complex roles in immunity and mucosal homeostasis in the gut. Mucosal Immunology, 2011, 4(6): 603-611.

Mao Y K, Kasper D L, Wang B, et al. Bacteroides fragilis polysaccharide A is necessary and sufficient for acute activation of intestinal sensory neurons. Nature Communications, 2013, 4: 1465.

Marcelin G, Jo Y H, Li X, et al. Central action of FGF19 reduces hypothal-amic AGRP/NPY neuron activity and improves glucose metabolism. Molecular Metabolism, 2014, 3(1): 19-28.

Margolskee R F, Dyer J, Kokrashvili Z, et al. T1R3 and gustducin in gut sense sugars to regulate expression of Na^+-glucose cotransporter 1. Proceedings of the National Academy of Sciences, 2007, 104 (38): 15075-15080.

Margolskee R F. Molecular mechanisms of bitter and sweet taste transduction. Journal of Biological Chemistry, 2002, 277(1): 1-4.

Marin I A, Goertz J E, Ren T, et al. Microbiota alteration is associated with the development of stress-induced despair behavior. Scientific Reports, 2017, 7: 43859.

Martin C R, Osadchiy V, Kalani A, et al. The brain-gut-microbiome axis. Cellular and Molecular Gastroenterology and Hepatology, 2018, 6(2): 133-148.

Martin C, Chevrot M, Poirier H, et al. CD36 as a lipid sensor. Physiology & Behavior, 2011, 105(1): 36-42.

Maruyama T, Miyamoto Y, Nakamura T, et al. Identification of membrane-type receptor for bile acids (M-BAR). Biochemical and Biophysical Research Communications, 2002, 298(5): 714-719.

Mattes R D. Accumulating evidence supports a taste component for free fatty acids in humans. Physiology & Bchavior, 2011, 104(4): 624 631.

Mayer E A. Gut feelings: the emerging biology of gut-brain communication. Nature Reviews Neuroscience, 2011, 12(8): 453-466.

Mcintyre N, Holdsworth C, Turner D. New interpretation of oral glucose tolerance. The Lancet, 1964, 284 (7349): 20-21.

McLaughlin J, Lomax R, Hall L, et al. Fatty acids stimulate cholecystokinin secretion via an acyl chain length-specific, Ca^{2+}-dependent mechanism in the enteroendocrine cell line STC-1. The Journal of Physiology, 1998, 513(1): 11-18.

McNurlan M, Garlick P. Contribution of rat liver and gastrointestinal tract to whole-body protein synthesis in the rat. Biochemical Journal, 1980, 186(1): 381-383.

Michel L, Prat A. One more role for the gut: microbiota and blood brain barrier. Annals of Translational Medicine, 2016, 4(1): 15.

Miele L, Valenza V, La Torre G, et al. Increased intestinal permeability and tight junction alterations in nonalcoholic fatty liver disease. Hepatology, 2009, 49(6): 1877-1887.

Mills E L, Kelly B, Logan A, et al. Succinate dehydrogenase supports metabolic repurposing of mitochondria to drive inflammatory macrophages. Cell, 2016, 167(2): 457-470, e413.

Modvig I M, Kuhre R E, Holst J J. Peptone-mediated glucagon-like peptide-1 secretion depends on intestinal absorption and activation of basolaterally located calcium-sensing receptors. Physiological Reports, 2019, 7 (8): e14056.

Moran A W, Al-Rammahi M A, Arora D K, et al. Expression of Na^+/glucose co-transporter 1 (SGLT1) in the intestine of piglets weaned to different concentrations of dietary carbohydrate. British Journal of Nutrition, 2010b, 104(5): 647-655.

Moran A W, Al-Rammahi M A, Arora D K, et al. Expression of Na^+/glucose co-transporter 1 (SGLT1) is enhanced by supplementation of the diet of weaning piglets with artificial sweeteners. British Journal of Nutrition, 2010a, 104(5): 637-646.

Morley J E, Flood J F. Evidence that nitric oxide modulates food intake in mice. Life Sciences, 1991, 49 (10): 707-711.

Morton G J, Kaiyala K J, Foster-Schubert K E, et al. Carbohydrate feeding dissociates the postprandial

FGF19 response from circulating bile acid levels in humans.The Journal of Clinical Endocrinology & Metabolism,2014,99(2):e241-245.

Moss C E,Glass L L,Diakogiannaki E,et al.Lipid derivatives activate GPR119 and trigger GLP-1 secretion in primary murine L-cells.Peptides,2016,77:16-20.

Möhle L, Mattei D, Heimesaat M M, et al. Ly6Chi monocytes provide a link between antibiotic-induced changes in gut microbiota and adult hippocampal neurogenesis.Cell Reports,2016,15(9):1945-1956.

Nelson G,Chandrashekar J,Hoon M A,et al.An amino-acid taste receptor.Nature,2002,416(6877):199.

Neufeld K,Kang N,Bienenstock J,et al.Reduced anxiety-like behavior and central neurochemical change in germ-free mice.Neurogastroenterology & Motility,2011,23(3):255,e119.

Nilsson N E,Kotarsky K,Owman C,et al.Identification of a free fatty acid receptor,FFA2R,expressed on leukocytes and activated by short-chain fatty acids. Biochemical and Biophysical Research Communications, 2003,303(4):1047-1052.

Nøhr M K,Egerod K L,Christiansen S H,et al.Expression of the short chain fatty acid receptor GPR41/FFAR3 in autonomic and somatic sensory ganglia.Neuroscience,2015,290:126-137.

Nøhr M K,Pedersen M H,Gille A,et al.GPR41/FFAR3 and GPR43/FFAR2 as cosensors for short-chain fatty acids in enteroendocrine cells vs FFAR3 in enteric neurons and FFAR2 in enteric leukocytes. Endocrinology,2013,154(10):3552-3564.

Némoz-Gaillard E,Bernard C,Abello J,et al.Regulation of cholecystokinin secretion by peptones and peptidomimetic antibiotics in STC-1 cells.Endocrinology,1998,139(3):932-938.

Odenwald M A,Turner J R.The intestinal epithelial barrier:a therapeutic target? Nature Reviews Gastroenterology & Hepatology,2017,14(1):9.

Overton H A,Babbs A J,Doel S M,et al.Deorphanization of a G protein-coupled receptor for oleoylethanolamide and its use in the discovery of small-molecule hypophagic agents.Cell Metabolism,2006,3(3):167-175.

Park A,Collins J,Blennerhassett P,et al.Altered colonic function and microbiota profile in a mouse model of chronic depression.Neurogastroenterology & Motility,2013,25(9):733,e575.

Parker H,Habib A,Rogers G,et al.Nutrient-dependent secretion of glucose-dependent insulinotropic polypeptide from primary murine K cells.Diabetologia,2009,52(2):289.

Parséus A, Sommer N, Sommer F, et al. Microbiota-induced obesity requires farnesoid X receptor. Gut, 2017,66(3):429-437.

Perino A, Schoonjans K. TGR5 and immunometabolism: insights from physiology and pharmacology. Trends in Pharmacological Sciences,2015,36(12):847-857.

Perry R J,Lee S,Ma L,et al.FGF1 and FGF19 reverse diabetes by suppression of the hypothalamic-pituitary-adrenal axis.Nature Communications,2015,6(1):1-10.

Philips C A,Pande A,Shasthry S M,et al.Healthy donor fecal microbiota transplantation in steroid-ineligible severe alcoholic hepatitis: a pilot study.Clinical Gastroenterology and Hepatology,2017,15(4):600-602.

Pols T W,Noriega L G,Nomura M,et al.The bile acid membrane receptor TGR5 as an emerging target in metabolism and inflammation.Journal of Hepatology,2011,54(6):1263-1272.

Prasad P,Ogawa S,Parhar I S.Role of serotonin in fish reproduction. Frontiers in Neuroscience, 2015, 9:195.

Qi X,Yun C,Sun L,et al.Gut microbiota-bile acid-interleukin-22 axis orchestrates polycystic ovary syndrome.Nature Medicine,2019,25(8):1225-1233.

Raka F, Farr S, Kelly J, et al. Metabolic control via nutrient-sensing mechanisms: role of taste receptors and the gut-brain neuroendocrine axis. American Journal of Physiology-Endocrinology and Metabolism, 2019, 317(4): 559-572.

Rakoff-Nahoum S, Paglino J, Eslami-Varzaneh F, et al. Recognition of commensal microflora by toll-like receptors is required for intestinal homeostasis. Cell, 2004, 118(2): 229-241.

Reeds P J, Burrin D G, Jahoor F, et al. Enteral glutamate is almost completely metabolized in first pass by the gastrointestinal tract of infant pigs. American Journal of Physiology-Endocrinology and Metabolism, 1996, 270(3): 413-418.

Reeds P J, Burrin D G, Stoll B, et al. Enteral glutamate is the preferential source for mucosal glutathione synthesis in fed piglets. American Journal of Physiology-Endocrinology and Metabolism, 1997, 273(2): e408-415.

Reeds P, Burrin D, Davis T, et al. Postnatal growth of gut and muscle: competitors or collaborators. Proceedings of the Nutrition Society, 1993, 52(1): 57-67.

Rey O, Young S H, Jacamo R, et al. Extracellular calcium sensing receptor stimulation in human colonic epithelial cells induces intracellular calcium oscillations and proliferation inhibition. Journal of Cellular Physiology, 2010, 225(1): 73-83.

Rhee S H, Pothoulakis C, Mayer E A. Principles and clinical implications of the brain-gut-enteric microbiota axis. Nature Reviews Gastroenterology & Hepatology, 2009, 6(5): 306.

Ridlon J M, Kang D J, Hylemon P B, et al. Bile acids and the gut microbiome. Current Opinion in Gastroenterology, 2014, 30(3): 332.

Ridlon J M, Kang D J, Hylemon P B. Bile salt biotransformations by human intestinal bacteria. Journal of Lipid Research, 2006, 47(2): 241-259.

Roager H M, Licht T R. Microbial tryptophan catabolites in health and disease. Nature Communications, 2018, 9(1): 1-10.

Rombeau J L, Kripke S. Metabolic and intestinal effects of short-chain fatty acids. Jpen, 1990, 14(5): 181-185.

Rooks M G, Garrett W S. Gut microbiota, metabolites and host immunity. Nature Reviews Immunology, 2016, 16(6): 341-352.

Round J L, Lee S M, Li J, et al. The Toll-like receptor 2 pathway establishes colonization by a commensal of the human microbiota. Science, 2011, 332(6032): 974-977.

Roura E, Depoortere I, Navarro M. Chemosensing of nutrients and non-nutrients in the human and porcine gastrointestinal tract. Animal, 2019, 13(11): 2714-2726.

Ruddick J P, Evans A K, Nutt D J, et al. Tryptophan metabolism in the central nervous system: medical implications. Expert Reviews in Molecular Medicine, 2006, 8(20): 1-27.

Russell W R, Gratz S W, Duncan S H, et al. High-protein, reduced-carbohydrate weight-loss diets promote metabolite profiles likely to be detrimental to colonic health. The American Journal of Clinical Nutrition, 2011, 93(5): 1062-1072.

Sampson T R, Debelius J W, Thron T, et al. Gut microbiota regulate motor deficits and neuroinflammation in a model of Parkinson's disease. Cell, 2016, 167(6): 1469-1480, e1412.

Schnabl B, Brenner D A. Interactions between the intestinal microbiome and liver diseases. Gastroenterology, 2014, 146(6): 1513-1524. DOI: 10.1053/j.gastro.2014.01.020

Schneider C,O'Leary C E,Von Moltke J,et al.A metabolite-triggered tuft cell-ILC2 circuit drives small intestinal remodeling.Cell,2018,174(2):271-284,e214.

Schwartz G J,Fu J,Astarita G,et al.The lipid messenger OEA links dietary fat intake to satiety.Cell Metabolism,2008,8(4):281-288.

Sclafani A,Ackroff K,Abumrad N A.CD36 gene deletion reduces fat preference and intake but not post-oral fat conditioning in mice. American Journal of Physiology-Regulatory, Integrative and Comparative Physiology,2007,293(5):R1823-1832.

Seki E,De Minicis S,Österreicher C H,et al.TLR4 enhances TGF-β signaling and hepatic fibrosis.Nature Medicine,2007,13(11):1324-1332.

Seki E,Schnabl B.Role of innate immunity and the microbiota in liver fibro-sis:crosstalk between the liver and gut.The Journal of Physiology,2012,590(3):447-458.

Shi X, Wei X, Yin X, et al. Hepatic and fecal metabolomic analysis of the effects of Lactobacillus rhamnosus GG on alcoholic fatty liver disease in mice.Journal of Proteome Research,2015,14(2):1174-1182.

Shishov V,Kirovskaya T,Kudrin V,et al.Amine neuromediators,their precursors,and oxidation products in the culture of *Escherichia coli* K-12.Applied Biochemistry and Microbiology,2009,45(5):494-497.

Shoveller A,Ball R,Pencharz P.The methionine requirement is 35% lower during parenteral versus oral feeding in neonatal piglets.Faseb Journal,2000,a558.

Silva S D,Robbe-Masselot C,Ait-Belgnaoui A,et al.Stress disrupts intestinal mucus barrier in rats via mucin O-glycosylation shift: prevention by a probiotic treatment.American Journal of Physiology-Gastrointestinal and Liver Physiology,2014,307(4):G420-429.

Simons P J, Boon L. Lingual CD36 and obesity: a matter of fat taste? Acta Histochemica, 2011, 7 (113):765-767.

Singh V, Roth S, Llovera G, et al. Microbiota dysbiosis controls the neuroinflammatory response after stroke.Journal of Neuroscience,2016,36(28):7428-7440.

Smith G D,Watson R.Gastrointestinal nursing.Wiley Online Library,2005.

Spiga L,Winter M G,Furtado de Carvalho T,et al.An oxidative central metabolism enables salmonella to utilize microbiota-derived succinate. Cell Host Microbe, 2017, 22(3): 291-301, e296. DOI: 10. 1016/j. chom. 2017.07.018

Steensels S,Depoortere I.Chemoreceptors in the gut.Annual Review of Physiology,2018,80:117-141.

Stieger B,Fattinger K,Madon J,et al.Drug-and estrogen-induced cholestasis through inhibition of the hepatocellular bile salt export pump(Bsep)of rat liver.Gastroenterology,2000,118(2):422-430.

Stoll B,Burrin D G,Henry J,et al.Phenylalanine utilization by the gut and liver measured with intravenous and intragastric tracers in pigs. American Journal of Physiology-Gastrointestinal and Liver Physiology, 1997,273(6):G1208-1217.

Stoll B,Henry J,Reeds P J,et al.Catabolism dominates the first-pass intestinal metabolism of dietary essential amino acids in milk protein-fed piglets.The Journal of Nutrition,1998,128(3):606-614.

Stärkel P, Schnabl B. Bidirectional communication between liver and gut during alcoholic liver disease. Seminars in Liver Disease,2016:331-339.

Sudo N,Chida Y,Aiba Y,et al.Postnatal microbial colonization programs the hypothalamic-pituitary-adrenal system for stress response in mice.The Journal of physio-logy,2004,558(1):263-275.

Sukumaran S K, Yee K K, Iwata S, et al. Taste cell-expressed α-glucosidase enzymes contribute to gustatory responses to disaccharides. Proceedings of the National Academy of Sciences, 2016, 113 (21): 6035-6040.

Sun M, Wu W, Liu Z, et al. Microbiota metabolite short chain fatty acids, GPCR, and inflammatory bowel diseases. Journal of Gastroenterology, 2017, 52(1): 1-8.

Tannahill G, Curtis A, Adamik J, et al. Succinate is an inflammatory signal that induces IL-1β through HIF-1α. Nature, 2013, 496(7444): 238-242.

Tazoe H, Otomo Y, Karaki S, et al. Expression of short-chain fatty acid receptor GPR41 in the human colon. Biomedical Research, 2009, 30(3): 149-156.

Thomas C, Gioiello A, Noriega L, et al. TGR5-mediated bile acid sensing controls glucose homeostasis. Cell Metabolism, 2009, 10(3): 167-177.

Tolhurst G, Heffron H, Lam Y S, et al. Short-chain fatty acids stimulate glucagon-like peptide-1 secretion via the G-protein-coupled receptor FFAR2. Diabetes, 2012a, 61(2): 364-371.

Tolhurst G, Reimann F, Gribble F M. Intestinal sensing of nutrients. H-G Joost. Appetite Control. Springer Berlin Heidelberg, Berlin, Heidelberg, 2012b: 309-335.

Tomlinson E, Fu L, John L, et al. Transgenic mice expressing human fibroblast growth factor-19 display increased metabolic rate and decreased adiposity. Endocrinology, 2002, 143(5): 1741-1747.

Topping D L, Clifton P M. Short-chain fatty acids and human colonic function: roles of resistant starch and nonstarch polysaccharides. Physiological Reviews, 2001, 81(3): 1031-1064.

Trabelsi M S, Daoudi M, Prawitt J, et al. Farnesoid X receptor inhibits glucagon-like peptide-1 production by enteroendocrine L cells. Nature Communications, 2015, 6: 7629.

Tripathi A, Debelius J, Brenner D A, et al. The gut-liver axis and the intersection with the microbiome. Nature Reviews Gastroenterology & Hepatology, 2018, 15(7): 397-411.

Turner J R. Intestinal mucosal barrier function in health and disease. Nature Reviews Immunology, 2009, 9 (11): 799-809.

Vaishnava S, Behrendt C L, Ismail A S, et al. Paneth cells directly sense gut commensals and maintain homeostasis at the intestinal host-microbial interface. Proceedings of the National Academy of Sciences, 2008, 105 (52): 20858-20863.

Vallejo M, Briz O, Serrano M A, et al. Potential role of trans-inhibition of the bile salt export pump by progesterone metabolites in the etiopathogenesis of intrahepatic cholestasis of pregnancy. Journal of Hepatology, 2006, 44(6): 1150-1157.

Van Goudoever J, Stoll B, Henry J, et al. Adaptive regulation of intestinal lysine metabolism. Proceedings of the National Academy of Sciences, 2000, 97(21): 11620-11625.

Varatharaj A, Galea I. The blood-brain barrier in systemic inflammation. Brain, Behavior, and Immunity, 2017, 60: 1-12.

Velasquez M T, Ramezani A, Manal A, et al. Trimethylamine N-oxide: the good, the bad and the unknown. Toxins, 2016, 8(11): 326.

Venkatesh M, Mukherjee S, Wang H, et al. Symbiotic bacterial metabolites regulate gastrointestinal barrier function via the xenobiotic sensor PXR and toll-like receptor 4. Immunity, 2014, 41(2): 296-310. DOI: 10.1016/j.immuni.2014.06.014

Verma M S, Fink M J, Salmon G L, et al. A common mechanism links activities of butyrate in the colon. ACS Chemical Biology, 2018, 13(5): 1291-1298.

Vuong H E, Hsiao E Y. Emerging roles for the gut microbiome in autism spectrum disorder. Biological Ppsychiatry, 2017, 81(5): 411-423.

Wahlström A, Sayin S I, Marschall H U, et al. Intestinal crosstalk between bile acids and microbiota and its impact on host metabolism. Cell Metabolism, 2016, 24(1): 41-50.

Wang H, Latorre J D, Bansal M, et al. Microbial metabolite deoxycholic acid controls *Clostridium* perfringens-induced chicken necrotic enteritis through attenuating inflammatory cyclooxygenase signaling. Scientific Reports, 2019a, 9(1): 1-12.

Wang J, Wu X, Simonavicius N, et al. Medium-chain fatty acids as ligands for orphan G protein-coupled receptor GPR84. Journal of Biological Chemistry, 2006, 281(45): 34457-34464.

Wang P, Song Y, Zhong H, et al. Transcriptome profiling of placenta through pregnancy reveals dysregulation of bile acids transport and detoxification function. International Journal of Molecular Sciences, 2019b, 20 (17) DOI: 10.3390/ijms20174099

Wang P, Zhong H, Song Y, et al. Targeted metabolomics analysis of maternal-placental-fetal metabolism in pregnant swine reveals links in fetal bile acid homeostasis and sulfation capacity. American Journal of Physiology-Gastrointestinal and Liver Physiology, 2019c, 317(1): G8-16. DOI: 10.1152/ajpgi.00056.2019

Wang Q, Liszt K I, Deloose E, et al. Obesity alters adrenergic and chemosensory signaling pathways that regulate ghrelin secretion in the human gut. The FASEB Journal, 2019d, 33(4): 4907-4920.

Wellendorph P, Johansen L D, Bräuner-Osborne H. The emerging role of promiscuous 7TM receptors as chemosensors for food intake, Vitamins & Hormones No.84. Elsevier, 2010: 151-184.

Wikoff W R, Anfora A T, Liu J, et al. Metabolomics analysis reveals large effects of gut microflora on mammalian blood metabolites. Proceedings of the National Academy of Sciences, 2009, 106(10): 3698-3703.

Windmueller H G, Spaeth A E. Intestinal metabolism of glutamine and glutamate from the lumen as compared to glutamine from blood. Archives of Biochemistry and Biophysics, 1975, 171(2): 662-672.

Windmueller H G, Spaeth A E. Metabolism of absorbed aspartate, asparagine, and arginine by rat small intestine in vivo. Archives of Biochemistry and Biophysics, 1976, 175(2): 670-676.

Windmueller H G. Glutamine utilization by the small intestine. Adv Enzymol Relat Areas Mol Biol, 1982, 53(201): 1982-1237.

Winek K, Engel O, Koduah P, et al. Depletion of cultivatable gut microbiota by broad-spectrum antibiotic pretreatment worsens outcome after murine stroke. Stroke, 2016, 47(5): 1354-1363.

Wlodarska M, Luo C, Kolde R, et al. Indoleacrylic acid produced by commensal peptostreptococcus species suppresses inflammation. Cell Host & Microbe, 2017, 22(1): 25-37, e26.

Won Y J, Lu V B, Puhl H L, et al. β-Hydroxybutyrate modulates N-type calcium channels in rat sympathetic neurons by acting as an agonist for the G-protein-coupled receptor FFA3. Journal of Neuroscience, 2013, 33(49): 19314-19325.

Wu G, Borbolla A G, Knabe D A. The uptake of glutamine and release of arginine, citruline and proline by the small intestine of developing pigs. The Journal of Nutrition, 1994, 124(12): 2437-2444.

Wu G, Flynn N E, Knabe D A, et al. A cortisol surge mediates the enhanced polyamine synthesis in porcine enterocytes during weaning. American Journal of Physiology-Regulatory, Integrative and Comparative Physiology, 2000b, 279(2): R554-559.

Wu G, Flynn N E, Knabe D A. Enhanced intestinal synthesis of polyamines from proline in cortisol-treated piglets. American Journal of Physiology-Endocrinology and Metabolism, 2000a, 279(2): e395-402.

Wu G, Knabe D, Flynn N. Amino acid metabolism in the small intestine: biochemical bases and nutritional significance, Biology of Growing Animals No.3. Elsevier, 2005: 107-126.

Wu G, Meier S A, Knabe D A. Dietary glutamine supplementation prevents jejunal atrophy in weaned pigs. The Journal of Nutrition, 1996, 126(10): 2578-2584.

Wu G. Intestinal mucosal amino acid catabolism. The Journal of Nutrition, 1998, 128(8): 1249-1252.

Wu G. Synthesis of citrulline and arginine from proline in enterocytes of postnatal pigs. American Journal of Physiology-Gastrointestinal and Liver Physiology, 1997, 272(6): G1382-1390.

Yaku K, Enami Y, Kurajyo C, et al. The enhancement of phase 2 enzyme activities by sodium butyrate in normal intestinal epithelial cells is associated with Nrf2 and p53. Molecular and Cellular Biochemistry, 2012, 370 (1-2): 7-14.

Yano J M, Yu K, Donaldson G P, et al. Indigenous bacteria from the gut microbiota regulate host serotonin biosynthesis. Cell, 2015, 161(2): 264-276.

Yen J, Nienaber J, Hill D, et al. Potential contribution of absorbed volatile fatty acids to whole-animal energy requirement in conscious swine. Journal of Animal Science, 1991, 69(5): 2001-2012.

Yen J, Nienaber J, Pond W, et al. Effect of carbadox on growth, fasting metabolism, thyroid function and gastrointestinal tract in young pigs. The Journal of Nutrition, 1985, 115(8): 970-979.

Yissachar N, Zhou Y, Ung L, et al. An intestinal organ culture system uncovers a role for the nervous system in microbe-immune crosstalk. Cell, 2017, 168(6): 1135-1148, e1112.

Yoshikawa T, Inoue R, Matsumoto M, et al. Comparative expression of hexose transporters (SGLT1, GLUT1, GLUT2 and GLUT5) throughout the mouse gastrointestinal tract. Histochemistry and Cell Biology, 2011, 135(2): 183-194.

Zarrinpar A, Loomba R. The emerging interplay among the gastrointestinal tract, bile acids and incretins in the pathogenesis of diabetes and non-alcoholic fatty liver disease. Alimentary Pharmacology & Therapeutics, 2012, 36(10): 909-921.

Zelante T, Iannitti R G, Cunha C, et al. Tryptophan catabolites from microbiota engage aryl hydrocarbon receptor and balance mucosal reactivity via interleukin-22. Immunity, 2013, 39(2): 372-385.

Zhang C, Huang Y, Jiang Y, et al. Identification of an L-phenylalanine binding site enhancing the cooperative responses of the calcium-sensing receptor to calcium. Journal of Biological Chemistry, 2014, 289 (8): 5296-5309.

Zhang X, Li H, Liu G, et al. Differences in plasma metabolomics between sows fed dl-methionine and its hydroxy analogue reveal a strong association of milk composition and neonatal growth with maternal methionine nutrition. British Journal of Nutrition, 2015, 113(4): 585-595.

Zhang Y, Wang P, Lin S, et al. mTORC1 signaling-associated protein synthe-sis in porcine mammary glands was regulated by the local available methionine depending on methionine sources. Amino acids, 2018, 50 (1): 105-115.

Zhao Y, Chen F, Wu W, et al. GPR43 mediates microbiota metabolite SCFA regulation of antimicrobial peptide expression in intestinal epithelial cells via activation of mTOR and STAT3. Mucosal Immunology, 2018, 11(3): 752-762.

Zhong H, Li H, Liu G, et al. Increased maternal consumption of methionine as its hydroxyl analog promoted neonatal intestinal growth without compromising maternal energy homeostasis. Journal of Animal Science and Biotechnology, 2016, 7(1): 46.

Zhong H, Wang P, Song Y, et al. Mammary cell proliferation and catabol-ism of adipose tissues in nutrition-restricted lactating sows were associated with extracellular high glutamate levels. Journal of Animal Science and Biotechnology, 2018, 9(1): 78.

Zhuo Y, Hua L, Feng B, et al. Fibroblast growth factor 21 coordinates adiponectin to mediate the beneficial effects of low-protein diet on primordial follicle reserve. EBioMedicine, 2019, 41: 623-635.

Özogul F. Effects of specific lactic acid bacteria species on biogenic amine production by foodborne pathogen. International Journal of Food Science & Technology, 2011, 46(3): 478-484.

第 5 章　应激与猪的肠道损伤

本章提要

目前猪规模化饲养呈扩大趋势，现代化饲养技术水平也在不断提高，但应激因素对猪只所产生的影响也越来越突出。在养猪生产中存在断奶应激、运输应激、代谢应激、环境应激等，这些应激严重影响了猪只的生长性能及养猪业的生产成绩。猪的肠道不仅作为机体营养物质消化吸收的主要位点及免疫防御的第一道屏障，而且还是机体响应应激时的中心器官，是多脏器功能障碍的始动器官。各类应激严重破坏猪只的肠道形态结构及其屏障功能，影响猪只的健康。近年来肠道成为国内外应激的研究热点，其中的氧化还原、炎症、菌群获得了极大的关注。本章首先概述在养猪生产中的各类应激的危害、来源，以及应激导致肠道损伤的表现；然后详细阐述应激导致肠道损伤的机制，其中包括氧化还原状态失衡、炎性反应、菌群参与的应激响应。

5.1　养猪生产中应激的来源

5.1.1　断奶应激

在现代养猪生产中，大多数猪场为了提高母猪繁殖效率、减少饲养成本、减少疾病的垂直传播，实施早期（21 d 或更早）断奶程序（piglets early-weaning，PEW）。仔猪在断奶早期，会出现采食量降低、生长迟缓并普遍腹泻等现象，这被称为“早期断奶综合征”（piglets early-weaning syndrome，PEWS）。

1.断奶应激的危害

（1）采食量下降　哺乳动物的消化系统具有多种功能，如营养物质和电解质的消化与吸收，维持体液平衡，分泌消化酶、黏蛋白、免疫球蛋白等多种成分，并作为宿主抵抗有害病原体和抗原的屏障。从易消化的液态奶到不易消化的、更复杂的固体饲料的转变，也对仔猪生理机能尚未成熟的消化道产生了不利影响。因此，在断奶早期，仔猪的采食量通常会减少，且会出现营养不良，从而导致生长速度降低。在断奶后第一周，代谢能（ME）的摄入量为断奶前的 60%～70%，大约需要 2 周时间才能完全恢复到断奶前的水平。Spreeuwenberg 等评估了不同日粮组成与小肠屏障功能之间的关系。在断奶后的前 4 d，日粮组成并不是影响肠屏障功能的首要因素，但仔猪断奶期间的低采食量确实会引起肠屏障功能障碍。

断奶导致的采食量降低，会对仔猪的生长性能产生不利影响。一般情况下，不论断奶年龄如何，仔猪在断奶后的第一天减重 100～250 g，直到断奶后第 4 天才能恢复到断奶时的体重。

仔猪在断奶后一周内的增重直接影响其出栏时间(大约为110 kg体重),在断奶后的第一周内增加超过227 g/d的仔猪与增重在0～150 g/d之间的仔猪相比,出栏时间减少了6～10 d。

(2)胃肠水肿　仔猪水肿病又称猪胃肠水肿,是断奶仔猪的一种急性致死性疾病,是由定植于仔猪小肠的溶血性大肠埃希氏菌大量繁殖并产生毒素,被机体吸收后而引起的一种急性散发性疾病。断奶仔猪水肿病多发于断奶后的半个月和断奶后的1个月。仔猪容易突然发病,体温一般无变化,但个别猪仔体温有所变化。仔猪精神沉闷,失去活力,食欲下降,有的甚至滴水不进,性格开始变得孤僻,经常独处在角落,并长期处于睡眠状态,脸部、眼部都有水肿状。后期仔猪呼吸明显困难、叫声嘶哑或尖锐,身体各个部分出现高度肿胀。仔猪出现跛行、四肢麻木,以至机体部分机能衰竭抽搐,最终濒临死亡。

(3)断奶后僵猪综合征　僵猪一般是指断奶仔猪呈现的生长停滞状态,由于先天营养不良所导致的一种疾病,俗称"小老猪""小赖猪"(甘忠琴等,2015)。仔猪在应激的情况下,体内皮质类和固醇类激素水平上升,免疫力低下,生长速度缓慢甚至停滞。对应激敏感体质的仔猪生长迟缓,饲料报酬低,个体小,毛长皮厚,成为僵猪,造成猪场经济损失。

僵猪的特点是生长发育缓慢,甚至停滞。僵猪月龄虽大,但僵猪个头却很小,被毛粗乱,极度消瘦,精神萎靡不振或沉郁,皮肤不清洁,腰背弓起,孤立一隅,休息多蜷缩或伏卧,食欲不稳定,行走不灵活。形成两头尖尖中间大的"刺猬猪"。由于断奶处理不当,断奶分圈(栏)、注射防疫针、去势、突然换料、驱虫同时进行,仔猪受刺激过多,断奶后粗饲料喂得多、精料喂得少;断奶后分群不合理,造成大欺小、强欺弱现象;或因为断奶过早,冬季缺乏保暖措施易形成僵猪(甘忠琴等,2015)。

(4)断奶仔猪腹泻　在现代化养殖场中,断奶仔猪腹泻已经是困扰大多数养殖户的一个共同难题,严重影响仔猪的生长发育,腹泻率高达70%～90%,总增重下降33%,给养殖户带来巨大的经济损失,严重阻碍养猪业的发展。

断奶仔猪腹泻是在猪场养殖生产中影响最大的一种常见性疾病,可影响断奶仔猪的成活率和畜牧养殖的生产效益。消化道功能及菌群紊乱可造成仔猪断奶腹泻,仔猪断奶腹泻分为传染性腹泻和非传染性腹泻。其中传染性腹泻分为病毒性腹泻、寄生虫性腹泻、细菌性腹泻。例如,当大肠杆菌大量繁殖,毒素侵害肠道,会造成肠黏膜损伤,排水样稀粪,发烧可达40 ℃,脱水严重,导致仔猪会突发休克致死(张越海等,2017)。

仔猪断奶后3～10 d易发生非传染性腹泻,这是由消化不良引起的,症状温和,体温正常,精神发蔫,食欲不佳。这是因为,仔猪断奶后消化道还未完全发育,胃酸含量不足,消化酶的活性不足,不能充分消化吸收饲料。值得注意的是,未消化吸收的营养物质,尤其是蛋白质进入后肠后,可能导致大肠杆菌等致病菌的大量生长繁殖,有害菌占据动物机体肠道,进一步加剧断奶仔猪腹泻。仔猪腹泻导致肠道结构破坏,引起肠道炎症和氧化应激,生产成绩下降,给养猪业带来巨大经济损失。

2.断奶应激来源

(1)环境应激　在现代生猪生产中,仔猪要在21日龄或更早时期断奶。仔猪断奶后便会离开母猪转入保育舍,断奶仔猪必须迅速适应饲养环境的巨大变化,这种早期断奶的方式直接导致仔猪采食量减少,使仔猪肠道形态和功能发生不良变化,包括绒毛缩短、隐窝细胞增生和上皮细胞有丝分裂增加等。肠道形态的这些变化导致肠道功能不完整,肠道内酶活性和吸收能力下降。并且仔猪离开母猪转入保育舍进行单独饲养,饲养环境、温度、湿度都发生了巨大变化，而且仔猪自身体温调节能力较差，如果不采取适当的保温措施，断奶仔猪很容易发生应激反应，出现食欲降低、精神萎靡、生长缓慢、腹泻等症状(Vente-Spreeuwenberg et al.,2004)。

(2)营养应激　仔猪断奶前，其能量来源主要是母乳中的乳糖和乳脂，母乳营养丰富、容易消化吸收。断奶后，谷物淀粉成为主要的能量来源，而这些谷物饲料中含有大量的不溶性淀粉和纤维素，仔猪的消化能力弱，食用这些谷物饲料极易引发腹泻。其中含有的大豆蛋白抗原，可以引起局部免疫反应，对断奶仔猪的小肠黏膜造成损伤，从而引起仔猪消化不良，腹泻发生率明显增多。研究表明，降低饲粮粗蛋白水平可以减少断奶仔猪腹泻的发病率，改善肠道功能，提高消化率。然而，这样可能导致氨基酸供应不足，影响仔猪生长(Moeser et al.,2007a)。

(3)心理应激　猪是高度社会性动物。仔猪断奶进入保育舍后，突然失去母猪庇护，生活在新群体中，抢食、打斗的情况时有发生，这会使得仔猪产生较为严重的心理应激。若要缓解心理应激，就需要提供足够的饲养空间以供仔猪生长。饲养空间与断奶仔猪的死亡率成负相关，而且还会影响仔猪采食量，从而影响断奶仔猪的肠道健康和生长性能(Averós et al.,2012)。有研究发现，断奶仔猪在拥挤压力情况下免疫能力降低，免疫细胞数量减少，免疫抑制机制增加。不仅如此，拥挤压力还会导致仔猪异常行为和攻击水平增加，这便无形中增加了非生长能量的消耗(Turner et al.,2011)。

5.1.2　运输应激

运输被认为是影响养殖场动物的一个关键应激因素，因为这会对动物的健康和福利产生有害影响。生长育肥猪是为了运输屠宰；对于仔猪，出于商业和公共卫生原因，必须从一个地方运到另一个地方，这种转移的目的是减少疾病垂直传播以及优化仔猪的生长潜力(Wamnes et al.,2008)。

1.运输应激的危害

运输应激影响动物神经内分泌系统及血液生化指标，并且对肉质造成严重影响。猪遭受短时间应激可能导致屠宰后的胴体肉色苍白、质地松软没弹性、并且肌肉表面渗出肉汁，这种猪肉称之为 PSE 肉，长时间应激容易出现肉色深且肉质干硬的 DFD 肉。此外，运输应激还导致动物死亡率与体重损失增加。运输使动物体重损失达到 40～60 g/kg，死亡率上升至 0.1%～0.4%；运输距离与运输温度与死亡率直接相关，长距离运输的死亡率为 4.3%，高温季节死亡率为 5.3%(黄岳新，2011)。因此，运输应激引起的失重、死亡及产生劣质肉对动物生产带来重大经济损失。

运输过程中的驱赶、装卸、颠簸、温度湿度刺激、拥挤和陌生环境都对动物造成生理和心理的应激(董仲生，2000)。运输应激对神经内分泌系统产生影响。下丘脑-垂体-肾上腺轴(hypothalamo-pituitary-adrenal axis, HPA)与交感神经-肾上腺髓质(sympathic adreno-medulae，SAM)轴是机体应对应激反应最重要的内分泌轴。HPA 反应中枢位于下丘脑室旁核，SAM 轴属于去甲肾上腺素能系统，反应中枢位于下丘脑蓝斑。应激可以引起内分泌轴的兴奋，促进肾上腺素及促肾上腺皮质释放激素(corticotropin releasing factor，CRF)的分泌。肾上腺素使心脏加快、血流加速，为机体提供更多能量。CRF 激活垂体释放促肾上腺皮质激素(adrenocoricotropic hormone，ACTH)到外周循环，经血液循环运输至肾上腺，促进糖皮质激素的合成与释放，最终由糖皮质激素来激活全身适应性应激应答过程(VanItallie，2002)。而 HPA 的活性又受糖皮质激素的负反馈调节，糖皮质激素与盐皮质激素受体(mineralocorticoid receptor，MR)或糖皮质激素受体(glucocorticoid receptor，GR)结合，抑制下丘脑 CRF 的过度释放引起的 HPA 轴过度激活。各种应激源通过外周感受器转化为神经冲动，通过蓝斑去甲肾上腺素能神经元(locus coeruleus-norepinephrine，LC-NE)上行投射到神经中枢，引起情绪反应，下行投射到交感、肾上腺髓质，引起儿茶酚胺类激素物质释放入血液。同时，LC-NE 与 CRF 神经元相连，启动 HPA 轴的应激反应(Stratakis and Chrousos，1995)。Odore 等最近的研究中发现，牛在长途运输后 HPA 轴和 SAM 轴激活，血液中激素水平、淋巴细胞核、β-肾上腺素受体、糖皮质激素和儿茶酚胺浓度增加(Odore et al.，2004)。柴进(2010)的研究表明，高密度运输能够激活猪的 HPA 轴，血浆中糖皮质激素浓度大幅升高。以上研究表明，运输应激激活了机体的 HPA 轴，促进了糖皮质激素的释放。

2.运输应激的应激因素

猪只在运输过程中会受到各种不同的应激因素，包括，与不熟悉的动物混合，车内运动，装载密度，运输持续时间，车内温度，运输中的环境条件，禁食和噪声。有研究表明，运输会导致血液中糖皮质激素 1 和磷酸肌酸激酶(CPK)水平的升高；这两种物质的激素通常与应激刺激反应有关，并已被证明可导致行为改变、疲劳和动物体重下降。运输时间与运输应激的有害作用直接相关，因为较长的运输时间意味着更多的食物和水的剥夺；同时，疲劳变得更加频繁。运输过程中影响动物健康和福利的另一个因素是装载密度，特别对最近断奶的仔猪来说。最近的研究表明，在夏季运输仔猪时降低单位面积仔猪的密度，可缓解运输应激对仔猪免疫系统和机体损伤的影响。同时，最近又有一系列研究利用不同年龄(15 d、21 d、28 d)断奶仔猪的应激生理代谢指标(pH、局部二氧化碳分压、局部氧分压、钠、钙、葡萄糖、乳酸、红细胞压积)来评价断奶后运输的效果。观察表明，仔猪在早期(两周)断奶和运输时，关键代谢、氢化物和气体交换的不平衡影响了它们的福利。最后，不管年龄大小，猪只运输已经被证明是一种强烈应激，因为仅仅一个小时的运输就足以让它们开始遭受生理代谢失衡。

5.1.3 代谢应激

动物在怀孕过程中，通常会产生对怀孕过程必需的、适量的活性氧自由基(reactive oxidative species，ROS)。但随着胎儿的生长，母体在妊娠后期自身代谢强度相应增加，体内 ROS 水平大大增加，母体遭受氧化应激的风险大大增加。在人类医学中，大量的研究证实，妊娠后期的一些代谢疾病都与孕妇此阶段的氧化应激密切相关；更为严重的是，遭受氧化应激以后，即使表面上看起来正常的胎儿，长大后也往往更容易患高血压、糖尿病等代谢性疾病。在畜牧生产中，妊娠后期和泌乳期的母猪，尤其是初产母猪，代谢也非常旺盛，这导致母猪在围产期可能会产生氧化应激。目前已经有研究发现，母猪妊娠后期血液丙二醛(malondialdehyde，MDA)、谷胱甘肽过氧化物酶(glutathione peroxidase，GSH-Px)、总抗氧化能力(total antioxidant capacity，T-AOC)、8-羟基脱氧鸟苷(8-hydroxy-2′-deoxyguanosine，8-OHdG)等指标发生变化，从各个角度反映了母猪所处的氧化应激状态(Tan et al.，2015)。氧化应激与母猪繁殖性能也存在一定的关联性(Tan et al.，2015)。

1.母猪的进程性氧化应激

Sohal 等在研究人类衰老现象时发现，动物体内的氧化代谢过程会不可避免地产生一些潜在的有害副产物，并通过影响机体的一系列遗传和表观遗传事件，加速动物体衰老；并首次提出氧化应激的概念。氧化应激是指当内外环境对机体产生有害刺激，体内产生的 ROS 和活性氮自由基(reactive nitrogen species,RNS)蓄积,引起的动物细胞和组织的生理及病理反应(高环等,2014)。在一般的生理状态下,细胞在代谢过程中会产生少量生理需要的 ROS;机体的抗氧化系统可以及时清除这些 ROS,使得 ROS 的生成和清除处于动态平衡。在动物繁殖过程中,卵母细胞成熟、卵泡生长和排卵及胎盘血管形成都需要适宜水平的 ROS。尽管 ROS 的产生具有重要的生理意义,但在妊娠后期和泌乳高峰期,ROS 持续大量产生并在体内大量蓄积就会造成氧化应激。

进程性氧化应激是指在雌性动物的繁殖周期中,当母体处于胎盘形成、妊娠后期胎儿的快速生长、分娩和泌乳等阶段时,机体的 ROS 的产生水平呈进程性大量增加的现象。根据来源,ROS 可以分为内源性和外源性 2 种。内源性 ROS 的来源主要包括机体氧化磷酸化过程、红细胞代谢、线粒体内活性氧的排出(高环等,2014)。外源性的 ROS 又可分为环境因素和饲粮因素。根据 ROS 水平,进程性氧化应激在人的繁殖周期中分为 3 个阶段,即妊娠前期(1~12 周),这时胎盘血管尚未形成,母体与胎儿未建立联系,胎儿生长主要依靠碳水化合物的代谢,ROS 水平低;妊娠中期(13~28 周),这时胎盘血管逐渐形成,母体与胎儿建立联系,血液携带 ROS 进入胎盘及胎儿,同时胎盘和胎儿代谢增强,ROS 水平逐渐增加;妊娠后期(29~40 周),胎盘线粒体数目增多,氧化代谢增强,同时胎儿快速生长,结果导致 ROS 水平达到高峰。

近年来,孕妇和反刍动物在围产期出现的进程性氧化应激逐渐受到重视。人类医学上的研究表明,孕妇在妊娠阶段出现的一系列繁殖障碍疾病与氧化应激关系密切。如子痫前期的孕妇,血液中硫代巴比妥酸反应物升高,GSH-Px 活性降低(Lee et al.,2013)。而奶牛在围产期和泌乳早期乳房炎和子宫炎发病率较高,严重影响乳腺健康、泌乳量和乳品质。类似于反刍动物和人,围产期母猪在妊娠后期和泌乳期也会遭受氧化应激,可以说母猪在繁殖周期中也呈现进程性氧化应激的现象。

2.母猪进程性氧化应激的来源

母猪进程性氧化应激的产生与繁殖周期 ROS 进程性的大量产生直接相关,也与抗氧化系统活性不足相联系。母猪进程性氧化应激的产生既有内源 ROS 也有外源 ROS 的贡献。在母猪正常的妊娠过程中,胎儿完全依赖胎盘从母体转运营养物质来生存。妊娠后期,胎儿生长速度加快,胎盘的代谢强度增加,母体随之出现适应性的变化过程,如子宫血流量增加,血液中甘油、游离脂肪酸和丙氨酸含量增加,这意味着母体此阶段代谢强度增强,从而导致内源性 ROS 产生增加。此外,饲粮中不饱和脂肪酸含量过高,矿物元素铜、锌、锰等缺乏,以及维生素 E、维生素 C、类胡萝卜素等缺乏都可以导致母猪产生氧化应激。高温、缺氧、氮氧化合物等外界环境可以导致母猪体内自由基过多蓄积,抗氧化系统遭到损伤(陈伟,2011)。除代谢加强导致妊娠母猪产生过多 ROS 外,抗氧化系统活性下降也是母猪体内 ROS 蓄积的重要原因(Tan et al.,2015)。

值得注意的是,由于母猪代谢强度与产仔数呈正相关,而随着猪的育种进程,母猪产仔数和仔猪初生窝重都大大提高,这意味着母猪在妊娠期需要进行更强的物质代谢。同时,母猪的泌乳量也比之前提高了大约 4 倍,母猪在泌乳期的代谢强度也大大增加。因此,现代高产母猪更容易产生氧化应激。

3.母猪氧化应激的评价指标

通过检测氧化应激相关标志物的变化,有助于评定母猪繁殖周期的氧化应激状态。由于

ROS 在母猪体内的过多蓄积会导致一系列不良后果，如攻击生物大分子脂质、DNA 和蛋白质，产生 MDA、8-OHdG 和蛋白质羰基；机体的酶系抗氧化系统参与 ROS 的清除，可能导致部分抗氧化酶的活性下降。因此，检测母猪血液中的 MDA 含量、硫代巴比妥酸当量值（thiobarbituricacidreactivesub-stances，TBARS）、8-OHdG 含量、血液还原型谷胱甘肽（glutathione，GSH）含量、抗氧化酶的活性和 T-AOC，可以间接反映母猪所遭受的氧化应激程度。通过化学发光法，直接检测母猪血液中 ROS 水平，能更直接地反映母猪所处的氧化还原状态。

通过检测母猪妊娠期 60 d 至泌乳期 18 d 的血浆 TBARS 发现，各个阶段并未产生差异，但在数值上泌乳期普遍高于妊娠期。另外一些研究显示，母猪妊娠 109 d 血浆 TBARS 和妊娠 93 d 并无统计学上的差异。检测母猪妊娠 60 d 至泌乳 18 d 血液 8-OHdG 和蛋白质羰基的含量发现，整个周期各个时间点二者均无差异，只是在妊娠 109 d 时，8-OHdG 和蛋白质羰基含量在数值上均高于其他各个阶段，这说明妊娠 109 d 母猪遭受的氧化应激要高于其他阶段。另有研究发现，母猪妊娠 89 d 和 109 d 血液 8-OHdG 和蛋白质羰基含量并无差异，只是妊娠 109 d 血液的蛋白质羰基含量在数值上高于妊娠 89 d。

研究发现，整个繁殖周期，母猪本身的抗氧化物质减少、抗氧化酶活性降低和整体抗氧化能力下降。①脂溶性抗氧化剂维生素 E 和维生素 A，随繁殖周期进程呈现先降低后升高的趋势，在妊娠 110 d 显著低于妊娠期其他阶段。妊娠后期，血液中维生素 E 含量大幅度降低，机体的抗氧化物质减少，这在一定程度上说明机体处于氧化应激状态。这在其他研究中也得到了证实，母猪分娩当天血液维生素 E 含量出现大幅度下降。②铁还原抗氧化能力（ferric reducing antioxidant power，FRAP）指血浆中的各种抗氧化物质将三价铁离子还原为二价铁离子的能力，常用来衡量血浆还原能力。分娩当天，母猪血浆的 FRAP 和 GSH-Px 活性都要比妊娠 93 d 有所降低，但未产生统计学差异，说明母猪在分娩当天抗氧化能力减弱，即分娩当天遭受着更严重的氧化应激。但是，有研究者发现，母猪妊娠 109 d 血液的 FRAP 要比妊娠 93 d 高，这与在妊娠晚期血液抗氧化能力增强相吻合，此时机体处于更高的且稳定的氧化还原状态。因此，FRAP 能否作为反映机体氧化应激状态的标志物，有待商榷。此外，另有学者指出，母猪在妊娠后期血液抗氧化酶活性并未发生显著变化：妊娠 109 d 的母猪肝匀浆中编码 GSH-Px 的主要 mRNA 的表达丰度并未变化，说明 ROS 引起母猪体内抗氧化物质减少的同时，并不一定引起抗氧化酶活性的降低。已有研究表明，综合考虑抗氧化系统和促氧化系统对氧化应激的贡献，例如利用 ROS-T-OAC 或氧化应激指数（oxidative stress index，OSi）可以更加精确反映机体的氧化应激状态。

4.进程性氧化应激对母猪繁殖性能的影响

大量的研究证实，氧化应激会极大地降低雌性动物的繁殖性能。如人医学研究表明，在妊娠后期母体过量的 ROS 会干扰卵母细胞减数分裂Ⅱ期，从而抑制卵母细胞成熟；伴随着氧化应激，孕妇体内 GSH 含量也大幅降低，这会抑制下一步的排卵和卵子受精。

进程性氧化应激对母猪繁殖性能的影响主要体现在母猪产仔性能下降、泌乳力降低、仔猪成活率下降、母猪健康水平差。过量的自由基会攻击卵母细胞、妨碍精卵结合、延缓受精卵的着床和着床前的有丝分裂、延迟胚胎着床、抑制胚胎发育等，从而降低母猪产仔数，增加弱仔、死胎比例，降低初生仔猪成活率；过量的自由基会增加机体代谢负担，降低乳腺细胞摄取营养物质的能力，增加乳中的炎性因子，减少乳中免疫球蛋白含量，从而降低哺乳仔猪的生长速度和成活率。

5.1.4 环境因素

在现代养猪生产过程中，需要控制畜舍的温度、湿度、光照强度、噪声、有害气体浓度等(O'Connor et al.,2010；Wathes and Whittemore,2007)。这些环境因素控制不佳会引起猪的应激，从而降低养猪生产的效益。热平衡指在一定温度范围内机体产热和散热达到动态平衡，此时，畜禽处于最适区，其代谢和生长都达到一个最佳的状态，这个温度范围称之为热舒适区(张闯,2019)。不同日龄和性别猪的热舒适区不同，哺乳仔猪为28～32 ℃，断奶仔猪为22～28 ℃，育肥猪为16～18 ℃，妊娠母猪为15～18 ℃，公猪和泌乳母猪接近16 ℃(Wathes and Whittemore,2007)。热环境对猪的影响并不仅仅取决于环境温度，环境的湿度、通风、地板等因素均会影响猪的体感温度。猪属于恒温动物，皮下脂肪厚，汗腺不发达，机体散热慢，对高温的耐受能力差。当环境温度高于热舒适区，猪产热大于散热，体温升高，导致热应激。

热应激是引起母猪繁殖机能障碍的重要原因。最早关于母猪热应激的研究主要集中于泌乳期，因为在泌乳期母猪代谢负荷高，对外界环境温度敏感。热应激导致母猪采食量降低，并在一段时间内处于负能量平衡状态，从而导致母猪体况下降和卵巢机能障碍。另外，热应激引起的采食量降低，还会导致母猪产奶量降低，从而对哺乳期仔猪的生长和发育产生不利影响。热应激对母猪的影响不仅仅局限于泌乳期，同样也会对妊娠母猪造成多种不利影响。例如，母猪在妊娠早期遭受热应激可增加胚胎死亡率，影响分娩率和产仔数，而妊娠后期遭受热应激会增加产死仔的数量，并且降低仔猪的初生均重。此外，热应激会引起母猪弱发情、发情不规律、不发情、初情期延迟以及产仔数降低。总之，热应激会对母猪整个繁殖周期产生不利影响。

环境温度与公猪阴囊和睾丸的温度密切相关。夏季温度升高后，公猪的总精子数量和射精量均降低。在泰国等热带地区，环境温度过高对公猪射精量、总精子数量和精子形态均造成负向影响。公猪在环境温度为35 ℃、相对湿度44%的环控仓中暴露72 h，在接下来的两周内总精子数降低，精子畸形率增加。也有研究显示，公猪在环境温度为35 ℃、相对湿度40%的环控仓中暴露100 h，精子质量由于精子畸形率增加而下降，但每次射精的射精量和总精子数不变。在一些热暴露的公猪中观察到直肠处测得的体温显著升高，这种体温的异常升高不利于睾丸的生精过程。

氨气是畜舍内主要的有害气体，对猪和人的呼吸系统有刺激作用。畜舍内的氨气根据来源可以分为两类：一种是来源于猪排泄物(粪和尿)的氨气。尿氮主要以尿素的形式存在，可在脲酶的作用下水解为氨气和水。粪氮主要以含氮有机物的形式存在，分解产生氨气的速率相对较慢。另一种是舍内环境氨气，是通过堆积的粪尿、饲料残渣和垫草等有机物腐败分解而产生的。在垫料潮湿、酸碱度适宜和温度高、粪便多而含氧丰富的情况下，氨气产生更快。畜禽舍中氨气的含量取决于舍内温度、饲养密度、通风情况、地面结构、饲养管理水平、粪污清除等。尽管先前的研究已证实猪会主动避开氨气浓度高的环境，但畜舍环境中高浓度的氨气依旧可以降低猪的生长速度和日粮消化率。氨气也是一种呼吸道刺激物，长期暴露于氨气含量高的环境中(>100 mg/L)可增加猪患呼吸道疾病的风险(Drummond et al.,1980b)。另外，长期或短期暴露于氨气含量高的环境中(40 mg/L)，可能干扰甚至损害猪的嗅觉感知能力。即使是畜舍环境中低浓度的氨气(5～10 mg/L)，也会导致猪患萎缩性鼻炎的风险增加。也有研究显示，断奶仔猪在氨气浓度为0.6 mg/L、10.0 mg/L、18.8 mg/L和37.0 mg/L的环境中暴露五周半，并没有降低断奶仔猪的生长速度和日粮消化率，也没有对呼吸系统造成损害。四周龄的断奶仔猪在氨气浓度为 35 mg/L 的环境中暴露 19 d 或 12 h，均会引起血清皮质醇水平的升高，这表明高浓度的氨气可以在一定程度上导致断奶仔猪发生应激。

机械通风和降温设备的使用，使猪舍的噪声经常超过 70 dB。欧盟规定猪舍噪声不能超过 85 dB。在短期试验中，猪对噪声(80～97 dB)的最初的表现为心率增加和躁动不安，但随后猪对噪声的耐受增加。长期间歇性的噪声刺激可增加猪血清中皮质醇和促肾上腺皮质激素的浓度，但随着刺激时间的延长，猪对噪声的不良反应减弱；并且噪声还可以降低猪下丘脑-垂体-肾上腺轴的敏感性，从而降低猪的生长速度。

光照的强度和周期也会影响猪的生长和繁殖性能。欧盟规定猪舍每天至少保持强度为 40 lx，时间为 8 h 的光照。松果体调控动物与光照相关的内分泌活动，并且光照的强度和周期可以影响猪的生理和心理健康。适宜的光照强度和周期可刺激神经内分泌系统，在降低仔猪发病率的同时提高仔猪的存活率。适当延长光照时间可促进后备母猪发情，并缩短母猪断奶发情间隔。也有研究显示，适当延长光照可提高生长育肥猪生长性能。长期在光照不足的环境中饲养的猪，其生理节律失调，从而导致生产性能下降。

5.1.5 其他应激

1.心理应激

在养猪生产的不同阶段，出于各种目的会进行转群和混群。在这种情况下，猪群可能会为了建立新的阶层而争斗，并且还需要适应新的环境，从而出现心理应激(Ferraris et al.,2000)。心理应激的强度会因猪的群体大小、可用空间、性别和遗传差异而有所不同。处于大群体中的猪较少出现严重的心理应激，这是由于随着猪群规模的增加，资源垄断的可能性降低，群体内的争斗减少。集约化饲养分配给每头猪的空间有限，这限制了猪的运动。已有研究表明，大栏饲养的母猪出现攻击行为的频率会随着所占空间的减少而增加，并且生长速度也会随着所占空间的减少而线性下降。此外，公猪比母猪更容易出现心理应激。猪在混群后出现攻击行为的频率存在个体差异，并且这种个体差异受遗传因素的影响。

妊娠和分娩阶段过渡时的某些环境因素(畜舍、饲养员)的变化，也会使母猪出现应激反应。在分娩前几天将母猪转移至产床，这种环境变化所引起的应激会导致母猪在分娩最后阶段的催产素水平低于在猪圈中分娩的母猪，但两组母猪在分娩过程中的催产素水平并无差异。同样是在临产前，在产床上分娩的母猪血浆皮质醇含量高于在猪圈中分娩的母猪。也有研究显示，在产床分娩的母猪的产程和产仔间隔明显长于在放置了稻草的猪圈中分娩的母猪产程。母猪产程和产仔间隔延长会引起仔猪缺氧，导致产死仔的发生率增加，从而降低母猪的繁殖性能。

2.免疫应激

免疫应激是由疾病或疫苗接种等感染性因素引起的应激。应激可能是由传染性疾病引起的，也有可能是应激导致了传染性疾病的发生。猪处于应激状态时，血中白细胞的数量和比例均会发生变化，有丝分裂原诱导淋巴细胞增殖，增加自然杀伤细胞对靶细胞的杀伤作用以及外周循环中的炎症因子水平，从而增加机体对传染性疾病的易感性。如果猪只本身就存在传染性疾病，应激会诱发其他疾病的感染，造成混合感染，这大大增加了治疗难度。

3.操作应激

在养猪生产过程中，有时候不得不对猪只进行可能引起应激的操作。比如诱捕和前腔静脉采血会对猪产生较为严重的应激，而标记和电击造成的应激较为温和。另外，对哺乳仔猪进行阉割、剪牙和断尾会引起严重的应激。

5.2 应激导致肠道损伤的表现

5.2.1 肠道形态结构的损伤

肠道是营养物质消化和吸收的器官，同时也是重要的免疫器官。小肠是消化吸收最重要的场所，结构的完整性是营养吸收功能的保证。小肠结构由管腔面向外可以分为四层，依次为黏膜层、黏膜下层、肌层、外膜，其中肠黏膜不仅是肠道吸收营养物质的主要部位，还具有屏障功能。动物遭受运输应激时，肠道由于缺血而产生损伤。这些损伤包括肠绒毛高度与宽度降低，肠黏膜通透性增加，肠黏膜水肿、黏膜上皮脱落。严重时发生溃疡、出血等现象，肠道组织形态发生改变，并且容易受到病原微生物的攻击。

早期断奶时，仔猪肠黏膜发育尚不健全，使用固体饲料取代母乳喂养，会刺激肠道黏膜结构产生生理或病理的变化。早期断奶后仔猪肠上皮细胞凋亡，肠绒毛萎缩、隐窝加深，直到断奶后第 5 天左右才开始肠绒毛形态结构的恢复。不仅是肠道形态，而且断奶也会导致肠绒毛顶端上皮细胞刷状缘的消化酶活性降低。例如，断奶后乳糖酶、蔗糖酶活性在断奶后4～5 d降到最低值。断奶不仅造成肠道内消化酶活性降低，而且对来自胰腺的消化酶的活性也会造成显著降低。早期断奶时，肠绒毛顶端的上皮细胞脱落增加，成熟的吸收细胞丢失，不成熟的隐窝细胞产生净分泌，造成严重的绒毛细胞更新和消化吸收紊乱，结构上出现绒毛萎缩。研究发现，在断奶后第 1 天，仔猪肠绒毛高度减少到断奶前的 75%，直至断奶后 15 d，绒毛高度才逐渐开始恢复。Hampson 等研究表明，在 21 d 断奶的仔猪中，绒毛高度可在断奶前 24 h 内迅速降低 25%～35%。绒毛高度的下降一直持续到断奶后 5 d 左右，此时绒毛大约只有初始高度的一半，未断奶组绒毛高度变化不大，在断奶后的前 11 d，隐窝深度也发生较慢的变化。

断奶后，仔猪的刷状缘消化酶活性也会降低。Lalles 等发现在断奶后第 2 天至第 15 天乳糖酶和氨基肽酶的活性降低，而麦芽酶在断奶后第 2 天下降，然后在断奶后第 8 天至第 15 天上升。另外，在胰蛋白酶和淀粉酶活性开始增加之前，胰腺分泌物在断奶后有短暂的下降至第 15 天。碱性磷酸酶，一种在病原细菌脂多糖内毒素的解毒中起作用并影响肠道炎症的酶，在断奶初期的仔猪中也出现了降低。这些改变会影响小肠的消化、吸收和分泌能力，最终影响肠屏障功能，这可能会导致断奶后腹泻。

母猪妊娠期的进程性氧化应激，产生过量的 ROS，降低母猪繁殖性能。同时母猪妊娠期的氧化应激导致肠道通透性增加。与非妊娠时期相比，小鼠妊娠过程伴随着肠道渗透性的增加。此外，运输应激导致育肥猪的空肠绒毛萎缩、形态学结构破坏。

5.2.2 肠道屏障功能的损伤

肠道通过腔管状结构将肠道内物质与机体内环境有效分开，吸收肠腔内水分和营养物质的同时，防止有害大分子、内毒素、病原菌等入侵，发挥屏障功能。根据组成和功能，可将肠道屏障划分为机械屏障、化学屏障、免疫屏障和微生物屏障。应激导致肠道形态损伤，肠道屏障的结构基础遭到破坏，肠道通透性增加，屏障功能受损。

1.应激对肠道物理屏障的影响

肠道黏膜上皮细胞之间通过紧密连接、黏附连接和桥粒来维持细胞的正常结构。紧密连接是多种蛋白相互作用形成的复合体，是决定细胞通透性的主要因素，包括跨膜蛋白如闭锁蛋白(occludin)和闭合蛋白家族(claudins)、膜周蛋白如闭合小环蛋白(ZO-1)以及细胞骨架肌动蛋白和肌球蛋白。应激导致畜禽肠上皮细胞跨膜电阻降低，通透性增加，肠道完整性遭到破坏，这与紧密连接蛋白的表达和分布变化有关。肠上皮细胞损伤以及肠上皮结构的破坏是肠黏膜通透性变化的主要原因。Vanuytsel 等发现，急性应激可上调乳果糖/甘露醇比值，引起肠黏膜通透性升高。Zhong 等发现，其他应激，如乙醇诱导的氧化应激可引起结肠上皮细胞 CaCo-2 紧密连接蛋白 ZO-1 表达下降，伴右旋糖酐 FD-4 的通透性升高。Keita 等研究发现，应激可升高辣根过氧化酶通透性，引起肠屏障功能损伤。

相关的组学研究表明，应激导致的差异蛋白主要参与细胞结构及流动性、葡萄糖及能量代谢、应激应答与防御、细胞增殖和凋亡等生物学过程；信号通路分析发现，差异蛋白主要富集于细胞骨架、细胞流动性、紧密连接、MAPK 等相关通路；应激激活 MAPK、NF-κB 通路，降低紧密连接蛋白 Occludin、ZO-1、钙黏附蛋白 E(E-cadherin)等的表达(Cui and Gu，2015)。同时有研究发现，应激导致采食量降低，可引起畜禽肠道绒毛长度变短、形态受损、黏膜完整性降低(Ferraris et al.，2000；Nunez et al.，1996)。

在应激状态下，交感神经兴奋，肠道有效循环血容量减少、组织灌注不足导致肠道黏膜缺血缺氧。肠道缺氧可通过黄嘌呤氧化酶、儿茶酚胺、肠道微小脉管系统及中性粒细胞“呼吸爆炸”等途径产生羟自由基、超氧阳离子等氧代谢产物，损伤肠道黏膜细胞的核酸、蛋白质等物质，改变肠道绒毛结构，最终导致肠道上皮功能障碍甚至细胞死亡，并进一步使微生物和内毒素渗入肠道黏膜屏障，激活机体补体系统，产生大量降解产物，引起内脏血流的进一步下降，形成恶性循环(Schroder et al.，1995)。研究发现，肠道应激缺血缺氧可引起细胞酸中毒，导致组织损伤并且增加细胞外 Ca^{2+} 内流而加重细胞水肿，引起上皮细胞通透性增加(Fries et al.，2012；Tunc et al.，2009)。此外，肠道在应激状态下可产生肿瘤坏死因子、白介素、干扰素、一氧化氮等炎症介质，损伤肠道黏膜细胞的形态及功能，破坏细胞间的紧密连接，并引起肠道毛细血管通透性增加(Fries et al.，2012；Tunc et al.，2009)，从而促使微生物及有毒物质通过肠道黏膜上皮细胞到达黏膜下淋巴管、肠系膜淋巴结等部位并进入血液。

除了消化和吸收能力受损外，与断奶有关的不利影响还对肠道屏障功能产生有害作用(Moeser et al.，2007c)。肠腔的上皮层是人体的第一道防线，可以保护仔猪免受小肠腔内各种有害的微生物、毒素或抗原的侵害。当肠屏障被破坏时，肠道通透性增加，使毒素、细菌或与饲料相关的抗原穿过上皮，导致炎症、吸收不良、腹泻，并降低了生长和生产性能。Nabuurs 等评估了断奶和大肠杆菌感染对猪小肠吸收能力的影响(Nabuurs et al.，1994)。仔猪在 30～32 d 断奶或留在母猪身边不断奶，而大肠杆菌感染则是通过灌注程序感染小肠的各个部分。在未断奶的未感染的仔猪中，液体、钾和氯化物的净吸收无差异。但是，与未感染大肠杆菌的未断奶猪相比，未感染大肠杆菌的断奶猪在第 4、第 7、第 14 天对液体的吸收更少，而在第 4、第 7 天对钠和氯化物的吸收更少。在断奶仔猪大肠杆菌感染肠段中，液体吸收在第 11、第 14 天较低，钠、钾在第 11 天较低，氯化物在第 4、第 11 天的吸收低于未断奶仔猪感染肠段。此外，与感染的未断奶仔猪相比，大肠杆菌感染的断奶仔猪的吸收减少量更大；断奶后体液和电解质的净吸收暂时下降，可能是导致腹泻的原因（Nabuurs et al.，1994）。Moeser 等比较了 19 日龄断奶仔猪与未断奶仔猪的肠道功能（Moeser et al.，2007c）。断奶 24 h 后，通过跨上皮抵抗（TER）评估猪的肠屏障功能，并通过空肠和结肠中的细胞旁甘露醇通量评估猪的肠通透性，断奶仔猪在空肠和结肠中的分泌活性和肠通透性均高于未断奶仔猪（Moeser et al.，2007c）。Moeser 等也对断奶后 7 d 的应激激素和肠屏障功能进行了评估，发现断奶仔猪血清促肾上腺皮质激素释放因子（CRF）和皮质醇水平的升高，表明断奶会诱导应激通路的激活，而应激通路可能介导了肠道功能障碍（Moeser et al.，2007c）。Moeser 等随后的研究表明断奶年龄会影响猪的肠道应激反应（Moeser et al.，2007c）。Lackeyram 等利用断奶应激模型评估了早期断奶对肠道屏障功能和肠道健康的影响（Lackeyram et al.，2010）。利用 5 个不同断奶年龄（15 d、18 d、21 d、23 d 和 28 d）的仔猪，在 35 d 时，对所有猪进行空肠分泌活性和肠通透性的评估，结果表明，随着断奶日龄的增加，可观察到肠屏障功能的改善，如 TER 改善和甘露醇和菊粉通量测得的通透性降低。为了评估肠功能障碍是否持续，15 d 或 28 d 龄断奶仔猪在 9 周后进行评估，发现早期断奶仔猪的 TER 降低，通透性增加（Lackeyram et al.，2010）。

2.应激对肠道化学屏障的影响

肠腔表面由一层含有抗菌肽和消化酶的黏液覆盖，起防止肠道细菌、病原体附着和入侵的作用。黏液层的主要成分黏蛋白由肠道杯状细胞分泌，而 Paneth 细胞通过识别细菌和分泌抗菌肽，在肠道先天性免疫中起重要作用。有研究发现，应激可使杯状细胞和 Paneth 细胞数量减少，肠道内分泌细胞数量增多，改变肠道内分泌功能，使宿主对细菌、病原体的抵抗力减弱，最终导致肠屏障功能损伤（Estienne et al.，2010）。da Silva 等研究发现，急性应激可通过影响黏蛋白糖基化，引起肠道黏液分泌功能改变，进而导致肠屏障功能损伤（da Silva et al.，2015）。此外，应激可增加肠道水和离子的分泌，有助于防止病原体和有害物质的附着，并通过稀释和冲刷肠道黏膜降低相关物质的渗透吸收。

当严重创伤、感染等因素导致采食量急剧减少时，肠道因缺乏食物及激素的刺激，黏膜修复更新能力减弱，同时胃酸、胆汁、胰液、溶菌酶等分泌减少，导致肠道化学杀菌能力减弱（da Silva et al.，2015）。长时间应激使得畜禽肠道黏膜出现溃疡性坏死脱落，腺体结构被破坏，杯状细胞数量下降导致黏液分泌不足，胃肠道消化酶分泌减少，肠道菌群组成改变，造成肠道黏液减少、成分改变，从而影响肠道的化学屏障功能（Estienne et al.，2010）。

3.应激对肠道免疫屏障的影响

应激造成的肠道免疫反应主要是指肠道形态及屏障损伤造成的内毒素及病原菌易位引起的肠道炎症反应。肠道黏膜免疫系统主要包括肠道相关淋巴组织和分泌型抗体，其中肠道相关淋巴组织包括肠黏膜相关淋巴组织、弥散性淋巴组织，而分泌型抗体以分泌型免疫球蛋白 sIgA 为代表。可以通过测定肠道上皮内淋巴细胞数量及分布、sIgA 含量及检测 T 淋巴细胞亚群来评价肠道的免疫状态（Liu et al.，2012）。应激条件下，各肠段的肥大细胞数目增加，肠道 sIgA 含量显著降低，合成 sIgA 的浆细胞功能减弱且数量也相应减少，削弱其抵抗细菌的能力，导致肠道黏膜结构的破坏；肠黏膜中病原识别受体 TLR2、TLR4 表达显著下降；细胞抗炎症因子 IFN-γ、IL-2、IL-4、IL-10 显著降低；且肠系膜淋巴结中抗原识别细胞 $CD4^{+}CD8^{-}$ T 显著降低，而 $CD3^{+}CD4^{-}CD8^{+}$ T 细胞显著升高（Liu et al.，2012）。

应激状态下，细菌数量增加导致肠道内毒素水平明显升高，造成肠道细胞免疫功能的直接损伤。此外，内毒素还可激活局部和全身炎症介质级联反应，产生大量肿瘤坏死因子、干扰素等细胞因子(Gabbay et al.,2009; Marcia et al.,2009)，上调肠道免疫功能，参与肠道微循环障碍，造成肠道上皮细胞及辅助细胞的损害，使其对小分子和大分子物质的通透性增加，通过松弛的紧密连接进入固有层并与免疫细胞相互作用，激活免疫炎症反应，造成屏障功能障碍，形成恶性循环(Elamin et al.,2014)。

在断奶过程中发生的其他免疫反应是由于促炎细胞因子的改变。促炎细胞因子与营养素的通透性和转运有关，对肠道完整性和上皮功能有影响(McKay and Baird,1999)。Pié 等评估了断奶过程中促炎细胞因子如 IL-1β、IL-6 和 TNF-α 的基因表达，利用 28 日龄的仔猪，在断奶后 8 d 测量了基因表达。研究表明，断奶与促炎细胞因子的上调有关(Pié et al.,2004)。Pié 等报道，第一天在近端和中肠中 TNF-α 表达增加，然后在第 2～8 天时，在小肠远端和近端结肠增加(Pié et al.,2004)。表明断奶与促炎细胞因子基因的早期上调有关，而促炎细胞因子基因的早期上调可能导致功能紊乱，导致随后的性能下降，并引起断奶后腹泻。当与促炎细胞因子表达增加相关的炎症反应发生时，新陈代谢的调节也可能被改变。促炎细胞因子同时调节免疫功能和生长或代谢过程(Johnson,1997)。因此，断奶应激影响机体的结构改变和机体的主动免疫反应。小肠是氨基酸氧化、净合成和利用氨基酸合成蛋白质的主要场所。断奶后氨基酸代谢发生改变，这可能会影响蛋白质的合成和随后的组织沉积(Montagne et al.,2007a)。Williams 等研究表明，当免疫系统被激活时，生长速度、采食量、采食效率和瘦肉组织沉积均降低(Williams et al.,2007)。因此，降低或减轻断奶后应激及其对肠道结构变化的后续影响，激活炎症免疫反应，对于提高猪的生产性能至关重要。

长时间的运输会导致生理和心理变化(Zou et al.,2016)，并导致体重下降、惊恐障碍和抑郁(Peeters et al.,2004)。此外，育肥猪在运输过程中会受到多种应激原的刺激，导致育肥猪肠道通透性增加，继而导致细菌移位、毒素产生、组织损伤和炎性细胞因子增加(Zou et al.,2016)。这反过来又降低了动物生产力和畜产品质量，甚至导致动物死亡。

4.应激对肠道生物屏障的影响

肠道黏膜面积达 300～400 m^2，寄居细菌达 10^{13}～10^{14} 个，其中以专性厌氧菌为主，构成机体最大的细菌库，完整的肠屏障仅允许小分子物质通过，而细菌和内毒素等大分子物质无法通过。Wilmore 研究发现肠道是疾病状态下一个大的病原储存库，是应激反应中重要的靶器官(Wilmore,2001)。应激状态下肠道黏膜屏障、免疫屏障受损，机体胆汁分泌减少，肝肠循环紊乱，导致胃肠蠕动减慢、肠道黏膜供氧不足，使其代谢率降低，最终导致肠内细菌移位、菌群失衡，肠道常驻及暂住菌群产生大量致病物质，引起肠道屏障损伤及炎症反应(Wang et al.,1993)。应激还可明显抑制肠道分泌 IgA 的功能，合成 sIgA 的浆细胞数量相应减少，杀菌能力减弱，导致革兰阴性细菌过度繁殖，肠道细菌数量增多。病原微生物通过与肠道表面分子结合改变紧密连接蛋白的表达致使肠道屏障损伤，其也可通过产生内毒素及蛋白酶等物质造成生物屏障受损(Bailey et al.,2011)。

5.3 应激导致肠道损伤的机制

研究显示，急性应激、断奶应激和慢性应激均会增加机体活性氧的水平(Meena et al.,2016; Wei et al.,2017)。肠道作为机体在应激条件下最早和最易受到损伤的器官，同时也是体内活性氧产生的主要来源，在应激诱导的机体氧化应激中备受关注。

氧化应激被定义为破坏氧化剂和抗氧化剂之间的微妙平衡，使环境有利于氧化剂，导致氧化还原信号和控制的中断或直接的分子损伤(Sies and Helmut，2015)。过量的氧化应激可导致大多数细胞成分的损伤，而少量或适量的氧化应激可以通过调节氧化还原敏感的信号通路在正常细胞生理中发挥重要作用(Gibson，2002)。细菌中的 OxyR 和 SoxR 转录因子以及 NF-κB 和 Nrf2/Keap1 是主要氧化应激调节信号通路。作为抵御外来病原体的防御机制，一些专门的免疫细胞也能以严格控制的方式产生和释放大量的氧化剂。

5.3.1 氧化还原状态失衡

1.活性氧的种类

活性氧(reactive oxygen species，ROS)，又称为活性氧中间体(reactive oxygen intermediates，ROI)，为细胞代谢副产物，是含氧、包含未成对电子、具有高活性化学小分子的总称。活性氧主要包括超氧根阴离子(O_2^-·)、一氧化氮自由基(NO·)、羟自由基(·OH)、烷氧自由基(RO·)、过氧化氢自由基(·OOH)、单线氧($^1O_2$)、次氯酸(HOCl)和过氧化氢(H_2O_2)等(Bhattacharyya et al.，2014；Krumova and Cosa，2016)。活性氧具有半衰期短、反应活性高的特点。不同活性氧特性不同，如 O_2^-· 和 ·OH 作用短暂且发生在局部，极不易穿过生物膜；而 H_2O_2 存在时间较长，具有膜扩散作用。O_2^-· 和 $^1O_2$ 氧化活性较弱，而 ·OH 和 HOCl 氧化活性则较高(Halliwell，2011)。适度的活性氧参与机体多种生理过程，包括杀灭病原菌、促进细胞增殖、参与伤口愈合和组织修复过程或作为信号分子参与体内信号传导等，从而保证机体的正常生理功能(Brieger et al.，2012)。已有研究显示，正常人血清中活性氧浓度范围为 250～300 U/mL(Brieger et al.，2012)。当机体遭受感染、应激、过度运动、缺血再灌注、外源异物和饲料毒素等因素时，体内活性氧水平迅速增加，体内氧化还原失衡，可能引发机体氧化应激(Halliwell，2011)。

2.产生 ROS 和 RNS 的后果

普遍认为 ROS 和 RNS 的产生是一个在正常细胞和器官生理中起基础作用的过程。一些 ROS 和 RNS 是特异的信号分子，氧化还原敏感性信号通路的存在揭示了细胞信号存在复杂的氧化还原调节(Toescu et al.，2002)。可控的低至中等水平的活性氧生成可能在细胞凋亡或免疫防御等生理过程中具有特定的功能(Stratakis et al.，1995)。例如，一氧化氮诱导平滑肌松弛，超氧化物和其他活性氧对表皮生长因子受体(EGFR)等信号通路的激活或失活，以及对丝裂原活化蛋白激酶(MAPK)的调控，均体现了生理水平的 ROS 和 RNS 具有重要的功能。

破坏 ROS/RNS 的生成与快速解毒反应中间产物之间的正常平衡会导致氧化应激。活性氧生成过度会扰乱正常的体内平衡，导致组织氧化损伤(VanItallie，2002)。在这种情况下，ROS/RNS 经常导致目标分子的不可逆破坏或失活。这些靶分子中最脆弱的是蛋白质、DNA 和膜脂。

ROS 引起的蛋白质氧化增加了羟基和羰基等修饰，这些修饰可能改变蛋白质的功能或导致蛋白质降解。由此导致的后果范围很广，如酶活性和结合活性的抑制，细胞摄取的增加或减少，DNA 修复酶的失活，或复制 DNA 时 DNA 聚合酶的保真度的丧失(Reshma et al.，2002)。中度氧化的可溶性细胞蛋白可能被蛋白酶体选择性地快速降解，而当它们被严重氧化时，它们的降解就会受到影响。重要的是，细胞内这种严重氧化的蛋白质的积累与各种病理和衰老有关(Reshma et al.，2002)。

ROS对细胞核和线粒体DNA的损伤可能导致致瘤突变，并导致细胞凋亡或非凋亡性死亡(Kruidenier and Verspaget，2002a)。

多不饱和脂肪酸(PUFAs)是细胞膜的组成部分，而ROS具有氧化PUFAs的能力。该反应引发脂质过氧化，这是一个连锁反应，产生其他自由基和反应物质，如共轭二烯、氢过氧化物、脂质过氧化物和有毒醛，如丙二醛(MDA)。重要的是，脂质过氧化改变了细胞膜的流动性。随后膜通透性的增加降低了维持跨膜浓度梯度平衡的能力，并导致炎症。

肠道上皮在体内具有分隔肠腔内物质和屏障功能的作用，肠道同时也是机体同外界环境接触面积最大的器官，肠道内外复杂的环境给肠道带来氧化应激的风险，导致肠道出现不可逆性氧化损伤(Bhattacharyya et al.，2014)。活性氧与肠道损伤密切相关，高浓度的活性氧攻击肠内皮细胞和肠上皮细胞的糖类、脂质、蛋白质和核酸导致肠细胞氧化损伤，影响肠道的结构和功能。在人和动物的肠道损伤模型中，活性氧和氧化代谢产物均大量增加(Buchholz et al.，2008；Handa et al.，2014)。活性氧还能作为信号分子激活转录激活因子、核转录因子κB和凋亡信号等细胞通路促进肠道炎症反应，并开启肠道细胞凋亡程序(Mittal et al.，2014；Reuter et al.，2010)。此外，研究显示，氧化应激损伤肠道的紧密连接功能，活性氧对紧密连接蛋白和黏附蛋白直接作用，通过破坏紧密连接蛋白三级结构，形成蛋白交联聚合物，促进蛋白降解和肽链断裂，以及氧化蛋白质色氨酸、半胱氨酸和蛋氨酸残基等方式，破坏肠道紧密连接(Kunwar and Priyadarsini，2016；Mittal et al.，2014)。

3.ROS和RNS的产生机制

大量微生物的存在、食物成分的持续暴露以及与免疫细胞的相互作用是胃肠道中大量促氧化剂产生的原因。此外，对摄入的物质和病原体做出反应的上皮炎症可诱导巨噬细胞和多形核细胞分泌炎性细胞因子和其他介质，进一步促进氧化应激的产生(Bhattacharyya et al.，2014)。然而，在胃肠系统中产生ROS和RNS的许多基本机制与在其他器官和组织中观察到的相似。

需要注意的是，生成的O_2^-·能在过氧化物歧化酶(SOD)调控的催化下转换成更稳定和扩散性的H_2O_2。H_2O_2被分解成水和氧，或在氯离子(Cl^-)存在时，被过氧化物酶(如吞噬细胞的髓过氧化物酶)转化成HOCl(毒性比H_2O_2高100多倍)，H_2O_2也能在亚铁离子存在下与O_2^-·发生非酶性反应形成·OH-Fenton反应(Winterbourn，1995)。在NO·(一种胃肠道生理介质)的存在下，O_2^-·与NO·迅速反应，因而形成高活性的过氧硝酸盐($ONOO^-$)。与过氧硝酸盐的额外反应会增加许多其他NO·介导的组分，共同的被称为活性氮(RNS)(Mittal et al.，2014)。

4.内源性来源

细胞内包括线粒体、内质网、过氧化物酶体、细胞质、质膜，甚至细胞外空间都是ROS产生的场所。几种酶可以催化产生活性氧的化学反应，如过氧化物酶、NAD(P)H氧化酶、黄嘌呤氧化酶、脂肪氧化酶、葡萄糖氧化酶、髓过氧化物酶、一氧化氮合酶和环氧化酶。

(1)线粒体呼吸链　线粒体是生理和病理状态下产生ROS的重要场所(Balaban et al.，2005)。mtROS由参与产能的氧化磷酸化通路产生。线粒体通过线粒体膜上载体(复合体Ⅰ～Ⅳ)转运电子维持电化学梯度，从而产生高能ATP。线粒体的氧化磷酸化是受严格调控的过程；然而，当电子从线粒体电子传递链（mito-chondrial electron transport chain，mETC）中漏出并被异常转换成分子氧时，此过程中1%～2%的氧消耗被转换为 O_2^- ·（West et al.，2011）。mETC产生的过氧化物与NO·自由基（由NO·与线粒体氧化-合成中心）反应。活性的 $ONOO^-$ 产物会因蛋白的不可逆硝化反应、酶的失活和DNA损伤而导致线粒体完整性紊乱。在线粒体基质中，O_2^- ·能与 SOD_2 反应，导致扩散性 H_2O_2（通过调节氧化还原感受性转录因子Nrf2、HIF-1、NF-κB的活性，改变酶MAPK、IκB激酶β的活性和抑制磷酸酶PTEN、PTP1B，从而调控细胞内功能）的形成（Tanner et al.，2011）。在健康和疾病时，相似或独特的ROS源可能发生互作。这包括NOX到NOX/DUOX的信号通路，也可能包括在不同条件（血清剥夺、增加的糖酵解或低氧）下线粒体-NOX的互作，导致mtROS介导的NOX亚型的上调和活化（Lee et al.，2006）。

线粒体功能紊乱以及mtROS的过量生成在炎症、退行性疾病和衰老中扮演着重要角色（Liochev，2013）。然而，与NADPH氧化酶介导的ROS相似，mtROS可能显著调控氧化还原信号通路；而诱导衰老可能是信号通路逐渐衰弱的结果，而不是易感性靶标直接受到伤害造成的（Liochev，2013）。在消化道这一细胞快速更新的组织中，调控肠上皮细胞寿命的因子在炎症疾病和结肠癌中发挥的作用很能引发人的兴趣（Kajla et al.，2012）。

（2）呼吸爆发和NADPH氧化酶　呼吸爆发是吞噬细胞在吞噬过程中消耗大量氧气的过程，主要通过激活NADPH氧化酶和释放超氧化物进入细胞外空间或吞噬体。NADPH氧化酶催化以下反应：

$$NADPH + 2O_2 \rightarrow 2O_2^- \cdot + NADP^+ + H^+$$

NADPH氧化酶是一种多组分酶，存在于单核细胞、巨噬细胞、中性粒细胞和嗜酸性粒细胞等吞噬细胞的质膜和吞噬体中（Babior et al.，1973）。NADPH氧化酶的激活是由胞质组分向细胞膜的迁移引起的。这种复合物通常潜伏在吞噬细胞中，但在呼吸爆发前被激活并组装在细胞膜中。尽管超氧化物是直接产物，过氧化氢也可能由于自发或酶解而迅速生成，这两种产物不一定对细胞有害，但它们与其他氧化还原性低分子量铁反应生成羟自由基，这是已知的最具活性的氧自由基。羟自由基具有很高的解聚GI黏蛋白、促进蛋白质和碳水化合物氧化以及DNA切除的潜力（Harris et al.，1992）。

膜结合多聚体的NOX和DUOX混合物是唯一已知的产生ROS不是作为副产物，而是作为它们的基本功能的酶（Lambeth and Neish，2014）。哺乳动物氧化酶家族包括5种NOX成员（NOX1～5）和两种双氧化酶（DUOX1～2）。除NOX5不在啮齿动物中表达外，人和小鼠都表达多种氧化酶亚型。NOX和DUOX同系物在结构、活化机制以及组织表达模式上有所不同。在胃肠道表达的主要氧化酶是在上皮发现的NOX1和DUOX2（NOX1在回肠、盲肠和结肠；DUOX2在所有肠段），NOX2在专业吞噬细胞和树突状细胞（DCs）中表达，NOX4在上皮、纤维原细胞和平滑肌细胞中存在（Bedard and Krause，2007）。

最初在中性粒细胞中发现，O_2^- ·生成NOX2氧化酶组成了先天免疫细胞的抗菌区的一部分。NOX2酶是种多亚组复合物，具有一个催化亚基CYBB，并由两个跨膜蛋白p22phox和gp91phox组成。NOX2在静息细胞中处于典型非活化状态，但在病原介导的刺激下，发生多重活化步骤，开启转录后修饰和胞内单元（p40phox、p47phox和p67phox）活化的Rac GTP酶向膜上的转位。NOX2-p22phox异二聚体的相关复合体的组装，使电子从NADPH传递到FAD。完成这些过程时，NOX2都位于胞质区，使分子氧转化为 O_2^- ·。这些 O_2^- ·进入吞噬体或被释放到外界环境中来促进病原的消除。活化的中性粒细胞能通过受体介导的吞噬作用和释放被称为中性粒细胞胞外陷阱的三维结构复合物(包含核染色体与核组蛋白、几种抗菌颗粒蛋白)来抓捕与杀死病原(Kirchner et al.,2013)。如果吞噬细胞产生 O_2^-·的能力减弱,宿主的抗菌防御也会减弱,导致感染发展引发的发病/致死的风险增高。这种情况被称为慢性肉芽肿病(CGD)(van den Berg et al.,2009),是由编码 NOX2 复合物(CYBB、CYBA、NCF1、NCF2 和 NCF4)基因的失活突变引起的,表现为因病原杀灭减少或废除而引起循环的致命细菌和真菌感染。CGD 表现为多种病理学特征,可在肺、皮肤和胃肠道中形成肉芽肿。伴 X 染色体 CYBB 的失功能型突变出现在约 70%的报道的 CGD 病例中,而 CYBA、NCF1 和 NCF2(分别编码 p22phox、p47phox 和 p67phox)的突变更少见,NCF1 占 25%。迄今为止,只有一种 NCF4(编码 p40phox)突变已被描述(Matute et al.,2009)。

随着 NOX2 的发现,同源筛选显示在哺乳动物中 6 种额外的 NADPH 氧化酶家族成员。在进化上接近于 NOX2(有 60%的同源性)的伴 X 染色体 NOX1 需要与 p22phox 的异源二聚作用、胞质单位的组装以及 Rac GTP 酶的活化来产生 O_2^-·。在 NOX1 中,胞质单位被称为 NOXO1 和 NOXA1(分别是 NOX1 组织物和活化物),也分别是 p47phox 和 p67phox 的同系物。虽然在固有层淋巴细胞和其他细胞类型中发现(Szanto et al.,2005),NOX1 常因其在结肠上皮中的高表达而被称为"结肠 NADPH 氧化酶"。在促炎因子如 IFN-γ(Geiszt et al.,2003a),或细菌产物如 LPS 诱导上调、转位和活化前,NOX1 处于失活状态(O'Leary et al.,2012)。

NOX4 通常在肾皮质中发现,也在纤维原细胞、平滑肌细胞和肠上皮中存在,与 NOX2 只有 39%的同源性。NOX4 的调控比较独特,因为它被认为是基本活化并优先释放 H_2O_2。NOX4 参与氧气感受和细胞衰老(Geiszt et al.,2000)。不像其他 NOXs,在 NOX4-p22phox 复合体形成后,NOX4 不需要调节性结合搭档(von Loehneysen et al.,2008)。确切的刺激(包括 TGF-β 或缺氧)诱导 NOX4 转录上调,伴随着 H_2O_2 的持续产生(Hecker et al.,2009)。

其他重要的肠道 NADPH 氧化酶是 DUOX2(甲状腺氧化酶),一种含 EF-hand 基序蛋白与其成熟因子 DUOXA2 组成了膜结合的异质二聚体,能在 Ca^{2+} 依赖模式下产生 H_2O_2。在果蝇中,肠道细菌感染的清除需要 DUOX(Ha et al.,2005)。哺乳动物中,全消化道特别是盲肠和结肠上皮,能检测到 DUOX2/DUOXA2 的表达(El Hassani et al.,2005)。微生物刺激,特别是病原菌和病毒,能诱导 DUOX2 显著上调,因而 DUOX2 被认为参与宿主黏膜的抗菌防御(Geiszt et al.,2003b)。小鼠上微生物诱导的 DUOX2 在回肠的表达需要包含 TIR 位点的受体诱导干扰素-beta(TRIF)信号到 NF-kB p50/p65,而在结肠,需要的是 MyD88 和 p38 MAPK 信号通路(Sommer and Backhed,2015)。在肠上皮细胞中,DUOX2 与 NOX1 相似,受到诱发结肠炎的 IL-13 的体外刺激会上调(Mandal et al.,2010)。在 IFN-γ 刺激时也发现了 DUOX2 的上调(Harper et al.,2005)。虽然大多在甲状腺和肺上皮中表达,最相关的 DUOX1/DUOXA1 酶复合体也在胃细胞系以及所选的胃和结直肠癌细胞系中检测到(Strickertsson et al.,2013)。

(3)黄嘌呤氧化酶 黄嘌呤氧化酶(XO)主要在肝脏和小肠黏膜中表达(van der Vliet et al.,1989)。它在尿液分解代谢过程中催化次黄嘌呤氧化为黄嘌呤,然后黄嘌呤氧化为尿酸(Koehler et al.,1999)。其反应如下:

$$Hypoxanthine + 2O_2 + NAD(P)H \rightarrow Xanthine + 2O_2^- \cdot + NAD(P)^+ + H^+$$

$$Xanthine + 2O_2 + NAD(P)H \rightarrow Uric\ acid + 2O_2^- \cdot + NAD(P)^+ + H^+$$

值得注意的是，两种反应都会产生超氧化物。肠黏膜有黄嘌呤氧化酶介导的巨大的能力来氧化次黄嘌呤。

(4) 脂氧合酶　脂氧合酶(LOX)是一类非血红素含铁酶，催化多不饱和脂肪酸(PUFAs)的脱氧反应，产生氢过氧化物衍生物，包括氢过氧化物二十碳四烯酸(HPETEs)(Fruteau de Laclos et al.，1987)。HPETEs 的减少可导致羟二十碳四烯酸(HETE)、白三烯和脂蛋白的产生。花生四烯酸是大多数 LOX 酶的主要底物，在氧化过程中产生超氧化物和其他 ROS(Murakami et al.，1995；O'Donnell and Azzi，1996)。

(5) 髓过氧化物酶　髓过氧化物酶(MPO)是一种含过氧化物酶血红素的酶，在中性粒细胞中大量表达，在巨噬细胞和单核细胞中也存在。这种酶储存在溶酶体和颗粒中，可能释放到细胞外空间。MPO 催化以下反应：

$$H_2O_2 + Cl^- + H^+ \rightarrow HOCl + H_2O$$

$$HOCl + H_2O_2 \rightarrow {}^1O_2 + H^+ + Cl^- + H_2O$$

因此，这种酶氯化过氧化氢产生高活性分子 HOCl。此外，它还可以催化硫氰酸盐氧化生成低硫氰酸盐，这是另一种反应性化合物(Xu et al.，2009)。HOCl 可以进一步与过氧化氢反应生成氯离子和单线态氧，后者不是自由基，但也具有很高的活性。气道和消化道上皮中的乳过氧化物酶也能产生低硫氰酸盐(Bach et al.，2003)。

(6)一氧化氮合酶　一氧化氮合酶(NOS)是由三种不同的含血红素的单加氧酶同工酶组成的家族，它们通过 *L*-精氨酸氧化产生一氧化氮自由基。一氧化氮合酶(NOS)的两种同工酶，即神经元型一氧化氮合酶(nNOS 或 NOS-1)和内皮型一氧化氮合酶(eNOS 或 NOS-3)组成型表达，第三种同工酶诱导型一氧化氮合酶(iNOS 或 NOS-2)是由内毒素和多种细胞因子高度诱导的(Chlopicki，1999)。这三个亚型相似，它们之间的同源性超过 50%，并且它们都在下面的反应中催化瓜氨酸和一氧化氮的生成(Knowles and Moncada，1994)：

$$2L\text{-}arginine + 3NADPH + H^+ + 4O_2 \leftrightarrow 2citrulline + 2\ NO \cdot + 4H_2O + 3\ NADP^+$$

N-羟基-*L*-精氨酸是先前反应的中间产物，是精氨酸酶的一种中度抑制剂，精氨酸酶催化尿素循环的最后一步(Reczkowski and Ash，1994)。重要的是，已经证明 NOS 亚型也能产生超氧物和过氧化氢，这似乎是由低浓度的 *L*-精氨酸和 NOS 辅因子四氢生物蝶呤的存在决定的(Rosen et al.，2002；Zhao et al.，2005)。虽然一氧化氮是一种弱氧化剂，但在超氧化物存在下，两者都能很容易地发生反应，形成过氧亚硝酸盐，这是一种高度活性的分子(Koppenol，1998)。一氧化氮和过氧亚硝酸盐的代谢产生稳定的终产物，如亚硝酸盐和硝酸盐离子，这些离子在细胞内积聚，但也导致反应性中间产物的形成。所有这些 RNS 都可能与大多数细胞成分(包括蛋白质、脂膜和核酸)发生反应，通过引起特定残基的硝化和亚硝化作用破坏其功能。

NOS 的所有亚型均在胃肠道表达。胃肠道一氧化氮合酶产生的一氧化氮参与正常生理和黏膜防御，参与通过调节胃黏膜血流量、上皮分泌和屏障功能维持黏膜完整性。另外，iNOS 表达增加和一氧化氮生成的有害影响被认为在各种损伤过程中起致病作用，如溃疡性结肠炎和消化性溃疡。重要的是，一氧化氮合酶的活性和一氧化氮的产生被认为受到许多饮食因素的影响。

(7)环氧合酶　环氧合酶是一种以花生四烯酸为底物，通过环氧合酶和过氧化物酶活性两个步骤生产类前列腺素的酶，其活性如下：

$$\text{Arachidonicacid} + 2O_2 \rightarrow \text{ProstaglandinG}_2 (\text{Cyclooxygenasesite})$$

$$\text{ProstaglandinG}_2 + 2\text{GSH} \rightarrow \text{ProstaglandinH}_2 + \text{GSSG} (\text{Peroxidasesite})$$

环氧合酶有两种亚型，称为 COX-1 和 COX-2，由同一代 COX-1 编码的一种变体(COX-3)被描述过(Slater et al.，1994；Chandrasekharan et al.，2002)。如上述反应所示，环氧合酶在花生四烯酸的环氧合酶位点上加入两个氧分子，生成不稳定的环氢过氧化物前列腺素 G2。然后，前列腺素 G2 通过过氧化物酶活性被转化为内过氧化物前列腺素 H_2。重要的是，在 NADH 或 NADPH 存在下，环氧合酶的过氧化物酶活性最终会导致超氧物的形成(Kukreja et al.，1986)。一旦产生前列腺素 H_2，它可能随后被各种酶代谢为稳定的前列腺素，如前列腺素 E2、前列腺素或血栓素 A2。COX-1 和 COX-2 酶在正常胃黏膜中均有表达。它们的表达在幽门螺杆菌性胃炎以及位于溃疡边缘的巨噬细胞、内皮细胞和肌成纤维细胞中均有增加(Jackson et al.，2000)。

(8)过渡金属　铁(Fe^{2+})、铜(Cu^{+})可作为过氧化氢生成高活性羟基自由基(HOG)的催化剂，称为 Fenton 反应。Fe^{2+} 和 Cu^{+} 被氧化成 Fe^{3+} 和 Cu^{2+}，通过这一途径产生的羟自由基可能加速脂质过氧化(Bucher et al.，1983)。某些蛋白质中血红素铁的存在也与运动时产生的超氧化物和氧化应激有关(Nordgren et al.，2002)。

5.外来或环境来源

在胃肠道系统中，有许多外源性因素或环境因素可以产生氧化和硝化应激。当暴露于电离辐射中时，可通过水氧化直接产生羟自由基，或通过生成活性氧中间产物间接产生羟自由基。抗氧化剂如 N-乙酰半胱氨酸已被证明能预防或减轻辐射引起的小鼠胃肠道损伤(Jia et al.，2010)。许多化疗药物也会诱导高水平 ROS 的产生(Berhanu et al.，1990)，ROS 通过诱导癌细胞死亡在其作用机制中发挥作用，同时也在胃肠道毒性的发展中发挥作用。矛盾的是，ROS 还可能通过减缓癌细胞生长和干扰凋亡来降低化疗的疗效，而凋亡是通过在抗肿瘤治疗方案中添加抗氧化剂来预防或减弱的。辐射和化学疗法已经在一些研究中表明，通过降低抗氧化剂(如维生素 E 或 β-胡萝卜素)的水平，可以引起氧化应激(Marzabadi et al.，1990)。空气污染物和香烟烟雾是氧化和亚硝酸盐的其他重要来源。众所周知，香烟烟雾含有并产生大量以氧、氮和碳为中心的自由基。值得注意的是，吸烟习惯已经被证明会影响各种胃肠道疾病的发生和发展，包括消化性溃疡、克罗恩病、胃肠道癌和其他疾病。摄入某些食物或酒精是氧化应激和与胃肠道相关的 ROS 生成的另一个常见来源，包括肝脏和胰腺疾病以及胃肠道癌的发生(Bhattacharyya et al.，2014)。最后，许多药物可能有助于产生氧化性和亚硝酸应激。据报道，类固醇可以诱导血管内皮细胞产生超氧化物(Hayek et al.，2003b)，而非类固醇抗炎药(NSAIDs)也可以通过阻断环氧化酶形成前列腺素 E2 而产生 ROS。

5.3.2　炎性反应

胃肠道(GI)作为维持哺乳动物体内氧化还原平衡的一个主要因素，正受到越来越多的关注，因为它代表着生物体与环境之间的一个主要界面(营养物质和肠道微生物群都是氧化应激的来源)。此外，越来越多的证据表明，氧化应激是各种胃肠道疾病发病的重要因素(Bhattacharyya et al.，2014)。

1.活性氧(ROS)和活性氮(RNS)与肠道炎症

肠上皮内的氧化应激被认为在肠道炎症的发生机制中起关键作用(Conner et al.,1996;Grisham and Aiko,1995)。尽管ROS和RNS是参与多种稳态分子途径的重要信号中间产物(Brown and Griendling,2009),但过度氧化应激可通过蛋白质、脂质和DNA的氧化引起细胞损伤,改变它们的生物学功能和增强细胞死亡(Andersen,2004)。在基线水平上,过多的内源性抗氧化剂抵消了活性氧生成的有害影响(Haddad,2002)。肠腔和肠上皮持续暴露在有害刺激下,如摄入营养素、局部微生物或感染、胃酸产生、缺血/再灌注期,这些都有可能刺激氧和氮自由基的产生(Mazalli and Bragagnolo,2009;Young and Woodside,2001)。此外,炎症过程中白细胞、单核细胞和中性粒细胞的浸润可通过呼吸爆发酶和前列腺素及白三烯代谢进一步促进肠道ROS的产生(Babbs,1992)。几项研究表明,炎症性肠病(IBD)患者(Kruidenier and Verspaget,2002b)和实验性结肠炎小鼠模型的肠上皮内的ROS/RNS水平增加(Kruidenier and Verspaget,2002b)。IBD患者的血浆、血清、呼出的空气和唾液中也检测到高浓度的氧化分子(Tüzün et al.,2002)。其他研究表明氧化应激与疾病严重程度呈正相关,提示在炎症的发展和增强中起作用(Rachmilewitz et al.,1998)。

除了活性物质生成的变化外,一些研究表明,IBD患者体内内源性抗氧化剂,如抗坏血酸、β-胡萝卜素、α-生育酚和还原型谷胱甘肽的总体减少(Buffinton and Doe,1995;McKenzie et al.,1996;Sido et al.,1998)。有趣的是,缺乏重要抗氧化酶谷胱甘肽过氧化物酶的小鼠会自发地出现与IBD患者相似的症状和组织学特征(Esworthy et al.,2001)。此外,在葡聚糖硫酸钠(DSS)诱导的小鼠结肠炎模型中,DSS诱导的小鼠血液中还原型谷胱甘肽水平降低,经各种抗氧化剂治疗后恢复正常(Oz et al.,2005)。与肝脏和小肠相比,结肠黏膜、黏膜下层和血清中的过氧化氢酶、谷胱甘肽过氧化物酶和超氧化物歧化酶的水平在基线时都较低,表明在炎症环境中对抗氧化应激的能力有限(Blau et al.,1999;Grisham et al.,1990)。此外,用线粒体靶向抗氧化剂MitQ治疗DSS小鼠,可减少线粒体ROS,并保护其免受实验性结肠炎的影响(Dashdorj et al.,2013)。

氧化应激被认为是通过直接的DNA损伤和脂质氧化来发挥有害作用的。多个研究报告了IBD患者血液和黏膜中氧化DNA损伤的增加(Dincer et al.,2007;Lih-Brody et al.,1996)。有些研究认为,这些变化可能有助于增加IBD患者日后对结直肠癌的易感性(Grivennikov,2013)。IBD患者结肠黏膜活检和血浆也显示脂质过氧化产物增加,意味着活性氧生成增加(Pereira et al.,2015a)。缺乏抗氧化剂的小鼠不仅表现出结肠和回肠中脂质过氧化产物增加的迹象,而且还自发地发展成结肠炎(Esworthy et al.,2001),这表明抗脂质氧化降解的能力可能对维持肠道内稳态至关重要。线粒体是细胞中活性氧最丰富的来源(Beltrán et al.,2010)。在健康的细胞条件下,低水平的活性氧由内源性抗氧化机制产生和中和(Haddad,2002)。然而,当线粒体因损伤或突变而失稳时,可能导致过度氧化应激,导致ATP减少、呼吸链抑制和mtDNA损伤(Haddad,2002)。长期氧化应激降低线粒体生物能量学和内环境平衡,促进细胞损伤和最终细胞死亡(Chen and Gibson,2008;Scherz-Shouval and Elazar,2007)。最近的研究表明,线粒体是炎症过程的重要细胞驱动和介质(Hüttemann et al.,2008)。

2.NADPH 氧化酶与肠道炎症

慢性炎症进程会影响小肠和大肠，并且在超过 40%的慢性肉芽肿性疾病（chronic granulomatous disease，CGD）患者中出现类似 CD 的症状（Marciano et al.，2004）。胃肠道受损似乎与 CYBB 缺失而非常染色体隐性形式（CYBA、NCF1、NCF2 和 NCF4）或 ROS 水平相关（Agarwal and Mayer，2013）。CGD 患者可出现直肠周围脓肿、胃肠道梗阻和反复腹泻。结肠内窥镜检查常显示结肠变窄、肠壁增厚、胰腺炎和假息肉，而组织学检查则显示黏膜下水肿、隐窝脓肿、炎性细胞浸润、隐窝炎、上皮样肉芽肿（通常在肌层）和固有层中含有大量色素的组织细胞（Agarwal and Mayer，2013）。早期 IBD 病人主要表现为全结肠炎和偶发的肛周疾病，且对环境不敏感，因而导致更高的发病率和致死率（Uhlig ct al.，2014）。与成年人 IBD 的多因素相反，早期 IBD 被认为是单基因缺陷的结果（Uhlig et al.，2014）。NOX2 复合体组分的几种功能改变型突变已在早期 IBD 中发现（Dhillon et al.，2014）。确切的 NCF1 和 NCF2 的 SNP 位点已在超过 10%的早期 IBD 患者中发现（O'Neill et al.，2015）。这种突变最近在全基因组相关研究中被发现与成人回肠 CD 相关（Rioux et al.，2007）。最近，在早期 IBD 病人中发现两种 NOX1 和 DUOX2 的功能改变型突变，都与严重的全结肠炎和体外减少的 ROS 产生相关（Hayes et al.，2015），说明肠上皮氧化酶在 IBD 病理中的重要作用。

IBD 能在小鼠上通过化学物质（如 DSS 或 2，4，6-三硝基苯磺酸（TNBS））改变肠上皮屏障完整性来模拟。此外，IL-10、MUC2 或 NLRP6 缺失的转基因小鼠可以用来进行自发性慢性小肠结肠炎的研究。然而，在 ROS 产生方面，现有的模型似乎不能很好反映人类疾病。例如，Cybb 敲除小鼠不能发展像许多 CGD 病人一样的自发性 CD 样表型。NOX2 缺失小鼠能抵御 DSS 诱导的黏膜损伤（Bao et al.，2011），但在 TNBS 模型中死于结肠炎（Campbell et al.，2014）。在具有 Ncf1 点突变的小鼠中能观察到更严重的结肠炎（Rodrigues-Sousa et al.，2014），但 Ncf1 敲除小鼠中没有引起结肠炎的表型（Krieglstein et al.，2001）。缺失 Ncf4 的小鼠表现加重的结肠炎（Conway et al.，2012），而这种情况在 Cybb（NOX2）缺失小鼠中没有。

由于只有 NOX1 缺失不能在 DSS 或 TNBS 模型下产生结肠炎症状，有研究用 IL-$10^{-/-}$ 小鼠来研究结肠炎中 NOX1 产生的 ROS（Leoni et al.，2013）。在屏障损伤以及接着的 TNF-α、IFN-γ 和 LPS 刺激后，IL-10 负向调控 NOX1 介导的 ROS 的产生（Kuwano et al.，2008a）。当 $NOX1^{-/-}$ 小鼠与 IL-$10^{-/-}$ 小鼠杂交，自发性结肠炎发展出能模拟 UC 病人的临床和组织学特征（Treton et al.，2014）。与 NOX1 在小鼠结肠调控杯状细胞和吸收细胞类型平衡的发现一致（Coant et al.，2010），$NOX1^{-/-}$ IL-$10^{-/-}$ 小鼠在肠道溃疡处表现出减少且异常的杯状细胞，以及减少的 Muc2 和 Muc4 黏蛋白表达（Treton et al.，2014）。其他报道发现非特异性 NOX 亚型产生的 ROS 对黏蛋白颗粒在小鼠结肠球体的累积至关重要（Patel et al.，2013）。

3.NO 合成酶与肠道炎症

NO 直接或间接调控 IBD 的几种表现，包括黏膜血管舒张、上皮通透性增加、运动性改变，同时 IBD 中 NO 的产生增强（Kolios et al.，2004），两种 NOS2 突变也与早期 IBD 的易感性增加相关（Dhillon et al.，2014）。炎性肠组织的主要 NO 胞内来源是单核细胞/巨噬细胞（Bain and Mowat，2014）、肠上皮细胞（Kolios et al.，2004）和肌成纤维细胞（Wu et al.，2013）。在有结肠炎的人和动物中，$ONOO^-$ 的产生往往伴随着通过 NOS2 和过氧化物源，如 NOX1 和 NOX2 产生的 NO 和 O_2^- · 的存在，这种过氧硝酸盐应激能通过形成 8-硝基鸟嘌呤而造成氮化 DNA 损伤(Kawanishi et al.,2006)。一些研究发现 O_2^- ·、NO 和 $ONOO^-$ 产生增强在 IBD 病理中的重要性。例如,DNA 损伤诱导的 $ONOO^-$ 能活化多聚 ADP 核糖合成酶,这种酶会反过来诱发肠上皮细胞凋亡的上皮渗透性增加(McCafferty,2000)。低而短暂的 NO 水平是肠道稳态的重要调控元件,如 NOS3 缺乏小鼠($eNOS^{-/-}$)对结肠炎高度易感(Sasaki et al.,2003)。另外,NOS2 产生的高浓度和持续的 NO 似乎在结肠增加炎症反应,因为缺失可诱导 NOS($iNOS^{-/-}$)在 DSS 模型中起保护作用(Krieglstein et al.,2001)。表明内皮 NO 在疾病中的保护作用能在某些点消失,可能被活化免疫细胞产生的过量 $OONO^-$ 压制,最后导致慢性肠道炎症。

4.NF-κB 信号通路

NF-κB 是多种致病过程中的重要调节因子,在 IBD 中异常激活(Visekruna et al.,2006)。NF-κB 可以调节肠层的通透性,并与 IEC 的稳态有关(Pasparakis,2008),而慢性 NF-κB 信号也可能增强 IBD 患者黏膜中观察到的慢性肠道炎症(Rogler et al.,1998; Andresen et al.,2005)。微生物激活的 TLRs 和 TNF-α 被 IECs 识别,可以刺激下游 NF-κB 信号事件,对氧化应激也敏感。TNF-α 通过激活 NOX1 和 NOXO1 促进结肠细胞产生超氧化物(Kuwano et al.,2008b)。NOX 活化、ROS 生成、LC8 肽释放和 IκBα 磷酸化都参与了 TNFα 对 NF-κB 的活化(Jeong et al.,2009)。DSS 诱导的小鼠模型研究表明,抑制 NF-κB 的抗氧化药物可以减轻炎症症状。这一发现也证明了氧化应激有助于 IBD 中 NF-κB 信号的激活(Naito et al.,2002)。

NF-κB 的激活可提高 IBD 发病机制中 5 种关键基因的转录水平:第一,促炎细胞因子,包括 IL-6、IL-8、IL-16 和 TNF-α;第二,调节细胞存活和增殖的基因,如 p53 上调的凋亡调节剂(p53-upregulated modulator of apoptosis,PUMA),其上调的 NF-κB 可引起上皮细胞凋亡并有助于 UC 的发展(Qiu et al.,2002);第三,与肠屏障通透性相关的基因,例如,肌球蛋白轻链激酶(myosin light chain kinase,MYLK),其通过 TNF-α 诱导的 NF-κB 激活上调,导致肠屏障中肌球蛋白的降解(Andresen et al.,2005);第四,金属蛋白酶,它能消化黏膜细胞,也被 TNF-α 触发;第五,包括 COX-2 和 iNOS 在内的酶,激活 NF-κB 并通过 ROS 代谢干扰屏障稳定性(Andresen et al.,2005)。

5.Nrf2 信号通路

Nrf2 属于 CNC(cap‘n’collar)转录因子家族,含有一个高度保守的碱性亮氨酸拉链(bZip)结构,包含 605 个氨基酸,通过和小 Maf 蛋白的结合来调控抗氧化反应元件(antioxidant response element,ARE)(Baird and Dinkovakostova,2011)。Nrf2 是细胞调节氧化应激反应的重要核转录因子,多种内源性抗氧化酶的表达均受 Nrf2 的调控,其中 Nrf2 易位到细胞核内与抗氧化反应元件 ARE 结合,是激活多种细胞保护基因的关键(Morita and Motohashi,2011)。在生理状态下,细胞质内的 Keap1 与 Nrf2 通过泛素连接作用结合在一起,Nrf2 处于失活状态,在该状态下 Nrf2 通过泛素蛋白酶的降解作用进行生理性降解,以维持其在细胞内表达的稳定性和非活性状态,从而抑制其进入细胞核(Tkachev et al.,2011)。

当机体受到内外环境刺激时,活性氧产生增加,由于 Nrf2 mRNA 以及 Nrf2 和 Keap1 蛋白上存在对活性氧和电子基团极其敏感的识别位点。活性氧和亲电子剂能直接作用于 Nrf2 和 Keap1 蛋白基团使其发生构象改变,减弱 Keap1 与 Nrf2 的偶联和 Nrf2 的泛素化作用,引起非结合状态的 Nrf2 含量增加(Stewart et al.,2003)。

之后,Nrf2 进一步易位到细胞核并激活多种细胞保护基因的转录,包括 NADPH:醌氧化还原酶 1,谷胱甘肽硫基转移酶和血红素加氧酶-1。此外,Nrf2 的靶基因还参与谷胱甘肽的合成、ROS 的消除、异物代谢和药物转运。Nrf2 能协调地激活这些基因,发挥清除异物、缓解氧化损伤的作用(Mitsuishi et al.,2012)。最后,Keap1 与 Nrf2 一起出核,Nrf2 在细胞质中被蛋白酶进一步降解,使得 Nrf2 水平降低,激活终止(Michaella and Tama,2005; Sun et al.,2007)。

6.NLRP3 炎症小体

线粒体能够通过激活一种叫作炎症小体的分子复合物来调节细胞的促炎症反应,炎症小体是一种多蛋白 caspase-1 激活复合物。其中 NLRP3(NLR 家族,含 3 个吡喃结构域)已成为肠道内稳态的关键调节因子(Davis et al.,2014)。NLRP3 炎症小体的形成由病原体相关分子模式(pathogen-associated molecular patterns,PAMP)和损伤相关分子模式(damage-associated molecular patterns,DAMP)激活,这些模式表示细胞应激,如细胞外 ATP、mtDNA 和 ROS(Martinon et al.,2002)。一旦激活,NLRP3 将与适配器分子凋亡相关的特异性蛋白 ASC(apoptosis-associated speck-like protein,ASC)相关,ASC 包含一个半胱天冬酶募集域(CARD)。相关的 NLRP3-ASC 复合物寡聚并招募了前磷酸酶-1,从而形成活跃的炎症小体,进而导致 caspase-1 的自动清除和激活的炎性细胞因子 IL-18 和 IL-1β 的释放(Tschopp,2011)。来自小鼠实验性结肠炎模型和人类肠道标本的数据显示,IL-18 和 IL-1β 高表达是 IBD 发病的核心(Ishihara et al.,2013; Kwon et al.,2005)。IL-18 可诱导 IL-1β 和其他促炎细胞因子的表达(Al-Sadi et al.,2012),从而导致严重的肠道炎症。IL-1β 已被证明可增加肠道通透性,从而增加细菌移位(Al-Sadi et al.,2012)。此外,生物活性 IL-18 和 IL-1β 的分泌是由 caspase-1 介导的,据报道 caspase-1 在 DSS 诱导的结肠炎中起作用(Siegmund et al.,2001)。Bauer 等证明 DSS 通过 NLRP3 炎症小体激活 caspase-1,进一步表明,NLRP3 基因缺陷小鼠受到 DSS 诱导的结肠炎的保护,表现出促炎细胞因子的产生显著减少,以及临床评估和组织学评分的改善(Bauer et al.,2010)。此外,Nlrp3 基因多态性与克罗恩病易感性增加有关(Villani et al.,2009)。Schooltz 等报道,编码 Nlrp3 和 Card8(Nlrp3 炎症小体的有效成分)的基因多态性增加了瑞典男性患克罗恩病的易感性(Schooltz et al.,2009)。

同时一些研究表明,NLRP3 炎症小体与小鼠实验性结肠炎有关,炎症小体的刺激受线粒体 ROS 的调节(Shimada et al.,2012)。然而,关于激活肠道炎症的活性氧的来源仍然存在争议。线粒体是细胞产生 ROS 的主要来源,但不是唯一的来源。Dashdorj 等发现线粒体 ROS 是炎症激活的诱因(Dashdorj et al.,2013)。与此一致的是,其他研究表明在缺乏烟酰胺腺嘌呤二核苷酸磷酸(NADPH)氧化酶亚单位(一种膜结合酶复合物,其功能是生成超氧化物,一种活性氧)的小鼠体内,炎症小体同样激活;此外,炎症小体的激活也发生在慢性肉芽肿病患者的单核吞噬细胞中,这种疾病源于 NADPH 氧化酶亚基的突变(Meissner et al.,2010)。

5.3.3 菌群介导的应激响应

哺乳动物肠道内定植了数量众多、种类丰富的菌群,它们和宿主间形成了互利共生的关系,如参与消化和发酵日粮中的碳水化合物、产生多种必需维生素、维持肠绒毛正常功能、调节免疫反应以及竞争性地抑制致病菌的增殖(Buffie and Pamer,2013; Kamada et al.,2013)。另外,肠道菌群也参与了应激响应。

1.断奶应激引起仔猪肠道炎症和菌群失调

在影响断奶应激的众多因素中,由于日粮以及环境的改变引起的肠道菌群紊乱可能是造成断奶仔猪发生腹泻和肠道炎症的主要原因。猪的肠道菌群是一个非常复杂的生态系统,其组成和多样性会随着日龄和肠道不同解剖部位而变化(Isaacson and Kim,2012)。微生物在仔猪出生时就开始定植,并且由于在生命早期仔猪以母乳作为主要的营养来源,因而建立了以母乳为导向且以乳酸杆菌为主要优势种的肠道菌群(Frese et al.,2015)。大肠杆菌属和链球菌属在仔猪肠道内创造了一个厌氧环境,这为拟杆菌属、乳酸杆菌属、双歧杆菌属和梭菌属的定植创造了条件(Jia et al.,2010)。在泌乳期间,品种和哺乳母猪的差异导致仔猪肠道菌群结构进一步分化(Bian et al.,2016)。一项关于仔猪交叉哺乳的研究显示,母乳的来源和哺乳母猪的品种影响仔猪肠道菌群的发育(Bian et al.,2016)。因此,哺乳期是仔猪肠道菌群干预的窗口期。

在仔猪断奶过程中,主要营养来源由液态的母乳转变为由谷物和粗蛋白组成的固态饲料。此外,为了减少仔猪断奶时日粮成分变化对仔猪造成不利影响,一般会在哺乳期给仔猪提供一些固体饲料。大多数研究显示,仔猪断奶期间乳酸菌属的丰度降低且肠道菌群的多样性丧失,梭状芽孢杆菌属、普氏杆菌属的丰度降低,包括大肠杆菌属在内的肠杆菌科的某些兼性厌氧菌的丰度增加(Gresse et al.,2017)。日粮粗蛋白和纤维素的含量和来源决定了断奶仔猪肠道菌群的多样性和组成(Pieper et al.,2015; Rist et al.,2013)。例如,断奶仔猪饲喂富含果胶的日粮或者豆粕日粮会降低结肠菌群中乳酸菌属的丰度,并增加普雷沃菌属的丰度(Tian et al.,2017);另外,把鱼粉作为断奶仔猪日粮中蛋白的主要来源可增加大肠杆菌属/志贺氏菌属的丰度(Cao et al.,2016)。在断奶早期,仔猪肠道菌群紊乱和多样性丧失会增加肠道疾病的风险(Fouhse et al.,2016)。乳酸菌属作为一种常见的益生菌可以预防某些肠道疾病的发生,因而仔猪断奶过程中肠道乳酸菌属丰度的降低可能会增加某些肠道疾病的风险(Konstantinov et al.,2006)。日粮中含有的广谱抗生素也会降低断奶仔猪肠道菌群的多样性,这是由于广谱抗生素可以抑制甚至直接杀灭致病菌和有益菌(Levesque et al.,2014)。长期在断奶仔猪的日粮中添加低剂量的治疗用抗生素,可增加致病菌的定植和仔猪肠道疾病的发病率(Schokker et al.,2014)。

多种因素导致仔猪在断奶过程中出现肠道菌群紊乱。关于肠道菌群紊乱的特征并不完全清楚,可被定义为哺乳动物肠道微生物间的平衡被打破,属于专性厌氧菌的某些成员的丰度降低,比如梭菌纲和拟杆菌纲;属于兼性厌氧菌的某些成员的丰度增加,比如肠杆菌科(Winter et al.,2013)。关于引起断奶仔猪菌群紊乱和肠道炎症的具体机制的研究较少,但仍可以从小鼠、体外试验或者与人相关的研究中获得启示。断奶时肠道菌群多样性降低,使病原微生物更易透过保护肠上皮细胞的黏液聚糖(Bäumler and Sperandio,2016)。黏液聚糖被共生菌降解后可生成多种促进病原微生物生长的糖,如岩藻糖、半乳糖、甘露糖等。一项体外研究显示,拟杆菌属的多型拟杆菌可以用黏液层中的碳水化合物生成藻糖,而肠出血性大肠杆菌可利用藻糖激活与三型分泌系统(T3SS)相关的基因表达(Pacheco et al.,2012)。一些致病性大肠杆菌和沙门氏菌利用 T3SS 来感知和黏附宿主肠上皮细胞(Tran et al.,2016)。另外,在断奶过程中肠上皮屏障通透性增加,可导致毒素和病原微生物透过上皮细胞进入体内(Brown et al.,

2006)。此外,断奶过程中日粮的改变和其他应激因素可促进肠道炎症。肠道炎症似乎可以促进肠杆菌科的增殖(Zeng et al.,2017)。机体对肠道炎症做出响应的过程中会释放一些具有抗菌特性的物质,比如一氧化氮(NO)(Bäumler and Sperandio,2016; Zeng et al.,2017)。然而,NO释放到肠腔后迅速转化为硝酸盐(Bäumler and Sperandio,2016; Zeng et al.,2017)。由肠道炎症引起的富含硝酸盐的肠腔环境促进了大肠杆菌的增殖,这主要是因为大肠杆菌可表达梭菌纲和拟杆菌纲所不具备的硝酸盐还原酶基因(Winter et al.,2013)。有研究显示,在断奶7 d后,仔猪肠道活性氧浓度增加,大肠杆菌的丰度增加。另外,肠道炎症会导致肠血流量增加,从而增加了肠腔中的氧浓度,这导致了兼性厌氧菌的丰度增加以及专性厌氧菌的丰度降低,从而导致肠道菌群多样性的丧失(Zeng et al.,2017)。因此,断奶过程中一连串的事件造成了一个恶性循环,最终导致肠道炎症。抗生素可以促进肠道炎症(Winter and Baumler,2014; Zeng et al.,2017),并与肠道菌群多样性降低有关,各种抗菌剂可能加剧仔猪断奶过程中的恶性循环。

2.母猪妊娠期进程性氧化应激与肠道菌群

随着母猪的妊娠进程,机体的氧化应激水平明显增加(敖江涛等,2016c),并伴随着肠道菌群结构的改变。母猪妊娠早期和晚期相比,肠道颤螺菌属、艾克曼菌属和毛螺旋菌科XPB1014属的丰度降低,而普雷沃菌属的丰度增加(成传尚,2019)。也有研究显示,随着妊娠进程,母猪肠道拟杆菌门、放线菌门、红蝽菌科和埃希氏菌属的丰度增加(Liu et al.,2019)。并且,随着妊娠进程个体之间的Bray-Curtis距离显著增加,说明随着妊娠进程个体间的肠道菌群差异逐渐增加(成传尚,2019)。在母猪妊娠期的日粮中添加高可发酵性的魔芋粉可以缓解母猪妊娠期进程性氧化应激,提高母猪繁殖性能(谭成全,2016)。并且,母猪饲喂魔芋粉日粮显著增加了肠道厚壁菌门的相对丰度,降低了拟杆菌门的相对丰度(谭成全,2016)。

3.热应激与肠道菌群

初产母猪在妊娠晚期遭受热应激,会导致肠道梭菌属和盐单胞菌的丰度增加,而拟杆菌属和链球菌属的相对丰度降低。代谢分析的结果显示,热应激导致母猪粪中丙酸、丁酸、总短链脂肪酸、琥珀酸、延胡索酸酯、苹果酸、乳酸、天冬氨酸盐、乙醇胺,β-丙氨酸和烟酸的浓度降低;而果糖和壬二酸的浓度增加(He et al.,2019)。热应激也会导致生长猪肠道厚壁菌门、螺旋体门和变形菌门的相对丰度增加,而拟杆菌门、纤维杆菌门和放线菌门的相对丰度降低(Le Sciellour et al.,2019)。

在猪只的各个阶段都存在不同类型的应激,严重损伤了肠道,影响了猪只的生长性能。急性应激、断奶应激和慢性应激均会增加机体活性氧的水平,在应激条件下肠道是最早和最易受到损伤的器官,同时也是体内活性氧产生的主要来源,应激损伤肠道的屏障功能,包括物理屏障、化学屏障、免疫屏障、生物屏障。肠道作为维持哺乳动物体内氧化还原平衡的一个主要因素,正受到越来越多的关注,因为它代表着生物体与环境之间的一个主要界面(营养物质和肠道菌群都是氧化应激的来源)。越来越多的证据表明,氧化应激中的ROS可以作为信号分子激活炎性信号通路,放大炎性反应,是各种胃肠道疾病发病的重要因素。此外,动物肠道内定植了数量众多、种类丰富的菌群,它们和宿主间形成了互利共生的关系,同时肠道菌群也是氧化应激的重要来源。菌群维持肠绒毛正常功能、调节免疫反应以及竞争性地抑制致病菌的增殖,也参与了应激响应。本章为在生产中针对不同应激采取营养、环境措施提供一定理论依据。

参考文献

敖江涛,郑溜丰,彭健.进程性氧化应激对母猪繁殖性能的影响及其营养调控.动物营养学报,2016,28:3735-3741.

柴进.宰前应激对猪肉质的影响及其机制研究.武汉:华中农业大学,2010.

成传尚.妊娠期功能性日粮纤维对母猪围产期代谢综合征和仔猪肠道发育的作用及其机制.武汉:华中农业大学,2019.

董仲生.猪运输应激与防制.云南畜牧兽医,2000,1:38.

胡艳欣,肖冲,佘锐萍,等.热应激对猪肠道结构及功能的影响.科学技术与工程,2009,9:581-586.

黄岳新.关于对活猪长途运输的思考.肉类工业,2011,1:50-51.

李继红,朱国标.生化指标及小肠上皮细胞膜结构在热应激中的变化规律.成都军区医院学报,2003,5:12-14.

厉素霞.饲料中铜锌添加标准的变化及超标原因分析.浙江畜牧兽医,2019,44:21-22.

邵峰泉,刘培琼,何刚,等.商品猪运输损耗的研究.畜牧与兽医,1995,27:65-66.

谭成全.妊娠日粮中可溶性纤维对母猪妊娠期饱感和泌乳期采食量的影响及其作用机理研究.华中农业大学,2016.

阳艳林,薛国聪.畜舍内氨的产生、危害及调控措施.养猪,2009,2:46-48,51.

张闯.应激条件下 PNPLA3 基因对猪肝脏脂代谢的影响.北京:中国农业科学院,2019.

张越海,王轶男,于龙政.断奶仔猪应激性腹泻研究进展.吉林畜牧兽医,2017,38:8-10,23.

Abuelo A,Hernández J,Benedito J L,et al.Oxidative stress index(OSi)as a new tool to assess redox status in dairy cattle during the transition period.Animal,2013, 7:1374-1378.

Aldini G,Vistoli G,Regazzoni L,et al..Edaravone inhibits protein carbonylation by a direct carbonyl-scavenging mechanism: focus on reactivity, selectivity, and reaction mechanisms. Antioxidants & Redox Signaling,2010,12:381-392.

Babbs C F.Oxygen radicals in ulcerative colitis.Free Radical Biology & Medicine,1992,13:169-181.

Baird L,Dinkovakostova A T.The cytoprotective role of the Keap1-Nrf2 pathway.Archives of Toxicology,2011,85:241-272.

Balaban R S,Nemoto S,Finkel T.Mitochondria,oxidants,and aging.Cell,2005,120:483-495.

Beltrán G,Jiménez A,Rio C,et al.Variability of vitamin E in virgin olive oil by agronomical and genetic factors.Journal of Food Composition and Analysis,2010,23:633-639.

Bhattacharyya A,Chattopadhyay R,Mitra S,et al.Oxidative stress: an essential factor in the pathogenesis of gastrointestinal mucosal diseases.Physiological Reviews,2014,94:329-354.

Buchholz B,Kaczorowski D,Sugimoto R,et al.Hydrogen inhalation ameliorates oxidative stress in transplantation induced intestinal graft injury.American Journal of Transplantation,2008,8:2015-2024.

Chen Y,Gibson S B.Is mitochondrial generation of reactive oxygen species a trigger for autophagy? Autophagy,2008,4:246-248.

Chiang M L,Chen H C,Chen K N,et al.Optimizing production of two potential probiotic lactobacilli strains isolated from piglet feces as feed additives for weaned piglets.Asian-Australasian Journal of Animal Sciences,2015,28:1163.

Colenbrander B, Feitsma H, Grooten H J. Optimizing semen production for artificial insemination in swine.Journal of Reproduction & Fertility Supplement,1993,48:207-215.

Conner E M,Brand S J,Davis J M,et al.Role of reactive metabolites of oxygen and nitrogen in inflammatory bowel disease: toxins, mediators, and modulators of gene expression. Inflammatory Bowel Diseases, 1996,2:133-147.

Drummond J G, Curtis S E, Simon J, et al. Effects of aerial ammonia on growth and health of young pigs.Journal of Animal Science,1980,50:1085-1091.

Ducatelle R,Eeckhaut V,Haesebrouck F,et al.A review on prebiotics and probiotics for the control of dysbiosis: present status and future perspectives.Animal,2015,9:43-48.

Esworthy R S, Aranda R, Martín M G, et al. Mice with combined disruption of Gpx1 and Gpx2 genes have colitis.American Journal of Physiology-Gastrointestinal and Liver Physiology,2001,281:G848-855.

Farmer C,Lapointe J,Palin M F.Effects of the plant extract silymarin on prolactin concentrations, mammary gland development, and oxidative stress in gestating gilts. Journal of Animal Science, 2014, 92: 2922-2930.

Fazio E, Ferlazzo A. Evaluation of stress during transport. Veterinary Research Communications, 2003, 27:519-524.

Ferraris R P, Carey H V, McCormick D, et al. Intestinal transport during fasting and malnutrition. In Annual Review of Nutrition,2000:195-219.

Furuse M.Molecular basis of the core structure of tight junctions.Cold Spring Harbor Perspectives in Biology2,2010(1):a002907.

Gabbay V,Klein R G,Alonso C M,et al.Immune system dysregulation in adolescent major depressive disorder.Journal of Affective Disorders,2009,115:177-182.

Geiszt M,Witta J,Baffi J,et al.Dual oxidases represent novel hydrogen peroxide sources supporting mucosal surface host defense.Faseb Journal,2003,17(11):1-14.

Hecker L,Vittal R,Jones T,et al.NADPH oxidase-4 mediates myofibroblast activation and fibrogenic responses to lung injury.Nature Medicine,2009,15:1077-1133.

Hicks T A,McGlone J J,Whisnant C S,et al.Behavioral,endocrine,immune,and performance measures for pigs exposed to acute stress.Journal of Animal Science,1998,76:474-483.

Ishihara S,Tada Y,Fukuba N,et al.Pathogenesis of irritable bowel syndrome-review regarding associated infection and immune activation.Digestion,2013,87:204-211.

Johnson T M,Yu Z X,Ferrans V J,et al.Reactive oxygen species are downstream mediators of p53-dependent apoptosis.Proceedings of the National Academy of Sciences of the United States of America,1996, 93:11848-11852.

Kamada N,Seo S U,Chen G Y,et al.Role of the gut microbiota in immunity and inflammatory disease.Nat Rev Immunol,2013,13:321-335.

Keita A V,Soderholm J D,Ericson A C.Stress-induced barrier disruption of rat follicle-associated epithelium involves corticotropin-releasing hormone,acetylcholine,substance P,and mast cells.Neurogastroenterology and Motility,2010,22(7):770,e222.

Konstantinov S R,Awati A A,Williams B A,et al.Post-natal development of the porcine microbiota composition and activities.Environmental Microbiology,2006,8:1191-1199.

Kunwar A,Priyadarsini K.Curcumin and its role in chronic diseases.In Anti-inflammatory Nutraceuticals and Chronic Diseases(Springer),2016,928:1-25.

Lawrence A B, Petherick J C, Mclean K A, et al. The effects of chronic environmental stress on parturition and on oxytocin and vasopressin secretion in the pig. Animal Reproduction Science, 1995, 38: 0-264.

Levesque C L, Hooda S, Swanson K S, et al. Alterations in ileal mucosa bacteria related to diet complexity and growth performance in young pigs. PLoS One, 2014, 9: e108472.

Meissner F, Seger R A, Moshous D, et al. Inflammasome activation in NADPH oxidase defective mononuclear phagocytes from patients with chronic granulomatous disease. Blood, The Journal of the American Society of Hematology, 2010, 116: 1570-1573.

Merlot E, Mounier A M, Prunier A. Endocrine response of gilts to various common stressors: a comparison of indicators and methods of analysis. Physiology & Behavior, 2011, 102(3-4): 259-265.

Moeser A J, Ryan K A, Nighot P K, et al. Gastrointestinal dysfunction induced by early weaning is attenuated by delayed weaning and mast cell blockade in pigs. American Journal of Physiology-Gastrointestinal and Liver Physiology, 2007, 293: G413-421.

Namkung H, Li J, Gong M, et al. Impact of feeding blends of organic acids and herbal extracts on growth performance, gut microbiota and digestive function in newly weaned pigs. Canadian Journal of Animal Science, 2004, 84: 697-704.

Odore R, D'Angelo A, Badino P, et al. Road transportation affects blood hormone levels and lymphocyte glucocorticoid and β-adrenergic receptor concentrations in calves. The Veterinary Journal, 2004, 168: 297-303.

O'Connor E A, Parker M O, McLeman M A, et al. The impact of chronic environmental stressors on growing pigs, Sus scrofa (Part 1): stress physiology, production and play behaviour. Animal, 2010, 4: 1899-1909.

Reuter S, Gupta S C, Chaturvedi M M, et al. Oxidative stress, inflammat-ion, and cancer: how are they linked? Free Radical Biology and Medicine, 2010, 49: 1603-1616.

Rioux J D, Xavier R J, Taylor K D, et al. Genome-wide association study identifies new susceptibility loci for Crohn disease and implicates autophagy in disease pathogenesis. Nature Genetics, 2007, 39: 596-604.

Roldan-Santiago P, Gonzalez-Lozano M, Flores-Peinado S C, et al. Physiological response and welfare of ducks during slaughter. Asian Journal of Animal and Veterinary Advances, 2011, 6: 1256-1263.

Sies, and Helmut. Oxidative stress: a concept in redox biology and medicine. Redox Biology, 2015, 4: 180-183.

Stratakis C A, Chrousos G P. Neuroendocrinology and pathophysiology of the stress system. Annals of the New York Academy of Sciences, 1995, 771: 1-18.

Strickertsson J A B, Desler C, Martin-Bertelsen T, et al. Enterococcus faecalis infection causes inflammation, intracellular oxphos-independent ROS production, and DNA damage in human gastric cancer cells. Plos One, 2013, 8: e63147.

Suiryanrayna M V, Ramana J V. A review of the effects of dietary organic acids fed to swine. J Anim Sci Biotechnol, 2015, 6: 45.

Sun Z, Zhang S L, Chan J Y, et al. Keap1 controls postinduction repression of the Nrf2-mediated antioxidant response by escorting nuclear export of Nrf2. Molecular and Cellular Biology, 2007, 27: 6334-6349.

Suriyasomboon A, Lundeheim N, Kunavongkrit A, et al. Effect of temperature and humidity on sperm morphology in duroc boars under different housing systems in Thailand. J Vet Med Sci, 2005, 67: 777-785.

Sutherland M A, Backus B L, McGlone J J. Effects of transport at weaning on the behavior, physiology and performance of pigs.Animals,2014,4:657-669.

Szanto I,Rubbia-Brandt L,Kiss P,et al.Expression of NOX1,a superoxide-generating NADPH oxidase,in colon cancer and inflammatory bowel disease.Journal of Pathology,2005,207:164-176.

Tian L,Bruggeman G,Van den Berg M,et al.Effects of pectin on fermentation characteristics,carbohydrate utilization,and microbial community composition in the gastrointestinal tract of weaning pigs.Mol Nutr Food Res,2017,61.

Tkachev V,Menshchikova E,Zenkov N.Mechanism of the Nrf2/Keap1/ARE signaling system.Biochemistry(Moscow),2011,76:407-422.

Toescu V,Nuttall S,Martin U,et al.Oxidative stress and normal pregnancy.Clinical Endocrinology,2002,57:609-613.

Tran T H T,Everaert N,Bindelle J.Review on the effects of potential prebiotics on controlling intestinal enteropathogens *Salmonella* and *Escherichia coli* in pig production.J Anim Physiol Anim Nutr(Berl),2016,102:17-32.

Treton X,Pedruzzi E,Guichard C,et al.Combined NADPH oxidase 1 and interleukin 10 deficiency induces chronic endoplasmic reticulum stress and causes ulcerative colitis-like disease in Mice.Plos One,2014,9:e101669.

Trevisi P,Latorre R,Priori D,et al.Effect of feed supplementation with live yeast on the intestinal transcriptome profile of weaning pigs orally challenged with *Escherichia coli* F4.Animal,2017,11:33-44.

Vahjen W,Pieper R,Zentek J.Increased dietary zinc oxide changes the bacterial core and enterobacterial composition in the ileum of piglets.J Anim Sci,2011,89:2430-2439.

Van BeersSchreurs H M G,Nabuurs M J A,Vellenga,et al.Weaning and the weanling diet influence the villous height and crypt depth in the small intestine of pigs and alter the concentrations of short-chain fatty acids in the large intestine and blood.Journal of Nutrition,1998,128:947.

Van den Berg J M,Van Koppen E,Ahlin A,et al.Chronic granulomatous disease:the european experience.Plos One,2009,4:e5234.

VanItallie T B.Stress:a risk factor for serious illness.Metabolism-Clinical and Experimental,2002,51:40-45.

Visekruna A,Joeris T,Seidel D,et al.Proteasome-mediated degradation of IκBα and processing of p105 in Crohn disease and ulcerative colitis.The Journal of Clinical Investigation,2006,116:3195-3203.

W H K.The basic chemistry of nitrogen monoxide and peroxynitrite.Free Radical Biology & Medicine,1998,25:385-391.

Warriss P,Brown S,Knowles T.Measurements of the degree of development of rigor mortis as an indicator of stress in slaughtered pigs.Veterinary Record,2003,153:739-742.

Wathes C,Demmers T,Teer N,et al.Production responses of weaned pigs after chronic exposure to airborne dust and ammonia.Animal Science,2004,78:87-97.

Wathes C,Whittemore C.Environmental Management of Pigs.Kyriazakis I,Whittemore C,Whittemore C T.White of pig production.Oxford:Blackwell Publishing,2006:533-590.

Yan L,Yang C,Tang J.Disruption of the intestinal mucosal barrier in Candida albicans infections.Microbiological Research,2013,168:389-395.

Young I,Woodside J.Antioxidants in health and disease.Journal of Clinical Pathology,2001,54:176-186.

Zhao Y,Flowers W,Saraiva A,et al.Effect of social ranks and gestation housing systems on oxidative stress status, reproductive performance, and immune status of sows. Journal of Animal Science, 2013, 91: 5848-5858.

Zhong W, McClain C J, Cave M, et al. The role of zinc deficiency in alcohol-induced intestinal barrier dysfunction. American Journal of Physiology-Gastrointestinal and Liver Physiology, 2010, 298: G625-633.

Zou Y, Xiang Q, Wang J, et al. Effects of oregano essential oil or quercetin supplementation on body weight loss, carcass characteristics, meat quality and antioxidant status in finishing pigs under transport stress. Livestock Science, 2016, 192: 33-38.

第 6 章 猪的主要消化道疾病

本章提要

猪的消化道疾病特别是仔猪腹泻，是当前集约化养猪的一大难题，给养猪业带来了巨大损失。本章列举了猪的主要消化道疾病，并从病因、临床症状、病理变化、诊断和防控等方面进行了具体阐述，为养猪生产中防控猪的主要消化道疾病提供诊断、预防和治疗的指导。

6.1 概　述

猪消化道疾病是一种以消化道症状为主的综合征，包括呕吐、腹泻、脱水、便血等一系列临床症状。猪的消化道疾病发病率高，致病因素多，易反复发生，已经成为当前集约化养猪的一大难题，给养猪业带来了巨大损失。

仔猪死亡是猪场的一个长期的、难以控制的问题，而腹泻正是引起仔猪死亡的一个重要原因，是安全养猪的“隐形杀手”。此外，有些猪的消化道疫病为人兽共患病，如大肠杆菌病、沙门菌病、轮状病毒病等。因此，正确防控猪的主要消化道疾病不仅是养猪业健康发展的需求，而且具有重要公共卫生意义。

6.1.1 病因及分类

猪常见的消化道疾病可根据疾病发生因素大致划分为两种，即传染性和非传染性因素。其中，传染性因素是饲养过程中消化道疾病发生的主要因素。传染性因素主要包括病毒、细菌、寄生虫、真菌及其毒素。这些因素可通过侵害肠道组织从而引起腹泻等消化系统传染病。

常见的细菌感染引起的猪消化系统疾病主要有大肠杆菌感染引起的仔猪黄痢和仔猪白痢，沙门氏杆菌感染引起的仔猪副伤寒，猪痢疾短螺旋体感染引起的猪痢疾，C 型或 A 型产气荚膜梭菌感染引起的猪梭菌性肠炎（又称仔猪红痢），胞内劳森氏菌感染引起的猪增生性肠炎（又称猪回肠炎或增生性肠病），螺旋菌科弯曲菌属中的胎儿弯曲菌和空肠弯曲菌感染引起的猪空肠弯曲菌病等。

常见的病毒感染引起的猪消化系统疾病主要有猪流行性腹泻、猪传染性胃肠炎、猪轮状病毒病、猪 δ 冠状病毒病、猪库布病毒病等。另外，某些病毒性疾病尽管其主要致病表现不在消化道，但在其发生发展过程中会罹及消化道，引起相应的结构、机能损伤，如非洲猪瘟、猪伪狂犬病、猪瘟、猪圆环病毒病等。

寄生虫也可导致猪出现肠道疾病，如艾美耳科艾美耳属或等孢属球虫感染引起的猪球虫病，猪蛔虫感染引起的猪蛔虫病，结肠小袋纤毛虫感染引起的小袋纤毛虫病，猪毛首线虫感染引起的猪毛首线虫病（又称猪鞭虫病）。

此外，黄曲霉毒素、镰刀菌毒素等真菌毒素也可导致猪胃肠道损伤从而引起严重的胃肠道疾病。

除感染性因素外，饲养过程中很多不利因素也可能引发猪肠道疾病。例如气候急剧变化、饲养密度过高、运输等各类应激因素，饲料品质较差、营养缺乏、重金属等元素超标、日粮抗原过敏、饲养不合理等各类饲养管理因素，也都是常见的引起消化道疾患的非感染因素。

6.1.2 防控原则

针对各种病原引起的传染性的消化道疾病，要认真贯彻执行《中华人民共和国动物防疫法》中提出的方针及政策，采取消灭传染源、切断传播途径、保护易感动物的基本策略，坚持以预防为主、防重于治的防控原则。

消灭传染源要严格按照“早、快、严、小”的原则，做到疫病早发现、快扑杀、严封锁、小范围控制的方式进行处理。针对非洲猪瘟等重大疫病时，要及时发现、诊断并上报疫情，并配合主管部门严格封锁疫区，防止疫情进一步向安全地区散播。对于病死猪，必须严格进行无害化处理，不得食用、出售、随意抛弃。对于患病猪，应在疾病诊断的基础上，根据疫病的不同，采取扑杀、封锁、隔离等措施，并对污染的场所进行彻底的清洁消毒，防止病原体传播扩散。为防止引入传染源，应尽量自繁自养，必要情况下的引种应严格检疫，做好新引进猪的隔离，避免患病猪的引入而导致疫病暴发。对于有治疗价值的患病猪，一定要注意隔离，同时在药敏实验的基础上给予敏感药物治疗。

切断传播途径应特别注意做好杀虫、灭鼠、防鸟、消毒等措施。对圈舍、场地、用具和饮水要进行日常定期消毒。疫病发生时则应强化消毒措施，及时消灭由病畜排出的、可能残留在场地和各种用具中的病原体。由于导致胃肠道疫病的病原体很多是通过粪口途径传播，因此，应特别注意做好粪便的清扫、消毒等管理工作。另外，也要做好杀虫、灭鼠、防鸟等措施，还应特别注意管控猪场人员和其他动物的进出，防止疫病经此而传播。对于饲料、车辆等物资和器械的进入，必要时通过洗消并结合检疫，确保无病原携带。做到全进全出，避免无症状的带毒大猪将病原传染给仔猪从而导致疫病发生。通过切断病原感染的途径，防制疫病的发生。

保护易感猪群的主要目的是提高猪机体对疫病的抵抗力。建立、健全猪群疫苗免疫计划，定期开展猪群免疫状态监测。同时加强猪场生产管理，管控猪场饲养过程中的不利因素，通过调整合适的饲养密度，做好保温通风，保证合理的营养、适口的饲料和清洁的饮水，防止饲料霉变等措施，减少猪群应激，避免非感染因素导致的机体抵抗力降低。

6.2 细菌性疾病

6.2.1 仔猪大肠杆菌病

仔猪大肠杆菌病是由肠杆菌科大肠埃希菌属中的致病性大肠杆菌菌株引起的仔猪腹泻性疾病。

肠道中的大肠杆菌大多数是不具备致病性的菌株，是肠道正常菌群的主要成员，对维持肠道正常生理功能具有重要作用。然而一些致病性的菌株能引起人或猪的大肠杆菌病。根据病原菌的血清型和发病日龄，将其分为仔猪黄痢、仔猪白痢和仔猪水肿病三种类型。

仔猪黄痢通常发生于1～7日龄仔猪，常呈急性发作，具有黄色水样腹泻、高度致死的特征，又称速发型大肠杆菌病。仔猪白痢则引起10～30日龄的哺乳期仔猪发生腹泻，又称迟发型大肠杆菌病。仔猪黄白痢是目前许多规模养猪场和农村散养户最为头疼的病症之一。

1.病原

大肠杆菌属于革兰氏阴性的兼性厌氧菌。形态为两端钝圆，直杆状，无芽孢。最适生长条件是37℃、pH 7.0～7.4。大肠杆菌在普通培养基上生长良好，在营养琼脂上可形成半透明的、光滑湿润、凸起的、灰白色圆形菌落，直径约3 mm；在麦康凯琼脂培养基上形成红色菌落；在伊红美蓝琼脂培养基上形成有金属光泽的黑色菌落；在SS琼脂上生长较差甚至不生长，菌落呈红色。

大肠杆菌基本的生化实验特点为：可迅速分解多种碳水化合物，如葡萄糖、乳糖等，并产酸产气；可还原硝酸盐，产生靛基质，但不产硫化氢；MR试验呈阳性、VP试验呈阴性；不分解尿素、不能利用柠檬酸盐、不能液化明胶。另外，还有部分大肠杆菌具有特殊的生化反应。

致病性大肠杆菌和非致病性大肠杆菌仅在抗原结构上不同。大肠杆菌根据菌体(O)抗原、鞭毛(H)抗原、荚膜(K)抗原可划分为不同的血清型。根据致病性特点，引起腹泻的大肠杆菌可分为：①肠产毒素大肠杆菌(ETEC)，主要引起儿童和幼龄动物患病，常发生水样腹泻、脱水和迅速死亡。毒力因子主要有黏附素和肠毒素。一般猪源ETEC带有K88、K99、987P和(或)F41黏附素，常见血清型有O6、O8、O15、O5、O7、O4、O63、O87、O148、O159等。②肠致病性大肠杆菌(EPEC)，主要引起儿童和幼龄动物严重腹泻，死亡率高。常见血清型有O6:H11、O55:H6、O86:H、O111H、O119、O15H4、O16H5、O17、O18ab及O14等。③侵袭性大肠杆菌(EIEC)，主要侵袭大肠上皮细胞，引起炎症和溃疡，从而产生腹泻和血便。④肠出血性大肠杆菌(EHEC)，可使人和多种动物出现血便、血尿甚至死亡，其主型为O157:H7和O154:H4。

大肠杆菌广泛存在，阴暗、潮湿、温暖的环境下可存活1个月，寒冷、干燥的环境下可存活更长时间(郭爱珍，2007)。在水和土壤中存活长达数月。一般常用的消毒药液都可用于杀菌，60℃加热15min也可使大肠杆菌死亡。

2.流行病学

幼龄动物特别易感。仔猪黄痢一周龄以内仔猪多发，以1～3日龄居多；仔猪白痢常发生于10～30日龄的哺乳仔猪。

患病和带菌动物是主要传染源，细菌随粪便排出体外后，污染饲料、饮水、母猪的皮肤和乳头，初生仔猪通过吸吮带菌乳汁或饮食而感染。

该病一年四季均可发生。仔猪黄痢常波及同窝90%以上仔猪，病死率可高达100%。仔猪白痢同窝发病率为30%左右，病死率为5%(蔡宝祥，2001)。圈舍不洁、阴冷潮湿、冷热不定、发生应激和缺少母乳等管理因素易导致本病发生。

3.临床症状和病理变化

(1)仔猪黄痢　仔猪出生时通常一切正常，经过12h一两只仔猪突然发病，全身衰弱而死，并通过粪便将细菌传染给其他仔猪。1～3 d内同窝其他仔猪陆续出现腹泻、排出黄色水样稀便，内含凝乳块。该病病程短，发病快，腹泻仔猪很快出现脱水消瘦，仔猪各器官衰竭，昏迷致死。

病猪脱水严重，小肠肠腔充满黄色粥样内容物和气体，肠壁变薄，浆膜层有不同程度的充血和水肿。大肠病变较小肠轻，黏膜出现散在性充血、水肿，内容物稀薄。十二指肠病变最为严重，呈红色甚至暗红色。空肠和回肠病变程度较轻。

(2)仔猪白痢　仔猪突然发生腹泻、粪便呈乳白色或灰白色粥样，腥臭难闻。治疗不及时腹泻可加剧，导致病猪肛门周围和后肢常有粪便沾染。病程 2～3 d，通常能自行康复，很少死亡。但个别抵抗能力差、日龄小的仔猪会出现精神沉郁、食欲较差、日渐消瘦，极度衰弱致死。

病理变化主要集中于患病猪的胃及小肠前部。胃内可见少量的凝乳块，胃黏膜充血、水肿，表面有黏液(谈鹏，2013)。肠系膜淋巴结水肿，肠腔内有少量白色腥臭稀便并被气体充满，肠壁非薄，肠黏膜易脱落，呈急性卡他性炎症，其中十二指肠的症状最为严重。其他部位病变表现为可视黏膜苍白，心肌柔软，心冠脂肪胶样萎缩，肝、胆囊肿胀，肾脏发白等。

4.诊断

根据该病流行病学、临床症状、病理变化特点可做出初步诊断。确诊需进行细菌学检查，一般可采取血液、内脏组织，如肝、脾和肠管等病料进行细菌学检查。首先将病料涂片、染色、镜检，再进行分离培养。在鲜血琼脂培养基上大肠杆菌与其他细菌不易区分。可先用麦康凯培养基或其他选择性培养基分离大肠杆菌，再进行大肠杆菌的生化特性和血清型鉴定。由于大肠杆菌也是动物消化道的常在菌，因此只有根据动物感染试验确定大肠杆菌的致病性才能做出诊断。

5.防控

该病防控重在预防。预防则主要从加强环境卫生管理、母猪和仔猪保健、减少应激、疫苗免疫方面进行。例如，应加强妊娠动物产前、产后饲养和护理。要在母猪分娩前，彻底清扫圈舍，并使用消毒药、草木灰或生石灰等消毒。母猪的乳头可用高锰酸钾水擦拭。注意保持环境的干燥、卫生、温度适宜。仔猪出生后，应及时吸入初乳，勿过饱或过饥，勿随意更换断乳料，避免各种应激因素。风险较高时，可根据情况对母猪进行疫苗免疫，可使用 K88、K99 双价基因工程疫苗或 K88、K99、987P 三价基因工程疫苗，也可用本地优势血清型大肠杆菌制备的灭活疫苗免疫妊娠母猪，以预防新生仔猪发病(刘峰，2010)。

治疗时应根据分离菌的药敏试验结果，选择合适的敏感抗菌药物，如恩诺沙星、庆大霉素、氨苄西林等进行治疗，并辅以对症疗法。一些活菌制剂，如促菌生、调痢生等也具有治疗大肠杆菌性腹泻的良好功效。

6.2.2　仔猪副伤寒

仔猪副伤寒(猪沙门菌病)是由致病性沙门菌引起的一种仔猪高发的条件性传染病。该病在临床上多表现为肠炎和败血症，可使妊娠母猪流产。

1.病原

引起仔猪副伤寒的病原主要有猪伤寒沙门菌、鼠伤寒沙门菌及猪霍乱沙门菌。另外，肠炎沙门菌、都柏林沙门菌也可引起。该菌为革兰氏阴性菌，镜检呈现中等大小、两端钝圆、短杆状或长丝状，菌体周围有鞭毛，可自行运动，无荚膜，不产芽孢。

该菌适宜在37 ℃、pH 7.4～7.6、需氧或兼性厌氧条件下培养。在普通琼脂上生长良好，麦康凯琼脂上可长出无色菌落。可在一定程度上抵御日照、干燥和腐败，在外界环境中可以生存几周、几个月乃至几年(赵丽华，2019)。经常使用的消毒剂，如含碘消毒剂、含氯消毒剂、氧化剂类消毒剂等均可杀灭沙门菌。

2.流行病学

该病一年四季均可发生，寒冷时节多发。一般1～4月龄的仔猪最易散发感染，有时呈地方性流行。健康猪体内常携带有病原菌，遇到气候恶劣多变、寒冷潮湿，或更换饲料、长时间运输等应激因素，可以诱发本病。

传染源主要是病猪和带菌猪，病原菌通过排泄物和分泌物排出体外，污染环境、饮水、用具等，经过消化道传播给其他猪。仔猪也可通过带毒母猪的子宫或脐带感染。该病往往继发于猪瘟等传染病。

3.临床症状

仔猪副伤寒的潜伏期通常根据仔猪抵抗力以及感染的细菌数量，可达数天到数月不等，感染可分为急性型、亚急性型和慢性型。

急性型多发于断奶仔猪，表现为体温升高可达41℃，精神、食欲不振，先便秘后腹泻，偶见呕吐，胸前、腹下、耳背等处皮肤出现紫色淤血斑。急性型病程一般1～5 d，发病率低于10%，病死率最高可达40%。

亚急性和慢性型表现为长期腹泻，呈典型僵猪样，脱水严重、贫血、被毛杂乱，粪便中常含有坏死组织、饲料团块及纤维素。

4.病理变化

急性型病理变化表现为败血症样病变，病猪体表皮肤有出血斑块，肝、脾、肾、淋巴结等器官充血出血。脾脏特征性肿大，脾间质增生，脾髓不软化。肠道出现浆液性、出血性炎症，肠系膜淋巴结水肿。

亚急性和慢性型的主要病变在肠道，特别是盲肠和结肠，表现为纤维素性坏死性肠炎，肠系膜淋巴结出血、水肿。脾肿大，脾和肝可见灰黄色坏死灶，胆囊黏膜坏死。

5.诊断

根据仔猪副伤寒的流行病学特征、症状和病理变化特点，可做出初步诊断。主要表现为1～4月龄仔猪散发或地方流行；临床症状表现为体温升高、营养不良、持续下痢等；病死猪剖检可见肠系膜淋巴结肿大、黏膜出血肿胀，脾特征性肿大，肝、脾、肾有米粒状坏死灶，或出现大肠黏膜增厚，有溃疡、坏死，黏膜表面有灰白色假膜等。确诊主要依据沙门菌的分离鉴定，也可结合PCR检测技术快速诊断。

6.防控

预防本病应做好饲养管理，消除应激等各种发病诱因。首先要做好严格的清洁、消毒工作，保持圈舍及各种用具干净卫生，保证饲料饮水清洁无污染。其次要加强初生仔猪管理，尽早食初乳，引料、补料及时。仔猪断奶前后，可应用疫苗预防。经常发生仔猪副伤寒的猪场和地区，也可用本地流行的分离株制备的单价灭活疫苗。另外，引进猪要严格检疫并采取隔离措施，防止带入病原。治疗时要根据分离病原的药敏试验结果，酌情使用敏感抗生素进行治疗。

6.2.3 猪痢疾

猪痢疾是由猪痢疾短螺旋体引起的一种猪的肠道传染病，又称猪血痢或猪黑痢。

1.病原

猪痢疾短螺旋体，曾名为猪痢疾密螺旋体或猪痢疾蛇形螺旋体，螺旋体科短螺旋体属。菌体柔软细长，有 4～6 个弯曲，短螺旋状，形如弹簧，原核单细胞微生物，具有不定型的核，不形成芽孢。猪痢疾短螺旋体革兰氏染色阴性，苯胺或吉姆萨染液均良好着色。

因严格厌氧，培养时采用胰胨大豆鲜血琼脂培养基或者是胰胨大豆汤培养基。在一个大气压，80%H_2(或无氧 N_2)、20%CO_2 以钯为催化剂的厌氧罐内，37～42 ℃培养 6 d，接种到鲜血琼脂上可见明显的β溶血，溶血边缘菌落呈扁平云雾状或针尖状半透明样(李常德，2009)。

猪痢疾短螺旋体的生存能力较强，在 0～10 ℃粪便中可存活 48 d，5 ℃存活 7 d，37 ℃存活 4 h，在土壤中的存活能力更强，约 100 d，在−80 ℃超低温时可以存活 10 年以上。但对阳光照射、干燥、热、氧敏感，对其所在的粪便进行干燥处理后，迅速失活。同时对一般消毒剂也较为敏感，如一般浓度的氢氧化钠、过氧乙酸、次氯酸钠等都可迅速杀死猪痢疾短螺旋体。

2.流行病学

该病呈全球性分布，一般只引起猪发病。不同品种、不同年龄的猪均可感染，以 2～3 月龄幼猪发生最多。该病总体发病率低，无明显季节性，四季都可发病。猪痢疾短螺旋体可随粪便排放。流行期长，传播速度慢，若被感染，较难彻底清除，停药易复发。

带菌猪、病猪是主要传染源，痊愈后的猪带菌率很高，且可维持 70 d 以上。该病主要通过接触带菌的粪便传播。狗、老鼠、鸟和苍蝇是猪痢疾的主要传播媒介。运输、养殖密度大，寒冷、炎热或环境卫生差等均可诱发本病。引入带菌猪群，污染的饲料、运输车辆以及接触过传染源的人员进入猪场也可能导致疫情暴发。

3.临床症状

猪痢疾短螺旋体感染的潜伏期为 3～30 d，根据发病程度临床上可以分为三种类型。

最急性型：常见于流行初期，病程较短，一般为 1～4 h，死亡率极高，但感染数量较少。有些病猪尚未出现明显症状，就突然死亡。大多数表现腹泻症状，初为黄灰色稀便，后转为水样腹泻，随着病情的发展，粪便中含有脱落的肠道黏膜和血块，味腥臭。病猪食欲不振，精神萎靡，肛门松弛，排便失禁，严重脱水。

急性型：此类型多发生于流行的初期和中期，初期排出较硬的条带状黏液粪便，随后排出黄色稀便，混杂血凝块、组织碎片及脓液，最后排出红色胶胨样，散发特殊腥臭味的水样粪便。病猪体温稍高，精神萎靡、食欲减退，机体快速消瘦，由于脱水、高血钾症以及酸中毒而死亡，病程 7～10 d(杨亮宇，2010)。

亚急性和慢性型：一般出现在猪群暴发本病的后期阶段。慢性型的病猪病程长，症状轻，表现为反复下痢、消瘦、停止生长，粪便中血液较少。

4.病理变化

本病的病变主要在结肠，小肠几乎没有病变。

急性型病猪肠管呈红色，黏膜肿胀，呈卡他性、出血性炎症，黏膜表面带有黏液、沾有含血液的纤维素，肠管内容物软而稀，带有黏液、血液和组织碎块。

亚急性和慢性病例主要表现为坏死性肠炎，浆膜表面出现白色、稍突起的病灶，肠黏膜充血、出血、明显肿胀，典型的皱褶消失，黏膜常附有沾血的纤维素。结肠内容物软而稀，呈酱油色，含黏液和坏死组织碎块。病程长的可见肠壁水肿减轻，黏膜表面弥漫性坏死，形成较厚的纤维素性假膜，呈麸皮样或豆腐渣样，剥去假膜可见浅表糜烂。其他脏器和小肠均无明显病变，可由此与其他腹泻病区分开。

5.诊断

临床上可根据 7～12 周龄猪多发，粪便带血或黏液和脱水等症状，以及局限于大肠的弥漫性、出血性、坏死性肠炎，其他脏器无明显的病理变化的特点，做出初步诊断。

确诊时一般先进行定性分析。取少许混杂黏液、血丝的粪便直接进行抹片，干燥固定后，使用吉姆萨染液、结晶紫染液进行染色，镜检观察是否都存在两端尖锐、有 4～6 个弯曲的猪痢疾短螺旋体。也可将病料加适量生理盐水，放在显微镜下观察，视野中若存在多个呈蛇形运动、缓慢旋转、两端尖锐的活泼螺旋体，即可怀疑本病。

确诊需取结肠黏膜刮取物用于病原分离培养和鉴定。病料经过 10 倍稀释后，在含有 50%兔脱纤血，且含有 400 μg 壮观霉素的胰酪胨血琼脂培养基上进行划线接种，厌氧培养5～6 d，观察到透明的针尖样或云雾状的菌落，并出现明显的 β 溶血环。挑取典型菌落进行涂片、镜检，能够看到典型的病原体。再取培养物接种健康仔猪、豚鼠或者小白鼠，对其发病和病变情况进行观察，或者给公兔腹腔注射结肠病料剁碎液，经过 5～10 d 进行睾丸穿刺检查，如果存在猪痢疾短螺旋体，即可确诊发生该病（王志前，2013）。

6.防控

控制本病应采取严格检疫、严格消毒、加强饲养管理等综合防控措施。引进生猪时，要做好来源调查，避免从疫区引种，引入后必须隔离一个月。全进全出，清栏后按照程序对圈舍和环境进行彻底的清洁消毒，进猪后每周实行带猪消毒。饲料和饮水做好防污染处理，定时定量供应。最好饮用自来水或深井水，水具定时清洗、消毒。粪便及时清扫和消毒。不同猪舍的饲养员减少接触，饲喂器具避免相互借换，谢绝疫区人员来访。

发现病猪迅速隔离。病猪的粪便需要彻底清理和消毒，防止病原扩散。发病猪场最好空舍 3 个月以上，且保持舍内干燥通风。尸体统一无害化处理，所有器具彻底消毒。

治疗时可采用痢菌净进行肌肉注射，也可在饲料中添加痢立清、痢菌净、新霉素、林可霉素等，搅拌均匀后饲喂病猪。此外，对腹泻引起的脱水、电解质平衡失调、黏膜吸收障碍等问题，采取适当的对症治疗，补充病猪的电解质及体液，提高猪的抵抗力。

6.2.4 猪梭菌性肠炎

猪梭菌性肠炎（仔猪红痢）又称猪传染性坏死性肠炎，是由 C 型或 A 型产气荚膜梭菌感染引起的 1 周龄内仔猪的一种急性、高度致死性肠道传染病。

1.病原

产气荚膜梭菌为革兰氏阳性厌氧菌，有荚膜，大杆状。该菌广泛分布于自然界的河流、土壤中，污水以及粪便中也存在该菌，养殖场是产气荚膜梭菌分布的重灾区。其血清型有多种，常见的主要为 A 型、C 型和 D 型 3 种。

C 型产气荚膜梭菌是 1 周龄内仔猪坏死性肠炎的主要病原，能产生 α 和 β 毒素，β 毒素的致病性更强。A 型产气荚膜梭菌也是仔猪坏死性肠炎的主要病原，还可导致哺乳猪和育肥猪的轻微坏死性肠炎和绒毛退化，主要产生 α 毒素。

2.流行病学

本病呈世界性分布，在我国，该病通常不出现大面积流行，即使是同一个猪场，也多以散发的病例出现。该病发生得较快，潜伏期仅数小时，病程短，病死率非常高。不呈现明显的季节性，任何季节都可发生。

所有品种的猪都易患此病，由于新生仔猪胃肠道生理机能发育不完善，使得产气荚膜梭菌在小肠内大量繁殖，产生毒素而诱发。一旦仔猪群感染，猪圈或者猪场内就会持续存在。在母猪分娩时该病暴发，甚至会导致所有仔猪发病死亡。同一猪群内不同窝次的病猪，病死率不同。1～7 日龄的仔猪易患此病，3 日龄内的仔猪发病率最高，有时可达 100%，1 周龄以上的猪则很少发病(焦静波，2009)。

3.临床症状

最急性型：在产出当天发病，突然排出水样血便，精神萎靡，衰弱无力，迅速进入濒死状态，少数病猪仅表现呼吸衰竭而死。

急性型：最为常见，病程可维持数天，排出淡红色稀便，内含组织碎块和气泡，味道腥臭，黏附在病猪的整个后躯上，机体消瘦、脱水、严重营养不良，衰竭，最终因无法吸奶而死亡。

亚急性型：病猪开始有良好的精神和食欲，排出黄色软便，后期排出含有坏死组织块的粥样粪便，最后严重脱水、消瘦，极度衰竭死亡，病程通常持续 5～7 d。

慢性型：病猪会出现持续 1 周至几周不等的腹泻，排出灰黄色黏液样粪便，沾污肛门四周、尾巴以及后躯。精神状况较好，但生长发育停滞，身体虚弱，经过几周变成僵猪或者发生死亡。

4.病理变化

病变主要集中在空肠，偶尔延续到回肠。空肠与其他肠段界限分明，呈明显的暗红色，肠腔内有大量血液，黏膜和黏膜下层广泛出血，肠系膜淋巴结出血变红。病程长则病变以坏死性炎症为主，出血不明显，可形成易剥落的坏死性假膜。坏死肠段的浆膜下层及肠系膜淋巴结中可观察到小气泡。脾边缘和肾皮质有部分点状出血现象，肾整体呈灰白色。组织病理学检查可见肠黏膜下层和肌层有炎性细胞浸润。

5.诊断

根据 3 日龄以内仔猪发生血痢、病死率高、病程短，病理变化有血痢和坏死性肠炎特征等可初步诊断，然后进行实验室检查，包括染色镜检、细菌分离培养和鉴定、以及肠毒素检查。

检测细菌毒素基因类型的 PCR 与多重 PCR 等方法正在逐步取代常规的动物体内毒素测定方法。

6.防控

预防本病最重要的是做好产房及周围环境的卫生消毒工作。接生前对母猪的乳头进行清洗和消毒，可以减少本病的发生和传播。目前预防本病最有效的办法是通过给妊娠母猪免疫氢氧化铝梭菌菌苗和仔猪红痢干粉活疫苗(何大红，2009)。

如果猪场已经出现病猪，立即进行隔离治疗，同舍的其他猪可进行紧急免疫，防止被感染，同时全面清扫猪舍以及周围环境，并使用 0.3%过氧乙酸和 0.5%百毒杀交替进行严格消毒，持续 5 d。病死猪必须无害化处理，防止疫情扩散和传播。

感染早期，肠内毒素还未大量进入血液，肠黏膜还没有遭到大面积破坏时，及时口服抗生素，能快速抑制产气荚膜梭菌的繁殖和代谢，进而阻止疾病的发展。发病猪也可用泰乐菌素和林可霉素注射液在颈部两侧肌肉进行注射治疗，还可灌服盐酸环丙沙星或硝酸铋。

6.2.5 猪增生性肠炎

猪增生性肠炎又称猪增生性肠病，也称为猪回肠炎，是由胞内劳森氏菌引起的一种断奶仔猪多发的肠道疾病，回肠和结肠中未成熟的隐窝肠细胞有特征性的根瘤样增生。增生性肠炎可导致病猪间歇性下痢、食欲减退、生长减缓，且病死率高，使养猪业遭受严重损失。

1.病原

胞内劳森氏菌属于脱硫弧菌科，革兰氏阴性菌，抗酸染色为阳性，只有一个血清型，菌体呈弯曲状或直杆状，两头尖锐或钝圆，长度为 1.25～1.5 μm，直径为 0.25～0.43 μm，多数菌体无菌毛不能运动，少数菌株两端有鞭毛。

本菌主要在肠黏膜细胞中生长，是专性胞内寄生菌，无法在普通培养基中培养，在有细胞且存在微量氧气的环境中才能繁殖，最佳氧气含量为 8%，一般可在人胚肠细胞、豚鼠大肠癌细胞、大鼠回肠上皮细胞、猪小肠上皮细胞、人肠上皮细胞等细胞系上培养。

该菌对外部环境具有较强的抵抗能力，一般消毒剂中，仅对含碘和季铵盐的较为敏感，但对大多抗生素敏感。

2.流行病学

该病在世界范围内广泛存在，呈全球散发性流行，在不同的季节、不同的养殖地区、不同的养殖管理模式下都可发生。除了侵害猪以外，还可以侵害马、兔、仓鼠、雪貂等其他经济动物。各种年龄的猪都可感染，但多发于断奶后的仔猪，特别是体重在 18～45 kg 的猪，少数育肥猪也可感染。

病猪和带菌猪如若管理不当，易成为传染源。其排出的粪便易污染饮水、饲料，通过口腔感染其他健康猪只，这是主要的传播途径。饲养环境管理不当时，可导致急性出血性增生性肠炎进一步暴发，而慢性发展的地区性猪增生性肠炎猪群中，猪的粪便也是新的传染源（崔金霞，2017）。

本病常由应激因素引起，包括气候变化快、昼夜温差大、运输距离远、潮湿闷热、饲养密度高、频繁转群、打架等。疫苗接种计划不当，抗生素应用不当导致菌群失调，或其他肠道病原菌感染也可以诱发本病。更为常见的是病毒性疾病的继发或者其他病原的混合感染。另外，猪场内外的野生动物也促进了本病的传播。

3.临床症状

本病的潜伏期为 2～3 周，体温无明显变化（马丽，2017）。按照病程可表现为急性型、慢性型和亚临床型。

急性型比较少见，多发于 4～5 月龄的成年猪、后备母猪或经产母猪，表现为急性的肠道出血和贫血症状，死亡率约 5%，一般称急性出血性猪增生性肠炎。后期存活的病猪血便渐渐转为黄色，逐渐恢复健康，不表现明显的体重下降。有的猪未出现粪便异常，仅皮肤苍白，精神萎靡，便突然死亡。怀孕猪感染出现症状后会在 6 d 内流产，生存下来也会部分丧失繁殖力（陆春延，2018）。急性型感染的母猪后代不能获得对该病的保护力。

慢性型在临床上最为常见，多发于 6～12 周龄的育肥猪，猪群中发病率不超过 50%，且仅有 10%～15%出现症状，表现为腹泻和增重减慢，严重的变成典型僵猪样。部分患病猪初期症状轻微，治疗不及时则体温会升高到 39～40 ℃、食欲废绝、间歇下痢、贫血消瘦，粪便呈煤焦油样，内含血液、组织碎块、饲料块。大多数无并发症的慢性感染猪只可在 4～10 周内慢慢恢复。

亚临床型的猪是无明显症状的带菌猪，偶有轻微腹泻，少量猪转化为慢性回肠炎消瘦死亡，大部分猪几天就可痊愈，但也会导致生产性能下降，给猪场带来损失。1 月龄内的仔猪在母源抗体的保护下一般无明显症状，后期可能会因为其他应激因素或继发感染而表现症状。

4.病理变化

急性型病变表现为回肠末端和结肠的坏死、出血，有时可见表面附有灰黄色假膜，剥落假膜可见浅表溃疡，肠系膜淋巴结颜色变淡、肿胀，切开有液体流出。

慢性型病变表现为小肠末端和邻近结肠上 1/3 处的增生性变化，肠壁变厚、肠管变粗，严重时病灶会向上往空肠或向下往盲肠和直肠发展。在轻微病变时只会在小范围有病理变化，因此检查时应仔细观察最可能感染的邻近回盲瓣的回肠末端区域，可见感染部位肠管肿胀变粗，内部充满液体或血凝块，肠系膜及肠系膜淋巴结等部位水肿。重症猪感染部位肠黏膜出血，肠道内充满血液和血凝块，有坏死性炎症，肠黏膜脱落嵌入褶皱内形成大脑脑回样。

5.诊断

在猪场中发现猪群生长发育不良、消瘦、贫血、饲料利用率降低，且病猪排出煤焦油样稀便，应引起特别注意。应对病变肠段进行组织学检查，肠黏膜见不同程度的增生性变化是主要特征。

本菌难以人工培养，不能用常规的细菌学检查方法诊断，可采用灵敏度更高的免疫组化法、PCR 等病原检测方法（张洪波，2017）。

6.防控

本病传入猪场后难以清除和净化，因此防控非常重要，要特别注意加强生物安全措施，加强饲养管理，实行全进全出，各个年龄阶段的猪群要分开饲养。

注意保持圈舍干净卫生、温度适宜、通风良好，还要防范老鼠和鸟类传播疾病。由于粪便是主要的传播途径，要及时清理母猪粪便，将母猪与仔猪及时隔离。此外，清栏或转群后的圈舍要彻底打扫消毒，防止残留的病原感染下一批猪。最后应做好饲料管理，饲喂营养丰富、结构合理的全价饲料，并适当增加粗纤维含量，减少可溶性非淀粉多糖，以有效减少回肠炎的发生。

治疗时可使用青霉素、泰乐菌素、泰妙菌素、硫酸粘杆菌素等常规药物。根据实际发病情况用药，已表现出症状的猪和密切接触的猪要一起治疗，症状严重的猪治疗的同时应隔离，防止全群感染。

6.3 病毒性疾病

6.3.1 猪流行性腹泻

猪流行性腹泻是由猪流行性腹泻病毒（porcine epidemic diarrhea virus，PEDV）引起的一种急性高度接触性肠道传染病，其特征临床表现为呕吐、水样腹泻、脱水及体重减轻，各种年龄猪均易感，小于2周龄的新生仔猪发病最严重，有时死亡率可高达100%。

自1970年初欧洲发现该病毒后，我国陆续有发生本病的报道，并在80年代成功分离了病毒（蔡宝祥，2002）。然而2010年出现的高致病力的毒株在中国广泛流行，使得许多猪场遭受严重损失，而且该病在世界各国反复出现，给全世界的养猪业都带来了灾难性的打击。

1.病原

猪流行性腹泻病毒属于冠状病毒科α冠状病毒属，是含有约28 kb的线性单股正链RNA的病毒。病毒略呈球形，外有囊膜包被，囊膜上有花瓣样纤突，排列整齐呈皇冠状。

PEDV可在Vero传代细胞中通过添加胰酶进行传代培养，也可以在猪肾细胞和猪睾丸细胞中培养，产生明显的细胞病变。PEDV对外部环境的抵御能力较弱，对乙醚、氯仿敏感，一般消毒剂都可将其杀灭，且不耐高温，在60 ℃条件下30 min或85 ℃条件下5 min就会失去感染力（倪艳秀，2001）。

2.流行病学

猪流行性腹泻病毒可在猪群中长期存在，各个年龄的猪都易被感染，其中对新生仔猪的危害最大，发病率和病死率可达100%，育肥猪和架子猪发病率也可达100%，母猪发病率在15%～90%之间（Straw，2008）。

病猪和带毒猪排出的粪便是主要的传染源和传播途径，一般经过粪便-口腔途径可自然感染其他健康猪只。健康猪和病猪的直接接触，与粪便污染的鞋子、衣物、运输车辆或其他生物及非生物的间接接触均可传播本病。

本病一年四季均可发生，多发于寒冷的冬天，但近年来我国夏季也有暴发流行的情况，发病区域遍及全国，在我国猪病毒性腹泻中占主导地位。总的来说，本病的发病率高，死亡率低，但对新生仔猪而言发病率和死亡率都极高（Zimmerman，2021）。

3.临床症状

通常具有2～4 d的潜伏期。

临床上常见哺乳仔猪感染引起的暴发性腹泻，稀便如水样，一般为灰黄色，还伴有呕吐症状，脱水明显。1周龄以内的仔猪发病约4 d内就会因为失水过多而死亡。病死率可达50%。

断奶猪、育肥猪以及母猪症状较轻，表现为呕吐腹泻、食欲下降、体重减轻，少数猪体温升高、精神不振，在精心护理下，症状可在4～14 d内逐渐消退（付梦瑾，2013）。成年猪在无继发疾病的情况下一般很少发生死亡，仅有轻微的厌食、呕吐等症状。

4.病理变化

病猪尸体外观可见脱水严重，后躯沾染粪便。剖检观察到小肠肿大，充满淡黄色液体，肠壁变薄变透明，部分区域小肠黏膜有出血点，小肠绒毛萎缩变短甚至消失，肠系膜淋巴结水肿。胃内一般比较空虚，有时充满淡黄色液体。其他实质器官无明显的病变。

5.诊断

可根据流行特点、临床症状以及病理变化进行初步的判断。根据该病发病率高、新生仔猪病死率高但其他猪只病死率低且多发生于寒冷季节的流行特点；临床上常见哺乳仔猪以爆发性腹泻的形式出现、伴发呕吐和脱水等症状；病理剖检时常见病死猪小肠内充满黄色液体，部分伴有黏膜出血点，显微镜下可见小肠绒毛缩短等特点，做出初步诊断。但由于本病与传染性胃肠炎等病毒性腹泻在临床症状上较难区分，最终确诊需要进行实验室检查，如RT-PCR、胶体金、免疫电镜技术、免疫组化、荧光抗体技术、ELISA等方法检测病原。

由于 PEDV 对外界环境抵抗力较弱且很难分离培养，为获得准确客观的实验结果，正确的采样对于疫病诊断是非常重要的。最理想的样品是腹泻 4 h 之内的活猪小肠、盲肠、粪便等。对于急性死亡的病例，需要在几分钟内完成采样，并立即放入事先准备的冰盒中。

可直接取病猪的粪便、病死猪的新鲜肠段，迅速冷藏至接种胎猪肠组织原代细胞或 Vero 细胞培养分离病毒。亦可应用病猪小肠冰冻切片或触片做荧光抗体检测来确定病料中的病毒。

病毒分离方法时间长、灵敏度不高。RT-PCR 方法敏感度高，是目前常用检测方法之一。目前，基于探针的荧光定量 RT-PCR 方法也是常用检测方法。该方法灵敏度更高、特异性好，且扩增后可直接得到结果。

除此之外，检测 PEDV 的 ELISA 方法可以直接检测粪便抗原，方便又适合临床使用。胶体金试纸条的应用也颇多，5～10 min 即可检出结果，适合基层使用，但灵敏度偏低。

6.防控

加强饲养管理、做好生物安全防控是预防本病的关键。预防本病平时应加强饲养管理，控制人员和车辆流动，严格执行卫生消毒和隔离制度，采用全进全出等一系列生物安全措施。猪流行性腹泻发生高峰期(冬、春季节)或高风险地区采用封场措施。所有人员进入厂区前彻底沐浴更衣，进入厂区的设备车辆等要做好消毒，防止将病原带入厂内。养猪场圈舍应及时清理粪便，定期打扫、消毒地面和各种设施，保持圈舍内干燥通风。特别注意加强产房生物安全管理，产房使用前建议烘干，使用时要保持温度适宜，减小温差。饮水保持新鲜，无污染。饲喂母猪要营养均衡，保证母猪奶水充足，哺乳期间应做好母猪乳头清洁卫生消毒工作，接产器械应严格消毒，仔猪出生后帮助仔猪及早吸吮初乳，及时对产后母猪进行护理，增加饲料投喂量。对于断奶后的保育仔猪，要采用少食多餐的饲养方法，避免仔猪过饱。

免疫预防也是防控本病的重要手段，做好母猪的基础免疫是首要措施，初乳中含有的抗体可以为新生仔猪的免疫力提供保障。目前市场上常用的疫苗有猪流行性腹泻的弱毒苗或灭活苗(徐国栋，2011)。弱毒苗适用于首次免疫或紧急接种，可以快速产生免疫力；灭活苗的安全性更好，且不易被母源抗体干扰。养猪场可根据本场流行毒株选择相应毒株制备的疫苗进行免疫。

目前猪流行性腹泻无特效治疗药物和方法，主要是支持疗法。主要应对策略是早发现、早治疗，对于发病猪及时补液，并尝试使用抗菌药、助消化剂等，防止严重脱水和其他病毒或细菌引起的继发感染。发病早期可使用高免血清、卵黄抗体配合干扰素治疗。初生仔猪可提供其他乳制品，替代感染母猪的乳汁。

6.3.2 猪传染性胃肠炎

猪传染性胃肠炎是由猪传染性胃肠炎病毒(transmissible gastroenteritis virus，TGEV)引起的一种急性消化道传染病，往往突然发病后迅速传播至整个猪群，以引起严重的腹泻、呕吐和脱水为特征(殷震，1997)。各种年龄阶段的猪都可发病，但只有 10 日龄以内新生仔猪病死率很高，可达 100%，5 周龄以上的猪死亡率很低，成年猪几乎没有死亡，但会严重影响增重和饲料利用率，给猪场带来严重的经济损失。

1.病原

猪传染性胃肠炎病毒是冠状病毒科冠状病毒属的单股正链 RNA 病毒，只有一种血清型。

病毒形态多样，直径 80～100 nm，呈圆形、椭圆形或多形性，外有囊膜，囊膜表面有一层棒状的纤突，长 12～15 nm。

该病毒广泛存在于患病猪体内的各个脏器和排泄物中，但含病毒最多的部分是十二指肠和空肠的组织以及肠系膜淋巴结。发病早期的呼吸系统组织和肾也含有较多病毒。该病毒在猪甲状腺细胞中增殖最快，接毒 4h 内可产生细胞病变，也可在猪肾细胞、唾液腺细胞和猪睾丸细胞中培养。实际工作中常使用 PK-15 和猪睾丸细胞来增殖该病毒。

TGEV 耐寒不耐热，4 ℃以上环境中很不稳定，56 ℃加热 45 min 或 65 ℃加热 10 min 即可死亡，而在 4 ℃以下的低温环境可以长时间维持感染性(唐艳强，2008)。该病毒对光线也很敏感，暴露在阳光下 6 h 可以灭活，而在阴暗处可以维持感染力 7 d 左右，可用紫外线来迅速灭活病毒。病毒在 pH 4～8 时稳定性较好。使用乙醚、氯仿可有效杀灭病毒，0.5%苯酚也可在 30 min 内杀灭病毒。

2.流行病学

猪传染性胃肠炎是猪特有的疾病，季节性明显，通常在冬季和春季的寒冷时节发生，且通常以暴发和局部流行两种形式出现。在新发病地区可快速传播，耗时一周即可蔓延整个猪群。老疫区发病呈周期性或地方性流行，发病率和症状没有新发病地区严重。各个年龄的猪都易感染本病，尤其是 10 日龄内的新生猪，病死率高达 100%。随着年龄的增长，感染猪的临床症状得到缓解，大部分可自行恢复，也可长期带毒，但一般不会重复感染。

TGEV 主要存在于病猪和带毒猪的肠道和扁桃体中，可长期随着粪便、呕吐物等体液和呼出的气体排出体外，并通过污染饲料和空气，经呼吸道或胃肠道感染易感猪只。当猪舍通风不良、潮湿闷热、养殖密度大时更容易传播本病。猪场内的野生动物如鸟类、猫狗和老鼠都可以机械性地传播病毒。

3.临床症状

猪传染性胃肠炎的潜伏期与感染猪的年龄有关，年龄越小，潜伏期越短，一般仔猪仅数小时，成年猪约 3 d。

仔猪往往突然发病，开始呕吐，拉出黄白色或绿色水样粪便，内含未消化的凝乳块，随后明显消瘦和脱水，体温先升高，后随着腹泻体温又降低。新生仔猪感染 TGEV 后大多在 7 d 内死亡。随着年龄的增长，仔猪死亡率下降，但仔猪的生长发育会受到影响。架子猪和成年猪的症状轻微，仅有数天的采食欲降低，个别猪有呕吐和腹泻症状，母猪可出现泌乳量明显降低甚至断乳，但这些症状一般都会在 7 日内恢复，极少出现死亡病例。

4.病理变化

病变主要集中在小肠和胃部。剖开病死猪可以发现胃部膨胀，内部含有大量未消化的凝乳块，胃黏膜下有出血点。小肠充满大量黄色液体，夹杂了絮状凝乳块，肠壁被撑开变得薄而透明。肠系膜充血肿胀，淋巴结肿大。纵向切开小肠，冲洗干净后在显微镜下观察，可见小肠绒毛明显变短，小肠上皮细胞呈不成熟的方形或扁平状。此外，肾脏整体变软，脂肪严重变性，肾盂常有尿酸盐结晶。

5.诊断

猪传染性胃肠炎的临床症状和猪流行性腹泻及轮状病毒感染区别不大，可根据流行特点来初步判断，猪传染性胃肠炎多发于寒冷时节，发病率没有猪流行性腹泻高，但对新生仔猪的危害更大，猪群总体症状没有猪流行性腹泻严重。确诊需在实验室进行检测。目前常用的实验室检测技术有直接荧光抗体检测技术、血清学检测技术、RT-PCR、免疫电镜等。

由于病毒分离所需时间长、且灵敏度不高，与猪流行性腹泻的实验室诊断一样，猪传染性胃肠炎病毒的检测也常采用 RT-PCR 方法和基于探针的荧光定量 RT-PCR 方法。另外，ELISA 方法也可用于病毒的直接检测。猪传染性胃肠炎与猪其他腹泻疾病在临床症状上比较相似，但可通过发病日龄、粪便颜色、流行特点以及病理变化进行鉴别，结合病原学检测结果就可做出确诊。

6.防控

本病的防控需要注意加强生物安全措施，控制人员、车辆流动，加强饲养管理等，这些常规方法，有助于减少本病的发生。此外，疫苗接种有一定的预防作用，目前我国成功研制的猪传染性胃肠炎灭活苗和弱毒苗，在猪场中可用于母猪产前接种，以使得新生仔猪通过初乳获取母源抗体。对于受威胁的仔猪可用弱毒苗紧急接种。

目前，猪传染性胃肠炎尚无特效治疗药物，只能采用对症治疗的方法应对，比如及时补充水分、电解质和葡萄糖，注射抗生素，防止继发感染等。

6.3.3 猪轮状病毒感染

轮状病毒(rotavirus，RV)感染是一种急性肠道传染病，可引起许多幼龄动物和婴儿腹泻。也是仔猪腹泻的重要原因之一，其临床表现为呕吐、腹泻和脱水。成年人和成年动物一般呈隐性感染。轮状病毒感染遍布世界各地，目前我国兽医领域已经在多种患病幼龄动物肠道中分离得到轮状病毒，并证实该病毒是引起仔猪、犊牛、羔羊腹泻的病因之一，并常常成为诱发、并发或继发其他腹泻性疾病的病因，对人类健康和畜牧业发展都有较大危害。

1.病原学

轮状病毒属于呼肠孤病毒科轮状病毒属。病毒颗粒呈二十面体对称，中心为六角形核，无包膜，有双层衣壳。病毒基因组由 11 个双链 RNA 片段组成，编码 6 种结构蛋白(VP1～4、VP6、VP7)和 6 种非结构蛋白(NSP1～6)。VP6 是群特异性抗原，可根据其差异将轮状病毒分为 7 个血清群(A～G)，感染猪的轮状病毒一般为 A 群、B 群、C 群和 E 群，其中 A 群致病性最强、流行最广、变异最大。VP4 和 VP7 是外壳特异性抗原，能诱导中和抗体，是疫苗研究的主要靶抗原，也是血清型的划分依据。依据 VP7 和 VP4 分别将本病毒分为 G 型和 P 型，目前我国流行的猪轮状病毒以 G9、G4、G5、G8 亚型为主。由于病毒基因组分节段的特性，同一组病毒的不同血清型容易出现基因片段的重配，导致新病毒的出现。

轮状病毒很难在细胞内增殖。即便增殖，也只会产生轻微的细胞病变。目前，只有部分轮状病毒株能在猴肾传代细胞(MA104)中增殖，并产生明显的病变。

轮状病毒对物理和化学因素有很强的抵抗力。在 pH 3～9 稳定，63 ℃灭活 30 min，37 ℃灭活 3 d 以上病毒才可被杀灭。在室温下可存活长达 7 个月，在人体皮肤上可存活 4 h 以上。使用有效浓度的碘、次氯酸钠、酒精等消毒剂可以使病毒丧失感染力(李芬，2018)。

2.流行病学

该病传播迅速，具有明显的季节性，常发生在寒冷季节。各年龄的猪都可感染轮状病毒，1～4周龄的仔猪最易感，感染率可达 80%以上，成年猪多呈亚临床症状或隐性感染经过，血清中轮状病毒的抗体检出率可达 40%～100%，发病猪痊愈后仍可排毒长达 3 周，因此轮状病毒常在猪群间反复感染。成年带毒猪是仔猪的主要传染源。病毒随感染猪或带毒猪的粪便排出体外，可通过被粪便污染的饲料、饮用水、垫草、土壤等感染健康猪只。寒冷、潮湿、卫生条件差等饲养管理不当时，或感染其他继发性疾病等应激因素对本病的严重程度和死亡率有较大影响。本病主要诱导细胞免疫，但免疫期不长，所以痊愈动物可以再次感染。

3.临床症状

该病的潜伏期较短，为12～24 h。病初精神萎靡，食欲不振，不愿活动，继而出现呕吐腹泻，粪便呈水样或糊状，严重的带有血液，较为腥臭，呈黄白或暗黑色。部分猪出现严重脱水，腹泻越久，脱水越明显，最后导致血液酸碱平衡紊乱，最终死于衰竭。

临床症状的严重程度与年龄和应激因素密切相关，尤其在寒冷季节和继发性大肠杆菌病时，会加重临床症状，增加死亡率。对于没有母源抗体保护的仔猪，常常症状更加严重，死亡率有时可高达100%；有母源抗体保护的一周龄仔猪，则不易感染。一般来说，新生仔猪不易感染；哺乳仔猪临床症状轻，腹泻1～2 d可痊愈，死亡率低；3～8周龄仔猪的死亡率一般在10%～30%，严重时可达50%(王振龙，1997)。

4.病理变化

病变主要集中在消化道。幼畜的胃壁弛缓，充满了凝乳块和乳汁。小肠扩张变薄，黏膜有条状或弥漫性充血或出血，肠系膜淋巴结肿大，小肠内容物呈灰黄色、灰黑色或水样。镜检可见小肠绒毛萎缩变短，隐窝细胞增生，柱状绒毛上皮细胞由鳞状细胞和立方细胞替代，绒毛固有层有淋巴细胞浸润。

5.诊断

根据轮状病毒感染的发病特点、临床症状及病理变化，可做出初步诊断。根据发病时间为寒冷季节，病变主要集中在消化道，断乳前后仔猪发病率约50%，病死率一般为10%～30%，粪便呈黄白或暗黑色，成年猪一般不呈现明显症状可做出初步判断。确诊需要进行实验室检测。

实验室诊断方法常用电镜观察，在电镜下观察到特殊的轮状的病毒粒子即可确诊。荧光抗体技术也是比较常用的方法，一般在腹泻开始24 h内取小肠及肠内容物或粪便进行荧光抗体染色和观察，若观察到特异性荧光信号即可确诊。轮状病毒的检测也常采用RT-PCR方法和基于探针的荧光定量RT-PCR方法。另外，ELISA方法也可用于病毒的直接检测。结合该病的发病特点、临床症状及病理变化，以及病毒的检测即可确诊。

6.防控

目前尚无针对轮状病毒感染的特效药，预防是主要手段，而预防的关键措施在于疫苗接种。认真执行免疫程序，是防止该病发生的最有力方法。我国学者在MA104细胞系上连续传代研制出的猪源弱毒疫苗，很大程度上降低了仔猪轮状病毒感染引起的死亡率。

平时应加强饲养管理，保温防寒，避免寒冷、饥饿、饲料霉变等应激因素的刺激。做好母猪的产前产后护理，新生动物应尽早及时吮吸初乳，获得母源抗体的抵抗力。由于该病是人兽共患病，要严格执行生物安全和兽医卫生防疫措施，切断轮状病毒从传染源通过传播途径感染易感动物，可达到良好的预防效果。

对患病动物应采取减乳或停乳、补充葡萄糖、生理盐水和电解质等对症治疗的方法，必要时使用止吐镇静药，尽量减轻脱水和酸中毒。此外，抗生素可用于预防继发感染其他细菌疾病。口服特异性的抗体制剂也有助于患病动物的康复。

6.3.4 猪δ冠状病毒感染

猪δ冠状病毒(porcine delta-coronavirus,PDCoV)是近年来新发现的一种引起猪严重呕吐、腹泻、脱水和新生仔猪死亡的肠道冠状病毒。其感染后导致的临床症状与猪传染性胃肠炎、猪流行性腹泻非常相似,在临床上难以区分。

1.病原学

PDCoV粒子为典型的冠状病毒粒子形态,形状为略圆形,有囊膜和纤突。病毒核酸为单股正链RNA,全长约25.4 kb,是目前已知的冠状病毒中基因组最小的病毒(方谱县,2016)。

PDCoV可在猪睾丸细胞(ST)和猪肾小管上皮细胞(LLC-PK)中培养,可产生明显的细胞病变(细胞变圆脱落)。

PDCoV对乙醚和氯仿敏感,对大多数消毒剂也较敏感,例如酸、碱、福尔马林、脂溶剂等。PDCoV在25 ℃的饲料或粪便中可存在21 d以上,经过高温处理可被灭活或降低感染力。

2.流行病学

PDCoV于2012年被我国香港学者首次发现,随后的流行病学调查发现该病毒也可导致仔猪腹泻,并具有较高的流行率。而且PDCoV常与猪传染性胃肠炎病毒、猪流行性腹泻病毒以及猪轮状病毒混合感染。

PDCoV能感染不同年龄的猪,但对新生仔猪致病力最强。相对于无菌仔猪,传统仔猪更容易感染。病毒主要通过粪-口途径,经过污染的饲料、饮水、土壤、车辆等传播。

3.临床症状

仔猪感染PDCoV的症状与猪传染性胃肠炎及猪流行性腹泻类似,可引起仔猪呕吐、水样腹泻、体重减轻,但一般不影响食欲,体温无明显变化。感染试验表明,10日龄无菌猪在感染PDCoV 21～24 h后开始出现粥样腹泻,48～72 h发生呕吐,96～120 h出现严重脱水、体重减轻和昏睡。一般哺乳猪的腹泻较无菌猪更严重,会持续腹泻5～10 d,体重减轻,随后症状缓解,体重增加,其间体温无明显升高,病愈后仍可随粪便排毒。

4.病理变化

PDCoV感染猪的病理变化主要集中在胃肠道。剖检时,可见小肠肠壁变薄、肠管充气扩张、内部含有大量黄色液体并伴有未消化的凝乳块。胃内胀满,含有凝乳块。严重者可见腹水、胸腔积液和胸腺萎缩。

组织病理切片观察可见小肠绒毛严重萎缩,有时可见肠上皮细胞坏死和巨细胞形成;盲肠和结肠上皮细胞空泡化;胃小弯、胃大弯基底部以及胃窦上皮细胞变性坏死。

特别值得注意的是,尽管PDCoV主要引起胃肠道病变,但经RT-PCR分析,PDCoV广泛存在于血液、肺、肝、脾、心脏、肾脏等组织器官中,说明PDCoV的组织嗜性十分广泛,这一点和猪流行性腹泻病毒感染及猪传染性胃肠炎病毒感染有明显的不同。

5.诊断

PDCoV的临床症状和病理变化与猪传染性胃肠炎、猪流行性腹泻等其他腹泻类病毒感染都较为相似,需要进行实验室检测才能确诊,如RT-PCR、荧光定量RT-PCR、免疫组化、ELISA等。

PDCoV的M基因和N基因较为保守,许多学者利用这两种基因设计引物进行RT-PCR,具有灵敏度高、稳定性好和成本低的优点。免疫组化法可以确定病毒在组织中的分布,有利于了解病毒的组织嗜性、研究病毒的致病机理。

6.防控

目前对于 PDCoV 的研究还处在发展阶段，尚无针对 PDCoV 的特效治疗药物及商品化疫苗。因此，主要靠加强生物安全措施来预防本病。粪-口传播和粪便污染的设备、车辆、生物或非生物等的机械传播是 PDCoV 在猪群内和猪群间传播的主要途径。平时要做好猪场的清洁消毒工作，加强饲养管理，采用全进全出等一系列生物安全措施。

采食 PDCoV 污染的饲料是病毒感染的一个重要原因。据调查，饲料原料 25 ℃储存 21 d 以上才能减少病毒。猪 δ 冠状病毒在不同饲料原料中存活时间不同，在预混饲料和肉骨粉中存活时间最长。因此，增加饲料原料储藏时间能减少病毒的传播。

6.3.5 猪库布病毒感染

猪库布病毒（porcine kobuvirus，PKV）又称猪嵴病毒，是近年来在健康猪和腹泻猪粪便中新检测到的可能引起猪腹泻的小 RNA 病毒。近年来，在腹泻猪的粪便中猪库布病毒阳性率尤其高，引起了全世界范围的广泛关注，说明猪库布病毒可能引起猪的腹泻或与其他病毒协同感染而致猪发生腹泻。

1.病原学

PKV 是一种单股正链 RNA 病毒，属于小 RNA 病毒科库布病毒属。病毒粒子为圆形的二十面体对称结构，直径 30 nm，无囊膜，其基因组全长为 8 120bp。病毒的 VP1 蛋白暴露在病毒粒子表面，是小 RNA 病毒科变异最频繁的结构蛋白，含有主要的抗原表位，可促进机体产生中和抗体。

由于目前尚未找到合适的细胞培养猪库布病毒，体外培养尚未成功（姜增鹤，2013）。

PKV 的理化特性与库布病毒属的其他两个成员相类似。但相比于其他小 RNA 病毒科成员更加稳定。在 pH 较低的情况下对某些有机溶剂，如氯仿、非离子型去污剂等具有一定的耐受能力。PKV 不耐热，通常情况下 60℃作用 30 min 便可使其失去活性。利用这些特性可以在生产实践中对猪库布病毒进行综合处理。

2.流行病学

目前，流行病学调查表明该病世界范围内的感染率较高。而且在健康猪和腹泻猪体内都可检测到 PKV，且阳性率都较高。除了感染肠道该病毒还能够侵入血液导致病毒血症。

PKV 的感染日龄调查表明，仔猪较成年猪更易感，且 7 日龄内仔猪群感染率最高，常呈亚临床症状感染。由于腹泻猪的血液和粪便中均可检测到 PKV，推测粪-口和血液是该病毒的传播途径。

3.临床症状和病理变化

由于目前尚无适合培养 PKV 的易感细胞系，对于 PKV 的研究则主要集中在基因组结构、遗传进化分析以及检测技术等方面，对 PKV 引发的临床症状和病理变化尚不十分清楚。

通过建立健康仔猪感染模型，发现 PKV 可引起肺、胃、小肠等器官不同程度的细胞脱落、淋巴细胞聚集等炎症反应。表明该病毒在机体的定植范围较广。

由于 PKV 不仅能从患病猪群也能从健康猪的粪便中检测到，由此可以推测该病毒可在动物体内长期存在。另有研究表明，动物感染 PKV 的同时，亦会感染其他病毒，例如猪流行性腹泻病毒、猪传染性胃肠炎病毒、猪轮状病毒等而加重腹泻症状和病变。

4.诊断

目前检测 PKV 主要依靠 RT-PCR 技术，可利用病毒的 2C、3D 基因设计引物进行 RT-PCR 检测，该方法具有较高的灵敏度和准确性，在临床上常用于病毒的初步检测。此外，目前也有学者采用 ELISA 法检测猪库布病毒。

5.防控

猪库布病毒是近年来新发现的病毒，各方面的研究还处于发展阶段。无疑，建立健全生物安全措施是防制所有疾病的前提，这对于 PKV 感染的防治也是必要的。首先，要有完善的管理措施，包括卫生消毒措施、人员进出管理措施以及良好的应急措施，特别要注意仔猪的饲养管理，及时隔离腹泻猪。其次，要加强猪舍周围的环境卫生管理，从源头上杜绝疾病的传播。

6.3.6　非洲猪瘟

非洲猪瘟是由非洲猪瘟病毒（African swine fever virus，ASFV）引起的，借助软蜱等虫媒传播，或依靠与带毒野猪或家猪高度接触传播的一种急性、热性、接触性和高度传染性疾病。该病以发热和网状内皮系统出血为特征，各品种和年龄段的猪均易感。该病病程短，死亡率极高，其发病率和死亡率最高可达 100%。《中华人民共和国动物防疫法》将其列为一类动物疫病，是要求法定报告的动物疫病。

1.病原

非洲猪瘟病毒属于非洲猪瘟及相关病毒科非洲猪瘟病毒属，该科仅有非洲猪瘟病毒一个属，尚未发现亲缘病毒（常华，2007）。该病毒的基因组为双链线状 DNA。

该病毒与猪瘟病毒亲缘关系差异极大。猪瘟病毒是黄病毒科瘟病毒属，为单股正链 RNA 病毒。

该病毒只有一种血清型。根据 ASFV 的高度保守 B646L 基因（编码结构蛋白 P72）的序列，将已知的毒株分为 23 个基因型，即基因 Ⅰ～ⅩⅩⅢ 型。我国主要流行的是基因 Ⅱ 型。但目前已在国内样品中发现基因 Ⅰ 型非洲猪瘟病毒，提示当前临床中实际流行的非洲猪瘟病毒种群更加复杂（戈胜强，2021）。

该病毒在细胞质内进行复制，病毒粒子呈二十面体对称，直径为 175～215 nm，释放于细胞外的病毒粒子有一层囊膜，内有核衣壳，外观呈六边形（吴运谱，2013）。非洲猪瘟病毒对外界环境变化的抵抗力很强，不怕冷、不怕脏、不怕咸、耐酸碱（pH 3.9～11.5 都可存活），耐干燥、耐低温、耐冻融；常温下存活时间长：粪便中 11 d，被污染的猪圈中 30 d，被血污染的木板中 70 d，血液中保存 18 个月之久仍存在病毒；有机物存在时，存活能力和时间显著增加（冷冻肉等食品中 15 周，未经高温蒸煮或是烟熏的火腿、香肠中 3～6 个月，腌制的肉制品中 5 个月），尤其在泔水中能够长期存活。60 ℃、20 min 或 56 ℃、70 min 可杀灭病毒，对乙醚以及氯仿等脂溶性液体敏感，2%NaOH 溶液处理 24 h 可灭活病毒。

2.流行病学

非洲猪瘟最初起源于非洲。1921 年，地处于非洲东部的肯尼亚地区首次确认发生了非洲猪瘟疫情，之后迅速蔓延至欧洲、南美洲、欧亚交界处的欧洲地区。迄今为止，已经报道发生过非洲猪瘟的国家共 55 个，主要集中在非洲、欧洲、美洲加勒比海地区和欧亚接壤地区。2007 年以来，非洲猪瘟持续暴发在俄罗斯，且向周边国家不断蔓延，给欧洲和亚洲地区以巨大威胁。

2018 年非洲猪瘟传入我国，给我国养猪业以毁灭性的打击。

猪科动物是非洲猪瘟病毒的唯一易感动物，包括各种品种、年龄、性别的家猪，非洲和欧洲野猪，疣猪，巨型森林猪等，其中家猪最为易感。我国发生的多起野猪非洲猪瘟疫情也说明我国野猪也易感。

猪感染非洲猪瘟病毒 2 d 后可经分泌物、排泄物间歇排毒。主要通过接触或采食 ASFV 污染的物品经口或通过血液传播，短距离内可直接经空气传播，污染的泔水、饲料、器物、车辆及衣物亦可间接传播本病。经呼吸道飞沫(气溶胶)传播仅 2 m，便血、口鼻出血则传播效率大幅提高；经液体介质比固体介质传播快；经水的传播效率是经饲料传播的 1 万倍。

3.临床症状

非洲猪瘟可引起 40%～85%的发病率，而不同非洲猪瘟毒株所导致的死亡率则由毒力强弱的不同来决定(徐善之，2018)。高致病性毒株可达 90%～100%，中等毒力的可达 20%～40%(仔猪的死亡率可达 70%～80%)，低致病性的毒株仅有 10%～30%的死亡率。其潜伏期为 5～20 d。

病毒感染剂量、途径不同，其临床症状也不同，可分为最急性、急性、亚急性和隐性感染。

最急性型病死率高达 100%，病猪通常未表现明显的临床症状便突然死亡。有的病猪体温可达 40～42 ℃，可出现斜卧、精神沉郁、皮肤潮红，腹部、臀部及末梢部位出现充血、出血现象。

急性型可见病猪精神沉郁、食欲减退甚至废绝、扎堆、体温升高、呼吸急促。病猪皮肤发红、存在广泛性的出血斑、出血点。可视黏膜潮红、发绀。有的病猪可能会出现呕吐和便秘现象，严重的病猪会出现便秘，且粪便硬块上附着有血液和少量的黏液。病猪共济失调或步态僵硬、咳嗽、呼吸困难，可见部分病猪鼻孔有血性气泡。妊娠母猪流产，此时病死率可高达 100%。病程较短，1～2 d 死亡。

亚急性型非洲猪瘟与急性型的临床表现大致相同，只不过症状严重程度和病死率较急性型低。

慢性非洲猪瘟可见猪不规则的波动发热，发生肺炎和呼吸改变，皮肤出现坏死和出血斑，母猪表现为流产，病死率较低，大多数受感染的猪可康复且终身带毒。

4.病理变化

剖检病变主要为全身脏器出血、坏死，具体表现为皮下广泛性的出血。淋巴结，特别是胃、肠和肾脏淋巴结广泛出血、坏死，呈紫葡萄样，切面呈大理石状。肺脏变硬，充血、水肿，脾脏充血肿大，为正常脾脏的 3～6 倍，呈暗红色或黑色，质地较脆，梗死明显。肾脏体积变大，颜色变淡，表面有斑点样出血，胃浆膜面存在弥漫性出血，肠系膜和浆膜出血，肺脏、膀胱出血。急性和亚急性都表现广泛性出血和淋巴组织坏死，然而急性病例脾脏、心脏、肾脏、淋巴结等病变较重，且速度较快，而亚急性型则相对较轻。

5.诊断

非洲猪瘟通常首先表现为患病猪不食或食欲减退。临床表现以发热为主，体温升高达 40 ℃以上。皮肤表面发绀，淋巴结、肾、胃肠黏膜有显著的出血、水肿、体积增大，脾脏也显著肿大，颜色变暗，质地变脆。根据非洲猪瘟的流行特点、临床症状、病理变化可做出初步诊断，其临床表现和猪瘟、猪丹毒、猪副伤寒、猪蓝耳病相似，可通过实验室检测进一步确诊。

实验室诊断最常采用荧光定量 PCR 检测技术，可采集猪的样品（血液、组织器官等）和蜱进行非洲猪瘟病毒基因组检测，若为阳性即可确诊。目前国内很多规模化猪场为了应对非洲猪瘟感染的风险，都建立了相应的检测非洲猪瘟的荧光定量 PCR 检测实验室。该方法也成为临床实验室确诊非洲猪瘟感染最为重要的方法。

由于病猪的淋巴结、脾脏、肾脏等组织通常含有大量病毒，也可利用这些组织制备组织触片和冰冻切片，利用荧光抗体进行病毒感染的确诊。除此之外，根据非洲猪瘟病毒感染的巨噬细胞能够吸附红细胞而形成“玫瑰花环”的特征，建立的红细胞吸附试验，其特异性和敏感性均较高，也是实验室确诊的重要方法。

由于目前还没有疫苗上市，因此检测非洲猪瘟病毒 p30、p54 或 p72 蛋白抗原的抗体也可作为动物感染非洲猪瘟病毒的诊断方法。

同样，因为目前没有疫苗上市，以上的实验室检测技术一旦检测为阳性就说明检测的样品来自非洲猪瘟病毒感染的猪。但应注意，我国等都在非洲猪瘟疫苗研制研究中取得了突破，一旦非洲猪瘟疫苗成果应用到该病的防控后，以上的有些实验室检测技术就不能直接确诊为非洲猪瘟野毒感染，就需要和疫苗免疫动物进行区分。

6.防控

非洲猪瘟是一种能够迅速传播并导致高致死率的疫病，目前没有有效的治疗方法，也没有疫苗能够用于该病的预防。因此，做好生物安全防控是防控该病的根本途径，包括但不局限于如下措施：

坚决消灭传染源。积极配合畜牧兽医主管部门工作，对出现的突发高热，不明原因流产、死亡等及时记录，并主动上报。扑杀并销毁疫点内的所有猪只，并对所有病死猪、扑杀猪及其产品、排泄物、被污染的饲料和垫料、污水等进行无害化处理。对被污染的交通工具、用具、猪舍、场地进行严格彻底消毒，做到猪场无病毒存在。

务必切断传播途径。严禁从高风险区域调入生猪，严格执行调运前备案，经指定道口检查，落地报告和隔离观察制度。避免与钝缘软蜱、野猪等传染源和传播媒介直接和间接接触。软蜱常常携带非洲猪瘟病毒，要随时做好圈舍及周围虫鼠害防治工作，定期清洁和驱虫，不在养猪场饲喂犬、猫等。

严格落实进出人员、车辆的消毒措施。交替使用 10%的苯及苯酚、次氯酸、碱类（氢氧化钠、氢氧化钾等）及戊二醛等消毒药品，对养殖区域及周边环境进行全面彻底消毒。对圈舍等场所，可用消毒液清洗、喷洒；对养殖场的饲料、垫草，可进行堆积发酵或焚烧等处理；对粪便等污染物化学处理后采用深埋、堆积发酵或焚烧等方式处理；对疫区范围内办公、饲养人员的宿舍、公共食堂等场所，采用喷洒方式消毒；对金属设施设备，可采用火焰、熏蒸和冲洗等方式消毒（周伟伟，2017）。

目前，规模化猪场通过建立洗消烘中心，以及严格的猪场进出措施，并使用非洲猪瘟病毒的荧光定量 PCR 检测技术进行风险监测，可以较好地控制病毒感染的风险。

6.4 寄生虫病

6.4.1 猪球虫病

猪球虫病是由艾美耳科艾美耳属或等孢属球虫寄生于猪肠道引起仔猪下痢和营养不良的

一种寄生虫病。

1.病原

艾美耳属球虫有13种，其中蒂氏艾美耳球虫（*Eimeria debliecki*）、粗糙艾美耳球虫（*E. scabra*）和有刺艾美耳球虫（*E. spinosa*）致病力较强。等孢属球虫有2种，猪等孢球虫（*Isospora suis*）和阿拉木图等孢球虫（*I. almaataensis*），其中猪等孢球虫致病力最强（白成友，2012）。其余种类球虫无明显致病力。

蒂氏艾美耳球虫卵囊呈椭圆形，大小约为22 μm×16 μm，卵囊壁光滑，无卵膜孔及卵黄残体，有极粒。每个孢子化卵囊内有4个孢子囊，每个孢子囊内有2个子孢子，孢子囊呈球形，有孢子囊残体和斯氏体。

粗糙艾美耳球虫卵囊呈卵圆形，大小约为28 μm×21 μm，卵囊壁粗糙，有卵膜孔无卵黄残体，有极粒。每个孢子化卵囊内有4个孢子囊，每个孢子囊内有2个子孢子，孢子囊呈卵圆形，有孢子囊残体和斯氏体。

猪等孢球虫卵囊呈球形，大小约为21 μm×19 μm，卵囊壁光滑，无卵膜孔、卵黄残体及极粒。每个孢子化卵囊内有2个孢子囊，每个孢子囊内有4个子孢子。孢子囊呈椭圆形，有孢子残体，无斯氏体，子孢子呈腊肠形。

球虫病感染猪粪便中排出的卵囊，在适宜条件下发育为孢子化卵囊，经口感染仔猪后，其发病情况取决于摄入的卵囊的数量和虫种。球虫孢子化卵囊在胃中通过机械蠕动和酶的作用使卵囊破裂释放出孢子囊，孢子囊在小肠中胰蛋白酶和胆汁作用下释放出子孢子，子孢子侵入肠壁进行1～2代裂殖生殖形成裂殖体和裂殖子，进一步形成大小配子，成熟的大小配子在肠腔进行配子生殖结合为合子，合子周围进一步产生一层卵囊壁形成卵囊，随粪便排出体外。

2.流行病学

猪球虫病一年四季均可发生，夏、秋两季发病最高，主要由饮水、饲料、污物等经口感染。猪等孢球虫主要危害哺乳仔猪和断奶保育猪，蒂氏艾美耳球虫和粗糙艾美耳球虫主要危害保育猪和架子猪，且多并发猪毛首线虫病及其他肠道疾病。仔猪发病的严重程度与感染日龄及自身抵抗力有关。

3.临床症状

猪等孢球虫病，多发生于7～10日龄仔猪，病猪排泄物为淡黄或白色、恶臭，病初为黏液状，1～2 d后为水样，可持续4～8 d。病猪表现衰弱脱水、发育迟缓，死亡率可达10%～50%。

艾美耳属球虫感染通常呈隐性，蒂氏艾美耳球虫病多见于保育小猪和架子猪，该病可持续7～10 d，主要症状有食欲不振、腹泻，有时下痢与便秘交替发生，所排出的稀粪多种多样，有的带血，有的带有黏液，有的呈水样，病猪一般能自行恢复。

4.病理变化

病灶局限在空肠和回肠，可见绒毛萎缩变钝、局灶性溃疡、纤维素性坏死性肠炎，上皮细胞内存在发育阶段的虫体。猪蒂氏艾美耳球虫可见空肠回肠卡他性肠炎，肠内容物空虚或只含有少量黄绿色分泌物，肠黏膜表面有点状出血或坏死，肠系膜淋巴结肿大。

5.诊断

7～10日龄仔猪出现腹泻，且抗生素治疗效果不佳，即可怀疑为新生仔猪等孢球虫病。若腹泻发生在保育猪和架子猪，排出稀粪种类不一，且抗生素治疗无效，可怀疑为艾美耳属球虫病。

确诊还需进行实验室诊断。对仔猪或中大猪的粪便进行虫卵检查，可直接镜检或用饱和盐水漂浮法收集虫卵后再镜检。病死小猪，可直接刮取空肠或回肠黏膜进行镜检。需要根据形态大小和经培养后的孢子化特征来鉴别种类，艾美耳属球虫在肠上皮细胞内可检出大量成熟的裂殖体和月牙状的裂殖子。等孢属球虫可在回肠后段上皮细胞或肠内容物中检出虫卵，虫卵经 2.5%重铬酸钾溶液培养 1～3 d 可进一步发育，成为有 2 个孢子囊的等孢球虫。

6.防控

新生仔猪应初乳喂养；保持幼龄猪舍清洁干燥；食槽和饮水器定期消毒，防止粪便污染；尽量减少因断奶、突然改变饲料和运输产生的应激反应；母猪的分娩栏要做成高床，并保持干燥卫生。

治疗可灌服 5%三嗪酮悬液(百球清)，连用 2～3 次；腹泻严重病猪及时止泻，并及时治疗相应并发疾病。

6.4.2 猪蛔虫病

猪蛔虫病是由蛔科蛔属中的猪蛔虫(*Ascaris suum*)成虫寄生于猪小肠或幼虫在猪体内移行所引起的一种寄生虫病。主要引起仔猪发育不良，严重时可形成“僵猪”或死亡。

1.病原

活虫虫体为圆柱体，呈淡红色或淡黄色，两端稍细，头端有 3 片唇，以“品”字排列。雄虫大小为(15～20)cm×3 mm，尾端弯曲指向腹面。雄虫泄殖腔在尾端近处开口，有 1 对等长交合刺，有许多小乳突分布在肛前肛后(董彝，2004)。雌虫大小为(20～40)cm×5 mm，体直，尾端钝。阴门开口于腹面中线上，位于虫体前 1/3 与中 1/3 交界处，肛门紧邻虫体末端。受精虫卵为椭圆形，(50～75)μm×(40～50)μm，壳厚呈黄褐色，表面凹凸不平。受精卵刚排出时含有一个胚细胞，呈圆形，两端与卵壳形成新月形空隙。未受精虫卵平均大小为 90 μm × 40 μm，卵壳较薄，外壳较平，内容物为很多油滴状的卵黄颗粒和空泡。

不需中间宿主，虫卵随粪便排出体外，在适宜条件下，在卵内发育为第一期幼虫，经过13～18 d 发育为第二期幼虫，经过 3～5 周发育成熟，成为感染性虫卵。猪吞食了其污染的食物或饮水后，幼虫于十二指肠内孵出，2 d 内幼虫钻入肠壁，进入血管，随血液流入肝脏；感染后 4～5 d 形成第三期幼虫，再由血液进入肺泡，感染后 12～14 d 形成第四期幼虫，继续发育，虫体肉眼可见。从肺泡上行至气管，随黏液到咽部，吞咽后返回小肠，发育成第五期幼虫和成虫。从感染到发育为成虫需 8～10 周，成虫寄生于小肠内，以黏膜表层物质和肠内容物为食，经 7～10 个月自行排出(许万祥，2009)。

2.流行病学

猪蛔虫病临床以饲养管理不良且卫生条件较差的猪场多发，规模化养猪场较少发生。2 月龄以内的猪难以发现成虫，3～5 月龄易观察到感染大量猪蛔虫成虫，且症状严重，易发生死亡。

3.临床症状

幼虫在体内移行主要危害肝脏和肺脏。在肺脏移行，可引起病猪体温升高、咳嗽、呼吸增快、呕吐和腹泻，有时可引起并发细菌性或病毒性肺炎。在肝脏移行，可引起病猪精神沉郁、食欲减退、营养不良、贫血、黄疸。幼虫移行时引起的嗜酸性粒细胞增多,可作为诊断的重要依据,移行至其他部位会出现荨麻疹和某些神经症状。

成虫寄生在小肠,且数量常较多,夺取宿主营养,影响病猪的发育和饲料转化,病猪被毛粗乱、无光泽,严重时可形成"僵猪"。成虫还可机械性地刺激肠黏膜使病猪出现腹痛。成虫常聚集成团堵塞肠道,甚至会导致小肠破裂进而引起病猪死亡。

4.病理变化

幼虫移行至肝脏,可引起肝组织出血、变性和坏死,肝脏表面形成云雾状的蛔虫斑,或称乳斑,直径约 1 cm。移行至肺时,可造成肺脏出现小点状出血和水肿。成虫在小肠可引起小肠壁出现卡他性炎症、出血或溃疡。

5.诊断

病猪出现被毛粗乱、发育迟缓、营养不良等症状,且迁延日久,死亡率较低,可怀疑该病。

观察粪便中排出的虫体可诊断为猪蛔虫病。若粪便中没有成虫虫体可进行实验室检查:两个月以上病猪,可采用漂浮法检测粪便中的虫卵确诊。两个月以内仔猪粪便中很难检测出虫卵,可通过剖检观察肝脏和肺脏病变,还可采用贝尔曼法或凝胶法分离肝脏、肺脏和小肠内的幼虫。也可采用血清学方法,用 ELISA 试剂盒进行检测(李芹,2017)。

6.防控

每年要用广谱驱虫药对公猪或母猪驱虫 4~6 次,驱虫后粪便要集中处理。及时清除粪便,防止仔猪接触到母猪粪便。可采用左旋咪唑、甲苯咪唑、氟苯咪唑、丙硫咪唑、硫苯咪唑、伊维菌素、多拉菌素等制剂治疗。

6.4.3 猪小袋纤毛虫病

小袋纤毛虫病是由结肠小袋纤毛虫(*Balantidum coli*)寄生于猪或者人的大肠(主要是结肠)所引起的一种人兽共患的原虫病,轻微感染,猪通常无异常表现,严重感染时有肠炎等症状,甚至可导致死亡。

1.病原

结肠小袋纤毛虫是一种原虫,属于纤毛虫纲毛口目小袋虫科小袋虫属,在发育过程中有滋养体(trophozoites)和包囊(cyst)两个发育阶段。

滋养体能运动,处于虫体活动期,呈椭圆形或卵圆形,无色透明、淡灰或略带绿色,大小(30~150)μm×(25~120)μm(严若峰,2006),虫体表膜上覆盖有斜纵向的纤毛,活的滋养体可依靠纤毛的摆动做出快速旋转式的运动,且可转向,滋养体前端略尖,其腹面有一凹陷的沟,沟底为胞口,胞口部纤毛较长,颗粒状食物借胞口纤毛的摆动经过漏斗状胞咽进入虫体。胞质内含伸缩泡和食物泡,伸缩泡具有调节渗透压的功能,食物泡具有消化食物的功能。

滋养体可以在猪的大肠中形成大量包囊。包囊呈圆形或卵圆形,呈休眠状态,直径为40~60 μm,囊壁厚而透明,有两层囊膜,淡黄或淡绿色,囊内有 1 个虫体或两个处于结合过程的虫体(孙贺龙,2017)。滋养体对外界环境抵抗力较弱,在胃酸中很快被杀死,常规消毒剂均能将其杀灭。因此,主要的传播时期是包囊时期。包囊对外界环境抵抗力较强,在−6~−8 ℃能存活 100 d 左右,室温能存活两个月,阳光直射条件下能存活 3 h,即使在 10%福尔马林中也能存活 4 h。

结肠小袋纤毛虫不需要中间宿主，当包囊污染的食物或饮水被吞食后，囊壁被消化液破坏，滋养体脱出并在大肠定居，以碳水化合物、淀粉颗粒、细菌、肠壁细胞、血细胞等为食，通过横二分裂法增殖。虫体一定时期后可进行有性接合生殖，接着继续进行横二分裂法增殖。部分滋养体可在体内或体外变圆并分泌坚韧的囊壁包围虫体，形成包囊并随宿主粪便排出体外。感染的宿主排出的粪便中含有大量的滋养体和包囊，可再次感染误食的动物。

2.流行病学

结肠小袋纤毛虫可感染多种动物，且是一种人兽共患病，该病呈世界性流行，主要危害热带和亚热带地区。一年四季均可发病，冬春季节多发，病猪和带虫猪是主要传染源，各年龄段的猪都可以被感染，保育猪发病率最高，哺乳仔猪发病率较低，成年猪隐性带虫。在我国，小袋纤毛虫病呈地方流行，南方地区的发病率高于北方，通常在饲养管理水平低下的猪场或呈现免疫抑制的猪群中容易发生，多见于混合感染。

3.临床症状

该病的潜伏期一般为 8～17 d。根据病情不同可分为 3 种类型。

急性型：多发于断奶仔猪，主要表现为突然发病，食欲不振，饮欲增加，体温正常或升高，呕吐，排水样粪便，内含大量滋养体和包囊，粪便恶臭，严重者 2～3 d 内死亡，死亡率可达 100%。

慢性型：常由急性型转为慢性型，粪便呈灰色糊状，常混有黏膜碎片和血液。病程可持续数周至数月，病猪消化机能障碍，脱水，贫血，逐渐消瘦，被毛粗乱，恶病质，最终死亡。

亚临床感染型：主要发生于成年猪，携带大量虫体但无症状，达到猪与虫的共生状态，成为带虫传播者。

4.病理变化

病猪严重消瘦，眼窝塌陷，可视黏膜苍白，后躯被粪水污染。主要寄生于猪的大肠，侵害盲肠、结肠和直肠。肠系膜淋巴结出血、肿大，切面呈大理石样。大肠浆膜水肿，肠壁变薄，肠内容物稀薄、恶臭且混有组织碎片。肠黏膜潮红、出血或脱落，有大小不一的白色溃疡灶。

5.诊断

根据发病原因、临床症状和病理变化可以做初步诊断，如需确诊还需要进行实验室诊断。诊断该病常用的方法是生理盐水直接涂片，先将 40℃生理盐水滴于载玻片上，再将待检猪新鲜粪便或病死猪溃疡性肠黏膜于载玻片上涂抹开，去掉粗大杂质，盖上盖玻片，在显微镜下观察，由于虫体较大，一般可见快速运动的滋养体或静止的包囊。一般在急性病例中，涂片可见大量能运动的滋养体，如果粪便不新鲜，则很难见到滋养体；在慢性病例中，涂片主要以包囊为主。

6.防控

实行全进全出，引种后隔离半个月以上。应加强饲养管理，减少应激，饲喂优质全价饲料，做好保温工作。加强卫生管理，定期对猪舍进行清洗消毒，对进出猪场工作人员的鞋底严格消毒。灭蚊蝇、灭鼠，避免疾病传播。发现病猪后立即隔离，防止交叉传播。及时清理并将粪便进行生物热发酵处理。

治疗可用地美硝唑拌料，连续使用 7 d，同时饲喂多种维生素，口服补液盐，提高猪只抗病力，缓解机体脱水。对于腹泻严重的猪只，可配合止泻、抗菌、强心等措施（侯强红，2019）。

6.4.4 猪毛首线虫病

猪毛首线虫病又称猪毛尾线虫病、猪鞭虫病，是由猪毛首线虫寄生于猪的大肠（主要是结肠)引起的一种寄生虫病。我国各地都有发生,全年可发,主要造成断奶仔猪发病,严重时大批死亡。

1.病原

猪毛首线虫(*Trichuris suis*)属于毛尾目毛尾科毛尾属。成虫呈乳白色,外形像鞭子,故称鞭虫。虫体分为前后两部分,前部细长,约占 2/3,内为单层细胞围绕而成的食道,后部较短为体部,内含肠道和生殖器官。雌虫长 39～52 mm,后部钝圆,阴门在粗细交界处,肛门开口处在虫体末端。雄虫长 20～52 mm,后部螺旋状弯曲,泄殖腔和交合刺在尾部,交合刺位于有刺的交合刺鞘内(关洪涛,2017)。虫卵大小为(52～61)μm×(27～30)μm,呈棕黄色,外观如腰鼓,卵壳厚,两端存在卵塞。

成虫可存活 4～5 个月。虫卵卵壳厚,对外界环境抵抗力很强,自然环境下在土壤中可存活 5 年。

成虫主要寄生在结肠和盲肠,雌虫成虫于盲肠产卵,虫卵可随粪便排出,适宜的条件下发育为含有第 1 期幼虫(L1)的感染性虫卵,当猪采食了被其污染的饲料或饮水时,可在猪的小肠中孵出第 1 期幼虫,钻入长绒毛间继续发育,经过 8 d 左右移行至盲肠或结肠内,钻入肠腺发育为童虫并在肠黏膜下附着,经过 30～40 d 发育为成虫(陈广新,2019)。

2.流行病学

该病一年四季均可发生,夏季发病率最高。主要危害 2～14 月龄的仔猪,发病率和死亡率都较高,成年猪一般不表现临床症状,可通过粪便排出虫卵,成为重要的传染源。

3.临床症状

轻度感染一般症状不明显,当体内寄生虫数量增多至数百条时,病猪出现间歇性腹泻,贫血,日渐消瘦,被毛粗乱。严重感染时,病猪表现为食欲消失,饮欲增加,瘦弱无力,步行摇摆,结膜苍白,体温可达到 41 ℃,顽固性腹泻,粪便夹带血丝或呈红棕色,病程 5～7 d,死前数日排血样粪便并带有黏液,最终脱水,呼吸困难,体温骤降,衰竭而死。

4.病理变化

病猪严重消瘦,可视黏膜苍白,肛门可见带血粪便。病变主要集中在盲肠和结肠,常发生肿胀、充血、出血,其间存在绿豆大小的坏死灶。结肠内容物稀薄、恶臭。肠黏膜呈暗红色,存在大量细针尖样乳白色虫体,虫体前部钻入肠黏膜,后部游离在肠腔内,钻入处形成结节,组织学检查可见结节中有大量虫体和虫卵,且伴有淋巴细胞、嗜酸性粒细胞浸润。

5.诊断

根据发病原因、临床症状和病理变化可做初步诊断,确诊还需进行实验室诊断。活猪诊断主要通过漂浮法检测粪便中的虫卵,该虫卵形态特殊,较容易鉴别;剖检时,在盲肠发现相应的病变和虫体即可确诊。

6.防控

定期用伊维菌素或芬苯达唑对仔猪进行驱虫,在断奶以及断奶后 1.5～2 个月各驱虫一次。加强饲养和卫生管理。一方面要加强保育猪的饲养,增强抗病能力;另一方面加强猪舍工作人员管理,防止将虫卵带入猪舍。同时定期消毒,做好粪便无害化处理。

羟嘧啶为治疗鞭虫的特效药。也可在饲料内添加多种维生素,饮水中添加口服补液盐。对于症状严重的猪只,可配合止泻、抗菌、强心等措施(陈会良,2015)。

6.5 其他因素

6.5.1 猪霉菌毒素中毒

猪霉菌毒素中毒主要是指通过呼吸道系统和消化道系统摄入大量霉菌毒素进而导致机体出现一系列临床变化和病理学变化的发病过程。该种疾病既会导致动物机体出现单纯性的中毒症状，也会因为霉菌毒素引起机体出现严重的免疫抑制，继发感染其他病毒性疾病或细菌性疾病，临床症状十分复杂，造成的危害十分严重，需要采取措施加强防治。

1.病因

霉菌于自然界中广泛存在，易污染饲料。因污染程度不同和养殖场综合防治措施不同，其危害程度差异很大，并不是所有的霉菌繁殖生长，都会对猪健康生长造成明显危害。

常见霉菌毒素包括黄曲霉毒素、赭曲霉毒素、镰刀菌毒素、赤霉菌毒素等。黄曲霉毒素主要由寄生曲霉和黄曲霉产生，可引起严重的肝脏病变。赭曲霉毒素主要由赭曲霉、纯绿青霉和炭黑曲霉产生，分为A、B两型，其中A型毒性较大，可引起致命的肾脏疾病，且具有致癌、致畸作用。赭曲霉毒素广泛分布于各种食品和饲料中，动物食用污染饲料后，组织和器官内会有相应的残留，近年来赭曲霉毒素的食品残留问题也引起了广泛关注。镰刀菌毒素主要包括烟曲霉毒素、呕吐毒素和玉米赤霉烯酮。烟曲霉毒素主要由念珠镰刀菌产生，具有抑制生物膜脂类物质合成的作用，主要引起猪的肺水肿和免疫抑制。呕吐毒素是最常见的一种镰刀菌单端孢霉烯霉菌毒素，主要引起猪的食欲减退、呕吐及胃肠道损伤。玉米赤霉烯酮主要由禾谷镰刀菌产生，最早分离于患有赤霉病的玉米中，在玉米中的阳性检出率高达40%，也可污染小麦、大米等谷物。玉米赤霉烯酮具有雌激素样作用，可引起急性或慢性中毒，造成繁殖功能异常甚至死亡。不同类型的霉菌毒素对动物造成的毒害作用差异显著，而各个霉菌毒素之间又具有相互协调的作用，进入机体后可以长期蓄积在器官中，引发复杂的临床症状，导致出现急慢性疾病。霉菌毒素中毒症状出现后如果不能采取有效措施进行针对性治疗，猪的中毒症状会进一步加重直至死亡，给养殖户带来严重的经济损失。

2.临床症状

该病一年四季均可发生，春夏季节温暖、潮湿、多雨，为霉菌的生长繁殖提供良好条件，因此发病更为严重。各个年龄阶段的猪均可发生霉菌毒素中毒。

不同年龄猪只中毒后的症状不同。仔猪通常是急性发病，表现为中枢神经症状，头朝向一侧弯曲，不能正常站立，几天内死亡（张君，2016）。育肥猪发病初期表现为食欲减退、被毛杂乱、精神变差，逐渐萎靡、先便秘后腹泻，粪便夹杂大量血液，尿液呈褐色或赤黄色。有的猪只出现呕吐腹泻。部分患病猪的面部、耳郭、四肢内侧、腹部皮肤表面出现很多出血点。青年母猪外阴红肿，与发情、临产的类似。妊娠母猪早产、流产，出现死胎、木乃伊胎。哺乳母猪泌乳量下降，表现类似发情，导致仔猪存活率降低。公猪表现为性欲减弱，出现包皮炎、龟头炎，严重影响繁殖率。

3.病理变化

主要表现为广泛性皮下出血，皮下脂肪严重黄染，口腔黏膜充血出血，脱水明显，喉头、会厌软骨、气管出血明显，气管内部存在大量黏液，胸腔有少量黄色液体，心包积液，心脏表面存在大量出血斑块，肺脏充血、水肿明显并存在坏死病灶。脾脏肿大变软，脾脏边缘存在很多小的坏死病灶，肝脏存在大小不等的白色坏死灶，质地变硬、变脆。胆囊萎缩，胆汁变少，颜色变淡。胆囊黏膜充血出血，胆囊内壁存在水肿现象(纪士勇，2016)。胃底黏膜严重充血出血并存在溃疡、坏死病灶，胃黏膜脱落。十二指肠严重充血，直肠黏膜和肠系膜淋巴结充血水肿。肾脏表面存在大量出血点，水肿明显，切面外翻。膀胱黏膜轻微出血，尿液呈赤黄色或酱油色，血液稀薄凝固不良。

4.诊断

通过临床症状及病理变化可以做出初步诊断，需要进行实验室诊断来确诊。主要的诊断方法是病料镜检和毒素含量检测。

镜检时需采集出现典型临床症状患病猪的新鲜血液、病死猪典型病变脏器组织、养殖场饲喂猪的饲料，进行常规实验室诊断。将采集到的病料制成触片后，滴加 20%的氢氧化钾溶液使其透明清晰，使用低倍显微镜观察，若可以观察到短粗的菌丝，且菌丝存在分支，由此可以确诊病料中存在黄曲霉菌(纪德兰，2019)。饲料镜检时主要是靠紫外灯照射，观察平铺的饲料中是否有带荧光的黄曲霉素。毒素检测则直接取饲料进行毒素的仪器法检测或试剂盒法检测。

5.防控

防范该种疾病发生的根本措施是防止饲料发霉变质，对于轻微发霉饲料，必须经过脱霉菌处理后限制饲喂，已经发霉变质严重的饲草饲料禁止投喂。发病高峰期，可以在饮用水中增加适量硒元素，对降低霉菌毒素中毒有很好作用。

目前霉菌毒素中毒没有特效的治疗方法，应采取单独隔离患病猪的措施，停喂发霉变质饲料，改为富含碳水化合物的青绿饲料和高蛋白饲料，同时要在饲料中添加脱霉剂和多种维生素。此外，应采取相应的支持疗法和对症治疗方法。对于存在急性中毒的患病猪，选用 1%高锰酸钾溶液，进行灌肠和洗胃处理，然后口服硫酸钠，加快胃内容物的排出(宋先鹏，2020)。病情较为严重的猪，使用 5%葡萄糖生理盐水、10%溴化钠、10%溴化钾混合静脉注射。

6.5.2 胃肠溃疡

猪胃溃疡也称猪食道溃疡、猪食管区胃溃疡，主要出现在胃与食道连接处，食道和胃贲门连接处的无腺体区(王永强，2019)。常见胃食管区溃疡，可导致急性胃内出血、猝死或影响生长发育。

1.病因

引起猪胃肠溃疡的病因包括应激、管理、疾病以及营养因素等。饲料太过粗硬不易消化，饲料配比不当缺乏足够的纤维，饲料粉碎过细，长期饲喂高能量(特别是玉米含量过高)饲料，在谷类饲粮中混合大量刺激性的矿物质合剂，饲料中缺乏维生素 B_1、维生素 E、硒等，以及饲料中不饱和脂肪酸过多或者霉变，都易引起猪胃溃疡(翁善钢，2018)。猪舍环境闷热、空间狭窄、噪音多、通风不良、卫生不佳、猪活动长期受限、突然变换饲料、饲喂不定时等，也易诱发猪胃溃疡。该病还常继发于慢性猪丹毒、霉菌感染、蛔虫感染、铜中毒等疾病中；也常见于缺乏维生素 E 和肝营养不良的猪中；还常见于体质衰弱、胃酸过多的猪中。

各个生长阶段的猪都能发病，其中生长育肥猪、种猪的发病率较高，特别是 8 周龄以上，体重超过 50 kg、快速生长的猪及生长在单位限位栏内的母猪更易发病。该病任何季节都能发生，尤其在气候炎热的夏、秋季节比较多见。据调查，如果胃溃疡严重，猪群中的死亡率最高可达 3%～4%，通常在 0.5%左右。

2.临床症状

临床上可分为急性、亚急性和慢性三种症状类型。病猪一般表现为厌食，采食后腹部会产生不适和疼痛，肠道蠕动减缓，严重时还会发生腹泻或者便秘，并由于胃部出血而排出黑便。疾病初期病猪胃出血轻微，通常仅表现消化不良，因此不易被察觉，病情加重会形成胃穿孔，此时容易出现急性弥漫性腹膜炎症状，导致病猪迅速死亡。因此往往表现为急性发病，兴奋或运动后突然虚脱或死亡。在亚急性和慢性病例中，病猪通常表现为食欲不振、体重减轻、贫血等，有时间歇性排出黑便，也有部分慢性病例仅表现出轻微症状。

3.病理变化

主要剖检病变是胃的食道区出现溃疡，有些可见幽门区和胃底部不同程度的充血、出血，不同数量、大小、形态的糜烂斑点，以及边缘整齐、界限清晰的圆形溃疡(范永青，2018)。胃内存在血块、尚未凝固的新鲜血液，以及纤维素渗出物，肠内常见新鲜血液。早期黏膜过度角化，上皮脱落，但未形成溃疡。另可见病猪胃内积液，胆汁由十二指肠逆流至胃导致胃黏膜黄染。由于慢性胃溃疡出血，促进髓外造血进而引起脾脏肿大。自愈的部分病猪溃疡愈合留下瘢痕。形成胃穿孔的病猪，会引起局限性或者弥漫性的腹膜炎。严重时会发生隔膜炎症，进而引发膈疝。

4.诊断

临床上可通过观察粪便、黏膜和皮肤来进行初步诊断。整个猪群中仅有个别猪发病，出现黑便、弹丸样粪便、皮肤黏膜发白等贫血症状，体温无明显变化，并通过剖检观察到大小、程度不等的溃疡时即可初步判断为胃溃疡。同时，还需要与传染性胃肠炎、沙门菌病、痢疾、肠出血性综合征、肠扭转、铜中毒、肠腺瘤、新双香豆素中毒等进行区分。患有病毒性或者细菌性疾病的病猪，一般表现为体温升高，且同栏有几头猪或者整群猪都出现发病。另外，中毒群体发病也较为常见，且常表现为采食量越大症状越明显。

5.防控

防控的主要方法是加强饲养管理，减少应激发生。要加强饲料管理和饲养管理，保证营养全面，避免饲料过粗或者过细，合理添加维生素 E 和硒元素等。

目前临床上尚无有效的特异性治疗方法，只能对症治疗。对于患病严重的猪一般采取直接淘汰措施。治疗原则是改善饲养管理、避免应激、镇静止痛、抗酸止酵、止血消炎，保护胃黏膜。

怀疑本病，应尽快使用胃黏膜保护剂和收敛剂，如硝酸铋、硅酸铝、氧化镁等，并适当调整日粮搭配，逐渐改变饲料中纤维水平，提高维生素 B_1、维生素 E 和硒的添加量。为镇静止痛，可肌肉注射安溴。为避免溃疡出血，可使用维生素 K、鞣酸。如有必要，可进行输血以快速控制胃出血并改善贫血症状。另外，可使用氟苯尼考、阿莫西林等抗生素防止继发感染。如果病猪发生明显贫血，并伴有呕血现象，且逐渐排出煤焦油样的粪便时，说明已经从胃溃疡变成胃穿孔或者弥漫性腹膜炎，此时基本没有治疗价值，建议养猪场尽快将其淘汰。

参考文献

白成友，范才良，文红.我国猪球虫病及其防制研究概述.畜牧兽医科技信息，2012，9：6-7.

蔡宝祥，陈溥言，沈正达.家畜传染病学.北京：中国农业出版社，2001：47-48.

蔡宝祥.家畜传染病学.4 版.北京：中国农业出版社，2002.

常华，花群义，段纲，等.非洲猪瘟的研究进展.中国畜牧兽医，2007，1：116-118.

陈广新.猪鞭虫病的临床症状、实验室检查、鉴别诊断及防治措施.现代畜牧科技，2019，11：122-123.

陈会良，宋学成.猪毛首线虫病的研究进展.黑龙江畜牧兽医，2015，5：57-59.

崔金霞.规模猪场猪增生性肠炎的防控措施.中国畜牧兽医文摘，2017，33(7)：134.

董彝.实用猪病临床类症鉴别.北京：中国农业出版社，2004.

范永青.猪胃溃疡的病因、临床表现、诊断及其防治.现代畜牧科技，2018，1：91.

方谱县，方六荣，董楠，等.猪 δ 冠状病毒的研究进展.病毒学报，2016，32(2)：243-248.

付梦瑾，朱玲，吴云飞，等.猪流行性腹泻病毒的分离鉴定及增殖规律.中国兽医科学，2013，43(11)：1133-1139.

戈胜强，屈海龙，路皓东，等.全球基因 I 型非洲猪瘟病毒流行与疫苗研究进展.中国动物检疫，2021，38(12)：70-76.

关洪涛.猪毛首线虫病的临床症状、诊断要点及其防治.现代畜牧科技，2017，5：128.

郭爱珍，陈鑫，刘华兰，等.猪常见病原体对消毒药物的敏感性.猪业科学，2007，6：28-31.

何大红.猪梭菌性肠炎的诊防技术.畜牧与饲料科学，2009，30(3)：131-132.

侯强红，李中波，尧国民，等.猪结肠小袋纤毛虫病的诊断与防治.湖南畜牧兽医，2019，4：21-23.

纪德兰.猪霉菌毒素中毒诊断与防治.畜牧兽医科学(电子版)，2019，1：128-129.

纪士勇.猪赤霉菌毒素中毒的诊断与治疗.现代畜牧科技，2016，1：95.

姜增鹤.猪嵴病毒的研究进展.中国猪业，2013，8(9)：35-37.

焦静波.猪梭菌性肠炎——仔猪红痢的诊断与综合防治.畜牧与饲料科学，2009，30(Z1)：139-143.

李常德.猪痢疾密螺旋体病的防治.当代畜禽养殖业，2009，7：17.

李芬.仔猪轮状病毒的诊断分析.中国动物保健，2018，20(4)：18-19.

李芹.猪场蛔虫病的预防与诊疗.畜禽业，2017，28(8)：109-110.

刘峰，张进，刘毅.猪大肠杆菌病防治研究进展.湖南畜牧兽医，2010，6：1-3.

陆春延，胡金平，李菊峰.猪回肠炎的预防与控制.养猪，2018，2：118-120.

马丽.猪增生性肠炎的诊治措施.山东畜牧兽医，2017，38(6)：91.

倪艳秀，林继煌，何孔旺，等.猪流行性腹泻研究概况.畜牧与兽医，2001，1：38-40.

宋先鹏.猪霉菌毒素中毒危害及防治.畜牧兽医科学(电子版)，2020，2：112-113.

孙贺龙.猪小袋纤毛虫病的发病特点、检疫、诊断与防治.现代畜牧科技，2017，12：118.

谈鹏.仔猪大肠杆菌病的诊治.畜牧兽医科技信息，2013，3：74-75.

唐艳强.猪传染性胃肠炎的防治.科学种养，2008，9：44.

王永强.猪胃溃疡的病因、临床症状与防治措施.现代畜牧科技，2019，8：90-91.

王振龙，柴家前.实用猪病防治学.1 版.北京：中国农业科技出版社，1997.

王志前，艾彩霞，贾凤菊，等.猪痢疾的诊断技术与防治措施.畜牧与饲料科学，2013，34(6)：127-128.

翁善钢.猪胃溃疡的流行与防治.养猪，2018，5：56.

吴运谱.非洲猪瘟研究进展.现代畜牧兽医，2013，6：34-37.

徐国栋，李峰，张广峰.国内猪流行性腹泻防治概况.畜牧与兽医，2011，43(12)：88-93.

徐善之，田质高，陈飞.非洲猪瘟的流行、诊断及综合防控.畜牧兽医科技信息，2018，2：4-6.

许万祥.猪蛔虫病的诊断与防治.畜牧与饲料科学，2009，30(Z1)：192-194，197.

严若峰,徐立新,许静,等.猪小袋纤毛虫感染调查.畜牧与兽医,2006,8:52-53.

杨亮宇,杨凤梅,周业,等.猪痢疾与常见腹泻病的鉴别诊断.猪业科学,2010,27(2):32-33.

殷震,刘景华.动物病毒学.2版.北京:科学出版社,1997.

张洪波.规模化饲养模式下猪增生性肠炎的诊断与防治.中国动物保健,2017,19(6):56-57.

张君.猪霉菌毒素中毒的危害和防治方法.现代畜牧科技,2016,4:155.

赵丽华.仔猪副伤寒的流行病学、临床症状、鉴别诊断和防控.现代畜牧科技,2019,2:75-76.

周伟伟,唐伟,顾蓓蓓,等.基于非洲猪瘟研究现状下的风险防控研究.中国兽医杂志,2017,53(5):112-114,124.

Zimmerman J J,Karriker L A,Ramirez A,et al.猪病学.11版.杨汉春,等译.沈阳:辽宁科学技术出版社,2021.

第 7 章 猪低蛋白质日粮与肠道健康

本章提要

2021 年我国猪肉产量占世界的 50%左右，产业规模世界第一。但长期存在下述 2 个问题：蛋白质饲料资源短缺，以大豆为主的蛋白质饲料进口依存度超过 85%；高蛋白质饲料配制及利用技术落后，造成氮排放过多污染严重，养猪业每年向环境排放氮 152 万 t，占全国总氮排放的 24%。发展低蛋白质饲料是解决上述问题的关键。低蛋白质饲料具有减少蛋白质饲料用量、节约蛋白质饲料资源、减少氮和有害气体排放、改善肠道健康、降低饲料成本等优点。早期低蛋白质饲料配制技术存在种猪繁殖性能降低和育肥猪胴体品质下降的问题，难以产业化应用。随着低蛋白质日粮技术的发展，目前的低蛋白质饲料技术采用净能体系和基于净能体系下的新型氨基酸平衡模式，成功解决了上述问题，低蛋白质日粮技术已在我国养猪业全面推广应用。

7.1 低蛋白质日粮对猪肠道健康的影响

日粮蛋白质是畜禽必需氨基酸的重要来源，适宜的日粮蛋白质水平能保障畜禽肠道健康发育。日粮蛋白质水平过高，氨基酸含量不平衡，都会导致肠道 pH 升高，破坏肠道免疫功能和微生物菌群的平衡。而低蛋白质日粮是根据蛋白质营养的实质和氨基酸营养平衡理论，在不影响动物生产性能和产品品质的条件下，通过添加适宜种类和数量的工业合成氨基酸，降低日粮蛋白质水平和氮排放的日粮（谯仕彦，2019）。已有研究表明，低蛋白质日粮通过增强肠道免疫功能、调节猪肠道微生态环境，在减少仔猪腹泻方面发挥了提高肠道健康的效果，本节将重点介绍低蛋白质日粮对猪肠道健康的影响。

7.1.1 低蛋白质日粮对肠道免疫功能的影响

日粮蛋白质水平是影响猪肠道免疫功能的重要因素。近年来研究表明，低蛋白质日粮能有效改善各生长阶段猪的肠道免疫功能，促进肠道发育及营养物质的消化吸收，提高猪的生长性能。肠道免疫功能由非特异性屏障机制和特异性免疫效应组成（Magalhaes et al.，2007）。黏膜上皮、紧密连接和黏蛋白构成了非特异性屏障，是有效防止病原微生物或病毒入侵的重要屏障（胡红莲等，2012）；而肠黏膜相关淋巴组织（gut-associated lymphoid tissue，GALT）、淋巴细胞、抗体和细胞因子等免疫成分则构成了肠道特异性免疫屏障。日粮蛋白质水平过高或者过低都会引起肠黏膜发育不良、肠道屏障功能受损、肠道免疫功能紊乱和营养物质吸收不良。

1.低蛋白质日粮对肠道非特异性屏障的影响

非特异性屏障位于肠道上皮细胞外膜顶端，由连接蛋白、黏附分子、跨黏膜蛋白 occludin 及 claudin 家族等特殊的蛋白分子组成，其通透性决定了肠非特异性屏障的功能(Peterson and Artis,2014)。日粮粗蛋白质水平的差异对各个生长阶段猪肠道非特异性屏障均有不同的影响。仔猪的肠道屏障功能较脆弱，受日粮粗蛋白质水平的影响较大，当日粮粗蛋白质水平为 23%时，其空肠 ZO-1、occludin 和回肠 occludin 等紧密连接蛋白的 mRNA 表达较低，但改喂低蛋白质日粮(CP 17%)则可以显著增强仔猪猪肠道紧密连接，提高非特异性屏障的功能(Wu,2015)。岳隆耀(2010)通过蛋白质组学技术，发现氨基酸平衡的低蛋白质日粮(CP 17.25%)能增强仔猪空肠与免疫防御相关的功能蛋白质的表达。在生长猪上，类似的蛋白质组学研究也发现饲喂低蛋白质水平的日粮(CP 14%)可上调肠道紧密连接和细胞黏附蛋白的表达，下调先天和自身免疫以及细胞增殖和凋亡相关蛋白的表达(Qin et al.,2016)。Fan 等(2017)进一步比较三种不同水平的粗蛋白质日粮，发现育肥猪饲喂 13%粗蛋白质水平的日粮，其肠道紧密连接蛋白(occludin 和 claudin)的表达高于饲喂 10%和 16%粗蛋白质水平的日粮。但当日粮粗蛋白质水平为 10%，添加半胱氨酸能改善育肥猪肠道结构，提高小肠的免疫功能，增加紧密连接蛋白基因的 mRNA 表达(罗奕秋,2016)。此外，肠道杯状细胞及其分泌的黏液也是非特异性屏障的主要部分(Birchenough et al.,2015;Johansson and Hansson,2014)，饲喂低蛋白质日粮(CP 17%和 CP 15%)能维持仔猪和生长育肥猪的杯状细胞数量和 Muc2 的表达，保证黏膜的完整性(Li et al.,2019)。小肠液中 LPS 能反映肠道屏障的通透性(Arrieta et al.,2009)，在育肥猪饲养试验中发现，当日粮粗蛋白质水平降低 3 个百分点时，不仅能显著提高育肥猪回肠紧密连接蛋白 occludin 和 claudin-1 的表达，还有利于小肠液中 LPS 的稳定，而高或者极低蛋白质水平的日粮均会提高小肠液中 LPS 的水平(Chen et al.,2018)。

2.低蛋白质日粮对肠道特异性免疫屏障的影响

较高粗蛋白质水平的日粮也会对肠特异性免疫屏障造成不利的影响，在大鼠上，研究发现饲喂高蛋白质日粮会减少肠系膜淋巴结 CD4 阳性淋巴细胞的数量，表现为对回肠黏膜免疫的抑制(Lan et al.,2015)。断奶仔猪肠道在采食高蛋白质日粮(粗蛋白质水平为 19.8%或 20.1%)后，结肠的 IL-1β、IL-10、TGF-β 等基因的表达量增加(Pieper et al.,2012)，而且研究发现随着日粮粗蛋白质水平(CP 23.1%)的提高，仔猪空肠和结肠炎性细胞因子 IL-1β 和 IFN-γ 的表达增加(Giang et al.,2010)。之后进一步的研究发现，将仔猪日粮粗蛋白质水平由 23.7%降低至 17%，炎性细胞因子 IL-1β 和 IFN-γ 的表达显著下调(Wu et al.,2015)。任曼(2014)的研究发现断奶仔猪饲喂补充支链氨基酸的低蛋白质日粮(17%)能够通过激活 Sirtl/ERK/90RSK 通路促进猪肠上皮细胞表达防御素，同时可提高肠道免疫防御功能，抵御微生物的入侵，进而保证断奶仔猪的健康和生长。在育肥猪上，也有报道日粮粗蛋白质水平由 15.6%降低至 11.6%并补充氨基酸能显著提高免疫球蛋白 G 的水平(Jiao et al.,2016; Liu and Kim,2017)。目前，关于低蛋白质日粮对肠道黏膜相关淋巴组织、免疫细胞的研究不足，有待进一步的阐明。

7.1.2 低蛋白质日粮对肠道微生物的影响

猪肠道中存在着复杂的微生物区系，且随着生长阶段的转变，优势菌群变化较大：在哺乳时期，乳酸杆菌和链球菌是仔猪小肠的优势菌群，能促进母乳中营养成分的利用；断奶后，随着环境的改变，适应了固体饲料的仔猪肠道中微生物区系趋于稳定，乳酸杆菌、双歧杆菌、小梭菌成为肠道的优势菌群（范沛昕，2016）。日粮组成是影响猪肠道微生物区系稳定的主要因素之一（Mosenthin et al.，1999），当日粮组成发生变化时，微生物菌群平衡会受到破坏，消化道内的有害菌群增多，有益菌数量减少，导致细菌性疾病，如腹泻等（田志梅等，2015）。尽管日粮中的碳水化合物是肠道微生物的主要供能物质，但无论日粮蛋白质还是内源蛋白质都可以作为肠道微生物发酵的底物（Macfarlane，1995），影响猪肠道微生物菌群结构及其多样性和肠道微生物氮代谢及相关酶活性，如肠道微生物硝酸还原酶、谷氨酰胺合成酶、谷草转氨酶、谷丙转氨酶、乳酸脱氢酶、尿素酶及蛋白酶等。日粮蛋白质摄入过多，会提高猪小肠 pH，为病原菌增殖提供有利条件，且未在前肠消化的蛋白质在后肠经微生物发酵，增加氨氮和胺类等潜在有害物质的产生，改变肠道微生物菌群结构及其多样性，影响肠道健康。大量研究表明低蛋白质日粮有利于优化猪肠道菌群结构及多样性，促进肠道有益菌增殖并增加其相关代谢产物的产生，降低肠道有害菌或致病菌的数量及相关代谢产物的产生。

1.低蛋白质日粮对肠道有益菌的影响

研究证实，饲喂低蛋白质日粮是改善猪肠道健康，增加肠道中的有益微生物菌群的重要策略之一。低蛋白质日粮增加了猪盲肠中 *Prevotella* 和 *Coprococcus* 的丰度，增加了结肠中 *Sarcina*、*Subdoligranulum*、*Coprococcus* 和 *Mogibacterium* 的丰度，其中 *Prevotellais* 是猪肠道中主要的纤维降解细菌种类之一（Varel et al.，1992，1987，1984）。仔猪阶段，猪的肠道菌群稳定性差，易受环境影响。乳酸杆菌是仔猪小肠内最大的优势微生物菌群，可控制潜在致病性菌群如大肠杆菌的繁殖及定植并加强免疫反应，对维持仔猪肠道健康起重要作用。研究发现，降低日粮粗蛋白质水平（由 20%降低至 18%）可增加乳酸杆菌定植，从而减少日粮对断奶仔猪肠道绒毛的损伤并缓解仔猪断奶应激导致的肠道紊乱和腹泻（Manzanilla et al.，2009）。最近的研究也证实，断奶仔猪日粮粗蛋白质水平由 20%降低 3 个和 6 个百分点对肠道有益菌—乳酸杆菌属的相对丰度有一定的提高作用（虞德夫，2019），补充必需氨基酸的低蛋白质日粮（CP 18.5%）能增加断奶仔猪后肠更多种类的有益菌群（包括乳酸杆菌、双歧杆菌、芽孢杆菌）数量，且随着低蛋白质日粮中必需氨基酸供给水平的提高，乳酸杆菌、双歧杆菌和芽孢杆菌数量显著增加（周华，2016）。随着日粮蛋白质水平的进一步降低（CP 15%和 CP 14%），断奶仔猪盲肠中拟杆菌的数量显著升高（Chen et al.，2018；Zhang et al.，2016）。此外，Zhang 等（2016）发现，饲喂低蛋白质日粮（CP 14%）可以增加仔猪肠道产短链脂肪酸相关菌群数目，并抑制大肠杆菌的数量，减少蛋白质发酵产物。更早的研究也发现，低蛋白质日粮（CP 14.8%）结合发酵碳水化合物（TDF 16.6%）可以显著增加仔猪肠道产丁酸的 *Clostridium coccoides* 菌的丰度（Pieper et al.，2012）。进入育肥期后，猪的肠道菌群趋于稳定，育肥猪日粮蛋白质水平由 20%降低至 15.3%能提高结肠微生物多样性（Shannon 指数）（Peng et al.，2017）；当日粮蛋白质水平降低至 13%，育肥猪回肠和结肠的菌群结构得到改善，消化性链球菌科的比例明显增加，回肠屏障功能显著提高。Chen 等（2018）研究表明，育肥猪饲喂低蛋白质日粮（15% CP）显著增加了猪肠道中乳酸菌和双歧杆菌的水平，其中双歧杆菌和拟杆菌一样，是影响后肠能量稳态和底物发酵的主要微生物属（Tennyson and Friedman，2008），乳酸菌和双歧杆菌可以将碳水化合物发酵成乳酸，改善肠道环境（Kleerebezem et al.，2003；Fukuda et al.，2011），此外该研究还发现，15％粗蛋白质日粮组的猪回肠细菌的丰度和多样性最高，表明低蛋白质日粮可能促进回肠菌群的生长。

2.低蛋白质日粮对肠道致病菌的影响

猪肠道中致病菌的增殖会严重影响猪肠道功能，引起肠道相关疾病。在生猪养殖中，日粮中添加抗生素是有效减少肠道致病菌的措施，但是随着抗生素滥用而引发的细菌耐药性及相关生物安全问题，禁止使用抗生素已经在世界各国成为共识。研究发现，低蛋白质日粮配制技术是一种有效地替代抗生素的手段，低蛋白质日粮能抑制致病性细菌的繁殖，缓解肠道腹泻的发生，尤其能缓解断奶仔猪的腹泻现象（Rist et al.，2012）。在猪肠道中，产肠毒素大肠杆菌（ETEC）、链球菌和志贺氏菌可引起多种肠道感染和疾病，如猩红热和细菌性痢疾（Pop et al.，2014；Davies et al.，2015）。据报道，志贺埃希菌属细菌与坏死性小肠结肠炎和抑制肠蠕动有关（Brower-Sinning et al.，2014），Chen 等（2018）和 Fan 等（2017）都发现饲喂低蛋白质日粮（CP 15％和 CP 13％）可以减少断奶仔猪肠道中有害链球菌和志贺氏菌的增殖。相较于高粗蛋白质水平组（CP 20.1％），饲喂低蛋白质日粮（CP 19.8％）可以减少断奶仔猪食糜中 *Clostridium leptum* 群细菌数量（Pieper，2012）。有研究证实，日粮蛋白质水平与仔猪大肠内容物中大肠杆菌数量存在极显著正相关关系，（$r=0.9620$，$P<0.01$）（董国忠等，1996；张维等，2007），低蛋白质日粮（CP 17％）抵抗大肠杆菌感染能力要高于高蛋白质组（CP 22％）（Bhandari et al.，2010）。在大肠杆菌 K88 攻毒 3 d 后，饲喂 17.6％粗蛋白质日粮的仔猪回肠内容物中并没有出现产毒素源性大肠杆菌，但饲喂了 22.5％粗蛋白质日粮的仔猪回肠内容物中却发现了产毒素源性大肠杆菌（Opapeju et al.，2015）。在仔猪断奶后 7 d 或 14 d 后，饲喂低蛋白质日粮可显著降低 β-溶血性大肠杆菌感染后的断奶仔猪腹泻发病率。因此，配制低蛋白质日粮是改善肠道微生态环境，减少有害发酵物的产生，抑制致病菌生长的有效方法。

3.低蛋白质日粮对肠道微生物代谢酶活性及相关代谢产物的影响

微生物代谢酶活性及相关代谢产物可以用来表征微生物活动和肠道健康。未消化的日粮蛋白质到达大肠，作为微生物发酵底物（称为发酵蛋白），被微生物分解产生支链氨基酸、氨氮、生物胺、氢硫化物、酚类及吲哚化合物等。这些蛋白质发酵产物通过破坏黏膜的紧密连接和扰乱炎症响应等方式对猪肠道产生毒性。在鼠上，高蛋白质日粮摄入导致大鼠结肠食糜中氨氮的浓度增加，这与微生物脱氨基作用的增强有关，同时氨氮的增加引起结肠上皮细胞氧气消耗增加，结肠细胞中谷氨酰胺合成酶活性增加，结肠刷状缘膜的高度降低，说明高蛋白质日粮摄入改变了结肠的内环境，可能改变结肠上皮细胞的形态和功能（Andriamihaja et al.，2015）。在猪上，近年来也有相关研究报道，日粮蛋白质水平会对肠道微生物酶活性造成影响。硝酸还原酶（NR）和脱羧酶在仔猪肠道内随着日粮粗蛋白质水平升高而线性增加，表明仔猪肠道内有大量的硝酸盐和生物胺，造成仔猪消化率假高的现象；在仔猪回肠和盲肠中发现，腺苷脱氨酶（ADA）也随着日粮粗蛋白质水平的升高而显著升高，这反映了微生物脱氨作用活跃，有大量的氮营养元素流失；而糖酵解的关键酶乳酸脱氢酶（LDH）则在低蛋白质日粮组的空肠中含量最高（邓欢，2015）。在育肥猪上也有类似的发现，这均表明日粮蛋白质水平显著影响肠道微生物酶的活力，较高的日粮粗蛋白质水平是肠道微生物对氨基酸差异性降解和猪对蛋白质利用率低的原因之一（赖星，2017）。但是目前关于这方面的研究较少，仍有部分微生物代谢相关酶的活性需要进一步研究。已有较多的研究证实低蛋白质日粮可以减少猪肠道过多蛋白质发酵引起的粪氮排放增加，减少蛋白质资源的使用。保育猪日粮中蛋白质水平降低 4%（CP 15.6%）并补充必需氨基酸，对猪生长性能无显著影响，但是能够使氮利用率增加 15%，氮营养素表观消化率增加，减少氮排泄（Fickler et al.，1994）。日粮粗蛋白质水平从 21.6%减少至 15.3%时，增加日粮中可发酵碳水化合物水平，能减少食糜中氨氮浓度（Bikker et al.，2006）。Htoo 等（2007）研究表明低蛋白质日粮可以降低盲肠微生物产生的有害代谢产物（氨氮、乙酸、异丁酸、异戊酸和尸胺）。一些有益菌（如 *Bacteroides* 和 *Bifidobacterium*）可以发酵碳水化合物产生高浓度的短链脂肪酸（如乙酸、丙酸、丁酸等），进而降低其环境的 pH，抑制其他细菌的生长（Arunachalam，1999；Olukosi and Dono，2014；Chen et al.，2017）。日粮中的蛋白质水平会影响盲肠中的微生物发酵（Zhang et al.，2016）。通常，戊酸、异丁酸和异戊酸被认为是蛋白质发酵的最终产物（Williams et al.，2015）。与正常粗蛋白质水平的日粮相比，低蛋白质日粮能降低盲肠中异丁酸和异戊酸盐的含量（Zhou et al.，2015）。而日粮不同蛋白质水平能够改变猪后肠代谢物的组成和结构，还能够调控后肠内的微生物代谢通路的变化，进而引起后肠氮代谢的变化（周利平，2016）。为了降低肠道菌群的可发酵蛋白质，也有研究发现降低日粮中蛋白质和糖类物质比例，有利于增加可发酵碳水化合物的比例，降低蛋白质发酵产物，减少对猪胃肠道的损伤及尿素、粪氮的排放，增加养猪产业的经济利润（陈守云等，2010）。因此，可通过适当降低日粮的蛋白质和糖类的比例，降低蛋白质的无效发酵，改善肠道微生物代谢产物的组成，进而改善肠道功能，增加料重比及饲料营养物质利用率，从而提高养猪产业的经济效益。

7.1.3 低蛋白质日粮减少了仔猪腹泻

近年来，大量的研究报道低蛋白质日粮是控制仔猪断奶后腹泻的有效措施。断奶仔猪由于消化与免疫系统发育尚未完善，由母乳转为固体饲料影响其对营养物质的消化吸收。日粮中未消化的蛋白质到达大肠，作为细菌的发酵底物能够被微生物发酵分解产生支链氨基酸、氨氮、生物胺、氢硫化物、酚类及吲哚化合物等，这些蛋白质异常发酵产物通过破坏黏膜的紧密连接、扰乱炎症响应等方式而损伤肠道健康（郗伟斌等，2004）。同时蛋白质的异常发酵与潜在的病原菌生长有着密切的关联，蛋白质水平较高的日粮会使肠道处于较高的 pH 水平，为病原菌的增殖提供环境（Li et al.，1990）。降低日粮中的蛋白质水平，可以减少蛋白质在猪后肠道的异常发酵，抑制病原菌的增殖，减少腹泻的发生。此外，豆粕是断奶仔猪饲粮中常用的蛋白质原料，其所含的大豆球蛋白和 β-伴大豆球蛋白是引起超敏反应的主要抗原（李德发，2003）。仔猪断奶前后饲喂含大豆蛋白的日粮会激发特异的暂时性小肠过敏反应，造成仔猪小肠绒毛受损，进而导致消化吸收障碍、生长受阻和腹泻的发生（Li et al.，1991）。Zhao 等（2011）报道饲料中高浓度的大豆抗原蛋白会增加猪肠道通透性，降低肠道上皮细胞 occludin 和 ZO-1 的表达，低浓度的大豆抗原蛋白不会产生明显影响。因此，仔猪断奶后饲喂高蛋白质日粮易引起肠道功能紊乱，进而导致腹泻（孙鹏，2008），与饲喂低（17.3%）蛋白质水平日粮相比，饲喂高蛋白质日粮（CP 24.3%）时，断奶仔猪发生腹泻的比例较高（Heo et al.，2008）。Yue 和 Qiao（2008）发现，仔猪日粮蛋白质水平从 23.1%降低到 18.9%显著降低了仔猪腹泻的严重性。低蛋白质日粮降低豆粕用量能够直接减少日粮中大豆抗原蛋白的含量减轻大豆抗原蛋白对肠道的免疫损伤(Wang et al.,2009),同时减少肠道内用于细菌增殖的底物数量,有利于减轻仔猪腹泻(Rezaei,2013)。因此,适当降低日粮中粗蛋白质的水平,并平衡氨基酸需要量,能从降低肠道蛋白质发酵和减少过敏源两方面提高仔猪的肠道免疫功能,改善肠道微生态平衡,达到减少腹泻的目的(Nagy and Fekete,1999;Opapeju et al.,2008)。

7.2 低蛋白质日粮的氨基酸平衡模式及能量体系

能量转化影响机体蛋白质的合成效率,因此日粮能量体系会影响低蛋白质日粮的使用效果,是低蛋白质日粮配制的基础。日粮氨基酸平衡模式是决定日粮蛋白质或氨基酸被动物高效利用的重要因素,是低蛋白质日粮配制的关键。鉴于上述两点,本章重点介绍低蛋白质日粮的有效能体系与能氮平衡模式、氨基酸平衡模式及影响氨基酸平衡模式的因素,为深入理解和更好配制低蛋白质日粮奠定基础。

7.2.1 低蛋白质日粮的氨基酸平衡模式

日粮蛋白质或氨基酸进入机体后能最大限度地用于机体蛋白质的合成或沉积才能实现蛋白质或氨基酸的高效利用。理想蛋白质模式是实现蛋白质或氨基酸高效利用的基本保障。低蛋白质日粮仍需采用理想蛋白质模式以保证蛋白质和氨基酸的高效利用。理想蛋白质模式下,动物对日粮蛋白质和氨基酸的利用最高。理想蛋白质指日粮的氨基酸组成和比例与机体需要的氨基酸的组成和比例完全一致,因此,机体对理想蛋白质的利用率为100%。理想蛋白质模式或氨基酸模式指以日粮赖氨酸水平作为基准,其相对需要量定为100,其他氨基酸需要量表示为赖氨酸需要量的百分比。

应用理想蛋白质模式或理想氨基酸模式还需要考虑日粮氨基酸的消化率,由于被大肠发酵的蛋白质或氨基酸对机体蛋白质沉积贡献甚微,目前广泛采用的是回肠氨基酸消化率。而回肠氨基酸消化率分为回肠表观氨基酸消化率和回肠真氨基酸消化率。回肠表观氨基酸消化率未排除氨基酸的内源损失,而氨基酸的内源损失尤其是特定内源损失受日粮组成影响,其变异较大,不具有可加性。而回肠真氨基酸消化率考虑了氨基酸的内源损失,具有可加性,能更好地反映日粮氨基酸的可消化性。但由于回肠真氨基酸消化率很难准确测定,目前各国通用的是采用回肠标准氨基酸消化率代替回肠真氨基酸消化率。综上,以可消化氨基酸为基础的理想蛋白质模式或理想氨基酸模式能更有效地提高蛋白质或氨基酸的利用效率。文献中报道过的猪的理想氨基酸平衡模式(表7-1)使用较多的有:①2003年英国发布的《猪营养需要》(BSAS,2003)。②2012年美国国家科学院科学研究委员会发布的《猪营养需要》。③2015年法国农业科学院发布的猪理想蛋白质模式。统观各种理想氨基酸平衡模式,主要研究了必需氨基酸的平衡模式,且都是以赖氨酸为基准,其他氨基酸与其比值来表示。值得注意的是早期的理想氨基酸模式中并没有关注精氨酸,而后期的绝大多数理想氨基酸模式中关注了精氨酸。猪低蛋白质日粮下研究其理想氨基酸模式同样需要首先研究赖氨酸的需要量,再以赖氨酸的需要量为基准,研究其他氨基酸需要量与赖氨酸需要量的比值,便可获得猪低蛋白质日粮下的理想氨基酸模式。本章第3节将详细介绍各生长阶段猪低蛋白质日粮的理想氨基酸模式的具体研究。

表 7-1 猪的理想氨基酸平衡模式

氨基酸	ARC (1988)	Fuller 等 (1989)	Wang 和 Fuller (1989)	Chun 和 Baker (1992)	NRC (1998)	BSAS (2003)	NRC (2012)	InraPorc (2015)
赖氨酸	100	100	100	100	100	100	100	100
蛋＋胱氨酸	50	59	63	60	55	59	58	60
苯丙氨酸＋酪氨酸	96	122	120	95	93	100	95	95
苏氨酸	60	75	72	65	60	65	66	65
亮氨酸	100	110	110	100	102	100	102	100
异亮氨酸	55	61	60	60	54	58	53	55
缬氨酸	70	75	75	54	68	70	67	70
色氨酸	15	19	18	18	18	19	17	18
精氨酸	—	—	—	42	48	—	45	42
组氨酸	33	32	—	32	32	34	95	—

注：表格中除赖氨酸外的其他氨基酸的数据均根据日粮总氨基酸需要量计算所得；“—”表示无相关数据。

7.2.2 影响氨基酸平衡模式的因素

理想氨基酸模式对猪低蛋白质日粮下蛋白质和氨基酸的高效利用具有重要影响，那么研究猪低蛋白质日粮下的理想氨基酸模式需要考虑的因素有哪些呢？首先，需要考虑的是氨基酸在肠道的首过代谢（可参考本书第 4 章相关内容）。氨基酸在肠道中的代谢包括分解代谢、合成代谢、既可分解代谢也可合成代谢。因此，肠道对氨基酸的代谢、利用和转化显著地影响了汇集到门静脉的氨基酸数量和比例，影响氨基酸在肠外组织或器官的利用。在特殊生理或者疾病条件下，肠道对某些特定氨基酸的首过代谢会加强，因此，要考虑加强日粮中这类氨基酸的水平。如在肠道有病原微生物侵袭时，肠道黏蛋白的合成和分泌会增强，由于黏蛋白的合成需要苏氨酸（Ren et al.，2014），因此在这种情况下，日粮苏氨酸用于合成肠道黏蛋白的比例增加，为保证肠道组织对苏氨酸的利用效率，需要酌情考虑增加日粮苏氨酸的水平。此外，还需要考虑动物的不同生理阶段对特定氨基酸的需求。如幼龄期肠道快速生长发育对氨基酸的需求相对高于成年期。其次，要考虑影响骨骼肌蛋白质合成的相关氨基酸的需要量。mTOR 信号通路对骨骼肌蛋白质合成起着重要的作用，而氨基酸对 mTOR 信号通路的激活具有重要作用。研究表明，氨基酸缺乏、氨基酸组成不平衡可抑制 mTOR 信号通路，且这种抑制作用是不可逆的，即使添加其他 mTOR 信号通路的刺激因子也不易恢复（罗钧秋，2011；Zoncu et al.，2010）。日粮蛋白质水平降低也会抑制 mTOR 信号通路，而降低日粮蛋白质水平同时补充合成氨基酸，则可以激活 mTOR 信号通路，增加机体蛋白质的合成（Yin et al.，2010；Deng et al.，2014）。目前研究较多的可激活 mTOR 信号通路的氨基酸有精氨酸、氮氨甲酰谷氨酸和亮氨酸。新生仔猪日粮中添加精氨酸可通过激活骨骼肌 mTOR 信号通路，上调 4E-BP1 的磷酸化水平，增加骨骼肌蛋白质的合成（Yao et al.，2008）。低蛋白质日粮添加精氨酸内源合成激活剂氮氨甲酰谷氨酸，也能增加育肥猪的眼肌面积，说明低蛋白质日粮添加氮氨甲酰谷氨酸也可促进肌肉蛋白质的合成(Ye et al.,2017)。亮氨酸增加骨骼肌蛋白质合成也是通过激活 mTOR 信号通路实现的。低蛋白质日粮添加亮氨酸可增加育肥猪机体蛋白质沉积，增加眼肌面积(Zhang et al.,2016)。目前关于其他氨基酸对机体蛋白质合成影响的研究较少，未来可进一步研究。

7.2.3 低蛋白质日粮的有效能体系与能氮平衡模式

能量不是一种营养物质，但蕴含于营养物质中。日粮能量主要来源于三大营养物质：碳水化合物、蛋白质和脂类。日粮中三大营养物质的比例决定日粮提供能量的高低。相同质量的三大营养物质，碳水化合物提供的能量最低，脂类提供的能量最高，而蛋白质提供的能量居中，这主要是因为脂肪和蛋白质比碳水化合物更容易氧化。日粮能量可分为总能(gross energy,GE)、消化能(digestible energy,DE)、代谢能(metabolizable energy,ME)和净能(net energy,NE)。GE 是一定量的日粮完全氧化所释放的热量，可用氧弹式测热计准确测定，也可以根据日粮的粗脂肪(ether extract,EE)、粗蛋白质(crude protein,CP)和粗灰分(ash)含量，按照下列公式进行估测：GE＝4 143＋56 EE%＋15 CP%－44 ash%，R_2＝0.98。DE 是日粮可消化养分所释放的能量，是日粮 GE 与粪能的差值，反映了日粮中能被机体消化的能量。日粮的 DE 不能被机体全部利用，其中少部分用于消化道微生物发酵产气和尿液中的代谢物的形成。DE 扣除尿能和消化道产生的气体能则为 ME。日粮 ME 能反映日粮 GE 可被机体利用的能量，比 DE 更准确可靠。日粮 ME 中包含热增耗(heat increment,HI)，这部分能量主要来源于消化过程产热、营养物质代谢及与其相关的器官或组织活动产热以及胃肠道发酵产热。日粮 ME 扣除 HI 为日粮的 NE。NE 能完全被机体利用，用于维持生命和生产产品。

猪低蛋白质日粮研究所采用的能量体系有消化能体系、代谢能体系和净能体系。早期猪低蛋白质日粮研究大多采用消化能体系或代谢能体系，日粮粗蛋白质水平能降低约 2 个百分点，生长性能良好，但胴体变肥(Tuitoek et al.,1997)。由于蛋白质热增耗高于脂类和碳水化合物，相同消化能或代谢能的高蛋白质日粮和低蛋白质日粮相比，低蛋白质日粮的净能值会高于高蛋白质日粮(Noblet et al.,1994)，因此，采用消化能或代谢能体系配制低蛋白质日粮会使得日粮的有效净能值偏高，造成能氮不平衡和能量过剩，使胴体变肥。近年来的研究表明，采用净能体系来配制低蛋白质日粮(Le Bellego et al.,2001,2002;易学武,2009)能避免能量过剩造成的胴体变肥。生长猪的日粮粗蛋白质水平从 18.4%降低到 14%时，当日粮净能需要为 2.36 Mcal/kg 时，生长猪可获得最佳生产性能和胴体品质(易学武,2009)。育肥猪的日粮粗蛋白质水平从 16%降低到 12%时，当日粮净能需要为 2.40 Mcal/kg 时，育肥猪可获得最佳生产性能和胴体品质(易学武,2009)。因此，虽然低蛋白质日粮采用的能量体系有消化能、代谢能和净能三种体系，但采用净能体系，是低蛋白质日粮获得最佳生长性能和胴体品质的重要保障。

日粮的能量水平和蛋白质水平之间需要保持一定的平衡，即能氮平衡。日粮的能量水平过高而蛋白质水平过低，会造成能量过剩和负氮平衡，而日粮的能量水平过低，蛋白质水平过高，则会造成蛋白质充当能量来源进行氧化分解，而蛋白质热增耗高，其能量利用率低(Zhang et al.,1986;Sokól et al.,1997)。近年来，日粮的能氮平衡已从日粮的能量水平和粗蛋白质水平的平衡发展到了日粮的能量水平和日粮的赖氨酸水平之间的平衡，包括日粮消化能、代谢能或净能水平与日粮总赖氨酸水平(回肠标准)或可消化赖氨酸水平之间的平衡。低蛋白质日粮下的能氮平衡模式也如上文所述。研究表明,生长猪的日粮粗蛋白质水平为 14.5%,DE 为 14.02 MJ/kg 时,其可消化赖氨酸/DE 的比值为 0.63 g/MJ 时,生长猪可获得最佳的生长性能(钟燕萍,2015)。研究表明,20～50 kg 阶段的生长猪,当日粮净能水平和日粮总赖氨酸水平与日粮净能水平的比值分别为 2.36 Mcal/kg 和 4.70 g/Mcal 时,能获得最佳的生长性能(易学武,2009);60～100 kg 阶段的育肥猪,当日粮净能水平和日粮总赖氨酸水平与日粮净能水平的比值分别为 2.40 Mcal/kg 和 3.50 g/Mcal 时,能获得最佳的生长性能和胴体品质(易学武,2009)。而 Le Bellego 等(2001)研究表明,育肥猪饲喂粗蛋白质水平为 13.9%的低蛋白质日粮,其日粮标准可消化赖氨酸水平与净能水平比值为 0.76 g/MJ 时,可获得最佳的生长性能和氮沉积,且显著降低氮排放,约为 40%。

7.3 无抗生产下猪低蛋白质日粮配制技术

如 7.2 所述,影响猪低蛋白日粮配制技术的关键主要有有效能体系与能氮平衡模式、氨基酸平衡模式,因此本节主要从这两个方面对仔猪、生长育肥猪、种猪的低蛋白质日粮配制技术进行详细介绍。在无抗生素生产的条件下,低蛋白质日粮配制技术除了需要考虑上述关键因素外,还需要结合其他的抗生素替代技术,才能保障养猪业的高效安全健康生产。

7.3.1 仔猪低蛋白质日粮配制技术

仔猪是养猪生产中的关键阶段,仔猪阶段的高成活率及快速健康生长是高效养猪的前提保障。配制满足仔猪各类营养素需要,且不造成其代谢负担的日粮,对其生长性能的发挥至关重要。由于仔猪特殊的生理状态,其氨基酸营养需求旺盛而胃肠道脆弱,消化吸收能力差,因此,氨基酸平衡的低蛋白质日粮可能是既能满足其营养需要,又不造成肠道损伤的有效营养途径。由于目前国内外关于仔猪净能需要量方面的研究缺乏,仔猪低蛋白质日粮配制技术重点介绍仔猪日粮蛋白质水平降低不同程度时其氨基酸平衡模式。

1.仔猪日粮蛋白质水平降低程度与氨基酸平衡模式

玉米-豆粕型日粮是我国养猪生产中最常用的日粮,豆粕中含有丰富的蛋白质及多种必需氨基酸,是仔猪日粮的主要蛋白质来源。然而,大豆中含有的大豆球蛋白质和 β-伴球蛋白质可能造成仔猪肠道炎症,进而导致腹泻。同时,仔猪处于断奶后的关键时期,小肠绒毛萎缩、隐窝增深、隐窝细胞有丝分裂速度加快及营养物质消化、吸收能力降低。大量摄入日粮蛋白质易造成断奶仔猪的肠道过敏反应进而导致损伤,严重损害仔猪对营养物质的消化吸收。

大量研究证实,适当降低仔猪日粮的粗蛋白质水平,可以在不影响仔猪生长性能的条件下,改善仔猪肠道健康,调控仔猪肠道菌群,减少氮排放污染。如 Wen 等(2018)的研究显示,将仔猪日粮粗蛋白质水平由 23.7%降低至 17%后,仔猪断奶后 2 周内的生长性能无显著差异,而腹泻率及粪便评分均显著降低。Ren 等(2014)的研究发现,降低断奶仔猪日粮粗蛋白质水平由 21%至 17%,且在标准回肠可消化氨基酸基础上平衡赖氨酸、蛋氨酸、苏氨酸和色氨酸,断奶仔猪小肠绒毛发生了明显的萎缩,而在平衡上述氨基酸基础上额外平衡亮氨酸、异亮氨酸和缬氨酸后,仔猪小肠绒毛高度与对照组相比无显著差异。Hermes 等(2009)则发现,将仔猪日粮粗蛋白质水平由 20%降低至 16%后,即使平衡赖氨酸、蛋氨酸、苏氨酸和色氨酸,仔猪小肠、大肠占体重总比例依旧显著降低，同时，肠道杯状细胞数量显著降低。

粗蛋白质水平适宜且氨基酸平衡的低蛋白质日粮，对仔猪生长性能的发挥无不利影响。张涛等(2018)的综述中总结了7个仔猪生长试验，发现仔猪体重在10 kg左右，日粮标准回肠可消化赖氨酸含量在1.30％水平以上时，低蛋白质日粮饲喂下的仔猪与对照组仔猪平均日增重均大于335 g；而日粮标准回肠可消化赖氨酸含量低于1.10％时，仔猪平均日增重为129～226 g。作者认为氨基酸营养是蛋白质营养的本质，且日粮粗蛋白质水平的高低并不代表仔猪氨基酸营养的满足与否，标准回肠可消化赖氨酸水平与氨基酸平衡可能是仔猪生长性能发挥的关键。

蛋白质是构成机体的基本单元，是支持生命活动的基础，适当降低日粮粗蛋白质水平可以有效缓解仔猪断奶应激，改善腹泻严重性，但日粮粗蛋白质水平过低，则可能导致仔猪的氮素需求无法得到满足，即使在日粮中补充必需氨基酸，也可能会因为氮素的过度缺乏而无法合成足够的非必需氨基酸，进而导致生长性能的发挥受限。另外，动物体内源合成非必需氨基酸有速率限制，仅凭借内源合成无法满足动物体所需的所有非必需氨基酸营养。

近年来，有诸多研究对仔猪氨基酸平衡日粮的粗蛋白质水平降低程度进行了探索，Nyachoti等(2006)指出，将断奶仔猪日粮粗蛋白质水平由23％降低至19％并且以标准回肠可消化氨基酸为基础，平衡赖氨酸、蛋氨酸、苏氨酸、色氨酸和异亮氨酸时，仔猪生产性能无显著差异；但继续降低日粮粗蛋白质水平至17％，即使同样平衡上述氨基酸，仔猪生长性能显著下降。Gloaguen等(2014)的研究则发现，将仔猪日粮粗蛋白质水平由19.7％降低至16.8％，并在标准回肠可消化氨基酸基础上平衡赖氨酸、蛋氨酸、苏氨酸、色氨酸和缬氨酸时，仔猪生长性能无显著降低，继续降低日粮粗蛋白质水平至14％，即使在平衡上述氨基酸的基础上继续平衡亮氨酸、异亮氨酸、苯丙氨酸和组氨酸，仔猪平均日增重相比对照组依旧显著降低。辛小召等(2014)的试验结果显示，将初始体重为8.5 kg左右的断奶仔猪日粮粗蛋白质水平由21.5％降低至19.5％或18.5％，并在标准回肠可消化氨基酸基础上平衡赖氨酸、蛋氨酸、苏氨酸、色氨酸、缬氨酸和异亮氨酸时，显著提升了仔猪的饲料转化效率，而继续降低日粮粗蛋白质水平至17.5％后，即使平衡上述氨基酸，仔猪饲料转化效率仍显著低于对照组。综上所述，仔猪日粮粗蛋白质水平的降低是需要加以限制的，过低粗蛋白质水平的日粮即使通过添加晶体氨基酸来满足猪必需氨基酸需求，也会造成仔猪非必需氨基酸营养的缺乏。另外，日粮中几乎全部的晶体氨基酸均可在猪的前肠段被利用或吸收而不进入后肠，因此，在目前的科学研究和养猪生产中，通常默认猪对晶体氨基酸的利用率为100％。而晶体氨基酸无须经过消化便可以游离氨基酸的形式与肠道接触，进而被吸收进入血液或氧化代谢，这与饲料原料来源的氨基酸具有明显的差异，可能会对机体蛋白质和能量代谢产生深远的影响。因此，晶体氨基酸在猪体内的利用效率有待进一步深入研究，如何高效地使用晶体氨基酸来源的氮素来满足猪蛋白质营养需要，可能是低蛋白质日粮下一步研究的重点。

除对生长性能具有不利影响外，日粮粗蛋白质水平过低损害仔猪肠道健康。岳隆耀(2010)的试验结果显示，将断奶仔猪日粮粗蛋白质水平由23.1％降低至18.9％，并在标准回肠可消化氨基酸基础上平衡赖氨酸、蛋氨酸、苏氨酸和色氨酸时，仔猪腹泻率及腹泻评分显著降低，而仔猪肠道形态和消化酶活性无显著差异，但相比对照组，降低日粮粗蛋白质水平至17.2％时，即使平衡赖氨酸、蛋氨酸、苏氨酸、色氨酸、缬氨酸、异亮氨酸、苯丙氨酸和组氨酸，仔猪的肠道发育依旧受到明显损害。

综上，粗蛋白质含量不应该是评价日粮氮素营养是否满足仔猪需求的唯一关键因素，适当降低日粮粗蛋白质水平可以在不影响生长性能的条件下，有效促进仔猪肠道健康并缓解腹泻；但仔猪日粮粗蛋白质水平不能无限制的降低，蛋白质作为构成机体的基本单元，过量缺乏会导致生长性能受损，即使补充必需氨基酸，极低蛋白质日粮也会因无法满足仔猪氮素需要而造成机体蛋白质沉积减少。另外，配制日粮时应使用标准回肠可消化氨基酸作为评价指标。总氨基酸水平无法代表真正可以被仔猪消化吸收的氨基酸，而在标准回肠可消化氨基酸下配制低蛋白质日粮，可以科学调整日粮氨基酸模式，保障动物的氨基酸营养需要得到满足。

表 7-2 总结了部分低蛋白质日粮的研究，展示了仔猪在不同粗蛋白质水平、氨基酸模式及日粮能值下，相对于高蛋白质日粮，生长性能具有的不同程度的改变，为仔猪低蛋白质日粮的配制提供了参考。

2.仔猪低蛋白质日粮中蛋白质来源

除日粮粗蛋白质水平外，低蛋白质日粮的蛋白质来源也对断奶仔猪的生长具有显著影响。宋阳等(2016)的研究发现，饲喂断奶仔猪粗蛋白质水平为 14%的日粮时，相比于蛋白质来源为豆粕的处理组，蛋白质来源为棉籽粕或鱼粉处理组仔猪的平均日增重和饲料转化效率显著降低；相对于蛋白质来源为豆粕的处理组，蛋白质来源为棉籽粕的处理组仔猪的氮沉积率及氮总利用率显著降低。

不同来源的蛋白质其物理、化学结构差异较大，这可能会导致其在动物消化道中的消化动力学具有显著的差异。高品质的蛋白质原料消化吸收率高、不易造成仔猪肠道损伤且氨基酸比例适宜。由于仔猪消化道敏感脆弱，而氨基酸需求旺盛，在配制仔猪低蛋白质日粮时，应选用高品质豆粕、鱼粉等原料，保障其生长性能的发挥。

3.仔猪低蛋白质日粮中纤维原料的使用

近年来的研究认为，断奶仔猪日粮中添加适宜含量的不可溶性非淀粉多糖可以有效改善仔猪肠道微生态平衡，增强肠道免疫功能和营养物质消化吸收功能。科学添加不可溶性非淀粉多糖，如小麦麸、燕麦麸、豌豆纤维和苜蓿草粉等，可以有效调控低蛋白质日粮能值，并促进仔猪肠道健康。

4.仔猪无抗生素低蛋白质日粮配制

饲料中的抗生素作为生长促进剂，对仔猪营养物质利用、生长性能的发挥及疾病的防治等诸多方面具有深刻的影响。然而抗生素的滥用，使得细菌耐药性问题愈发严重，带来诸多安全隐患。我国农业农村部发布的第 194 条公告要求：自 2020 年 7 月 1 日起，饲料生产企业停止生产含有促生长类药物饲料添加剂(中药类除外)的商品饲料。养猪生产中使用促生长类抗生素即将成为过去式。

在无抗生素的条件下，仔猪可能会发生小肠壁增厚，肠黏膜上皮细胞更新减缓，消化道细菌数量增多，肠道关键氨基酸转运蛋白质和受体的 mRNA 表达水平改变。因此，如何在去除抗生素的条件下，保障断奶仔猪生长性能的发挥，成为亟须解决的重要问题。氨基酸平衡的低蛋白质日粮可以有效解决仔猪在断奶期氨基酸营养需求旺盛而消化酶活性低、胃肠道蛋白质消化吸收能力差的矛盾，在保证仔猪生长性能的基础上，降低仔猪腹泻，改善仔猪肠道健康。因此，低蛋白质日粮可能是无抗生素条件下保障仔猪生产性能发挥的有效途径。

表 7-2 低蛋白质日粮下仔猪生长性能变化

体重/kg	高蛋白质组		低蛋白质组					参考文献
	CP/%	ADG/g	CP/%	平衡氨基酸	SID Lys/%	能值/(MJ/kg)	ADG与高蛋白质组相差/g	
6～14	24	368	19	Lys,Thr,Met,Trp,Val,Ile	1.40	14.4 ME	−7	Girôtto Juúnior et al.,2013
6～16	21	348	15	Lys,Thr,Met,Trp,Val,Ile	1.33	13.3 ME	1	Toledo et al.,2014
6～13	23	353	21	Lys,Thr,Met,Trp,Ile	1.54	14.4 ME	−13	Nyachoti et al.,2006
7～11	23	266	21	Lys,Thr,Met	1.30	13.9 ME	9	Yue 和 Qiao,2008
7～10	24	212	19	Lys,Thr,Met,Trp,Val,Ile	1.13	14.1 DE	14	Toledo et al.,2014
7～13	21	347	19	Lys,Thr,Met,Trp,Val	1.30	14.0 ME	40	Nemechek et al.,2014
8～17	24	429	20	Lys,Thr,Met,Trp,Val,Ile	1.30	10.7 NE	−19	Htoo et al.,2007
8～12	21	303	18	Lys,Thr,Met,Trp,Val,Leu,Ile	1.50	13.7 ME	−17	Ren et al.,2014
9～21	19	420	15	Lys,Thr,Met,Trp	1.04	—	0	Kerr et al.,1995
10～20	19	375	13	Lys,Thr,Met,Trp,Val,Leu,Ile,Phe,His	1.12	10.9 NE	−70	Gloaguen et al.,2014
10～20	19	490	12	Lys,Thr,Met,Trp,Val,Ile,Glu,His	1.10	—	10	Brudevold 和 Southern,1994
12～27	22	642	17	Lys,Thr,Met,Trp,Val,Ile	1.02	10.5 NE	21	Le Bellego 和 Noblet,2002
12～26	22	642	17	Lys,Thr,Met,Trp,Val,Ile	1.07	10.5 NE	21	Le Bellego et al.,2002
13～27	20	590	17	Lys,Thr,Met,Trp	1.14	14.6 DE	−19	Montalvo et al.,2013
14～28	18	646	15	Lys,Thr,Met,Trp	0.95	14.1 ME	4	Jin et al.,1998

注:“—”表示无相关数据。

Kim 等(2011)的试验发现,在饲喂试验日粮的 14 d 中,降低日粮粗蛋白质水平显著降低了仔猪的腹泻率,无抗生素低蛋白质氨基酸平衡日粮,仔猪生长性能与"高蛋白质+抗生素"组无显著差异,且血浆尿素氮水平显著低于高蛋白质组。试验期结束后将各组猪饲喂相同商品料至出栏,各处理组生长性能无显著差异。周俊言(2019)的结果显示,相比于无抗生素低蛋白质组,在标准回肠可消化氨基酸基础上,提升断奶仔猪日粮赖氨酸、蛋氨酸、苏氨酸、色氨酸、缬氨酸、亮氨酸和异亮氨酸水平至 105%,在断奶后 14 d 内显著提升了仔猪的饲料转化效率,并在断奶后 35 d 内,具有提升断奶仔猪饲料转化效率的趋势。另外,适当提升断奶仔猪日粮必需氨基酸水平,促进了断奶仔猪肠道形态的发育及消化酶活性的提高,并调节了仔猪粪便微生物菌群结构。

总结上述两项关于无抗生素低蛋白质日粮的研究,我们发现,在配制仔猪抗生素低蛋白质日粮时,应重点关注仔猪对功能性氨基酸的需要。例如,在卫生环境较差的条件下,提升日粮蛋氨酸水平有助于仔猪生长性能的发挥;苏氨酸是组成肠道黏膜的关键氨基酸,适当提升日粮苏氨酸水平有利于仔猪肠道绒毛发育;支链氨基酸对于仔猪蛋白质沉积具有重要意义。

7.3.2 生长育肥猪低蛋白质日粮配制技术

生长育肥猪阶段是猪蛋白质快速沉积,体重迅速增长的阶段,也是养猪生产中饲料大量消耗、废弃物大量排放的阶段。在这一阶段中,满足猪各类营养素的需求,尤其是蛋白质营养的需求,对其体重的快速增长至关重要。Boisen 等(2000)的研究发现,在满足蛋白质营养需要的条件下,生长猪每沉积 1 kg 蛋白质,体重增长 4.4 kg。而蛋白质营养的实质是氨基酸营养,配制满足猪营养需要的氨基酸平衡日粮对生长育肥猪的快速、高效生产具有重要意义。

1.生长育肥猪净能需要及净能赖氨酸平衡模式

目前已有部分研究对低蛋白质日粮下生长育肥猪的净能需求进行了探索。易学武(2009)通过 4 个动物试验,对生长猪和育肥猪的净能需要进行了研究,发现将日粮粗蛋白质水平由 19%降低至 14%,并在真回肠可消化氨基酸基础上平衡赖氨酸、蛋氨酸、苏氨酸和色氨酸后,生长猪的净能需求和赖氨酸与净能的适宜比值分别为 2.36 Mcal/kg 和 4.7 g/Mcal,且在此营养水平下,生长猪生长性能与对照组无显著差异;而将日粮粗蛋白质水平由 16%降低至 12%,并在真回肠可消化氨基酸基础上平衡赖氨酸、蛋氨酸、苏氨酸和色氨酸后,育肥猪的净能需求和赖氨酸与净能的适宜比值分别为 2.40 Mcal/kg 和 3.5 g/Mcal,且在此营养水平下,育肥猪生长性能与对照组无显著差异。Kerr 等(2003)将猪从 25 kg 至出栏分为 4 个阶段,分别饲喂不同粗蛋白质水平和净能水平的日粮,且各处理组日粮均在表观可消化氨基酸基础上,平衡了赖氨酸、含硫氨基酸、苏氨酸和色氨酸水平。试验结果显示,在 25～41 kg 阶段,饲喂低蛋白质日粮的生长猪对日粮净能水平的敏感度较高,在高净能水平(10.60 MJ/kg NE)下,平均日增重及饲料转化效率均显著高于在低净能水平(10.08 MJ/kg NE)下,而其他阶段各处理组则无显著差异。

能值相对较高可能会造成猪的采食量降低,进而减少氮素摄入,引起蛋白质的合成受损;而能值相对较低则可能会影响氨基酸在猪体内沉积为蛋白质的效率,造成日粮蛋白质的大量浪费。因此,在配制生长育肥猪低蛋白质日粮时,应保持日粮能量水平与粗蛋白质水平比例适宜。同时,使用净能系统配制日粮可以最高效率地满足猪对能量的需求,配合以适宜水平的赖氨酸含量,可以有效保障饲喂低蛋白质日粮的生长育肥猪生长性能的发挥。

2.生长育肥猪日粮蛋白质水平降低程度与氨基酸平衡模式

适当降低生长育肥猪日粮粗蛋白质水平，并补充满足生长育肥猪营养需要的晶体氨基酸，可以在不影响猪生长性能的前提下，大幅度降低日粮豆粕用量，不仅降低日粮成本，还可以有效减少含氮废物排放，缓解畜牧业环境污染。

Tuitoek 等(1997)的研究发现，将初始体重为 20 kg 左右的生长猪日粮粗蛋白质水平由 16.6%降低至 15%或 13%，并平衡赖氨酸、色氨酸、缬氨酸和异亮氨酸时，生长猪生长性能无显著变化，而将 55 kg 左右猪育肥至 100 kg 时，将日粮粗蛋白质水平由 14.2%降低至 11%，即使平衡日粮赖氨酸、苏氨酸、色氨酸、缬氨酸和异亮氨酸，猪的饲料转化效率依旧显著降低。李颖慧(2017)的研究结果显示，将生长猪(30～60 kg)和育肥猪(60～100 kg)日粮粗蛋白质水平由 NRC(1998)推荐值降低 3 个百分点，并在标准回肠可消化氨基酸基础上平衡赖氨酸、蛋氨酸、苏氨酸和色氨酸时，猪的生长性能无显著差异；而继续降低至 6 个百分点时，即使补充氨基酸以满足猪的前四个限制性氨基酸营养需要，猪生长性能依旧显著降低。同时，降低日粮粗蛋白质水平不同程度地降低了猪背最长肌和股二头肌的重量，并影响了猪肌肉氨基酸谱及改变了氨基酸转运感受体的表达。另有研究结果显示，无论是将生长猪日粮粗蛋白质水平由 16%降低至 14%，还是将育肥猪日粮粗蛋白质水平由 15.5%降低至 13.5%，在标准回肠可消化氨基酸的基础上平衡日粮赖氨酸、蛋氨酸、苏氨酸和色氨酸后，各处理组猪生长性能均无显著差异(Madrid et al.,2013)。

低蛋白质日粮在生长育肥猪上的使用效果受日粮粗蛋白质水平降低程度影响，一般情况下，在 NRC(2012)推荐粗蛋白质水平的基础上降低 1～2 个百分点，并补充赖氨酸、蛋氨酸、苏氨酸、色氨酸和缬氨酸，生长育肥猪的生长性能可以得到有效保障(表 7-3)。

氨基酸营养是蛋白质营养的本质，大量研究表明，猪在体重迅速增长、蛋白质快速沉积的阶段，对氨基酸平衡的敏感度高于对日粮粗蛋白质水平的敏感度。在满足生长育肥猪氮素基本需求的条件下，以补充工业合成晶体氨基酸的方式，使日粮中猪主要的限制性氨基酸达到平衡状态，可以做到生长育肥猪生产的最高效率。因此，正确评估饲喂低蛋白质日粮的生长育肥猪的各种必需氨基酸的需求并在实际生产中配制满足其需求的低蛋白质日粮，已成为高效养猪的关键。

Boisen 等(2000)指出，评价猪的氨基酸需要量至少需要 5 个处理组，试验日粮至少包含 5 种不同待测氨基酸水平，并且在整个试验期内，赖氨酸都应该是影响生长性能发挥的第二限制性因素。目前，已有较多研究对生长育肥猪氨基酸需要量进行了探索。其中，如表 7-4 所示，中国农业大学谯仕彦课题组通过十余年的研究，对生长育肥猪粗蛋白质、净能及必需氨基酸需要量进行了系统的评估。

其他研究者也对生长育肥猪的各种氨基酸需求进行了大量的探索。如蔡波等(2019)进行梯度处理试验，发现 20 kg 左右生长猪在日粮 SID 赖氨酸含量为 0.83%时，对 SID 含硫氨基酸的需要量为 0.49%。Duan 等(2018)的研究发现，10～35 kg 生长猪在日粮粗蛋白质水平为 17%的条件下，当亮氨酸∶异亮氨酸∶缬氨酸比值为 1∶0.75∶0.75 或 1∶0.51∶0.63 时，平均日增重均高于比值为 1∶1∶1 或 1∶0.25∶0.25 时，适宜的氨基酸模式改善了脂肪组织的脂类代谢。Zhang 等(2012)的试验发现，当饲喂 25～50 kg 生长猪粗蛋白质水平为 14.5%的低蛋白质日粮时，SID 色氨酸与 SID 赖氨酸比值为 0.22 的处理组获得最佳生长性能。

表 7-3 低蛋白质日粮下生长育肥猪生长性能变化

体重 /kg	高蛋白质组		低蛋白质组					参考文献
	CP /%	ADG /g	CP /%	平衡氨基酸	SID Lys /%	能值 /(MJ/kg)	ADG 与高蛋白质组相差/g	
19～39	18.2	703	13.4	Lys、Thr、Met、Trp、Val、Ile	0.83	13.6 NE	—27	Powell et al.,2011
20～45	18.2	739	13.3	Lys、Thr、Met、Trp	0.83	13.6 NE	56	Roux et al.,2011
20～55	16.6	800	13	Lys、Thr、Trp、Val、Ile	0.66	14.2 DE	—10	Tulteok et al.,1997
23～53	19	776	14.4	Lys、Thr、Met、Trp	0.83	9.9 NE	15	Yi et al.,2010
23～60	16	740	14	Lys、Thr、Met、Trp	0.83	13.5 ME	—10	Madrid et al.,2013
24～40	24.1	729	19.3	Lys、Thr、Met、Trp、Val	0.98	10.2 NE	—38	Morales et al.,2015
24～40	24.1	729	17.3	Lys、Thr、Met、Trp、Val、Ile、Leu、His、Phe、Gly	0.98	10.3 NE	—13	Morales et al.,2015
28～52	19	707	14.6	Lys、Thr、Met、Trp	0.88	9.8 NE	9	Yi et al.,2010
37～61	16.1	1 026	10.1	Lys、Thr、Met、Trp、Val、Ile、Phe	—	9.6 NE	171	Guay et al.,2006
37～61	16.1	1 026	7.8	Lys、Thr、Met、Trp、Val、Ile、Phe、His、Leu、Arg	—	9.7 NE	313	Guay et al.,2006
50～102	15.9	1 047	13.6	Lys、Thr、Met、Trp、Val	0.81	8.1 NE	11	Hansen et al.,2014
50～80	19.5	823	12	Lys、Thr、Met、Trp、Val、Ile、Leu、His	—	13.3 NE	7	Atakora et al.,2011
69～95	16	750	12	Lys、Thr、Met、Trp	0.67	10.5 NE	—40	Chen et al.,2011
70～100	18	1 050	13.5	Lys、Thr、Met、Trp、Val	0.81	13.5 ME	—33	Vida et al.,2010
75～95	14.7	750	10.2	Lys、Thr、Met、Trp、Val、Ile、Leu	0.75	14.2 DE	90	Zhang et al.,2016

注："—"表示无相关数据。

综上所述，在配制生长育肥猪低蛋白质日粮时，不仅需要满足猪对氮素的基本需求，还应关注日粮各种氨基酸之间的配比，使各主要限制性氨基酸同等程度地满足猪的营养需求，实现日粮氮素的高效利用。

表 7-4　生长育肥猪日粮蛋白质、净能和标准回肠可消化必需氨基酸需要量

项目		蛋白质/%	净能/(kcal/kg)	SID 氨基酸/%					SID 氨基酸与赖氨酸比例				参考文献
				赖氨酸	苏氨酸	色氨酸	蛋+胱氨酸	缬氨酸	苏氨酸/赖氨酸	色氨酸/赖氨酸	蛋+胱氨酸/赖氨酸	缬氨酸/赖氨酸	
体重阶段/kg	7～20	18	2 450	1.3	0.84	0.26	0.75	0.82	0.65	0.2	0.58	0.63	王宪，2015
	20～50	15	2 360	1.01	0.65	0.18	0.58	0.66	0.64	0.18	0.57	0.66	易学武，2009；鲁宁，2010；张桂杰，2011
	50～80	13	2 360	0.86	0.54	0.15	0.5	0.57	0.63	0.17	0.58	0.67	朱立鑫，2010；周相超，2016
	80～110	12	2 400	0.75	0.49	0.13	0.43	0.51	0.65	0.17	0.57	0.68	马文峰，2015；刘绪同，2016

3.生长育肥猪低蛋白质日粮原料选择

与仔猪不同，生长育肥猪胃肠道发育完善，对营养物质的消化吸收能力显著增强，因此在配制生长育肥猪低蛋白质日粮时，可以适当选择除高品质豆粕、鱼粉等外的其他蛋白质原料，也可适量添加纤维原料调整日粮能量水平，并控制饲料成本。覃春富(2017)的研究发现，使用棉粕代替豆粕作为育肥猪低蛋白质日粮的蛋白质来源，对猪生长性能、氮效率、屠宰性状及肉品质均无显著性影响。白晓鹭(2017)的研究发现，使用棉粕和玉米胚芽粕部分替代育肥猪低蛋白质日粮中的豆粕，对猪生长性能及氮沉积率无显著影响，且可显著降低氮排放量，而完全使用棉粕和玉米胚芽粕替代豆粕则显著降低了育肥猪的饲料转化效率。Shriver 等(2003)的研究结果显示，在低蛋白质日粮中适量添加大豆皮对生长性能及氮效率无显著性影响，且可显著降低育肥猪背膘厚度。

另外，生长育肥猪低蛋白质日粮能量原料的选择也应做到因地制宜，以提高养殖效率，节约养殖成本为目标导向。周俊言等(2021)使用木薯干替代低蛋白质日粮中的玉米饲喂生长猪，由于木薯生糖速率较快，致使生长猪在采食后血糖及血胰岛素等激素水平迅速上升后下降，极大地刺激了猪的采食欲望，引起采食量的显著提升，并使得生长猪平均日增重明显改善。而木薯作为“三大薯类作物”之一，产量大，价格低，在我国广西和广东等地区有大面积的种植，且其葡糖糖释放速度可能与低蛋白质日粮中晶体氨基酸的吸收速度相匹配，进而有利于晶体氨基酸利用效率的提升。因此，使用木薯替代或部分替代玉米配制低蛋白质日粮可能是生产中提高养殖效率，降低养殖成本的可行方案。

在配制生长育肥猪低蛋白质日粮时，无须刻板教条，应灵活取材，选择当地品质较好的饲料原料，可在保持生长育肥猪生产性能的基础上，进一步降低饲料成本，提高生产效益。

7.3.3 种猪低蛋白质日粮配制技术

种猪的繁殖性能是评价其生产效率的最主要评价指标。高蛋白质日粮的采食会引起猪血液中氨和尿素水平提升，而血液中高水平的氨和尿素则直接对生殖器官造成损害，导致种猪繁殖性能降低。因此，满足种猪氨基酸营养需要的低蛋白质日粮可能是保障其繁殖性能发挥的可行方案。

1.后备母猪低蛋白质日粮配制技术

后备母猪是指备选为种猪后尚未作种用的母猪。后备母猪的饲养目标是使其在到达适配日龄时获得适宜的体重及体况，并尽可能地提高其排卵率。

目前关于后备母猪低蛋白质日粮的研究较少，仅有少数研究给出了后备母猪适宜的日粮粗蛋白质含量及能量水平推荐。时梦（2017）对母猪初情启动阶段及初情后至配种阶段的净能需要进行了研究，试验结果显示，母猪在初情启动阶段及初情后至配种阶段的净能需要分别为 2 424 kcal/kg 和 2 398 kcal/kg。潘天彪等（2010）对 48 头 40～70 kg 桂科后备母猪进行了适宜日粮能量和粗蛋白质水平的研究。试验结果显示，该体重阶段桂科母猪日粮适宜能量水平和粗蛋白质水平分别为 12.55 MJ/kg 和 13.40%。陈辉（2013）对 60 头滇陆后备母猪进行了研究，该试验将母猪随机分为 4 个处理组，分别在不同后备时期饲喂不同粗蛋白质水平的日粮。试验结果显示，滇陆后备母猪在后备前期、中期和后期分别饲喂粗蛋白质水平为 16.44%、15.54%和 14.40%的日粮可获得较好的第一情期受胎率。董志岩等（2015）的研究发现，饲喂低蛋白质氨基酸平衡日粮的后备母猪，在体重为 20～40 kg、40～70 kg、70～100 kg 和 100～125 kg 阶段，有助于提高其生殖激素水平且有效提升发情率的日粮可消化赖氨酸水平分别为 0.83%、0.78%、0.71%和 0.65%。

后备母猪对日粮氨基酸平衡的敏感程度要远高于粗蛋白质水平，因此在配制后备母猪低蛋白质日粮时，应重点关注日粮各种氨基酸模式是否满足猪的营养需求。另外，配制后备母猪低蛋白质日粮时，可以适量添加有助于繁殖性能发挥的功能性氨基酸，如精氨酸和缬氨酸。

2.妊娠母猪低蛋白质日粮配制技术

母猪妊娠前期处于“孕期合成代谢”的特殊状态，其营养物质代谢率要显著高于其他阶段，过高的蛋白质摄入不仅加重母猪的代谢负担，还造成了蛋白质的浪费。而妊娠后期，母猪的蛋白质营养需要提高，这主要归因于胎儿的快速生长。然而，母猪妊娠后期蛋白质摄入过量可能会导致母猪体重增加过多，不利于哺乳期大量采食及正常哺乳。因此，在满足妊娠母猪氨基酸营养需要的同时，适当降低日粮粗蛋白质水平，可能有利于妊娠母猪繁殖性能的发挥。关于妊娠母猪净能需要方面的研究，目前还没有可参考的研究数据，因此，下文重点介绍妊娠母猪低蛋白质日粮蛋白质降低程度方面的研究。

赵青和钟土木（2009）指出，过高的日粮粗蛋白质水平，在增加生产成本、造成环境污染的同时，并没有使妊娠母猪获得更好的营养吸收。其试验结果显示，粗蛋白质水平为 10.8%的低蛋白质日粮饲喂下，即使未平衡必需氨基酸水平，妊娠母猪的繁殖性能与粗蛋白质水平为 14.7%的高蛋白质日粮组无显著差异。Mahan（1998）的试验结果显示，妊娠母猪饲喂粗蛋白质水平为 13%的低蛋白质日粮时，体重及产仔数与高蛋白质组（16%粗蛋白质）无显著差异，但产仔窝重、泌乳期采食量和体脂含量均显著低于高蛋白质组。崔家军等（2016）选用24头配种20 d的妊娠母猪，将其随机分为3个处理组，分别饲喂粗蛋白质水平为14.5%、12.5%和10.5%的日粮，各处理组日粮均平衡赖氨酸、蛋氨酸、苏氨酸和色氨酸水平。试验结果显示，不同处理组母猪的总产仔数、活仔数、初生窝重和初生个体重均无显著差异，且低蛋白质日粮对母猪产后背膘厚度无显著性影响。Jang等（2013）选用25头初产妊娠母猪，并将其随机分为4个处理组，分别饲喂粗蛋白质水平为17.1%、15.0%、12.9%和11.4%的日粮，各处理组日粮均平衡赖氨酸和蛋氨酸水平。试验结果显示，各处理组母猪在妊娠期间的体况及繁殖性状无显著差异，但饲喂11.4%粗蛋白质日粮母猪所产仔猪的初生重和21日龄体重均显著低于其余各组。作者指出，初产母猪日粮粗蛋白质水平应不低于12.9%。

饲喂妊娠母猪极低蛋白质日粮不利于其繁殖性能的发挥。有研究指出，过低的日粮粗蛋白质水平可能会引起妊娠母猪胎盘和子宫内膜血管生长缓慢，导致胎儿的供血不足进而引起营养缺乏，宫内发育迟缓（Schoknecht et al.，1994；Wu et al.，2006）。因此，妊娠母猪日粮粗蛋白质水平不应过低。另外，妊娠母猪日粮粗蛋白质水平应根据母猪的胎次来确定，二胎后的妊娠母猪的蛋白质营养需求较初产母猪低。除此之外，有研究指出妊娠母猪繁殖性能对日粮氨基酸平衡程度的敏感性要高于日粮粗蛋白质水平，因此，在配制妊娠母猪低蛋白质日粮时还应尽可能平衡日粮氨基酸。

3.泌乳母猪低蛋白质日粮配制技术

母猪在泌乳阶段处于分解代谢状态，由于乳汁分泌需要消耗大量蛋白质，若日粮中蛋白质无法满足其自身维持及泌乳需要，母猪将动员机体蛋白质储备用于泌乳。有研究发现，在泌乳阶段，母猪乳腺每天吸收的氨基酸数量为189 g，除49 g用于乳腺的维持外，其余将近140 g蛋白质用于泌乳。通常猪乳含5.2%～5.5%的粗蛋白质，分泌1 kg猪乳需要日粮总蛋白质约为100 g（Trottier et al.，1997）。因此，可以在氨基酸平衡的基础上适当降低泌乳母猪日粮粗蛋白质水平，但下降程度不宜过大。目前关于泌乳母猪净能需要方面的研究仍然缺乏数据，因此，下文重点介绍泌乳母猪低蛋白质日粮下蛋白质降低程度方面的研究。

研究表明将泌乳母猪日粮粗蛋白质水平由18%降低至14%，并在真回肠可消化氨基酸的基础上平衡赖氨酸、蛋氨酸、苏氨酸和色氨酸后，对仔猪断奶成活率无显著影响，但显著降低了仔猪的断奶窝重及母猪对粗蛋白质、粗脂肪和有机物的消化率（刘钢等，2010）。而将泌乳母猪日粮粗蛋白质水平由18.02%降低至15.13%，并在可消化氨基酸基础上平衡赖氨酸、蛋氨酸、苏氨酸、色氨酸和缬氨酸后，仔猪断奶窝重及哺乳期窝日增重和母猪泌乳期失重、断奶发情间隔和日均采食量无显著性变化（董志岩等，2012）。类似地，崔家军等（2016）的研究指出，将泌乳母猪日粮粗蛋白质水平由17.7%降低至13.7%，并平衡日粮赖氨酸、蛋氨酸、苏氨酸和色氨酸后，母猪泌乳期失重和仔猪成活率及窝采食量均无显著性变化。King等（1993）对泌乳期日粮粗蛋白质水平和赖氨酸含量对猪乳汁的影响进行了系统的研究，发现在泌乳期饲喂粗蛋白质水平为6.3%～23.8%、赖氨酸含量为0.44%～1.51%的不同处理组日粮时，母猪的产乳量、乳脂率及乳中固形物含量均随蛋白质水平的提高而线性增加。

不同试验可能因日粮组成、粗蛋白质下降程度和氨基酸平衡等因素出现不同的试验结果，而低蛋白质日粮在缓解泌乳母猪热应激上的效果，被绝大多数试验研究所认可。在热应激的情况下，泌乳母猪的蛋白质分解代谢加快，血液中尿素氮的含量升高，不利于母猪繁殖性能的发挥。而日粮蛋白质在机体代谢过程中会导致较高的热增耗，加剧母猪在炎热环境下的应激程度。饲喂氨基酸平衡的低蛋白质日粮，可以在满足母猪营养需要的同时，减少脱氨基作用，降低机体蛋白质周转和产热，缓解热应激。研究发现，在29℃的环境中，将泌乳母猪日粮粗蛋白质水平由17.6%降低至14.2%，仔猪的生长性能无显著性变化，而母猪采食量得到有效提升，并减少了母猪的泌乳期失重(Renaudeau et al.,2001)。另有研究者指出，泌乳母猪在炎热潮湿的环境中遭受严重的热应激，而饲喂低蛋白质氨基酸平衡日粮可以有效缓解应激程度，提高母猪采食量，保证其氨基酸营养需要(Silva et al.,2009)。

在配制泌乳母猪低蛋白质日粮时，首先应关注日粮氨基酸平衡。由于泌乳阶段的日粮蛋白质主要用于合成乳汁，因此母猪的氨基酸营养需要较其他阶段有较大不同，日粮赖氨酸、苏氨酸和缬氨酸成为其氨基酸营养需要的重点。其次应关注母猪的电解质平衡，低蛋白质日粮中K^+浓度较低，而Cl^-浓度较高，这可能引起母猪电解质失衡。母猪妊娠期饮水量较其他时期大幅度增加，在饲喂低蛋白质日粮时应留意母猪饮水量的变化，可以通过在水中添加电解质的方式来调节母猪电解质平衡。

4.种公猪低蛋白质日粮配制技术

种公猪生产的评价指标与生长猪和母猪的不同。精液产量及质量、精子数量及精子获能和公猪性欲及使用年限是评价种公猪繁殖性能的主要评价指标。

在公猪正式作种用之前，应充分满足其蛋白质营养需要，因为长时间的蛋白质营养缺乏将会导致公猪多肽类激素分泌抑制，导致性腺和神经发育迟缓，并对之后繁殖性能造成不可逆的损伤，包括延缓外生殖器出现和降低精液质量等。而当公猪生长至成年时期，日粮蛋白质和能量的短期缺乏不会对公猪精液质量及性欲造成严重影响。

传统观念认为，公猪在饲喂低蛋白质日粮的情况下会发生性欲降低及精子数量减少，如有研究指出，当日粮粗蛋白质水平降低时，种公猪精子细胞数量显著降低(Yen and Yu,1985)。另外，在高射精频率(每周不低于3～4次)下，饲喂低蛋白质日粮的种公猪精子数量降低；而在低射精频率(每周1～2次)下，日粮粗蛋白质水平对种公猪精子数量无明显影响(Poppe et al.,1974)。然而，这些较早期的研究没有准确评估种公猪的各类营养物质需要，这可能是导致公猪在饲喂低蛋白质日粮时表现较差繁殖性能的原因。Louis等(1994)的研究发现，将种公猪日粮粗蛋白质水平由18%提升至22%，并不能改善其精液品质，相反，造成了公猪体重超标。

近期的研究对种公猪氨基酸营养需要进行了评估。NRC(1998)推荐种公猪在性活跃期时饲喂赖氨酸含量为0.6%的日粮；Rupanova等(2006)的试验结果显示，种公猪日粮赖氨酸含量为0.65%～0.68%时，可获得较好的繁殖性能；Golushko等(2010)的试验结果显示，种公猪在日粮赖氨酸、蛋氨酸、苏氨酸和色氨酸比例为100∶70∶82∶23时可获得最佳繁殖性能。

种公猪的生产目标是提供足量优质精液，而精液中约75%是蛋白质，因此，充足的蛋白质营养对种公猪繁殖性能的发挥尤为重要。然而过高的粗蛋白质水平可能会引起血液中氨和尿素氮的升高，进而导致生殖系统损害，精子质量降低。因此，在配制种公猪低蛋白质日粮时，应保证日粮粗蛋白质水平适宜，既不因蛋白质含量过高而引起种公猪体重超标和精子畸形，又保障其获得满足精液生产需要的氨基酸营养。另外，功能性氨基酸以及维生素和矿物质的适当摄入将有利于种公猪繁殖性能的提高。

参考文献

白晓鹭.低蛋白日粮不同蛋白源对育肥猪生长性能及小肠内氨基酸动态变化规律的影响.吉林:吉林农业大学,2017.

蔡波,王荣发,易学武.低蛋白日粮中不同含硫氨基酸水平对生长猪生长性能的影响.湖南饲料,2019,2:19-22.

陈辉.日粮的蛋白质水平对滇陆后备母猪生长发育的影响.当代畜牧,2013,6:28-29.

陈守云,徐海涛.日粮蛋白质和发酵碳水化合物水平对断奶仔猪生长性能和肠道特性的影响.中国饲料,2010(15):39-41.

崔家军,张鹤亮,张兆琴,等.低粗蛋白质补充氨基酸日粮对妊娠母猪繁殖性能和蛋白质代谢的影响.中国畜牧兽医,2016,43:2310-2316.

崔家军,张鹤亮,张兆琴,等.低蛋白质补充氨基酸日粮对哺乳母猪繁殖性能、背膘厚和乳成分的影响.中国畜牧兽医,2016,43:2945-2950.

邓欢.日粮蛋白水平对断奶仔猪肠道微生物氮代谢及其相关酶活性影响研究.重庆:西南大学,2015.

董国忠,周安国,杨凤,等.饲粮蛋白质水平对早期断奶仔猪大肠蛋白质腐败作用和腹泻的影响.畜牧兽医学报,1996,27:293-302.

董志岩,方桂友,刘亚轩,等.不同饲粮氨基酸水平对生长期后备母猪生长性能、血清生化指标和氨基酸浓度的影响.动物营养学报,2015,27:1361-1369.

董志岩,林维雄,刘景,等.不同蛋白质水平的氨基酸平衡日粮对泌乳母猪生产性能、氮排泄量的影响.福建农业学报,2012,27:957-960.

范沛昕.低蛋白日粮对断奶仔猪和育肥猪肠道微生物区系的影响.北京:中国农业大学,2016.

胡红莲,高民.肠道屏障功能及其评价指标的研究进展.中国畜牧杂志,2012,48(17):78-82.

赖星,石宝石,刘金艳,等.日粮蛋白水平对生长育肥猪肠道微生物酶活性的影响.中国兽医学报,2017,37(2):8.

李德发.大豆抗营养因子.北京:中国科学技术出版社,2003:138-154.

李颖慧.猪肌肉组织对低蛋白日粮的响应及其机制研究.长沙:中国科学院亚热带农业生态研究所,2017.

刘钢,董国忠,郝静.低蛋白质氨基酸平衡饲粮对哺乳母猪生产性能及氮利用的影响.中国畜牧杂志,2010,46:31-35.

刘绪同.生长育肥猪低氮排放日粮标准回肠可消化缬氨酸与赖氨酸适宜比例及对采食量调控的研究.北京:中国农业大学,2016.

鲁宁.低蛋白质日粮下生长猪标准回肠可消化赖氨酸需要量的研究.北京:中国农业大学,2010.

罗钧秋.猪饲粮不同来源蛋白质营养代谢效应的比较研究.雅安:四川农业大学,2011.

罗奕秋.低蛋白氨基酸平衡日粮和半胱胺添加对育肥猪肠道健康的影响.南京:南京农业大学,2016.

马文锋.猪育肥后期低氮日粮限制性氨基酸平衡模式的研究.北京:中国农业大学,2015.

潘天彪,张家富,肖正中,等.不同能量、蛋白质对桂科母系猪生长性能及血液生化指标的影响.黑龙江畜牧兽医,2010,19:71-72.

谯仕彦.低蛋白质日粮研究与应用.北京:中国农业出版社,2019:1-2.

任曼.支链氨基酸调控仔猪肠道防御素表达和免疫屏障功能的研究.北京:中国农业大学,2014.

时梦.后备母猪适宜净能需要量的研究.北京:中国农业大学,2017.

宋阳,孙会,韩慧慧,等.极低蛋白质日粮不同蛋白质源对仔猪生长性能和氮代谢的影响.中国畜牧杂志,2016,52:26-30.

孙鹏.大豆抗原蛋白 Glycinin 诱发仔猪过敏反应的机理及其缓解机制的研究.北京:中国农业大学,2008.

覃春富.日粮蛋白质供给对猪肉品质和肠道生理的作用及其机制.北京:中国农业大学,2018.

田志梅,马现永.日粮蛋白水平对猪胃肠道消化吸收功能及肠道健康的影响.广东饲料,2015,24(9):35-37.

王宪.低蛋白质日粮及支链氨基酸对仔猪体内氨基酸代谢的影响.北京:中国农业大学,2015.

郗伟斌,陈乃明,穆新元,等.不同来源蛋白质及其水平对早期断奶仔猪肠道形态和功能的影响.沈阳农业大学学报,2004,35(2):122-126.

谢春元.育肥猪低蛋白质日粮标准回肠可消化苏氨酸、含硫氨基酸和色氨酸与赖氨酸适宜比例的研究.北京:中国农业大学,2013.

辛小召,邓祖丽颖,石秋锋,等.不同蛋白质水平日粮对断奶仔猪的影响.江西农业学报,2014,26:124-128.

易学武.生长育肥猪低蛋白质日粮净能需要量的研究.北京:中国农业大学,2009.

虞德夫,朱晓峰,冯江银,等.低蛋白质日粮对断奶仔猪生长相关激素和肠道微生物区系的影响.微生物学报,2019(9):8.

岳隆耀.低蛋白质平衡氨基酸日粮对断奶仔猪肠道功能的影响.北京:中国农业大学,2010.

张桂杰.生长猪色氨酸、苏氨酸及含硫氨基酸与赖氨酸最佳比例的研究.北京:中国农业大学,2011.

张涛,Htoo J K,高俊,等.仔猪低蛋白质日粮的应用研究.中国畜牧杂志,2018,54:11-16.

张维,龚月生,曹雨莉,等.日粮蛋白质水平对早期断奶仔猪生产性能、粪便微生物及血液生化指标的影响.西北农业学报,2007,16:57-62.

赵青,钟土木.不同营养水平对金华猪繁殖性能的影响.中国畜牧杂志,2009,45:56-57,65.

钟燕萍.低蛋白日粮中不同消化能水平及赖氨酸、色氨酸水平对生长猪影响的研究.福州:福建农林大学,2015.

周华,余冰,毛湘冰,等.低蛋白饲粮添加不同水平必需氨基酸对断奶仔猪肠道健康的影响//中国畜牧兽医学会动物营养学分会第十二次动物营养学术研讨会论文集,武汉,2016.

周俊言.断奶仔猪无抗生素低蛋白质日粮下的氨基酸需要及其对肠道健康的影响.北京:中国农业大学,2019.

周利平.不同蛋白水平日粮对猪生长性能、胴体品质及后肠微生物代谢的影响.南京农业大学,2016.

朱立鑫.低蛋白质日粮下育肥猪标准回肠可消化赖氨酸需要量研究.北京:中国农业大学,2010.

Andriamihaja M,Davila A M,Eklou-Lawson M,et al.Colon luminal content and epithelial cell morphology are markedly modified in rats fed with a high-protein diet.American Journal of Physiology-Gastrointestinal and Liver Physiology,2010,299(5):G1030-1037.

ARC.The nutrient requirements of pigs: Technical review.Slough: Commonwealth Agricultural Bureaux,1981.

Arrieta M C,Madsen K,Doyle J,et al.Reducing small intestinal permeability attenuates colitis in the IL10 gene-deficient mouse.Gut,2009,58(1):41-48.

Arunachalam K D.Role of bifidobacteria in nutrition,medicine and technology.Nutrition Research,1999,19(10):1559-1597.

Atakora J K A,Moehn S,Ball R O.Enteric methane produced by finisher pigs is affected by dietary crude protein content of barley grain based,but not by corn based diets.Animal Feed Science and Technology,2011,166:412-421.

Bhandari S K,Opapeju F O,Krause D O,et al.Dietary protein level and probiotic supplementation effects on piglet response to *Escherichia coli* K88 challenge: Performance and gut microbial population.Livestock Science,2010,133(1):185-188.

Bikker P,Dirkzwager A,Fledderus J,et al.The effect of dietary protein and fermentable carbohydrates levels on growth performance and intestinal characteristics in newly weaned piglets 1. Journal of Animal Science, 2006, 84(12): 3337-3345.

Birchenough G M H, Johansson M E V, Gustafsson J K, et al. New developments in goblet cell mucus secretion and function. Mucosal Immunology, 2015, 8(4): 712-719.

Boisen S, Verstegen M W A. Developments in the measurement of the energy content of feeds and energy utilisation in animals. Feed Evaluation: Principles and Practice, 2000: 57-76.

Boisen S. Ideal dietary amino acid profiles for pigs. Amino Acids in Animal Nutrition, 2003, 9: 157-168.

Brower-Sinning R, Zhong D, Good M, et al. Mucosa-associated bacterial diversity in necrotizing enterocolitis. PloS one, 2014, 9(9).

Brudevold A B, Southern L L. Low-protein, crystalline amino acid-supplemented, sorghum-soybean meal diets for the 10-to 20-kilogram pig. Journal of Animal Science, 1994, 72: 638-647.

BSAS. Nutrient requirement standards for pigs. Penicuik: British Society of Animal Science, 2003.

Chen H, Yi X, Zhang G, et al. Studies on reducing nitrogen excretion: I. Net energy requirement of finishing pigs maximizing performance and carcass quality fed low crude protein diets supplemented with crystalline amino acids. Journal of Animal Science and Biotechnology, 2011, 2: 84-93.

Chen J, Kang B, Jiang Q, et al. Alpha-ketoglutarate in low-protein diets for growing pigs: effects on cecal microbial communities and parameters of microbial metabolism. Frontiers in Microbiology, 2018, 9: 1057.

Chen X, Eslamfam S, Fang L, et al. Maintenance of gastrointestinal glucose homeostasis by the gut-brain axis. Current Protein and Peptide Science, 2017, 18(6): 541-547.

Chen X, Song P, Fan P, et al. Moderate dietary protein restriction optimized gut microbiota and mucosal barrier in growing pig model. Frontiers in Cellular and Infection Microbiology, 2018, 8: 246.

Chung T K, Baker D H. Ideal amino acid pattern for 10-kilogram pigs. Journal of Animal Science, 1992, 70: 3102-3111.

Davies M R, Holden M T, Coupland P, et al. Emergence of scarlet fever Streptococcus pyogenes emm12 clones in Hong Kong is associated with toxin acquisition and multidrug resistance. Nature Genetics, 2015, 47(1): 84.

Deng H, Zheng A, Liu G, et al. Activation of mammalian target of rapamycin signaling in skeletal muscle of neonatal chicks: Effects of dietary leucine and age. Poultry Science, 2014, 93(1): 114-121.

Ewan R C. Energy utilization in swine nutrition. Lewis A J, Shouthern L L. Swine Nutrition 2nd edition. Washington DC: CRC Press, 2001.

Fan P, Liu P, Song P, et al. Moderate dietary protein restriction alters the composition of gut microbiota and improves ileal barrier function in adult pig model. Scientific Reports, 2017, 7: 43412.

Fickler J, Roth F X, Kirchgessner M. Use of a chemically defined amino-acid diet in a N-balance experiment with piglets, 1: The importance of non-essential amino acids for protein retention. Journal of Animal Physiology and Animal Nutrition (Germany), 1994, 72(4-5): 207-214.

Fukuda S, Toh H, Hase K, et al. Bifidobacteria can protect from enteropathogenic infection through production of acetate. Nature, 2011, 469(7331): 543-547.

Giang H H, Viet T Q, Ogle B, et al. Growth performance, digestibility, gut environment and health status in weaned piglets fed a diet supplemented with potentially probiotic complexes of lactic acid bacteria. Livestock Science, 2010, 129(1-3): 95-103.

Girôtto Jùnior C J, Brustolini P C, Silva F C O, et al. Supplementation of amino acids to reduce crude protein in diets for piglets weaned at 21 days. Arquivo Brasileiro de Medicina Veterinária e Zootecnia, 2013, 65:

1131-1138.

Gloaguen M,Le Floc'h N,Corrent E,et al.The use of free amino acids allows formulating very low crude protein diets for piglets.Journal of Animal Science,2014,92:637-644.

Golushko V M,Roschin V A,Linkevich S A.Modern norms of energy and amino acid nutrition of breeding boars.Proceedings of the National Academy of Sciences of Belarus Agrarian Series,2010,2:84-88.

Guay F,Donovan S M,Trottier N L.Biochemical and morphological developments are partially impaired in intestinal mucosa from growing pigs fed reduced-protein diets supplemented with crystalline amino acids. Journal of Animal Science,2006,84:1749-1760.

Hansen M J N, Rgaard J V, Adamsen A P S, et al. Effect of reduced crude protein on ammonia, methane,and chemical odorants emitted from pig houses.Livestock Science,2014,169:118-124.

Heo J M, Kim J C, Hansen C F, et al. Effects of feeding low protein diets to piglets on plasma urea nitrogen, faecal ammonia nitrogen, the incidence of diarrhoea and performance after weaning. Archives of Animal Nutrition,2008,62(5):343-358.

Heo J M,Kim J C,Hansen C F,et al.Feeding a diet with decreased protein content reduces indices of protein fermentation and the incidence of postweaning diarrhea in weaned pigs challenged with an enterotoxigenic strain of *Escherichia coli*.Journal of Animal Science,2009,87(9):2833.

Hermes R G,Molist F,Ywazaki M,et al.Effect of dietary level of protein and fiber on the productive performance and health status of piglets.Journal of Animal Science,2009,87:3569-3577.

Htoo J K, Araiza B A, Sauer W C, et al. Effect of dietary protein content on ileal amino acid digestibility,growth performance, and formation of microbial metabolites in ileal and cecal digesta of early weaned pigs.Journal of Animal Science,2007,85:3303-3312.

Jang Y D,Jang S K,Kim D H,et al.Effects of dietary protein levels for gestating gilts on reproductive performance,blood metabolites and milk composition. Asian-Australasian Journal of Animal Sciences,2014,27: 83-92.

Jiao X,Ma W,Chen Y,et al.Effects of amino acids supplementation in low crude protein diets on growth performance,carcass traits and serum parameters in finishing gilts. Animal Science Journal,2016,87(10): 1252-1257.

Jin C F,Kim J H,Ham I K,et al.Effects of supplemental amino acids to the low protein diets on the performance of growing pigs.Asian-Australasian Journal of Animal Sciences,1998,11:1-7.

Johansson M E V, Hansson G C. Is the intestinal goblet cell a major immune cell? Cell Host & Microbe,2014,15(3):251-252.

Kerr B J,McKeith F K,Easter R A,et al.Effect on performance and carcass characteristics of nursery to finisher pigs fed reduced crude protein, amino acid-supplemented diets. Journal of Animal Science, 1995, 73: 433-440.

Kerr B J,Southern L L,Bidner T D,et al.Influence of dietary protein level,amino acid supplementation,and dietary energy levels on growing-finishing pig performance and carcass composition. Journal of Animal Science,2003,81:3075-3087.

Kim J C,Heo J M,Mullan B P,et al.Efficacy of a reduced protein diet on clinical expression of post-weaning diarrhoea and life-time performance after experimental challenge with an enterotoxigenic strain of *Escherichia coli*.Animal Feed Science and Technology,2011,170:222-230

King R H,Toner M S,Dove H,et al.The response of first-litter sows to dietary protein level during lactation.Journal of Animal Science,1993,71:2457-2463.

Kleerebezem M,Boekhorst J,van Kranenburg R,et al.Complete genome sequence of *Lactobacillus* plantarum WCFS1.Proceedings of the National Academy of Sciences,2003,100(4):1990-1995.

Lan A,Andriamihaja M,Blouin J M,et al.High-protein diet differently modifies intestinal goblet cell characteristics and mucosal cytokine expression in ileum and colon. The Journal of Nutritional Biochemistry, 2015,26(1):91-98.

Le Bellego L,Noblet J.Performance and utilization of dietary energy and amino acids in piglets fed low protein diets.Livestock Production Science,2002,76:45-58.

Le Bellego L,Van Milgen J,Dubois S,et al.Energy utilization of low-protein diets in growing pigs.Journal of Animal Science,2001,79(5):1259-1271.

Le Bellego L,Van Milgen J,Noblet J.Effect of high temperature and low-protein diets on the performance of growing-finishing pigs.J Anim Sci,2002,80:691-701.

Lewis A J, Southern L L. Energy utilization in swine nutrition//Swine nutrition. CRC Press, 2000: 105-114.

Li D F,Nelssen J L,Reddy P G,et al.Measuring suitability of soybean products for early-weaned pigs with immunological criteria.Journal of Animal Science,1991,69(5):3299-3307.

Li D F, Nelssen J L, Reddy P G, et al. Transient hypersensitivity to soybean meal in the early-weaned pig.Journal of Animal Science,1990,68(6):1790-1799.

Li Y,Lu X,Wu H,et al.The effect of dietary supplementation of low crude protein on intestinal morphology in pigs.Research in Veterinary Science,2019,122:15-21.

Louis G F, Lewis A J, Weldon W C, et al. The effect of protein intake on boar libido, semen characteristics,and plasma hormone concentrations.Journal of Animal Science,1994,72:2038-2050.

Macfarlane S. Proteolysis and amino acid fermentation. Gibson G R, Macfarlane G T, human colonic bacteria:role in nutrition,physiology and pathology,1995.

Madrid J,Martínez S,López C,et al.Effects of low protein diets on growth performance,carcass traits and ammonia emission of barrows and gilts.Animal Production Science,2013,53:146-153.

Magalhaes J G,Tattoli I,Girardin S E.The intestinal epithelial barrier: how to distinguish between the microbial flora and pathogens.Seminars in Immunology,2007,19:106-115.

Mahan D C.Relationship of gestation protein and feed intake level over a five-parity period using a high-producing sow genotype.Journal of Animal Science,1998,76:533-541.

Manzanilla E G,Pérez J F,Martín M,et al.Dietary protein modifies effect of plant extracts in the intestinal ecosystem of the pig at weaning.Journal of Animal Science,2009,87(6):2029-2037.

Montalvo G,Morales J,Pineiro C,et al.Effect of different dietary strategies on gas emissions and growth performance in post-weaned piglets.Spanish Journal of Agricultural Research,2013,11:1016-1027.

Morales A,Buenabad L,Castillo G,et al.Low-protein amino acid-supplemented diets for growing pigs: effect on expression of amino acid transporters, serum concentration, performance, and carcass composition. Journal of Animal Science,2015,93:2154-2164.

Mosenthin R,Hambrecht E,Sauer W C.Utilisation of different fibres in piglet feeds.Recent Advances in Animal Nutrition,1999.

Nagy B,Fekete P Z.Enterotoxigenic *Escherichia coli*(ETEC)in farm animals.Vet Res,1999,30:259-284.

Nemechek J E,Tokach M D,Dritz S S,et al.Evaluation of standardized ileal digestible valine:lysine,total lysine:crude protein,and replacing fish meal,meat and bone meal,and poultry byproduct meal with crystalline amino acids on growth performance of nursery pigs from seven to twelve kilograms. Journal of Animal

Science,2014,92:1548-1561.

Noblet J,Fortune H,Shi X S,et al.Prediction of net energy value of feds for growing pigs.Journal of Animal Science,1994,72:344-354.

Noblet J, Shi X S, Dubois S. Effect of body weight on net energy value of feeds for growing pigs. J Anim Sci,1994,72:648-657.

NRC.Nutrient requirements of swine.Washington,DC:National Academy Press,1988.

NRC.Nutrient requirements of swine.Washington,DC:National Academy Press,2012.

Nyachoti C M,Omogbenigun F O,Rademacher M,et al.Performance responses and indicators of gastrointestinal health in early-weaned pigs fed low-protein amino acid-supplemented diets. Journal of Animal Science,2006,84:125-134.

Olukosi O A,Dono N D.Modification of digesta pH and intestinal morphology with the use of benzoic acid or phytobiotics and the effects on broiler chicken growth performance and energy and nutrient utilization. Journal of Animal Science,2014,92(9):3945-3953.

Opapeju F O,Krause D O,Payne R L,et al.Effect of dietary protein level on growth performance,indicators of enteric health,and gastrointestinal microbial ecology of weaned pigs induced with postweaning colibacillosis.Journal of Animal Science,2009,87(8):2635-2643.

Opapeju F O,Rademacher M,Blank G,et al.Effect of low-protein amino acid-supplemented diets on the growth performance,gut morphology,organ weights and digesta characteristics of weaned pigs.Animal,2008,2(10):1457-1464.

Opapeju F O,Rodriguez-Lecompte J C,Rademacher M,et al.Low crude protein diets modulate intestinal responses in weaned pigs challenged with *Escherichia coli* K88.Canadian Journal of Animal Science,2015,95(1):71-78.

Peng Y,Yu K,Mu C,et al.Progressive response of large intestinal bacterial community and fermentation to the stepwise decrease of dietary crude protein level in growing pigs.Applied Microbiology and Biotechnology,2017,101(13):5415-5426.

Peterson L W, Artis D. Intestinal epithelial cells: regulators of barrier function and immune homeostasis. Nature Reviews Immunology,2014,14(3):141-153.

Pieper R,Kröger S,Richter J F,et al.Fermentable fiber ameliorates fermentable protein-induced changes in microbial ecology, but not the mucosal response, in the colon of piglets. Journal of Nutrition, 2012, 142(4):661-667.

Pop M,Walker A W,Paulson J,et al.Diarrhea in young children from low-income countries leads to large-scale alterations in intestinal microbiota composition.Genome Biology,2014,15(6):R76.

Poppe S, Hühn U, Kleemann F, et al. Effects of nutrition on sperm production in young and stud boars.2. Nutritional influences on sperm production in young boars. Archives of Animal Nutrition, 1974, 24:551.

Powell S,Bidner T D,Payne R L,et al.Growth performance of 20-to 50-kilogram pigs fed low-crude-protein diets supplemented with histidine, cysteine, glycine, glutamic acid, or arginine. Journal of Animal Science,2011,89:3643-3650.

Qin C, Qiu K, Sun W, et al. A proteomic adaptation of small intestinal mucosa in response to dietary protein limitation.Scientific Reports,2016,6:36888.

Rademacher M, Sauer W C, Jansman A J M. Standardized ileal digestibility of amino acid in pigs. Germany:Evonik Degussa GmbH,2009.

Ren M, Liu X T, Wang X, et al. Increased levels of standardized ileal digestible threonine attenuate intestinal damage and immune responses in *Escherichia coli* K88$^+$ challenged weaned piglets. Animal Feed Science and Technology, 2014, 195: 67-75.

Ren M, Zhang S H, Zeng X F, et al. Branched-chain amino acids are beneficial to maintain growth performance and intestinal immune-related function in weaned piglets fed protein restricted diet. Asian-Australasian Journal of Animal Sciences, 2015, 28: 1742-1750.

Renaudeau D, Noblet J. Effects of exposure to high ambient temperature and dietary protein level on sow milk production and performance of piglets. Journal of Animal Science, 2001, 79: 1540-1548.

Rezaei R, Knabe D A, Tekwe C D, et al. Dietary supplementation with monosodium glutamate is safe and improves growth performance in postweaning pigs. Amino Acids, 2013, 44(3): 911-923.

Rist V T, Eklund M, Bauer E, et al. Effect of feeding level on the composition of the intestinal microbiota in weaned piglets. Journal of Animal Science, 2012, 90(90): 19-21.

Roux M L, Donsbough A L, Waguespack A M, et al. Maximizing the use of supplemental amino acids in corn-soybean meal diets for 20-to 45-kilogram pigs. Journal of Animal Science, 2011, 89: 2415-2424.

Rupanova M. Influence of different lysine's levels in the compound feeds for boars on quantity and quality of the semen. Journal of Animal Science, 2006, 43: 45-50.

Schoknecht P A, Newton G R, Weise D E, et al. Protein restriction in early pregnancy alters fetal and placental growth and allantoic fluid proteins in swine. Theriogenology, 1994, 42: 217-226.

Shriver J A, Carter S D, Sutton A L, et al. Effects of adding fiber sources to reduced-crude protein, amino acid-supplemented diets on nitrogen excretion, growth performance, and carcass traits of finishing pigs. Journal of Animal Science, 2003, 81: 492-502.

Silva B A N, Noblet J, Donzele J L, et al. Effects of dietary protein level and amino acid supplementation on performance of mixed-parity lactating sows in a tropical humid climate. Journal of Animal Science, 2009, 87: 4003-4012.

Sokol J L, Kulisiewicz J, Skomial J, et al. The effect of feeding diets differing in protein and energy concentration on fattening performance of three pig crossbreeds. Journal of Animal and Feed Sciences, 1997, 6(2): 247-255.

Tennyson C A, Friedman G. Microecology, obesity, and probiotics. Current Opinion in Endocrinology, Diabetes and Obesity, 2008, 15(5): 422-427.

Toledo J B, Furlan A C, Pozza P C, et al. Effect of the reduction of the crude protein content of diets supplemented with essential amino acids on the performance of piglets weighing 6-15 kg. Livestock Science, 2014, 168: 94-101.

Trottier N L, Shipley C F, Easter R A. Plasma amino acid uptake by the mammary gland of the lactating sow. Journal of Animal Science, 1997, 75: 1266-1278.

Tuitoek K, Young L G, De Lange C F M, et al. The effect of reducing excess dietary amino acids on growing-finishing pig performance: An elevation of the ideal protein concept. Journal of Animal Science, 1997, 75: 1575-1583.

van Milgen J, Dourmad J Y. Inraporc: Concept and application of ideal protein for pigs. Journal of Animal Science Biotechnology, 2015, 6: 15.

Varel V H, Fryda S J, Robinson I M. Cellulolytic bacteria from pig large intestine. Appl Environ Microbiol, 1984, 47(1): 219-221.

Varel V H, Pond W G. Characteristics of a new cellulolytic *Clostridium* sp. isolated from pig intestinal tract.Appl Environ Microbiol,1992,58(5):1645-1649.

Varel V H. Activity of fiber-degrading microorganisms in the pig large intestine. Journal of Animal Science,1987,65(2):488-496.

Vidal T Z B,Fontes D O,Silva F C O,et al.Reduction of crude protein and supplementation of amino acids for barrows from 70 to 100 kg.Arquivo Brasileiro de Medicina Veterina'ria e Zootecnia,2010,62:914-920.

Wang J X, Peng K M, Liu H Z, et al. Distribution and developmental changes in ghrelin-immunopositive cells in the gastrointestinal tract of african ostrich chicks.Regulatory Peptides,2009,154(1):97-101.

Wang T C,Fuller M F.The optimum dietary amino acid pattern for growing pigs.British Journal of Nutrition,1989,62:77

Wen X L,Wang L,Zheng C T,et al.Fecal scores and microbial metabolites in weaned piglets fed different protein sources and levels.Animal Nutrition,2018,4:31-36.

Williams C F,Walton G E,Jiang L,et al.Comparative analysis of intestinal tract models.Annual Review of Food Science and Technology,2015,6:329-350.

Wu G,Bazer F W,Wallace J M,et al.Board-invited review:Intrauterine growth retardation:Implications for the animal sciences.Journal of Animal Science,2006,84:2316-2337.

Wu Y,Jiang Z,Zheng C,et al.Effects of protein sources and levels in antibiotic-free diets on diarrhea,intestinal morphology, and expression of tight junctions in weaned piglets. Animal Nutrition, 2015, 1(3): 170-176.

Yao K,Yin Y L,Chu W,et al.Dietary arginine supplementation increases mTOR signaling activity in skeletal muscle of neonatal pigs.The Journal of Nutrition,2008,138(5):867-872.

Ye C,Zeng X,Zhu J,et al.Dietary N-carbamylglutamate supplementation in a reduced protein diet affects carcass traits and the profile of muscle amino acids and fatty acids in finishing pigs.Journal of Agricultural and Food Chemistry,2017,65(28):5751-5758.

Yen H Y,Yu I T.Influence of digestible energy and protein feeding on semen characteristics of breeding boars.Efficient animal production for Asian welfare.Proc 3rd AAAP Animal Science Congress,1985,2:610.

Yi X W,Zhang S R,Yang Q,et al.Influence of dietary net energy content on performance of growing pigs fed low crude protein diets supplemented with crystalline amino acids. Journal of Swine Health and Production,2010,18:294-300.

Yin Y,Yao K,Liu Z,et al.Supplementing L-leucine to a low-protein diet increases tissue protein synthesis in weanling pigs.Amino Acids,2010,39(5):1477-1486.

Yue L Y,Qiao S Y.Effects of low-protein diets supplemented with crystalline amino acids performance and intestinal development in piglets over the first 2 weeks after weaning.Livestock Science,2008,115:144-152.

Zhang C,Yu M,Yang Y,et al.Effect of early antibiotic administration on cecal bacterial communities and their metabolic profiles in pigs fed diets with different protein levels.Anaerobe,2016,42: 188-196.

Zhang G,Song Q,Xie C,et al.Estimation of the ideal standardized ileal digestible tryptophan to lysine ratio for growing pigs fed low crude protein diets supplemented with crystalline amino acids. Livestock Science, 2012,149:260-266.

Zhang S,Chu L,Qiao S,et al.Effects of dietary leucine supplementation in low crude protein diets on performance,nitrogen balance, whole-body protein turnover, carcass characteristics and meat quality of finishing pigs.Animal Science Journal,2016,87:911-920.

Zhang Y,Partridge I G,Mitchell K G.The effect of dietary energy level and protein: energy ratio on nitrogen and energy balance, performance and carcass composition of pigs weaned at 3 weeks of age. Anim

Prod,1986,42:389-395.

Zhao Y,Qin G,Sun Z,et al.Effects of soybean agglutinin on intestinal barrier permeability and tight junction protein expression in weaned piglets. International Journal of Molecular Sciences, 2011, 12 (12): 8502-8512.

Zhou J,Wang L,Zhou J,et al.Effects of using cassava as an amylopectin source in low protein diets on growth performance,nitrogen efficiency,and postprandial changes in plasma glucose and related hormones concentrations of growing pigs.Journal of Animal Science,2021,99(12):332.

Zhou L,Fang L,Sun Y,et al.Effects of the dietary protein level on the microbial composition and metabolomic profile in the hindgut of the pig.Anaerobe,2016,38:61-69.

Zoncu R, Sabatini D M, Efeyan A. mTOR: from growth signal integration to cancer, diabetes and ageing.Nat Rev Mol Cell Biol,2010,12:21-35.

第8章 功能性氨基酸与肠道健康

本章提要

猪的肠道健康影响营养物质的吸收利用和代谢。断奶应激影响小肠绒毛发育并破坏仔猪肠道屏障功能，影响饲料养分的利用效率。本章主要介绍功能性氨基酸调节肠道屏障的研究进展，为通过合理的营养调控措施改善猪的肠道健康提供试验依据和理论基础。

8.1 功能性氨基酸调节猪肠道屏障功能

8.1.1 功能性氨基酸

基于动物生长与机体的氮平衡理论，动物营养学中将氨基酸分为必需氨基酸（essential amino acids，EAA）、条件性必需氨基酸（conditionally essential AA，CEAA）和非必需氨基酸（nonessential amino acids，NEAA）。必需氨基酸是指动物体内自身不能合成或合成的量不能满足动物需要，必须通过饲料提供的氨基酸。猪营养中的必需氨基酸包括赖氨酸、蛋氨酸、色氨酸、苏氨酸、支链氨基酸（包括亮氨酸、异亮氨酸、缬氨酸）、苯丙氨酸。条件性必需氨基酸是指在正常情况下动物可以合成，但在某一生长阶段或生理状态下动物体内的利用速率大于其合成速率，因而必须通过日粮补充以满足动物需要的氨基酸。哺乳仔猪和断奶仔猪合成的精氨酸只能满足其需要量的50%，因此是仔猪的条件性必需氨基酸。谷氨酰胺对断奶仔猪肠道发育和损伤修复有重要作用，是断奶仔猪和肠道损伤动物的条件性必需氨基酸。妊娠母猪体内合成的精氨酸、组氨酸不能满足胎儿的发育，需要从饲粮中提供一部分，是妊娠母猪的条件性氨基酸。非必需氨基酸指动物体内可合成，因而无须在饲粮中添加即可满足动物需要的氨基酸，包括丙氨酸、甘氨酸、脯氨酸、丝氨酸、天冬氨酸、天冬酰胺、胱氨酸、谷氨酰胺、谷氨酸、酪氨酸。

必需氨基酸相关的研究相对较多，其营养和生理学功能比较清楚，并且猪的饲养标准列出了各种必需氨基酸的需要量。但在过去，非必需氨基酸的营养作用研究一直未得到营养学家们的重视。小肠是氨基酸吸收和代谢的主要器官，日粮或乳中氨基酸能够不同程度地被小肠上皮细胞或肠道中的微生物代谢和利用。饲粮中67%的谷氨酰胺、绝大多数天冬氨酸和谷氨酸、30%的甘氨酸、40%的脯氨酸在小肠被分解和利用，以维持上皮细胞的增殖、更新和正常的肠屏障功能（Wu et al.，2011；Jiao et al.，2015；Liu et al.，2018）。基于小肠对氨基酸的代谢及其在肠道发育中的重要生理学作用，非必需氨基酸的营养学功能逐渐引起人们的关注。近些年的研究发现，传统营养学中的非必需氨基酸具有重要的营养和生理功能，猪内源合成的非必需氨基酸并不能满足其生长、发育、繁殖和泌乳的需要。在系统研究氨基酸代谢和生理功能的基础上，Wu 等提出了"功能性氨基酸"(functional amino acids，FAA)的概念，并将其定义为：能够调节动物机体的关键代谢途径，进而改善动物的健康、存活、生长、发育、泌乳和繁殖的氨基酸，包括传统意义上的必需氨基酸和非必需氨基酸。这一概念克服了传统分类方法的局限性，拓展了氨基酸营养理论。

8.1.2 功能性氨基酸调节猪肠道屏障功能

由肠道菌群、黏液层、肠上皮细胞层和肠道免疫系统组成的肠道屏障是机体抵御外界病原体的重要屏障(Bourlioux et al.，2003；Macpherson and Harris，2004；Salvo-Romero et al.，2015)。肠上皮细胞和紧密连接蛋白是肠道机械屏障的重要组成部分，能阻止微生物和肠腔中有毒有害物质并允许小分子物质和离子进入体内(Dokladny et al.，2016)。断奶应激、饲料中霉菌毒素、病毒感染(猪传染性胃肠炎病毒、猪流行性腹泻病毒、猪轮状病毒等)均能引起空肠、回肠紧密连接蛋白 ZO-1、occludin 和 claudins 表达量降低，肠黏膜通透性增加，引起腹泻和肠道疾病的发生，影响养分的吸收利用和猪的生长发育(Clayburgh et al.，2004；Shih and Targan，2008；Wijtten et al.，2011)。有报道表明，30 kg 以下的仔猪平均腹泻发生率为 46.5%，死亡率为 10.3%，仔猪因腹泻引起的死亡占仔猪死亡总数的 50%以上，严重影响养猪业的经济效益(王庆生，2015)。早期断奶仔猪由于免疫系统发育尚未完全成熟，在环境、营养和心理等多种应激因素作用下，断奶后第一周出现腹泻，因此常被用来作为自然发生腹泻的模型(Liu et al.，2017b)。

在集约化饲养过程中，抗生素作为饲料添加剂，是缓解仔猪腹泻和提高饲料转化率的重要手段。但抗生素不规范使用或过量添加引起的耐药细菌的出现和药物残留等问题，影响食品安全和人类健康(Stanton，2013)。2019 年 7 月 9 日国家农业农村部发布 194 号公告称自 2020 年 1 月 1 日起，退出除中药外的所有促生长类药物饲料添加剂品种，以减少滥用抗生素造成的危害。因此，寻找合适的抗生素替代物减轻断奶仔猪腹泻成为现代畜禽生产的重大挑战。最近的研究发现，功能性氨基酸，如精氨酸、谷氨酰胺、谷氨酸、甘氨酸和苏氨酸等能够促进肠上皮细胞增殖、调节上皮细胞间紧密连接蛋白表达和猪肠黏膜屏障功能，改善动物肠道健康。

1.功能性氨基酸与肠上皮细胞更新

小肠上皮细胞是一种快速更新的细胞，这种快速更新既是维持小肠功能的需要，也是构成小肠氨基酸代谢的重要特征，同时成为维持氨基酸需要的主要部分。研究发现，小肠上皮细胞通过位于隐窝底部肠道干细胞的增殖分化并向上迁移最后脱落，平均 4～5 d 完成一次更新，从而维持肠上皮的完整性(Crosnier et al.，2006；Perse and Cerar，2012)。肠上皮细胞更新也是维持肠道菌群稳定的一种重要机制(Zhao et al.，2013)。因此，小肠上皮细胞的增殖与死亡之间的动态平衡是维持肠上皮细胞正常功能和肠道稳态的关键(Xiong et al.，2016)。

肠道干细胞(intestinal stem cells，ISCs)是位于小肠隐窝底部的 $Lgr5^+$ 柱状细胞(crypt-base columnar cell，CBC)(Barker et al.，2007)，能够通过对称分化维持干细胞的自我更新，或者进行不对称分化产生短暂扩增细胞(transit amplifying cell，TAC)并继续沿着隐窝-绒毛轴向上迁移分化(Barker et al.，2008)，最后成为具有不同功能的上皮细胞，包括吸收性上皮细胞、杯状细胞、内分泌细胞、潘氏细胞(Potten et al.，1997)，替代肠道绒毛上凋亡和脱落的上皮细胞，参与肠道上皮修复。其中，吸收细胞是肠道上皮细胞的主要类型，占 90%以上，主要负责营养物质的吸收（Clatworthy and Subramanian，2001）。在小肠隐窝上还存在静止干细胞，在上皮细胞损伤时能转化为小肠干细胞并参与肠上皮细胞修复（Montgomery et al.，2011；Takeda et al.，2011；Smith et al.，2016）。

2.功能性氨基酸促进猪肠上皮细胞更新

谷氨酰胺是肠上皮细胞的主要能量来源。在玉米豆粕型日粮中添加 0.5%～2%谷氨酰胺能够增加 21 d 断奶仔猪的绒毛高度，缓解断奶应激引起的小肠绒毛萎缩，促进细胞增殖，维持肠道正常的结构与生理功能（Wu et al.，1996；Duan et al.，2014；Wang et al.，2015c；Yi et al.，2015）。He 等研究发现 7～21 d 哺乳仔猪，在玉米豆粕型日粮中补充 1.5 g/kg BW 的谷氨酰胺，明显提高了断奶仔猪十二指肠上皮细胞的增殖，降低了十二指肠、空肠和回肠的细胞凋亡指数（He et al.，2019）。体外研究发现，培养液中添加 0.5～2 mmol/L 的谷氨酰胺明显提高猪空肠上皮细胞的增殖，并促进蛋白质的周转（Xi et al.，2012）。Liu 等的研究表明，培养液中添加 0.25 mmol/L 的谷氨酰胺能抑制氧化损伤引起的细胞凋亡（Liu et al.，2018）。谷氨酰胺是猪乳中含量最为丰富的氨基酸，仔猪断奶后从饲料中摄取的谷氨酰胺明显低于其断奶前从乳中的摄入量，造成肠上皮细胞营养的相对缺乏，引起细胞凋亡破坏肠上皮结构，从而影响营养物质的吸收和利用。因此，在哺乳期或饲料中补充谷氨酰胺可以通过促进上皮细胞增殖，维持肠上皮细胞和功能。

子宫内生长受限（intrauterine growth retardation，IUGR）是造成低初生重仔猪的重要原因。IUGR 仔猪肠道发育和养分利用效率明显低于正常仔猪，血浆中谷氨酰胺浓度相对较低，死亡率高达 70%，造成巨大的经济损失（D'Inca et al.，2011）。0～21 日龄哺乳仔猪补充谷氨酰胺 0.5 g/(kg・d)，其生长性能提高了 16%，死亡率下降了 48%，提示谷氨酰胺对于生长发育迟缓的仔猪的生长有重要作用（Wu，2010；Wu et al.，2011）。谷氨酰胺缺乏会抑制蛋白质的合成和肠上皮细胞的增殖，激活丝裂原活化蛋白激酶（mitogen-activated protein kinase，MAPK）信号蛋白，并启动细胞自噬和凋亡（Papaconstantinou et al.，1998；Zhu et al.，2015）。

饲粮中 97%的谷氨酸在小肠被分解代谢掉，维持正常的肠屏障功能。Hou 等推测断奶仔猪从饲粮摄取的谷氨酸只能满足小肠发育所需的谷氨酸的 50%，提示谷氨酸在断奶仔猪肠屏障中的重要作用（Hou and Wu，2018）。代乳粉中（粗蛋白水平 21%）添加 1%～2%谷氨酸钠，提高了断奶仔猪空肠绒毛高度和组织中 DNA 含量（Rezaei et al.，2013）。细胞培养液中添加 0.5～2.0 mmol/L 的谷氨酸，猪空肠上皮细胞增殖提高了 13%～37%，单层上皮细胞的电阻明显提高，并且能缓解氧化损伤引起的细胞凋亡的发生（Jiao et al.，2015）。在低蛋白日粮中，由于蛋白质水平的降低，谷氨酸可能成为影响肠上皮细胞增殖和更新的重要氨基酸。粗蛋白水平为 16%的玉米豆粕型日粮中添加 3.36%的谷氨酸提高了 21 d 断奶仔猪的生长性能（Zimmerman，1975）。饲料中霉菌毒素影响猪的肠屏障功能和营养物质代谢利用。2%谷氨酸明显提高了呕吐毒素及其他霉菌毒素引起的肠上皮细胞凋亡和小肠绒毛结构的破坏（Duan et al.，2014；Wu et al.，2014b）。Zhu 等分离猪的肠道干细胞并建立了其体外培养体系，研究发现，5 mmol/L 的谷氨酸明显提高了猪的肠道干细胞增殖及形成类器官的能力，这可能是谷氨酸促进猪肠上皮更新的重要机制（Zhu et al.，2019），同时也为通过体外试验研究肠上皮细胞分化提供了较好的实验模型。谷氨酸缺乏造成肠上皮细胞的增殖及更新受阻（Li et al.，

2016b)。日粮中添加1%谷氨酸可增加断奶仔猪空肠绒毛高度和肠道黏膜厚度,改善肠道机械屏障(Liu et al.,2002)。谷氨酸促进肠上皮细胞的增殖分化与其增加精氨酸、脯氨酸或多胺的生成,促进蛋白质和核酸的合成有关(Kandil et al.,1995; Jiao et al.,2015)。

甘氨酸是结构最为简单的氨基酸,由一个氨基和一个羧基组成。为14日龄的哺乳仔猪代乳粉(干物质含量18.6%)中添加0.5%～2%甘氨酸可明显改善小肠绒毛高度,促进肠上皮细胞的增殖(Wang et al.,2014a)。为7～21日龄哺乳仔猪额外添加0.5～0.70 g/kg BW的甘氨酸明显促进了空肠上皮细胞的增殖,减少了断奶应激引起的细胞凋亡(Fan et al.,2019)。体外研究发现,0.25～1.0 mmol/L甘氨酸明显提高了猪空肠上皮细胞的增殖和蛋白质的合成,缓解了氧化损伤引起的细胞凋亡(Wang et al.,2014b)。

Cabrera等研究发现,在14～21日龄哺乳仔猪在教槽料中额外添加1%谷氨酰胺或0.88%谷氨酰胺与谷氨酸复合物明显提高空肠上皮细胞增殖和断奶后前3周的饲料转化效率(Cabrera et al.,2013)。最近的一项研究中发现,在24日龄断奶仔猪玉米-豆粕型日粮中补充1%氨基酸复合物(谷氨酰胺∶谷氨酸∶甘氨酸∶精氨酸∶氮乙酰半胱氨酸=5∶2∶2∶1∶0.5)明显提高了仔猪的小肠绒毛高度,增加了绒毛表面积,提高了防御素和氨基酸转运载体的表达,降低了仔猪的腹泻率(Yi et al.,2018)。Zhang等研究表明,35 d断奶仔猪日粮中添加0.5%丙氨酰谷氨酰胺二肽对于仔猪生长性能的改善作用优于等氮含量的谷氨酰胺,这可能与小肽的吸收效率高于游离氨基酸有关(Zhang et al.,2016)。

色氨酸作为一种必需氨基酸,在蛋白质合成、免疫调节和抗应激方面都具有重要作用(Mou et al.,2019)。色氨酸通过激活雷帕霉素靶蛋白(mTOR)信号通路促进蛋白质的合成。日粮色氨酸的不足会导致仔猪生长缓慢和采食量下降。玉米-豆粕型日粮(粗蛋白水平19.5%)中添加0.2%～0.4%的色氨酸,明显提高了24 d断奶仔猪空肠紧密连接蛋白ZO-1、ZO-3、claudin-1表达以及仔猪生长性能(Liang et al.,2018a)。体外研究发现色氨酸可以提高猪空肠上皮细胞的增殖和蛋白质合成(Wang et al.,2015a)。Liu等研究发现,日粮中添加0.15%色氨酸能够缓解敌草快诱导的断奶仔猪肠屏障功能损伤(Liu et al.,2019)。此外,色氨酸[110 mg/(kg·d)]能够缓解葡聚糖硫酸钠(DSS)诱导的仔猪结肠炎,抑制炎性因子的表达(Kim et al.,2010)。

体外研究表明,精氨酸缺乏能够明显抑制猪小肠上皮细胞IPEC-J2(porcine intestinal epithelial cell line)的增殖,添加精氨酸后得到显著改善(Bauchart-Thevret et al.,2010)。猪小肠上皮细胞IPEC-1培养液中添加0.1 mmol/L和0.35 mmol/L精氨酸,可以剂量依赖性减轻脂多糖(lipopolysaccharide,LPS)诱导的细胞死亡和蛋白浓度降低,通过mTOR和toll样受体4(toll-like receptor 4,TRL4)信号通路以及细胞内蛋白周转等机制,对脂多糖诱导的肠细胞损伤具有保护作用(Tan et al.,2010)。此外,精氨酸还能够提高肠上皮细胞的迁移能力,促进细胞的损伤修复(Rhoads et al.,2004),精氨酸促进肠道营养物质吸收和损伤后绒毛的修复已在许多的肠道损伤模型中得到了应用(MacKay and Miller,2003; Marc Rhoads and Wu,2009; Wang et al.,2009)。

亮氨酸是一种重要的支链氨基酸,除参与蛋白质合成外,也参与氧化功能和免疫调节(Uyangaa et al.,2012)。近年来的研究表明,亮氨酸在促进仔猪肠道发育和维持肠道健康方面也具有重要作用。断奶7 d仔猪补充1.4 g/kg BW亮氨酸可促进仔猪十二指肠绒毛发育和亮氨酸转运载体的表达(Sun et al.,2015)。正常或低蛋白日粮中添加适量亮氨酸能够显著促进仔猪肠绒毛的发育并激活 mTORC1 促进上皮细胞中蛋白质的合成(Yin et al.,2010; Sun et al.,2015)。mTORC1 是细胞感知和整合外界信号刺激的关键蛋白,能感知氨基酸和胰岛素信号并做出响应,从而调节细胞代谢(Suryawan et al.,2007)。激活 mTORC1 通路促进蛋白质的合成,并抑制蛋白质的降解,从而促进细胞增殖和蛋白质周转(Rhoads et al.,2004; Corl et al.,2008; Bauchart-Thevret et al.,2010; Wang et al.,2015b; Wang et al.,2016; Xiong et al.,2019; Zhu et al.,2019)。Hu 等的研究发现,21~26 日龄断奶仔猪饲喂含有 2.44%亮氨酸的玉米-豆粕型日粮,可通过激活 mTOR/HIF-1α 通路诱导能量代谢由氧化磷酸化转为糖酵解,从而降低断奶仔猪肠上皮细胞的活性氧(reactive oxygen species,ROS)水平(Hu et al.,2017b)。Huang 等发现,给早期 IUGR 仔猪补充亮氨酸也可以减轻仔猪肠道氧化应激和线粒体功能障碍(Huang et al.,2017),揭示了亮氨酸充当能量代谢开关的重要调控作用。

肠道需要大量的能量来维持其健康和功能,因此,肠黏膜中能量不足会导致肠道损伤。天冬酰胺是天冬氨酸、谷氨酰胺、谷氨酸等多种氨基酸的前体,可为肠细胞提供能量(Wu,2013)。断奶仔猪日粮中添加 0.5%或 1%天冬酰胺可缓解 LPS 刺激引起的小肠绒毛萎缩,表现为提高绒毛高度和绒毛高度/隐窝深度的比值,降低隐窝深度;且提高肠黏膜 RNA/DNA、蛋白质/DNA 的比值,促进肠黏膜蛋白合成;此外,其还减轻了 LPS 诱导的肠道能量缺陷,提高了 ATP 含量,降低了 AMP/ATP 比值、AMPKα1、AMPKα2 和 p-AMPKα 等能量代谢相关基因的 mRNA 水平,表明补充天冬酰胺可以通过调节 AMPK 信号通路和改善能量状态缓解 LPS 诱导的仔猪肠道损伤(Wang et al.,2015d)。

在仔猪非必需氨基酸中,天冬氨酸的血浆浓度最低(Flynn et al.,2000)。然而,越来越多的报道表明,天冬氨酸在许多生理和生物学过程中起着重要的作用。首先,天冬氨酸是小肠维持功能和完整性的主要代谢燃料来源之一(Pi et al.,2014)。此外,天冬氨酸也具有重要的免疫功能(Li et al.,2007)。最近的研究发现,日粮中添加 0.5%~1%天冬氨酸可改善 LPS 刺激的断奶仔猪肠道结构,提高空肠和回肠绒毛高度和绒毛高度/隐窝深度的比值,降低回肠隐窝深度;可通过抑制 TLR4 和 NODs/NF-κB 和 p38 信号通路缓解炎症反应,调节仔猪肠道屏障功能(Wang et al.,2017a)。日粮中添加 1%天冬氨酸还可减轻 H_2O_2 引起的断奶仔猪生长抑制和氧化应激,提高血清抗氧化酶活性和肠道氨基酸转运载体的表达水平,恢复血清中的氨基酸库(Duan et al.,2016)。进一步证明了天冬氨酸的重要调控作用。

苏氨酸是猪日粮中的第二限制性氨基酸,其主要在肠内被吸收,在维持猪肠道健康方面起着关键作用(Mao et al.,2011)。猪日粮中苏氨酸缺乏或过量,均会显著减少小肠绒毛面积、提高隐窝深度,导致绒毛萎缩(Hamard et al.,2009; Hamard et al.,2010; Wang et al.,2010)。日粮中苏氨酸失衡可增加肠上皮细胞凋亡率(Wang et al.,2010),表明饲粮中苏氨酸的供应对于维持肠道结构的完整性至关重要。7~20 日龄哺乳仔猪中度苏氨酸缺乏会增加仔猪回肠黏膜细胞旁通透性,并改变与调节肠黏膜旁细胞通透性相关基因的表达,如紧密连接蛋白 ZO-1、claudins 和肌球蛋白轻链激酶(Hamard et al.,2010)。在病理条件下,可以满足健康猪的常规饲料中的苏氨酸供应可能不足以维持肠黏膜的完整性,导致肠屏障功能受损,此时可通过额外补充苏氨酸来满足其需求(Mao et al.,2011)。

3.功能性氨基酸促进猪肠道干细胞的分化

肠道上皮细胞沿着隐窝-绒毛轴的更新依赖于隐窝处干细胞(intestinal stem cell,ISC)的增殖分化。多个信号通路，如 Wnt、骨形态发生蛋白(BMP)、Notch、mTOR、EGF 等参与并调节肠道干细胞的增殖与分化，维持肠上皮的自我更新和肠上皮稳态(Sailaja et al.，2016；Liang et al.，2019b；Zhou et al.，2019)。最近的研究发现，mTORC1 信号可以通过感应营养素及氨基酸等参与隐窝干细胞的增殖分化。人与小鼠的体外类器官模型已经成熟地建立起来，并在基础研究中得到了广泛的应用。然而，由于与人和鼠肠道类器官的培养条件不同，猪肠道类器官的建立比较困难，猪体外干细胞的营养调控机制还有待进一步研究(Li et al.，2019a；Li et al.，2019b)。与传统的 2D 培养相比，猪肠道类器官是研究肠上皮细胞更新的更理想模型(Gonzalez et al.，2013)。功能性氨基酸谷氨酸能够通过 IR/IRS/PI3K/Akt 和 EGFR/ERK 通路激活 mTORC1，促进肠道干细胞增殖，为调节肠上皮生长和健康提供了新的方向(Zhu et al.，2019；Zhu et al.，2020)。然而功能性氨基酸调控猪肠道干细胞的增殖，进而维持肠上皮细胞的确切分子机制尚不清楚。呕吐毒素在猪肠道中暴露能够造成仔猪肠上皮细胞活性降低、Bmi1 蛋白水平降低以及 Wnt/β-catenin 通路被抑制，体外研究发现这可能与呕吐毒素抑制肠道干细胞驱动的肠上皮更新有关(Li et al.，2019b)。

4.功能性氨基酸抑制猪肠上皮细胞的凋亡

断奶是仔猪经历的最大应激，断奶后的仔猪其空肠上皮细胞凋亡明显增多(Boudry et al.，2004；Yang et al.，2016)。引起细胞凋亡的原因极为复杂，涉及体内外多种因素，这也是引起断奶仔猪肠绒毛萎缩，养分利用效率下降的重要原因(Cera et al.，1988)。功能性氨基酸，如谷氨酰胺、谷氨酸和甘氨酸可以通过生成还原型谷胱甘肽清除自由基，从而调节内环境稳态，减少细胞凋亡的发生(Yao et al.，2011)。进一步研究发现，功能性氨基酸可以作为信号分子，调节凋亡相关蛋白的表达，抑制炎性细胞因子表达，从而保护肠屏障功能(Wang et al.，2015c；Fan et al.，2019；He et al.，2019)。

谷氨酰胺主要通过调节 IRE1α-XBP1 信号相关蛋白(Jiang et al.，2017；Fan et al.，2019)，生成还原型谷胱甘肽并促进 4-羟基壬烯醛(4-hydroxy-2-nonenal，4-HNE)在肠上皮细胞的代谢，保护肠上皮细胞(Liu et al.，2018)。在过氧化氢、敌草快(diquat)和其他毒素物质诱导的肠上皮细胞凋亡模型中，已观察到功能性氨基酸的抗凋亡保护作用。在脱氧雪腐镰刀菌烯醇(deoxynivalenol，DON)刺激 28 d 断奶仔猪模型中，日粮中添加 0.2%谷氨酸通过降低 DON 对 Akt/mTOR/4EBP1 信号通路的抑制，一定程度上降低仔猪空肠和回肠的 caspase-3 活性，提高肠道细胞增殖指数(Wu et al.，2014b)。

连续 14 d 给 7 日龄哺乳仔猪口服母乳中 100%～200%浓度的甘氨酸，21 d 断奶，发现 28 d 时仔猪空肠中 CHOP 和 p53 的蛋白表达量降低，而 Bcl-2 和 Bcl-xL 蛋白量增多，并且提高了 occludin、claudin-1 和 ZO-1 的蛋白水平(Fan et al.，2019)。总的来说，仔猪断奶前补充甘氨酸可以通过 CHOP 信号通路改善断奶后肠道屏障，减少肠细胞凋亡。

蛋氨酸是一种含硫氨基酸(SAA)，具有多种生物学功能，包括蛋白质代谢、甲基化，合成半胱氨酸和还原型谷胱甘肽(GSH)，具有抗氧化功能(Tesseraud et al.，2009)。饲粮中充足的蛋氨酸对于维持肠道形态结构、肠黏膜完整性和肠道抗氧化能力具有重要意义(Chen et al.，2014；Shen et al.，2014；Zhong et al.，2016)。细胞培养液中缺乏蛋氨酸会加速大肠杆菌感染的猪小肠上皮细胞凋亡(Tang et al.，2015)，IUGR 断奶仔猪补充 4 g/kg 蛋氨酸可以减少空肠上皮细胞凋亡指数(Su et al.，2018)，提示在特殊情况下，补充蛋氨酸可能有利于保护肠道上皮细胞。

半胱氨酸作为另一种含硫氨基酸，具有改善肠黏膜通透性、调控局部趋化因子表达，并调节促炎细胞因子、凋亡启动子和抗凋亡基因的表达作用，其在减轻局部炎症和恢复肠道内稳态方面可能具有重要功能（Kim et al.，2009）。21日龄断奶仔猪日粮中添加0.25%或5%半胱氨酸，在为期19 d的试验中，发现半胱氨酸改善了LPS刺激诱导的肠道损伤，增殖细胞核抗原（PCNA）、occludin和claudin-1的表达增加，caspase-3活性下降，TNF-α、IL-6和IL-8的mRNA水平下调，这可能得益于其抗炎和抗氧化功能（Song et al.，2016）。值得注意的是，过量的半胱氨酸（5～10 mmol/L）会引起猪肠上皮细胞的内质网应激和AMPK信号的激活，从而诱导空泡样细胞死亡，因此实际生产中要严格把控其用量（Ji et al.，2016）。新生仔猪体内半胱氨酸的合成是有限的，而高浓度半胱氨酸具有毒性，因此生产中可考虑用N-乙酰半胱氨酸代替半胱氨酸（Wu，2009；Hou et al.，2012），且越来越多的研究发现日粮中添加NAC可以改善仔猪的肠道屏障功能。新生仔猪肠道易受内毒素和流行性腹泻病毒（porcine epidemic diarrhea virus，PEDV）的影响而损伤，研究表明，在LPS刺激和PEDV感染情况下，仔猪日粮中添加N-乙酰半胱氨酸均可改善肠道形态结构，提高肠道紧密连接蛋白的表达量，降低肠道细胞凋亡指数，并提高肠道抗炎能力，涉及氧化还原反应途径以及表皮生长因子受体（EGFR）、TLR4、PI3K/Akt/mTOR和AMPK等信号通路（Hou et al.，2012；Hou et al.，2013；Hou et al.，2015；Wang et al.，2017b；Yi et al.，2017）。

5.功能性氨基酸调节猪肠上皮紧密连接蛋白

紧密连接蛋白是维持肠道上皮屏障通透性的重要因素，包括咬合蛋白（occludin）、闭合蛋白家族（claudins）、连接黏附分子家族（junctional adhesion molecule，JAM）和黏连蛋白家族（zonula occludins-1、2、3，ZO-1、2和3）。肠道微生物及其产物、断奶应激、氧化损伤等多种因素可以通过改变紧密连接蛋白的表达和分布，从而调节肠道屏障功能。猪传染性胃肠炎病毒能降低猪小肠上皮细胞IPEC-J2跨膜电阻，以及紧密连接蛋白occludin、ZO-1和黏着连接蛋白E-cadherin的表达（Zhao et al.，2014）。仔猪腹泻与肠道紧密连接蛋白下降及炎性细胞因子的表达呈明显正相关（Shin et al.，2017），并且在肠道功能恢复过程中，紧密连接蛋白表达水平升高（Ukena et al.，2007；Pearce et al.，2016；Fan et al.，2017）。因此，检测肠道的通透性和紧密连接蛋白的表达可以反映猪肠屏障功能（Groschwitz and Hogan，2009；Salvo-romero et al.，2015）。通过营养调控手段，提高肠道紧密连接蛋白表达是改善肠屏障功能的重要手段。

21日龄断奶仔猪饲喂额外添加1%的谷氨酰胺的玉米-豆粕型日粮，明显提高了断奶7 d时空肠组织occludin，claudin-1，ZO-2和ZO-3的蛋白表达，降低了其肠黏膜通透性（Wang et al.，2015c）。Ewaschuk等（2011）研究发现，玉米-豆粕型日粮中补充4.4%的谷氨酰胺，缓解了大肠杆菌引起的断奶仔猪空肠紧密连接蛋白claudin-1和occludin表达的下降，改善了肠屏障功能，而未观察到不良影响。谷氨酰胺可以通过激活猪肠道上皮细胞中钙/钙调蛋白依赖性蛋白激酶2（calcium/calmodulin-dependent protein kinase kinase 2，CaMKK2）信号增加紧密连接蛋白的表达（Wang et al.，2016），并抑制仔猪空肠中应激相关激素促肾上腺皮质激素释放因子信号，维持肠屏障功能（Wang et al.，2015c）。Zhu等发现，在妊娠85～114 d母猪日粮中添加1%谷氨酰胺，提高了低初生重仔猪空肠紧密连接蛋白水平，明显增加了小肠重量（Zhu et al.，2018）。

35～63日龄断奶仔猪玉米-豆粕型日粮中补充2%谷氨酸可提高空肠黏膜occludin和ZO-1、代谢型谷氨酸受体1和4（mGluR1和mGluR4）以及中性氨基酸转运载体SLC1A5

的 mRNA 表达水平，提示饲粮中添加 2%的谷氨酸有助于提高仔猪空肠紧密连接蛋白的转录水平，提高谷氨酸受体和转运载体的表达，有利于改善空肠营养物质的消化吸收（Lin et al.，2014）。Qin 等也发现，在 LPS 刺激下，21～28 日龄仔猪日粮中添加 1%～2%谷氨酸也可以提高空肠和回肠 claudin-1 蛋白的表达量并提高肠道消化酶活性。提示饲粮中添加 2%的谷氨酸有助于提高仔猪肠道紧密连接蛋白的表达水平，提高谷氨酸受体和转运载体的表达或消化酶活性，有利于改善肠道屏障功能，提高营养物质的消化吸收能力（Qin et al.，2018）。

Zheng 等研究发现，低初生重仔猪在代乳粉基础水平上添加 0.5%～1.0%精氨酸明显提高了仔猪的紧密连接蛋白转录水平，提高其生长性能（Zheng et al.，2018）。热应激影响猪的肠屏障功能和饲料利用效率。Yi 等研究表明，间歇性热应激（35 ℃，12 h，连续 30 d）引起育肥猪空肠紧密连接蛋白 ZO-1 和 occludin 表达水平的下降和绒毛高度的降低，在粗蛋白为 15.7%的玉米-豆粕型日粮中补充 1%精氨酸，提高了紧密连接蛋白表达，改善了肠绒毛结构（Yi et al.，2019）。

日粮补充甘氨酸可促进新生仔猪的肠绒毛发育、肠道氨基酸转运和提高仔猪的平均日增重，并调控猪肠道细胞中紧密连接蛋白的分布，维持肠道健康（Wang et al.，2014c；Li et al.，2016a）。28 日龄断奶仔猪，在玉米-豆粕型日粮中添加 1%～2%甘氨酸，预饲 28 d 后注射 LPS（100 μg/kg BW）诱导组织损伤，结果发现甘氨酸预处理明显缓解了肠上皮屏障功能损伤（Xu et al.，2018）。此外，甘氨酸能促进蛋白质的周转，增加肠道还原型谷胱甘肽和黏蛋白的生成，并缓解氧化应激引起的细胞凋亡（Wang et al.，2014a；Wang et al.，2014b）。

研究表明，26 日龄断奶仔猪日粮中添加 0.5%色氨酸可提高仔猪血清中色氨酸水平并增加小肠绒毛高度/隐窝深度的比值，但是对肠道跨细胞转运和旁细胞转运没有影响（Koopmans et al.，2006）。最近的研究也表明，日粮中添加 0.2%～0.4%色氨酸可改善断奶仔猪的生长性能，并促进十二指肠和空肠中紧密连接蛋白 ZO-1，ZO-2，claudin-1 和结肠 ZO-1 与 occludin 的表达，维持肠机械屏障（Liu et al.，2017a；Liang et al.，2018a；Liang et al.，2018b）。体外研究表明，IPEC-1 细胞不能分解利用色氨酸，但色氨酸可促进细胞内蛋白质合成，细胞增殖，色氨酸转运载体 SLC6A19、SLC6A14 和 SLC3A1 以及紧密连接蛋白 occludin、claudin-4 和 ZO-1 的表达，并且这些作用与 mTOR 信号通路的激活有关（Wang et al.，2015a）。色氨酸是仔猪生长发育的必需氨基酸，但肠上皮细胞不能分解代谢吸收色氨酸，色氨酸发挥生理学功能主要是通过调节肠道微生物的代谢和组成来实现的（Liang et al.，2018a；Liang et al.，2018b）。

正常的肠道形态取决于上皮细胞凋亡与更新的平衡。35～56 d 断奶仔猪日粮中添加 0.5%和 1.0%天冬酰胺可以缓解 LPS 刺激引起的空肠 caspase-3 蛋白表达量的升高，并提高 claudin-1 和 occludin 蛋白表达量，改善肠道屏障功能（Chen et al.，2016）。一些研究表明，多胺对紧密连接蛋白的合成和稳定是必需的，多胺的缺乏至少部分地通过减少紧密连接蛋白来破坏上皮屏障功能（Guo et al.，2005）。天冬酰胺可能部分地通过促进多胺合成而增加肠道紧密连接蛋白的表达，从而减轻 LPS 诱导的肠屏障功能损伤，并通过抑制 p38 和激活 ERK1/2，减少肠细胞凋亡（Chen et al.，2016）。

6.功能性氨基酸调节猪肠黏膜免疫

当肠道屏障受损时，肠腔中的致病菌、内毒素和过敏原可突破肠道屏障，进入机体，引起肠道炎症反应，危害猪生长发育（Miner-Williams and Moughan，2016）。大肠杆菌是引起断奶仔猪腹泻的常见细菌，其细胞壁成分 LPS 作用于肠上皮细胞，引起肠绒毛萎缩，隐窝深度增加，紧密连接蛋白 ZO-1 和 occludin 表达降低（Yang et al.，2014a）。因此在实验条件下，通常通过感染大肠杆菌或细胞壁脂多糖 LPS 来作为诱导仔猪腹泻的模型（Liu et al.，2008）。

Zhu 等的研究发现，LPS（100 μg/kg BW）注射引起断奶仔猪 sIgA 水平下降和肠绒毛结构的破坏。玉米豆粕型常规日粮中（粗蛋白水平 20%）添加 0.5%～1%的精氨酸增加了空肠和回肠淋巴细胞数量和分泌型免疫球蛋白 A（secretory Immunoglobulin A，sIgA）水平，以及 CD8（+）和 CD4（+）T 细胞的数量，提高了仔猪的黏膜免疫力（Zhu et al.，2013）。精氨酸的生理学功能与其代谢产物，如多胺、一氧化氮、谷氨酸、鸟氨酸和尿素等精氨酸家族成员维持肠道正常发育和功能完善的作用有关（Duan et al.，2019）。

谷氨酰胺是肠上皮细胞和淋巴细胞的主要燃料，有助于维持肠道的结构和功能完整性，在促进受损肠道的修复及维持正常的局部免疫功能中发挥着重要的作用（Wang et al.，2008）。24 日龄断奶仔猪日粮中补充 1%谷氨酰胺可降低肠道炎性细胞因子的表达，改善肠上皮细胞内质网功能，抑制炎性因子表达和分泌（He et al.，2019）。在 LPS 诱导的肠道损伤中，添加谷氨酰胺可增强仔猪的肠屏障功能，缓解 LPS 诱导的肠道损伤（Jiang et al.，2009）。

7～21 日龄哺乳仔猪额外添加 0.5～0.70 g/kg BW 的甘氨酸明显促进了空肠防御素基因表达量和黏蛋白含量，降低断奶仔猪血清中二胺氧化酶的活性，改善了肠屏障功能（Fan et al.，2019）。Sun 等发现，添加 1.4 g/kg 体重的亮氨酸促进了 7～14 日龄哺乳仔猪十二指肠小肠绒毛发育和空肠氨基酸转运载体的表达（Sun et al.，2015）。轮状病毒是一种双链 RNA 病毒，能引起人和幼龄动物的胃肠炎并出现腹泻，黏蛋白和杯状细胞数量减少，动物肠道屏障功能下降（Boshuizen et al.，2005）。在轮状病毒感染模型中，32～38 日龄断奶仔猪日粮中添加 1%亮氨酸明显降低了仔猪腹泻指数，增加了小肠绒毛高度和黏蛋白分泌，降低了隐窝深度，提高了蛋白质合成和断奶仔猪的生长性能，并且可以缓解轮状病毒感染引起的空肠组织杯状细胞的数量以及黏蛋白分泌的减少（Mao et al.，2015）。体外的研究表明亮氨酸可激活 mTOR-HIF-1α 信号通路，调节能量代谢和细胞增殖，降低肠道组织中自由基水平，维持肠上皮屏障功能（Liu et al.，2017a）。

营养诱导内源性防御素的表达被认为是一种很有意义的抑制病原微生物的方法。Ren 等在日粮中添加支链氨基酸（亮氨酸、异亮氨酸和缬氨酸）提高了 28～42 d 断奶仔猪空肠和回肠 β-防御素的 mRNA 表达量；在 IPEC-J2 细胞中，支链氨基酸也可刺激 β-防御素的表达，机制研究发现支链氨基酸可能通过激活 Sirt1/ERK/90RSK 信号通路促进防御素的表达，其中以异亮氨酸最能刺激猪肠上皮细胞 β-防御素的表达（Ren et al.，2016）。通过支链氨基酸调节内源性防御素可能是提高幼畜肠道健康和抗病能力的有效途径。

色氨酸在动物机体内不能直接合成，猪日粮中色氨酸被作为猪生产的第三限制性氨基酸，其在免疫调节、消化调节、抗应激和蛋白质合成调节等方面发挥着重要作用（Koopmans et al.，2006）。24 日龄断奶仔猪日粮中添加 0.2%～0.4%色氨酸显著促进黏膜中 sIgA、黏蛋白的分泌以及猪 β-防御素（porcine β-defensins，pBD）2 和 pBD3 mRNA 的表达，抑制肠道黏膜组织巨噬细胞（$CD11b^+$ 和 $F4/80^+$）的分化，而对 $CD4^+$ 和 $CD8^+$ 阳性 T 淋巴细胞的数量影响较小（Liang et al.，2018a）。色氨酸免疫调节作用与其代谢产物 5-羟色胺、犬尿氨酸等激活肠道组织中芳香烃受体信号通路有关（Kim and Ho，2010；Willemen et al.，2014）。

苏氨酸对肠道健康的保护作用尤其体现在黏蛋白的合成上面。肠道吸收的 60%苏氨酸用于黏蛋白合成，黏蛋白的肽骨架中苏氨酸占总氨基酸残基的 28%～35%（Mao et al.，2011；Zhang et al.，2019）。研究证明，饲粮中的苏氨酸水平影响血浆抗体浓度和全身免疫功能，缺乏或过量会影响肠黏膜屏障，需根据不同条件调整苏氨酸水平（Wang et al.，2010；Zhang et al.，2019）。IUGR 会降低断奶仔猪的生长性能，这可能与肠道免疫稳态的破坏和炎症反应有关，而 21～42 日龄断奶仔猪补充（2 g/kg 饲粮）苏氨酸可提高仔猪饲料效率，并减轻回肠炎症反应，提高 Muc2、sIgA 含量和杯状细胞的密度（Zhang et al.，2019）。说明饲粮中苏氨酸的含量对肠道黏膜免疫极其重要，额外饲喂苏氨酸可能是提高 IUGR 仔猪生长性能和肠道免疫功能的可行方法。

小肠是氨基酸代谢的主要场所，饲料中氨基酸在小肠被不同程度的分解代谢，维持正常的肠屏障功能。功能性氨基酸通过促进肠上皮细胞增殖、促进蛋白质和核酸的生成、调节紧密连接蛋白、黏蛋白分泌和 sIgA 的表达，促进肠上皮对养分的吸收及对肠腔中有毒有害物质的防御作用。饲料中添加功能性氨基酸能够减少断奶应激和霉菌毒素对肠上皮细胞的修复，提高养分的吸收和利用。肠道微生物在氨基酸调节肠屏障功能中发挥着重要作用。

8.2　功能性氨基酸调控猪肠道菌群

肠道菌群的动态平衡对于仔猪正常的肠道屏障功能有重要影响。正常的肠道微生物是以专性厌氧菌如乳酸杆菌、双歧杆菌等为优势菌群，对外来菌入侵发挥屏障作用。大肠杆菌、沙门氏菌等有害菌增加会导致仔猪腹泻或肠道水肿（姚明，2014）。仔猪断奶后肠道菌群中病原菌的比例显著增加，菌群紊乱并造成仔猪腹泻。研究发现仔猪断奶引起了乳酸杆菌等有益菌数量的下降，使肠杆菌与乳杆菌的比例上升（Su et al.，2008）。革兰氏阴性菌如大肠杆菌分解肠道内蛋白质和氨基酸产生的胺类物质进入体内引起渗透性腹泻。功能性氨基酸通过调节肠道微生物区系的平衡，改善肠道屏障功能并缓解仔猪腹泻（Wu et al.，2013）。

8.2.1　肠道微生物的氨基酸代谢

猪的肠道中栖息着大量的微生物，包括细菌、真菌、古生菌、原生生物和病毒等。不同微生物之间以及微生物与宿主之间形成互利共生的关系，共同构成了复杂且处于动态变化的肠内微生态系统（Zhao et al.，2013）。营养素与肠道菌群之间存在复杂的关系。小肠为肠道微生物提供相对适宜的微环境、营养并影响微生物组成和丰度（Konstantinov et al.，2006；Wu，2013）。肠腔中约 1%的微生物可以利用来源于宿主或饲料中的氨基酸作为机体的氮源，包括氨基酸、小肽和氨。不同肠段的微生物组成受消化道生理特点和肠腔中营养素影响，肠道中微生物一方面能影响宿主对营养物质的消化和吸收；另一方面，微生物的发酵产物调节宿主细胞代谢、免疫和生理学功能，进而影响机体健康（Clarke et al.，2013；Thorburn et al.，2014；Mardinoglu et al.，2015）。

氨基酸、氨是肠道微生物优先利用的氮源，相反普雷沃菌优先利用小肽作为氮源（Dai et al.，2011）。微生物在底物利用上的差异与其胞内二肽基肽酶和二肽酶的活性有关。普雷沃氏菌、布氏原纤维菌、埃尔斯德尼巨球藻、多酸米苏凯拉等微生物具有较高活性二肽基肽酶和二肽酶及相应的转运蛋白，能将蛋白质降解为小肽并转运到细胞内并进行发酵。相反，有些微生物缺乏小肽转运蛋白，因而只能利用游离氨基酸和氨作为底物用于合成代谢或分解代谢。肠道微生物与宿主细胞通过竞争性利用饲粮中氨基酸来合成菌体蛋白。因此，研究肠道微生物氨基酸转运和代谢规律有助于提出新的营养策略，从而提高饲料蛋白质利用效率（Dai et al.，2011）。

Dai 等通过放射性同位素标记技术，研究猪肠上皮细胞及肠道微生物对氨基酸的代谢，发现猪的肠上皮细胞能代谢支链氨基酸，却不能氧化其他必需氨基酸，提示肠道细菌可能参与了氨基酸的首过代谢（Dai et al.，2011；Wu et al.，2014a）。通过微生物厌氧培养技术及同位素标记相结合的方法，Dai 等发现十二指肠、空肠和回肠的细菌能大量代谢赖氨酸、苏氨酸、精氨酸、谷氨酸和亮氨酸，中等程度地代谢异亮氨酸、缬氨酸和组氨酸。相反，这些细菌对脯氨酸、蛋氨酸、苯丙氨酸和色氨酸代谢较弱（Dai et al.，2012）。不同的肠道微生物，其可代谢氨基酸的种类和能力各不相同，肠腔微生物更多地分解代谢氨基酸，肠壁微生物则更多地参与氨基酸的合成代谢（Yang et al.，2014b）。有趣的是，肠道微生物与肠上皮细胞在氨基酸代谢方面存在分工与协作（Mu et al.，2016），这可能是宿主细胞与微生物长期共同进化和选择的结果。肠上皮细胞具有较高的蛋白质周转能力，因此宿主细胞合成的氨基酸可能部分被肠道微生物利用并合成菌体蛋白（Wu，1995）。被肠道细菌利用的氨基酸经微生物发酵生成氨、短链脂肪酸、支链脂肪酸、吲哚类物质、H_2S、维生素等，这些代谢产物作用于肠上皮细胞并调节代谢相关基因的表达，进而调节宿主代谢和生理功能（Blachier et al.，2007；Libao-Mercado et al.，2009）。肠道微生物的氨基酸代谢是首过代谢引起氨基酸利用率下降的重要因素；微生物代谢产物可进一步作用于肠上皮细胞，调节宿主细胞生理功能。因此精确的日粮供给除考虑宿主的营养需要外，还要考虑肠道微生物的氨基酸需要，这可能是一种提高氮利用效率的新的营养调控策略。

8.2.2 功能性氨基酸对肠道菌群的调控

肠道微生物菌群在维持猪肠屏障功能、营养物质代谢与机体免疫方面发挥着重要作用。断奶应激、日粮组成、环境、病原微生物感染会直接或间接造成消化道菌群的失衡及紊乱，影响肠道生理功能，造成饲料利用效率的降低和仔猪生长发育的迟缓（Liao and Nyachoti，2017）。同哺乳仔猪相比，断奶仔猪肠道中厌氧菌 *Bacteroidia* 和 *Clostridia* 的丰度降低，而兼性厌氧菌 *Enterobacteriaceae* 的丰度升高，菌群整体多样性降低，条件性病原菌如大肠杆菌、志贺氏杆菌、链球菌的过度增殖（Winter et al.，2013；Baumler and Sperandio，2016）。病原菌毒力因子作用于肠上皮细胞，造成炎性细胞因子的分泌和肠黏膜通透性增加以及仔猪腹泻和肠屏障功能损伤（Brown et al.，2006；Gresse et al.，2017；Zeng et al.，2017）。因此，维护肠道菌群稳态对于猪肠道生理功能和生长发育具有重要作用（Inoue et al.，2005；Castillo et al.，2007；Williams et al.，2018）。功能性氨基酸作为微生物的重要氮源，能够影响其增殖及黏附，调节微生物稳态及肠上皮屏障功能（Mou et al.，2019）。

已有研究表明，断奶仔猪肠道菌群多样性明显低于哺乳仔猪，乳酸菌等益生菌丰度下降，梭菌、普雷沃氏菌、大肠杆菌等致病菌丰度明显增多（Gresse et al.，2017）。在粗蛋白水平为 18%的饲粮中添加 0.25%的丙氨酰谷氨酰胺二肽提高了 38 日龄和 49 日龄断奶仔猪肠道菌群多样性，增加了纤维利用菌丰度，提高了回肠和结肠中短链脂肪酸含量，改善了仔猪的生长性能（Yan et al.，2019）。妊娠 70～84 d 的母猪日粮中添加 1%谷氨酰胺提高了肠道中拟杆菌门、放线菌门丰度，同时降低了颤螺菌、密螺旋体属细菌等，减少了妊娠母猪便秘的发生(Zhang et al.,2017)。生长育肥猪饲粮中添加1%谷氨酸明显降低了平均日增重和背膘厚度，提示谷氨酸能够调节猪的脂代谢(Hu et al.,2017a)。进一步的研究发现，谷氨酸调节作用与其影响肠道菌群组成，促进拟杆菌门丰度以及丙酸、丁酸和戊酸的生成有关(Hu et al.,2019)。

添加色氨酸还可以提高肠道微生物多样性和改善肠道菌群结构。缺乏色氨酸导致肠道抗菌肽表达降低，进而导致肠道菌群结构破坏引起肠道炎症反应(Li et al.,2011; Hashimoto et al.,2012)。日粮添加色氨酸可引起断奶仔猪肠道厚壁菌门、螺旋体菌门、广古菌门相对丰度降低，拟杆菌门丰度增加(Clarke et al.,2014; Gao et al.,2018)。Liang 等研究发现，24 日龄断奶仔猪日粮中添加0.2%～0.4%的色氨酸可以降低断奶仔猪空肠中的梭菌属和链球菌属微生物丰度，增加空肠中色氨酸代谢菌的丰度，增加了空肠组织中β-防御素 mRNA 水平和 sIgA 的浓度。色氨酸调节肠屏障功能与调节肠道菌群组成以及通过色氨酸代谢产物激活 AhR 受体信号通路有关(Liang et al.,2018c; Liang et al.,2019a)。色氨酸被菌群代谢利用产生的吲哚类物质是激活体内 AhR 受体信号的内源配体，可以通过直接或间接作用调节机体免疫和肠屏障功能(Bansal et al.,2010; Sugimoto et al.,2016; Bataille et al.,2017)。此外，吲哚类物质可以抑制致病性大肠杆菌的活力、趋化性以及对肠上皮细胞的黏附，从而改善肠黏膜结构和功能(Bansal et al.,2007)。

Li 等的研究发现，在 38～73 日龄猪日粮中添加1%的 *L*-天冬氨酸，提高了肠道放线菌和拟杆菌丰度，降低了厚壁菌门丰度；相反，添加1%的 *D*-和 *L*-天冬氨酸(*DL*-天冬氨酸)，降低了放线菌和拟杆菌丰度，提高了厚壁菌门丰度；添加1%的 *D*-天冬氨酸提高了狭义梭菌和 *Intestinibacter* 丰度。并且，*D*-天冬氨酸和 *DL*-天冬氨酸均可下调空肠 TLR4、NOD1 和 MyD88 的 mRNA 水平，提示天冬氨酸可能通过调控肠道菌群结构减轻炎症反应(Li et al.,2019c)。

母猪妊娠期和哺乳期的日粮组成可对后期仔猪健康状况产生影响。妊娠晚期和哺乳期母猪额外补充蛋氨酸或半胱氨酸的日粮，可以通过提高抗氧化能力和改变肠道微生物区系组成来维持仔猪的健康发育，但过高的蛋氨酸添加量存在一定风险(Azad et al.,2018)。Bin 等的研究发现，给妊娠 90 d 的母猪分别饲喂含 0.36%(基础日粮，对照组)、0.48%和 0.60%蛋氨酸的日粮，0.48%蛋氨酸组降低了母猪肠道中菌群多样性，提高了甲烷菌科的丰度，但肠杆菌科、瘤胃菌科和韦荣球菌科的丰度低于0.60%蛋氨酸组，说明日粮中蛋氨酸的水平可能通过影响菌群结构来影响母猪生产性能和健康状况(Bin et al.,2018)。另有研究发现，妊娠 90 d 左右的母猪饲粮中添加0.4%半胱氨酸可增加后代仔猪的初生重，提高有利于胚胎抗氧化应激的差异代谢物含量，增加母猪肠道微生物的丰度，增加母猪粪便微生物群的多样性(Ding et al.,2019)，表明添加0.4%半胱氨酸对维持妊娠后期母猪的健康非常有益。而母猪的身体状况直接关系到后代仔猪的健康情况，所以根据母猪妊娠不同阶段，可能需要调整日粮中蛋氨酸和半胱氨酸水平以满足不同条件下的需求。

氨基酸在机体内经过消化道首过代谢，吸收入血进入靶器官发挥其营养和生理功能。肠道微生物通过与宿主细胞互作，影响养分的吸收代谢和机体的免疫。功能性氨基酸通过调节肠道微生物或其代谢产物可以调节肠道生理功能，促进养分吸收和代谢，提高蛋白质利用效率。在低蛋白质日粮条件下，功能性氨基酸对于猪生长发育和蛋白质沉积具有极为重要的作用。

参考文献

王庆生.仔猪腹泻的综合防治.畜牧兽医科技信息,2015,4:89-90.

姚明.腹泻仔猪 *Salmonella*、*Escherichia coli* 分离鉴定及生物膜与耐药性和毒力关系研究,合肥:安徽农业大学,2014.

中华人民共和国农业农村部.药物饲料添加剂退出计划 中华人民共和国农业农村部公告第 194 号.湖南饲料,2019(4):15.

Azad M A K,Bin P,Liu G,et al.Effects of different methionine levels on offspring piglets during late gestation and lactation.Food Funct,2018,9(11):5843-5854.

Bansal T,Alaniz R C,Wood T K,et al.The bacterial signal indole increases epithelial-cell tight-junction resistance and attenuates indicators of inflammation.Proc Natl Acad Sci U S A,2010,107(1):228-233.

Bansal T,Englert D,Lee J,et al.Differential effects of epinephrine,norepinephrine,and indole on *Escherichia coli* O157:H7 chemotaxis,colonization,and gene expression.Infect Immun,2007,75(9):4597-4607.

Barker N,Van de Wetering M,Clevers H.The intestinal stem cell.Genes Dev,2008,22(14):1856-1864.

Barker N,Van Es J H,Kuipers J,et al.Identification of stem cells in small intestine and colon by marker gene Lgr5.Nature,2007,449(7165):1003-1007.

Bataille S,Pelletier M,Sallee M,et al.Indole 3-acetic acid,indoxyl sulfate and paracresyl-sulfate do not influence anemia parameters in hemodialysis patients.BMC Nephrol,2017,18(1):251.

Bauchart-Thevret C,Cui L,Wu G,et al.Arginine-induced stimulation of protein synthesis and survival in IPEC-J2 cells is mediated by mTOR but not nitric oxide.Am J Physiol Endocrinol Metab,2010,299(6):E899-909.

Baumler A J,Sperandio V.Interactions between the microbiota and pathogenic bacteria in the gut. Nature,2016,535(7610):85-93.

Bin P,Azad M A K,Liu G,et al.Effects of different levels of methionine on sow health and plasma metabolomics during late gestation.Food Funct,2018,9(9):4979-4988.

Blachier F,Mariotti F,Huneau J F,et al.Effects of amino acid-derived luminal metabolites on the colonic epithelium and physiopathological consequences.Amino Acids,2007,33(4):547-562.

Boshuizen J A,Reimerink J H,Korteland-van Male A M,et al.Homeostasis and function of goblet cells during rotavirus infection in mice.Virology,2005,337(2):210-221.

Boudry G,Peron V,Le Huerou-Luron I,et al.Weaning induces both transient and long-lasting modifications of absorptive,secretory,and barrier properties of piglet intestine.J Nutr,2004,134(9):2256-2262.

Bourlioux P,Koletzko B,Guarner F,et al.The intestine and its microflora are partners for the protection of the host:report on the Danone Symposium "The Intelligent Intestine",held in Paris,June 14,2002.American Journal of Clinical Nutrition,2003,78(4):675-683.

Brown D C,Maxwell C V,Erf G F,et al.The influence of different management systems and age on intestinal morphology,immune cell numbers and mucin production from goblet cells in post-weaning pigs.Vet Immunol Immunopathol,2006,111(3-4):187-198.

Cabrera R A,Usry J L,Arrellano C,et al.Effects of creep feeding and supplemental glutamine or glutamine plus glutamate(Aminogut)on pre-and post-weaning growth performance and intestinal health of piglets.J Anim Sci Biotechnol,2013,4(1):29.

Castillo M,Martin-Orue S M,Nofrarias M,et al.Changes in caecal microbiota and mucosal morphology of weaned pigs.Vet Microbiol,2007,124(3-4):239-247.

Cera K R,Mahan D C,Cross,R F,et al.Effect of age,weaning and postweaning diet on small intestinal growth and jejunal morphology in young swine.J Anim Sci,1988,66(2):574-584.

Chen S, Liu Y, Wang X, et al. Asparagine improves intestinal integrity, inhibits TLR4 and NOD signaling,and differently regulates p38 and ERK1/2 signaling in weanling piglets after LPS challenge.Innate Immunity,2016,22(8):577-587.

Chen Y,Li D,Dai Z,et al.L-methionine supplementation maintains the integrity and barrier function of the small-intestinal mucosa in post-weaning piglets.Amino Acids,2014,46(4):1131-1142.

Clarke G,Grenham S,Scully P,et al.The microbiome-gut-brain axis during early life regulates the hippocampal serotonergic system in a sex-dependent manner.Mol Psychiatry,2013,18(6):666-673.

Clarke G,Stilling R M,Kennedy P J,et al.Minireview:Gut microbiota: the neglected endocrine organ.Mol Endocrinol,2014,28(8):1221-1238.

Clatworthy J P, Subramanian V. Stem cells and the regulation of proliferation, differentiation and patterning in the intestinal epithelium: emerging insights from gene expression patterns,transgenic and gene ablation studies.Mech Dev,2001,101(1-2):3-9.

Clayburgh D R,Shen L,Turner J R.A porous defense:the leaky epithelial barrier in intestinal disease.Lab Invest,2004,84(3):282-291.

Corl B A, Odle J, Niu X, et al. Arginine activates intestinal p70(S6k) and protein synthesis in piglet rotavirus enteritis.J Nutr,2008,138(1):24-29.

Crosnier C,Stamataki D,Lewis J.Organizing cell renewal in the intestine: stem cells,signals and combinatorial control.Nat Rev Genet,2006,7(5):349-359.

Dai Z L,Li X L,Xi P B,et al.Metabolism of select amino acids in bacteria from the pig small intestine.Amino Acids,2012,42(5):1597-1608.

Dai Z L,Wu G,Zhu W Y.Amino acid metabolism in intestinal bacteria: links between gut ecology and host health.Front Biosci(Landmark Ed),2011,16:1768-1786.

Ding S,Fang J,Liu G,et al.The impact of different levels of cysteine on the plasma metabolomics and intestinal microflora of sows from late pregnancy to lactation.Food Funct,2019,10(2):691-702.

Dokladny K,Zuhl M N,Moseley P L.Intestinal epithelial barrier function and tight junction proteins with heat and exercise.J Appl Physiol,2016,120(6):692-701.

Duan J,Yin J,Ren W,et al.Dietary supplementation with L-glutamate and L-aspartate alleviates oxidative stress in weaned piglets challenged with hydrogen peroxide.Amino Acids,2016,48(1):53-64.

Duan J, Yin J, Wu M, et al. Dietary glutamate supplementation ameliorates mycotoxin-induced abnormalities in the intestinal structure and expression of amino acid transporters in young pigs. PLoS One,2014,9(11):e112357.

Duan Y,Zhao Y,Zhu Q,et al.Dietary nutrient levels alter the metabolism of arginine family amino acids in the conceptus of Huanjiang mini-pigs.J Sci Food Agric,2019,99(5):2132-2139.

D'Inca R,Gras-Le Guen C,Che L,et al.Intrauterine growth restriction delays feeding-induced gut adaptation in term newborn pigs.Neonatology,2011,99(3):208-216.

Ewaschuk J B, Murdoch G K, Johnson I R, et al.Glutamine supplementation improves intestinal barrier function in a weaned piglet model of *Escherichia coli* infection.Br J Nutr,2011,106(6):870-877.

Fan X,Li S,Wu Z,et al.Glycine supplementation to breast-fed piglets attenuates post-weaning jejunal epithelial apoptosis: a functional role of CHOP signaling.Amino Acids,2019,51(3):463-473.

Flynn N E, Knabe D A, Mallick B K, et al. Postnatal changes of plasma amino acids in suckling pigs. J Anim Sci,2000,78(9):2369-2375.

Gao J,Xu K,Liu H,et al.Impact of the gut microbiota on intestinal immunity mediated by tryptophan metabolism.Front Cell Infect Microbiol,2018,8:13.

Gonzalez L M,Williamson I,Piedrahita J A,et al.Cell lineage identification and stem cell culture in a porcine model for the study of intestinal epithelial regenerati-on.PLoS One,2013,8(6):e66465.

Gresse R,Chaucheyras-Durand F,Fleury M A,et al.Gut microbiota dysbiosis in postweaning piglets: Understanding the keys to health.Trends Microbiol,2017,25(10):851-873.

Groschwitz K R, Hogan S P. Intestinal barrier function: Molecular regulation and disease pathogenesis. J Allergy Clin Immunol,2009,124(1):3-20.

Guo X,Rao J N,Liu L,et al.Polyamines are necessary for synthesis and stability of occludin protein in intestinal epithelial cells.Am J Physiol Gastrointest Liver Physiol,2005,288(6):G1159-1169.

Hamard A, Mazurais D, Boudry G, et al. A moderate threonine deficiency affects gene expression profile, paracellular permeability and glucose absorption capacity in the ileum of piglets. J Nutr Biochem, 2010,21(10):914-921.

Hamard A,Sève B,Le Floc'h N.A moderate threonine deficiency differently affects protein metabolism in tissues of early-weaned piglets.Comp Biochem Physiol A Mol Integr Physiol,2009,152(4):491-497.

Hashimoto T,Perlot T,Rehman A,et al.ACE2 links amino acid malnutrition to microbial ecology and intestinal inflammation.Nature,2012,487(7408):477-481.

Haynes T E,Li P,Li X,et al.L-Glutamine or L-alanyl-L-glutamine prevents oxidant-or endotoxin-induced death of neonatal enterocytes.Amino Acids,2009,37(1):131-142.

He Y,Fan X,Liu N,et al.L-Glutamine represses the unfolded protein response in the small intestine of weanling piglets.J Nutr,2019,149(11):1904-1910.

Hou Y,Wang L,Yi D,et al.N-acetylcysteine and intestinal health: a focus on its mechanism of action. Front Biosci(Landmark Ed),2015,20:872-891.

Hou Y,Wang L,Yi D,et al.N-acetylcysteine reduces inflammation in the small intestine by regulating redox,EGF and TLR4 signaling.Amino Acids,2013,45(3):513-522.

Hou Y, Wang L, Zhang W, et al. Protective effects of N-acetylcysteine on intestinal functions of piglets challenged with lipopolysaccharide.Amino Acids,2012,43(3):1233-1242.

Hou Y,Wu G.L-Glutamate nutrition and metabolism in swine.Amino Acids,2018,50(11):1497-1510.

Hu C J, Jiang Q Y, Zhang T, et al. Dietary supplementation with arginine and glutamic acid modifies growth performance, carcass traits, and meat quality in growing-finishing pigs. J Anim Sci, 2017, 95 (6): 2680-2689.

Hu C,Li F,Duan Y,et al.Dietary supplementation with leucine or in combination with arginine decreases body fat weight and alters gut microbiota composition in finishing pigs.Front Microbiol,2019,10:1767.

Hu J,Nie Y,Chen S,et al.Leucine reduces reactive oxygen species levels via an energy metabolism switch by activation of the mTOR-HIF-1α pathway in porcine intestinal epithelial cells. Int J Biochem Cell Biol, 2017,89:42-56.

Huang Q,Xu W,Bai K W,et al.Protective effects of leucine on redox status and mitochondrial-related gene abundance in the jejunum of intrauterine growth-retarded piglets during early weaning period. Arch Anim Nutr,2017,71(2):93-107.

Inoue R,Tsukahara T,Nakanishi N,et al.Development of the intestinal microbiota in the piglet.J Gen Appl Microbiol,2005,51(4):257-265.

Ji Y,Wu Z,Dai Z,et al.Excessive L-cysteine induces vacuole-like cell death by activating endoplasmic reticulum stress and mitogen-activated protein kinase signaling in intestinal porcine epithelial cells. Amino Acids,2016,48(1):149-156.

Jiang Q,Chen J,Liu S,et al.L-glutamine attenuates apoptosis induced by endoplasmic reticulum stress by activating the IRE1alpha-XBP1 Axis in IPEC-J2: A novel mechanism of l-glutamine in promoting intestinal health.Int J Mol Sci,2017,18(12):2617.

Jiang Z Y,Sun L H,Lin Y C,et al.Effects of dietary glycyl-glutamine on growth performance,small intestinal integrity, and immune responses of weaning piglets challenged with lipopolysaccharide. J Anim Sci, 2009,87(12):4050-4056.

Jiao N,Wu Z,Ji Y,et al.L-Glutamate enhances barrier and antioxidative functions in intestinal porcine epithelial cells.J Nutr,2015,145(10):2258-2264.

Kandil H M,Argenzio R A,Chen W,et al.L-glutamine and L-asparagine stimulate ODC activity and proliferation in a porcine jejunal enterocyte line.Am J Physiol,1995,269(4 Pt 1):G591-599.

Kim C J,Kovacs-Nolan J A,Yang C,et al.L-tryptophan exhibits therapeutic function in a porcine model of dextran sodium sulfate(DSS)-induced colitis.J Nutr Biochem,2010,21(6):468-475.

Kim C J,Kovacs-Nolan J,Yang C,et al.L-cysteine supplementation attenuates local inflammation and restores gut homeostasis in a porcine model of colitis.Biochim Biophys Acta,2009,1790(10):1161-1169.

Kim Y S, Ho S B. Intestinal goblet cells and mucins in health and disease: recent insights and progress.Curr Gastroenterol Rep,2010,12(5):319-330.

Konstantinov S R,Awati A A,Williams B A,et al.Post-natal development of the porcine microbiota composition and activities.Environ Microbiol,2006,8(7):1191-1199.

Koopmans S J,Guzik A C,Van der Meulen J,et al.Effects of supplemental L-tryptophan on serotonin,cortisol,intestinal integrity,and behavior in weanling piglets.J Anim Sci,2006,84(4):963-971.

Li L,Fu F,Guo S,et al.Porcine intestinal enteroids: a new model for studying enteric coronavirus porcine epidemic diarrhea virus infection and the host innate response.J Virol,2019,93(5).

Li P,Yin Y L,Li D,et al.Amino acids and immune function.Br J Nutr,2007,98(2):237-252.

Li W,Sun K,Ji Y,et al.Glycine regulates expression and distribution of claudin-7 and ZO-3 proteins in intestinal porcine epithelial cells.J Nutr,2016,146(5):964-969.

Li X G,Sui W G,Gao C Q,et al.L-Glutamate deficiency can trigger proliferation inhibition via down regulation of the mTOR/S6K1 pathway in pig intestinal epithelial cells.J Anim Sci,2016,94(4):1541-1549.

Li X G,Zhu M,Chen M X,et al.Acute exposure to deoxynivalenol inhibits porcine enteroid activity via suppression of the Wnt/beta-catenin pathway.Toxicol Lett,2019,305:19-31.

Li Y, Han H, Yin J, et al. D-and L-Aspartate regulates growth performance, inflammation and intestinal microbial community in young pigs. Food Funct, 2019, 10(2): 1028-1037.

Li Y, Innocentin S, Withers D R, et al. Exogenous stimuli maintain intraepithelial lymphocytes via aryl hydrocarbon receptor activation. Cell, 2011, 147(3): 629-640.

Liang H, Dai Z, Kou J, et al. Dietary L-tryptophan supplementation enhances the intestinal mucosal barrier function in weaned piglets: Implication of tryptophan-metabolizing microbiota. Int J Mol Sci, 2018, 20(1): 20.

Liang H, Dai Z, Liu N, et al. Dietary L-tryptophan modulates the structural and functional composition of the intestinal microbiome in weaned piglets. Front Microbiol, 2018, 9: 1736.

Liang S J, Li X G, Wang X Q. Notch signaling in mammalian intestinal stem cells: determining cell fate and maintaining homeostasis. Curr Stem Cell Res Ther, 2019, 14(7): 583-590.

Liao S F, Nyachoti M. Using probiotics to improve swine gut health and nutrient utilization. Anim Nutr, 2017, 3(4): 331-343.

Libao-Mercado A J, Zhu C L, Cant J P, et al. Dietary and endogenous amino acids are the main contributors to microbial protein in the upper gut of normally nourished pigs. J Nutr, 2009, 139(6): 1088-1094.

Lin M, Zhang B, Yu C, et al. L-Glutamate supplementation improves small intestinal architecture and enhances the expressions of jejunal mucosa amino acid receptors and transporters in weaning piglets. PLoS One, 2014, 9(11): e111950.

Liu J, Zhang Y, Li Y, et al. L-tryptophan enhances intestinal integrity in diquat-challenged piglets associated with improvement of redox status and mitochondrial function. Animals(Basel), 2019, 9(5): 266.

Liu N, Ma X, Luo X, et al. L-glutamine attenuates apoptosis in porcine enterocytes by regulating glutathione-related redox homeostasis. J Nutr, 2018, 148(4): 526-534.

Liu T, Peng J, Xiong Y, et al. Effects of dietary glutamine and glutamate supplementation on small intestinal structure, active absorption and DNA, RNA concentrations in skeletal muscle tissue of weaned piglets during d 28 to 42 of age. Asian-Australas J Anim Sci, 2002, 15(2): 238-242.

Liu W, Mi S, Ruan Z, et al. Dietary tryptophan enhanced the expression of tight junction protein ZO-1 in intestine. J Food Sci, 2017, 82(2): 562-567.

Liu Y, Huang J, Hou Y, et al. Dietary arginine supplementation alleviates intestinal mucosal disruption induced by *Escherichia coli* lipopolysaccharide in weaned pigs. Br J Nutr, 2008, 100(3): 552-560.

Liu Y, Wang X, Hou Y, et al. Roles of amino acids in preventing and treating intestinal diseases: recent studies with pig models. Amino Acids, 2017, 49(8): 1277-1291.

Lv M, Yu B, Mao X B, et al. Responses of growth performance and tryptophan metabolism to oxidative stress induced by diquat in weaned pigs. Animal, 2012, 6(6): 928-934.

MacKay D, Miller A L. Nutritional support for wound healing. Altern Med Rev, 2003, 8(4): 359-377.

Macpherson A J, Harris N L. Interactions between commensal intestinal bacteria and the immune system. Nature Reviews Immunology, 2004, 4(6): 478-485.

Mao X, Liu M, Tang J, et al. Dietary leucine supplementation improves the mucin production in the jejunal mucosa of the weaned pigs challenged by porcine rotavirus. PLoS One, 2015, 10(9): e0137380.

Mao X, Zeng X, Qiao S, et al. Specific roles of threonine in intestinal mucosal integrity and barrier function. Front Biosci(Elite Ed), 2011, 3: 1192-1200.

Marc Rhoads J, Wu G. Glutamine, arginine, and leucine signaling in the intestine. Amino Acids, 2009, 37

(1):111-122.

Mardinoglu A,Shoaie S,Bergentall M,et al.The gut microbiota modulates host amino acid and glutathione metabolism in mice.Mol Syst Biol,2015,11(10):834.

Miner-Williams W M,Moughan P J.Intestinal barrier dysfunction: implications for chronic inflammatory conditions of the bowel.Nutr Res Rev,2016,29(1):40-59.

Montgomery R K,Carlone D L,Richmond C A,et al.Mouse telomerase reverse transcriptase(mTert)expression marks slowly cycling intestinal stem cells.Proc Natl Acad Sci U S A,2011,108(1):179-184.

Mou Q, Yang H S, Yin Y L, et al. Amino acids influencing intestinal development and health of the piglets.Animals(Basel),2019,9(6):302.

Mu C,Yang Y,Zhu W.Gut microbiota:the brain peacekeeper.Front Microbiol,2016,7:345.

Papaconstantinou H T,Hwang K O,Rajaraman S,et al.Glutamine deprivat-ion induces apoptosis in intestinal epithelial cells.Surgery,1998,124(2):152-159; discussion 159-160.

Perse M, Cerar A. Dextran sodium sulphate colitis mouse model: traps and tricks. J Biomed Biotechnol,2012,2012:718617.

Pi D,Liu Y,Shi H,et al.Dietary supplementation of aspartate enhances intestinal integrity and energy status in weanling piglets after lipopolysaccharide challenge.J Nutr Biochem,2014,25(4):456-462.

Potten C S,Booth C,Pritchard D M.The intestinal epithelial stem cell: the mucosal governor.Int J Exp Pathol,1997,78(4):219-243.

Qin Q,Xu X,Wang X,et al.Glutamate alleviates intestinal injury,maintains mTOR and suppresses TLR4 and NOD signaling pathways in weanling pigs challenged with lipopolysaccharide.Sci Rep,2018,8(1):15124.

Ren M,Zhang S,Liu X,et al.Different lipopolysaccharide branched-chain amino acids modulate porcine intestinal endogenous β-defensin expression through the Sirt1/ERK/90RSK pathway. J Agric Food Chem, 2016,64(17):3371-3379.

Rezaei R,Knabe D A,Tekwe C D,et al.Dietary supplementation with monosodium glutamate is safe and improves growth performance in postweaning pigs.Amino Acids,2013,44(3):911-923.

Rhoads J M,Chen W,Gookin J,et al.Arginine stimulates intestinal cell migration through a focal adhesion kinase dependent mechanism.Gut,2004,53(4):514-522.

Sailaja B S, He X C, Li L. The regulatory niche of intestinal stem cells. J Physiol, 2016, 594(17): 4827-4836.

Salvo-Romero E,Alonso-Cotoner C,Pardo-Camacho C,et al.Intestinal barrier function and its role in digestive diseases.Revista Espanola De Enfermedades Digestivas,2015,107(11):686-696.

Shen Y B,Weaver A C,Kim S W.Effect of feed grade L-methionine on growth performance and gut health in nursery pigs compared with conventional DL-methionine.J Anim Sci,2014,92(12):5530-5539.

Shih D Q, Targan S R. Immunopathogenesis of inflammatory bowel disease. World J Gastroenterol, 2008,14(3):390-400.

Smith N R,Gallagher A C,Wong M H.Defining a stem cell hierarchy in the intestine: markers,caveats and controversies.J Physiol,2016,594(17):4781-4790.

Song Z,Tong G,Xiao K,et al.L-cysteine protects intestinal integrity,attenuates intestinal inflammation and oxidant stress,and modulates NF-κB and Nrf2 pathways in weaned piglets after LPS challenge.Innate Immun,2016,22(3):152-161.

Stanton T B.A call for antibiotic alternatives research.Trends Microbiol,2013,21(3):111-113.

Su W,Zhang H,Ying Z,et al.Effects of dietary L-methionine supplementat-ion on intestinal integrity and oxidative status in intrauterine growth-retarded weanling piglets.Eur J Nutr,2018,57(8):2735-2745.

Su Y,Yao W,Perez-Gutierrez O N,et al.Changes in abundance of *Lactobacillus* spp.and *Streptococcus suis* in the stomach,jejunum and ileum of piglets after weaning.Fems Microbiol Ecol,2008,66(3):546-555.

Sugimoto S,Naganuma M,Kanai T.Indole compounds may be promising medicines for ulcerative colitis.J Gastroenterol,2016,51(9):853-861.

Sun Y,Wu Z,Li W,et al.Dietary L-leucine supplementation enhances intestinal development in suckling piglets.Amino Acids,2015,47(8):1517-1525.

Takeda N,Jain R,LeBoeuf M R,et al.Interconversion between intestinal stem cell populations in distinct niches.Science,2011,334(6061):1420-1424.

Tan B,Yin Y,Kong X,et al.L-Arginine stimulates proliferation and prevents endotoxin-induced death of intestinal cells.Amino Acids,2010,38(4):1227-1235.

Tang Y,Tan B,Xiong X,et al.Methionine deficiency reduces autophagy and accelerates death in intestinal epithelial cells infected with enterotoxigenic *Escherichia coli*.Amino Acids,2015,47(10):2199-2204.

Tesseraud S,Métayer Coustard S,Collin A,et al.Role of sulfur amino acids in controlling nutrient metabolism and cell functions:implications for nutrition.Br J Nutr,2009,101(8):1132-1139.

Thorburn A N,Macia L,Mackay C R.Diet,metabolites,and "western-lifestyle" inflammatory diseases.Immunity,2014,40(6):833-842.

Uyangaa E,Lee H K,Eo S K.Glutamine and leucine provide enhanced protective immunity against mucosal infection with herpes simplex virus type 1.Immune Netw,2012,12(5):196-206.

Wang B,Wu Z,Ji Y,et al.L-Glutamine enhances tight junction integrity by activating CaMK Kinase 2-AMP-activated protein kinase signaling in intestinal porcine epithelial cells.J Nutr,2016,146(3):501-508.

Wang H,Ji Y,Wu G,et al.L-tryptophan activates mammalian target of rapamycin and enhances expression of tight junction proteins in intestinal porcine epithelial cells.J Nutr,2015,145(6):1156-1162.

Wang H,Liu Y,Shi H,et al.Aspartate attenuates intestinal injury and inhibits TLR4 and NODs/NF-kappaB and p38 signaling in weaned pigs after LPS challenge.Eur J Nutr,2017,56(4):1433-1443.

Wang H,Zhang C,Wu G,et al.Glutamine enhances tight junction protein expression and modulates corticotropin-releasing factor signaling in the jejunum of weanling piglets.J Nutr,2015,145(1):25-31.

Wang J,Chen L,Li P,et al.Gene expression is altered in piglet small intestine by weaning and dietary glutamine supplementation.J Nutr,2008,138(6):1025-1032.

Wang L,Zhou J,Hou Y,et al.N-Acetylcysteine supplementation alleviates intestinal injury in piglets infected by porcine epidemic diarrhea virus.Amino Acids,2017,49(12):1931-1943.

Wang W W,Dai Z L,Wu Z L,et al.Glycine is a nutritionally essential amino acid for maximal growth of milk-fed young pigs.Amino Acids,2014,46(8):2037-2045.

Wang W W,Qiao S Y,Li D F.Amino acids and gut function.Amino Acids,2009,37(1):105-110.

Wang W,Wu Z,Lin G,et al.Glycine stimulates protein synthesis and inhibits oxidative stress in pig small intestinal epithelial cells.J Nutr,2014,144(10):1540-1548.

Wang W,Zeng X,Mao X,et al.Optimal dietary true ileal digestible threonine for supporting the mucosal barrier in small intestine of weanling pigs.J Nutr,2010,140(5):981-986.

Wang X, Liu Y, Li S, et al. Asparagine attenuates intestinal injury, improves energy status and inhibits AMP-activated protein kinase signalling pathways in weaned piglets challenged with *Escherichia coli* lipopolysaccharide. British Journal of Nutrition, 2015, 114(4): 553-565.

Wijtten P J, Van der Meulen J, Verstegen M W. Intestinal barrier function and absorption in pigs after weaning: a review. Br J Nutr, 2011, 105(7): 967-981.

Willemen S A, Che L, Dewilde S, et al. Enteric and serological distribution of serotonin and its precursor tryptophan in perinatal low and normal weight piglets. Animal, 2014, 8(5): 792-799.

Williams C L, Dill-McFarland K A, Sparks D L, et al. Dietary changes during weaning shape the gut microbiota of red pandas(Ailurus fulgens). Conserv Physiol, 2018, 6(1): cox075.

Winter S E, Winter M G, Xavier M N, et al. Host-derived nitrate boosts growth of *E.coli* in the inflamed gut. Science, 2013, 339(6120): 708-711.

Wu C, Labrie J, Tremblay Y D N, et al. Zinc as an agent for the prevention of biofilm formation by pathogenic bacteria. J Appl Microbiol, 2013, 115(1): 30-40.

Wu G, Bazer F W, Dai Z, et al. Amino acid nutrition in animals: protein synthesis and beyond. Annu Rev Anim Biosci, 2014, 2: 387-417.

Wu G, Bazer F W, Johnson G A, et al. Triennial growth symposium: important roles for L-glutamine in swine nutrition and production. J Anim Sci, 2011, 89(7): 2017-2030.

Wu G, Meier S A, Knabe D A. Dietary glutamine supplementation prevents jejunal atrophy in weaned pigs. J Nutr, 1996, 126(10): 2578-2584.

Wu G. Amino Acids: Biochemistry and Nutrition. CRC Press, Boca Raton, Florida, 2013.

Wu G. Metabolism, functions, and nutrition. Amino Acids, 2009, 37(1): 1-17.

Wu G. Functional amino acids in growth, reproduction, and health. Adv Nutr, 2010, 1(1): 31-37.

Wu G. Urea synthesis in enterocytes of developing pigs. Biochem J, 1995, 312(Pt 3): 717-723.

Wu M, Xiao H, Ren W, et al. Therapeutic effects of glutamic acid in piglets challenged with deoxynivalenol. PLoS One, 2014, 9(7): e100591.

Xi P, Jiang Z, Dai Z, et al. Regulation of protein turnover by L-glutamine in porcine intestinal epithelial cells. J Nutr Biochem, 2012, 23(8): 1012-1017.

Xiong X, Lv D H, Liu Y H, et al. Effect of glucose, soy oil, and glutamine on protein expression and mTORC1 pathway of jejunal crypt enterocytes in weaned piglets. Br J Nutr, 2019: 1-23.

Xiong X, Yang H, Hu X, et al. Differential proteome analysis along jejunal crypt-villus axis in piglets. Front Biosci(Landmark Ed), 2016, 21: 343-363.

Xu X, Wang X, Wu H, et al. Glycine relieves intestinal injury by maintaining mTOR signaling and suppressing AMPK, TLR4, and NOD signaling in weaned piglets after lipopolysaccharide challenge. Int J Mol Sci, 2018, 19(7).

Yan Y, Xu B, Yin B, et al. Modulation of gut microbial community and metabolism by dietary Glycyl-glutamine supplementation may favor weaning transition in piglets. Front Microbiol, 2019, 10: 3125.

Yang H, Xiong X, Wang X, et al. Effects of weaning on intestinal upper villus epithelial cells of piglets. PLoS One, 2016, 11(3): e0150216.

Yang K M, Jiang Z Y, Zheng C T, et al. Effect of *Lactobacillus* plantarum on diarrhea and intestinal barrier function of young piglets challenged with enterotoxigenic *Escherichia coli* K88. J Anim Sci, 2014, 92(4):

1496-1503.

Yang Y X, Dai Z L, Zhu W Y. Important impacts of intestinal bacteria on utilization of dietary amino acids in pigs. Amino Acids, 2014, 46(11): 2489-2501.

Yao K, Guan S, Li T, et al. Dietary L-arginine supplementation enhances intestinal development and expression of vascular endothelial growth factor in weanling piglets. Br J Nutr, 2011, 105(5): 703-709.

Yi D, Hou Y, Wang L, et al. L-Glutamine enhances enterocyte growth via activation of the mTOR signaling pathway independently of AMPK. Amino Acids, 2015, 47(1): 65-78.

Yi D, Hou Y, Xiao H, et al. N-Acetylcysteine improves intestinal function in lipopolysaccharides-challenged piglets through multiple signaling pathways. Amino Acids, 2017, 49(12): 1915-1929.

Yi D, Li B, Hou Y, et al. Dietary supplementation with an amino acid blend enhances intestinal function in piglets. Amino Acids, 2018, 50(8): 1089-1100.

Yi H, Xiong Y, Wu Q, et al. Effects of dietary supplementation with l-arginine on the intestinal barrier function in finishing pigs with heat stress. J Anim Physiol Anim Nutr (Berl), 2019.

Yin Y, Yao K, Liu Z, et al. Supplementing L-leucine to a low-protein diet increases tissue protein synthesis in weanling pigs. Amino Acids, 2010, 39(5): 1477-1486.

Zeng M Y, Inohara N, Nunez G. Mechanisms of inflammation-driven bacterial dysbiosis in the gut. Mucosal Immunol, 2017, 10(1): 18-26.

Zhang B, Lin M, Yu C, et al. Alanyl-glutamine supplementation regulates mTOR and ubiquitin proteasome proteolysis signaling pathways in piglets. Nutrition, 2016, 32(10): 1123-1131.

Zhang H, Chen Y, Li Y, et al. L-threonine improves intestinal mucin synthesis and immune function of intrauterine growth-retarded weanling piglets. Nutrition, 2019, 59: 182-187.

Zhang Y, Lu T, Han L, et al. L-glutamine supplementation alleviates constipation during late gestation of mini sows by modifying the microbiota composition in feces. Biomed Res Int, 2017: 4862861.

Zhao S S, Gao J K, Zhu L Q, et al. Transmissible gastroenteritis virus and porcine epidemic diarrhoea virus infection induces dramatic changes in the tight junctions and microfilaments of polarized IPEC-J2 cells. Virus Research, 2014, 192: 34-45.

Zhao Y, Wu J, Li J V, et al. Gut microbiota composition modifies fecal metabolic profiles in mice. J Proteome Res, 2013, 12(6): 2987-2999.

Zheng P, Song Y, Tian Y, et al. Dietary arginine supplementation affects intestinal function by enhancing antioxidant capacity of a nitric oxide-independent pathway in low-birth-weight piglets. J Nutr, 2018, 148(11): 1751-1759.

Zhong H, Li H, Liu G, et al. Increased maternal consumption of methionine as its hydroxyl analog promoted neonatal intestinal growth without compromising maternal energy homeostasis. J Anim Sci Biotechnol, 2016, 7: 46.

Zhou J Y, Huang D G, Qin Y C, et al. mTORC1 signaling activation increases intestinal stem cell activity and promotes epithelial cell proliferation. J Cell Physiol, 2019, 234(10): 19028-19038.

Zhu H L, Liu Y L, Xie X L, et al. Effect of L-arginine on intestinal mucosal immune barrier function in weaned pigs after *Escherichia coli* LPS challenge. Innate Immun, 2013, 19(3): 242-252.

Zhu M, Qin Y C, Gao C Q, et al. Extracellular glutamate-induced mTORC1 activation via the IR/IRS/PI3K/Akt pathway enhances the expansion of porcine intestinal stem cells. J Agric Food Chem, 2019, 67

(34):9510-9521.

Zhu M, Qin Y C, Gao C Q, et al. L-glutamate drives porcine intestinal epithelial renewal by increasing stem cell activity via upregulation of the EGFR-ERK-mTORC1 pathway. Food Funct, 2020, 11(3):2714-2724.

Zhu Y, Li T, Huang S, et al. Maternal L-glutamine supplementation during late gestation alleviates intrauterine growth restriction-induced intestinal dysfunction in piglets. Amino Acids, 2018, 50(9):1289-1299.

Zhu Y, Lin G, Dai Z, et al. L-Glutamine deprivation induces autophagy and alters the mTOR and MAPK signaling pathways in porcine intestinal epithelial cells. Amino Acids, 2015, 47(10):2185-2197.

Zimmerman D R. Glutamic acid and tryptophan additions to a low-protein pig starter. J Anim Sci, 1975, 40(5):871-874.

第 9 章　功能性日粮纤维与肠道健康

本章提要

日粮纤维是猪日粮中重要的组成部分，其中部分纤维具有生理调节功能，对于猪的生长与健康具有重要作用，被称为功能性纤维。本章不仅系统地分析了功能性纤维的分类和功能，还详细地介绍了多种功能性纤维在猪肠道中的消化、降解和发酵过程以及功能性纤维对猪肠道微生物、肠道免疫与肠道屏障的影响，功能性纤维降解产物与可能的益生作用机制也在此做了全面的分析。基于以上内容，本章对于猪不同阶段日粮中纤维含量与功能性纤维的选择给出参考，为猪生产中的日粮纤维营养优化利用提供理论指导。

9.1　功能性日粮纤维的分类和功能

日粮纤维是日粮中的重要组成部分，对动物的消化吸收和机体健康极为重要。根据美国谷物化学家学会（AACC，2001）报告，日粮纤维是指人类小肠不能消化吸收而在大肠中完全或部分发酵的植物和类似碳水化合物的可食用部分（Mudgil et al.，2013）。长期以来，人们认为日粮纤维没有营养价值，而且还会降低饲料的品质。随着研究的深入，日粮纤维在动物营养和防治某些疾病中的作用更加明朗化，被研究者列为继糖、蛋白质、脂肪、水、矿物质和维生素之后的“第七大营养素”，得到了广泛应用。功能性日粮纤维是指那些可以作为饲料添加剂利用的日粮纤维，近些年来，在猪的日粮配方中发挥越来越重要的作用。

9.1.1　功能性日粮纤维分类

水溶性是对纤维进行分类的依据之一，它是指日粮纤维与水结合形成胶状悬浮体的能力。根据是否具有水溶性，日粮纤维可分为可溶性纤维和不可溶性纤维。不可溶性纤维很难或不容易溶于水中，从而能够增加粪便体积，促进肠道排空，主要包括纤维素、木聚糖、抗性淀粉和不可消化寡糖等。可溶性纤维能溶解于水具有较高的黏度，主要包括果胶、阿拉伯木聚糖、葡聚糖、葡甘露聚糖、水胶体合成碳水化合物等。此外，发酵性也是划分功能性日粮纤维组分的重要依据，根据发酵能力由强到弱可将日粮纤维划分为抗性淀粉、不可消化低聚糖、果胶、果聚糖类、半纤维素和纤维素等。以下简要介绍几种功能性日粮纤维。

可溶性功能纤维主要包括果胶、β-葡聚糖与葡甘露聚糖。果胶是在植物细胞壁以及水果果皮和蔬菜的外皮中发现的酸性多糖。果胶主要由 α-1，4-糖苷键连接的多聚半乳糖醛酸和鼠李糖组成，还含有戊糖和己糖等其他单糖，其分子质量为 50～300 kD。果胶溶于热水，冷却后形成凝胶，常在食品中用作凝胶剂和增稠剂。果胶不能被猪小肠消化酶消化，但可被肠道菌群降解，因而具有降低胆固醇的能力。此外，果胶还具有增强胃肠蠕动，促进营养吸收的功能。

葡聚糖是由葡萄糖通过不同聚合方式形成的聚糖的总称，主要由 D-葡萄吡喃糖以 α-1，6-糖苷键相连。葡聚糖以 β-葡聚糖最具活性，是燕麦和大麦籽粒细胞壁的主要成分，在小麦中少量存在。β-葡聚糖属于葡萄糖聚合物，其分子较小，且具有分支结构。这些性质使其遇水容易形成黏性溶液。β-葡聚糖具有较强的降胆固醇能力，这与其溶于水后形成凝胶改变胃肠道内食糜黏度有关。

葡甘露聚糖主要来自魔芋的块茎，又常称魔芋葡甘露聚糖，是一种由一定分子比的 D-葡萄糖和 D-甘露糖通过 β-1，4-糖苷键连接而成的可溶性半纤维素。它们的结构特征随葡萄糖和甘露糖的比例不同、聚合程度的不同、乙酰化程度的不同而发生变化（Baakhtari et al.，2017；Tester et al.，2017）。研究表明，葡甘露聚糖具有促进肠道生理蠕动、产生短链脂肪酸、调节肠道菌群（Connolly et al.，2010）和缓解炎症性肠病（Suwannaporn et al.，2013）等增强肠道功能的作用。

不可溶性日粮纤维主要包括抗性淀粉与纤维素。在健康人的小肠中不能被酶消化的淀粉和淀粉降解产物称为抗性淀粉（resistant starch，RS）。它以不同的比例存在于各种含碳水化合物的日粮中。抗性淀粉分为 5 个亚组：物理包埋淀粉（RS1）、生淀粉颗粒（RS2）、回生淀粉（RS3）、化学改性淀粉（RS4）和淀粉-脂质复合物（RS5）。RS1 指那些因细胞壁的屏障作用或蛋白质的隔离作用而不能被淀粉酶接近的淀粉。RS2 指那些天然具有抗消化性的淀粉，抗消化性是由于它们的致密结构和晶体结构。RS3 指糊化后在冷却储存过程中结晶而难以被淀粉酶分解的淀粉，是抗性最强的淀粉组分。RS4 主要指经过物理或化学改性后，由于淀粉分子结构的改变以及一些化学官能团的引入而产生的抗酶解淀粉。RS5 是由直链淀粉和脂质形成的复合体。抗性淀粉溶解性较差，但发酵性强，是双歧杆菌、乳酸杆菌等有益菌的良好基质，可调节肠道微生物组成，提高肠道中短链脂肪酸浓度，降低炎症因子的表达。

纤维素是自然界中含量最丰富的多糖。它是大多数植物细胞壁的主要组成部分，广泛存在于水果、蔬菜和谷物中。纤维素的基环是 D-葡萄糖以 β-1，4-糖苷键形成的大分子多糖，分子质量为 5 000～2 500 000 kD。它是一种线形且无分支的多糖，线状分子紧密地堆积在一起，虽然难溶于水，但有结合水的能力，有助于正常排便。纤维素不能被消化酶降解，可部分被结肠内菌群发酵，但发酵速度较慢。

9.1.2 功能性日粮纤维的功能

功能性纤维因其结构的多样性而具有丰富的生物学功能。目前饲料与养殖工业中利用较多的功能性纤维主要包括纤维素、果胶、β-葡聚糖、阿拉伯木聚糖、木聚糖、葡甘露聚糖等。功能性纤维的溶解性对于其利用效果具有重要的意义，功能性纤维绝大多数是非淀粉多糖，因此又可以根据其在水中的溶解性分为可溶性非淀粉多糖与不可溶性非淀粉多糖。

可溶性功能性纤维主要包括果胶、β-葡聚糖与葡甘露聚糖。果胶和纤维素一样也是多种饲料原料中的重要组分，其大量存在于柑橘与甜菜渣中，但在谷物与豆科类植物中含量有限。果胶不仅可以提高植物细胞间的稳定性、紧密连接、渗透压与水分含量，还能够影响饲料的结构、营养基团的质量以及粪便的稳定性。果胶除了作为细胞结构性的功能组分，其强大的水合能力与渗透能力也能够确保植物的充盈。果胶的特殊属性例如水合能力、黏度、缓冲能力、抗消化酶水解能力等确保了其主要在猪的后肠中被微生物发酵利用，具有抵抗腹泻以及优化粪便稳定性的效果。果胶能够降低生长猪干物质、无氮浸出物以及总能的表观回肠消化率，且生长猪日粮中果胶含量升高会降低可消化苏氨酸的利用率，但对赖氨酸没有影响，从而降低生长猪体内蛋白质的沉积（Zhu et al.，2005）。

大多数的 β-葡聚糖的单糖组分只有葡萄糖，而海藻来源的 β-葡聚糖中含有部分甘露糖（Zhao et al.，2011）。目前饲料中利用的 β-葡聚糖大多来源为谷物原料或者由酵母直接合成。日粮中少量添加 β-葡聚糖在仔猪断奶前期没有显著的促生长效果，但是在仔猪感染猪链球菌后，添加 β-葡聚糖可以提高仔猪的采食量与平均日增重。值得注意的是，被猪链球菌感染后的仔猪采食 β-葡聚糖含量为 0.025％的日粮时反而有较高的死亡率，因此 β-葡聚糖在断奶仔猪日粮的应用过程中应当综合考虑生长性能与致病菌抗性的关系。

葡甘露聚糖作为重要的功能性纤维具有多种益生作用。断奶仔猪日粮中添加葡甘露聚糖可以有效缓解黄曲霉素对于动物肝脏引起的损伤，补充葡甘露聚糖也可以促进机体免疫球蛋白的生成（Meissonnier et al.，2009）。葡甘露聚糖还可以作为霉菌毒素的吸附剂，泌乳母猪采食镰刀菌毒素污染后的日粮后采食量降低且体重损失增加，并且发情间隔也往往延长，而在受污染的饲料中添加葡甘露聚糖可以改善母猪对日粮蛋白质的利用情况。

不可溶性功能性纤维主要包括抗性淀粉与纤维素。日粮中含有大量抗性淀粉不利于断奶仔猪生长，但适量的抗性淀粉有利于减少断奶仔猪粪尿中氮的排放，降低环境污染的程度，此外采食抗性淀粉也有利于断奶仔猪前肠蛋白质的消化吸收，减少蛋白质的发酵，有利于肠道健康（Li et al.，2007）。

纤维素由葡萄糖以 β-1，4-糖苷键连接而成，是所有谷物主要的结构性组分。纤维素因其溶解性较差在动物的前肠道不能被消化吸收只能在结肠中发酵，对机体健康具有重要的意义（Paturi et al.，2010）。但是育肥猪日粮中添加 7％纤维素不仅降低了能量与蛋白质的全肠道消化率，对育肥猪的采食量与日增重具有不利的影响（Owusu-Asiedu et al.，2006）。主要是由于生长猪日粮中纤维素水平的提升，主要氨基酸的表观与全肠道消化率均有不同程度的下降（Liu et al.，2016）。

9.2 功能性日粮纤维在肠道中的消化、降解和发酵

不同的功能性日粮纤维各自具有强水结合力、高吸水膨胀性、快速发酵性和产脂肪酸特性，有利于缓解便秘问题，同时可以增加胃肠道充盈感，控制妊娠母猪背膘，提高初生仔猪的均匀度特点。此外，功能性纤维也能够维持血糖水平稳定，改善胰岛素敏感性，有利于提高仔猪断奶重和育成率。

9.2.1 功能性日粮纤维在肠道中的消化

绝大多数的功能性日粮纤维不能被机体内源酶消化，经过胃和小肠后进入大肠进行发酵。只有极少部分的 NSP（20％～25％）在通过小肠时被降解，但这种降解更多的是多糖由复杂结构分解成简单结构，变成了另一种或者几种寡聚糖，因此并不能代表其被利用的真实情况（吕知谦等，2018）。从含纤维日粮中分析的总膳食纤维的表观回肠消化率与标准回肠消化率的值

可以看出部分膳食纤维在小肠中消失了，膳食纤维在小肠中的消化率可能与胃和小肠中微生物种群的发酵能力有关(Cervantes-Pahm et al.,2014)。采食不溶性的纤维降低了食糜的传输速率，从而减少了消化酶和营养成分的接触时间，如小麦麸皮、玉米麸皮和纤维素等不溶性纤维会缩短肠道食糜运输时间，导致营养物质消化率下降。然而不溶性纤维对消化时间的影响可能不同，这可能是由于天然饲料纤维中其他干扰因素的存在。

目前已经采用了几种策略来提高纤维饲料的营养价值，如制定基于净能或可利用营养物质基础的饲料，饲料制粒并添加外源性酶来制定饲料配方。目前外源性酶的应用已成为改善高纤维日粮对猪营养利用不良影响的最重要途径，该方法是将外源性的纤维降解酶添加在饲料中，以弥补纤维对于其他营养物质利用的不利影响并且增加猪对纤维的利用率(Agyekum et al.,2017)。

9.2.2 功能性日粮纤维在肠道中的降解

纤维的发酵性是对纤维在动物肠道内被肠道微生物发酵能力的评价。纤维的理化特性十分丰富，其水合能力、晶体结构以及单糖组成等都会影响纤维的发酵性，因此把日粮纤维成分的理化参数考虑应用入猪日粮配方后，可以帮助营养学家更好地掌握纤维在猪肠道中发酵的过程与准确地预测日粮的能量供应(Agyekum et al.,2017)。

由于猪后肠道菌群具有高丰富度和多样性，因此日粮纤维的微生物发酵也主要发生在盲肠与结肠。尽管如此，有相当一部分的纤维发酵也会发生在前肠段，即回肠末端之前(Noblet et al.,2001; Wenk,2001; Jha et al.,2015)。纤维结构的不同会造成不同的发酵模式(由于可利用发酵微生物与发酵代谢产物不同，同时会导致发酵速率及位点不同)，不可溶性纤维通常会比可溶性纤维发酵得慢一些。可溶性纤维一般在结肠近端发酵完全，而不可溶性纤维的发酵能一直延续到结肠远端(Choct,1997)。此外，猪日粮中的不可溶性纤维还会降低前肠段微生物发酵，使得后肠段的微生物发酵也不充分，这说明日粮中大量的不可溶性纤维会阻碍营养成分的利用。

1.非淀粉多糖

非淀粉多糖含有多种重要的功能性纤维，主要包括纤维素，果胶，β-葡聚糖等，它们不能被单胃动物前肠分泌的内源酶水解，但可以被微生物降解为较为简单的结构被机体利用，日粮中的非淀粉多糖在经过小肠时会被降解 20%～25%，但不同种类的非淀粉多糖降解的比例不尽相同。饲料加工方式能够改变非淀粉多糖的利用程度和途径。例如，谷物颗粒中的 β-葡聚糖一般在后段肠道中被发酵，而经分离纯化后的 β-葡聚糖则更易在猪的前消化道被发酵，利用率也更高(Pieper et al.,2008;Jha et al.,2010)。

非淀粉多糖会影响其他营养物质在前肠的消化吸收，从而影响后肠发酵水平。一些分子量较大的水溶性非淀粉多糖，例如燕麦中的 β-葡聚糖，溶于水后进入小肠形成高黏度的溶液，从而降低食糜的通过速率促进其他营养成分在前肠的吸收，降低后段肠道的发酵水平(Dongowski et al.,2005)。除了底物可利用水平外，微生物与非淀粉多糖间的互作也会影响发酵过程。由于来源和结构的差异，不同类型的非淀粉多糖会被不同的微生物选择利用，这种特异性与微生物所编码的酶相关，不同种类的酶可以水解或者裂解不同类型的化学键(吕知谦等,2018)。因此，通过调节饲料中的非淀粉多糖可以改变肠道中有关微生物的组成，影响动物健康。

2.抗性淀粉

抗性淀粉也是一种重要的功能性纤维，其包含了多种抵抗猪肠道淀粉酶降解的淀粉，主要在动物后肠中被微生物发酵。由于微生物对发酵底物具有利用偏好性，因此不同类型的抗性淀粉作为独特的发酵底物，能够对肠道内微生物组成产生不同的影响。线性的抗性淀粉或含有大量直链和少量支链的抗性淀粉的降解难度较大导致发酵缓慢，因为它们的降解会产生较大的片段（较大的低聚物），这些片段无法被细菌直接使用，并且需要进一步分解为较小的碎片（Giuberti et al.，2015）。除了抗性淀粉的线性结构外，不同类型的抗性淀粉也会因为抗性淀粉与酶接触表面积不同而影响其发酵性能（Giuberti et al.，2015），例如块茎中存在的抗性淀粉具有较光滑的表面，因此比谷物中颗粒状表面的抗性淀粉更耐酶解（Lehmann et al.，2007；Regmi et al.，2011）。

9.2.3 功能性日粮纤维在肠道中的发酵

1.一般发酵产物

膳食纤维是动物肠道内微生物重要的能量来源，肠道中的厌氧菌在特定环境下通过关键酶与代谢通路来发酵膳食纤维从而产生多种代谢物质例如氨与短链脂肪酸。短链脂肪酸是乙酸、丙酸与丁酸三类有机酸的总称，也是调节宿主代谢、免疫系统与细胞增殖的重要因素。盲肠与近端结肠食糜中含有较高浓度的短链脂肪酸，这些短链脂肪酸可以作为上皮细胞的能量来源，短链脂肪酸同样也可以通过门静脉转运到外周循环中，从而在肝脏与外周组织中发挥作用。虽然外周循环中短链脂肪酸水平较低，但是目前认为它们是调节宿主生理过程的重要信号分子（Koh et al.，2016）。

功能性纤维的微生物发酵后会产生一系列代谢产物，包括短链脂肪酸（主要为乙酸、丙酸与丁酸）、支链脂肪酸、乳酸、胺、吲哚以及二氧化碳、氢和甲烷等气体（Wenk，2001；Jha et al.，2016）。微生物的发酵底物对最后生成的代谢物有决定性作用，当缺乏足够的可发酵功能性纤维时，蛋白质会在结肠发酵成为支链脂肪酸，并产生其他有害代谢物，如吲哚、氨和酚等，氨是通过氨基酸的脱氨基作用和尿素的水解产生的，而酚由氨基酸的羧化作用而产生（Jha et al.，2010；Jha et al.，2012）。

短链脂肪酸的生成受发酵底物和动物肠道菌群结构的影响（Jha et al.，2015）。因此，可以通过调整到达动物结肠的功能性纤维（发酵底物）来控制动物肠道短链脂肪酸组成与产生量（Bach，2015）。功能性纤维在动物后肠道发酵后乙酸量最高，丙酸和丁酸量较少。但是这种情况会在后肠末端发生变化，后肠末端短链脂肪酸的组成约为 60%乙酸，25%丙酸以及 15%丁酸。

日粮中抗性淀粉能够促进猪肠道内一些有益菌的增殖，这些益生菌反过来也会促进短链脂肪酸的产生（Giuberti et al.，2015）。不同类型的抗性淀粉发酵后短链脂肪酸产量不同，但大多数抗性淀粉发酵都是以产丁酸为主（Giuberti et al.，2015），且抗性淀粉发酵产生的丁酸的量是非淀粉多糖发酵的 2 倍左右（Birt et al.，2013），且抗性淀粉发酵程度越高甲烷产生量越低（Weaver et al.，1992），RS 的发酵位点主要集中于结肠，发酵丁酸产生的比例受微生物来源和可用于发酵 RS 量的影响（Pieper et al.，2008）。

2.发酵产物丁酸

抗性淀粉与其他功能性纤维发酵产生丁酸的模式不同。抗性淀粉发酵产生丁酸的量要高于阿拉伯木聚糖等非淀粉多糖(Weaver,1992;Topping et al.,1993),但黑麦来源的阿拉伯木聚糖在猪肠道发酵产生的丁酸和乙酸高于 RS2 发酵(Ingerslev et al.,2014; Nielsen et al.,2014)。此外,在以谷物为基础的日粮饲喂猪,消化的阿拉伯木聚糖与丁酸净吸收量之间存在正相关关系(Knudsen et al.,2010)。

9.3 功能性日粮纤维在猪饲料中的应用及对猪肠道健康的影响

尽管功能性纤维在猪饲料工业中被广泛地应用,但由于猪不同阶段生理状态与营养需求的不同,因此不同生长阶段的猪对功能性纤维的利用具有选择性。而纤维在肠道内发酵是一个低效的"供能"模式,日粮纤维含量太高会影响猪的生产性能,因此日粮中功能性纤维的选择与添加量是业界广泛关注的问题。

仔猪断奶后肠道快速发育,虽然日粮纤维发酵的部分代谢物有益于肠道健康,但由于其后段肠道发育不完全无法对纤维高效利用。例如采食纤维水平为 7.15%的日粮显著提高了断奶仔猪的平均日增重与大肠重量,肠道短链脂肪酸浓度,降低了有害菌数量(Hermes et al.,2009),而更高纤维水平的日粮(13.4%)对断奶仔猪的生长具有负面影响(Bikker et al.,2006)。麦麸纤维作为一种重要的功能性纤维,可以显著促进断奶仔猪的生长发育,有利于肠道内丁酸的生成,其益生作用优于甜菜渣,而阿拉伯木聚糖是麦麸纤维中发挥作用的主要组分(Wellock et al.,2007; Chen et al.,2015; Zhao et al.,2018)。

功能性纤维同样也是生长猪日粮必不可少的部分,当日粮中含有 18%~25%的纤维时,生长猪采食量最高,但日粮纤维含量进一步升高会引起干物质、粗蛋白与总能消化率的下降(Zhang et al.,2013)。日粮中的燕麦麸纤维对于营养物质消化率没有影响,但促进了肠道中纤维降解菌的增殖与炎症反应的改善(He et al.,2018)。纤维素是多种纤维原料中的重要组分也是重要的功能性纤维,生长猪日粮中纤维素含量与回肠中乙酸与粪中的丁酸含量为正相关(Zhao et al.,2019)。而抗性淀粉具有调整生长猪采食模式的特点,生长猪采食抗性淀粉后采食间隔以及采食时间等均有不同程度的延长,但是并没有提升生长猪的生长性能(Souza da Silva et al.,2014)。

功能性纤维在低蛋白日粮中的应用也做了广泛的研究,低蛋白日粮中添加功能性纤维对育肥猪氮排放没有影响,但是促进了尿氮向粪氮的转移,也有利于肠道短链脂肪酸的生成,且没有对于育肥猪的生长性能产生不利影响(Shriver et al.,2003)。而育肥猪采食较高纤维含量的日粮后生长性能下降,但是在屠宰前 24 d 转变为正常的玉米-豆粕日粮后能够提高育肥猪的胴体重与屠宰率(Coble et al.,2018)。

妊娠母猪普遍采用限制饲喂的方式来防止体脂的沉积过度,但是限饲会导致母猪便秘问题的产生,而利用部分的功能性纤维不仅满足母猪的饱腹感继而防止便秘,并且可以改善仔猪的初生重提高仔猪泌乳期的采食量。纤维素与抗性淀粉可以刺激肠道,引起肠道的蠕动,促进排便(Weber et al.,2014)。发酵性能较好的纤维还可以调控母猪的繁殖性能,母猪妊娠后期采食含有葵花粕、甜菜渣与大豆皮的高纤维日粮显著降低了母猪的死胎率(Feyera et al.,2017)。大豆皮、麦麸与葵花粕纤维可以降低弱仔猪的数量,提高初生仔猪的均匀度,还具有提高乳脂含量的特点(Loisel et al.,2013)。

9.3.1 功能性日粮纤维对肠道微生物的影响

功能性日粮纤维也可以为动物机体提供能量，尽管哺乳动物基因组不编码降解日粮纤维所需的大多数酶，但是与宿主共生的微生物可以将纤维转化为宿主可利用的代谢产物。果胶是所有陆地植物细胞壁的主要组成部分，具有很复杂的分子结构。果胶可促进 *Eubacterium eligens* 的定植，这是一种与人结肠抗炎细胞因子 IL-10 产生有关的有益微生物，果胶还可以显著增加猪结肠中 Fimicutes 和 *Proteobacteria* 的相对丰度，减少拟杆菌的相对丰度（Xu et al.，2019）。

β-葡聚糖是由葡萄糖单糖组成的多聚糖，它们大多数通过 *β*-1，3-糖苷键结合。补充 *β*-葡聚糖可以选择性地增加猪肠道中乳杆菌、双歧杆菌以及其他产生丁酸盐的细菌的增殖。目前发现除肠杆菌科细菌外，大多数细菌都可降解 *β*-葡聚糖（Beckmann et al.，2006）。不同纤维原料中 *β*-葡聚糖功能性有所差异，与小麦相比，大麦中的 *β*-葡聚糖促进了乳酸杆菌的增殖（Garry et al.，2007）。另外，以小麦为主要来源日粮中的 *β*-葡聚糖增加了肠道中双歧杆菌的数量，抑制了梭状芽孢杆菌的定植（Pieper et al.，2008）。来自燕麦的 *β*-葡聚糖分离物以及酵母生成的 *β*-葡聚糖可以刺激双歧杆菌的生长（Mårtensson et al.，2005）。

葡甘露聚糖（glucomannan，GM）是魔芋类植物的主要活性成分。GM 的主链由 *D*-甘露糖和 *D*-葡萄糖组成，它们通过 *β*-1，4-糖苷键相连，每 19 个糖残基的骨架的 C-6 位有一个乙酰基，这个乙酰基可以通过多种手段去除。目前脱乙酰处理已被频繁地用于制造传统的魔芋凝胶食品，例如魔芋豆腐、魔芋仿生产品等。加工过程中，GM 的乙酰基在碱性加热条件下被除去，促进 GM 分子之间的氢键结合，并导致形成不可逆的热凝胶。GM 和不同程度的去乙酰化 GM 可以极大地改变肠道微生物 Firmicutes 门和 Fusobacteria 门的丰度。与 GM 相比，去乙酰 GM 会降低拟杆菌和放线菌的比例，并在一定程度上促进变形菌门细菌的生成。因此，乙酰化 GM 可以通过限制与 GM 代谢相关的微生物来影响肠道微生物的组成，阻止病原菌的生长，经过去乙酰化后可能会限制这种能力（Ouyang et al.，2020）。

菊粉是一种天然存在的低聚果糖，在工业上，菊粉主要从菊苣中提取，是一种易于发酵的功能性纤维，菊粉可通过调节肠道菌群和发酵模式来改善猪胃肠道的微生态平衡。菊粉对小肠中的消化酶具有抗水解作用，但可以迅速被包括双歧杆菌和乳杆菌在内的糖酵解细菌发酵（Konstantinov et al.，2014；Liu et al.，2016）。菊粉还能够抑制产肠毒素的大肠杆菌的生长，从而降低仔猪断奶后腹泻的风险（Halas et al.，2017），且菊粉对胃肠道微生物的调节在断奶期最为有效（Pawel et al.，2010）。而育肥猪饲喂含 5%菊粉的日粮后其后肠的发酵能力也得到了增强（Gao et al.，2009）。多种回归模型表明日粮中添加菊粉可以调节大肠中乳酸菌和双歧杆菌的丰度。除乳酸杆菌和双歧杆菌菌株外，菊粉对梭菌属 XIVa 簇细菌 *Roseburia* 和 *Blautia* 的影响也较大。

综上，功能性日粮纤维的种类、结构等对代谢物产生和肠道微生物组成有较大影响，了解日粮纤维、肠道菌群和细菌代谢物之间的动态关系对动物健康十分重要，在实际生产中应科学合理利用功能性日粮纤维对动物的营养代谢状况进行靶向性调控。

9.3.2 功能性日粮纤维对肠道免疫的影响

肠道免疫对动物的机体健康有着极为重要的意义。肠道作为微生物定植和免疫细胞定位的共同场所,肠道的免疫系统必须长时间地面对和处理肠道内庞大复杂的微生物群落,同时又要避免由于免疫系统和肠道微生物变化而引起的病理状态。尽管肠道微生物和宿主存在着共生的关系,但丰富密集的肠道内微生物与肠道组织的密切联系仍可能对宿主健康造成负面的影响。而出于维持共生关系的需要,宿主肠道的免疫系统进化出了相应的适应能力,既能够帮助宿主抵御病原的侵扰,又可以为复杂的微生物群落提供相应的环境,使得宿主能够通过肠道内微生物获得代谢方面的益处(McFall-Ngai,2007)。这种由肠道免疫调节维持的平衡一旦被打破,就可能导致包括溃疡性结肠炎和克罗恩病等炎症性肠病(IBD)的发生(Arthur Kaser et al.,2010;Maloy et al.,2011)。肠道上皮细胞被黏液层包被,黏液层将细菌与肠道上皮黏膜分隔开,使肠道上皮细胞免受损害(Johansson et al.,2008)。宿主利用完好的肠道黏膜层来抑制肠道微生物的侵袭以及降低肠道对于传染性疾病的敏感性。肠道微生物与日粮是维持肠道黏膜完整结构与正常生成的两个重要部分,日粮中缺乏膳食纤维会引发肠道微生态失衡进而导致黏膜层的严重退化,退化的黏膜层提高了肠道感染的风险以及慢性胃肠道疾病的发生率(Schroeder et al.,2018; Zou et al.,2018)。

哺乳动物肠道具有多层次与复杂性,一层由单层肠上皮细胞组成的肠上皮组织将肠道管腔侧和宿主分隔开来,其次,为了进一步减少肠道菌群和肠道上皮细胞表面的直接接触,肠杯状细胞分泌的黏蛋白可在肠上皮细胞上形成约 150 μm 厚的黏液性涂层,黏液不断产生并随着蠕动冲洗去除。结肠黏性涂层的结构可以被分为两层,外层黏液含有大量的细菌,内层黏液依然可以有效抵抗细菌的渗透(Johansson et al.,2010)。这种肠壁黏液的细菌分层依赖于免疫球蛋白 A 的分泌。膳食纤维与短链脂肪酸刺激肠道黏液的产生与分泌,乙酸与丁酸共同维持肠道黏膜的平衡。此外,膳食纤维还能够机械性地刺激肠道上皮分泌黏液。(McRorie Jr et al.,2017)。

短链脂肪酸作为肠道微生物代谢日粮纤维的产物,被认为可以调节包括肠道巨噬细胞在内的免疫细胞功能。正丁酸处理小鼠可导致结肠固有层巨噬细胞中促炎因子转录水平的降低,包括白细胞介素 6(IL-6),IL-12a,IL-12b 和一氧化氮合酶 2(NOS2),而主要应答基因,肿瘤坏死因子 α(TNFα)和趋化因子配体 2(Ccl2)不受到影响(Chang et al.,2014)。肠道巨噬细胞是固有层中最丰富的免疫细胞类型,通过下调促炎因子的表达,正丁酸可以通过减弱固有层巨噬细胞的反应,增加肠道免疫对于共生微生物的耐受性。同时,短链脂肪酸也被发现有减轻肠道炎症的作用。

益生元低聚糖也可以直接参与调节肠道上皮细胞因子的产生。用 α3-唾液乳糖和低聚果糖处理 CaCo-2 细胞,两种低聚糖均减少了细胞中 IL-12 的分泌以及 IL-12p35、IL-8 和 TNFα 等促炎因子的表达,并同时减少了核因子活化 B 细胞 κ 轻链增强子(NF-κB)的基因表达(Zenhom et al.,2011)。肽聚糖识别蛋白 3(PGlyRP3)可以通过抑制 NF-κB 基因表达起到抗炎的功效。通过靶向干扰小 RNA 使 PGlyRP3 沉默,成功祛除了 α3-唾液乳糖和低聚果糖的抗炎效用,通过 GW9662 培养细胞 24 h 来拮抗过氧化物酶体增殖物活化受体 γ(PPARγ)可抑制两种低聚糖诱导的 PGlyRP3 的产生和抗炎作用,表明低聚糖似乎可以通过诱导调节 PGlyRP3 的核受体 PPARγ 发挥抗炎的功效,而不依赖于肠道内的共生微生物群落(Zenhom et al.,2011)。

9.3.3 功能性日粮纤维对肠道屏障的影响

功能性纤维具有调节肠道营养吸收和加强免疫功能等作用,因此饲粮中添加适当的功能性纤维可以有效地维持肠道健康并降低饲料配制成本。动物的肠道屏障主要由上皮屏障、生物屏障和免疫屏障组成,其中上皮屏障是肠道屏障系统中最重要的组成部分。肠道上皮屏障的主要功能是保证机体必需营养物质的吸收和防止病原物质的易位,因此上皮屏障需要具有选择性渗透的能力。不同种类的功能性日粮纤维能够通过不同方式调节肠道通透性,增强肠道上皮屏障功能,从而维持肠道健康。但由于日粮纤维结构复杂,不同种类的纤维对肠道不同部位的营养物质消化、发酵过程和肠道菌群的影响有显著差别,因此,不同种类的功能性日粮纤维对肠道屏障功能的影响不尽相同。

1.不同来源功能性日粮纤维对肠道屏障的影响

仔猪实施早期断奶措施是现代化生猪健康养殖的关键技术之一。仔猪早期断奶能够有效地控制疾病、提高母猪的繁殖效率并提高分娩舍的利用率。然而,早期断奶会使仔猪的营养、环境、心理发生变化,导致早期断奶应激出现腹泻。早期断奶引发的仔猪腹泻会造成肠道上皮屏障功能的变化以及肠道通透性的改变,严重影响仔猪成活率和生猪出栏量,给养猪业带来巨大的损失。目前,普遍以抗生素作为早期断奶仔猪腹泻防治措施,会带来抗生素药物残留、细菌耐药性产生、公共卫生安全等一系列问题,与 2021 年中央 1 号文件中倡导的“绿色农业”精神相悖。因此,寻求新的替抗方式势在必行。功能性日粮纤维已被证明是抗生素的潜在替代品之一。功能性日粮纤维能有效减少仔猪断奶后腹泻的发生,这可能主要归功于其对肠道屏障功能的保护作用(Williams et al.,2001)。对于猪而言,饲粮中纤维的组成和含量存在很大差异,这会影响其在动物肠道中的物理化学性质,进而影响肠道微生物区系,对动物肠道屏障功能也会产生不一致的影响。学者评估了四种不同来源的日粮纤维(玉米纤维、大豆纤维、豌豆纤维和麦麸纤维)对断奶仔猪腹泻率的影响,结果表明摄食麦麸纤维(8.56%)和豌豆纤维(8.72%)的仔猪腹泻率显著低于摄食玉米纤维(11.47%)和大豆纤维(12.40%)的仔猪,提示不同来源的日粮纤维缓解断奶仔猪的腹泻率的能力存在差异,同时仅麦麸纤维能够显著上调紧密连接蛋白 ZO-1 的表达,表明日粮纤维因结构多样,其理化性质不同,对猪的肠道屏障功能也会产生不一致的影响(Chen et al.,2013)。

2.不同类型功能性日粮纤维对肠道屏障的影响

纤维素是常见的不可溶性膳食纤维,可降低肠癌的风险,预防便秘和憩室炎,并减少消化道内细菌毒素的含量。由于纤维的溶解性对机体健康有重要作用,说明饲粮中功能性纤维的溶解性对动物肠上皮屏障功能同样存在影响。而使用猪肠道微生物体外发酵的方法对不同比例的可溶性和不可溶性膳食纤维体外发酵特性的研究发现,随着可溶性纤维比例的增加,发酵体系中总产气量增加,底物 pH 降低,发酵程度加深。乳酸、甲酸和乙酸的浓度在高比例可溶性膳食纤维组中显著升高,而丙酸和丁酸的浓度在低比例可溶性膳食纤维组中升高。说明高比例可溶性膳食纤维可以促进纤维分解菌的增殖,进而降解纤维产生有机酸和单糖,为肠上皮细胞提供能量以维持肠上皮屏障功能(Tao et al.,2019)。

3.功能性日粮纤维组分对肠道屏障的影响

膳食纤维的主要成分是非淀粉多糖,非淀粉多糖不同的化学结构会影响肠道菌群对它们的利用,这是由于细菌对这些复杂分子结构中的连接键具有不同的切割能力,因此其对动物肠道屏障功能也会产生不一致的影响。国内外学者对非淀粉多糖与动物肠道屏障功能之间的关系均进行了大量的研究。研究以断奶仔猪为模型，探讨了不同的非淀粉多糖（纤维素、木聚糖和β-葡聚糖）对猪肠道发育的影响。结果发现日粮中添加β-葡聚糖不仅增加了十二指肠和回肠的绒毛高度/隐窝深度比值，而且其空肠和回肠的蔗糖酶活性显著高于纤维素组。木聚糖和β-葡聚糖组的仔猪显示更高的肠屏障功能（ZO-1 和 claudin-1）及营养物质运输（钠离子-葡萄糖共转运蛋白 1 和促葡萄糖转运蛋白 2）相关基因表达水平（Wu et al.，2018）。阿拉伯木聚糖能够通过保护猪的肠上皮细胞 DNA 和调节黏蛋白降解发挥改善肠上皮完整性的作用（Belobrajdic et al.，2012），而纤维素能够通过降低肠道通透性来改善肠道健康（Tian et al.，2017）。

4.功能性日粮纤维改善肠道屏障功能的机制

短链脂肪酸是肠道中含量最为丰富的微生物代谢产物，也是功能性日粮纤维被肠道微生物发酵后的主要产物。已有研究表明短链脂肪酸对于维持大肠的正常功能和结肠上皮细胞的形态和功能具有重要作用（Morrison et al.，2016），而外源添加短链脂肪酸能够促进断奶仔猪肠上皮紧密连接蛋白的表达（Feng et al.，2018），短链脂肪酸也可作为能量底物为肠上皮细胞提供能量以维持肠上皮细胞功能的正常运转。近期的研究表明，组蛋白去乙酰化酶抑制剂不仅改善了炎症条件下的人类和小鼠结肠上皮细胞的跨膜电阻，而且还减弱了生物大分子标记物的单层肠上皮细胞通透能力；组蛋白去乙酰化酶抑制剂调控肠道通透性的分子机制为影响紧密连接蛋白的表达（Friedrich et al.，2019）。短链脂肪酸已被证实是组蛋白去乙酰化酶的特异性抑制剂，因此，短链脂肪酸抑制组蛋白去乙酰化酶的能力是其发挥增强肠道屏障功能的机制之一。除了作为组蛋白去乙酰化酶抑制剂外，短链脂肪酸也可以作为信号分子激活 G 蛋白偶联受体（Koh et al.，2016）。短链脂肪酸也是肠上皮细胞屏障功能的增强剂，而短链脂肪酸对肠道屏障保护作用的发挥是以 G 蛋白偶联受体 43 依赖性的方式上调紧密连接蛋白的表达来实现的（Cheng et al.，2018）。此外，膳食纤维源的短链脂肪酸不但有保护人结肠癌细胞系 Caco-2 的肠上皮屏障功能的作用，还能修复由 LPS 和 TNF-α 诱导的屏障功能损伤（Chen et al.，2017）。TNF-α 对肠上皮细胞间紧密连接蛋白的表达与分布有显著的破坏作用，LPS 诱导产生的 IL-1β、IL-6 和 IL-8 一方面会调控细胞骨架蛋白的重组，另一方面也会直接导致紧密连接蛋白的重排从而降低屏障作用。NF-κB 是 LPS 诱导炎症反应中的关键环节，NF-κB 作为核转录因子能够调控多种促炎细胞因子的表达。因此，短链脂肪酸通过 NF-κB 介导的方式同样是其发挥肠道屏障调节功能的可能机制之一。

参考文献

吕知谦，王军军，赖长华.用系统的观点认识膳食纤维.中国畜牧杂志，2018，54(12)：1-5.

Agyekum A K，Nyachoti C M. Nutritional and metabolic consequences of feeding high-fiber diets to swine：a review.Engineering，2017，3(5)：716-725.

Arthur K S，Richard B S.Inflammtory bowel disease.Annual Review Immunology，2010，28：573-621.

Baakhtari S A，Mccombie A，Huinink S T B，et al.Observational study of perspectives of inflammatory bowel disease patients concerning the use of corticosteroids.Digestive Diseases and Sciences，2017，36(1)：33-39.

Bach K K E.Microbial degradation of whole-grain complex carbohydrates and impact on short-chain fatty acids and health.Advances in Nutrition，2015，6(2)：206-213.

Beckmann L, Simon O, Vahjen W. Isolation and identification of mixed linked β-glucan degrading bacteria in the intestine of broiler chickens and partial characterization of respective 1,3-1,4-β-glucanase activities. Journal of Basic Microbiology, 2006, 46(3): 175-185.

Belobrajdic D P, Bird A R, Conlon M A, et al. An arabinoxylan-rich fraction from wheat enhances caecal fermentation and protects colonocyte DNA against diet-induced damage in pigs. British Journal of Nutrition, 2012, 107(9): 1274-1282.

Bikker P, Dirkzwager A, Fledderus J, et al. The effect of dietary protein and fermentable carbohydrates levels on growth performance and intestinal characteristics in newly weaned piglets. Journal of Animal Science, 2006, 84(12): 3337-3345.

Birt D F, Boylston T, Hendrich S, et al. Resistant starch: promise for improving human health. Advances in Nutrition, 2013, 4(6): 587-601.

Cervantes-Pahm S K, Liu Y, Evans A, et al. Effect of novel fiber ingredients on ileal and total tract digestibility of energy and nutrients in semi-purified diets fed to growing pigs. Journal of the Science of Food and Agriculture, 2014, 94(7): 1284-1290.

Chang P V, Hao L, Offermanns S, et al. The microbial metabolite butyrate regulates intestinal macrophage function via histone deacetylase inhibition. Proceedings of the National Academy of Sciences, 2014, 111(6): 2247-2252.

Chen H, Mao X, He J, et al. Dietary fibre affects intestinal mucosal barrier function and regulates intestinal bacteria in weaning piglets. British Journal of Nutrition, 2013, 110(10): 1837-1848.

Chen H, Wang W, Degroote J, et al. Arabinoxylan in wheat is more responsible than cellulose for promoting intestinal barrier function in weaned male piglets. Journal of Nutrition, 2015, 145(1): 51-58.

Chen T, Kim C Y, Kaur A, et al. Dietary fibre-based SCFA mixtures promote both protection and repair of intestinal epithelial barrier function in a Caco-2 cell model. Food & Function, 2017, 8(3): 1166-1173.

Cheng D, Xu J H, Li J Y, et al. Butyrate ameliorated-NLRC3 protects the intestinal barrier in a GPR43-dependent manner. Experimental Cell Research, 2018, 368(1): 101-110.

Choct M. Feed non-starch polysaccharides: chemical structures and nutritional significance. Feed Milling International, 1997, 191: 13-26.

Chung W S F, Meijerink M, Zeuner B, et al. Prebiotic potential of pectin and pectic oligosaccharides to promote anti-inflammatory commensal bacteria in the human colon. Fems Microbiology Ecology, 2017, 93(11): 1-9.

Coble K F, DeRouchey J M, Tokach M D, et al. Effects of withdrawing high-fiber ingredients before marketing on finishing pig growth performance, carcass characteristics, and intestinal weights. Journal of Animal Science, 2018, 96(1): 168-180.

Connolly M L, Lovegrove J A, Tuohy K M. Konjac glucomannan hydrolysate beneficially modulates bacterial composition and activity within the faecal microbiota. Journal of Functional Foods, 2010, 2(3): 219-224.

Dongowski G, Drzikova B, Senge B, et al. Rheological behaviour of β-glucan preparations from oat products. Food Chemistry, 2005, 93(2): 279-291.

Feng W, Wu Y, Chen G, et al. Sodium butyrate attenuates diarrhea in weaned piglets and promotes tight junction protein expression in colon in a GPR109A-dependent manner. Cellular Physiology and Biochemistry, 2018, 47(4): 1617-1629.

Feyera T, Højgaard C K, Vinther J, et al. Dietary supplement rich in fiber fed to late gestating sows during transition reduces rate of stillborn piglets. Journal of Animal Science, 2017, 95(12): 5430-5438.

Friedrich M,Gerbeth L,Gerling M,et al.HDAC inhibitors promote intestinal epithelial regeneration via autocrine TGFbeta1 signalling in inflammation.Mucosal Immunology,2019,12(3):656-667.

Gao L,Chen L,Huang Q,et al.Effect of dietary fiber type on intestinal nutrient digestibility and hindgut fermentation of diets fed to finishing pigs.Livestock Science,2009,174:53-58.

Garry B,Fogarty M,Curran T,et al.The effect of cereal type and enzyme addition on pig performance,intestinal microflora,and ammonia and odour emissions.Animal,2007,1(5):751-757.

Giuberti G,Gallo A,Moschini M,et al.New insight into the role of resistant starch in pig nutrition.Animal Feed Science and Technology,2015,201:1-13.

Halas D,Hansen C F,Hampson D J,et al.Effect of dietary supplementation with inulin and/or benzoic acid on the incidence and severity of post-weaning diarrhoea in weaner pigs after experimental challenge with enterotoxigenic *Escherichia coli*.Archives of Animal Nutrition,2009,63(4):267-280.

He B,Bai Y,Jiang L,et al.Effects of oat bran on nutrient digestibility,intestinal microbiota,and inflammatory responses in the hindgut of growing pigs.International Journal of Molecular Sciences,2018,19(8):2407.

Hermes R G,Molist F,Ywazaki M,et al.Effect of dietary level of protein and fiber on the productive performance and health status of piglets.Journal of Animal Science,2009,87(11):3569-3577.

Ingerslev A K,Theil P K,Hedemann M S,et al.Resistant starch and arabinoxylan augment SCFA absorption,but affect postprandial glucose and insulin responses differently.British Journal of Nutrition,2014,111(9):1564-1576.

Jha R,Berrocoso J F.Dietary fiber and protein fermentation in the intestine of swine and their interactive effects on gut health and on the environment:a review.Animal Feed Science and Technology,2016,212:18-26.

Jha R,Berrocoso J.Dietary fiber utilization and its effects on physiological functions and gut health of swine.Animal,2015,9(9):1441-1452.

Jha R,Leterme P.Feed ingredients differing in fermentable fibre and indigestible protein content affect fermentation metabolites and faecal nitrogen excretion in growing pigs.Animal,2012,6(4):603-611.

Jha R,Rossnagel B,Pieper R,et al.Barley and oat cultivars with diverse carbohydrate composition alter ileal and total tract nutrient digestibility and fermentation metabolites in weaned piglets.Animal,2010,4(5):724-731.

Johansson M,Holmen L J,Hansson G.Microbes and health sackler colloquium:the two mucus layers of colon are organized by the MUC2 mucin,whereas the outer layer is a legislator of host-microbial interactions.Proceedings of the National Academy of Sciences of the United States of America,2010,108:4659-4665.

Johansson M,Phillipson M,Petersson J,et al.The inner of the two Muc2 mucin-dependent mucus layers in colon is devoid of bacteria.Proceedings of the National Academy of Sciences,2008,105(39):15064-15069.

Knudsen K E B,Lærke H N.Rye arabinoxylans:molecular structure,physicochemical properties and physiological effects in the gastrointestinal tract.Cereal Chemistry,2010,87(4):353-362.

Koh A,De Vadder F,Kovatcheva-Datchary P,et al.From dietary fiber to host physiology:short-chain fatty acids as key bacterial metabolites.Cell,2016,165(6):1332-1345.

Konstantinov S R,Awati A,Smidt H,et al.Specific response of a novel and abundant *Lactobacillus amylovorus*-like phylotype to dietary prebiotics in the guts of weaning piglets.Applied and Environmental Microbiology,2004,70(7):3821-3830.

Lehmann U,Robin F.Slowly digestible starch-its structure and health implications: a review.Trends in Food Science & Technology,2007,18(7):346-355.

Li T J, Huang R L, Wu G Y, et al. Growth performance and nitrogen metabolism in weaned pigs fed diets containing different sources of starch. Livestock Science, 2007, 109(1-3): 73-76.

Liu Y, Gibson G R, Walton G E. An in vitro approach to study effects of prebiotics and probiotics on the faecal microbiota and selected immune parameters relevant to the elderly. Plos One, 2016, 11(9): e0162604.

Liu Z, Lv S, Zhang S, et al. Effects of dietary cellulose levels on the estimation of endogenous amino acid losses and amino acid digestibility for growing pigs. Animal Nutrition, 2016, 2(2): 74-78.

Loisel F, Farmer C, Ramaekers P, et al. Effects of high fiber intake during late pregnancy on sow physiology, colostrum production, and piglet performance. Journal of Animal Science, 2013, 91(11): 5269-5279.

Maloy K J, Powrie F. Intestinal homeostasis and its breakdown in inflammatory bowel disease. Nature, 2011, 474(7351): 298-306.

McFall-Ngai M. Care for the community. Nature, 2007, 445(7124): 153-153.

McRorie J J W, McKeown N M. Understanding the physics of functional fibers in the gastrointestinal tract: an evidence-based approach to resolving enduring misconceptions about insoluble and soluble fiber. Journal of the Academy of Nutrition and Dietetics, 2017, 117(2): 251-264.

Meissonnier G, Raymond I, Laffitte J, et al. Dietary glucomannan improves the vaccinal response in pigs exposed to aflatoxin B1 or T-2 toxin. World Mycotoxin Journal, 2009, 2(2): 161-172.

Morrison D J, Preston T. Formation of short chain fatty acids by the gut microbiota and their impact on human metabolism. Gut microbes, 2016, 7(3): 189-200.

Mudgil D, Barak S. Composition, properties and health benefits of indigestible carbohydrate polymers as dietary fiber: a review. International Journal of Biological Macromolecules, 2013, 61: 1-6.

Mårtensson O, Biörklund M, Lambo A M, et al. Fermented, ropy, oat-based products reduce cholesterol levels and stimulate the *bifidobacteria* flora in humans. Nutrition Research, 2005, 25(5): 429-442.

Nielsen T S, Lærke H N, Theil P K, et al. Diets high in resistant starch and arabinoxylan modulate digestion processes and SCFA pool size in the large intestine and faecal microbial composition in pigs. British Journal of Nutrition, 2014, 112(11): 1837-1849.

Noblet J, Le G G. Effect of dietary fibre on the energy value of feeds for pigs. Animal Feed Science and Technology, 2001, 90(1-2): 35-52.

Ouyang D, Deng J, Zhou K, et al. The effect of deacetylation degree of konjac glucomannan on microbial metabolites and gut microbiota in vitro fermentation. Journal of Functional Foods, 2020, 66: 103796.

Owusu-Asiedu A, Patience J F, Laarveld B, et al. Effects of guar gum and cellulose on digesta passage rate, ileal microbial populations, energy and protein digestibility, and performance of grower pigs. Journal of Animal Science, 2006, 84(4): 843-852.

Paturi G, Butts C, Monro J, et al. Cecal and colonic responses in rats fed 5% or 30% corn oil diets containing either 7.5% broccoli dietary fiber or microcrystalline cellulos e. Journal of Agricultural and Food Chemistry, 2010, 58(10): 6510-6515.

Pawel J, Robert P, Hauke S, et al. Effect of alginate and inulin on intestinal microbial ecology of weanling pigs reared under different husbandry conditions. FEMS Microbiology Ecology, 2010, 72(1): 132-142.

Pieper R, Jha R, Rossnagel B, et al. Effect of barley and oat cultivars with different carbohydrate compositions on the intestinal bacterial communities in weaned piglets. FEMS Microbiology Ecology, 2008, 66(3): 556-566.

Regmi P R, Van Kempen T A, Matte J J, et al. Starch with high amylose and low in vitro digestibility increases short-chain fatty acid absorption, reduces peak insulin secretion, and modulates incretin secretion in pigs.Journal of Nutrition,2011,141(3):398-405.

Schroeder B O, Birchenough G M, Ståhlman M, et al. Bifidobacteria or fiber protects against diet-induced microbiota-mediated colonic mucus deterioration.Cell Host & Microbe,2018,23(1):27-40.

Shriver J A,Carter S D,Sutton A L,et al.Effects of adding fiber sources to reduced-crude protein,amino acidsupplemented diets on nitrogen excretion,growth performance,and carcass traits of finishing pigs.Journal of Animal Science,2003,81(2):492-502.

Souza S C,Bosch G,Bolhuis J E,et al.Effects of alginate and resistant starch on feeding patterns,behaviour and performance in ad libitum-fed growing pigs.Animal,2014,8(12):1917-1927.

Suwannaporn P, Thepwong K, Tester R, et al. Tolerance and nutritional therapy of dietary fibre from konjac glucomannan hydrolysates for patients with inflammatory bowel disease(IBD).Bioactive Carbohydrates and Dietary Fibre,2013,2(2):93-98.

Tao S,Bai Y,Zhou X,et al.In vitro fermentation characteristics for different ratios of soluble to insoluble dietary fiber by fresh fecal microbiota from growing pigs.ACS omega,2019,4(12):15158-15167.

Tester,Richard,Al-Ghazzewi,et al.Glucomannans and nutrition.Food Hydrocolloids,2017,68: 246-254.

Tian G,Wu X,Chen D,et al.Adaptation of gut microbiome to different dietary nonstarch polysaccharide fractions in a porcine model.Molecular Nutrition & Food Research,2017,61(10):1700012.

Topping D L,Illman R J,Clarke J M,et al.Dietary fat and fiber alter large bowel and portal venous volatile fatty acids and plasma cholesterol but not biliary steroids in pigs.Journal of Nutrition,1993,123(1):133-143.

Weaver G A,Krause J A,Miller T L,et al.Cornstarch fermentation by the colonic microbial community yields more butyrate than does cabbage fiber fermentation; cornstarch fermentation rates correlate negatively with methanogenesis.The American Journal of Clinical Nutrition,1992,55(1):70-77.

Weber T K, Toporovski M S, Tahan S, et al. Dietary fiber mixture in pediatric patients with controlled chronic constipation.Journal of Pediatric Gastroenterology and Nutrition,2014,58(3):297-302.

Wellock I J, Houdijk J G M, Kyriazakis I. Effect of dietary non-starch polysaccharide solubility and inclusion level on gut health and the risk of post weaning enteric disorders in newly weaned piglets.Livestock Science,2007,108(1-3):186-189.

Wenk C.The role of dietary fibre in the digestive physiology of the pig.Animal Feed Science and Technology,2001,90(1-2):21-33.

Williams B A,Verstegen M W,Tamminga S.Fermentation in the large intestine of single-stomached animals and its relationship to animal health.Nutrition Research Reviews,2001,14(2):207-228.

Wu X,Chen D,Yu B,et al.Effect of different dietary non-starch fiber fractions on growth performance,nutrient digestibility,and intestinal development in weaned pigs.Nutrition,2018,51:20-28.

Xu R, Lu Y, Wang J, et al. Effects of the different dietary fibers on luminal microbiota composition and mucosal gene expression in pig colons.Journal of Functional Foods,2019,59:71-79.

Zenhom M,Hyder A,Vrese M,et al.Prebiotic oligosaccharides reduce proinflammatory cytokines in intestinal Caco-2 cells via activation of PPARγ and peptidoglycan recognition protein.Journal of Nutrition,2011,141(5):971-977.

Zhang W,Li D,Liu L,et al.The effects of dietary fiber level on nutrient digestibility in growing pigs.Journal of Animal Science and Biotechnology,2013,4(1):17.

Zhao J,Bai Y,Tao S,et al.Fiber-rich foods affected gut bacterial community and short-chain fatty acids production in pig model.Journal of Functional Foods,2019,57:266-274.

Zhao J,Cheung P C.Fermentation of β-glucans derived from different sources by bifidobacteria: evaluation of their bifidogenic effect.Journal of Agricultural and Food Chemistry,2011,59(11):5986-5992.

Zhao J,Liu P,Wu Y,et al.Dietary fiber increases butyrate-producing bacteria and improves the growth performance of weaned piglets.Journal of Agricultural and Food Chemistry,2018,66(30):7995-8004.

Zhu C L,Rademacher M,Lange C F M.Increasing dietary pectin level reduces utilization of digestible threonine intake,but not lysine intake,for body protein deposition in growing pigs.Journal of Animal Science,2005,83(5):1044-1053.

Zou J,Chassaing B,Singh V,et al.Fiber-mediated nourishment of gut microbiota protects against diet-induced obesity by restoring IL-22-mediated colonic health.Cell Host & Microbe,201823(1):41-53.

第 10 章 功能性脂肪酸与猪肠道健康

本章提要

脂肪酸是重要的有机营养物质，不仅能为动物提供能量，还具有很多重要功能，如改善肠道健康、增强机体免疫等。本章就不同类型脂肪酸（短链、中链和长链脂肪酸）的生理功能、对猪肠道健康的影响及其在猪日粮中的应用进行阐述，以期为脂肪酸在养猪生产中的科学应用提供参考。

脂类是油、脂肪、类脂的总称，是由甘油和脂肪酸组成的三酰甘油酯。脂类是重要的有机营养物质，能为动物体提供能量和必需脂肪酸。脂肪酸除了作为营养物质被吸收利用，还有改善猪肠道功能、增强机体免疫等重要作用，这与构成脂类的脂肪酸组成和比例密切相关。根据碳链长度，脂肪酸可分为短链脂肪酸（short-chain fatty acids，SCFAs）、中链脂肪酸（medium-chain fatty acids，MCFAs）和长链脂肪酸（long-chain fatty acids，LCFAs）。根据碳氢链饱和度的不同可分为饱和脂肪酸（saturated fatty acids，SFAs）、单不饱和脂肪酸（monounsaturated fatty acids，MUFAs）和多不饱和脂肪酸（polyunsaturated fatty acids，PUFAs）。本章就不同类型脂肪酸的生理功能、对猪肠道健康的影响及其在猪日粮中的应用进行阐述，以期为脂肪酸在养猪生产中的科学应用提供参考。

10.1 短链脂肪酸

10.1.1 短链脂肪酸的定义、种类、理化特性和来源

1.定义和种类

短链脂肪酸（SCFAs）也称为挥发性脂肪酸，是指一类碳原子数目小于 6 个的有机脂肪酸，主要包括乙酸（C2：0）、丙酸（C3：0）、丁酸（C4：0）、异丁酸、戊酸（C5：0）和异戊酸。

2.理化特性

SCFAs 具有水溶性，也溶于乙醇、乙醚、氯仿等多数有机溶剂，且为弱酸性，在胃肠道 90%～99%以离子形式存在。其中，乙酸、丙酸和丁酸均为无色透明液体，且有刺激性气味。

3.来源

肠道中的 SCFAs 主要由不可消化的碳水化合物（日粮纤维、抗性淀粉、低聚糖等）和蛋白质经肠道微生物发酵产生，进而被肠上皮细胞以及其他组织吸收和利用。发酵产生的乙酸、丙酸和丁酸含量最高，占总 SCFAs 的 95%以上，且乙酸、丙酸和丁酸的比例约为 3：1：1。食物中也

存在少量的 SCFAs，例如奶油中丁酸的含量达到 3%～4%，乳脂中也含有丰富的 SCFAs，这些 SCFAs 主要在胃和小肠被吸收，进而发挥其营养和生理功能。肠道微生物的种类、数量和发酵底物是影响 SCFAs 产生的主要因素。

食物中未消化的日粮纤维是产生 SCFAs 的主要发酵底物。日粮可利用的纤维很多，不同纤维发酵生成的 SCFAs 总量和比例不完全相同。结肠内 SCFAs 会随日粮纤维的来源和发酵性等不同而有不同程度的变化，但总体上是乙酸含量最高，丙酸大于或等于丁酸。在猪体内，盲肠和结肠近端 SCFAs 浓度最高，为 70～140 mmol/L，而在远端结肠中降低至 20～70 mmol/L。研究表明，猪分别摄入相同含量的小麦麸和燕麦麸，盲肠中 SCFAs 的含量分别是 131 mmol/L 和 92 mmol/L，乙酸、丙酸和丁酸的比例约为 6∶3∶1（Topping et al.，1993）。母猪分别摄入可消化的淀粉和抗性淀粉，盲肠中 SCFAs 的含量分别是 140 mmol/L 和 100 mmol/L（Haenen et al.，2013）。此外，体外发酵实验的数据也证实不同纤维产生 SCFAs 的速率不同。例如，纤维素、麦麸、阿拉伯胶在猪结肠产生 SCFAs 的速率分别为 5 mmol/L、13.1 mmol/L、12 mmol/L（Holtug et al.，1992）。

10.1.2 短链脂肪酸的生理功能

1.为肠道细胞提供能量

SCFAs 不仅能为肠道微生物自身提供能量，也是肠黏膜细胞重要能量来源，为细胞供能的高低顺序依次是丁酸、丙酸和乙酸。丁酸是结肠上皮细胞能量的主要来源，提供了 60%～70% 的能量。肠道发酵产生的丁酸在脂肪酸转运载体的作用下进入结肠上皮细胞，通过脂肪酸β-氧化途径生成乙酰 CoA，最后进入三羧酸循环，产生 ATP 和 CO_2。

2.影响肠道细胞的增殖和凋亡

肠道上皮细胞通过增殖和凋亡共同维持肠黏膜的自我更新。研究表明 SCFAs 对于调节肠道细胞的增殖和凋亡至关重要。给予大鼠结肠灌注 SCFAs 的混合液，不仅能增加空肠和近端结肠黏膜 DNA 含量，并且能刺激肠上皮细胞的增殖。其中丁酸对结肠上皮细胞的增殖和黏膜生长起主要作用，其次是丙酸，最后是乙酸。然而，丁酸对不同肠道细胞的增殖作用可能不同，该现象称为“丁酸悖论”（butyrate paradox）。研究发现，丁酸能显著促进正常结肠细胞的增殖（Scheppach et al.，2004），却明显抑制结肠癌细胞的增殖并诱导其凋亡（Comalada et al.，2006）。以猪小肠上皮细胞系 IPEC-J2 为模型的研究发现，高浓度的丁酸（5～10 mmol/L）能明显抑制细胞的 G1 期，抑制细胞增殖并促进其凋亡（Qiu et al.，2017）；相似的研究也发现，0.5 mmol/L 或更高的丁酸浓度能抑制 IPEC-J2 细胞的活力，并通过 p38 MAPK 信号诱导细胞的凋亡，而低于 0.5 mmol/L 的丁酸不影响细胞的活性（Yang et al.，2020）。以上现象产生的原因可能是丁酸在小肠中的浓度较低，高浓度的丁酸或许存在细胞毒性；而生理条件下丁酸在结肠的浓度较高，能作为能量底物促进结肠细胞的生长。

3.调节肠道水和电解质平衡

肠道中的 SCFAs 均属于弱酸，主要以阴离子（$SCFA^-$）形式存在，但吸收以分子弥散形式为主，离子交换为辅。分子弥散吸收发生在盲肠、结肠近端部位，$SCFA^-$ 与 H^+ 结合后经肠上皮细胞直接吸收，进入细胞后 SCFA 重新解离释放出 H^+。在近端结肠 Na^+/H^+ 发生交换，把细胞内的 H^+ 泵到肠腔，同时刺激肠腔中的 Na^+ 的吸收。离子状态的 SCFA 吸收主要由 $SCFA^-/HCO_3^-$ 交换为主，其中有极少部分的 SCFA 可通过细胞间隙以直接扩散的形式被吸收。在肠道细胞中，丁酸向肠道上皮细胞供能可增加细胞内 CO_2 的含量，产生的 CO_2 与水反应生成 HCO_3^- 和 H^+，同时促进 Na^+/H^+ 交换的进行。肠道细胞在吸收 SCFA 的过程中，不仅提高了肠道细胞对 Na^+ 的吸收，同时促进了肠道细胞对水分的吸收，作用效果由高到低依次为丁酸、丙酸和乙酸，这可能是 SCFAs 能预防仔猪腹泻的重要原因。总之，SCFA 的吸收促进了 HCO_3^- 的分泌和 Na^+、水的吸收，在维持肠道电解质平衡中起到了重要作用。

4.促进肠道激素分泌

酪酪肽(peptide tyrosine-tyrosine，PYY)和胰高血糖素样肽(glucagon-1，GLP-1)是肠道分泌的主要激素，均由肠道内分泌 L 细胞分泌产生，在调控肠道蠕动、食欲和能量代谢方面发挥关键的作用。研究表明，SCFAs 能够促进肠道 PYY 和 GLP-1 的分泌。大鼠或长白猪结肠内灌注 SCFAs 能显著增加血液 PYY 浓度，并抑制上消化道的蠕动(Cherbut et al.，1999)。小鼠灌胃 400 mg/kg 体重的丁酸钠 10 min 后血浆中 GLP-1 和 PYY 水平显著升高，通过抑制采食量，减少能量的摄入(Lin et al.，2012)。人的结肠中灌注 SCFAs 混合物(200 mmol/L)能显著增加空腹和餐后血浆中 PYY 的浓度，进而促进脂肪酸氧化，增加能量的消耗(Canfora et al.，2017)。SCFAs 的两大主要受体 GPR43 和 GPR41 参与 PYY 和 GLP-1 分泌的调节。研究表明，小鼠敲除 GPR43 会导致基础水平的 GLP-1 下降约 43%，并使葡萄糖灌胃后 GLP-1 水平降低约 47%(Tolhurst et al.，2012)。且小鼠敲除 GPR41 能显著降低丁酸对血浆中 GLP-1 和 PYY 的促进效应(Lin et al.，2012)。以上提示，SCFAs 可能通过 GPR43 和 GPR41 信号调控 PYY 和 GLP-1 的分泌，参与能量代谢的调控。

5.改善肠道血液循环

肠道的微循环影响着肠黏膜营养物质的吸收，是促进肠黏膜生长的关键因素。研究表明，采用 SCFAs 单独或混合处理均能呈剂量依赖性地促进人结肠动脉的扩张，提示 SCFAs 可能通过改善体内的结肠微循环，提高肠黏膜对营养物质的吸收作用。相似的研究也发现，SCFAs 对人回肠末端的微循环也具有明显的促进作用，主要表现为提高微循环的血流量。以上表明 SCFAs 能促进小肠血管的扩张，通过改善血液循环促进小肠黏膜生长。

10.1.3 短链脂肪酸对猪肠道健康的影响

1.促进肠道发育，维护肠道黏膜屏障

肠道黏膜屏障包括机械屏障、黏液屏障、微生物屏障和免疫屏障，是机体抵抗肠腔内残留的各种有害微生物和病原入侵的重要防线。SCFAs 在维护肠道上皮屏障和促进肠道黏液分泌中起到重要的调控作用。研究表明，21 日龄的仔猪灌胃 SCFAs 能通过增加肠道中黏蛋白 Muc1 和 Muc2 的表达增强化学屏障，提高十二指肠和回肠紧密连接蛋白 occludin 和 claudin-1 的 mRNA 表达，增强肠黏膜的屏障功能(Diao et al.，2019)。相比于其他 SCFAs，丁酸对仔猪肠道屏障的调控作用最为明显。在基础日粮中添加 1 000～2 000 mg/kg 丁酸钠能提高断奶仔猪空肠和结肠紧密连接蛋白 claudin-3、occludin 和 ZO-1 的表达，减缓仔猪腹泻，进而改善断奶仔猪生长性能(Feng et al.，2018；Huang et al.，2015)。丁酸钠也可以增加断奶仔猪的肠绒毛高度和肠绒毛高度与隐窝深度的比值，提高肠道跨上皮电阻，从而减少肠道的渗透性，加强肠道物理屏障功能(Wang et al.，2018a)。在生长猪盲肠灌注丙酸钠能显著提高结肠 occludin-1 等相关基因的表达(陈慧子等，2018)，提示丙酸能提高结肠的屏障功能。

以猪小肠上皮细胞IPEC-J2为模型的体外研究也证实，SCFAs能改善肠道细胞的屏障功能，促进肠细胞损伤后的修复。丁酸呈剂量依赖性地缓解脂多糖（lipopolysccharide，LPS）对IPEC-J2细胞屏障完整性和紧密连接通透性的损伤，显著提高紧密连接蛋白claudins-3和4的表达（Yan and Ajuwon，2017）。同样以IPEC-J2构建细胞划痕损伤模型，通过添加丁酸后发现肠道紧密连接蛋白occludin和ZO-1的表达均显著的升高（Ma et al.，2012）。丙酸（1～15 mmol/L）或低浓度丁酸（1～2 mmol/L）均能提高肠道杯状细胞中黏蛋白Muc2的表达，从而促进肠道黏蛋白的分泌，通过增强黏膜层，进而防御病原体的入侵（Willemsen et al.，2003）。总之，体内外水平证实SCFAs（尤其是丁酸）能够提高猪肠道屏障功能，维持肠道健康。

2.抑制肠道炎症反应

肠黏膜屏障一旦被破坏，肠道的通透性会相应地增加，微生物和病毒等会穿过肠上皮屏障，进入机体引起炎症反应。SCFAs能够通过JNK和NF-κB等信号通路影响炎症相关因子的表达，抑制猪肠道的炎症反应。新生仔猪灌胃丁酸钠1周后，回肠内炎症因子白细胞介素（interleukin，IL）-6、IL-8、γ-干扰素（γ-interferon，IFN-γ）、转化生长因子-β（transforming growth factor-β，TGF-β）的表达显著降低，进而抑制肠道内炎症反应（Xu et al.，2016）。给初生仔猪静脉注射10 mL 200 mmol/L的丁酸钠，可显著降低结肠促炎因子IL-6、IL-18和肿瘤坏死因子-α（tumor necrosis factor α，TNF-α）的表达，同时增加免疫球蛋白A（IgA）的分泌，缓解炎症对机体带来的影响（Chen et al.，2018）。断奶仔猪日粮中添加450 mg/kg的丁酸钠，空肠黏膜肥大细胞中组胺、类胰蛋白酶、TNF-α和IL-6的含量显著降低，且该过程受c-Jun氨基末端激酶（c-Jun N-terminal kinase，JNK）信号通路的调控（Wang et al.，2018a）。在体外水平，丁酸钠能够缓解LPS诱导的IPEC-J2细胞IL-6和IL-8 mRNA表达上调，缓解炎症的发生（Farkas et al.，2014）。转录因子NF-κB可能介导丁酸的抗炎作用。促炎信号（例如细胞因子、蛋白激酶C和病菌）通过激活NF-κB，进一步调控促炎细胞因子、黏附分子以及各种酶类的表达（Bach Knudsen et al.，2018）。而体内外的研究均表明丁酸通过抑制NF-κB的激活能显著降低细胞因子、黏附蛋白和环加氧酶2的表达（Andoh et al.，1999；Elce et al.，2017）。

3.参与肠道免疫调节

肠道炎症的发生会启动机体的自我调节机制，即分泌抗炎细胞因子，抑制促炎细胞因子以及调节免疫细胞的激活。SCFAs主要通过G蛋白偶联受体（G protein-coupled receptors，GPCR）和组蛋白去乙酰化酶（histone deacetylase，HDAC）的抑制作用调控肠道的免疫反应。

（1）GPCR途径　SCFAs的受体主要包括GPR43、GPR41和GPR109a。其中乙酸和丙酸更倾向与GPR43结合，而丁酸与GPR41的亲和力更高。GPR43主要表达在肠上皮细胞、免疫细胞和脂肪细胞；GPR41在肠上皮细胞、神经细胞和平滑肌细胞表达；而GPR109a主要在肠道细胞、脂肪细胞和免疫细胞表达，参与SCFAs介导的肠道免疫应答。SCFAs主要通过受体GPR43和GPR109a调节肠道上皮细胞的炎症反应，维护肠道健康。研究表明，SCFAs与结肠上皮细胞的GPR43结合，刺激K^+流出和超极化，导致NLRP3炎性小体激活，释放肠上皮修复因子 IL-18,从而缓解小鼠结肠炎的发生(Macia et al.,2015)。丁酸通过激活 GPR109a 受体诱导结肠上皮细胞 IL-18 的分泌,产生 Treg 细胞和分泌 IL-10 的 T 细胞,进而抑制肠道炎症反应,维持肠道上皮的稳定(Singh et al.,2014)。SCFAs 也可以促进天然免疫细胞(例如单核细胞和中性粒细胞)识别和消除抗原,从而激活适应性免疫反应,阻止病原入侵。小鼠 GPR43 缺失会增强结肠炎的发生,并且促进中性粒细胞的趋化(Maslowski et al.,2009;Sina et al.,2009)。而 SCFAs 能与 GPR43 结合诱导中性粒细胞的趋化和调节性 T 细胞的增殖(Maslowski et al.,2009)。此外,SCFAs 也可通过吞噬细胞和树突状细胞的 GPCR 信号调控免疫反应。乙酸通过树突状细胞上表达的 GPR41 促进肠道 IgA 产生,维持肠道稳态并保护肠上皮细胞免受病原的入侵(Wu et al.,2016)。丁酸主要依赖 GPR109a 信号促进结肠巨噬细胞和树突状细胞分泌 IL-10,增强 Treg 细胞的分化,从而降低结肠炎和结肠癌的发病(Singh et al.,2014)。

(2)HDAC 途径　组蛋白去乙酰化是一种表观遗传修饰的方式,通过脱去组蛋白上的乙酰基,形成抑制基因转录的染色体结构,进而调控基因的表达。HDAC 是调控组蛋白去乙酰化最为关键的酶类,其受营养的调控。SCFAs 是 HDAC 最常见的抑制剂,其中丁酸的抑制效果最强,丙酸次之。SCFAs 通过 HDAC 调控先天免疫系统,起到抗炎的作用。丁酸通过抑制 HDAC 缓解 LPS 刺激后的巨噬细胞分泌炎症因子 NO、IL-6 和 IL-12 等,降低肠道巨噬细胞的反应,起到抗炎的效果(Chang et al.,2014)。SCFAs 还通过抑制 HDAC 调节 T 细胞中细胞因子的表达以及调节性 T 细胞(Tregs)的产生。丁酸和丙酸能通过抑制 HDAC 增强 Treg 细胞的分化,调节 Treg 细胞的数量和功能,维持肠道内环境稳态,而乙酸由于缺乏 HDAC 的活性无以上的调控作用(Arpaia et al.,2013)。SCFAs 也可以通过抑制 HDAC 的活性,增加 p70S6K 的乙酰化,调控 mTOR 通路抑制 T 细胞产生 IL-10,并诱导 T 细胞向效应性 T 细胞和 Treg 细胞分化(Park et al.,2015)。在 T 细胞极化的条件下,丁酸增强启动子上的组蛋白 H3 的乙酰化并保留 Foxp3 位点的非编码序列区域,进而调节 Tregs 细胞的分化(Furusawa et al.,2013)。

(3)改善肠道微生物的结构　仔猪肠道微生物结构的紊乱会影响动物的健康,是造成仔猪腹泻的重要因素之一。由于病原微生物生存的 pH 比肠道益生菌高,而 SCFAs 能降低肠道 pH,因此 SCFAs 能抑制有害菌群,促进有益菌生长的作用。在断奶仔猪日粮中添加 0.03 % 的包膜丁酸钠能够显著降低回肠中大肠杆菌的数量,增加盲肠和结肠中乳杆菌和双歧杆菌数量,通过维持肠道菌群的稳态缓解仔猪腹泻(李虹瑾等,2017)。在生长猪盲肠灌注丙酸钠能增加拟杆菌门丰度,降低厚壁菌门丰度;在属水平上,普氏菌属和拟杆菌属丰度显著提高,但 *Turicibacter* 的丰度下降(Zhang et al.,2018)。断奶仔猪日粮添加 1 000 mg/kg 丁酸钠能显著降低回肠和结肠中乳杆菌丰度,增加梭菌科丰度,并且结肠中疣微菌科、毛螺菌科和拟杆菌丰度增加(Huang et al.,2015)。新生仔猪灌胃丁酸钠一周后能显著增加胃和结肠的丰富度和结肠微生物群的多样性,降低结肠拟杆菌门丰度,增加厚壁菌门和放线菌门丰度(Xu et al.,2016)。采用静脉注射丁酸钠尽管不影响生长猪的总菌数量,但显著增加了肠道微生物的丰富度估计数(ACE 和 Chao1),以及结肠与梭菌目相关属的丰度(Chen et al.,2018)。总之,SCFAs 可能通过调控肠道微生物菌群结构,维持猪的肠道健康。

10.1.4 短链脂肪酸在猪日粮中的应用

SCFAs(特别是丁酸)对提高新生和断奶仔猪的生长性能具有重要的作用(表 10-1)。新生仔猪由于不具备独立采食的特性,SCFAs 的获取必须以人工乳或灌胃的形式添加。而在实际生产中,灌胃方式对仔猪的应激较大,且不具备长期添加的可行性。因此,在人工乳中添加可能是新生仔猪补充 SCFAs 的最有效形式。研究表明,在 3～4 日龄新生仔猪的人工乳中额外添加(0.3 g/100 g 干物质)丁酸钠 1 周后能使平均日增重提高约 50%(Kotunia et al.,2004)。以上提示通过增加人工乳中丁酸的含量(0.3%)能提高新生仔猪的生长性能。断奶仔猪获得 SCFAs 的主要方式是在日粮中添加,且 1 000 mg/kg 的丁酸钠能有效地改善断奶仔猪的生长性能。研究证实,在 21 日的断奶仔猪日粮中添加1 000 mg/kg 的丁酸钠,第 7 天和第 14 天的平均日增重能提高 13.4%和 2.3%,料重比降低了 9.5%和 10.8%,同时提高了肠道消化酶的活性(钟翔等,2009)。但以上的结果表明随着丁酸钠的处理时间增加,其对平均日增重的影响逐渐降低。事实上,在 28 日的断奶仔猪日粮中添加 1 000 mg/kg 丁酸钠处理 21 d 后,仔猪的采食量、日增重和料肉比均无显著性影响,仅腹泻率下降(Fang et al.,2014)。以上结果提示,早期断奶仔猪短期(1 周)添加丁酸钠能改善仔猪的生长性能,但不建议长期添加使用。

生产上常以包被丁酸的形式添加在日粮中,并且能发挥长期的促生长效果。研究表明,日粮中添加 0.3%的商品包被丁酸钠饲喂 21 日龄断奶仔猪 4 周后发现,仔猪的平均日增重提高 24.12%,平均日采食量提高 12.87%,料重比下降 9.46%,并且显著降低仔猪的腹泻率(寇莎莎等,2018)。同样,日粮中添加 0.03%包被丁酸钠 4 周,可使 28 日龄的断奶仔猪平均日增重提高 7.22%,料肉比降低 2.76%,腹泻率下降 30.71%,同时可显著增加仔猪小肠绒毛高度,增加肠道益生菌含量(李虹瑾等,2017)。日粮中添加 300 mg/kg 和 500 mg/kg 的包被丁酸钠饲喂断奶小香猪 30 d,可使仔猪末重提高 4.32%和 2.01%,平均日增重提高 12.55%和 4.43%,料重比降低 7.58%和 2.36%,腹泻率下降 55.59%和 50.04%(陈国顺等,2012)。以上结果提示,日粮添加包被丁酸钠均能长期改善断奶仔猪生长性能,预防腹泻的发生。因此,建议生产中在断奶仔猪日粮中添加包被的丁酸钠,具体添加剂量依据不同包被丁酸钠的形式而定。

丁酸甘油酯是丁酸与甘油酯化后的一种形式,也常被作为饲料添加剂使用。研究发现,日粮中添加 0.1%的三丁酸甘油酯能使 25 日龄的断奶仔猪平均日增重提高 18.8%,料重比降低 11.8% (Hou et al.,2014)。在日粮中添加 0.75 g/kg 的三丁酸甘油酯能使敌草快刺激的仔猪平均日增重提高 14.1%,平均采食量提高 10.9%(Wang et al.,2019)。此外,丁酸甘油酯也能提高宫内发育迟缓仔猪(intra-uterine growth retardation,IUGR)的生长性能。在日粮中添加 0.1%的三丁酸甘油酯 21 d,能使 IUGR 仔猪的体重提高约 34.4%,几乎能达到正常仔猪的体重,同时使饲料转化效率提高 41.4%,腹泻率降低 66.8%(Dong et al.,2016)。总之,日粮中添加 0.075%～0.1%三丁酸甘油酯能有效地提高断奶仔猪的生长性能,并通过改善肠道健康,缓解仔猪腹泻。

丁酸能通过提高母猪泌乳性能,改善仔猪的生产性能(表 10-1)。在母猪配种前一个月至分娩后 7 d 的日粮中添加 500 mg/kg 的丁酸钠,使哺乳期仔猪的平均日增重提高 15.1%,通过增加初乳中免疫球蛋白 A(immunoglobulin A,IgA)的水平提高仔猪免疫力(He et al.,2016)。

表 10-1　SCFAs 在猪日粮中的应用

对象	时间	日粮配比	效果	参考文献
新生仔猪第 3 天	7 d	人工乳添加丁酸钠(0.3 g /100 g 干物质)	平均日增重提高 50%	Kotunia et al.,2004
新生仔猪第 4 天	17 d	灌胃 0.3% 丁酸钠(500 mg/2 d)	平均日增重提高 13%	Lu et al.,2012
7 日龄 IUGR 仔猪	21 d	日粮添加 0.1%三丁酸甘油酯	体重提高 34.4%,饲料转化效率提高 41.4%,腹泻率降低 66.8%	Dong et al.,2016
21 日龄断奶仔猪	14 d	日粮添加 1 000 mg/kg 丁酸钠	平均日增重提高 2.3%、料重比下降 10.8%	钟翔等,2009
21 日龄断奶仔猪	28 d	日粮添加 0.1%、0.2% 和 0.3% 包被丁酸钠	平均日增重分别提高 11.56%、20.23% 和 24.12%,平均日采食量提高 7.76%、12.19% 和 12.87%,料重比分别下降 3.38%、6.76% 和 9.46%	寇莎莎等,2018
25 日龄断奶仔猪	14 d	日粮添加 0.1%三丁酸甘油酯	平均日增重提高 18.8%,料重比降低 11.8%	Hou et al.,2014
28 日龄断奶仔猪	28 d	日粮添加 1 000 mg/kg 丁酸钠	腹泻率下降 2.3%,不影响采食量、日增重和料重比	Fang et al.,2014
28 日龄断奶仔猪	28 d	日粮添加 0.03%包被丁酸钠	平均日增重提高 7.22%,料重比降低 2.76%,腹泻率下降 30.71%	李虹瑾等,2017
25 日龄断奶小香猪	30 d	日粮添加 300 mg/kg 和 500 mg/kg 包被丁酸钠	末重提高 4.32% 和 2.01%,平均日增重提高 12.55% 和 4.43%,料重比降低 7.58% 和 2.36%,腹泻率下降 55.59% 和 50.04%	陈国顺等,2012

续表 10-1

对象	时间	日粮配比	效果	参考文献
母猪	配种至泌乳 25 d	日粮添加 500 mg/kg 或 1 000 mg/kg 包被丁酸钠	仔猪断奶均重提高 17.32% 和 14.02%，断奶窝重提高 17.30% 和 12.02%，平均日增重增加 16.88% 和 14.37%，腹泻率下降 60.76% 和 52.71%	岳敏等，2014
母猪	妊娠 77 d 至仔猪断奶	日粮添加 1 000 mg/kg 丁酸钠	仔猪 12 周体重增加 15%	Lu et al.，2012
母猪	妊娠 85 d 至泌乳 22 d	日粮添加 1 000 mg/kg 丁酸钠	断奶前仔猪存活率提高 11.3%，腹泻率下降 40.8%	Chen et al.，2019
母猪	妊娠 85 d 至泌乳结束	妊娠期日粮添加 500 mg/kg 微囊丁酸钠和泌乳期日粮添加 300 mg/kg 微囊丁酸钠	仔猪断奶日增重和断奶体重分别提高 6.57% 和 4.63%	张小东等，2012
母猪	妊娠 85 d 至断奶后 7 d	日粮添加 1 000 mg/kg 微囊丁酸钠	仔猪断奶重和平均日增重提高 0.42% 和 1.12%	王雯熙，2014
母猪	妊娠 85 d 至断奶	妊娠期日粮添加 500 mg/kg 微囊丁酸钠和泌乳期日粮添加 1 000 mg/kg 微囊丁酸钠	仔猪的初生重和断奶重提高 2.7% 和 2.8%	柘丽等，2016
母猪	分娩前 1 月至分娩后 7 d	日粮添加 500 mg/kg 丁酸钠	哺乳期仔猪的平均日增重提高 15.1%	He et al.，2016

但从母猪妊娠77～85 d至泌乳21 d添加0.1%～0.3 %丁酸钠不影响哺乳期仔猪的平均日增重，但能提高断奶前仔猪的存活率以及降低腹泻率（Lu et al.，2012；Chen et al.，2019）。以上的结果表示，从母猪配种开始添加丁酸钠能有效地改善后代仔猪的生长性能，但短期添加效果不明显。另外，母猪生产中也常用包被的丁酸钠形式进行添加。母猪从配种至泌乳25 d阶段，饲料中添加500 mg/kg和1 000 mg/kg的包被丁酸钠，可使仔猪断奶均重提高17.32%和14.02%，断奶窝重提高17.30%和12.02%，平均日增重增加16.88%和14.37%，腹泻率下降60.76%和52.71%（岳敏等，2014）。尽管在母猪分娩前一个月添加500～1 000 mg/kg包被丁酸钠也能改善仔猪的生长性能，但是与配种时开始添加相比，作用效果并不是很显著。例如，在母猪妊娠85 d添加500 mg/kg的微囊丁酸钠和泌乳期添加300 mg/kg的微囊丁酸钠，仔猪断奶日增重和断奶体重仅提高6.57%和4.63%（张小东等，2012）。而母猪妊娠85 d至断奶饲喂500～1 000 mg/kg微囊丁酸钠几乎不影响哺乳仔猪的初生重、断奶重和平均日增重（王雯熙，2014；柘丽等，2016）。因此，母猪使用SCFAs建议在配种时开始添加丁酸钠或其包被形式，推荐剂量为500 mg/kg。

10.1.5 小结与展望

肠道健康关系着动物整体健康和生产效率的高低。SCFAs不仅为机体提供能量、影响肠道细胞的增殖和凋亡、促进胃肠激素分泌和维持电解质平衡，还能影响动物的肠道形态结构和屏障功能、炎症反应、免疫功能和肠道微生物平衡，保障动物肠道健康。在养猪生产中，SCFAs（尤其是丁酸）作为一种改善动物肠道健康、促进生长的饲料添加剂被广泛地应用。在新生仔猪中，建议在人工乳中直接添加丁酸钠，具体剂量约为0.3 g/100 g干物质；而丁酸钠不适合直接添加到断奶仔猪日粮中，建议以丁酸的包被形式或酯化形式在日粮中添加，包被丁酸钠推荐剂量因商品的包被形式而定，三丁酸甘油酯的推荐剂量为0.075%～0.1%；母猪建议从配种前开始添加丁酸钠或丁酸的包被形式，推荐剂量均为500 mg/kg。

10.2 中链脂肪酸

10.2.1 中链脂肪酸的定义、种类、理化特性和来源

1.定义和种类

中链脂肪酸（MCFAs）是指碳链长度为6～12个的饱和脂肪酸，主要包括已酸（C6：0）、辛酸（C8：0）、癸酸（C10：0）和月桂酸（C12：0）等。MCFAs与甘油酯化能生成中链脂肪酸甘油酯（medium-chain triglycerides，MCTs）。根据甘油与MCFAs结合的数量，又可以将其分为甘油一酯、甘油二酯和甘油三酯。主要的MCTs为辛酸甘油三酯、癸酸甘油三酯、辛酸-癸酸甘油三酯。

2.理化特性

MCTs在室温下为液体，熔点沸点低，水溶性好，黏度小，无色，有芳香气味。MCTs具有较强的抗氧化稳定性，易与一些抗氧化剂互溶，因此可作为抗生素、激素和维生素等的良好溶剂。

3.来源

MCTs 主要来自植物油，椰汁油和棕榈油中 MCTs 的含量较高，其中在椰汁油中的含量高达 66%。一些动物的乳中也含有丰富的 MCTs，如兔子和大鼠的乳中 MCFs 含量高达 50%。

10.2.2 中链脂肪酸的生理功能

1.快速提供能量

MCFAs/MCTs 的碳链较短，易溶于水、分子质量小，这些特点有利于其在动物体内的消化、吸收和氧化代谢。与长链脂肪酸甘油三酯(long-chain triglycerides，LCTs)不同，MCTs 不需胆盐乳化即可被胰脂肪酶水解成 MCFAs 和甘油，MCFAs 也不需要结合脂肪酸结合蛋白(fatty acid-binding protein，FABPs)就可进入小肠上皮细胞，因此其吸收速度快于 LCFAs。研究表明，即使在没有胰酶参与的情况下，MCFAs 的吸收也可达到正常水平的 50%左右，说明 MCTs 水解对胰酶的依赖性低。初生仔猪由于胃肠道消化系统发育还不够完善，缺少胆盐和胰脂肪酶，MCTs 可以不经过消化，直接吸收进入小肠上皮细胞内，并由上皮细胞内脂肪酶完全水解成中链脂肪酸与甘油。因此，MCTs 能够被新生仔猪有效地消化、吸收和利用，为机体快速提供能量(de Vos et al.，2014；Gu et al.，2003)。

吸收进入小肠上皮细胞的 MCFAs 不再合成甘油三酯，也不参与乳糜微粒的形成，而是通过门静脉直接运送到肝脏，进而被肝脏代谢和利用(Zentek et al.，2011)。MCFAs 一旦进入肝脏后，绝大多数在线粒体内先进行 ω-氧化形成 α，ω-二羧酸，然后再进行 β-氧化产生大量的乙酰 CoA，而该过程不必依赖于肉碱棕榈酰转移酶 Cpt-1 的转运(Rasmussen et al.，2002；Wojtczak et al.，1993)。生成的乙酰 CoA 可在线粒体内进行三羧酸循环氧化供能，也能生成酮体为肝外组织提供能量。MCFAs 除了为肝脏供能，也能以酮体的形式满足大脑、骨骼肌和心肌等组织能量的需要。

由于独特的消化、吸收和代谢特性，MCTs/MCFAs 常被用于新生儿或新生仔猪的能量供应。仔猪补充 MCFAs 不仅能够满足初生至断奶前后的能量供应，也能缓解环境引起的应激，维持动物的生长需要。饲粮中添加 10%MCTs 不仅增加初生仔猪 3 d 后至断奶的存活率，还提高仔猪空腹的血糖水平(Azain，1993)。仔猪血糖水平升高表明 MCTs 改善了仔猪的能量状态，这可能是新生仔猪存活率升高的主要原因。在新生仔猪中补充 MCTs 后血浆中 3-羟基丁酸的增加速度显著高于补充 LCTs 的仔猪(Odle et al.，1989)。相似的结果表明，碳链长度较短的脂肪酸被代谢为 CO_2 以及酮体的速度比长链的脂肪酸快约 40%(Odle et al.，1991a)。相比于偶数碳的 MCFAs(C-8 和 C-10)，奇数碳的 MCFAs(C-7 和 C-9)更容易被肝细胞利用和代谢，这可能是丙酰 CoA 代谢的结果(Odle et al.，1991b)。MCFAs 在肝脏氧化产生大量的酮体，可以节省大脑等能源组织对葡萄糖的利用，维持体内的血糖平衡。

2.抑菌效应

MCFAs 及其甘油酯能够抑制某些病原菌的活性，发挥抑菌的作用。MCFAs 作为一种阴离子表面活性剂，能够快速地进入细菌细胞膜的脂质双分子层，进而破坏细胞膜的结构，并抑制胞内脂肪酶的活性，起到抗菌的效果(Miller et al.，2016)。体外研究表明，MCFAs 的抑菌效应可能与改变病菌的 pH 密切相关(Zentek et al.，2013)。MCFAs 在细菌细胞质中解离为质子和阴离子，并降低胞内的 pH，导致细菌必须消耗大量的能量泵出这些离子，造成细菌代谢衰竭而死亡(Hsiao et al.,1999)。此外,MCFAs 可通过抑制革兰氏阳性菌的活性,诱导一种自溶酶(autolysin)的分泌,从而引起细菌的死亡和溶解。由于进入胃肠道的 MCFAs 能被迅速吸收并以解离的形式存在,因此 MCFAs 的抗菌作用主要限于胃和十二指肠。

MCFAs 的抑菌效果与其碳链长度密切相关。辛酸和癸酸对革兰氏阳性菌的抑制作用较革兰氏阴性菌强,而月桂酸主要抑制革兰氏阴性菌。研究表明,已酸、辛酸和癸酸对大肠杆菌、沙门氏菌和金黄色葡萄球菌均具有较强的抑制作用;而月桂酸对大肠杆菌和沙门氏菌几乎没有抑制作用,但对金黄色葡萄球菌具有一定的抑制作用(祁姣姣等,2018)。

MCTs(特别是癸酸和月桂酸甘油酯)比其游离脂肪酸具有更有效的抗菌效果(Bergsson et al.,1998;Bergsson et al.,1999;Kabara et al.,1972;Petschow et al.,1998)。单癸月桂酸甘油酯通过破坏细胞膜及细胞壁抑制金黄色葡萄球菌、枯草芽孢杆菌,对大肠杆菌的抑制作用主要是引起细胞壁外膜 LPS 外泄(曾哲灵等,2013)。单月桂酸甘油酯能通过改变菌株细胞的通透性,引起胞内蛋白和离子外泄,抑制金黄色葡萄球菌、枯草芽孢杆菌等的生长,但对大肠杆菌几乎没有抑制作用(赵存洋等,2013)。半乳糖基月桂酸甘油单酯也能改变细菌细胞膜的蛋白质构象,增加细胞膜通透性,造成细菌代谢紊乱,抑制大肠杆菌、金黄色葡萄球菌、荧光假单胞菌、枯草芽孢杆菌和蜡样芽孢杆菌的活性(刁明明,2016)。单癸酸甘油酯对大肠杆菌、枯草芽孢杆菌、金黄色葡萄球菌以及霉菌具有抑制的效果,且最低的抑菌浓度约为 0.7 g /L(杨雪等,2008)。因此,MCFAs/MCTs 的广谱抗菌性使其可能成为潜在的抗生素替代物之一。

3.促进胃肠激素分泌

胃肠道分泌的激素,例如胆囊收缩素(cholecystokinin,CCK)、胃饥饿素(ghrelin),能调节动物的采食和能量代谢,其受 MCFAs 的调控。CCK 是一种由 33 个氨基酸组成的多肽,能够刺激胆囊的收缩和胰酶的分泌。研究表明,灌胃 MCTs 30 分钟后能显著提高鸡血浆中 CCK 的含量,而 LCTs 无显著影响;随着时间的延长,MCTs 对 CCK 的刺激作用始终强于 LCTs。然而,Jakob 等(2000)研究报道了不一致的结论,生长猪在十二指肠灌注 MCTs 能显著减低血浆中 CCK 的水平,不影响 PYY 的含量。而 Symersky 等(2002)研究报道,MCTs 并不影响人空肠近端 CCK 的释放、胆囊的排空和胰腺的分泌。以上 MCTs 对 CCK 分泌的调控差异可能与不同物种胃肠道的生理结构差异有关。

Ghrelin 是由胃黏膜的内分泌细胞分泌的一种多肽,具有促进生长激素(growth hormone,GH)释放,调节采食及能量代谢的功能。研究表明,MCFAs/MCTs(特别是辛酸 C_8)通过活化 ghrelin 的方式,促进 GH 的分泌,加速蛋白质的合成,从而促进动物的生长(Nishi et al.,2012)。研究发现,饲粮中添加 MCTs 均能提高断奶仔猪和生长育肥猪血浆中 Ghrelin 和 GH 的水平,提高仔猪日增重(Miller et al.,2016)。以上研究说明,MCTs 促进仔猪生长的作用机制可能与刺激 Ghrelin 和 GH 的分泌密切相关。

10.2.3 中链脂肪酸对猪肠道健康的影响

1.维持猪肠道完整性

仔猪断奶会导致小肠绒毛萎缩和消化酶活性下降,直接影响肠道的完整性和消化功能。MCFAs 可直接被肠上皮细胞利用来产生能量,从而维持断奶仔猪肠道的完整性。日粮中添加 2.4% MCTs 能显著提高断奶仔猪小肠的绒毛高度,降低隐窝深度,维持肠道形态(Dierick et al.,2004)。研究发现,饲粮添加不同水平的 MCFAs(0.2%、0.4% 和 0.6%)以及 2.5%

MCTs 均可提高断奶仔猪小肠绒毛高度，促进营养物质消化吸收(陈晨，2015)。日粮中添加 4%的 MCFAs 能显著提高小肠黏膜绒毛高度，空肠和回肠黏膜蔗糖酶、麦芽糖酶以及回肠碱性磷酸酶活性，改善肠道结构和消化吸收功能(陈少魁，2016)。在日粮中添加 0.175% MCTs 能显著缓解 LPS 刺激导致的仔猪肠道绒毛高度下降，增加空肠和回肠杯状细胞和 IgA 阳性血浆细胞的数量(de Keyser et al.，2019)。

体外研究也证实 MCFAs 对维持肠细胞的完整性具有重要的调控作用。癸酸能缓解环磷酰胺诱导的 IPEC-J2 细胞膜通透性增加，提高紧密连接蛋白 ZO-1 和 occludin 的 mRNA 表达(Lee et al.，2017)。辛酸和壬酸通过增加组蛋白 H3K4 的乙酰化，促进 β-防御素 1(pBD-1)和 pBD-2 的分泌，提高肠道屏障功能，从而缓解大肠杆菌对 IPEC-J2 细胞的侵袭(Wang et al.，2018b)。然而，研究发现高浓度的 MCFAs 反而降低了 IPEC-J2 细胞的上皮电阻，下调 occludin 的表达(Martinez-Vallespin et al.，2016)，提示高浓度的 MCFAs 可能破坏肠道的完整性。

2.调控猪肠道微生物的平衡

肠道微生物作为体内一个重要的"器官"，参与动物免疫和代谢等生理功能的调节。仔猪断奶应激易造成肠道微生物紊乱，造成仔猪腹泻和生长性能下降等不良影响。研究表明，MCFAs 能够改善猪肠道微生物菌群的多样性和数量，维持肠道健康。日粮中分别添加 0.5%、1.0%和 1.5%的 MCTs 能显著提高川藏黑猪各肠段乳酸杆菌和双歧杆菌占总细菌的比例，降低大肠杆菌和链球菌比例，改善肠道菌群结构(汤文杰等，2018)。相似的结果也证实，在日粮添加 0.3%的 MCFAs 能显著提高仔猪粪便中乳酸杆菌数量，降低仔猪粪便中大肠杆菌、沙门氏菌和肠球菌数量(Hanczakowska et al.，2016；杨金堂，2015)。研究发现日粮中添加 MCFAs 能降低沙门氏菌或产肠毒素大肠杆菌在仔猪结肠的定植，调节结肠微生物的平衡(Lopez-Colom et al.，2019)。以上结果提示 MCFAs/MCTs 能提高肠道有益微生物的数量，并抑制有害微生物的生长，预防仔猪断奶引起的腹泻。在日粮中添加 MCFAs 也能提高母猪结肠内容物中微生物菌群的 Chao 和 ACE 指数，并降低厚壁菌门、放线菌门和协同菌门的相对丰度(Chen et al.，2019)，表明 MCFAs 对母猪的肠道微生物平衡也具有重要的调节作用。

MCFAs 联合有机酸使用对维持猪的肠道微生物平衡效果更佳。研究表明，MCFAs 和有机酸同时使用可增加乳酸杆菌和双歧杆菌的数量(Wang et al.，2018c)，同时降低了大肠杆菌和总需氧菌的数量(Long et al.，2018)。在日粮中添加 0.15%辛酸和癸酸后能提高仔猪空肠内容物 Escherichia-Hafnia-Shigella 和结肠内容物 Clostridial cluster XIVa 的数量，且有机酸和 MCFAs 同时添加效果更明显(Zentek et al.，2013)。日粮中同时添加有机酸和 MCFAs 能显著增加母猪以及仔猪粪便中乳酸杆菌的数量，同时降低大肠杆菌的数量(Lan et al.，2018)。添加 0.2% 的 MCFAs 和 0.6%有机酸混合物能提高断奶仔猪肠道食糜中厚壁菌门、变形菌门、乳酸杆菌属和粪杆菌属的数量(Han et al.，2018)。

3.调节肠道免疫

MCFAs 可以通过调控 toll 样受体(toll-like receptors，TLRs)等信号缓解肠道炎症的发生，从而对肠道免疫功能起重要的调控作用。研究表明，MCFAs 能诱导巨噬细胞 NF-κB、环氧化酶 2 以及 TNF-α 等炎症相关因子的表达，其中月桂酸的作用最明显，而以上的作用在 TLR4 缺失的突变体中消失(Lee et al.，2001)。以上的结果提示 MCFAs 通过 TLR4 促进炎症因子的分泌，但 MCFAs 与 TLR4 是否直接作用目前还未见研究报道。体内的研究却认为

MCTs 能抑制 TLR4 激活引起的炎症反应。日粮添加 4% MCTs 能显著抑制 LPS 诱导的小肠中 TLR4 和核苷酸结合寡聚域受体 2(NOD2)的上调，降低肿瘤坏死因子受体相关因子 6(TRAF6)和 NF-κB 等基因的 mRNA 表达，缓解断奶仔猪的肠道损伤(Xu et al.,2018)。上皮内淋巴细胞(IEL)是存在于小肠黏膜上皮的一类独特的细胞群，在肠黏膜免疫过程中起重要的作用。肠道中 IEL 的数量能反映肠黏膜的健康状态。Dierick 等(2003)研究发现，日粮添加 MCFAs 能显著降低仔猪近端小肠 IELs 的数量，对远端小肠 IELs 的数量有降低的趋势。同时 MCFAs 也能降低沙门氏菌感染仔猪后 IEL 数量的增加(Lopez-Colom et al.,2019)。以上提示 MCFAs 通过降低仔猪肠道中 IELs 的数量，维持肠黏膜的健康。

体外研究表明，癸酸能缓解环磷酰胺诱导的 IPEC-J2 细胞中炎症相关因子(TNF-α 和 IL-6)的产生以及 NF-κB、TNF-α 和 IFN-γ 的基因的上调，抑制炎症的发生(Lee et al.,2017)。辛酸通过抑制 IL-8 启动子来抑制 Caco-2 细胞中 IL-8 的分泌(Hoshimoto et al.,2002)，但癸酸则促进 Caco-2 细胞中 IL-8 的生成(Tanaka et al.,2000)，提示不同的 MCFAs 参与的免疫调节作用不同。脂肪酸受体 GPR84 可能是 MCFAs 调控细胞免疫反应的中介。GPR84 主要在免疫细胞中表达，例如中性粒细胞、T 细胞、巨噬细胞和胶质细胞等(Bouchard et al.,2007;Hara et al.,2014;Lattin et al.,2008)。研究表明，LPS 能诱导巨噬细胞 GPR84 的表达上调，并诱导促炎细胞因子 TNF-α、IL-4、IL-6、IL-10 和 IL-12 的释放(Wang et al.,2006)。GPR84 敲除小鼠的 T 细胞能增加 Th2(IL-4)细胞因子的分泌(Venkataraman et al.,2005)。而 LPS 刺激来源于 GPR84 敲除小鼠的巨噬细胞能显著降低促炎细胞因子的表达(Nicol et al.,2015)。

10.2.4 中链脂肪酸在猪日粮中的应用

MCFAs 作为一种快速供能的物质，常被添加在新生仔猪饲粮中使用(表 10-2)。研究表明，对新生仔猪出生 12 h 和 36 h 分别灌胃 4 mL 的中链脂肪制剂，仔猪在 21 日龄时平均日增重提高 14%，但不影响成活率(陈赞谋,1999)。同样的研究也证实，新生仔猪在出生 12 h 和 36 h 灌胃 4 mL 的 MCFAs 不仅能使窝间平均日增重提高 4.42%，窝内日增重和成活率也增加 3.35%和 11.1%(朱成林等,2000)。由以上研究表明，新生仔猪在出生后 12 h 和 36 h 后灌胃 MCFAs 可有效地改善仔猪的生长性能。

MCFAs 及其甘油酯对断奶仔猪的生长性能也具有重要的调控作用(表 10-2)。日粮中以 0.5%、1.0%和 1.5%的 MCT 替代等量的豆油饲喂 25 日龄的断奶仔猪 21 d 后发现，1.0%和 1.5%的 MCT 能使仔猪末重增加 4.23%和 7.97%，平均日增重提高 7.43%和 14.57%，耗料增重比降低 7.95%和 9.09%，腹泻率下降 28.98%和 53.1%(汤文杰等,2018)。以上结果提示 1.5% MCT 具有最佳的促生长效果，而 0.5% MCT 的效果不显著。相似的研究也证实饲粮中添加0.55% MCTs 仅能提高断奶仔猪前 2 周的平均日增重，但后期的生长性能并未受到影响(Hong et al.,2012)。另外，日粮中分别采用 0.7%、1.4%和 2.1% MCTs 代替大豆油饲喂 21 日龄的断奶仔猪 2 周，能使平均日增重提高 14.59%、21.96%和 16.84，饲料转化率提高 11.32%、20.75%和 20.75%，并且 1.4% MCTs 促生长的效果最为明显(Li et al.,2015)。综合以上数据表明，日粮中以 MCTs 替代等量的豆油能显著提高断奶仔猪的生长性能，且最适推荐浓度为 1.5%左右。

表 10-2　MCFAs/MCTs 在猪日粮中的应用

对象	时间	日粮配比	效果	参考文献
1 日龄新生仔猪	21 d	中链脂肪制剂 4 mL，出生 12 h 和 36 h 各灌胃一次	平均日增重提高 14%，不影响仔猪存活率	陈赞谋，1999
1 日龄新生仔猪	3 d	中链脂肪酸 4 mL，出生 12 h 和 26 h 各灌胃一次	窝间日增重和成活率提高 4.42% 和 12.64%，窝内日增重和成活率增加 3.35% 和 11.1%	朱成林等，2000
20 日龄断奶仔猪	35 d	日粮添加 0.25%、0.5%、1.0% 和 1.5% 的 MCFAs(己酸：辛酸：癸酸=1：1：1)	平均日增重提高 3.07%、8.04%、8.98% 和 11.58，采食量增加 −1.43%、1.9%、5.87% 和 5.4%，饲料转化率提高 4.48%、5.97%、2.99% 和 5.97%。	Gebhardt et al.，2020
21 日龄断奶仔猪	14 d	日粮添加 0.7%、1.4% 和 2.1% MCTs 代替等能豆油	平均日增重提高 14.59%、21.96% 和 16.84，饲料转化率提高 11.32%、20.75% 和 20.75%	Li et al.，2015
21 日龄断奶仔猪	42 d	日粮添加 0.55% MCTs(0～14 d) 和 0.32% MCTs(15～42 d)	0～14 d 的平均日增重提高 22.59%，不影响 15～42 d 的体增重	Hong et al.，2012
23 日龄断奶仔猪	42 d	日粮添加 0.2%、0.4% 或 0.8% 的 MCFAs(己酸：辛酸：癸酸：月桂酸=1：2：4：1)	不影响平均日增重和采食量，提高小肠绒毛高度	陈晨，2015
25 日龄断奶仔猪	21 d	日粮添加 0.5%、1% 和 1.5% MCTs 代替等能豆油	平均日增重提高 0.6%、7.43% 和 14.57%，耗料增重比降低 1.7%、7.95% 和 9.09%，腹泻率下降 1.99%、28.98% 和 53.1%	汤文杰等，2018
母猪	妊娠 91 d 至泌乳 7 d	日粮添加 10%MCTs	不影响仔猪初生重或产仔数，仔猪的存活率从 80% 提高至 90%	Azain，1993
母猪	妊娠 85 d 至泌乳 28 d	日粮添加 10%MCTs 代替大豆油	新生仔猪 3 天的存活率从 47.6% 提高至 98.6%，肝脏和肌肉糖原水平增加	Jean et al.，1999
母猪	妊娠 85 d 至泌乳 22 d	日粮添加 0.775%MCFAs	仔猪腹泻率从 20.6% 降低至 14.5%，仔猪存活率从 82% 提高至 87.5%	Chen et al.，2019

日粮中单独添加 MCFAs 或其混合物对断奶仔猪生长性能的作用还不明确。在日粮中分别添加 0.25%、0.5%、1.0%和 1.5%的 MCFAs(己酸∶辛酸∶癸酸=1∶1∶1)能使断奶仔猪的平均日增重分别提高 3.07%、8.04%、8.98%和 11.58，采食量增加−1.43%、1.9%、5.87%和 5.4%，饲料转化率提高 4.48%、5.97%、2.99%和 5.97%，并且单独添加 0.25%辛酸要比己酸和癸酸的促生长效果更好(Gebhardt et al.，2020)。而在日粮中添加 0.2%、0.4%和 0.8%的 MCFAs(己酸∶辛酸∶癸酸∶月桂酸=1∶2∶4∶1)均不影响断奶仔猪的平均日增重和采食量(陈晨，2015)。由于 MCFAs 在断奶仔猪中应用的文献有限，无法确定最有效的 MCFAs 配比来提高断奶仔猪的生长性能，相关研究还有待进一步探究。

MCFAs 与其他有机酸通常联合使用。有机酸包括甲酸钙、乳酸钙、柠檬酸等。目前，常以 34%甲酸钙、16%乳酸钙、7%柠檬酸以及 13% MCFAs(月桂酸、肉豆蔻酸和癸酸混合物)等组成的有机酸混合物在饲料中应用。日粮中采用 0.3%有机酸混合物能替代氧化锌(ZnO)的作用，使 21 日龄断奶仔猪 4 周后的平均采食量和日增重提高 10.95%和 8.53%、料重比降低 14.16% (Kuang et al.，2015)，提示 MCFAs 与有机酸联合使用可替代 ZnO 在仔猪上的使用。尽管有研究报道日粮中添加 0.5%的有机酸混合物并不影响仔猪的生长性能，但其饲喂时间只有 7 d，表明 MCFAs 与有机酸短期作用对改善仔猪生长性能的效果不明显(Wang et al.，2016)。在替代抗生素的研究也发现，日粮同时添加 0.2% MCFAs 与 0.4%～0.6%有机酸饲喂 28 日龄的断奶仔猪 4 周，平均日增重提高了 19.23%，并且饲料转化率降低了 9.91%(Han et al.，2018)。以上数据表明，MCFAs 与有机酸联合使用能改善断奶仔猪的生长性能，建议以 34%甲酸钙、16%乳酸钙、7%柠檬酸以及 13% MCFAs 组成的有机酸混合物进行添加，推荐剂量为 0.3%左右。

研究表明，在妊娠后期向母猪饲喂 MCTs 可以提高新生仔猪的存活率(表 10-2)。妊娠 91 d的母猪日粮中添加 10%MCTs 尽管不影响仔猪的初生重或产仔数，但能使仔猪的存活率从 80%提高到 90%，体重小于 900 g 的仔猪的存活率从 32%提高至 68%(Azain et al.，1993)。在母猪妊娠 84 d 后的饲粮中以 10%的 MCTs 代替大豆油能使新生仔猪出生 3 d 的存活率从 47.6%提高至 98.6%，并提高仔猪肝脏和肌肉中糖原的水平(Jean et al.，1999)。母猪妊娠后期日粮中添加 MCTs 能显著提高新生仔猪空腹的血糖水平，改善仔猪的能量状况(Newcomb et al.，1991)，这可能是其提高新生仔猪存活率的主要原因。此外，MCTs 容易被氧化成酮体，酮体易穿过胎盘，用于胎盘脂质和葡萄糖的合成，从而提高出生胎儿的能量储备和仔猪的存活率。母猪日粮中添加 MCFAs 也具有改善仔猪存活率的作用，但效果不如添加 MCTs。母猪妊娠 85 d 的日粮中添加 0.775%的 MCFAs，仔猪存活率从 82%提高至 87.5%，腹泻率从 20.6%降低至 14.5%，初乳中脂质、蛋白、IgA、IgG 和 IgM 的水平均提高(Chen et al.，2019)，提示 MCFAs 可能增加母乳中的免疫因子的活性，提高仔猪的免疫能力。因此，生产中建议在母猪妊娠后期添加 10%MCTs 代替等能的大豆油，来提高新生仔猪的存活率。

10.2.5 小结与展望

MCFAs/MCTs 具有快速供能、抗菌和促进激素分泌等生理作用，能够维持仔猪肠道结构的完整性、微生物的平衡和免疫功能，提高仔猪的生产性能。因此，MCFAs/MCTs 具有替代抗生素的潜在可能，特别是被应用于仔猪或母猪的饲料中。在新生仔猪中，建议在出生后 12 h

和 36 h 灌胃 MCTs 来提高其生长性能；断奶仔猪日粮中建议以 MCTs 替代等能的大豆油，且最适推荐浓度为 1.5%左右；此外，MCFAs 与有机酸联合使用也能提高断奶仔猪的生长性能，推荐比例为 0.3%有机酸混合物（34%甲酸钙、16%乳酸钙、7%柠檬酸以及 13% MCFAs）；母猪建议从妊娠后期添加 10%MCTs 代替等能的大豆油，来提高新生仔猪的存活率。

10.3 长链脂肪酸

10.3.1 长链脂肪酸的定义、种类、理化特性和来源

1.定义和种类

长链脂肪酸（LCFAs）是指碳链中含碳原子数在 12 个以上的脂肪酸，通常在体内以酯化的形式存在，极少以游离的形式存在，是食物和饲料中含量最丰富的脂肪酸。根据碳氢链饱和与不饱和的不同可将长链脂肪酸分为 3 类：饱和脂肪酸（saturated fatty acid，SAF；其碳氢链上没有不饱和键）、单不饱和脂肪酸（monounsaturated fatty acids，MUFA；其碳氢链有一个不饱和键）、多不饱和脂肪酸（polyunsaturated fatty acids，PUFA；其碳氢链有 2 个或 2 个以上不饱和键）。长链饱和脂肪酸有豆蔻酸（C14：0）、软脂酸（C16：0）、硬脂酸（C18：0）、花生酸（C20：0）和掬焦油酸（C24：0）等；单不饱和脂肪酸包括肉豆蔻油酸（C14：1）、棕榈油酸（C18：1）、菜籽油酸（C18：1）、芥酸（C22：1）、蓖麻油酸（C18：1）；多不饱和脂肪酸包括亚油酸（C18：2）、亚麻酸（C18：3）、花生油酸（C20：2）、花生四烯酸（arachidonic acid，ARA；C20：4）、二十碳五烯酸（eicosapentaenoic acid，EPA；C20：5）、二十二碳五烯酸（C22：5）、二十二碳六烯酸（docosahexaenoic acid，DHA；C22：6）等（Chen et al.，2019）。根据能否满足机体需要的程度可将长链脂肪酸分为：必需脂肪酸和非必需脂肪酸。非必需脂肪酸是指动物本身能自行合成，不必依靠食物供应的脂肪酸，主要包括饱和脂肪酸和单不饱和脂肪酸；必需脂肪酸为动物所必需但机体自身不能合成，必须依靠食物供给，必需脂肪酸都是 PUFA。根据第一个不饱和键的位置可将 PUFA 分为 *n*-3（或 *ω*-3）、*n*-6（或 *ω*-6）和 *n*-9（或 *ω*-9）系列。研究表明，发挥重要生理作用的主要是 *n*-3 和 *n*-6 系列 PUFA（Calder et al.，2009）。

2.理化特性

纯净的长链脂肪酸大多呈无色或浅黄色，带有脂肪味，不溶于水，多溶于有机溶剂如乙醇、乙醚、烃类等。脂肪酸不饱和度越高，其在有机溶剂中的溶解度越大，碳链越长溶解度越小。一般而言，哺乳动物的脂肪酸酯饱和度较高，在常温下普遍以固体形式存在，鱼类和植物的脂肪酸酯不饱和度较高，因此在常温下普遍以液态形式存在。

3.来源

天然长链脂肪酸一般来源于动物油脂或植物油，还包括海洋生物以及一些藻类植物。单不饱和脂肪酸和多不饱和脂肪酸一般来源于植物油、海洋生物和藻类，如花生油、玉米油、豆油、坚果油、菜籽油和鱼油等。长链饱和脂肪酸来源于动物脂肪，如牛油、羊油、猪油、鸡油等。现在也可通过微生物发酵或者基因工程技术获得长链脂肪酸。

10.3.2 长链脂肪酸的生理功能

1.氧化供能

长链脂肪酸是能量代谢的重要底物，可以在线粒体内氧化分解，释放出大量能量，是机体高效的供能和储能物质。日粮中的脂肪酸一般与甘油结合形成甘油三酯，在胆汁盐的作用下乳化的甘油三酯被胰脂肪酸水解成游离脂肪酸和甘油，长链脂肪酸需要在FABPs介导下进入肠道上皮细胞。猪对长链脂肪酸的吸收主要依赖于脂肪酸转运蛋白家族4（fatty acid transport protein 4，FATP4）蛋白，上游通路可通过干扰FATP4的合成从而对长链脂肪酸的吸收进行负调控。FABPs对长链脂肪酸的结合能力强于中、短链脂肪酸，转运进入细胞后，长链脂肪酸需经过FABPs转运至滑面内质网，在此处经过酯化形成甘油三酯，再消耗能量与载脂蛋白结合组装成乳糜微粒经淋巴进入血液循环。脂肪酸提供机体30%的能量需要。长链脂肪酸只在葡萄糖供能不足的情况下才会发挥供能作用。长链脂肪酸可通过β-氧化等过程生成二氧化碳和水，并产生大量的能量供机体利用，如一分子的硬脂酸可代谢生成146个ATP。与其他类型的脂肪酸相比，长链脂肪酸被活化以后形成的脂肪酰辅酶A（脂肪酰CoA）需要在载体肉毒碱帮助下进入线粒体基质，然后通过一系列过程生成乙酰CoA和一个少两个碳的新的脂酰CoA。长链脂肪酸β-氧化也是脂肪酸的改造过程，机体所需要的脂肪酸链的长短不同，通过β-氧化可将长链脂肪酸改造成长度适宜的脂肪酸，供机体代谢所需。脂肪酸β-氧化过程中生成的乙酰CoA是一种十分重要的中间化合物，乙酰CoA除能进入三羧酸循环氧化供能外，还是许多重要化合物合成的原料，如酮体、胆固醇和类固醇化合物。

2.构成生物膜

长链脂肪酸中的PUFAs是细胞膜、线粒体膜和质膜等生物膜脂质的主要成分，在绝大多数生物膜特性中发挥关键作用，也参与磷脂的组成。磷脂中脂肪酸的浓度、链长和不饱和程度在很大程度上决定细胞膜的流动性、柔软性等特性，从而影响生物膜发挥其结构功能的作用，进而影响机体的新陈代谢能力、免疫能力以及损伤后修复能力等。动物的脑、视网膜和神经组织均含有极高浓度的DHA。人的免疫细胞膜磷脂含6%～10%的亚油酸、1%～2%的γ-亚油酸和15%～25%的ARA。研究发现，用n-3 PUFAs培养淋巴细胞，能显著改变细胞膜磷脂组成，从而增加膜流动性；饱和脂肪酸与不饱和脂肪酸的比例可影响细胞膜的流动性和膜上受体的空间构象，进而影响细胞功能（Fan et al.，2003）。研究还发现，细胞膜磷脂的变化可导致细胞内类花生酸合成、膜流动性、信号转导和基因表达等发生变化，从而影响细胞功能（Boudry et al.，2009）。

3.免疫调节

长链脂肪酸在机体内发挥的免疫效应与其合成的类二十烷酸有关。PUFAs是合成重要类二十烷酸，包括前列腺素（prostaglandins，PGs）、凝血恶烷（thromboxane，TXs）和白三烯（leukotrienes，LTs）等的前体物质。其中，n-3 PUFAs产生PGE_3、TXA3和LTB5类物质。而n-6 PUFAs产生PGE_2、TXA_2和LTB_4类物质。PEG_2是一种促炎因子，而n-3 PUFAs可以拮抗环氧化酶5生成ARA，从而降低PEG_2的合成，进而抑制炎症反应。LTB4能够增加血管的通透性和血液的流动性，是潜在的白细胞趋化剂，能够诱导释放溶菌酶，调节促炎因子TNF-α、IL-2以及IL-1等的产生。n-3 PUFAs能够显著增加细胞膜磷脂的EPA和DHA的含量，竞争性抑制环氧化酶对ARA的氧化作用，减少ARA代谢产物的生成，还能下调内毒素和细胞因子诱导的环氧化酶 2 的表达(Babcock et al.,2003)。*n*-3 PUFAs 能影响细胞膜上的离子通道,抑制细胞炎症反应,还能置换细胞膜磷脂中的 ARA,竞争环氧合酶和脂氧合酶从而减少 ARA 产生各类炎性介质,减轻炎症反应。此外,*n*-3 PUFAs 还可通过影响酶或细胞因子的基因表达、抑制促炎症因子产生、调节黏附分子表达来调节免疫功能,这种机制可以不依赖类二十烷酸的产生。研究发现,*n*-3 PUFAs 可抑制 MAPK 信号通路磷酸化,进而影响信号的转导,抑制炎性因子基因的表达,从而抑制炎症反应(Babcock et al.,2003)。还有研究发现,*n*-3 PUFAs 可抑制 NF-κB 活性从而抑制炎症反应,主要机制为:磷酸化 IκB-α 而调控 IκB 激酶(Musiek et al.,2008);激活过氧化物酶体增殖物激活受体 γ(peroxisome proliferators-activated receptor γ,PPARγ),从而抑制 NF-κB 的转录活性(Huang et al.,2011);作为 PPAR 的配体抑制 NF-κB 核转位(Ghosh-Choudhury et al.,2009)。

10.3.3 长链脂肪酸对猪肠道健康的影响

长链脂肪酸中的 PUFAs,包括 *n*-3 PUFAs、ARA 和共轭亚油酸(conjugated linoleic acid,CLA)对猪肠道健康发挥重要作用。

1.*n*-3 多不饱和脂肪酸

n-3 PUFAs 对猪肠道形态完整性与功能发挥重要保护作用。与玉米油相比,5%的鱼油能改善断奶仔猪肠道形态结构(提高小肠绒毛高度和绒毛高度/隐窝深度比值),增强肠道屏障功能(降低血浆二胺氧化酶活性,提高肠黏膜二胺氧化酶活性以及肠道紧密连接蛋白 occludin 和 claudin-1 的表达量)(Liu et al.,2012)。鱼油对肠道损伤的缓解作用与其抑制 TLR4 和核苷酸结合寡聚化结构域蛋白 2(nucleotide-binding oligomerization domain 2,NOD2)信号通路,进而抑制炎性因子(如 TNF-α 和 PGE_2)的表达密切相关。另外,日粮添加 5% EPA 可以提高 1 日龄仔猪缺血性回肠的跨上皮电阻(Jacobi et al.,2012)。与对照组相比,*n*-3 PUFAs 降低了生长育肥猪血浆内毒素的含量,抑制了内毒素由黏膜至浆膜的转运(Mani et al.,2013)。亚麻油(富含 *α*-亚麻酸)可缓解 LPS 导致的断奶仔猪肠道形态损伤,提高紧密连接蛋白 claudin-1 的表达,进而保护肠道功能的完整性(Zhu et al.,2018)。在猪肠上皮细胞(IPEC-1)上的研究发现,EPA 和 DHA 可显著缓解呕吐毒素诱导的 IPEC-1 细胞上皮屏障损伤,提高肠上皮跨膜电阻,降低细胞间的通透性,恢复细胞间紧密连接蛋白的分布(Xiao et al.,2020)。

2.花生四烯酸

n-6 PUFAs,尤其是 ARA 及其代谢物可促进肠道损伤后修复。在大鼠肠道上皮细胞(IEC-6)的划痕试验中发现,ARA 显著促进了 IEC-6 的迁移,进一步研究发现,ARA 提高了 PGE_2 的含量,而使用环氧化酶 2 抑制剂可降低 ARA 导致的细胞迁移,这表明 ARA 能够通过产生 PGE_2 促进肠细胞损伤后修复(Ruthig et al.,2002)。PGE_2 能促进仔猪肠道屏障功能损伤后快速恢复,表现为提高缺血再灌注损伤后的肠道跨上皮电阻,维持肠道的通透率(Blikslager et al.,1997,1999)。PGE_2 可通过抑制仔猪回肠细胞膜上的 Na^+/H^+ 交换从而改善缺血导致的肠上皮屏障功能障碍,提高肠道跨上皮电阻,降低细胞间的通透性(Moeser et al.,2006)。1 日龄的仔猪回肠缺血后,5% ARA 可以减轻缺血后的回肠组织学损伤,促进跨上皮电阻的恢复,并抑制 ^3H-甘露醇和 ^{14}C-菊粉由黏膜到浆膜的通透性,保护肠道屏障功能(Jacobi et al.,2012)。此外,日粮中添加 *n*-6 PUFAs 改善了营养不良导致的仔猪肠道形态损伤,增加了空肠

黏膜蛋白质和 DNA 含量，促进了小肠黏膜的修复(Lopez-Pedrosa et al.，1999)。

3.共轭亚油酸

CLA 是亚油酸几何和位置异构体，是一种新型的功能性脂肪酸，具有多种生物学功能。CLA 在多种肠道损伤模型中，均表现出保护猪的肠道健康和降低肠道炎症等作用。在葡聚糖硫酸钠诱导的猪结肠炎模型中，与大豆油相比，日粮中添加 1.33%的 CLA 可延缓肠道损伤的发生并减轻其临床症状，这与其激活 PPARγ 及其响应基因 PPARγ 辅助激活因子-1α，进而下调 TNF-α 的表达有关(Bassaganya-Riera et al.，2006)。在细菌诱导的结肠炎模型中，CLA 可减轻猪肠道炎症，这也与其诱导 PPARγ 表达，进而抑制 IFNγ 的表达有关(Bassaganya-Riera et al.，2004)。此外，在细菌诱导的结肠炎模型中发现，与大豆油相比，日粮中添加 1.33%的 CLA 可缓解结肠炎诱导的肠黏膜损伤，维持细胞因子表达谱和淋巴细胞亚群分布，并促进结肠 PPARγ 的表达(Hontecillas et al.，2002)。在产肠毒素大肠杆菌(ETEC)攻毒后，与对照组母猪所产的断奶仔猪相比，饲喂 2% CLA 日粮的母猪所产的断奶仔猪，其肠道炎症减轻，血清中 IgG 和 IgA 含量显著升高(Patterson et al.，2008)。

10.3.4 长链脂肪酸在猪日粮中的应用

日粮中添加长链脂肪酸可显著改善猪的生长性能(表 10-3)。日粮中的长链脂肪酸可通过提高日粮能量水平，降低胃排空速度，促进氨基酸的吸收，从而改善猪的生产性能，且长链脂肪酸对猪生产性能的影响与基础日粮种类没有关系。如日粮添加 7%鱼油(富含 EPA 和 DHA)能使断奶仔猪平均日增重提高 6.5%，平均日采食量提高 10.6%，降低炎性因子 IL-1β、PGE_2 和皮质醇的含量，缓解 LPS 刺激导致的仔猪生产性能的降低(Liu et al.，2003)。在研究不同脂肪种类(豆油、椰子油、脂肪粉、50%豆油加 50%椰子油和 50%脂肪粉加 50%椰子油)对断奶仔猪生产性能的影响时发现，添加脂肪可以提高断奶后 2～4 周仔猪的平均日增重和平均日采食量，其中添加 50%大豆油＋50%椰子油提高断奶仔猪生产性能的效果最为显著(Li et al.，1990)。同样地，用 50%的椰子油(富含 PUFAs)替代 50%的大豆油，可使断奶仔猪的平均日增重提高 21.5%，平均日采食量提高 15.4%(朴香淑等，2001)，其原因可能是 PUFAs 促进了仔猪葡萄糖的吸收，促进了骨矿物质和蛋白质沉积，从而促进肌肉生长，进而促进仔猪生长。在生长育肥猪日粮中添加脂肪可改善猪日增重和饲料转化率，改善猪的背膘质量和肉的风味。如在 25～95 kg 生长育肥猪日粮中添加脂肪粉(富含 PUFAs)，在提高猪生产性能的同时，还避免了对猪胴体品质的不利影响(de la Llata et al.，2001)。

日粮中添加 CLA 可提高猪的生产性能。在断奶仔猪的日粮中分别添加 0.5%、1.0%、1.5%的 CLA，饲喂 28 d 后添加 CLA 组的日增重均比对照组高，且料重比均有所下降，但采食量无显著变化(高树朋等，2013)。CLA 对猪生长性能的影响与日粮中 CLA 的添加水平、日粮类型以及饲喂持续时间、动物日龄等因素有关。如在仔猪日粮中添加 1.2～10 g/kg 的 CLA 提高了仔猪平均日增重和饲料转化率，但是在 60 kg 生长育肥猪上的研究发现，添加 7.5 g/kg 和 20 g/kg 的 CLA 对猪的生长性能无显著影响(Thiel-Cooper et al.，2001)。而在 60 kg 育肥猪中的试验却发现，与添加豆油组相比，添加 0.5% CLA 和 0.5%的亚麻油显著提高了猪的平均日增重，改善了料重比(Wiegand et al.，2002)。此外，CLA 在猪上的效果与饲养环境有一定的关系。将 21 日龄断奶仔猪分别饲养于干净和肮脏的猪舍中，饲喂不同含量的 CLA(0、0.67%、1.33%或 2%)42 d，结果发现，随着日粮 CLA 含量的升高，仔猪的平均日增重线性增加然后降低(603 g/d、623 g/d、622 g/d 和 548 g/d),且干净环境中的 CD4∶CD8 线性降低,但是肮脏环境中猪的 CD4∶CD8 比值不受影响(Bassaganya-Riera et al.,2001)。添加 CLA 可缓解细菌感染导致的仔猪生长抑制,提高试验第 8 和第 9 周的平均日增重(289 g,767 g)、平均日采食量(1 083 g,1 318 g)和饲料转化效率(226,581)(Hontecillas et al.,2002)。

母猪日粮中添加 PUFAs,可以提高仔猪成活率,改善仔猪生产性能(表 10-3)。妊娠后期母猪日粮中添加脂肪酸可为仔猪提供大量的可利用脂肪酸,增加对仔猪的能量供应,从而提高仔猪成活率和生长性能。妊娠后期母猪日粮中添加 7%鱼油可显著降低初生重小于 1.2 kg 仔猪的比例,显著提高初生重大于 1.5 kg 仔猪的育成率,还提高了初生重小于 0.9 kg 弱仔的育成率,同时显著提高了仔猪 21 日龄时的平均日增重(肖成林等,2008)。在哺乳母猪日粮中添加不同含量和来源的脂肪酸(动物油、菜油、鱼油、椰子油、棕榈油、向日葵油)能增加乳中总脂肪酸、维生素 E 和维生素 A 的浓度,且日粮中添加不同来源的脂肪酸显著影响乳中脂肪酸的组成,而母乳是刚出生的仔猪的主要食物来源,从而对仔猪的生长性能产生积极影响(Lauridsen et al.,2004)。亚麻酸还可以增加红细胞的柔韧性,增加血液的流速和红细胞的携氧能力,促进穿过胎膜的血液和营养转运,供给胎儿更多养分,提高仔猪成活率和初生体重。用妊娠后期母猪对比研究日粮添加鱼油与不添加鱼油对仔猪初生重的影响,结果发现日粮添加约占饲料 12%的消化能的鱼油(鱼油添加比例为 4%~5%),仔猪初生重(平均为 1.46 kg)比对照组(平均为 1.29 kg)有所提高(Migdal et al.,1991)。在类似的试验中发现,母猪日粮添加 7%鱼油可提高仔猪初生重和 21 日龄断奶重,其原因可能是通过抑制体内炎症反应从而促进仔猪生长(Luo et al.,2009)。妊娠后期母猪和泌乳期日粮中添加 1%的鱼油可提高仔猪体内 n-3/n-6 PUFA 比值,从而缓解仔猪断奶后各种应激的不利影响,从而提高仔猪的生产性能(McAfee et al.,2019)。同样的发现,在妊娠后期和哺乳期母猪的日粮中添加 5%的亚麻籽或亚麻油,可显著提高仔猪初生重和断奶体重,降低仔猪出生后第 2 天和第 21 天的死亡率(Baidoo et al.,2003)。在怀孕 60 d 到断奶前 21 d 的母猪饲料中添加 10 g/kg 的 n-3 PUFAs 显著提高了 21 d 断奶时仔猪的体重(Mateo et al.,2009)。在母猪日粮中添加鱼油可降低仔猪从出生到断奶时的死亡率(Rooke et al.,2001)。妊娠母猪日粮中添加 100 g/d 的鱼油可提高断奶后 2 周仔猪的日增重(Leonard et al.,2011)。在怀孕 68 d 至断奶前 21 d 的母猪饲粮中添加 3.5%的亚麻油提高了仔猪的初生重,降低断奶后仔猪的死亡率(王成,2011)。给分娩前 7 d 至产后 7 d 或至断奶前的母猪饲喂含 0.5%的 CLA 日粮,可提高仔猪的初生重和母乳中的 IgG、IgA 和 IgM 含量,提高仔猪早期成活率(Corino et al.,2009)。以上研究均表明,母猪日粮添加 PUFAs 对仔猪的成活率以及后期生长性能等有积极影响。

10.3.5 小结与展望

长链脂肪酸尤其是 PUFAs 对猪的肠道健康和生长发挥着重要作用,但是实际生产中也不是越多越好,过量摄入会引起不良反应。由于 PUFAs 容易氧化变质,产生难闻的气体,在饲料制粒、保存、运输中都存在困难,难以保证饲料营养价值和适口性,因此需要在饲料中添加适量的抗氧化剂如维生素 E、乙氧喹啉等。其中维生素 E 使用得最多,因为它可直接与有机过氧化物结合终止过氧化反应链。NRC 推荐了猪饲粮中亚油酸和亚麻酸的需要量,但其他 PUFAs 的需要量尚不清楚。因此,在猪日粮中添加 PUFAs 时,要注意其添加量,要根据实际需要合理添加油脂。

表 10-3 PUFAs 在猪日粮中的应用

对象	时间	日粮配比	效果	参考文献
14 日龄断奶仔猪	49 d	1.33% CLA	平均日增重提高 163%，平均采食量提高 21.7%，饲料转化效率提高 118%	Hontecillas et al.，2002
14 日龄断奶仔猪	49 d	日粮添加 0.67%、1.33% 和 2% CLA	平均日增重提高 3.3%、3.2%和－9.1%，饲料转化效率提高 7.4%、3.5%和 10.4%，采食量无显著变化	Bassaganya-Riera et al.，2001
21 日龄断奶仔猪	14 d	用 50%的牛油替代日粮中 50%的大豆油	平均日增重提高 35%，平均日采食量提高 22.4%，饲料转化效率提高 9.3%	朴香淑等，2001
21 日龄断奶仔猪	28 d	日粮添加 0.5%、1.0%和 1.5% CLA	平均日增重提高 3.5%、5.79% 和7.03%，料肉比降低 1.94%、2.58%和 2.58%，腹泻率降低 21.56%、46.65%和 56.32%	高树朋等，2013
21 日龄断奶仔猪	35 d	用 50% 的椰子油替代日粮中 50% 的大豆油	平均日增重提高 21.5%，平均日采食量提高 15.4%，饲料转化效率提高 7.5%	Li et al.，1999
28 日龄断奶仔猪	28 d	日粮添加 7% 鱼油	平均日增重提高 6.5%，平均日采食量提高 10.6%	Liu et al.，2003
26.3 kg 的育肥猪	21 d	日粮添加 1% CLA	日增重提高 3.4%，饲料转化率提高 5.1%，不影响平均日采食量	Thiel-Cooper et al.，2001
31 kg 育肥猪	84 d	日粮添加 5%亚麻籽	平均日采食量提高 5.7%，饲料转化效率提高 2.6%	Juarez et al.，2010
55 kg 育肥猪	38 d	日粮添加 5%棉籽油	平均日采食量降低 8.9%，饲料转化效率提高 17.7%，不影响日增重	Villela et al.，2017

续表 10-3

对象	时间	日粮配比	效果	参考文献
母猪	妊娠 103 d 至 21 d 断奶	5%或 7%鱼油	5%鱼油提高仔猪育成率 9.2%，提高 21 日龄仔猪窝增重 8.99%；7%鱼油提高育成率 6.1%，21 日龄仔猪窝增重 15.07%，提高初生重≤0.9kg 仔猪的育成率 31%	肖成林等，2008
母猪	妊娠 45 d 至断奶	日粮添加 0.5%亚麻油	仔猪出生后 5 d 窝重提高 20.9%，21 d 断奶重提高 7.3%	Tanghe et al.，2003
母猪	妊娠 90 d 直到断奶	日粮添加 4%～5%的鱼油	仔猪初生重提高 13.2%	Migdal et al.，1991
母猪	怀孕 85 d 至 22 d 断奶	日粮中添加 6.8% *n*-3 PUFA	仔猪存活率提高 3.7%，仔猪腹泻率由 20.6%降低到 17.3%	Chen et al.，2019
母猪	分娩前 7 d 至 21 d 断奶	日粮添加 0.5% CLA	仔猪初生重提高 10.2%，断奶重提高 15.1%	Corino et al.，2009
母猪	怀孕 60 d 到产后 21 d	日粮添加 0.2% PUFA	仔猪初生重提高 7.2%，仔猪 21 d 时体重提高 20.8%	Mateo et al.，2009
母猪	怀孕 68 d 到产后 21 d	日粮添加 3.5%亚麻油	仔猪出生后第 2 d 死亡率由 24.5%下降到 20.1%，21 d 仔猪死亡率由 27.1%下降到 22.2%	王成，2011

参考文献

陈晨.中链脂肪酸对断奶仔猪生产性能、肠道形态结构和微生物菌群的影响.南京:南京农业大学,2015.

陈国顺,余荣,冯光彧.日粮中添加包膜丁酸钠对香猪生产性能和血液生化指标的影响.中国畜牧兽医,2012,39(6):98-100.

陈慧子,张亚南,余凯凡,等.盲肠灌注丙酸对生长猪结肠黏膜基因表达的影响.动物营养学报,2018,30(8):3134-3141.

陈少魁.中链脂肪酸对脂多糖诱导的仔猪肠道和肝脏损伤的调控作用.武汉:武汉轻工大学,2016.

陈赞谋.添加中链脂肪制剂对哺乳仔猪饲养效果的研究.家畜生态学报,1999,20(1):4-6.

刁明明.半乳糖基月桂酸甘油单酯的抑菌活性及机理的研究.南京:南京农业大学,2016.

高树朋,程茂基.共轭亚油酸对断奶仔猪生产性能的影响.中国饲料,2013(7):23-24.

寇莎莎,王诏升,徐德旺,等.日粮中添加不同水平丁酸钠对断奶仔猪生长性能、腹泻率及血液生化指标的影响.中国畜牧兽医,2018,45(7):1841-1848.

李虹瑾,沙万里,尹柏双,等.包膜丁酸钠对断奶仔猪肠道菌群及生长性能的影响.家畜生态学报,2017,38(9):30-35

朴香淑,李德发,代建国,等.不同脂肪来源对早期断奶仔猪生产性能的影响.动物营养学报,2001,13(4):34-39.

祁姣姣,朱剑锋,周海泳,等.中链脂肪酸与肉桂醛联合使用的抑菌特性与机制研究.中国饲料,2018,8:23-29.

汤文杰,李书伟,张杰,等.不同剂量中链甘油三酯对川藏黑猪断奶仔猪生长性能和肠道微生物菌群比例的影响.中国畜牧杂志,2018,54(4):61-65.

王成.亚麻对妊娠母猪和新生仔猪生产性能的影响研究.饲料广角,2001(8):31-34.

王雯熙.微囊丁酸钠对种母猪繁殖性能及哺乳仔猪生产性能的影响.中国畜牧杂志,2014,50(12):70-73.

肖成林,田春庄,黄飞若,等.母猪日粮中的鱼油对乳中脂肪酸和仔猪生长性能的影响.动物营养学报,2008(1):8-15.

杨金堂.中链脂肪酸对高温环境下猪饲养和疾病防治的应用与机理研究.南京:南京农业大学,2015.

岳敏,许丽,方翠林,等.丁酸钠对母猪生产性能和抗氧化功能及后代仔猪生长的影响.中国畜牧杂志,2014,50(23):44-47.

曾哲灵,赵存洋,罗春燕,等.单癸月桂酸甘油酯的抑菌作用及机理研究.食品科学,2013,34(3):78-82.

张小东,余荣,赵民.微囊丁酸钠对母猪生产性能与仔猪生长性能的影响.中国饲料,2012,5:14-16.

柘丽,余荣,侯嘉,等.饲粮添加微囊丁酸钠对母猪及后代生产性能的影响.饲料工业,2016,37(18):12-15.

钟翔,黄小国,陈莎莎,等.丁酸钠对断奶仔猪生长性能和肠道消化酶活性的影响.动物营养学报,2009,21(5):719-726

朱成林,孙家鹏.中链脂肪酸对新生仔猪成活率和增重的作用.新疆畜牧业,2000,(S1):11-14.

Andoh A,Bamba T,Sasaki M.Physiological and anti-inflammatory roles of dietary fiber and butyrate in intestinal functions.Journal of Parenteral and Enteral Nutrition,1999,23(5):70-73.

Arpaia N,Campbell C,Fan X,et al.Metabolites produced by commensal bacteria promote peripheral regulatory T-cell generation.Nature,2013,504(7480):451-455.

Azain M J.Effects of adding medium-chain triglycerides to sow diets during late gestation and early lactation on litter performance.Journal of Animal Science,1993,71(11):3011-3019.

Babcock T A,Kurland A,Helton W S,et al.Inhibition of activator protein-1 transcription factor activation by omega-3 fatty acid modulation of mitogen-activated protein kinase signaling kinases.Journal of Parenteral and Enteral Nutrition,2003,27(3):176-180.

Bach Knudsen K E,Laerke H N,Hedemann M S,et al.Impact of diet-modulated butyrate production on intestinal barrier function and inflammation.Nutrients,2018,10(10):1499.

Baidoo S K,Azunaya G,Fallah-Rad A.Effects of feeding flaxseeds on the production traits of sows.Journal of Animal Science,2003,81:320.

Bassaganya-Riera J,Hontecillas R.CLA and n-3 PUFA differentially modulate clinical activity and colonic PPAR-responsive gene expression in a pig model of experimental IBD.Clinical Nutrition,2006,25(3):454-465.

Bassaganya-Riera J,Hontecillas-Magarzo R,Bregendahl K,et al.Effects of dietary conjugated linoleic acid in nursery pigs of dirty and clean environments on growth, empty body composition, and immune competence.Journal of Animal Science,2001,79(3):714-721.

Bassaganya-Riera J,King J,Hontecillas R.Health benefits of CLA-lessons from pig models in biomedical research.European Journal of Lipid Science and Technology,2004,106(12):856-861.

Benoit B,Bruno J,Kayal F,et al.Saturated and unsaturated fatty acids differently modulate colonic goblet cells in vitro and in rat pups.The Journal of Nutrition,2015,145(8):1754-1762.

Bergsson G,Arnfinnsson J,Karlsson S M,et al.In vitro inactivation of Chlamydia trachomatis by fatty acids and monoglycerides.Antimicrobial Agents and Chemotherapy,1998,42(9):2290-2294.

Bergsson G,Steingrimsson O,Thormar H.In vitro susceptibilities of Neisseria gonorrhoeae to fatty acids and monoglycerides.Antimicrobial Agents and Chemotherapy,1999,43(11):2790-2792.

Blikslager A T,Roberts M C,Argenzio R A.Prostaglandin-induced recovery of barrier function in porcine ileum is triggered by chloride secretion. American Journal of Physiology-Gastrointestinal and Liver Physiology,1999,276(1):G28-36.

Blikslager A T,Roberts M C,Rhoads J M,et al.Prostaglandins Ⅰ-2 and E-2 have a synergistic role in rescuing epithelial barrier function in porcine ileum.Journal of Clinical Investigation,1997,100(8):1928-1933.

Borniquel S,Jädert C,Lundberg J O,et al.Dietary conjugated linoleic acid activates PPARγ and the intestinal trefoil factor in SW480 cells and mice with dextran sulfate sodium-induced colitis. The Journal of Nutrition,2012,142(12):2135-2140.

Bouchard C,Pagé J,Bédard A,et al.G protein-coupled receptor 84,a microglia-associated protein expressed in neuroinflammatory conditions.Glia,2007,55(8):790-800.

Boudry G, Douard V, Mourot J, et al. Linseed oil in the maternal diet during gestation and lactation modifies fatty acid composition,mucosal architecture,and mast cell regulation of the ileal barrier in piglets.The Journal of Nutrition,2009,139(6):1110-1117.

Calder P C.Fatty acids and immune function: relevance to inflammatory bowel diseases.International Reviews of Immunology,2009,28(6):506-534.

Calder P C.Immunomodulation by omega-3 fatty acids.Prostaglandins,Leukotrienes and Essential Fatty Acids,2007,77(5-6):327-335.

Canfora E E,van der Beek C M,Jocken J W E,et al.Colonic infusions of short-chain fatty acid mixtures promote energy metabolism in overweight/obese men: a randomized crossover trial.Scientific Reports,2017,7(1):2360.

Chang P V,Hao L,Offermanns S,et al.The microbial metabolite butyrate regulates intestinal macrophage function via histone deacetylase inhibition.Proceedings of the National Academy of Sciences of the United States of America,2014,111(6):2247-2252.

Chartrand R, Matte J J, Lessard M, et al. Effect of dietary fat sources on systemic and intrauterine synthesis of prostaglandins during early pregnancy in gilts.Journal of Animal Science,2003,81(3):726-734.

Chen J,Li Y,Tang Z,et al.Regulatory functions of fatty acids with different chain lengths on the intestinal health in pigs and relative signaling pathways.Current Protein& Peptide Science,2019,20(7):674-682.

Chen J,Xu Q,Li Y,et al.Comparative effects of dietary supplementations with sodium butyrate,medium-chain fatty acids,and n-3 polyunsaturated fatty acids in late pregnancy and lactation on the reproductive performance of sows and growth performance of suckling piglets.Journal of Animal Science,2019,97(10):4256-4267.

Chen X,Xu J,Su Y,et al.Effects of intravenous infusion with sodium butyrate on colonic microbiota,intestinal development-and mucosal immune-related gene expression in normal growing pigs.Frontiers in Microbiology,2018,9:1652.

Chen Y,Yang B,Ross R P,et al.Orally administered CLA ameliorates DSS-induced colitis in mice via intestinal barrier improvement,oxidative stress reduction,and inflammatory cytokine and gut microbiota modulation.Journal of Agricultural and Food Chemistry,2019,67(48):13282-13298.

Cherbut C,Ferrier L,Rozé C,et al.Short-chain fatty acids modify colonic motility through nerves and polypeptide YY release in the rat.American Journal of Physiology,1999,275(6):1415-1422.

Comalada M,Bailón E,de Haro O,et al.The effects of short-chain fatty acids on colon epithelial proliferation and survival depend on the cellular phenotype.Journal of Cancer Research and Clinical Oncology,2006,132(8):487-497.

Corino C,Pastorelli G,Rosi F,et al.Effect of dietary conjugated linoleic acid supplementation in sows on performance and immunoglobulin concentration in piglets.Journal of Animal Science,2009,87(7):2299-2305.

Costantini L,Molinari R,Farinon B,et al.Impact of omega-3 fatty acids on the gut microbiota.International Journal of Molecular Sciences,2017,18(12):2645.

De Keyser K,Dierick N,Kanto U,et al.Medium-chain glycerides affect gut morphology,immune-and goblet cells in post-weaning piglets: In vitro fatty acid screening with *Escherichia coli* and in vivo consolidation with LPS challenge.Journal of Animal Physiology and Animal Nutrition,2019,103(1):221-230.

De la Llata M,Dritz S S,Tokach M D,et al.Effects of dietary fat on growth performance and carcass characteristics of growing-finishing pigs reared in a commercial environment.Journal of Animal Science,2001,79(10):2643-2650.

De Quelen F,Chevalier J,Rolli-Derkinderen M,et al.*N*-3 polyunsaturated fatty acids in the maternal diet modify the postnatal development of nervous regulation of intestinal permeability in piglets.The Journal of Physiology,2011,589(17):4341-4352.

De Vos M, Che L, Huygelen V, et al. Nutritional interventions to prevent and rear low-birthweight piglets.Journal of Animal Physiology and Animal Nutrition,2014,98(4):609-619.

Desaldeleer C,Ferret-Bernard S,de Quelen F,et al.Maternal 18:3 *n*-3 favors piglet intestinal passage of LPS and promotes intestinal anti-inflammatory response to this bacterial ligand.The Journal of Nutritional Biochemistry,2014,25(10):1090-1098.

Diao H,Jiao A R,Yu B,et al.Gastric infusion of short-chain fatty acids can improve intestinal barrier function in weaned piglets.Genes & Nutrition,2019,14:4.

Dierick N,Michiels J,Van N C.Effect of medium chain fatty acids and benzoic acid,as alternatives for antibiotics,on growth and some gut parameters in piglets.Communications in Agricultural and Applied Biological Sciences,2004,69(2):187-190.

Dong L,Zhong X,He J,et al.Supplementation of tributyrin improves the growth and intestinal digestive and barrier functions in intrauterine growth-restricted piglets.Clinical Nutrition,2016,35(2):399-407.

Elce A,Amato F,Zarrilli F,et al.Butyrate modulating effects on pro-inflammatory pathways in human intestinal epithelial cells.Beneficial Microbes,2017,8(5):841-847.

Fan Y Y,McMurray D N,Ly L H,et al.Dietary(*n*-3) polyunsaturated fatty acids remodel mouse T-cell lipid rafts.The Journal of Nutrition,2003,133(6):1913-1920.

Fang C L,Sun H,Wu J,et al.Effects of sodium butyrate on growth performance,haematological and immunological characteristics of weanling piglets.Journal of Animal Physiology and Animal Nutrition,2014,98(4):680-685.

Farkas O,Matis G,Paszti-Gere E,et al.Effects of Lactobacillus plantarum 2142 and sodium n-butyrate in lipopolysaccharide-triggered inflammation: comparison of a porcine intestinal epithelial cell line and primary hepatocyte monocultures with a porcine enterohepatic co-culture system.Journal of Animal Science,2014,92(9):3835-3845.

Feng W,Wu Y,Chen G,et al.Sodium butyrate attenuates diarrhea in weaned piglets and promotes tight junction protein expression in colon in a GPR109A-Dependent manner. Cellular Physiology and Biochemistry,2018,47(4):1617-1629.

Furusawa Y,Obata Y,Fukuda S,et al.Commensal microbe-derived butyrate induces the differentiation of colonic regulatory T cells.Nature,2013,504(7480):446-450.

Gebhardt J,Thomson K,Woodworth J,et al.Effect of dietary medium-chain fatty acids on nursery pig growth performance,fecal microbial composition,and mitigation properties against porcine epidemic diarrhea virus following storage.Journal of Animal Science,2020,98(1):358.

Ghosh-Choudhury T,Mandal C C,Woodruff K,et al.Fish oil targets PTEN to regulate NFkappaB for downregulation of antiapoptotic genes in breast tumor growth. Breast Cancer Resaerch and Treatment,2009,118(1):213-228.

Gu X,Li D. Fat nutrition and metabolism in piglets: a review. Animal Feed Science & Technology,2003,109(1):151-170.

Haenen D,Zhang J,Souza da Silva C,et al. A diet high in resistant starch modulates microbiota composition,SCFA concentrations,and gene expression in pig intestine. The Journal of Nutrition,2013,143(3):274-283.

Han Y S,Tang C H,Zhao Q Y,et al.Effects of dietary supplementation with combinations of organic and medium chain fatty acids as replacements for chlortetracycline on growth performance,serum immunity,and fecal microbiota of weaned piglets.Livestock Science,2018,216:210-218.

Hanczakowska E,Świątkiewicz M,Wiśniewska M N,et al.Medium chain fatty acids(MCFA) and/or probiotic Enterococcus faecium as a feed supplement for piglets.Livestock Science,2016,192:1-7.

Hara T,Kashihara D,Ichimura A,et al.Role of free fatty acid receptors in the regulation of energy metabolism.Biochimica et Biophysica Acta,2014,1841(9):1292-1300.

He B,Wang M,Guo H,et al.Effects of sodium butyrate supplementation on reproductive performance and colostrum composition in gilts.Animal,2016,10(10):1722-1727.

Holtug K,Rasmussen H S,Mortensen P B.An in vitro study of short-chain fatty acid concentrations,production and absorption in pig (Sus scrofa) colon. Comparative Biochemistry and Physiology Part A: Physiology,1992,103(1):189-197.

Hong S M,Hwang J H,Kim I H.Effect of medium-chain triglyceride(MCT) on growth performance,nutrient digestibility,blood characteristics in weanling pigs. Asian-Australasian Journal of Animal Sciences,

2012,25(7):1003-1008.

Hontecillas R,Wannemeulher M J,Zimmerman D R,et al.Nutritional regulation of porcine bacterial-induced colitis by conjugated linoleic acid.The Journal of Nutrition,2002,132(7):2019-2027.

Hoshimoto A,Yasuo S,Tatsuro K,et al.Caprylic acid and medium-chain triglycerides inhibit IL-8 gene transcription in Caco-2 cells: comparison with the potent histone deacetylase inhibitor trichostatin A.British Journal of Pharmacology,2002,136(2):280-286.

Hou Y,Wang L,Yi D,et al.Dietary supplementation with tributyrin alleviates intestinal injury in piglets challenged with intrarectal administration of acetic acid. British Journal of Nutrition, 2014, 111(10): 1748-1758.

Hsiao C P,Siebert K J.Modeling the inhibitory effects of organic acids on bacteria.International Journal of Food Microbiology,1999,47(3):189-201.

Huang C,Song P,Fan P,et al.Dietary sodium butyrate decreases postweaning diarrhea by modulating intestinal permeability and changing the bacterial communities in weaned piglets. The Journal of Nutrition, 2015,145(12):2774 2780.

Huang F,Wei H,Luo H,et al.EPA inhibits the inhibitor of κBα(IκBα)/NF-κB/muscle RING finger 1 pathway in C2C12 myotubes in a PPARγ-dependent manner. The British Journal of Nutrition, 2011, 105 (3):348-356.

Jacobi S K,Moeser A J,Corl B A,et al.Dietary long-chain PUFA enhance acute repair of ischemic injured intestine of suckling pigs.The Journal of Nutrition,2012,142(7):1266-1271.

Jakob S,Mosenthin R,Zabielski R,et al.Fats infused intraduodenally affect the postprandial secretion of the exocrine pancreas and the plasma concentration of cholecystokinin but not of peptide YY in growing pigs.The Journal of Nutrition,2000,130(10):2450-2455.

Jean K B,Chiang S H.Increased survival of neonatal pigs by supplementing medium-chain triglycerides in late-gestating sow diets.Animal Feed Science & Technology,1999,76(3-4):241-250.

Kabara J J,Swieczkowski D M,Conley A J,et al.Fatty acids and derivatives as antimicrobial agents.Antimicrobial Agents and Chemotherapy,1972,2(1):23-28.

Kotunia A,Wolinski J,Laubitz D,et al.Effect of sodium butyrate on the small intestine development in neonatal piglets feed by artificial sow.Journal of Physiology and Pharmacology,2004,55(Suppl 2):59-68.

Kuang Y,Wang Y,Zhang Y,et al.Effects of dietary combinations of organic acids and medium chain fatty acids as a replacement of zinc oxide on growth,digestibility and immunity of weaned pigs.Animal Feed Science & Technology,2015,208:145-157.

Lan R,Kim I.Effects of organic acid and medium chain fatty acid blends on the performance of sows and their piglets.Animal Science Journal,2018,89(12):1673-1679.

Lattin J E,Schroder K,Su A I,et al.Expression analysis of G Protein-Coupled Receptors in mouse macrophages.Immunome Research,2008,4(1):5.

Lauridsen C,Danielsen V.Lactational dietary fat levels and sources influence milk composition and performance of sows and their progeny.Livestock Production Science,2004,91(1-2):95-105.

Lee J Y,Sohn K H,Rhee S H,et al.Saturated fatty acids,but not unsaturated fatty acids,induce the expression of cyclooxygenase-2 mediated through toll-like receptor 4.Journal of Biological Chemistry,2001,276(20):16683-16689.

Lee S,Kang K.Function of capric acid in cyclophosphamide-induced intestinal inflammation,oxidative stress,and barrier function in pigs.Scientific Reports,2017,7(1):16530.

Leonard S G, Sweeney T, Bahar B, et al. Effect of dietary seaweed extracts and fish oil supplementation in sows on performance, intestinal microflora, intestinal morphology, volatile fatty acid concentrations and immune status of weaned pigs. The British Journal of Nutrition, 2011, 105(4): 549-560.

Li D F, Thaler R C, Nelssen J L, et al. Effect of fat sources and combinations on starter pig performance, nutrient digestibility and intestinal morphology. Journal of Animal Science, 1990, 68(11): 3694-3704.

Li Y, Zhang H, Yang L, et al. Effect of medium-chain triglycerides on growth performance, nutrient digestibility, plasma metabolites and antioxidant capacity in weanling pigs. Animal Nutrition, 2015, 1(1): 12-18.

Lin H V, Frassetto A, Kowalik E J, et al. Butyrate and propionate protect against diet-induced obesity and regulate gut hormones via free fatty acid receptor 3-independent mechanisms. PLoS One, 2012, 7(4): e35240.

Liu Y L, Chen F, Odle J, et al. Fish oil enhances intestinal integrity and inhibits TLR4 and NOD2 signaling pathways in weaned pigs after LPS challenge. The Journal of Nutrition, 2012, 142(11): 2017-2024.

Liu Y L, Li D F, Gong L M, et al. Effects of fish oil supplementation on the performance and the immunological, adrenal, and somatotropic responses of weaned pigs after an *Escherichia coli* lipopolysaccharide challenge. Journal of Animal Science, 2003, 81(11): 2758-2765.

Long S F, Xu Y T, Pan L, et al. Mixed organic acids as antibiotic substitutes improve performance, serum immunity, intestinal morphology and microbiota for weaned piglets. Animal Feed Science & Technology, 2018, 235: 23-32.

Lopez-Colom P, Castillejos L, Rodríguez-Sorrento A, et al. Efficacy of medium-chain fatty acid salts distilled from coconut oil against two enteric pathogen challenges in weanling piglets. Journal of Animal Science & Biotechnology, 2019, 10(1): 89.

Lu H, Su S, Ajuwon K M. Butyrate supplementation to gestating sows and piglets induces muscle and adipose tissue oxidative genes and improves growth performance. Journal of Animal Science, 2012, 90(Suppl 4): 430-432.

Luo J, Huang F R, Xiao C L. Effect of dietary supplementation of fish oil for lactating sows and weaned piglets on piglet Th polarization. Livestock Science, 2009, 126(1-3): 286-291.

López-Pedrosa J M, Ramírez M, Torres M I, et al. Dietary phospholipids rich in long-chain polyunsaturated fatty acids improve the repair of small intestine in previously malnourished piglets. The Journal of Nutrition, 1999, 129(6): 1149-1155.

Ma X, Fan P X, Li L S, et al. Butyrate promotes the recovering of intestinal wound healing through its positive effect on the tight junctions. Journal Animal Science, 2012, 90(Suppl 4): 266-268.

Macia L, Tan J, Vieira A T, et al. Metabolite-sensing receptors GPR43 and GPR109A facilitate dietary fibre-induced gut homeostasis through regulation of the inflammasome. Nature Communications, 2015, 6: 6734.

Mani V, Hollis J H, Gabler N K. Dietary oil composition differentially modulates intestinal endotoxin transport and postprandial endotoxemia. Nutrition & Metabolism, 2013, 10(1): 6.

Martinez-Vallespin B, Vahjen W, Zentek J. Effects of medium-chain fatty acids on the structure and immune response of IPEC-J2 cells. Cytotechnology, 2016, 68(5): 1925-1936.

Maslowski K M, Vieira A T, Ng A, et al. Regulation of inflammatory responses by gut microbiota and chemoattractant receptor GPR43. Nature, 2009, 461(7268): 1282-1286.

Mateo R D, Carroll J A, Hyun Y, et al. Effect of dietary supplementation of n-3 fatty acids and elevated concentrations of dietary protein on the performance of sows. Journal of Animal Science, 2009, 87(3): 948-959.

Mateo R J D. Arginine and omega-3 fatty acids for enhancing reproductive performance of sows. Dissertation for the Doctor's Degree, Texas Tech University, 2011.

McAfee J M, Kattesh H G, Lindemann M D, et al. Effect of omega-3 polyunsaturated fatty acid (*n*-3 PUFA) supplementation to lactating sows on growth and indicators of stress in the postweaned pig. Journal of Animal Science, 2019, 97(11): 4453-4463.

Migdal W, Kaezmarezyk J. Effect of fish oils in the diets for sows on chemical composition of milk and results of piglet management. Acta Agraria et Silveslria, 1991, 29: 47-58.

Miller D W, Prosser Z, Chee E Y W, et al. Dietary stimulation of the endogenous somatotropic axis in weaner and grower-finisher pigs using medium chain triglycerides and cysteamine hydrochloride. Journal of Animal Science & Biotechnology, 2016, 7: 61.

Moeser A J, Nighot P K, Ryan K A, et al. Prostaglandin-mediated inhibition of Na^+/H^+ exchanger isoform 2 stimulates recovery of barrier function in ischemia-injured intestine. American Journal of Physiology-Gastrointestinal and Liver Physiology, 2006, 291(5): G885-894.

Musiek E S, Brooks J D, Joo M, et al. Electrophilic cyclopentenone neuroprostanes are anti-inflammatory mediators formed from the peroxidation of the ω-3 polyunsaturated fatty acid docosahexaenoic acid. The Journal of Biology Chemistry, 2008, 294(16): 6657.

Newcomb M D, Harmon D L, Nelssen J L, et al. Effect of energy source fed to sows during late gestation on neonatal blood metabolite homeostasis, energy stores and composition. Journal of Animal Science, 1991, 69(1): 230-236.

Nicol L S, Dawes J M, La Russa F, et al. The role of G-protein receptor 84 in experimental neuropathic pain. The Journal of Neuroscience, 2015, 35(23): 8959-8969.

Nishi Y, Mifune H, Kojima M. Ghrelin acylation by ingestion of medium-chain fatty acids. Methods in Enzymology, 2012, 514: 303-315.

Odle J, Benevenga N J, Crenshaw T D. Postnatal age and the metabolism of medium-and long-chain fatty acids by isolated hepatocytes from small-for-gestational-age and appropriate-for-gestational-age piglets. The Journal of Nutrition, 1991, 121(5): 615-621.

Odle J, Benevenga N J, Crenshaw T D. Utilization of medium-chain triglycerides by neonatal piglets: chain length of even-and odd-carbon fatty acids and apparent digestion/absorption and hepatic metabolism. The Journal of Nutrition, 1991, 121(5): 605-614.

Odle J, Benevenga N J, Crenshaw T D. Utilization of medium-chain triglycerides by neonatal piglets: II. Effects of even-and odd-chain triglyceride consumption over the first 2 days of life on blood metabolites and urinary nitrogen excretion. Journal of Animal Science, 1989, 67(12): 3340-3351.

Park J, Kim M, Kang S G, et al. Short-chain fatty acids induce both effector and regulatory T cells by suppression of histone deacetylases and regulation of the mTOR-S6K pathway. Mucosal Immunology, 2015, 8(1): 80-93.

Patterson R, Connor M L, Krause D O, et al. Response of piglets weaned from sows fed diets supplemented with conjugated linoleic acid (CLA) to an *Escherichia coli* K88 oral challenge. Animal, 2008, 2(9): 1303-1311.

Petschow B W, Batema R P, Talbott R D, et al. Impact of medium-chain monoglycerides on intestinal colonisation by Vibrio cholerae or enterotoxigenic *Escherichia coli*. Journal of Medical Microbiology, 1998, 47(5): 383-389.

Qiu Y, Ma X, Yang X, et al. Effect of sodium butyrate on cell proliferation and cell cycle in porcine intestinal epithelial (IPEC-J2) cells. In Vitro Cellular & Developmental Biology. Animal, 2017, 53(4): 304-311.

Rasmussen B B,Holmback U C,Volpi E,et al.Malonyl coenzyme A and the regulation of functional carnitine palmitoyltransferase-1 activity and fat oxidation in human skeletal muscle.The Journal of Clinical Investigation,2002,110(11):1687-1693.

Rooke J A,Sinclair A G,Edwards S A,et al.The effect of feeding salmon oil throughout pregnancy on preweaning mortality of piglet.Animal Science,2001,73(03):489-500.

Ruthig D J,Meckling-Gill K A.N-3 and n-6 fatty acids stimulate restitution by independent mechanisms in the IEC-6 model of intestinal wound healing.The Journal of Nutritional Biochemistry,2002,13(1):27-35.

Scheppach W,Weiler F.The butyrate story: old wine in new bottles?.Current Opinion in Clinical Nutrition and Metabolic Care,2004,7(5):563-567.

Shen Y,Wan H,Zhu J,et al.Fish oil and olive oil supplementation in late pregnancy and lactation differentially affect oxidative stress and inflammation in sows and piglets.Lipids,2015,50(7):647-658.

Sina C,Foerster M,Derer S,et al.G-protein coupled receptor 43(Gpr43)is essential for neutrophil recruitment during intestinal inflammation.The Journal of Immunology,2009,183(11):7514-7522.

Singh N,Gurav A,Sivaprakasam S,et al.Activation of Gpr109a,receptor for niacin and the commensal metabolite butyrate,suppresses colonic inflammation and carcinogenesis.Immunity,2014,40(1):128-139.

Symersky T,Vu M K,Frolich M,et al.The effect of equicaloric medium-chain and long-chain triglycerides on pancreas enzyme secretion.Clinical Physiology and Functional Imaging,2002,22(5):307-311.

Tanaka S,Saitoh O,Matsuse R,et al.Medium-chain fatty acids stimulate interleukin-8 production in Caco-2 cells by different mechanisms from long-chain fatty acids. Journal of Gastroenterology & Hepatology,2000,16(7):748-754.

Thiel-Cooper R L,Parrish F C Jr,Sparks J C,et al.Conjugated linoleic acid changes swine performance and carcass composition.Journal of Animal Science,2001,79(7):1821-1828.

Tolhurst G,Heffron H,Lam Y S,et al.Short-chain fatty acids stimulate glucagon-like peptide-1 secretion via the G-protein-coupled receptor FFAR2.Diabetes,2012,61(2):364-371.

Topping D L,Illman R J,Clarke J M,et al.Dietary fat and fiber alter large bowel and portal venous volatile fatty acids and plasma cholesterol but not biliary steroids in pigs. The Journal of Nutrition, 1993, 123(1): 133-143.

Venkataraman C,Kuo F.The G-protein coupled receptor,GPR84 regulates IL-4 production by T lymphocytes in response to CD3 crosslinking.Immunology Letters,2005,101(2):144-153.

Wang C C, Wu H, Lin F H, et al. Sodium butyrate enhances intestinal integrity, inhibits mast cell activation,inflammatory mediator production and JNK signaling pathway in weaned pigs. Innate Immunity, 2018,24(1):40-46.

Wang C, Cao S, Zhang Q, et al. Dietary tributyrin attenuates intestinal inflammation, enhances mitochondrial function,and induces mitophagy in piglets challenged with diquat.Journal of Agricultural and Food Chemistry,2019,67(5):1409-1417.

Wang J,Huang N,Xiong J,et al.Caprylic acid and nonanoic acid upregulate endogenous host defense peptides to enhance intestinal epithelial immunological barrier function via histone deacetylase inhibition.International Immunopharmacology,2018,65:303-311.

Wang J,Lu J,Xie X,et al.Blend of organic acids and medium chain fatty acids prevents the inflammatory response and intestinal barrier dysfunction in mice challenged with enterohemorrhagic *Escherichia coli* O157:H7.International Immunopharmacology,2018,58:64-71.

Wang J,Wu X,Simonavicius N,et al.Medium-chain fatty acids as ligands for orphan G protein-coupled receptor GPR84.The Journal of Biological Chemistry,2006,281(45):34457-34464.

Wang Y,Kuang Y,Zhang Y,et al.Rearing conditions affected responses of weaned pigs to organic acids showing a positive effect on digestibility, microflora and immunity. Animal Science Journal, 2016, 87(10): 1267-1280.

Wiegand B R, Sparks J C, Parrish F C Jr, et al. Duration of feeding conjugated linoleic acid influences growth performance, carcass traits, and meat quality of finishing barrows. Journal of Animal Science, 2002, 80(3):637-643.

Wijendran V, Brenna J T, Wang D H, et al. Long-chain polyunsaturated fatty acids attenuate the IL-1β-induced proinflammatory response in human fetal intestinal epithelial cells. Pediatric Research, 2015, 78(6): 626-633.

Willemsen L E M, Koetsier M A, Van Deventer S J H, et al. Short chain fatty acids stimulate epithelial mucin 2 expression through differential effects on prostaglandin E1 and E2 production by intestinal myofibroblasts. Gut, 2003, 52(10):1442-1447.

Willemsen M L E. Short chain fatty acids stimulate epithelial mucin 2 expression through differential effects on prostaglandin E1 and E2 production by intestinal myofibroblasts. Gut, 2003, 52(10):1442-1447.

Wojtczak L, Schonfeld P. Effect of fatty acids on energy coupling processes in mitochondria. Biochimica et Biophysica Acta, 1993, 1183(1):41-57.

Wu W, Sun M, Chen F, et al. Microbiota metabolite short-chain fatty acid acetate promotes intestinal IgA response to microbiota which is mediated by GPR43. Mucosal Immunology, 2016, 10(4):946-956.

Xiao K, Liu C, Qin Q, et al. EPA and DHA attenuate deoxynivalenol-induced intestinal porcine epithelial cell injury and protect barrier function integrity by inhibiting necroptosis signaling pathway. FASEB Journal: Official Publication of the Federation of American Society for Experimental Biology, 2020, 34(2): 2483-2496.

Xu J, Chen X, Yu S, et al. Effects of early intervention with sodium butyrate on gut microbiota and the expression of inflammatory cytokines in neonatal piglets. PLoS One, 2016, 11(9):e0162461.

Xu X, Chen S, Wang H, et al. Medium-chain TAG improve intestinal integrity by suppressing toll-like receptor 4, nucleotide-binding oligomerisation domain proteins and necroptosis signaling in weanling piglets challenged with lipopolysaccharide. British Journal of Nutrition, 2018, 119(9):1019-1028.

Yan H, Ajuwon K M. Butyrate modifies intestinal barrier function in IPEC-J2 cells through a selective upregulation of tight junction proteins and activation of the Akt signaling pathway. PLoS One, 2017, 12(6):e0179586.

Yang Y, Huang J, Li J, et al. The effects of butyric acid on the differentiation, proliferation, apoptosis, and autophagy of IPEC-J2 cells. Current Molecular Medicine, 2020, 20(4):307-317.

Yin J, Lee K Y, Kim J K, et al. Effects of different n-6 to n-3 polyunsaturated fatty acids ratio on reproductive performance, fecal microbiota and nutrient digestibility of gestation-lactating sows and suckling piglets. Animal Science Journal, 2017, 88(11):1744-1752.

Zentek J, Buchheit-Renko S, Ferrara F, et al. Nutritional and physiological role of medium-chain triglycerides and medium-chain fatty acids in piglets. Animal Health Research Reviews, 2011, 12(1):83-93.

Zentek J, Ferrara F, Pieper R, et al. Effects of dietary combinations of organic acids and medium chain fatty acids on the gastrointestinal microbial ecology and bacterial metabolites in the digestive tract of weaning piglets. Journal of Animal Science, 2013, 91(7):3200-3210.

Zhan Z P, Huang F R, Luo J, et al. Duration of feeding linseed diet influences expression of inflammationrelated genes and growth performance of growing-finishing barrows. Journal of Animal Science, 2009, 87 (2):603-611.

Zhang Y, Yu K, Chen H, et al. Caecal infusion of the short-chain fatty acid propionate affects the microbiota and expression of inflammatory cytokines in the colon in a fistula pig model. Microbial Biotechnology, 2018, 11(5):859-868.

Zhu H L, Wang H, Wang S, et al. Flaxseed oil attenuates intestinal damage and inflammation by regulating necroptosis and TLR4/NOD signaling pathways following lipopolysaccharide challenge in a piglet model. Mol Nutr food Res, 2018, 62(9):e1700814.

第 11 章 功能性添加剂与肠道健康

本章提要

肠道是营养物质消化和吸收的重要场所，猪的肠道健康决定着养猪业的生产成本以及经济效益。肠道生存着大量的微生物菌群，以大肠杆菌、沙门氏菌为代表的致病菌感染引起的猪肠道传染性疾病，发病率高、致病力强，给养猪业带来巨大的经济损失。抗生素药物防治容易引起耐药性，防治效果也不太理想，而且为食品安全带来隐患，威胁到人类健康。随着我国在饲料中禁止添加抗生素，寻找无公害的饲料功能性添加剂越来越受到生产行业的重视。

本章主要介绍各类功能性添加剂，以及其改善猪肠道健康以防止仔猪腹泻，促进育肥猪生长，提高母猪繁殖性能，增加生产效益的作用。具体阐述微生态制剂、饲用酸化剂、饲用酶制剂、天然植物提取物、抗菌肽、糖萜素和乙酰氧肟酸等添加剂的研究和应用现状，包括基本特点、调控作用、作用机制及应用方法等，旨在帮助读者了解和掌握功能性添加剂及其调控技术在养猪生产中的应用方法和效果，促进养猪生产的健康、环保、可持续发展。

11.1 微生态制剂

11.1.1 微生态制剂的特点及作用

微生态制剂（mcrobiolecological agents）的概念，1998 年由 Guarner 和 Schaafsma 定义为：在微生态学理论指导下，调整微生态平衡失调，保持微生态平衡，提高宿主健康水平的正常菌群及其代谢产物和选择性促进宿主正常菌群生长的物质制剂总称（刁其玉，2014）。依据组成，微生态制剂可以分为益生菌、益生元与合生元三大类。根据联合国粮农组织/世界卫生组织（FAO/WHO）2002 年有关《食品中益生菌评价指南》中的定义，益生菌是一类在摄入适当数量后会对宿主机体产生有益作用的活体微生物，其在被动物摄入后定植于肠道成为共生菌，维持肠道菌群的平衡，与动物体建立互利共生的关系。益生元是一类不能被宿主消化吸收，也不能被肠道有害菌利用，但能够被动物体内的菌群选择性利用，并转化为有益于动物健康的物质，以低聚糖为主。而合生元是益生菌和益生元按一定比例组合的生物制剂，能同时发挥二者的益生功能，产生更加优越的效果，是目前微生态制剂开发的主要方向。

1.益生菌

胃肠道菌群的失调不仅影响消化道自身的功能，还能够通过肠道-远端器官轴引起肝脏、脑、肺等组织器官疾病，以及引发系统性炎症、代谢综合征等全身性生理紊乱，所以维持宿主肠道微生物的平衡是机体健康的重要基础。微生物的种类高达上千种，其中 30 多种重要菌群占到肠道微生物的 99%，而这些微生物主要集中于厚壁菌门和拟杆菌门。菌群在胃肠道内可分为病原菌与非病原菌。其中，病原菌对宿主健康有害，肠道内的病原菌主要为变形菌门，包括大肠杆菌、沙门氏菌、霍乱弧菌、幽门螺旋杆菌等，这类细菌容易引起幼龄动物腹泻等疾病。非病原菌则对宿主健康有益或无影响，以厚壁菌门为主，参与肠道内的多糖发酵，而厚壁菌门中最具代表性的群体是芽孢杆菌目和乳杆菌目。正常情况下，宿主的胃肠道菌群均处于相对平衡的状态，并能够反映动物的营养、免疫、代谢等生理功能。其中的益生菌群由多种微生物组成，比如乳酸菌、芽孢杆菌、酵母菌等，可分泌有益的酶、有机酸、维生素和抗菌物质来维持肠道微生物区系，并对机体免疫系统产生影响。

人工培养的活菌制剂首先要求筛选优良的生产菌种，这是研制益生菌类产品的关键技术，直接关系到产品的质量和使用效果。用于工业饲料生产的益生菌往往具有以下特点：第一，无病原性，无毒副作用，不能与病原菌产生杂交种；第二，能够在较低 pH 的无机酸、有机酸及胆汁环境下生存，并定植在胃肠道内；第三，在体内繁殖的速度要尽量快，具有很强的竞争优势；第四，加工后成活率高，混入饲料后在室温下稳定性高；第五，促进动物的生长发育；第六，能够产生乳酸等抑制肠道致病菌的物质。益生菌的菌种、菌株、提取源不同也会影响肠道特定病原菌的抑制效果。

(1)乳酸菌　乳酸菌是一类发酵糖类后产生乳酸的无芽孢的革兰氏阳性细菌，可在胃肠道中释放乳酸，同时部分乳酸菌产生细菌素来抑制有害菌，改善肠道环境，进而维持肠道菌群平衡，促进营养物质吸收。乳酸菌活菌体内和代谢产物中含有较高的过氧化物歧化酶，能增强体液免疫和细胞免疫，在肠道黏膜内定植后可以增强宿主的抗感染能力，尤其是抵抗革兰氏阴性致病菌，提高肠黏膜的免疫调节能力，同时改变其他菌群的相对丰度，从而促进肠道健康。

目前应用比较广泛的乳酸菌有乳酸杆菌、双歧杆菌、粪链球菌等几类。乳酸杆菌制剂可以直接饲料添加，它能够生成短链脂肪酸、乳酸，促进饲料中蛋白质的消化利用，增加体内的蛋白态氮。乳酸杆菌制剂还可以用于肠道疾病的治疗，但其抑菌能力和促进有益菌生长的能力及稳定性相对较差。双歧杆菌细胞形态多样，专性厌氧，无孢子，可合成维生素以及产生乳酸等。双歧杆菌能够促进消化，提高抗感染能力，可用于饲料添加剂预防肠道内细菌产生毒性氨，也可以应用于兽药，但稳定性较差，在肠道内的繁殖速度也较为缓慢。乳酸链球菌制剂可以分泌大量的乳酸和其他短链脂肪酸、类杀菌素，能够促进非特异性免疫系统产生干扰素，进而抑制有害菌，改善微生物结构，其稳定性也相对较好。

(2)芽孢杆菌　芽孢杆菌能形成内孢子，具有较强的抗逆性，同时能产生淀粉酶、蛋白酶、脂肪酶、植酸酶、纤维素酶和木聚糖酶等多种胞外酶，在小肠内发挥益生作用(Latorre et al.，2016)。芽孢杆菌还具有胆盐水解酶活性，降胆固醇能力和抗氧化功能，应用于动物营养中可提高饲料消化和养分吸收的能力(Shobharani et al.，2016)。

在芽孢杆菌中，枯草芽孢杆菌和地衣芽孢杆菌较为常用。枯草芽孢杆菌可以抑制小肠沙门氏菌和肠毒性大肠杆菌黏附肠上皮细胞，同时减少粪便中产气荚膜菌和肠杆菌科的载量(Jeong et al.，2014)。某些枯草芽孢杆菌菌株对大肠杆菌、金黄色葡萄球菌的增殖表现出一定的抑制作用。地衣芽孢杆菌则可以通过促进肠道中厌氧的益生菌如乳酸菌、双歧杆菌的生长或产生杆菌肽，来达到拮抗致病菌的目的。同时，地衣芽孢杆菌能够改善肠道形态结构，并通过产生的多种消化酶提高饲料消化率和转化率。

(3)酵母菌　酵母菌是一类单细胞真核微生物，饲用酵母可以促进消化吸收、增强免疫力、改善饲料适口性、提高动物对磷的利用率。与此同时，酵母菌可以调整肠道菌群结构，并提供B族维生素、维生素E等。目前，常用的酵母菌种类包括假丝酵母、红色酵母、酿酒酵母和啤酒酵母。与乳酸菌和芽孢杆菌相比，酵母菌制剂无抑制病原微生物和分泌乳酸的能力。

在最新的饲料添加剂目录中，作为微生态制剂的酵母菌种有两类：产朊假丝酵母和酿酒酵母，而酿酒酵母应用最为广泛。酵母作为微生态制剂，主要用于改善动物肠道的菌群结构。所以，酵母首先要求要适应不同动物的胃肠道环境（温度、pH、胆盐浓度等）才能发挥其功能，而不同动物体内的酵母菌也有一定区别，因此，针对物种进行筛选是非常重要和必要的技术手段。

2.益生元

益生元能够选择性地促进宿主肠道内一种或几种有益菌生长繁殖，同时抑制有害菌生长，发挥调整宿主肠道菌群的作用。优质的益生元具备良好的益生功能，在通过上消化道时，大部分不会被消化，进入胃肠道后能被肠道菌群发酵利用。益生元的种类多样，如含氧多糖、功能性低聚糖、辅酶、某些氨基酸和维生素，还包括半纤维素和果胶等。当前研究和应用较多的是功能性低聚糖，也称功能性寡糖，比如低聚果糖、低聚木糖、低聚异麦芽糖、低聚半乳糖、低聚甘露糖和水苏糖等。许多研究已经证实在畜禽饲料中添加寡糖有调节肠道菌群，促进结肠健康，调节机体免疫力和增强畜禽抗病能力等功能。

3.合生元

合生元促进外源性有益微生物在猪肠道中定植，同时选择性刺激一种或有限几种有益菌的生长和繁殖来实现其功能，能同时发挥益生菌和益生元的双重作用。相对于单一益生菌制剂或单一益生元制剂来说，合生元效果更佳。研究表明，合生元能够调节机体免疫功能，提高机体的抵抗力，维持动物健康并促进动物生长（Kong et al.，2011；Mair et al.，2010）。如何合理选择合生元制剂中菌种类型和数量，保持各自的有效活性，避免制剂内的不利影响，以及探讨合生元中益生菌及益生元合适的比例，使得其在储存和应用过程中保留最大的存活菌种数量等问题，都是目前微生态制剂研究的方向。

11.1.2　微生态制剂的作用机理

1.维持肠道微生物菌群平衡

在动物肠道由正常微生物菌群、动物机体和环境所构成的微生态系统中，少数种类的优势有益种群对整个肠道菌群起着一定的控制作用，一旦优势种群遭到破坏，就会导致动物肠道内微生态系统失去平衡，致使动物发病。微生态制剂的使用，可以恢复动物肠道中的优势种群，调节肠道微生态的平衡，使动物保持或恢复健康。其中，益生菌可通过与有害菌在肠道中竞争黏附位置来阻止有害菌在肠上皮细胞的定植，进而减少、排除病原菌，帮助宿主预防感染。比如，添加屎肠球菌，能有效地抑制大肠杆菌在仔猪小肠上皮细胞的附着（魏清甜等，2014）。另外，益生菌还可以和有害菌竞争营养物质吸收部位，从而抑制病原菌的生长（Bhandari et al.，2010）。更重要的是，微生态制剂补充后的肠道菌群代谢产生乳酸、短链脂肪酸、细菌素等大量代谢物，这些代谢物可直接或者间接作用改善肠道菌群的结构。首先，乳酸和短链脂肪酸能够降低肠道内的pH，使得肠道环境不利于大肠杆菌等有害菌生长。进一步的，部分益生菌属于耗氧微生物，能够消耗肠道中的氧气，创造厌氧环境限制需氧型致病菌和条件性致病菌的生长。其次，益生菌的直接作用和短链脂肪酸等代谢物能够促进肠道内源性宿主防御肽的产生，比如β防御素、溶菌酶、PR-39 等。宿主防御肽能够直接破坏细胞结构杀灭病原菌，同时其能够调控肠黏膜的机械屏障和免疫屏障以间接维持健康的菌群结构（Wu et al.，2020）。另外，部分益生菌能够合成和分泌多种细菌素和抗生素，通过抑制细菌细胞膜生成、破坏细菌细胞膜的稳定性、诱发细菌自溶、干预细菌群体感应、抑制生物膜的形成等机制抑制和杀灭病原微生物。

2.增强宿主免疫防御功能

益生菌对动物体的免疫功能具有调节作用。研究证明，微生态制剂是良好的非特异性免疫激活剂，可提高吞噬细胞的吞噬能力，也能够增强体液免疫细胞产生抗体的能力，以增强机体抗感染能力（刘辉等，2015；杜泓明等，2017）。此外，微生态制剂能够促进免疫器官的发育，刺激动物机体产生干扰素，改善因疾病等导致的免疫抑制。部分益生菌如乳酸菌、丁酸梭菌能够促进动物肠道和其他组织宿主防御肽的表达，而宿主防御肽能够作为免疫调节物质调节先天性免疫和适应性免疫功能，增强肠黏膜的防御功能同时又抑制过度炎症，保护肠道免受病原微生物的侵袭（Wu et al.，2020）。

腹泻是早期断奶仔猪养殖过程中最致命的生产问题，这与仔猪免疫系统发育不完善有密切联系。因此，关于益生菌对仔猪腹泻发生的研究成为一大热点。当前，大量的研究发现给仔猪添加益生菌能降低腹泻的发生率，如蜡样芽孢杆菌、屎肠球菌、乳酸乳球菌、乳酸片球菌或者粪肠球菌。

3.增强营养物质的消化和吸收

微生态制剂对饲料营养物质的消化和吸收有改善作用。微生态制剂在动物肠道中可产生多种消化酶，这些酶与宿主机体内的酶在消化过程中可起到协同作用，对分解饲料中的蛋白质、脂肪及复杂的碳水化合物有促进作用，从而提高动物对饲料的消化和吸收。大量的试验表明，益生菌能改善干物质、有机物、能量、粗蛋白、粗纤维和磷的消化率。在豆粕、面包下脚料、麸皮等组成的日粮中添加植物乳杆菌，能显著提高饲料总能、干物质、有机物质、粗蛋白质、粗脂肪消化率（张乃锋，2015）。在玉米豆粕型日粮中添加 0.1%复合乳酸菌制剂饲喂断奶仔猪，能显著增加粗蛋白和磷的表观消化率（Huang et al.，2004）。益生菌在动物肠道内的生长和繁殖过程中也会产生多种营养物质，如 B 族维生素、氨基酸等，促进铁、钙等矿物元素的吸收，促进动物的生长。部分益生菌代谢产生的物质可中和致病菌产生的肠毒素，减少对动物肠道的损害，保护肠道组织结构，保证营养物质的正常吸收。此外，部分益生菌可产生氨基酸氧化酶和分解硫化物的酶，降低动物血液和粪便中的吲哚、氨这类有害气体的浓度，保证了动物机体健康，同时改善环境卫生。

11.1.3 微生态制剂在猪生产中的应用

微生态制剂调节微生态平衡，促进宿主肠道健康，进而改善动物生产性能和整体健康水平。目前，微生态制剂已广泛应用于仔猪、生长育肥猪、能繁母猪，并取得显著的生产效果。

1.在仔猪上的应用

大量的研究表明，微生态制剂可有效地改善仔猪的肠道微生态、生长性能、免疫功能等。在断奶仔猪日粮中添加乳酸菌和芽孢杆菌，生长猪肠道采食量以及日增重均显著提高，而肠道大肠杆菌数量以及料肉比显著降低(李鑫等,2010)。在断奶仔猪日粮中添加乳酸菌和酵母菌的混合发酵物,可显著改善仔猪生长性能,同时显著增加仔猪粪便中挥发性脂肪酸的含量(金三俊,2018)。在地方品种的仔猪养殖中,微生态制剂改善生产成绩的效果同样显著。在断奶松辽黑仔猪日粮中添加乳酸菌、枯草芽孢杆菌、地衣芽孢杆菌,仔猪平均日增重有明显提高(刘庆雨等,2018)。藏香猪仔猪的基础饲粮中添加枯草芽孢杆菌、粪肠球菌、植物乳杆菌、丁酸梭菌、凝结芽孢杆菌可促进断奶藏猪的生长发育,且生产效果要优于抗生素。不同加工工艺制备的微生态制剂对仔猪中的应用效果也有明显差别。比如,在仔猪日粮和饮水中分别添加微囊化包被颗粒和泡腾颗粒的屎肠球菌制剂,可使仔猪肠血清免疫球蛋白 G 和免疫球蛋白 M 的水平显著增加,效果要优于直接添加同等剂量屎肠球菌(韩伟等,2018)。微生态制剂与多种其他类型功能性添加剂联合使用也在仔猪中发挥类似甚至更好的调节作用,比如与酶制剂联用显著增强肠道消化酶的活性,从而提高饲料消化率。在断奶仔猪以及其他阶段的猪,也可以通过喷雾喷洒微生态制剂,一方面改善环境,减少畜舍异味,另一方面可以通过环境补充益生菌到猪的消化道和呼吸道中。

2.在育肥猪上的应用

微生态制剂在改善育肥猪生长性能、养分利用率以及肉品质方面发挥着积极作用。微生态制剂对育肥猪生长性能和养分利用率有积极的影响,在育肥猪日粮中添加芽孢杆菌、酵母菌、丁酸梭菌和乳酸菌,育肥猪平均日采食量提高,料肉比降低(王永珍等,2018;张双等,2018)。在育肥猪基础饲粮中添加高活性益生菌与维生素、蛋白酶、抗菌肽等成分,能够更显著地提高平均日采食量和平均日增重(刘海生等,2014)。单一的益生菌或者复合的微生态制剂也能够改善育肥猪的免疫功能,减少发病率。在育肥猪的日粮中添加枯草芽孢菌,育肥猪腹泻率便有较为明显的降低(庞广辉等,2018)。在育肥猪日粮中补充粪肠球菌、枯草芽孢杆菌、地衣芽孢杆菌、凝结芽孢杆菌、丝状真菌、酵母菌能提高血清免疫球蛋白 M 的含量,降低育肥猪死亡率(董俊良等,2019)。微生态制剂对育肥猪肉品质也具有改善作用,在育肥猪日粮中添加包含乳酸菌、酵母菌等益生菌的复合微生态制剂,能显著提高育肥猪的猪肉 pH,同时肌内脂肪以及风味氨基酸含量有所增加(梁龙华等,2019)。另外,育肥猪日粮添加微生态制剂后,猪舍空气中氨气、硫化氢、细菌总数以及大肠杆菌数均极显著降低,这表明微生态制剂不仅改善了育肥猪生产性能,同时对猪舍环境也具有改善作用。由此可见,微生态制剂对于生长育肥猪的有益作用明显。

3.在母猪上的应用

微生态制剂在母猪生产中效果同样十分显著,对母猪的肠道微生态、繁殖性能、免疫性能等方面均有改善作用。母猪在妊娠期和哺乳期体内所储存的生殖营养由于繁殖的多重性而消耗严重,富含粪肠球菌、枯草芽孢杆菌、酵母菌的微生态制剂通过调整母猪的肠道功能,提高营养物质的吸收利用率,保证营养供给的延续性,调理母猪内分泌机能和生殖器官功能,从而提高母猪繁殖性能与泌乳性能(刘爱君等,2014)。日粮长时间添加复合微生态制剂,母猪窝产仔数、窝产活仔数、初生个体重以及初生窝重都有明显提高,并且母猪肠道乳酸菌等有益微生物的数量也表现出显著提高,大肠杆菌等有害菌数量显著降低(汪孟娟等,2016)。在妊娠期母猪基础日粮中添加枯草芽孢杆菌、丁酸梭菌、粪肠球菌等组成的微生态制剂,仔猪初生窝重、健仔率以及断奶平均个体重都显著高于基础日粮,而腹泻率则显著降低(农斯伟等,2018)。微生态制剂对妊娠母猪的泌乳性能和免疫功能也具有改善作用,在妊娠母猪日粮中添加酵母及培养基质混合物可显著提高母猪泌乳量、初乳和常乳中乳脂含量以及血清中免疫球蛋白 A 和 G 的含量(汪晶晶,2018)。因此,微生态制剂对母猪的繁殖性能、泌乳性能和免疫性能等均具有良好的改善作用。

11.1.4 微生态制剂的保存和使用

动物微生态理念日益成熟,动物微生态制剂的优势也日益显现,如产生促生长因子、提高动物生产性能,增强机体免疫力、减少动物发病,调整肠道菌群平衡、改善动物体内外生态环境。我国农业部 2013 年 12 月 30 日颁布的 2045 号公告《饲料添加剂品种目录(2013)》中规定,可以直接用于猪饲料级微生物添加剂菌种共 28 种,分别为地衣芽孢杆菌、枯草芽孢杆菌、两歧双歧杆菌、粪肠球菌、屎肠球菌、乳酸肠球菌、嗜酸乳杆菌、干酪乳杆菌、德氏乳杆菌乳酸亚种、植物乳杆菌、乳酸片球菌、戊糖片球菌、产朊假丝酵母、酿酒酵母、沼泽红假单胞菌、婴儿双歧杆菌、长双歧杆菌、短双歧杆菌、黑曲霉、米曲霉、迟缓芽孢杆菌、短小芽孢杆菌、纤维二糖乳杆菌、发酵乳杆菌、德氏乳杆菌、保加利亚乳杆菌、凝结芽孢杆菌、侧孢短芽孢杆菌。后经增补,增加了丁酸梭菌、约氏乳杆菌,截至 2021 年 3 月,可以直接用于猪饲料级微生物添加剂菌种共 30 种。微生态制剂的保存和使用方法直接关系到其使用效果。

1.影响微生态制剂使用效果的因素

(1)水分　微生态制剂在特别干燥条件下,提高水分含量可以增加微生态制剂的菌群活力;但是在菌种贮藏条件下,提高水分含量却会导致菌群活力明显下降。水分对菌群活力影响最小的是芽孢杆菌,其次是粪链球菌,而水分对乳酸菌影响甚大。因此,为了保证微生态制剂中菌群活力,配合饲料含水量低于 10%较为理想。

(2)pH　大多数微生物在 pH 4.0～4.5 的条件下均会自动死亡。用于微生态制剂的微生物在干燥收获以前,置于 pH 6.0～7.0 的中性条件下培养比较适宜。基于微生物这一特性,在配合日粮中对低 pH 敏感的菌种不适宜与酸化剂混合使用。

(3)温度　芽孢杆菌能耐受较高温度,52～102 ℃范围内损失很小,加入配合饲料中,在 102℃条件下制粒,贮藏 8 周后仍然比较稳定;乳酸菌类在温度 66 ℃或更高时几乎完全失去活性;链球菌在 72℃条件下,活菌损失 96% 以上;酵母菌在 82～86 ℃条件下完全失去活性。微生态制剂正常贮藏条件下,温度不宜高于 25 ℃。不耐高温的菌种不应用于高温制粒。

(4)卫生条件　环境卫生条件偏差猪群的畜舍,猪群容易患病,使用微生态制剂的效果也往往较好;而环境卫生条件较好畜舍,微生态制剂的效果表现可能不显著。

(5)营养物质　不饱和脂肪酸对微生态制剂具有拮抗作用。因此,配合日粮中添加微生态制剂应尽量避免与添加的油脂直接接触。

(6)氧气和抑菌　大多数微生物菌种属于厌氧或兼性厌氧型,对氧气耐受性较差。大多磺胺类药物、不饱和脂肪酸、矿物质预混剂、浓缩料等都包含抑菌物质,可使活菌活性降低。

2.合理使用微生态制剂

益生菌饲料添加剂是遵循微生态工程原理,采用厌氧和好氧相结合的发酵工艺,以乳酸菌、酵母菌、芽孢杆菌、光合细菌及发酵型丝状菌等有益微生物所组成的微生态制剂,以饼粕、玉米、糠麸等为主要原料,经粉碎混合、发酵而制成微生物饲料添加剂。

(1)合理选择使用剂量　研究认为,益生菌一般要求 3×10^8 个活菌/g,每天能达到 10^8～10^9 个/g 菌体的菌量才能有效。比如,芽孢杆菌制剂在猪饲料中需保证每头每天能采食到(2～

6)×10^8 个活菌数较为适宜。仔猪饲料中添加微生态制剂的活菌数含量应在(0.2～0.5)×10^7个活菌/g 饲料;育肥猪饲料中添加 10^6 个芽孢杆菌/g 饲料,每天施加 0.5～0.6 g 可起到治疗效果。乳酸菌含量要求不能少于 10^7个活菌/克饲料,每日施加 0.1～3.0 g,一般添加量为 0.2%。如果益生菌数量不足,其产酶、产有机酸及其他代谢物不足,会影响其使用效果。

(2)合理选择微生态制剂组成　由于不同菌种作用机理不同,不同种类动物的消化系统特点不同,以及动物体所处的生长阶段不同等多种因素的存在,动物机体对益生菌种类的需求也不同。如防治 1～7 日龄仔猪腹泻首选植物乳酸菌、乳酸片球菌等产有机酸的制剂,而促进仔猪生长发育、提高日增重和饲料报酬,则选用双歧杆菌等菌株。因此,在实际生产中应根据不同的生理需要选择合适的制剂。通常而言,预防动物常见疾病主要选用乳酸菌、片球菌、双歧杆菌等产乳酸、细菌素、抗生素的细菌,效果会更好;促进动物快速生长、提高饲料效率,则可选用芽孢杆菌、乳酸杆菌、酵母菌等制成的微生态制剂;以改善养殖环境为主要目的,则可以在光合细菌、硝化细菌以及芽孢杆菌为主的微生态制剂中进行选择。针对特定类型的疾病预防或者治疗,也需要有选择性地添加不同微生态制剂(表 11-1)。部分细菌对肠道的黏附具有种属特异性,部分从动物来源的益生菌对该种动物消化道上皮有较强的吸附性。因此,使用猪源的益生菌菌株生产的制剂,可能更有利于益生菌在猪肠道内定植与繁殖,使其应用效果达到最佳状态。

表 11-1　微生态制剂在防治猪疾病方面的应用统计(郑军红等,2013)

用途	制剂类型	有效率/%
预防仔猪下痢	无毒大肠杆菌、芽孢杆菌	75.0～88.2
治疗仔猪下痢	芽孢杆菌、乳酸杆菌	90.0～98.37
治疗繁殖障碍	乳酸链球菌、乳酸杆菌	90.0～100
预防猪猝死症	芽孢杆菌	91.7

(3)合理选择使用时间　根据先后顺序,先输入益生菌抢占肠道位点,可减少或阻止病原菌的入侵与定居。动物出生后立即使用微生态制剂,让益生菌先占据肠道中的位点,阻止病原菌的入侵与定居,可有效地防止动物消化道疾病的发生。在猪只断奶、转群、运输以及各种应激因素发生之前或之后,猪只病后康复期、母猪妊娠期与产仔前后都是添加微生态制剂的最佳时期。

仔猪出生后 1～3 d 开始直接饲喂微生态制剂可使成活率提高 4%～5%,并可明显地提高日增重、饲料利用率和降低细菌性疾病的发病率。因为仔猪出生后,其肠道内微生态平衡尚未完全建立,消化功能与抵抗疾病能力比较弱,此时如引入益生菌进入仔猪体内,占据附着点,效果较好。仔猪断奶时,母猪先下产床离开产房,仔猪在产房内原窝停留 5 d,然后转入保育舍饲养。用断奶仔猪专用微生态制剂可以有效地预防断奶仔猪发生细菌性或病毒性腹泻疾病与呼吸道病,而且能减少断奶应激、营养应激与环境应激等,从而提高断奶仔猪的免疫力与成活率。

保育猪转群进入育肥舍和引进后备种猪进入培育舍后,可立即在饲料或饮水中添加微生态制剂,或者拌料与饮水交替进行,连续使用 1 个月;到培育的中后期再添加微生态制剂 20 d,直至育肥猪出栏,后备猪配种之前不用再实施添加。

母猪妊娠初期在其日粮中添加微生态制剂,如由芽孢杆菌、乳酸菌、肠球菌及其代谢产物和酶类等组成的复合微生态制剂，连续饲喂或饮用 2 周，可有效地降低妊娠应激、减少免疫抑制、提高母猪的免疫力与抗病力、改善母猪的营养与体质，提高受孕率，并使胎儿安全着床，健康发育。

11.2 酸化剂

酸化剂在畜牧生产中应用日益广泛，通过将有机酸或无机酸，单独或者混合加入畜禽的饲料或者饮水中，调节动物消化道内 pH，为消化酶的激活提供适宜环境，将胃蛋白酶原转变为具有活性的蛋白酶，以进行有效的蛋白质水解并抑制消化道有害微生物繁殖，减少病原菌感染，从而促进猪的健康养殖。

11.2.1 常用酸化剂的种类和特性

1.有机酸化剂

有机酸的使用已经持续了四十多年，明显改善了猪的生产性能。常用的有机酸化剂主要有甲酸、乙酸、丙酸、丁酸、乳酸、柠檬酸、延胡索酸、苹果酸、酒石酸、山梨酸、碳酸等。使用最广泛的而且效果最好的是柠檬酸、延胡索酸和丁酸。

有机酸化剂具有较好的风味，能够改善饲料的适口性，提高断奶仔猪的采食量，为机体提供能量，参与体内营养物质的代谢，促进断奶仔猪生长，并具有杀菌和抗炎功能以保护消化道健康。各种有机酸的抗微生物活性各不相同，主要取决于浓度和 pH。在生产工艺上，有机酸损失少，对饲料生产设备的腐蚀性小，虽然价格较无机酸化剂贵，但在饲料生产和养殖过程中表现出多方面的优越性，因而被广泛使用。

(1)柠檬酸　柠檬酸是目前为止被认为添加效果最好的有机酸，工业上所用的柠檬酸是由黑曲霉发酵生产的。柠檬酸具有令人愉快的酸味，可通过钠离子梯度被吸收利用，在大部分试验中，添加柠檬酸均能提高仔猪的饲料利用率和日增重。但相比于其他的有机酸，柠檬酸抗菌效果不明显，日粮中添加 1.5%的柠檬酸对大肠杆菌引发的断奶仔猪腹泻没有显著影响。

(2)延胡索酸　延胡索酸又称富马酸，相对较为稳定，可与饲料混匀。由于延胡索酸生成能量途径比葡萄糖短，在应激和危急状态下有利于快速合成三磷酸腺苷，所以在畜牧生产中可作为抗应激剂。同时，延胡索酸还具有广谱的抑菌、杀菌活性，在饲料中加入 0.2%～0.4%即可杀死葡萄球菌和链球菌，加入 0.4%可杀死大肠杆菌。10 周龄仔猪饲料中添加 1.8%左右的延胡索酸，其十二指肠和空肠中乳酸杆菌、真细菌、肠球菌、大肠杆菌等显著降低。

(3)乳酸　乳酸可由许多菌种发酵产生，主要包括乳酸杆菌属、双歧杆菌属、链球菌属、小球菌属和白串珠菌属。它是许多饲料原料的天然组分，是最古老的防腐剂，还存在于食物防腐剂中。乳酸有抗菌效应，能抑制细菌生长，而对许多霉菌和酵母菌作用不大。与正常哺乳的仔猪相比，母乳中添加 1%左右的乳酸，可降低早期断奶仔猪胃和十二指肠中大肠杆菌的数量。仔猪日粮中添加 0.7%～ 2.8%的乳酸，也表现出类似的特征性变化。

(4)短链脂肪酸　短链脂肪酸是日粮中不可消化的碳水化合物在单胃动物结肠和盲肠中发酵产生的终末产物，应用于饲料中的短链脂肪酸主要包括甲酸、乙酸、丙酸和丁酸。由于短链脂肪酸具有酸性，生产上经常将甲酸、乙酸和丙酸的一种或者多种作为酸化剂补充成分进行使用。甲酸挥发性高且适口性差，通常只作为补充成分用于酸化剂中。乙酸常被配成水溶液用于消毒，或直接添加到饮水中。丙酸和丙酸盐具有较好的防霉效果，常用作饲料防霉剂。丁酸能够促进幼龄动物肠道发育和成年动物后肠损伤修复，其常在包被后添加于饲料中，进入猪后端肠道调节肠道黏膜免疫功能，维护肠道稳态。

(5)其他有机酸　若干其他有机酸，如苯甲酸、苹果酸、酒石酸和山梨酸等也作为饲料酸化剂被广泛研究。

2.无机酸化剂

无机酸化剂包括强酸和弱酸。盐酸和硫酸等无机酸的酸性强，添加的成本较为低廉，但是强酸具有强烈的刺激性气味，添加剂量一旦过大就可能会造成消化道黏膜的损伤，对机体组织有很强的刺激性和腐蚀性，影响饲料的适口性，使得猪的采食量降低，并且降低饲料的利用率，对动物骨骼发育造成不利影响。此外，强酸对设备以及饲养员身体都带来较大危害。因此，目前强酸已经很少应用于畜禽饲料。部分弱酸如磷酸的腐蚀性比硫酸和盐酸小，添加到饲料中既可以降低 pH，也可以作为磷来源，对动物、设备、人体均较为安全。需要指出的是，过量使用磷酸同样会引起饲料中钙和磷比例失衡，部分磷酸没有被充分利用就排出体外，造成环境污染。所以，目前在饲料工业中已基本不再用单一无机酸作为酸化剂(唐福全，2007)。

3.复合酸化剂

复合酸化剂是将两种或两种以上的单一酸化剂按照一定的比例配制而成，可由几种酸配合在一起使用，也可由酸和盐类复配而成(王杰等，2010)。复合酸化剂的特点是能迅速降低 pH，保持其良好的缓冲值和生物性能，同时添加成本相对低廉。不同的酸化剂之间具有协同增效的作用，按照一定比例复合使用，往往可以有更出色的酸化能力、抗病效果。

常用的复合酸化剂按照组成的不同可分为磷酸型复合酸化剂和乳酸型复合酸化剂。磷酸型复合酸化剂以磷酸为基础添加延胡索酸和柠檬酸等组成。例如，在断奶仔猪的日粮中添加 0.4%左右以磷酸和延胡索酸等组合而成的复合酸化剂，饲料的系酸力显著下降，饲料转化率和蛋白质的消化率均明显提高。但磷酸型复合酸化剂有一定刺激性气味，适口性相对较差。相比而言，在生产中应用较多的是乳酸型复合酸化剂，其中有机酸成分的比例较磷酸型复合酸化剂更多，风味和适口性更高，消化道内的酸化作用持久，并具有良好的抑菌效果，应用前景更为广阔。大量的研究发现，在仔猪的基础日粮中添加 0.3%～0.5%的复合酸化剂，仔猪平均日增重提高了 7%～10%，料肉比下降 8%左右，并显著降低仔猪腹泻率。

11.2.2　酸化剂的作用机制

1.提高消化酶的活性

猪的蛋白质消化开始于胃和胃蛋白酶的作用，胃蛋白酶的前体胃蛋白酶原由胃黏膜分泌。在 pH 为 2.0 时，胃蛋白酶原能够快速地转化为胃蛋白酶，而在 pH 为 5.0～6.0 时胃蛋白酶原的转化速度较慢。胃蛋白酶在 pH 为 2.0～3.5 的酸性环境下作用效率最高，当环境的 pH 高于这一水平时其活性会迅速下降。幼龄仔猪的消化系统和免疫器官发育并不完善，消化道中酶和胃酸分泌均不足，并且由从母乳为主突然改变到采食固态饲料后，会引起胃内 pH 的大幅度升高，导致其胃内 pH 远高于胃蛋白酶发挥活性的适宜 pH(表 11-2)。因此，仔猪胃蛋白酶活性不能完全发挥，导致其对蛋白饲料消化率降低，进而引发仔猪腹泻等一系列消化疾病。酸化剂的添加降低胃内 pH，随之提高了胃蛋白酶的活性。同时，肠道内容物的酸度也会影响胰蛋白酶、糜蛋白酶、羧肽酶、淀粉酶、麦芽糖酶、乳糖酶和脂肪酶的分泌以及其活性。因此，除了蛋白质，酸化剂的添加还能提高碳水化合物和脂肪的消化能力。

表 11-2　胃蛋白酶适宜 pH、猪胃 pH 比较(米文正等，2002)

分类	pH
胃蛋白酶适宜	2.0～3.5
成年猪胃	2.0～3.5
仔猪胃	>4.2

2.调控胃肠道内微生物菌群结构

日粮中添加的酸化剂，与肠道中的碱性离子反应，降低肠道内 pH，使有害微生物的适宜生存环境遭到破坏。并且，有机酸具有很强的杀菌特性，非电离有机酸可以穿透细菌的细胞壁，破坏细菌的正常生理机能。当未解离的有机酸穿透细菌的细胞壁时，它们会分解为 H^+ 和阴离子 A^-，进一步降低细菌内部的 pH，抑制对 pH 敏感的大肠杆菌、梭状芽孢杆菌和李斯特菌的生长。同时，酸化剂为乳酸菌等有益菌创造适宜的生长与繁殖环境。乳酸菌等益生菌能够代谢产生乳酸、过氧化氢等物质，也对大肠杆菌等有抑制或杀灭作用。短链脂肪酸，主要是乙酸、丙酸、丁酸，还能够增加肠道宿主防御肽的表达。宿主防御肽具有广谱杀菌作用，能够直接杀灭微生物，也能够通过提高先天免疫和适应性免疫功能间接地杀灭病原菌(Wu et al.，2020)。通过减少胃肠道中特定种类的不耐酸致病菌的数量，有机酸改善了微生物菌群组成和肠道环境，减少病原菌感染，为动物生长发育提供了良好的基础。

3.参与机体营养物质吸收和代谢

部分有机酸是机体正常代谢的重要参与者，比如柠檬酸、延胡索酸，参与机体三羧酸循环，为机体提供能量。乳酸通过血液运输到肝或肾，形成葡萄糖，参与机体供能。短链脂肪酸被肠道吸收后，丁酸首先用于后端肠道上皮细胞的能量代谢，少量进入血液的丁酸能够进入其他组织器官供能或参与其他生理调控。除丁酸外，吸收后的乙酸、丙酸对能量代谢也有重要的调控作用，乙酸能被大脑、心脏和外周组织氧化利用，丙酸则可以影响肝脏和胆固醇代谢。酸化剂的酸味可刺激动物消化道中味蕾及消化酶的分泌，掩盖饲料中某些不适口的味道，并间接抑制胃蠕动，降低胃排空速度，使得蛋白质有更多时间在胃内充分消化和吸收。

酸化剂在小肠营造的酸性环境有利于维生素 A 和维生素 D 的吸收，同时可以与一些矿物元素形成容易被吸收利用的络合物，防止矿物质在碱性环境中形成不易吸收的不溶性盐，促进矿物质吸收。延胡索酸和柠檬酸均能与钙、铜、锌、铁、磷、镁等形成生物效价较高的络合物来促进其吸收。

4.增强抗应激能力和免疫力

酸化剂可以增强机体的抗应激能力和免疫力，参与机体营养物质代谢。某些有机酸如延胡索酸生成能量的时间较短，是三羧酸循环顺利进行的必需组分，在应激和危急状态下可用于腺嘌呤核苷三磷酸的紧急合成。因此，延胡索酸能够增强机体的抗应激能力，减少死亡率和发病率。仔猪在受到外界人为或环境刺激后，添加有机酸有利于缓解仔猪的应激情绪。另外，在动物饲粮中添加酸化剂，可增加蛋白质合成单位的数量，同时酶反应时间缩短，脂类和尿素氮的含量降低，加快脂类反应的速度，增强动物总体的抵抗疾病的功能(李万军，2012)。部分有机酸成分，比如乙酸、丙酸、丁酸能够调控免疫细胞的代谢进而促进肠道和其他器官的免疫平衡，发挥抗感染并抑制过度炎症的功能。

5.抑制霉菌及毒素产生

饲料原料及其加工产品容易受霉菌污染，霉菌在适宜的条件下繁殖并产生霉菌毒素。饲用酸化剂是效果非常明显的防霉变剂，添加到饲料中可以保存饲料很长时间不腐败。甲酸、丙酸、山梨酸均是很好的饲料防止霉变的添加剂。延胡索酸也可以维持饲料稳定性，尤其是可使维生素稳定存在。

11.2.3 影响酸化剂效果的因素

1.日粮的种类和组成

日粮组分、蛋白质水平、日粮蛋白质来源、饲料原料的酸结合力等均与酸化剂的使用效果相关联。影响饲料原料酸结合力的因素包括粒度、均匀性、饲料来源、温度、蛋白质含量等。肠道内需要一定的酸碱度，日粮的酸碱度和系酸力越高，所需的酸化剂就越多或者动物体内就需要分泌更多的胃酸来达到适宜的 pH 环境。与谷类饲料相比，矿物质和高蛋白饲料的系酸力高，消化时需要较低的 pH。在玉米-豆粕型简单日粮中添加有机酸，酸化效果明显，仔猪日增重明显提高。在加有乳制品的复杂日粮中添加酸化剂的效果则并不显著，比如在哺乳仔猪的乳清粉中加入酸化剂，对仔猪生产指标的影响不够明显。因此，酸化剂添加量的不同与日粮类型有紧密关系。

2.动物发育阶段

由于仔猪失去了母猪产奶供应，也就失去了乳酸，并且胃酸分泌严重不足，所以对酸的需求量急剧增加，断奶仔猪日粮中添加的饲料酸化剂较高。随着年龄和体重的增长，仔猪消化道机能逐步完善，胃酸分泌逐步增强，加酸效果也就随之降低。在仔猪早期断奶后的 1～2 周内补充酸化剂的效果明显，3 周以后效果逐步降低，4 周以后基本没有效果（陈代文等，2011）。因此，一般认为酸化剂在仔猪效果较好，而对生长育肥猪的效果不如仔猪显著，这与酸化剂的类型也有关系。在繁殖母猪饲料中使用酸化剂可以阻断母乳中大肠杆菌的垂直传播，促进采食和胎儿发育。

3.酸化剂种类与添加量

在同等质量的情况下，各种不同的酸化剂，存放时间的不同、种类不同，其对动物的影响也都不尽相同。添加不足作用不明显，添加过多则可能发生代谢性酸中毒。所以说，酸化剂的种类和用量是决定其使用效果的重要影响因素。目前，使用酸化剂的种类和添加量不一致，缺乏一个统一的添加标准。因此，结合酸化剂在猪生产中的应用，研究人员提出了一个经验添加量（表 11-3）。在不同阶段猪及不同的生产环境的影响下，酸化剂的添加量可能有所增减。

表 11-3 饲用酸化剂在日粮中的建议添加量（徐帅等，2015） %

不同阶段猪	柠檬酸	延胡索酸	甲酸钙
断奶仔猪	1.0～2.0	1.5～2.0	1.0～1.5
生长仔猪		1.5～2.0	
育肥猪		1.8	

4.饲养环境

饲用酸化剂的效果由许多因素决定，如猪舍的卫生条件、饲养密度、温度、湿度、光照等，不同的试验条件、方法所得出的结果也不相同(李运虎，2015)。饲养环境条件较差下的酸化剂的应用效果要优于环境卫生条件较好的畜舍。畜舍处于开阔的阳光地带，不容易滋生细菌，就可以适度添加在使用范围内的酸化剂；如果处在阴暗潮湿地带，畜舍易于致病菌的生长繁殖，这时可增加酸化剂的使用量，以构建良好的胃肠道环境。

5.其他功能性添加剂

预混料中酸化剂与其他的改善动物肠道环境的添加剂如抗生素、酶制剂、矿物质、益生元等有协同增效的作用，所以其他功能性添加剂也会影响酸化剂的作用。有机酸和抗菌剂结合使用效果要明显优于单一使用效果。有机酸、抗生素、高铜联合使用效果也较为优秀，三者功能互补，在断奶仔猪生长性能的联用效果＞抗生素加铜＞抗生素加有机酸。添加酸化剂能够促进抗生素吸收，增加抗菌效果。酸化剂也可以和铜形成容易被吸收利用的络合物，进而促进铜的吸收。

11.2.4 酸化剂在猪生产中的应用

1.在仔猪上的应用

在断奶仔猪阶段添加酸化剂的效果最为明显，酸化剂能够用于提高断奶仔猪饲料的消化能力和生长性能。个别单一酸化剂，比如 0.5%～1.0%苯甲酸，能够提高断奶仔猪的采食量、日增重和料重比，生长性能呈现剂量依赖性升高(高增兵等，2014)。在日粮中添加不同比例的复合酸化剂饲喂断奶仔猪，可以更显著地增加仔猪的日采食量，改善饲料转化效率，提高日增重。在断奶仔猪的日粮中添加以磷酸和延胡索酸组合而成的复合酸化剂，日粮的系酸力降低，蛋白质的消化率和饲料转化率均明显提高，料重比显著下降，总体效果优于磷酸和柠檬酸复合剂(李娜等，2014)。在断奶仔猪饲粮中分别添加甲酸与富马酸或乳酸，能提高干物质的消化率，但对粗蛋白的消化率没有影响(张婧婧等，2017)。

酸化剂可用于抑制仔猪肠道致病菌生长，降低断奶仔猪腹泻。在断奶仔猪基础饲粮中加入延胡索酸、苯甲酸，肠道中大肠杆菌、金黄色葡萄球菌和产气荚膜杆菌显著减少，仔猪腹泻率显著降低(张旭晖等，2012)。在断奶仔猪日粮中添加磷酸、延胡索酸、苯甲酸等组合而成的磷酸型复合酸化剂，可显著降低仔猪的腹泻率，改善仔猪肠道结构(孟宏社等，2010)。仔猪的基础日粮中添加磷酸、乳酸、柠檬酸、延胡索酸组成的复合酸化剂，仔猪腹泻率大幅降低，效果明显(邓灶福，2005)。

乳酸型复合酸化剂可用于提高断奶仔猪的免疫力。在仔猪的日粮中添加乳酸型复合酸化剂可以使血清免疫球蛋白 A 和免疫球蛋白 G 含量显著提高，并显著优于磷酸型复合酸化剂。因此，添加乳酸复合酸化剂可提高仔猪的体液免疫水平，有效地预防大部分细菌、病毒等引起的感染性疾病。而使用含柠檬酸的复合酸化剂能够用于提高仔猪抗氧化应激的能力，在仔猪饲粮中添加含柠檬酸的酸化剂后，仔猪血液中超氧化物歧化酶的活性和总抗氧化能力显著升高。

丁酸对仔猪的生长发育和肠道健康有较大影响。包被处理减轻了丁酸钠的臭味，提高了适口性，并能使丁酸钠到达后肠发挥生理作用而避免在胃中的吸收，所以包被丁酸钠产品调节肠道健康的效果更好。饲粮添加包膜丁酸钠可显著增加仔猪小肠绒毛高度，增加肠道益生菌含量，降低腹泻率，从而提高仔猪的生长性能（李虹瑾等，2017）。微囊化包被的丁酸钠同样可以显著提高保育仔猪平均日采食量，降低料重比和腹泻率，效果甚至更优异（陈国顺等，2013）。

2.在生长育肥猪上的应用

尽管许多观点认为酸化剂对于育肥猪的作用不是很明显，但也有研究发现个别类型的酸化剂在育肥猪同样表现出有益作用。丁酸可以维持生长育肥猪肠道健康，促进其绒毛生长，增强肠道免疫防御功能，改善肠道菌群，并显著提高血清中免疫球蛋白 M、免疫球蛋白 G 和免疫球蛋白 A 的水平（唐明红等，2010；冀笑明，2016）。在猪屠宰前一段时间内在其饲料中添加 3 kg/t 丁酸钠可减少沙门氏菌菌落（Walia et al.，2016）。因此，酸化剂可以通过抑菌、杀菌作用来实现维持育肥猪肠道健康和提高肉品质的作用。

3.在母猪上的应用

单一柠檬酸酸化剂和复合酸化剂均能提高母猪的采食量。母体营养影响新生儿组织生长所需的全部营养物质，母猪妊娠期和哺乳期营养物质的摄入量决定了仔猪初生重和断奶窝重，母猪妊娠期体况的改变可能影响窝产仔数的均匀性和一致性。母猪在妊娠后期和哺乳期，特别是哺乳阶段，其机体代谢旺盛，营养物质需求量很高。母猪的采食量与其泌乳量呈正相关，哺乳母猪的采食量不足时，其泌乳量就会受到严重影响而分泌不足，从而影响仔猪的生长和断奶存活率。因此，提高母猪采食量对提高仔猪初生重和存活率、降低母猪体况损失都十分有价值。研究发现，在饲料中添加 0.5%～1.5%的柠檬酸均能不同程度提高哺乳期母猪的采食量（张婧婧等，2017）。酸化剂能提高母猪采食量的作用机制目前并不清楚，可能与酸化剂改善饲料适口性有关。

单一和复合酸化剂均能够促进母猪营养物质消化率。在妊娠后期和哺乳期日粮中添加 1.5%的柠檬酸，能够显著提高饲料中粗蛋白、钙和磷的消化率，并且从分娩到断奶血浆、初乳以及常乳中总蛋白含量显著增加，血浆尿素氮以及球蛋白水平得到改善，胚胎生长和哺乳期营养需要得到保障（Liu et al.，2014）。母猪饲粮中添加 2%苯甲酸也能提高有机物、粗蛋白质、粗脂肪和粗纤维的消化率（Kluge et al.，2010）。

复合酸化剂能够促进母猪抗氧化能力。有报道，饲料中添加甲酸、丙酸、丁酸组成的复合酸化剂，母猪血清和母乳乳清中免疫因子无明显变化，但母猪血清的抗氧化能力有显著的改善作用（郭骥，2016）。

11.2.5 酸化剂使用注意事项

1.酸化剂使用多元化

目前，酸化剂的使用正在实现多元化。除了上述的饲料添加，饮水也是使用酸化剂的一种较好的方法，可起到杀菌的功效。饮水质量直接关系到猪群的消化道健康，适宜剂量的酸化剂能够降低饮水 pH，清洁饮水并杀灭水中微生物。类似于饲料添加，酸化剂可用于猪的任一阶段饮水，而仔猪阶段的效果同样最为理想。有研究证实，仔猪饮用水中添加复合有机酸后可检出的菌落数量显著降低，大部分微生物被杀灭。环境喷洒也能起到一定效果，发挥杀菌消毒、减少畜舍有害气体等改善环境卫生的功能。

2.合理选择酸化剂种类和使用量

不同发育阶段的猪、不同的饲料组成及饲料来源、不同的酸化剂的种类和剂量等均会影响养殖效果，饲养环境和猪的生理状况也会影响酸化剂的需要量。酸化剂的作用不仅仅是酸化饲料，部分酸化剂如丁酸主要作用是调节机体的免疫功能以起到杀菌等作用。因此，应根据生产实际合理选择酸化剂种类和使用量以达到理想的生产目标。

11.3 酶制剂

酶制剂（enzyme preparation）以添加剂的形式广泛运用在养殖生产中，最早起源于 20 世纪 70 年代，当时生物制品处于一个迅速发展的阶段，再加上养殖市场的需求，使得人们开始寻求更高效的饲料制品。随着生物技术的发展，饲用酶制剂的产量和质量得到快速提高，酶制剂的开发与应用对饲料业和养殖业的重要性日益凸显，主要用于提高饲料利用率、促进动物生长、改善生态环境等，避免了由于添加抗生素、激素等物质产生的负面影响，具有明显的经济效益和积极的环保意义。我国配合饲料中，在玉米-豆粕型日粮的基础上加入 10%～40%的大麦或小麦、次粉、麦麸、棉粕等非常规饲料原料，这使得饲用酶制剂在饲料工业中占有重要地位。

酶制剂是一种工业化批量生产且能稳定发挥其功能作用的酶制品，含有相应的辅料和佐剂。饲用酶制剂是通过特定的生产工艺由相应酶或酶类与载体或辅料制成，用于提高消化率、拮抗或分解抗营养因子、提高动物机能的饲料添加剂。目前全球不同种类的酶品种繁多，据统计有 1 700 多种，从实际应用角度，饲料工业根据饲用酶制剂中所含的种类多少，将其分为单一酶制剂和复合酶制剂。单一酶制剂主要包括淀粉酶、蛋白酶、植酸酶、非淀粉多糖酶等。复合酶制剂是以一种或几种单一酶制剂为主体，加上其他单一酶制剂混合而成，或者由一种或几种微生物发酵获得。

11.3.1 单一酶制剂的分类与特点

单一酶是指能够催化一种底物并有指定来源的酶，产品种类较多，主要分为四类：淀粉酶、蛋白酶、植酸酶和非淀粉多糖酶。为了在生产中科学、准确地发挥酶的最大生物活性，了解各种酶的酶学特点及加工工艺，准确掌握不同日粮条件下各种酶的使用方式、剂量及使用条件等添加技术，愈显重要。

1.淀粉酶

饲料中淀粉的消化或吸收速率是影响采食后血糖应答水平的主要因素。而血糖浓度上升，会触发葡萄糖受体，使动物食欲受到抑制，采食停止；此外，动静脉血糖浓度的差异是器官或细胞吸收率的标识，也是引起动物产生饱感，停止采食的重要原因。通过改变饲料中淀粉的消化速率，能够调控采食后血糖浓度，进而影响采食量。淀粉酶是一类能够催化淀粉，使其水解为葡萄糖、麦芽糖、低聚糖类的酶的总称。淀粉酶种类繁多，不同种类的淀粉酶水解淀粉的作用机理存在差异，在不同动物生产过程中发挥的作用也有差别。根据淀粉水解形式的差异，主要将淀粉酶分为 α-淀粉酶、β-淀粉酶、异淀粉酶和糖化酶。

植物性饲料原料中的淀粉由葡萄糖以 α-1，4-糖苷键和 α-1，6-糖苷键连接而成，结构上有直链和支链的区分。α-淀粉酶可水解淀粉分子链中的任意 α-1，4-糖苷键，将淀粉分解成短链糊精、寡糖、麦芽糖和葡萄糖，是工业生产中应用最为广泛的酶制剂之一；β-淀粉酶也可以断裂 α-1，4-糖苷键，然而其不可以断裂 α-1，6-糖苷键，当 β-淀粉酶一旦接触 α-1，6-糖苷键，酶解反应迅速中断，其可从淀粉分子的非还原性末端入手，依次断裂 α-1，4-糖苷键，最终生成麦芽糖；异淀粉酶可以特异水解支链淀粉中枝杈部位的 α-1,6-糖苷键,将其转化成直链淀粉;糖化酶可作用于多种糖苷键,不但能使 α-1,4-糖苷键断裂,还能水解 α-1,3-糖苷键和 α-1,6-糖苷键。其切开 α-1,4-糖苷键的最终产物是 β-D-葡萄糖。

2.蛋白酶

蛋白质是动物养殖中非常重要的营养物质之一。更好地消化、利用蛋白质,可以促进其他养分的充分利用,提高生长性能,减少环境污染。因此,以饲料为底物最优化筛选而得到的蛋白酶会大大提高饲料中蛋白质的营养功效,蛋白酶作用效果差异比较大,主要与酶制剂本身的来源、剂型、酶活、饲粮类型以及动物的种属、年龄等因素有关。

蛋白酶是具有催化水解蛋白质肽键的一类蛋白质的总称。广泛存在于动物、植物和微生物中,饲料工业上应用的蛋白酶主要来源于微生物和植物。植物源的蛋白酶常见的主要有木瓜蛋白酶和菠萝蛋白酶;微生物源的蛋白酶主要来自细菌(枯草芽孢杆菌、地衣芽孢杆菌)、真菌(黑曲霉、米曲霉和酵母)等,常用的主要有酸性蛋白酶、中性蛋白酶(根据最适 pH 分类)以及角蛋白酶。

蛋白酶的分类与特征见表 11-4。

表 11-4　蛋白酶的分类与特征(王勇灵,2016)

分类原则	具体特征和代表酶
水解方式	内切酶、端肽酶
最适 pH	酸性蛋白酶:pH 2.5～3.0,55 ℃;生产菌主要是黑曲霉和宇佐美曲酶。中性蛋白酶:pH 7.0～8.0,37 ℃以下;生产菌主要是枯草杆菌、巨大芽孢杆菌、米曲霉。碱性蛋白酶:pH 9.0～11.0,大部分属于丝氨酸蛋白酶,40 ℃以下;需要金属离子激活
活性中心结构	丝氨酸蛋白酶:广泛存在于细菌和霉菌中,大部分属于碱性蛋白酶。半胱氨酸蛋白酶:广泛存在于原核生物和真核生物中,需要 HCN 或半胱氨酸才有活性。金属蛋白酶:主要是中性蛋白酶。天冬氨酸蛋白酶:主要是酸性蛋白酶。胃蛋白酶、真菌酸性蛋白酶
来源	胃蛋白酶、木瓜蛋白酶、菠萝蛋白酶
作用底物	角蛋白酶

3.植酸酶

磷是动植物生长、繁殖以及细胞代谢所必需的大量营养元素之一,是生命体的重要组成成分。在动物体内,磷在动物生理功能中发挥重要作用,磷是核酸、细胞膜和骨骼的主要成分,约占其体内矿物质总量的 25%,其中有 80%的磷存在于动物的骨骼中,并直接参与所有产生能量的细胞反应,维持渗透压和酸碱平衡,控制蛋白质合成,影响细胞分化。

在动物饲料中,植酸磷是磷的主要形式,植酸酶能够水解植酸磷从而释放出动植物可直接利用的离子态磷酸盐。由于在猪、家禽以及鱼类等单胃动物的消化道内缺乏有机磷的水解酶,因此对磷的利用率极低,典型动物猪对磷的利用率不足 20%,其余的从粪便中排出,一方面造成了磷资源的浪费,另一方面粪便会造成环境污染。

4.非淀粉多糖酶

食物尤其是谷物中含有大量的非淀粉多糖,主要包括木聚糖、β-葡聚糖、纤维素和果胶等。

非淀粉多糖可溶于水并产生黏性物质，增加食糜黏性，降低肠道中内源消化酶的扩散速率，阻碍营养物质的消化吸收。非淀粉多糖是植物的细胞壁的主要组成成分，因其化学结构稳定，不易被动物胃肠道消化吸收，因此会降低谷物饲料的营养价值。比如，阿拉伯木聚糖主要存在于黑麦和小麦中，由吡喃木糖残基以 β-1,4-糖苷键连接而成；β-葡聚糖是自然合成的多聚糖，大麦日粮产生黏性的主要原因。β-葡聚糖主要来源于大麦、燕麦糊粉层和胚乳层的一部分可溶性的细胞壁多糖，主要由 β-1,4-糖苷键和 β-1,3-糖苷键组成，在溶液中呈黏性，大麦中 β-葡聚糖的含量主要在 1.5%～8%之间，黏性较高的阿拉伯木聚糖在小肠内阻止消化酶与其他营养物质的接触，从而会进一步阻碍营养成分的消化吸收；果胶作为植物天然的细胞壁及细胞壁间质的重要成分，具有极强的持水力，在消化道内易形成持水力很强的交联凝胶，导致小肠黏膜表面不动水层厚度增加，降低消化产物向肠道黏膜表层的扩散速度，令肠道蠕动困难，以及导致的消化酶与营养物质底物扩散速度减慢，阻碍了消化酶与底物之间的运动和混合，从而对养分的消化吸收产生物理性障碍。

非淀粉多糖酶类针对不同种类的多糖进行分解代谢，进而对机体产生有益的影响。此外，非淀粉多糖酶还可减少非淀粉多糖对二糖酶、淀粉酶和脂肪酶活性的抑制作用。单胃动物无内源非淀粉多糖酶，外源添加非淀粉多糖酶消化植物细胞壁，有利于细胞内容物淀粉、蛋白质和脂肪等养分从细胞中释放出来，使之能充分与相应的消化道内源酶相互作用，从而提高这些养分的消化率。外源非淀粉多糖酶主要有木聚糖酶、β-葡聚糖酶、纤维素酶和果胶酶。非淀粉多糖酶特别适合于包含小麦、次粉、麸皮、大麦、米糠的饲粮，能显著提高其营养价值。这是因为大麦、燕麦最主要的抗营养因子是 β-葡聚糖；小麦、黑麦最主要的抗营养因子是阿拉伯木聚糖。

11.3.2 单一酶制剂在猪生产中的应用

1.淀粉酶在猪生产中的应用

在猪生产过程中，动物需要大量能量来维持生命活动，其中 60%～80%的能量都是从饲料中的淀粉获得。淀粉酶是单胃动物消化利用淀粉满足机体能量需求的关键酶，虽然仔猪自身能够分泌淀粉酶等内源性消化酶，但仔猪消化机能尚未发育健全，内源性淀粉酶分泌量不足，限制了淀粉的消化吸收，同时又面临转群、接种疫苗等强烈应激，导致消化道中酶活性降低，从而影响仔猪的消化能力，降低饲料转化率。因此，通过添加外源性淀粉酶来提高饲料淀粉的消化吸收，对于提高生产性能、增加养殖效益具有重要意义。

病态及断奶等应激状态往往引起仔猪体内淀粉酶分泌的下降。处于哺乳期的仔猪主要从母乳获得发育所需的养分，然而母乳中不含淀粉，由于缺乏淀粉的刺激，导致后期仔猪消化道内淀粉酶的分泌能力弱，在由母乳过渡到饲料的过程中遇到困难。此时及时补充外源性淀粉酶，可以避免仔猪腹泻和日后对饲料的消化不良、提高仔猪成活率。仔猪刚出生时胰淀粉酶活性很低，直到 4 周龄才有显著增长。仔猪断奶后，胰淀粉酶活力明显下降，断奶后 1 周降到最低水平，断奶后 2 周才会基本恢复。因此，在断奶阶段添加合适的外源性消化酶，能弥补仔猪内源消化酶不足的缺陷，提高饲料中淀粉等碳水化合物的消化和利用率，并在分解日粮的同时，为内源酶提供能量基础，从而促进各种营养物质的消化吸收，达到抵抗应激、促进生长的目的。

另外，猪等单胃动物缺乏分解 α-1,6-糖苷键的酶，机体自有淀粉酶对 α-1,6-糖苷键作用力较弱,影响饲粮中淀粉的消化利用。因此,为了提高饲粮中淀粉的利用率,进而改善动物生长性能,需要在饲料中额外添加异淀粉酶和糖化酶来消化淀粉中的 α-1,6-糖苷键。

2.蛋白酶在养猪生产中的应用

随着饲料行业和畜禽养殖业的快速发展,豆粕作为大豆加工副产物,富含多种营养物质,其中蛋白质含量为40%~50%,脂肪为1%~2%,碳水化合物为10%~15%,且较鱼粉价格低,是目前广泛使用的植物性蛋白质饲料原料,其需求量逐年递增。然而豆粕中含有的抗原蛋白,如大豆球蛋白、β-伴大豆球蛋白等,会造成畜禽生产性能和饲料利用率降低,这在一定程度上限制了其在饲料中的应用。随着酶制剂工业的快速发展和各种酶制剂产品的问世,为利用酶制剂解决豆粕中的抗营养因子问题提供了可能性。体内试验表明,蛋白酶对大豆蛋白的体外降解并不总是降低大豆蛋白生物学的致敏性,大豆蛋白的降解具有蛋白酶特异性,不同的蛋白酶作用于不同的大豆蛋白亚基或结构,并最终反映到对动物的致敏性差异上(王之盛等,2005;于海涛等,2018)。豆粕中蛋白质含量高,营养成分平衡,但豆粕中含有的抗原蛋白在一定程度上限制了其在饲料中的应用。近年来利用生物酶解技术去除豆粕中的大豆蛋白抗原日益受到重视(龚阿琼等,2019)。

幼年动物或处于病态等应激状态的动物,胃肠道分泌消化酶的能力较弱,饲料中适当地添加蛋白酶,可补充内源酶的不足,提高饲料中蛋白质的消化和利用率。在动物胃酸分泌不足时,添加酸性蛋白酶可以补充胃酸,可以刺激胃蛋白酶的分泌(姚建国等,2002)。外源酶对机体内源酶的活性受到多种因素的共同影响,如动物的品种、年龄、饲养条件等,两者的关系较为复杂。此外,蛋白酶抑制剂和植物凝集素等蛋白类抗营养因子也能够被外源蛋白酶降解,使内源蛋白酶的分泌量增加。另外,外源添加蛋白酶在分解日粮的同时,为内源酶提供能量基础。在高次粉饲粮中添加复合酶,发现仔猪肠道中总蛋白水解酶活性显著提高21%(沈水宝等,2005)。在仔猪饲料中添加外源蛋白酶,可以减轻豆粕中抗营养因子的影响,提高豆粕的营养价值,还可有效补充仔猪内源蛋白酶的不足,从而提高对饲料中蛋白质等营养物质的消化率,并且能够提高仔猪的抗腹泻能力。

日粮中补充外源性蛋白酶可以促进蛋白质的利用率,提高动物生产性能。但是,在家禽上的报道较多,而在仔猪上的应用研究数据较少。因为对猪而言,其具有更大的蛋白质消化能力,其肠道发酵功能强,饲料消化时间长。但对于早期断奶仔猪,断奶应激会影响蛋白质、氨基酸等营养物质的消化利用率。因此,在断奶仔猪日粮中添加复合蛋白酶具有重要意义。断奶仔猪各阶段的体重及全期平均日增重可因日粮添加复合蛋白酶而显著提高(Zuo et al.,2015),但对饲料利用率无显著影响。此外,保育猪日粮中添加角蛋白酶,也可以显著提高平均日增重(Wang et al.,2011)。由此可见,通过添加复合蛋白酶可以改善饲料蛋白或氨基酸的利用率,进而提高断奶仔猪的生长性能。

蛋白酶具有额外营养生理效应:通过提高肠道免疫反应,促进肠道健康。为了促进生长早期肌肉、骨骼的生长和蛋白质的沉积,断奶仔猪通常需要较高营养水平的日粮,由于仔猪胃肠道发育不足及面临的各种环境应激,往往出现高蛋白日粮消化不良的状况。断奶仔猪日粮高蛋白水平与其对蛋白质的消化能力有关,高蛋白会导致肠道细菌的增殖,从而引起腹泻。日粮中未被肠道消化的大量蛋白会被肠道微生物用于发酵和增殖,微生物发酵未消化的蛋白质产生有毒物质,如氨和胺这两种物质,它们都会抑制生长,引起仔猪腹泻。蛋白酶可以提高仔猪的抗腹泻能力,减少产毒素大肠杆菌引起的仔猪腹泻。断奶仔猪日粮中添加蛋白酶能够显著提高盲肠中乳酸杆菌和总厌氧杆菌含量，以及回肠绒毛高度与隐窝深度的比值，同时降低盲肠中食糜氨态氮浓度、支链挥发性脂肪酸浓度、大肠杆菌和总好氧菌含量。另外，蛋白酶还可以降解蛋白质产生的一些活性物质（小肽），促进肠道功能，产生额外营养生理效应（Peek et al.,2009）。

3.植酸酶在养猪生产中的应用

植酸酶可提高磷的利用率，减少磷排放，降低饲养成本。畜禽饲料主要是由植物性饲料组成，常用植物性饲料中 60%～70%的磷是以植酸磷或植酸盐的形式存在，植物中含有的植酸与磷结合后形成不易被吸收利用的结合物植酸盐。猪等单胃动物消化道中缺乏能够降解植酸盐的植酸酶，因此不能有效利用植酸磷，造成饲料中磷的利用率仅有 30%或更低，同时，不能被吸收利用的磷经动物肠道排出，增加了粪或尿中磷的排放量，易引起水体富营养化等环境问题。断奶仔猪日粮中添加植酸酶 750 IU/kg，可使磷排泄降低 42%。美国肯塔基大学经过 10 年研究证实，猪只能利用玉米中磷的 10%～12%，豆粕中磷的 25%～35%，典型猪饲粮磷的利用率仅达 15%；而鸡对玉米和豆粕中磷的利用率比猪还低，显然 85%左右的磷从粪便中排出，污染环境。在猪、鸡饲粮中使用植酸酶，可使粪便磷的排出减少 30%～ 40%。这样既充分利用了饲料本身的磷资源，又减轻了无机磷资源的排放对环境的污染。

全面利用饲料养分，提高养分的利用率。大多数植物饲料及谷物中 60%～80%的磷以植酸磷的形式存在，动物消化系统缺乏内源性植酸酶，无法消化利用饲料中植酸结合态磷。而植酸酶的使用，可将植酸结合态磷转化为有效磷供动物机体使用，从而提高饲料中磷的利用率。另外，由于植酸盐被水解，被络合的蛋白质、矿物质、淀粉等养分被释放出来，其消化率亦普遍提高。植酸盐能与蛋白质、淀粉、脂肪发生结合，并使内源淀粉酶、蛋白酶、脂肪酶活性降低，使整个日粮的养分消化受到不良影响（单安山，1997；汪儆，1998）。对仔猪和生长猪饲粮添加植酸酶，可显著提高其日增重、饲料转化率，磷、氮、干物质的利用率有不同程度的提高，尤以磷的利用率提高很多（50%～70%）。

除了影响营养物质的消化和吸收，植酸酶还可以改善肠道生理状态，增强机体免疫功能。在仔猪饲粮中外源添加植酸酶可降低每克干粪样中的大肠杆菌数量，可能是由于植酸酶促进了仔猪营养物质的吸收，减少了肠道内可被大肠杆菌利用的营养物质及发酵物质，从而引起大肠杆菌生长繁殖速度的减慢，仔猪腹泻率下降。

4.非淀粉多糖酶在养猪生产中的应用

作为植物的细胞壁的主要组成成分，非淀粉多糖因其化学结构稳定，不易被动物胃肠道消化吸收，会降低谷物饲料的营养价值。若将非淀粉多糖分解，就可以让营养物质从细胞壁中释放出来，提高饲料利用率。在养猪生产中，常在饲粮中添加相应的非淀粉多糖酶，来分解其中不易被动物胃肠道消化的非淀粉多糖。单胃动物体内的非淀粉多糖酶需要从外界供给，若不在饲粮中额外提供非淀粉多糖酶，非淀粉多糖就不能在肠道前段吸收，随着食糜进入大肠中，在这里的微生物利用这些营养物质产生挥发性脂肪酸，为有害微生物提供能量、碳源，有害微生物大量繁殖，与有益微生物比例失调，影响肠道微生态平衡。在饲粮中添加非淀粉多糖酶可以增加肠道前段对非淀粉多糖的利用率，减少非淀粉多糖进入后肠道，减少在肠道后段为有害微生物提供养分。日粮中添加外源性高淀粉多糖酶可伴随有肠道菌群发生变化，显著提高猪胃肠道健康（窦君霞，2009）。

非淀粉多糖酶类的添加，通过降低消化道食糜黏度，提高内源消化酶的扩散速率，提高营养物质消化吸收率。非淀粉多糖酶类可以破坏食糜周围的水化膜，增加食糜与酶及小肠的接触面，克服由于高水平的阿拉伯木聚糖和β-葡聚糖等造成的黏性问题，提高营养物质的消化率。比如，纤维素酶将纤维素降解为葡萄糖，水解细胞壁的纤维素晶体结构，摧毁细胞壁，释放细胞内容物，增加可溶性物质的含量，为微生物生长繁殖提供养料，并且使养分和消化酶充分接触，提高营养物质的消化率。木聚糖酶能够破坏木聚糖的分子结构，将非淀粉多糖降解为寡糖或单糖，降低多糖本身的黏性，伴随着肠道内容物的黏性也降低，提高肠道中营养物质及内源消化酶的扩散速率，降低木聚糖与小肠黏膜的有效作用，从而提高养分的消化吸收效率，因此许多国家开始在畜禽饲粮中添加各种非淀粉多糖酶类。

非淀粉多糖酶类能够将日粮中的可溶性非淀粉多糖降解成多糖片段或者寡糖，这些小分子物质可以促进动物肠道有益菌的增殖，抑制有害菌的生长。比如，β-葡聚糖酶属于水解酶类，饲料中应用的β-葡聚糖酶主要是内切酶，生成β-1，3-糖苷/β-1，6-糖苷的葡聚糖具有较大的生理活性，不但能够增强机体的非特异性防御屏障，而且能提高机体对环境中的病原微生物的特异性抵抗力，还能加强抑菌效力。据报道，添加木聚糖酶能显著增加盲肠内容物和双歧杆菌数量，通过木聚糖酶降解生成的小分子物质，能选择性促进肠道有益菌的增殖，抑制大肠杆菌等有害菌的生长，显著缓解了非淀粉多糖造成的微生态平衡失调，从而达到调控动物生长和健康的目的，还可通过调整肠道菌群的组成及丰度，维持肠道微生态的平衡，从而促进动物的肠道健康。

衡量非淀粉多糖酶类是否有效的指标很多，在生产和科研中最常用的衡量指标有平均日增重、饲料转化率、肠道形态及微生物区系组成。其中，平均日增重及饲料转化率是衡量非淀粉多糖酶类添加有效的最佳指标。在早期的试验中，检验在大麦饲料中添加β-葡聚糖酶对生长育肥猪的影响，发现β-葡聚糖酶对生长育肥猪的饲料转化率无显著影响，但将猪的日增重提高了2.5%(Guan et al.，2019)。纤维素酶还可维持小肠绒毛形态完整，促进小肠对营养物质的吸收，从而提高饲料利用率和猪的生产性能。肠道微生物的组成对动物营养消化吸收及健康有直接影响。

11.3.3 单一酶制剂使用注意事项

1.淀粉酶使用注意事项

酶的催化活性受温度、pH等的影响很大，只有在合适的条件下，才能发挥其最佳活性。此外，饲养环境、天气、季节发生改变，各种添加剂的种类及含量等都会影响内源淀粉酶的活性。生产上不同来源的淀粉酶就对在日粮中淀粉酶的添加提出了更高的要求。

现阶段市场上流通的淀粉酶主要是微生物发酵产生和人工萃取获得。目前在工业生产中，微生物发酵是产生淀粉酶的主要来源，尤其是以芽孢杆菌所产的淀粉酶较多，芽孢杆菌具有易贮存、耐高温高压、抗逆性强等独特的生物学特性。另外，生产上有研究利用基因重组的手段，筛选乳酸乳球菌株表达一种耐热α-淀粉酶，但是其在生产中的应用效果需要进一步检验。但是，微生物发酵产生淀粉酶的工业制备成本较高，提取条件相对复杂，且淀粉酶的得率较低。由于胰脏作为胰α-淀粉酶的提取原料来源充足，而且猪胰α-淀粉酶与人胰α-淀粉酶更为接近，两者的最适pH均为6.7～7.0，因此逐渐发展出了淀粉酶的萃取工艺。利用双水相萃取技术从猪胰脏中提取α-淀粉酶，所获得淀粉酶的酶活损失较少，萃取率高(刘英等，2015)。

在工业生产及养殖生产利用的过程中，应注重避免温度对淀粉酶酶活的破坏作用。温度是影响酶活性的主要因素，但是不同的淀粉酶发挥最佳酶活的最适温度不同。生产中使用的普通淀粉酶的最适温度在 40～60 ℃之间，而极端耐热淀粉酶在 100 ℃仍能保持较高的活性。另外，通过使用低温淀粉酶，能在仔猪的正常体温及胃肠道 pH 条件下发挥良好的酶促反应。在 28～68 日龄阶段，低温淀粉酶能显著将保育仔猪日增重提高 56.15 g，料重比降低 4.02%，说明低温淀粉酶能显著地提高保育仔猪的生产性能(夏彩锋等，2013)。此外，在仔猪断奶到断奶后两周内，低温淀粉酶可确保仔猪对日粮的消化、吸收，实现较好的增长速度，顺利渡过断奶关，增强仔猪抵抗应激的能力。

2.植酸酶使用注意事项

植酸酶的活性受环境条件影响，它对 pH、温度、湿度十分敏感，金属离子对其活性也有影响。因此，在植酸酶的开发及使用中需要注意以下几点。

(1)微生物生产的植酸酶适应的 pH 较宽(2.5～6.0)。不同植酸酶产品的活性适应 pH 范围可能不同。pH 为 2.5 时与猪胃中酸度相适应，pH 为 5.5 时正处于小肠 pH 变化范围内。例如，无花果曲霉植酸酶(aspergillusficuum)即在 pH 为 2.5 和 5.5 时活性最强，但 pH 低于 2.5 时比 pH 为 5.5 时的活力下降 48%。

(2)植酸酶最大酶活的发挥，依赖于适宜的温湿度。植酸酶虽有较强的耐热性，最适温度为 60～70 ℃，但在 70 ℃下制粒将使酶活性损失 25%，80 ℃以上时制粒将使酶活性大量损失甚至更严重。因此，一般认为粉状植酸酶制剂原则上不适用于生产颗粒饲料，认为液体植酸酶和喷涂工艺是解决这一难题的途径。但喷涂工艺在饲料厂是否能被普遍采用也是问题。因此，为了保证植酸酶能在最适温湿度条件下发挥最佳功效，植酸酶制剂在运输贮存过程中须注意：严防潮湿，因为水分比高温对酶活性的影响更大；防高温暴晒，有效期内储存温度不宜超过 30 ℃，在低温条件下酶活稳定。

(3)防止金属离子对植酸酶活性的破坏。金属离子对植酸酶活性有一定的副作用。如 Ca^{2+} 和 Mn^{2+} 对酶活性有一定影响，Ca^{2+} 能使酶活性提高 120%；酶的抑制因子各不相同，Zn^{2+}、Fe^{2+}、Cd^{2+}、EDTA、Mg^{2+} 对不同来源的酶有不同的抑制作用。植酸作为饲料中的抗营养因子，对 Zn^{2+}、Mn^{2+}、Ca^{2+}、Cu^{2+}、Mg^{2+}、Fe^{2+} 等阳离子具有很强的络合能力，可形成难溶的络合物-植酸盐，从而影响微量元素的吸收，因而会降低矿物元素的利用率。并且，植酸的阴性磷酸根基团与蛋白质阳性基团相结合，影响机体对蛋白质和氨基酸的消化率，不过，饲料中通过添加外源性植酸酶，可以解决以上问题。植酸酶不仅可以水解植酸盐，还能释放植酸盐化学键结合的钙、铜、锌以及氨基酸，使饲料中的磷变得可吸收利用，减少污染物排放，同时减少无机磷的添加量。

世界范围内植酸酶只是集中地应用于蛋鸡、种鸡、猪和肉鸡；目前在中国的应用仅限于蛋鸡和种鸡。应用于仔猪和生长猪的效果很好，只是从补磷的成本考虑尚未推广应用，宜进行全面的技术经济评估。

3.非淀粉多糖酶使用注意事项

无论是生长育肥猪还是仔猪，胃肠道中均缺乏分解非淀粉多糖相关的内源性消化酶类，因此在以小麦、大麦和燕麦等作为基础日粮的猪饲料中，需要额外添加非淀粉多糖酶以消化植物细胞壁中不易被动物胃肠道所降解的组分，以增强饲料转化率，改善肠道健康。但是，由于猪的生理特异性，在养殖生产中非淀粉多糖酶类的添加效果受各种因素的影响，比如 pH、添加剂量、生长阶段等。因此，在饲粮中添加非淀粉多糖酶类需要注意以下技术要点。

pH 是影响非淀粉多糖酶类酶活性的重要因素，只有在最佳的 pH 范围，酶才能发挥最佳的功能活性。在生产上，猪饲料中添加 β-葡聚糖酶和木聚糖酶后的饲喂效果与家禽饲料中的添加效果不一致，这与猪和家禽在消化生理上的不同有关。在进食后，饲料在猪的胃肠道中较低的 pH 条件下停留时间为 4～12 h，在鸡的低 pH 的前胃中仅停留 20～40 min。猪胃中的 pH 一般为 2～3.5，十二指肠、空肠和回肠的 pH 范围为 4～6、5.5～6.7、7.0～7.5，因此，饲粮在不同 pH 环境中的停留时间决定了非淀粉多糖酶类的活性。各种非淀粉多糖酶类在不同 pH 条件下的活性参见表 11-5。很明显，酶在长时间处于一段较低的 pH 条件下酶活能够部分被破坏。

表 11-5　非淀粉多糖酶类在不同 pH 条件下的活性(Thaker，等 2002)　　mmol/(min · mg)

酶的种类	培养时间/min	pH 2.5	pH 3.5	pH 4.5	pH 5.5
木聚糖酶	15	32	86	94	100
	30	31	49	100	94
	60	30	32	99	87
β-葡聚糖酶	15	56	99	107	100
	30	48	92	101	114
	60	54	81	95	105

另外，在养殖生产中为了保证酶发挥最大的功效，还需要注意非淀粉多糖酶类在猪饲粮中的适宜添加量，酶对底物发挥最大活力的浓度与底物的浓度有关，所以必须通过一定的技术、方法选择最佳的添加量，以充分发挥其作用，提高效率。酶过量或不足非但无益，还会引起副作用。这就要求底物与酶制剂用量之间应有适宜的比例关系，根据目标底物含量，确定添加酶制剂的用量。但是目前关于在猪饲养中非淀粉多糖酶类的国家标准及行业标准并未制订。对于不同酶活性的产品、不同动物种类、不同生理阶段以及不同饲料品种的适宜添加量并不明确，在实际应用中往往因用量不当而影响应用效果。

11.3.4　复合酶制剂的特点

1.复合酶制剂的基本概念

目前国内外大多数的饲料商业酶制剂是含多种酶的复合酶，复合酶制剂以一种或几种相应酶制剂为主体(主酶)，加上其他单一酶制剂(次酶)混合而成，可同时降解饲粮中多种需要降解的底物，能最大限度地提高饲料的营养利用率。复合酶制剂，主要包括以蛋白酶、淀粉酶为主的饲用复合酶，以纤维素酶、果胶酶为主的饲用复合酶，以 β-葡聚糖酶为主的饲用复合酶，以纤维素酶、蛋白酶、淀粉酶、糖化酶、β-葡聚糖酶、果胶酶为主的综合型饲用复合酶等。因各种各样的复合酶制剂在提高饲料养分利用率、改善动物肠道健康方面发挥了重要的作用，因此被广泛应用在畜牧生产中。

2.复合酶制剂在养猪生产中的应用

单一的酶制剂已不能满足养殖业的需求，如今市场上酶制剂主要以复合制剂的形式添加到饲料中，以满足猪不同生长阶段、不同生理状态的使用。在饲料中添加复合酶制剂，可充分消化一些含抗营养因子的饲料原料，提高饲料养分的利用率，促进动物生长发育，有利于解决我国饲料资源不足的问题，因此复合酶制剂在养猪生产中越来越受到重视。

(1)补充仔猪胃肠道内源酶，促进仔猪对营养物质的消化。断奶仔猪消化系统发育不完全，自身产生的消化酶（如蛋白酶、淀粉酶、脂肪酶等）不充足，需要靠外界供给。在仔猪饲粮中添加复合酶制剂可以提高内源性消化酶的活性。因此，在仔猪饲料中添加以淀粉酶、蛋白酶、脂肪酶为主的复合酶制剂，对内源酶进行调整，从而弥补仔猪早期各种消化酶的缺乏，保证仔猪正常消化吸收功能。其实，仔猪淀粉酶和胃蛋白酶的活性与某些外源酶的添加也存在一定联系，42 日龄仔猪添加复合酶后仔猪淀粉酶和胃蛋白酶活性均有升高的趋势（沈水宝等，2002）。仔猪断奶应激导致胃肠道的消化、吸收功能下降，由此导致肠道内自身分泌的酶制剂不足，饲粮中添加复合酶制剂可以提高仔猪对营养物质的利用率。另外，仔猪断奶后饮食从易被消化的初乳转为以谷物为主的日粮，这也会造成消化不良进而引起腹泻。现已证明，在日粮中添加复合酶制剂可以减少致病微生物的繁殖，降低腹泻的发生率，从而提高仔猪的生长性能。

肠道微生物在维持肠道健康中起着重要的作用，外源性添加不同水平的酶制剂组合（葡糖氧化酶和 β-甘露聚糖酶）可以降低断奶仔猪肠道的 pH，增加胃肠道的消化能力，并且降低有害菌的数量，提高断奶仔猪生产性能，促进仔猪的健康生长（张洁等，2018）。在玉米型日粮中添加复合酶（纤维素酶和果胶酶），随着酶制剂水平的增加，断奶仔猪粪便大肠杆菌数呈下降趋势，而有益菌乳酸杆菌呈现上升趋势，进而增强仔猪的生长性能。

(2)提高生长猪机体代谢水平、饲料营养价值、生长性能。复合酶制剂可以提高生长猪机体代谢激素的水平，提高生长性能，使饲粮发挥最全面的效用。酶制剂与饲粮中碳水化合物相互作用可以产生有调节作用的活性物质，促进体内激素释放。血液中的生长激素、胰岛素（INS）、三碘甲状腺原氨酸（T3）、T3/T4、促甲状腺激素会随着非淀粉多糖酶的添加而升高，还可以提高血液中的类胰岛素生长因子-1（IGF-1）水平，这些激素的升高都有助于机体生长，充分说明酶制剂具有促进生长的功能。生长激素与 T3（体内主要的代谢激素）具有协同效应，并且生长激素能够刺激肝脏产生 IGF-1，IGF-1 是机体生长的调控因子，能够进一步刺激机体增加对氨基酸、蛋白质的利用，促进机体生长。

消除抗营养因子，提高饲料的营养价值。根据饲料原料的不同添加相应的酶制剂，适当添加非常规饲料效果同样明显。抗营养因子广泛存在于各种饲料原料中，是饲料中含有的某些不能被动物利用且对饲料中其他营养成分的消化吸收起拮抗作用的成分，是限制生长育肥猪生长发育的主要因素，它们直接或间接地影响营养物质的消化吸收和代谢，表 11-6 为饲料原料中常见的植物性抗营养因子。饲料中常见的抗营养因子主要是植酸盐、非淀粉多糖、蛋白酶抑制因子等。而酶制剂可部分或全部消除这些抗营养因子的不良影响，并且饲料酶与饲料抗营养因子有着一一对应的关系。如植酸酶-植酸盐，木聚糖酶-木聚糖，β-葡聚糖酶-β-葡聚糖，纤维素酶-纤维素，果胶酶-果胶等。

表 11-6 常用饲料中的抗营养因子(王福海等,2004)

饲料原料	抗营养因子
玉米	支链淀粉、纤维素、半纤维素、果胶、植酸
大麦、小麦	葡聚糖、木聚糖植酸
黑麦	木聚糖、葡聚糖、单宁、蛋白酶抑制因子、植酸
小黑麦	木聚糖、葡聚糖、蛋白酶抑制因子、植酸、单宁
高粱	单宁、植酸
菜籽粕	单宁、芥酸、硫葡糖酸、果胶、植酸
棉籽粕	纤维素、棉酚、植酸
大豆粕	蛋白酶抑制因子、血细胞凝集素、大豆球蛋白、果胶、植酸、甲状腺肿因子、皂角苷
葵花籽粕	纤维素、木质素、单宁、植酸

(3)改变患病动物小肠肠壁结构,促进营养吸收,抑制有害菌增殖。成年动物肠道的良好发育为营养物质的吸收提供了物质基础,但是当动物发病时,肠道绒毛结构受到破坏。酶制剂可以改变患病动物小肠的肠壁结构,促进营养物质的吸收。肠道隐窝深度反应细胞增殖情况,隐窝深度越浅,代表肠上皮细胞成熟率增加,也就是增强小肠的吸收作用。小肠绒毛高度直接影响对营养物质的接触面积和对营养物质的消化吸收,小肠绒毛高度增加有利于营养物质的吸收,相反则不利。在仔猪日粮中添加复合酶制剂已被证明,可显著降低肠对体重的相对质量,提高小肠绒毛高度,增加绒毛高度和隐窝深度的比值(Gracia et al.,2009),还可减轻有害微生物对肠黏膜上绒毛和微绒毛的损害,提高养分的消化率,增大肠道吸收表面积,同时减轻肠上皮细胞内的无机盐、蛋白质等的过度分泌。

另外,复合酶制剂通过抑制患病动物肠道有害微生物的增殖,增加有益菌的数量,来改善肠道健康。大麦-豆粕型日粮中添加复合酶(含木聚糖酶、β-葡聚糖酶和纤维素酶),可降低生长猪粪中大肠杆菌的丰度(Park et al.,2016)。日粮中添加以木聚糖酶、淀粉酶、蛋白酶为主的外源性复合酶可以提高乳酸杆菌的数量,降低粪中大肠杆菌的数量,降低仔猪腹泻率(Zhang et al.,2014)。另外,以非淀粉多糖酶为主的复合酶制剂为例,非淀粉多糖复合酶的添加一方面降低了肠道内容物的黏度,另一方面黏度的下降又提高了食糜通过整个消化道的速度,阻止蛋白质、糖类、脂肪等在消化道的过度发酵使病原菌的繁殖条件不能有效的建立起来,避免宿主与细菌之间进行竞争对养分的吸收,还减轻微生物产生有害物质对黏膜的损伤,从而降低腹泻的发生(Ferrandis et al.,2018)。非淀粉多糖酶在降解非淀粉多糖的过程中会生成一些寡糖,这些寡糖为双歧杆菌、乳酸杆菌、酪酸杆菌的发酵提供了底物,并且还会促进短链脂肪酸的产生,而短链脂肪酸为动物肠道提供直接能量源,为绒毛的生长、细胞的有丝分裂提供能量。

3.复合酶制剂应用注意事项

饲用酶制剂可以提高畜禽饲料消化率,分解抗营养因子,改善畜禽机体健康状况,无毒、无残留,是一种绿色环保型饲料添加剂。为扩大饲料中非常规原料的利用率、拓展饲料原料来源提供了新方法。近年来,饲用酶制剂在单胃动物饲料中发挥了巨大作用,约35%以上的饲用酶制剂用于猪饲料生产。但是,由于国家对酶制剂的活性、剂型、成分等没有统一评判标准,酶制剂的生产方式、存放温度和使用温度也缺乏统一的规定和标准，不同组合酶的消化特性及动物的生理状态不同，若要在生产上发挥酶的最大生物活性，在养猪生产中，酶制剂合理、正确使用是亟待解决的问题，因此，在使用过程中需要注意以下几项要点。

(1)复合酶制剂必须与饲粮特性相适应。不同种类、不同生产用途的动物，由于对饲料的消化率不一样，因此对同一种酶制剂的反应不同，生产效果也就各异。复合酶可同时降解饲粮中多种需要降解的底物(多种抗营养因子和多种养分)，可最大限度提高饲料的营养价值。而每种商业复合酶与其相关的混合酶(如蛋白酶、纤维素酶、果胶酶、β-葡聚糖酶等)存在特异活动性，所以在饲粮中添加的复合酶必须与饲粮原料中的主要非淀粉多糖底物相匹配。例如，大麦(燕麦)-豆粕型饲粮含有较高水平并不易被消化的纤维类物质，宜添加以β-葡聚糖酶和果胶酶为主，辅以纤维素酶和α-半乳糖苷酶的复合酶制剂，破坏植物细胞壁，释放细胞中的营养物质，同时消除饲料中的抗营养因子，降低胃肠道内容物的黏度，促进动物对营养物质的消化吸收；玉米-小麦-黑麦-豆粕型饲粮有较高水平的蛋白含量和纤维素，为了降低生产成本，提高蛋白质甚至纤维素的利用率，宜在饲粮中添加以阿拉伯木聚糖酶、蛋白酶、果胶酶和α-半乳糖苷酶为主的复合酶制剂。

(2)复合酶制剂需要根据动物的不同生理状态进行添加。对于胃肠消化道发育不完善的仔猪，饲粮中应添加以蛋白酶、肽酶、淀粉酶、脂肪酶和α-半乳糖苷酶为主的复合酶，以补充内源消化酶分泌的不足，促进营养物质的消化；对于生长发育旺盛的生长育肥猪，应添加以蛋白酶、植酸酶、淀粉酶和非淀粉多糖酶为主的复合酶，以最大限度提高饲料转化率，节约饲料原料，降低成本，促进生长猪的快速生长发育；对于幼龄或者处于应激状态的动物，添加以蛋白酶和淀粉酶为主的饲用复合酶，用于补充内源性消化酶分泌不足，从而改善肠道健康；而以纤维素酶、蛋白酶、淀粉酶、糖化酶、β-葡聚糖酶、果胶酶为主的饲用复合酶，综合各种酶类，具有更强的辅助消化作用，一般根据饲料原料的不同调节复合酶制剂中各酶的比例。

(3)针对日粮类型选用不同的复合酶制剂种类。由于酶作用的底物特异性，要使饲用酶制剂发挥优良的效果，在应用时必须考虑饲料原料的特性。不同饲料原料的组成和化学结构都有其特殊性。酶制剂可提高玉米、高粱饲粮的营养价值。过去，许多人认为以玉米-豆粕为基础的饲粮，不可能通过添加饲用酶而得到改善。但最新的研究发现，低黏性谷物玉米、高粱的淀粉消化率并不如先前想象的那样高(98%)，在玉米豆粕饲粮加 6%豆油时，肉仔鸡对淀粉的消化率出人意料地低至 82%。而大豆加工成豆粕过程，抗营养因子残留颇多，如 20%～40%的植物凝血素仍残留在豆粕中。虽然玉米、高粱被认为是低黏性谷物，但现在看来，添加木聚糖酶仍能降低肠道食糜的黏度，从而提高养分的消化率。

对豆粕型日粮而言，复合酶的种类很重要。豆粕中含有多种抗营养因子(表 11-6)，除蛋白酶抑制因子、植物凝血素、抗原蛋白等外，豆粕中约有 40%不易消化的碳水化合物是由粗纤维、多糖和寡糖组成。多糖部分主要包括酸性多糖(8%～10%)、阿拉伯木聚糖(5%)、纤维素(5%)和甘露聚糖。其中，甘露聚糖对热稳定，在猪、鸡日粮中作为强抗营养因子，当豆粕占饲粮 30%时，饲粮中所含的甘露聚糖(0.5%)将起到很强的抗营养作用。寡糖部分主要是水苏糖和棉籽糖，是较易消化的碳水化合物。并且蛋白酶可以降低豆粕中胰蛋白酶抑制因子和植物凝血素等抗营养因子。因此，对于食用豆粕型日粮为基础日粮的动物而言，单独添加α-半乳糖苷酶几乎没有什么作用，虽然该酶能降解水苏糖和棉籽糖，然而所添加的复合酶中含有β-葡聚糖酶、半乳糖苷酶、蛋白酶时，对降低饲料中抗营养因子的含量则会有协同促进作用，提高含有豆粕饲粮的营养价值。

(4)适当的饲料加工工艺保证复合酶制剂的活性。虽然实现了饲料酶制剂的工业化，获得了较大的产量，但是粗放的工业条件(如高温、高压、氧化剂和极端 pH 等)加上酶制剂的使用不当等，均会使酶制剂的使用效率受到极大限制。另外，饲料生产工艺等诸多环节存在潜在的不确定性，导致酶制剂的使用效果差异明显，因此，业内对其使用效果褒贬不一。并且，饲料酶制剂大多是微生物制剂，对温度、湿度、酸、碱等敏感，处理不当易失活，而对其进行稳定化处理的研究还不够，导致饲用效果不稳定。我国酶制剂生产大多采用固体发酵，由于目前固体发酵饲料用酶制剂生产工艺存在着一些无法克服的缺陷，造成产品质量不如液体发酵稳定，在生产中有时带入杂菌，给应用带来一定的不利因素。

在饲料的加工生产过程中，要经过高温、挤压及高湿的综合作用，这样会使酶的活性受到影响。高温一方面可加快反应速度，但另一方面亦可引起酶蛋白分子中一些疏水键断裂，改变分子构象，使酶丧失活性；挤压往往会改变酶蛋白的多维空间结构而发生变性，影响酶活性；高湿可使样品中的水分含量增加，出现明显的酶失活现象，而且在水分活度较高的情况下，酶分子的稳定性比在干燥情况下差得多。

另外饲用酶的作用条件必须要与畜禽消化道的生理条件相适应，酶的活性具有其最适的 pH 范围。一种酶进入消化道要适应较大范围的 pH 变化，要使添加外源酶在饲喂过程中发挥最大作用，则要采取一定的保护措施，使复合酶体系中某一类或某一种酶耐受酸性环境而达到期望作用点，以保证酶在消化道的各个部位均能发挥作用。目前工业上采用包被技术及现代生物技术，可以进一步增强酶制剂热稳定性和酶活性；而直接利用酶制剂时还存在一些缺点，如稳定性差、使用率低、不能在有机溶剂中使用及寿命不长等，均造成了使用酶的成本升高。因此，酶的稳定性是现阶段酶制剂在养猪应用中的一大难题。

(5)根据目标底物含量确定复合酶制剂的适宜用量。酶对底物发挥最大活力的浓度与底物的浓度有关，所以必须通过实验和借鉴国内外先进技术、方法选择最佳添加量，以充分发挥其作用，提高效率。酶过量或不足非但无益，还会引起副作用。这就要求底物与酶制剂用量之间应有适宜的比例关系，根据目标底物含量，确定添加酶制剂的用量。虽然国内外有关饲料酶制剂应用的研究报道很多，但添加水平和结论并不一致。对于不同酶活性的产品、不同动物种类、不同生理阶段以及不同饲料品种的适宜添加量并不明确，在实际应用中往往因用量不当而影响应用效果。因此，在使用过程中应注意以下问题：一是酶的底物专一性对饲料组分要求较高，对使用者的专业程度要求较高；二是国家对酶制剂的活性、剂型、成分及添加量没有统一鉴定，评判标准、使用标准；三是酶制剂的生产方式、存放温度、使用温度和饲料配伍禁忌等无统一的规定和标准。

(6)注意复合酶制剂与其他添加剂的相互作用。酶制剂会与其他添加剂相互影响，在使用酶制剂时，适当添加一些氧化钴、硫酸锰和硫酸铜等盐类，可提高酶制剂的作用效果。无机金属离子如 Cu^{2+}、Hg^{2+}、Ag^{+}、Fe^{2+}、Al^{3+} 等对一些酶制剂的作用有不同程度的抑制，从而干扰其应用效果。但一些组分如 Zn^{2+}、Ca^{2+}、Mg^{2+} 对酶制剂则有激活作用，从而增强酶制剂的应用效果，因此，为了发挥酶制剂在应用中的最大作用，饲用酶制剂的配制还应考虑饲料组成。另外，酶制剂与抗生素没有相互影响和拮抗作用，因此酶制剂可以与抗生素促生长类添加剂协同使用。还有，更深入地研究复合酶中的主酶和次酶，使外源酶和内源酶更好地协同发挥作用，也将提高酶制剂效力。

综上所述，酶制剂的发展应用为养殖业提供了节约成本、保护环境的途径。目前国内大多数养殖场使用自家饲料原料及浓缩料自行调配使用，小型的资质差的饲料厂林立，产品成分千差万别，市场上在售酶制剂多种多样，因此饲料加工场、养殖户很难使相应的酶制剂发挥应有的作用，酶制剂合理、正确使用是亟待解决的问题。虽然还需要一段时期才能实现规范化和标准化，但是饲用酶制剂作为绿色、环保的饲料添加剂，能够提高饲料消化率，提高动物生产性能，节约饲粮，保护环境的使用前景是毋庸置疑的，其发展和应用潜力是巨大的。

11.4 天然植物提取物

近年来，利用植物源活性物质防治猪的大肠杆菌病引起了国内外学者的极大兴趣，并且植物源活性物质还具有提高生长性能、改善猪肉品质等作用。天然植物提取物可能通过刺激胃肠道分泌黏液（包括一部分消化酶），破坏病原菌在肠道的黏附，进而减少病原菌对肠道的损害，提高肠道营养物质的消化与吸收，维持肠道健康。

广义的植物提取物是指以世界范围内的天然植物为原料，利用现代植物化学提取分离技术，所获得的具有明确指标成分的单一组分或混合组分。天然植物提取物饲料添加剂，是以提高饲料利用率和动物生产为目标，辅以养殖、饲料等学科理论与技术，应用天然植物提取物配制而成的。该类添加剂具有毒副作用小、无药物残留、无耐药性、无免疫抑制等优势，兼有营养、药理双重作用，其无残留的特性有助于维护生态环境的平衡。按照提取物的来源不同，主要分为以下三大类：中草药提取物、香辛料提取物和茶叶提取物，这些物质对人类以及各种生物具有生理促进作用，称为天然植物活性成分。

11.4.1 天然植物提取物的分类

1.中草药提取物

中草药饲料添加剂是我国特有中医药理论长期实践的产物，其无毒无残留、无抗药性的特性是抗生素不可比拟的。只要配伍合理，即可发挥健脾开胃、抗菌促长、增强动物免疫力、改善畜产品品质等优点。中草药饲料添加剂原料来源广、使用方便、富含多种有效成分，在我国具有很大的开发价值和广阔的应用前景。

中草药提取物含有多种有效成分，目前在养殖业中广泛应用的主要有多糖、生物碱、黄酮类化合物、苷类等物质，能抑制细菌、病毒的生长，增强机体的免疫功能及抗应激能力，从而促进动物生长。由于中草药提取物具有纯天然、多功能、低抗药、低毒副等优点，因此可以作为一种安全、环保型饲料添加剂运用到养猪生产中。

2.香辛料提取物

香辛料是指各种具有香气、香味和滋味的植物全株、叶、根、果皮、果实或种子，不但具有调味、增香的作用，同时大多还具有抗氧化抑菌等生理功能。我国地域辽阔，香辛料资源十分丰富，大约有 80 种，常用的有大蒜、辣椒、生姜、桂皮、胡椒、茴香、豆蔻、丁香、花椒、山苍子、众香子、甘草、芥末等。香辛料作为饲料的天然添加剂，其作用远远不只是调味，它集调味增香、抗菌抗氧化、抑菌、改善畜禽肉质等多种功能于一身，是目前任何合成的饲料添加剂所无法相比的。

3.茶叶提取物

我国茶树资源丰富，有 14 个属 397 种。茶叶提取物是茶叶中提取咖啡因之后的副产品，富含茶多酚、茶多糖、茶皂素和茶氨酸等多种生物活性物质，其中茶多酚是茶叶中含量最多的活性成分，因其抗菌谱广，对革兰氏阳性菌和革兰氏阴性菌均具有明显的抑制作用，并且不易使细菌产生耐药性(Friedman et al.,2007)，已被广泛用于人用保健品，在保障食品安全方面具有显著优势。茶叶水提物具有提取工艺简单、安全低毒、高效抑制和杀灭病毒等特点，可用于动物生产中作为抗病毒药物，应用前景广阔。

11.4.2　天然植物提取物在猪生产中的应用

1.中草药提取物在猪生产中的应用

中草药提取物具有开胃健脾，增进食欲，促进仔猪生长的作用。断奶仔猪消化功能不完善，生长性能差。中草药提取物具有开胃健脾、改善适口性、提高营养物质的消化能力、降低腹泻发病率、提高生长性能的作用。在没有任何细菌感染的情况下使用中草药制剂，可以增加仔猪饲料采食量，改善营养消化，增加消化酶分泌，提高肠道对营养素的吸收，进而提高生长性能(Lee et al.,2015)。中草药、香辛料和各种植物提取物具有促进消化和抗菌作用，刺激消化酶的分泌，改善肠道内营养物质的利用和吸收过程(Khan et al.,2012)，提高断奶仔猪回肠氨基酸表观消化率(Kong et al.,2009)。作为中草药的一种有效成分，黄芪多糖可以提高断奶仔猪的日增重，改善饲料增重比，提高仔猪对营养物质的消化率(李同洲等,2012)。

肠道免疫在肠道健康中也起着重要作用，中草药提取物可以增强仔猪肠道免疫。中药提取物对免疫细胞的刺激作用及对血清特异性抗体产生水平的影响，常作为评价其是否具有免疫增强或免疫抑制作用的重要指标。多糖物质如黄芪多糖是免疫增强剂，可影响网状内皮系统、巨噬细胞、淋巴细胞、白细胞及蛋白质、抗体、补体等的合成，增强机体的免疫功能，提高抗病能力。中草药饲料添加剂已广泛应用到养猪生产中，通过改善肠道形态和中性粒细胞的免疫活性，提高仔猪对营养物质的消化率，降低断奶仔猪的腹泻率(Huang et al.,2013)。

中药多糖类成分在调节肠道菌群紊乱，促进益生菌生长，维持肠道菌群的稳定方面起着重要的作用。许多中草药能增强动物体的免疫功能及抗病力，其中起作用的除了生物碱、苷类之外，还有多糖类，如黄芪多糖、茶多糖、壳聚糖、海藻多糖、甘草多糖等具有抑菌抗菌，促进动物生长的作用。在进行白术多糖对益生菌的促生长作用实验中发现，白术多糖具有良好的促益生菌生长的效果，尤其是对婴儿双歧杆菌、青春双歧杆菌、动物双歧杆菌和植物乳杆菌的促生效果最佳(刘丽莎等,2010)。此外，大豆多糖对长双歧杆菌、乳酸杆菌、青春双歧杆菌及两歧双歧杆菌均有促进生长的作用(张树和等,2008)。

由于具有抗腹泻的功效，中草药提取物被广泛应用于养猪生产中。5～6 周龄前的仔猪，因免疫系统未完全成熟、免疫能力低、抗病能力不强，若饲养管理不到位，容易受到致病菌的侵袭，造成腹泻严重，是影响养猪生产效益的最主要的原因之一。多年来，畜牧兽医工作者将传统中草药添加到饲料中防治畜禽大肠杆菌病，取得了肯定的疗效。止痢草作为一种重要中草药，由于具有很好的抗菌效果，止痢草提取物对致病性的大肠杆菌、沙门氏菌、巴氏杆菌、葡萄球菌及链球菌均能有效抑制，在杀灭病原菌的同时，可以保护有益菌群(表 11-7)，防止肠道疾病的发生(金立志,2008)。近年来，科学工作者从中草药中提取出发挥作用的有效成分，制成中草药提取物，并运用到养猪生产中。中草药提取物能够调节仔猪的肠道菌群结构，维持肠道正常形态结构(Fang et al.,2009)，还可改善断奶仔猪粪便菌群结构。虽然目前中草药浸提液或者某些化学成分，对益生菌促生长的作用机制还未完全清楚，但其在调整肠道菌群紊乱、促进有益菌生长、抑制有害菌过度繁殖的显著作用，提示我们中草药提取物有开发成微生态制剂的巨大潜力。

表 11-7 止痢草提取物对仔猪肠道微生物的影响(金立志，2008)

肠道细菌	对照组	止痢草提取物	标准误	统计分析(P 值)
大肠杆菌	5.570	5.030	0.202	0.022
总需氧菌	8.651	8.310	0.155	0.051
总厌氧菌	9.106	9.186	0.152	0.610
乳酸杆菌	7.760	7.280	0.343	0.189

注：表中每个数据是以 10 为底的对数，$n=16$

2.香辛料提取物在猪生产中的应用

近年来，许多国内外学者对香辛料的抗氧化性进行了研究，发现不同的香辛料具有不同程度的抗氧化性，表 11-8 中列出了部分香辛料的抗氧化性能。其中，常见的生姜和八角作为常见的香辛料，具有抗氧化、抑菌、杀虫、提高免疫力等生理功能。生姜含有挥发油、姜辣素等生物活性成分，具有抗氧化、抑制微生物生长、提高动物免疫力等功能。多种香辛料都含有天然抗菌物质，这不仅表现在对饲料的防腐作用上，更重要的是它们对于动物有抑菌、提高机体免疫力和调节机体功能的作用。多种香辛料对研究较多的大痢疾杆菌、伤寒杆菌、霍乱弧菌以及金黄色葡萄球菌等多种细菌和霉菌都有抗菌作用。例如，八角和生姜能够提高育肥猪的生长性能，改善育肥猪的免疫性能和肠道微生物的含量，还能提高血液中淋巴细胞的数量，降低盲肠大肠杆菌的数量，增加乳酸菌的数量(宋振帅，2014)。

表 11-8 香辛料提取物的抗氧化性(王冬冬，2011)

科名	香辛料植物名	部位	二氯甲烷提取物	乙酸乙酯可溶物	水可溶物
唇形科	罗勒	叶、花	+++	+++	+++
	马郁兰	叶、花	+++	+++	+++
	牛至	叶	+++	+++	+++
	紫苏	叶	+++	+++	+++
	迷迭香	叶	+++	+++	+++
	鼠尾草	叶	+++	+++	+++
	百里香	叶、花	+++	+++	+++
胡椒科	黑胡椒	浆果	—	+++	+++
	白胡椒	去皮浆果	—	+++	+++
	荜澄茄	果实	—	+++	+++

续表11-8

科名	香辛料植物名	部位	二氯甲烷提取物	乙酸乙酯可溶物	水可溶物
姜科	生姜	肉质根茎	++	+++	+++
	干姜	肉质根茎	+++	+++	+
	小豆蔻	种子	—	+++	—
	姜黄	根茎	—	+++	+++
肉豆蔻科	肉豆蔻	果仁	+	+++	+++
	肉豆蔻衣	果实假种皮	+++	+++	+++
樟科	月桂	叶	+	+++	—
	桂皮	树皮	—	+	+++
芸香科	花椒	果实	—	+	+
	丁香	花蕾	++	+++	+++
木兰科	小茴香	种子	—	++	+++
	八角茴香	果实	±	—	++

从香辛料中提取天然成分已经成为天然抗氧化剂研究的热点。因为它不仅抗氧化能力强，而且是一种相对较安全的抑菌剂，添加到食品中还能起到赋香调味作用，容易被大众所接受。丁香油、八角茴香油、迷迭香油、迷迭香酸和鼠尾草酸对大肠杆菌均具有较强的抑制活性。马鞭草、马齿苋、忍冬藤和蒲公英的提取液对大肠杆菌具有较好的体外和体内抗菌效果，马鞭草的抑菌效果最佳(Lan et al.,2012)。在猪饲料中添加少量大蒜，能起到抗生素的作用，能够改善断奶仔猪的生产性能，减少仔猪腹泻病。

香辛料提取物在猪的健康养殖过程中主要是作为抗氧化剂及抑菌剂来发挥作用。例如，姜黄油树脂植物提取物可以减少大肠杆菌感染引起的仔猪腹泻和炎症。从大蒜中提取出其发挥作用的主要有效成分大蒜素，也能够提高断奶仔猪的日增重，降低料肉比和腹泻率的功效(刘超良等，2009)，与添加大蒜对于仔猪的功效相似。

3.茶叶提取物在猪生产中的应用

茶叶提取物能提高抗氧化性能，改善肉品质。茶叶是重要的天然酚类抗氧化剂来源，茶多酚天然低毒，且具有高效抗病毒作用，是一类具有抗氧化、清除自由基和抗菌等特性的生物活性物质，还能改善肠道微生物结构，改善机体免疫力。此外，红茶提取物及苦丁茶水提物等可提高屠宰率，还能通过提高鲜肉的抗氧化性，改善猪肉品质。

茶叶提取物能有效清除动物体内的自由基，增强动物免疫力，抑制和杀灭病原微生物，提高动物的生产性能。比如，茶多酚能促进肠道有益菌增殖，同时抑制有害菌生长繁殖，因此在生产中，茶多酚主要用于提高生长育肥猪的免疫机能，降低其腹泻率。除茶多酚外，茶皂素作为一种重要的天然植物提取物，也具有抗感染、抗菌、抗寄生虫、抗病毒、抗癌症及调控动物肠道微生物等生物学和药理作用。在养猪生产中，茶皂素可以提高断奶仔猪日增重，降低仔猪腹泻率，还具有提高早期断奶仔猪免疫水平和抗应激能力的效果(魏曼琳等，2014)。

茶及其多酚类化合物可通过调节肠道微生物组成参与免疫和炎症反应。茶及其多酚类化合物不易被小肠直接吸收，大部分都直接进入结肠，被肠道微生物转化成小分子物质后，反过来调节肠道微生物的组成（Yang et al.，2016），尤其能促进双歧杆菌的生长，降低 Firmicutes 和 Bacteroidetes 的比例，从整体上调节机体健康。例如，茶多酚对金黄色葡萄球菌、大肠杆菌、枯草杆菌和沙门氏菌等常见致病菌具有明显抑制作用（Liu et al.，2014），其抑菌机制是酚羟基和疏水性的苯环与蛋白质分子中的氨基或羧基结合，凝固细菌蛋白、破坏细菌细胞膜结构，与细菌遗传物质 DNA 结合，从而改变细菌的生理功能，抑制细菌生长。此外，茶多酚对乙型肝炎病毒有抑制作用，且最低抑制浓度可低至 2.54 mg/mL（Ye et al.，2009）。4%的绿茶与植物乳杆菌 *Lactobacillus plantarum* DSM15313 存在协同作用，可选择性调节小鼠肠道微生物组成，抑制有害菌增殖，增加乳杆菌 *Lactobacillus* 的比例，显著增加微生物的多样性（Axling et al.，2012）。发酵绿茶提取物能够改善小鼠肠道中厚壁菌门/拟杆菌门以及拟杆菌属/普氏菌属的比值，同时帮助小鼠有效减肥。茶叶儿茶素衍生物对抗药性流感病毒有抑制作用（Kunihiro et al.，2010）。

11.4.3 天然植物提取物的合理使用

1.天然植物添加剂配方的标准

天然植物提取物是纯天然活性有效成分，总体来说具有较好的安全性，是饲料添加剂的发展重点之一。但天然植物提取物也存在许多值得重视的问题，如茶多酚使用过多时，动物的生产性能会受到负面影响，且两者之间存在着明显的相关性。大蒜素长期超剂量使用也会对小肠造成损伤，并会引起畜产品带有蒜臭味。由于目前没有植物提取物相关的国家标准及行业标准，因此，在养猪生产中使用时应注意合理添加。

2.加大使用专用型植物提取物添加剂

不同动物及同一动物在不同的饲喂阶段，要用不同功能的饲料添加剂来满足需求。在植物源饲料添加剂的开发中，应根据动物对象、饲养目的、使用范围来选择提取物及优化配组，达到效果最大化。仔猪腹泻是仔猪养育阶段最常见也是最棘手的一类病症，植物提取物在仔猪阶段的添加应集中在改善仔猪腹泻，促进仔猪肠道健康、饲料转化率和生长性能等。育肥猪日粮中添加植物提取物应集中在维持消化道微生态区系的平衡，增进食欲，提高采食量、饲料利用率及改善其肉品质。仔猪死亡率和淘汰率对养猪生产的经济效益有很大影响，添加植物提取物可以提高母猪的繁殖性能和泌乳力，有效降低新生仔猪的死亡率。

3.天然植物提取物添加剂品种多样性

我国植物资源丰富，分布区域广，植物中含有的同类生物活性成分也因植物种类、产地不同和化学结构差异而在功能上存在差异。例如名为“牛至草”的植物在欧洲可以找到六七十种不同的植物。植物品种不同，抗菌能力可能出现很大的差异。例如，野生止痢草和经过培育的专利止痢草相比，活性物质含量相差近 20 倍。种种因素决定了植物提取物的抗菌活性差异千差万别。因此，对天然植物提取物饲料添加剂的开发应用，要注意不同来源植物提取同类活性物质功效差异的问题，加强对提取的有效成分进行科学的分析鉴定和使用效果试验等基础性研究工作，搞清不同来源植物提取同类活性物质功效差异，为应用开发提供科学依据。

4.天然植物提取物添加剂加工工艺

目前，作为饲料添加剂的天然植物，大多是经过简单粉碎后直接应用的散剂。这些粗制品用量大，在全价料中的添加量大多在 0.5 %以上，有些达 5%，甚至高达 10%，添加量过大，降低了日粮的营养浓度，影响饲料产品的外观特性及适口性。此外，天然植物的有效成分受产地、采集时间及加工方法的影响，因而通过简单加工制成的粗制品，难以进行准确的药效评定和有效的质量控制。使用效果不稳定，制约了植物饲料添加剂在规模化畜禽生产中推广。

11.5 其　他

11.5.1 抗菌肽

1.抗菌肽的分类与特点

抗菌肽是一种具有抗菌活性的多肽类物质，由所有形式的生命体中的不同组织、细胞产生。1981 年研究发现天蚕蛹的抗菌物质 Cecropinsl，引起了人们对抗菌肽的关注。随后从狼蛛、蜜蜂、果蝇中均发现了不同种类的抗菌肽，其抗菌谱、结构来源各不相同。

抗菌肽为生物进化史上最为古老的多肽物，根据来源可以分为五大类，分别是昆虫源抗菌肽、植物源抗菌肽、两栖源抗菌肽、微生物源抗菌肽及水产源抗菌肽（表 11-9）。

大部分抗菌肽具有相同的特征，不同来源的抗菌肽具有较强的保守性，其一级结构具有相同的特性，N 端富含亲水性氨基酸，C 端富含疏水性氨基酸（刘培峰等，2020）。抗菌肽的二级结构存在差异，具有 α 螺旋型、β 折叠型以及具有延伸或弹性结构等形式，其分子小（由 12～50 个氨基酸残基构成），带有正电荷。

抗菌肽是动物天然免疫系统的重要组成部分，其结构稳定，耐高温，抗菌谱广，具有强碱性，不易使机体出现耐药性，常被认为是第一道先天免疫防御系统（Schauber et al.，2009），对细菌、真菌、病毒和原生动物都具有广谱抗性。迄今为止，有 1 200 多种不同来源的抗菌肽被发现和预测。

表 11-9　抗菌肽的分类（刘培峰等，2020）

来源	种类	作用因子	特性
昆虫源抗菌肽	抗菌肽	天蚕素类、溶菌酶和高含量脯氨酸多肽；防御素、甘氨酸的多肽	在体液免疫防御系统发挥关键作用，特别是在由脂肪体制备的抗菌肽转入淋巴结后能对机体的病原起作用
植物源抗菌肽	植物防御素	蜕皮素、植物防御素、橡胶蛋白类、打结素类、凤仙花素、硫素	也称植物抵御素，是植物本身制备的抵御周围环境中病原体危害的一类多肽
两栖源抗菌肽	抗菌肽	Brevinin 家族肽、蜕皮素、铃蟾抗菌肽和类铃蟾肽	主要分泌来源于两栖动物皮肤，具有丰富的生物活性
微生物源抗菌肽	细菌、真菌、霉菌	环形肽、糖肽和脂肽	由生物体本身进行分泌，用来保护自身并消灭或抑制其他病原体、真菌的小分子多肽
水产源抗菌肽	抗菌肽	贝类、甲壳动物、鱼类	同源性偏低，但具备抗菌肽特性

2.抗菌肽的作用效果

(1)抗菌作用　细菌细胞膜是由带负电荷的脂质组成,如磷脂酰甘油、心磷脂和磷脂酰乙醇胺,而革兰氏阴性菌细胞外侧含有脂多糖(LPS),革兰氏阳性菌富含酸性多糖,这些赋予细菌表面负电荷的分子往往成为抗菌肽表面正电荷的结合目标。吸附于细菌细胞膜表面的抗菌肽可以诱导多种膜缺陷,如造成细胞膜形成孔隙、相分离、促进非层状脂质结构或破坏膜双层结构,进而造成细胞质外泄,引发细菌死亡。抗菌肽还可通过靶向抑制胞内蛋白质、核酸的合成、细胞分裂、蛋白质折叠,抑制细胞壁合成,抑制蛋白酶活性,诱导胞内停止代谢达到抗菌抑菌效果。有研究给 5 个猪场的饲料中添加乳铁蛋白、天蚕抗菌肽、防御肽和菌丝霉素组成的复合抗菌肽,与对照组相比,饲料中添加 2 g/kg 的抗菌肽可以显著提高断奶仔猪的平均日增重、平均日采食量以及饲料转换率(Xiong et al.,2014)。

(2)促生长作用　众多研究表明,抗菌肽可以改善猪群生长性能。抗菌肽天蚕素可以显著增加断奶仔猪平均日采食量、平均日增重以及料重比,降低患病率,提高经济效益。抗菌肽对仔猪生长性能的影响,与猪群免疫力的提升以及肠道健康状态的改善密切相关。

(3)免疫调节作用　抗菌肽是宿主防御系统的重要组成部分,是参与先天免疫的重要效应分子。研究表明,饲料中添加抗菌肽乳铁蛋白肽可以增加仔猪血清免疫球蛋白 A、免疫球蛋白 G 和免疫球蛋白 M 水平。此外,抗菌肽还可以诱导趋化因子的产生,趋化免疫细胞至损伤部位,发挥抗感染功能。

(4)改善肠道微生态及肠道黏膜　肠道中的病原菌产生的毒素会引起肠道损伤,甚至引发腹泻。抗菌肽可以降低仔猪腹泻率,提高肠道上皮细胞紧密连接蛋白表达,促进受损肠道修复,改变肠道菌群,进而改善肠道屏障。有研究以腹泻的断奶仔猪为研究对象,发现腹腔注射 0.6 mg/kg 的抗菌肽可以显著改善断奶仔猪的小肠绒毛形态,缓解结肠水肿现象,并显著增加仔猪空肠和回肠的绒毛高度/隐窝深度比(易宏波,2016)。

(5)与益生菌结合使用可相互促进提高使用效率　益生菌可通过诱导或提高肠道抗菌肽的表达来增强肠道的屏障功能。有研究发现,通过比较益生性菌株如大肠杆菌尼氏 1917 和非益生菌、病原菌、非病原菌等超过 40 种不同的大肠杆菌属在肠道黏膜细胞先天性防御中的能力,结果发现,大肠杆菌尼氏 1917 和各种其他的益生菌,包括乳酸杆菌,能够以时间依赖和剂量依赖的方式有力地诱导 CaCo-2 肠上皮细胞内抗菌肽 β-防御素-2 的表达(Wehkamp et al.,2004)。

3.抗菌肽的作用机制

抗菌肽在组成、结构、功能上具有差异性,所以其作用机制也大不相同,其结构决定了它的作用机制,通常高阳离子电荷促进抗菌肽与细菌细胞膜的静电相互作用,而细菌细胞膜在其表面具有高阴离子电荷,而疏水区则充当亲脂性锚,介导膜破裂并最终导致细菌细胞裂解和死亡,目前受到认可的两种模式为直接杀死和免疫调节,直接杀死又分为膜靶向和非膜靶向(张溪等,2020)。

膜靶向抗菌肽可以有受体介导或非受体介导的相互作用。目前靶向类共提出四种作用模型。(图 11-1)。

(1)桶形稳定孔板模型　抗菌肽附着于细胞膜表面,当其浓度达到阈值后,抗菌肽单体聚合物在疏水膜核心内,垂直插入脂质双层并形成一个膜孔,使内外膜之间电势失衡。

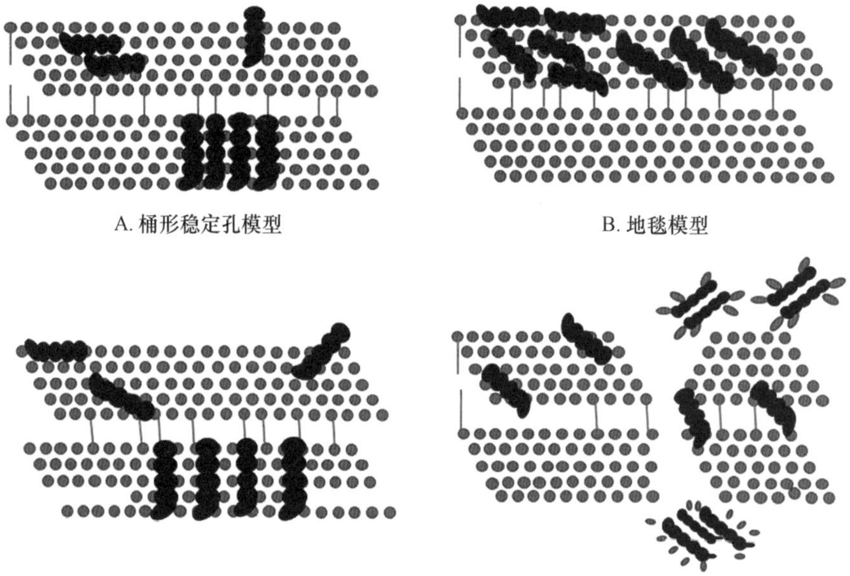

A. 桶形稳定孔模型　　B. 地毯模型

C. 环形孔模型　　D. 类洗涤剂模型

图 11-1　靶向类的作用机制模型(张溪等,2020)

(2)地毯模型　抗菌肽通过静电作用,与膜保持平衡排列,干扰脂质双分子层形成环孔。

(3)环形孔模型　抗菌肽分子与夹层磷脂分子亲水头部结合,垂直插入膜内,形成较大的跨膜孔径,其杀菌作用强于桶形稳定孔模型。

(4)类洗涤剂模型　抗菌肽与磷脂双分子层通过静电作用结合成脂肽复合物,从而诱导形成不均匀形状和尺寸的孔径,便于抗菌肽进入胞内。

大多数研究认为,抗菌肽的作用机制是通过破坏细胞膜的完整性的方式造成细胞死亡,但这不是唯一的作用机制,有研究者认为,抗菌肽可以在进入细胞后通过阻止细胞内 DNA 或 RNA 合成及蛋白质翻译,阻碍细胞壁和隔膜形成,影响腺嘌呤核苷三磷酸(ATP)依赖酶等几种方式,进而杀死细胞。

非膜靶向抗菌肽可分为两大类:靶向细菌细胞壁和靶向细胞内的抗菌肽。与青霉素等常规抗生素类似,抗菌肽也能抑制细胞壁合成。尽管大多数传统抗生素与细胞壁成分合成中涉及的特定蛋白质结合,但抗菌肽通常与细胞壁合成所需的各种前体分子相互作用,高度保守的脂质Ⅱ是一个主要作用目标分子。现在已经证实一些抗菌肽具有细胞内靶点,因为其不会在最小有效浓度下引起膜渗透,但仍会导致细菌死亡。

4.抗菌肽在猪生产中的应用

抗菌肽在生猪上主要用作促生长的饲料添加剂和疾病防治。目前,市场中的抗菌肽产品添加量一般为 30～300 g/t,市场使用率不高,但前景广阔(杨琼等,2019)。

报道应用仔猪抗菌肽日粮(2 mg/kg)与基础日粮和基础日粮中添加抗生素(杆菌肽锌 40 mg/kg 和抗敌素 8 mg/kg)比较,抗生素组和抗菌肽组平均日增重分别较对照组均有显著性提高,抗菌肽组较抗生素组也有所提高。抗菌肽降低了腹泻率,与抗生素组效果相比也更为显著。抗菌肽在生长育肥猪中也有所应用,能提高育肥猪日增重和饲料消化率,降低氮的排放量。

抗菌肽具有稳定、高效、广谱的抗菌活性，并能与免疫系统相互作用等特点，是抗生素良好的替代品，是饲料添加剂和疾病防治药物的理想选择，市场应用前景好。但在应用时应考虑抗菌肽在不同畜种不同阶段适宜的添加量，与抗生素、矿物质的协同和拮抗作用，以提高抗菌肽的利用效率。

5.抗菌肽在猪生产中的使用方法

抗菌肽种类繁多，每种剂量的使用效果不尽相同，所以具体使用剂量要以进行预试验后得到的结果或者成品商业抗菌肽的说明书为准。成品抗菌肽多为深度发酵、过滤、浓缩和喷雾干燥后的产品，以适宜剂量添加入日粮当中。

有研究表明，分别在妊娠后期母猪日粮基础上添加 3%、5% 的桑蚕抗菌肽（桑蚕抗菌肽效价＞40 000 U/g），与饲喂基础日粮的对照 A 组一起进行为期 40 d 的饲养试验。在仔猪达 30 日龄时进行断奶，再分别在对应仔猪日粮中添加 3%、5% 的桑蚕抗菌肽，与饲喂基础日粮的对照 B 组一起进行为期 30 d 的饲养试验。结果表明，桑蚕抗菌肽添加量为 3% 可显著增加仔猪初生重、平均产活仔数、平均产健仔数和健仔率，但与 5% 时对仔猪以上参数无显著性差异；添加 3% 桑蚕抗菌肽时可显著提高母猪产仔数，添加 5% 桑蚕抗菌肽时对母猪产仔数无明显差异。无论抗菌肽添加量在 3%、5% 时，仔猪血清中抗体阳性率均比对照组高，差异显著（黄荣春，2017）。说明抗菌肽的添加剂量并非越多越好，除去经济成本因素，添加量过多效果可能反而没有添加少剂量的好，所以在使用抗菌肽作为饲料添加剂时不但要注意生产成本，更要注意添加剂量。

11.5.2 糖萜素

糖萜素是从山茶属植物油籽饼粕中提取的天然活性物质，由糖类、三萜皂苷和有机酸组成。作为一种新型绿色饲料添加剂，以其资源广泛、易于提取、成分天然、功能多样、药效稳定、绿色无毒副作用、无残留等显著优点在畜牧生产中得到广泛关注。

1.糖萜素的作用效果及机制

糖萜素的有效成分是寡糖和皂苷类，其作用机理与抗生素差异明显（李婷婷，2014），其促生长机理明显优于抗生素（黄炜乾等，2017）。与抗生素对动物生长发挥的短期效应不同，糖萜素中的寡糖和皂苷等生物活性物质，通过改善动物神经及内分泌系统的功能、整体免疫性能和机体抗病抗应激能力来提高动物健康水平，并能够长期促进动物生长和改善畜产品品质，进而提高动物生产性能（黄美峰，2010）。

（1）提高免疫机能，增强免疫力。糖萜素可以提高机体免疫力，改善机体的健康水平。糖萜素中的寡糖能与某些毒素、病毒以及肠道内病原菌（如大肠杆菌、沙门氏菌和梭状芽孢杆菌等）的表面结合，作为外源抗原的佐剂，减少抗原的吸收，增加抗原的效价，进而增强机体的细胞免疫和体液免疫（表 11-10）。研究报道，寡糖作为免疫佐剂可加强细胞体液的免疫性。寡糖还可被肠道内双歧杆菌等有益菌种利用。肽聚糖和磷壁酸是双歧杆菌细胞壁中的生物活性物质，可以激活腹腔巨噬细胞、自然杀伤细胞和淋巴细胞因子等杀伤细胞的活性（胡静等，2013），且双歧杆菌也可作为免疫佐剂，刺激机体产生抗体、减慢抗原释放，并延长抗原的作用时间。

表 11-10 糖萜素抗病原微生物效果(李定梅等,2002)

病原微生物	抗病原微生物效果	试验方法
大肠杆菌	抑菌浓度 0.50～1.25 mg/mL	马丁肉汤培养基抑菌试验
沙门氏菌	抑菌浓度 0.139～0.156 mg/mL	马丁肉汤培养基抑菌试验
柔嫩艾美耳球虫*	抗球虫指数(Ad)=151.9	鸡球虫孢子化卵囊攻毒
传染性法氏囊病毒**	发病率降低 23.41%	鸡 IBDV 强毒株体内攻毒

注:* 糖萜素浓度 500 mg/kg; ** 糖萜素浓度 750 mg/kg。

糖萜素中的皂苷还可调节网状内皮系统,促进抗体生成,加快抗原抗体反应,明显增强机体的免疫功能。研究表明,皂苷能增强网状内皮细胞的吞噬功能。皂苷可增强机体非特异性细胞免疫功能,降低外周血白细胞移行指数,增强中性粒细胞和肺泡巨噬细胞的吞噬率(王冰等,2013),促进巨噬细胞分泌肿瘤坏死因子;增强细胞内的脱氧核糖核酸、糖类酸性磷酸酮和琥珀酸脱氢酶的活性(宋焕,2013),从而增强体液免疫和细胞免疫。研究指出,糖萜素可显著提高动物机体的淋巴细胞转化率、白细胞介素-2 活性、免疫球蛋白 G 活性和红细胞 C_3b 受体花环率。皂苷中的 CN_3 是蛋白质合成促进因子,可安定精神、放松肌肉和降温,还可抑制癌细胞的增长。此外,糖萜素还可以促进动物中枢和外周淋巴器官的生长发育(王晓琳等,2011)。

(2)清除自由基,提高抗氧化能力。糖萜素具有明显清除自由基和抗氧化功能。1956 年提出的自由基学说已得到广泛认可,学说指出:机体内的自由基尤其是超氧阴离子 O_2^- · 可使生物膜中的类脂质发生过氧化,与 DNA 等生物大分子发生反应,导致细胞结构和功能破坏,容易导致细胞死亡。糖萜素中的皂苷能与游离氧基结合而产生作用,阻止氧化反应进一步进行,减缓游离脂肪酸的生成,减少过氧化物的生成,从而提高机体对自由基的清除能力。糖萜素对自由基清除效率随浓度增加而提高,1 240 mg/mL 糖萜素对超氧阴离子 O_2^- · 清除率 94.40%,对氢氧根离子清除率 92.74%。

糖萜素清除自由基、增强抗氧化能力的特性在饲料质量的提高方面也有重要意义。研究表明,糖萜素饲料添加剂可清除饲料中超氧自由基、羟自由基和脂自由基,明显降低饲料酸值(38.79%)和过氧化值(31.28%),减缓饲料中维生素 A 和粗脂肪氧化速度(詹勇等,2013)。糖萜素中皂苷通过与重金属离子如 Fe^{2+}、Cu^{2+}、Pb^{2+} 等结合,提高机体抗氧化功能。

(3)提高消化酶活性,促进营养物质吸收。糖萜素可明显调节环磷酸腺苷/环化核苷酸(cAMP/cGMP)系统功能,提高消化酶活性,刺激动物食欲,促进营养物质吸收和生长发育(于会国等,2016)。

已有研究表明,糖萜素中的皂苷可以使脑干的多巴胺和去甲肾上腺素明显增加,提高环磷酸腺苷的活性,并使 cAMP/cGMP 活性增强,从而提高动物小肠内蛋白水解酶、脂肪酶和淀粉酶等的活性,提高营养物质的吸收和利用率(詹勇等,2005)。此外,通过调节 cAMP/cGMP 系统功能,糖萜素能促进蛋白质的合成,明显提高血清中总蛋白含量,改善动物消化吸收功能,提高生产指标(乔利敏等,2016)。皂苷类物质还可增强相应腺体分泌内源性生长激素和胰岛素样生长因子,改善新陈代谢和体液循环,加快蛋白质合成与脂质积累,通过调节糖皮质激素水平,刺激糖原合成,降低血糖含量,促进动物的快速生长,提高饲料转化率。

糖萜素中的寡糖不能被动物肠道内的消化酶消化,也不能被对机体有害的沙门氏菌和大肠杆菌等微生物利用,但能被对机体有利的双歧杆菌等有益菌利用。因而寡糖可促进动物肠道内双歧杆菌和乳酸杆菌等有益菌的增殖,有益菌群产生的乳酸、醋酸、丁酸和丙酸可以降低肠道 pH,使其呈微酸性,改善肠道环境,从而增加 Ca^{2+}、Mg^{2+}、Fe^{3+}、Fe^{2+}、Cu^{2+} 等离子的溶解度,促进它们的吸收,并可抑制病原微生物的生长,减少有害物质甲基醌和氨气等的形成,改善肠道健康(乔利敏等,2016)。

(4)改善畜产品品质。糖萜素通过促进动物机体的新陈代谢和体液循环,加快肝细胞繁殖,增强肝脏细胞活力和解毒能力,净化肝脏内环境,帮助清除体内自由基和重金属元素,降低体内重金属的积累,提高肉品质。其所含的皂苷有明显抗氧化功能,能延缓动物体细胞老化速度,减少体内脂肪氧化反应,降低肌肉胆固醇含量,提高肌间脂肪和肌肉中不饱和脂肪酸的含量。

核苷酸类(肌苷酸等)是对鲜味贡献最大的物质之一。糖萜素能增强机体肌肉活动,加速机体新陈代谢,动物体内三羧酸循环和嘌呤核苷酸循环加速,从而使肌苷酸含量增加。糖萜素具有抗应激作用,在动物应激时可降低体内肌酸激酶活力,增加肌肉中肌苷酸含量,从而提高肉品质。糖萜素对肌肉中总色素和 pH 也有改善作用,提高畜产品风味和品质。研究报道,日粮中添加 500 mg/kg 糖萜素-Ⅱ有改善肉色的趋势,能够显著提高猪肉中肌苷酸含量,改善肉的品质(詹勇等,2005)。也有研究表明,糖萜素添加日粮可在肉色、系水力、大理石纹、熟肉率、嫩度和肌内脂肪含量等方面改善肉质,提高生长育肥猪的屠体和肉用价值(表 11-11)。

表 11-11 糖萜素日粮对 90~110 kg 杜长大三元杂交育肥猪肉质测定性状的影响(涂兴强,2013)

性状	试验一组	试验二组	试验三组	对照组
肉色(比色板)	3.38 ± 0.29^{a}	3.33 ± 0.29^{ab}	3.17 ± 0.29^{b}	2.83 ± 0.29^{b}
肉色(仪器测定)	85.81 ± 2.96^{a}	84.21 ± 5.49^{ab}	81.37 ± 6.58^{b}	80.31 ± 6.05^{b}
系水力	2.01 ± 0.25^{a}	1.95 ± 0.15^{a}	1.89 ± 0.11^{a}	1.69 ± 0.26^{b}
大理石纹	2.33±0.58	2.67±0.58	2.67±0.58	2.33±0.58
熟肉率/%	62.68±0.25	59.47±2.68	60.88±1.25	61.00±1.41
剪切力/N	15.00±3.95	13.14±1.80	11.56±3.17	13.44±2.79
肌内脂肪	8.24±0.41	8.58±0.45	8.94±1.05	8.21±0.53

(5)改善肠道菌群区系分布。糖萜素可改善肠道菌群区系分布,使肠道内有益菌群占优势(徐振华等,2003)。糖萜素中的活性物质寡糖与病原菌表面的类丁质有很强的结合能力,寡糖与病原菌在肠壁上的受体也具有相似结构,病原菌与寡糖结合后无法附植在肠壁上,不能获得生长所需的营养物质,且结合后的寡糖不能为病原菌生长提供所需要的营养素,导致病原菌失去致病能力或死亡,从而达到抑制病原菌的目的。

(6)提高抗病抗应激能力。应激可造成动物生产性能降低、免疫功能受抑制、繁殖率降低、畜产品品质降低,严重危害集约化养殖业发展。糖萜素中含有的活性物质具有镇静、止痛、镇咳和消炎的作用(徐振华等,2003),能够调节动物机体内环境稳态,降低机体对应激的敏感性,提高机体的非特异性免疫功能,解除应激产生的免疫机制,提高动物的抗应激能力。研究表明，糖萜素中的皂苷 CN_2（Rb_1）和 GF-DB-11 有精神安定、放松肌肉和降温作用，皂苷类具有可使高压和休克状态下血压升高，又可使高血压恢复正常的双向调节作用，可增强机体对各种不良刺激的非特异抵抗力，提高机体适应性和抗应激能力。

（7）净化环境，减少环境污染。随着畜禽养殖密度和养殖规模的增加，粪便和污水排放量剧增，畜禽养殖带来的环境污染日趋严重。研究表明，畜禽饲喂糖萜素饲料添加剂，其粪尿中重金属镉、铅等的含量显著降低，尿素含量降低，粪便臭味降低，从而净化饲养环境，减少对外界环境的污染。

2.糖萜素在猪生产上的应用

目前，糖萜素作为新型绿色饲料添加剂，已应用于猪、家禽、反刍动物和水产动物等畜禽生产中，并以其成分天然、药效稳定、绿色无毒副作用、无残留等显著优点表现出优良的饲用价值。糖萜素无配伍禁忌，可配制成预混合饲料，与其他营养性和非营养性饲料添加剂配伍使用效果更好。以生猪生产行业为例，下文将简述糖萜素在猪生产中的应用和前景。

研究表明，糖萜素能有效改善仔猪的生长性能、腹泻率、肠道菌群区系分布以及血液生化指标（曹蓉等，2016），从母猪和仔猪层面促进仔猪的健康生长和发育，提高日增重和产肉量。

在生长育肥猪生产方面，糖萜素能增强动物免疫力、提高抗病抗应激能力、提高机体抗氧化功能、增强消化酶活性、改善肠道菌群区系分布、促进营养物质消化吸收，并可减少畜禽养殖的环境污染。此外，糖萜素也能够有效改善生长育肥猪的生长性能、屠宰性能等经济指标，具有明显改善肉质的作用。

3.糖萜素的使用方法

糖萜素理化性质稳定，商业化产品有效成分≥60%，常温下保存期为两年，与其他饲料添加剂不存在拮抗作用，且无任何配伍禁忌。大量研究表明，糖萜素在饲料中的添加量为 200～500 mg/kg，可替代或减少抗生素的使用剂量，对 30 kg 以下仔猪，以 500 mg/kg 添加量为最好；30 kg 以上的中大猪，以 200 mg/kg 添加量为宜。在仔猪饲料中添加糖萜素 500 mg/kg（曹蓉等，2016），能部分或全部取代黄霉素在仔猪日粮中的应用，且能促进盲肠中双歧杆菌的成长，显著提高平均日增重，显著降低料肉比。在水产动物饲料中添加糖萜素 200～500 mg/kg（乔利敏等，2016），可完全替代抗生素，饲用后可显著增强水产动物机体免疫力和抗病力。在中等应激环境中生长的 22～42 日龄肉鸡饲料中添加糖萜素 1 000 mg/kg，比添加抗生素的成活率更高，具有较强抗应激作用，且浓度高则效果更好。

11.5.3 乙酰氧肟酸

近年来，我国畜禽养殖规模化、集约化发展迅速，与此同时，畜牧场粪便的集中排放也给周围空气、水、土壤等带来了严重污染。猪粪中对环境影响最大的有害气体之一为氨气。因此，有效解决猪场 NH_3 排放和污染问题，研究经济实用的除臭剂受到重视。猪粪中的氨气大部分来源于脲酶分解尿素。目前国内推广应用最多的脲酶抑制剂是乙酰氧肟酸，添加后除臭效果明显，且对单胃动物无害。

1.乙酰氧肟酸的作用效果

在饲料行业，乙酰氧肟酸作为瘤胃微生物脲酶抑制剂，用于反刍动物饲料添加剂，可避免氨中毒或氨应激。乙酰氧肟酸对于改善畜舍环境、解决或减轻猪舍氨气污染问题有积极作用。

(1)改善饲料营养,减少尿氮排出。优化饲料配方,改善营养组成,是猪场氨气防控的有力措施。据报道,在饲料中添加乙酰氧肟酸,可以抑制产氨气细菌的生长,减少尿氮的排出,使粗蛋白质的利用率提高。日粮中粗蛋白质含量越高,乙酰氧肟酸用量也应随之增加,减少尿氮排出的效果就越好(包淋斌,2017)。将天然抗降解蛋白质饲料(如鱼粉、血粉)与尿素搭配使用,能够提高尿素的利用率,使乙酰氧肟酸作用更加明显。随着基础日粮中粗蛋白减少,在日粮中添加乙酰氧肟酸的情况下,可以使尿素的用量增加,一般建议日粮真蛋白质的含量以不超过 12%~13%为宜。

(2)抑制粪便中产脲酶微生物活动。通过降低脲酶的活性或者抑制粪便中产脲酶微生物的活动,可以有效降低尿素的分解,减少猪舍氨气的排放。已有研究表明,乙酰氧肟酸作为添加剂单独使用对猪舍内氨气降低效果不明显,而其直接处理猪粪则能有效抑制猪粪中氨气的产生,与微生物复合也不会影响乙酰氧肟酸的生理活性(籍景淑,2012)。研究表明,猪粪中添加乙酰氧肟酸,处理 48 h 后,0.3%剂量组氨气的含量显著降低,处理 72 h 后所有剂量组都表现出 NH_3 产生量的显著降低,表明猪粪中添加乙酰氧肟酸显著降低了 NH_3 的含量并降低了脲酶活性(表 11-12),对于减少氨气排放确有积极意义(刘婕等,2015)。

表 11-12 乙酰氧肟酸对猪粪 NH_3、脲酶活性的影响(刘婕等,2015)

分组	NH_3/(μg/L)			脲酶活性		
	24 h	48 h	72 h	24 h	48 h	72 h
1	2.45±0.29	4.19±0.62[a]	5.95±0.36[a]	0.10±0.02[a]	0.12±0.01[a]	0.18±0.07
2	3.14±0.24	2.48±1.27[ab]	2.92±0.65[b]	0.076±0.005[ab]	0.11±0.01[ab]	0.15±0.05
3	2.84±0.65	1.83±0.63[b]	3.09±0.75[b]	0.063±0.005[b]	0.10±0.01[ab]	0.16±0.03
4	2.53±0.42	2.43±0.24[ab]	2.87±1.23[b]	0.073±0.009[ab]	0.097±0.005[b]	0.13±0.02

畜禽粪便中存在大量的微生物,其中能够产脲酶的微生物主要为细菌、放线菌和真菌。通过应用乙酰氧肟酸等脲酶抑制剂,来降低脲酶活性或者抑制粪便中产脲酶菌的活动,均可以使尿素的分解速率下降,达到减少猪舍内氨气排放的目的。

2.乙酰氧肟酸的作用机制

猪舍内的氨气主要来源于三个方面:体内蛋白质代谢、残渣垫草的腐败分解和畜禽排泄物的分解(刘丽晓,2019)。一头成年猪每天粪尿排泄总量为 5.67 kg,其中固体部分为 2.44 kg,液体部分为 3.22 kg,含氮 0.5%~0.6%(杨晓春,2006)。粪中氮主要以有机氮和氨气各占 50%的形式存在,有机氮分解成 NH_3 的过程比尿氮降解成氨气的过程要慢得多,在尿氮中有 97%是以尿素形式存在,粪中微生物产生的脲酶会加快尿素在排出体外后分解为氨气的速度,这两个过程最终造成了粪尿中的氮 75%以氨气的形式释放到环境中(图 11-2)。在清粪、转移等粪便管理中,粪尿也可以继续分解产生少量氨气。所以通过降低脲酶的活性或者抑制粪便中产脲酶微生物的活动这两种方法无疑可以降低尿素的分解,减少氨气的排放,减缓猪舍内氨气污染。

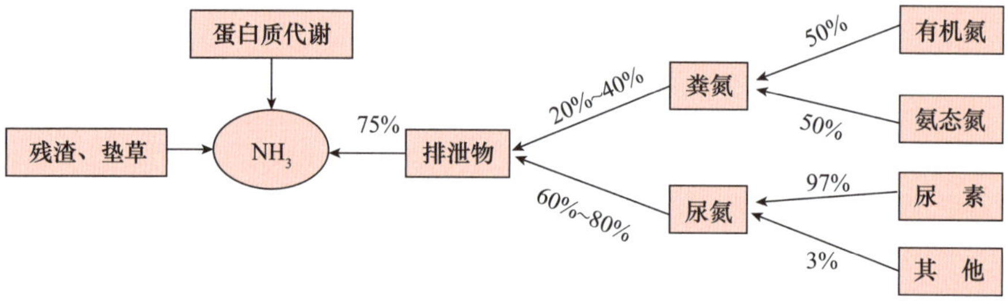

图 11-2 畜舍中氨气来源（刘丽晓等，2019）

乙酰氧肟酸属于人工合成的脲酶抑制剂。脲酶抑制剂是指能够直接或间接抑制脲酶活性的一类物质，通过与脲酶的活性中心相结合，或使脲酶结构发生变化，从而使脲酶变性失活，达到控制氨气释放的作用。通常认为，氧肟酸类脲酶抑制剂的抑制原理为一种非竞争性抑制，脲酶抑制剂通过结合在对脲酶有催化作用的基团上，即与脲酶分子结构中邻近金属 Ni 的巯基结合，进而使巯基氧化成二硫桥，达到改变脲酶的构象特征并抑制脲酶活性的目的，在这一过程中抑制剂没有影响脲酶与尿素的结合，也没有改变脲酶的米氏常数（K_m），只是降低了脲酶与底物结合的速度。

动物机体内氨的产生是多方面的，一类是内源氨氮，它是蛋白质代谢过程中产生的氨，是正常的生理代谢产物，一般量较少，而且很快会在肝脏中被合成为尿素，并经肾脏排出体外；另一类是外源氨氮，如饲料中添加的尿素等非蛋白氮所产生的氨即属此类。通过特异性地抑制胃肠道的脲酶活性，脲酶抑制剂可减缓尿素等外源氨氮的生成量，降低尿素的分解速度，从而达到控制动物体内的血氨浓度和粪尿中氨气排放量的目的，这也是控制畜禽养殖场空气氨污染的有效途径。

3.乙酰氧肟酸的使用方法

乙酰氧肟酸等脲酶抑制剂，在禽用日粮中添加 125 mg/kg，可显著降低腹水症的平均死亡率。在猪日粮中添加乙酰氧肟酸（≥10％）和 0.20％复合除臭剂（组成为乙酰氧肟酸：啤酒酵母：枯草芽孢杆菌：地衣芽孢杆菌：膨润土＝40：2：2：1：20）（刘婕等，2015），显著降低猪粪 NH_3 含量及脲酶活性。

近些年来，虽然抗生素具有增强畜禽抗病、促进畜禽生长等功能，在饲料和养殖行业迅速得到广泛应用，但其劣势与缺点也逐渐展现，滥用导致了动物内源性感染、二重感染，产生大量耐药菌株，使得畜禽的免疫力下降、产生大量药物残留，进而食用后对人身体健康造成危害。而功能性添加剂作为抗生素替代物正逐步被大家所重视，这些添加剂不但功能性强，并且绿色、环保、不易产生耐药菌，在我国养殖业全面禁抗后的饲料生产和畜禽养殖中都具备很大的优势。国内饲用替抗物质的研发和产业化正在飞速发展，但仍旧需要广大科研工作者的不懈努力和贡献，以及生产企业的检验与改进，共同推进我国功能性饲料添加剂的发展，从而满足饲料行业和养殖行业的需求。

参考文献

包淋斌.猪场氨气的防控措施.江西畜牧兽医杂志,2017,01:27-29.

曹蓉,贺喜.糖萜素的功能及其在生猪生产的应用.中国猪业,2016,11(07):70-72.

陈代文,吴德.饲料添加剂学.2 版.北京:中国农业出版社,2011:87-88.

陈国顺,余荣,冯光彧.日粮中添加包膜丁酸钠对香猪生产性能和血液生化指标的影响.中国畜牧兽医,2012,39(6):98-100.

单安山.植酸酶在猪饲料中的应用.养猪,1997,04:4-8.

邓灶福.复合酸化剂对仔猪生长性能及腹泻的影响.畜牧与饲料科学,2005,26(6):3-4.

刁其玉.微生物制剂在幼龄反刍动物营养与饲料中的应用.动物营养学报,2014,26(10):3159-3167.

董俊良,班贵媛,陈月丽,等.微生态制剂对杜花二元杂种肥育猪生长性能、养分表观消化率和粪便微生物数量的影响.养猪,2019,01:45-48.

窦君霞.外源酶制剂对动物肠道健康的改善.山东畜牧兽医,2009,30(06):67-68.

杜泓明,汪晓东,王晓磊,等.不同益生菌培养物对断奶仔猪生长性能、免疫功能及血液生化指标的影响.中国兽医学报,2017,37(7):1379-1400.

高增兵,余兵,刁慧,等.苯甲酸在猪禽饲粮中的应用.动物营养学报,2014,26(5):1127-1133.

龚阿琼,高震,陈敬帮,等.不同酶制剂对豆粕中抗原蛋白的影响.中国饲料,2019,23.

郭骥.不同猪舍环境与饲粮添加复合酸化剂对母猪生产性能及抗氧化能力的影响.广州:华南农业大学,2016.

韩伟,徐晶,王大为.饲用益生菌对仔猪生长性能和肠道菌群的影响.饲料工业,2018,39(24):49-55.

胡静,林英庭.糖萜素在猪生产中的研究进展.饲料研究,2013,04:24-26,46.

黄美峰.糖萜素的最新研究进展.湖南饲料,2010,05:42-43.

黄荣春.抗菌肽在猪生产中的应用研究.南宁:广西大学,2017.

黄炜乾,刘宗新,郑雪媚.糖萜素在动物生产中的应用研究进展.安徽农学通报,2017,23(7):130-132.

籍景淑.猪场氨气控制研究.武汉:华中农业大学,2012.

冀笑明.妊娠期和哺乳期母猪日粮添加粗纤维和丁酸钠对仔猪背最长肌特性的影响.南京:南京农业大学,2016.

金立志.植物提取物饲料添加剂对猪肠道菌群与生产性能影响的研究.中国畜牧业协会猪业分会,中国畜牧业协会.2008 年中国猪业进展,2008:146-151.

金三俊.复合菌发酵液对断奶仔猪生长性能、血清指标及粪 VFA 影响.哈尔滨:东北农业大学,2018.

李定梅,詹勇.糖萜素饲料添加剂的研究和应用.粮食与饲料工业,2002,01:33-36.

李虹瑾,沙万里,尹柏双,等.包膜丁酸钠对断奶仔猪肠道菌群及生长性能的影响.家畜生态学报,2017,38(9):30-34.

李娜,卢娜,杨贵明,等.日粮中添加酸化剂对断奶仔猪生产性能的影响.黑龙江畜牧兽医,2014,03 上:91-92.

李婷婷.绿色饲料添加剂糖萜素在畜禽生产中的应用.饲料与畜牧,2014,10:30-34.

李同洲,侯伟革,臧素敏,等.黄芪多糖对断奶仔猪生产性能的影响.中国饲料,2007,12:36-38.

李万军.酸化剂对肉鸡生长及免疫的影响.饲料研究,2012,04:75-77.

李鑫,李杰,吕文龙,等.饲用益生菌制剂在仔猪生产中的应用.饲料博览,2010,10:23-25.

李运虎.酸化剂在动物生产中的应用及研究进展.湖南饲料,2015,05:12-13.

梁龙华,万荣度,李林笑,等.碱性负离子液、复合微生态制剂对比抗生素对肥育猪物质表观消化率和肉品质的影响研究.养猪,2019,02:57-61.

刘爱君,尹望.复合微生态制剂对哺乳母猪乳成分和生产性能的影响.饲料研究,2014(19):26-28.

刘超良，张石蕊，谭良溪，等.大蒜素对断奶仔猪生长性能和腹泻率的影响.养殖与饲料，2009，04：50-51.

刘海生，郭致君，马威，等.复合微生态制剂对育肥猪生产性能及粪便中微生物的影响.中国畜牧杂志，2014，50(20)：73-75.

刘辉，季海峰，王四新，等.益生菌对生长猪生长性能、粪便微生物数量、养分表观消化率和血清免疫指标的影响.动物营养学报，2015，27(3)：829-837.

刘婕，籍景淑，雷明刚，等.猪场氨气除臭剂的研究及效果评价.养殖与饲料，2015，03：1-7.

刘丽莎，王锐，旭日花，等.白术多糖对益生菌的促生长作用及结构分析.食品科学，2010，31(19)：124-128.

刘丽晓.脲酶抑制剂对粪便中微生物的作用.畜牧兽医科学，2019，01：31-33.

刘培峰，杜海涛.抗菌肽在猪生产及机体免疫相关基因方面的研究进展.饲料研究，2020，43(1)：110-113.

刘庆雨，李娜，于永生，等.复合微生态制剂对断奶仔猪生长性能和血清免疫指标的影响.养猪，2018，06：11-13.

刘英，向迪，倪浩翔，等.双水相法萃取分离猪胰 α-淀粉酶体系的初步研究.中国酿造，2015，34(5)：96-100.

孟宏社，朱天和，宋战胜，等.复合酸化剂和益生素对仔猪腹泻防治效果研究.家畜生态学报，2010，31(1)：95-97.

米文正，赵瑞峰，宋献艺.乳(仔)猪料的配方设计及其加工工艺浅析.当代畜禽养殖业，2002，12：54-56.

农斯伟，邹知明，陈玉龙，等.复合益生菌制剂对繁殖母猪生产性能的影响.饲料研究，2018，04：23-26.

庞广辉，齐莉莉，姜军坡，等.Z-27 菌剂对猪舍有害气体排放及育肥猪生长性能的影响.河南农业科学，2018，47(9)：144-149.

乔利敏，关文怡，雷莉辉.浅谈新型植物抗生素—几种天然植物提取物(二).山东畜牧兽医，2016，37(3)：60-62.

沈水宝，冯定远.外源酶对仔猪消化道发育及消化系统酶活性的影响.中国畜牧兽医学会.酶制剂在饲料工业中的应用，2005：67-76.

宋焕.糖萜素在动物生产中的研究进展.国外畜牧学(猪与禽)，2013，33(10)：91-93.

宋振帅.八角、丹参和生姜对生长育肥猪及其饲料作用效果研究.泰安：山东农业大学，2014.

唐福全.酸化剂在家禽生产中的应用.西华大学学报，2007，26(2)：45-48.

唐明红，王启军，胡麟，等.丁酸钠对生长肥育猪胴体品质和小肠形态的影响.饲料研究，2010，06：49-52.

涂兴强.糖萜素、大蒜素在生长育肥猪中的应用研究.南宁：广西大学，2013.

汪晶晶.酸化剂和微生态制剂对哺乳母猪生产性能及乳成分的影响.哈尔滨：东北农业大学，2018.

汪儆.饲料酶制剂应用和饲料抗营养因子.河南畜牧兽医，1998，03：39-42.

汪孟娟，徐海燕，辛国芹，等.复合微生态制剂对经产母猪繁殖性能、粪便菌群及粗蛋白质表观消化率的影响.中国饲料，2016，10：27-29，35.

王冰，占今舜，方热军.糖萜素的功能及其在猪生产中的应用.中国饲料，2013，01：24-26.

王冬冬.香辛料提取物抗氧化性的研究.长沙：湖南农业大学，2011.

王福海，彭玉芝.家禽饲养与疾病防治.北京：中国农业科学技术出版社，2004：38-39.

王杰，陈玉林.复合酸化剂对断奶仔猪生产性能和饲料表观消化率的影响.黑龙江畜牧兽医，2010，7：77-79.

王晓琳，白英伟.增强动物免疫功能的新型绿色饲料添加剂——糖萜素.养殖技术顾问，2011，5：76.

王永珍，林萌萌，胡凯军，等.微生态制剂对育肥猪生长性能和免疫指标的影响.畜牧兽医杂志，2018，37(6)：14-16，20.

王勇灵.饲用蛋白酶在动物营养与饲料生产中的应用.饲料与畜牧，2016，01：35-41.

王之盛，况应谷，周安国，等.酶解大豆抗原蛋白及其对仔猪生产性能影响的研究.中国畜牧兽医学会.酶制剂在饲料工业中的应用，2005：204-210.

魏曼琳，任丽萍，周振明，等.茶皂素在动物生产中的应用研究进展.饲料研究，2014，09：11-13，40.

魏清甜,李平华,汪涵等.粪肠球菌替代抗生素对保育仔猪生长性能、腹泻率、体液免疫指标和肠道微生物数量的影响.南京:南京农业大学学报,2014,37(6):143-148.

夏彩锋,秦明娟,洪波,等.低温淀粉酶对保育仔猪生产性能的影响.饲料工业,2013,34(24):21-22.

徐帅,王琤韡.酸化剂在养猪方面的应用.江西饲料,2015,03:9-11,17.

徐振华,张石蕊.糖萜素对肉鸡肠道微生物的影响.湖南饲料,2003,06:16-17.

杨琼,刘进远,张代芬.抗菌肽在生猪养殖中的应用.安徽农业科学,2019,47(15):1-4.

杨晓春,田娟.银川市规模化畜禽养殖业污染情况及其防治对策.宁夏农林科技,2006,05:71-72.

姚建国.外源酶对家禽内源消化酶活性及饲料氨基酸消化率影响的研究.南京:南京农业大学,2001.

易宏波.抗菌肽 CWA 对断奶仔猪肠道炎症和肠道屏障功能的作用及其机制.杭州:浙江大学,2016.

于海涛,周智旋,张波,等.酶解豆粕工艺参数的探索和优化.中国畜牧杂志,2018,54(9):82-88.

于会国,崔志峰,张忠,等.糖萜素作用机理及其在水产养殖上应用的研究进展.黑龙江畜牧兽医,2016,23:60-64.

詹勇,黄磊,沈水昌,等.糖萜素-Ⅱ对猪屠宰性能和肉质影响.中国畜牧杂志,2005,41(3):30-32.

詹勇,沈水昌,徐伸钧,等.糖萜素饲料添加剂研究与应用.广东饲料,2013,12(2):33-35.

张洁,梁兴龙,党文庆,等.不同水平复合酶制剂在断奶仔猪生产中的应用.黑龙江畜牧兽医月刊,2018,03:192-194.

张婧婧,刘庚寿,李伟,等.不同剂型酸化剂对哺乳母猪生产性能、初乳成分和肠道菌群结构的影响.动物营养学报,2017,29(6):2064-2070.

张乃锋,王杰,崔凯,等.植物乳杆菌 GF103 对生长猪生长性能、营养物质消化率及粪便微生物数量的影响.动物营养学报,2015,27(6):1853-1860.

张树和,韩羿斌,金双喜,等.大豆多糖对双歧杆菌及人肠道菌群生长的影响.中国微生态学杂志,2008,02:45-46.

张双,勇杰,刘鹏,等.复合微生态制剂对育肥猪生产性能和免疫指标的影响.中国猪业,2018,13(6):35-36.

张溪,弓磊.抗菌肽抗菌机制及研究热点.中国组织工程研究,2020,24(10):1634-1640.

张旭晖,王恬,冀凤杰,等.有机酸化剂对断奶仔猪生长性能和肠道健康的影响.动物营养学报,2012,24(3):507-514.

郑军红,孙和美,谷巍.动物微生态制剂在畜牧生产中的使用技术要点.饲料与畜牧,2013,07:45-47.

Axling U,Olsson C,Xu J,et al.Green tea powder and *Lactobacillus* plantarum affect gut microbiota,lipid metabolism and inflammation in high-fat fed C57BL/6J mice.Nutrition & Metabolism,2012,9(1):1-18.

Bhandari S K,Opapeju F O,Krause D O,et al.Dietary protein level and probiotic supplementation effects on piglet response to *Escherichia coli* K88 challenge.Livestock Science,2010,133:185-188.

Brochot A,Guilbot A,Haddioui L,et al.Antibacterial,antifungal,and antiviral effects of three essential oil blends.Microbiologyopen,2017,8;6(4).

Fang J,Yan F Y,Kong X F,et al.Dietary supplementation with *Acanthopanax* senticosus extract enhances gut health in weanling piglets.Livestock Science,2009,123(2-3):0-275.

Ferrandis Vila M,Trudeau M P,Hung Y T,et al.Dietary fiber sources and non-starch polysaccharide-degrading enzymes modify mucin expression and the immune profile of the swine ileum.PLoS One,2018,13(11):e0207196.

Frankova A,Vistejnova L,Merinas-Amo T,et al.In vitro antibacterial activity of extracts from Samoan medicinal plants and their effect on proliferation and migration of human fibroblasts,J Ethnopharmacol,2021,1:264.

Friedman M.Overview of antibacterial,antitoxin,antiviral,and antifungal activities of tea flavonoids and teas.Molecular Nutrition & Food Research,2007,51(1):116-34.

Gracia M I,Lázaro R,Latorre M A,et al.Influence of enzyme supplementation of diets and cooking-flaking of maize on digestive traits and growth performance of broilers from 1 to 21 days of age.Animal Feed Science & Technology,2009,150(3-4):0-315.

Guan L Z, Zhao S, Shu G, et al. β-Glucanase specific expression in the intestine of transgenic pigs. Transgenic Res,2019,28(2):237-246.

Huang C W,Lee T T,Shih Y C,et al.中草药饲料添加剂对断奶仔猪中性粒细胞的免疫活性、小肠形态的影响.饲料博览,2013,01:53.

Huang C,Qiao S,LI D,et al.Effects of *Lactobacilli* on the performance,diarrhea incidence,VFA concentration and gastrointestinal microbial flora of weaning pigs. Asian-Australasian Journal of Animal Sciences,2004,17:401-409.

Jeong J S,Kim I H.Effect of Bacillus subtilis C-3102 spores as a probiotic feed supplement on growth performance,noxious gas emission,and intestinal microflora in broilers.Poultry Science,2014,93(12):3097-3103.

Khan R U,Naz S,Nikousefat Z,et al.Thymus vulgaris: alternative to antibiotics in poultry feed.Worlds Poultry Science Journal,2012,68(3):401-408.

Kluge H,Broz J,Eder K.Effects of dietary benzoic acid on urinary pH and nutrient digestibility in lactating sows.Livestock Science,2010,134(1-3):0-121.

Kong Q,HeG Q,Jia J L,et al.Oral administration of *Clostridium butyricum* for modulating gastrointestinal microflora in mice.Current Microbiology,2011,62(2):512-517.

Kong X F,Yin F G,He Q H,et al.Acanthopanax senticosus extract as a dietary additive enhances the apparent ileal digestibility of amino acids in weaned piglets.Livestock Science,2009,123(2-3):0-267.

Latorre J D,Hernandez-Velasco X,Wolfenden R E,et al.Evaluation and selection of *Bacillus* species based on enzyme production, antimicrobial activity, and biofilm synthesis as direct-fed microbial candidates for poultry.Frontiers in Veterinary Science,2016,3:95.

Lee K W,Kim J S,Oh S T,et al.Effects of dietary sanguinarine on growth performance,relative organ weight,cecal microflora, serum cholesterol level and meat quality in broiler chickens. Journal of Poultry Science,2015,52(1):15-22.

Liu D D,Cao X J,Liu Z Y,et al.Different types of tea polyphenols on inhibition of bacteria growth.China Sci Technol Inf,2014,6:152-154.

Liu S T,Hou W X,Cheng S Y,et al.饲粮中柠檬酸对妊娠期和哺乳期母猪性能,钙、磷消化率,乳成分及免疫球蛋白的影响.饲料博览,2014,08:54-54.

Mair C,Plitzner C,Pfaffl M W,et al.Inulin and probiotics in newly weaned piglets: effects on intestinal morphology,mRNA expression levels of inflammatory marker genes and haematology.Archives of Animal Nutrition,2010,64(4):304-321.

Park K R,Park C S,Kim B G.An enzyme complex increases in vitro dry matter digestibility of corn and wheat in pigs.Springerplus,2016,5:598.

Peek H W,Klis J D V D,Vermeulen B,et al.Dietary protease can alleviate negative effects of a coccidiosis infection on production performance in broiler chickens. Animal Feed Science & Technology,2009,150(1-2):0-159.

Schauber J,Gallo R L.Antimicrobial peptides and the skin immune defense system.The Journal of Allergy and Clinical Immunology,2009,122:261-266.

Shobharani P,Halami P M.In vitro evaluation of the cholesterol-reducing ability of a potential probiotic *Bacillus* spp.Annals of Microbiology,2016,66(2):643-651.

Thaker，于旭华，汪儆.β-葡聚糖酶与木聚糖酶在猪饲料中的应用.中国畜牧兽医，2002，03：17-20.

Walia K，Arguello H，Lynch H，et al.Effect of feeding sodium butyrate in the late finishing period on *Salmonella* carriage，Seroprevalence，and growth of finishing pigs. Preventive Veterinary Medicine，2016，131：79-86.

Wang D，Piao X S，Zeng Z K，et al.Effects of keratinase on performance，nutrient utilization，intestinal morphology，intestinal ecology and inflammatory response of weaned piglets fed diets with different levels of crude protein.Asian Australasian Journal of Animal Sciences，2011，24(12)：331-4.

Wehkamp J，Harder J，Wehkamp K，et al.NF-kappaB- and AP-1-mediated induction of human beta defensin-2 in intestinal epithelial cells by *Escherichia coli* Nissle 1917：a novel effect of a probiotic bacterium.Infect Immun，2004，72(10)：5750-5758.

Wu J，Ma N，Johnston L J，et al. Dietary nutrients mediate intestinal host defense peptide expression. Advances in Nutrition，2020，11(1)：92-102.

Xiong X，Yang H S，Li L，et al.Effects of antimicrobial peptides in nursery diets on growth performance of pigs reared on five different farms.Livestock Science，2014，167：206-210.

Yang C S，Zhang J，Zhang L，et al. Mechanisms of body weight reduction and metabolic syndrome alleviation by tea.Molecular Nutrition & Food Research，2016，60(1)：160-174.

Ye P，Zhang S，Zhao L，et al.Tea polyphenols exerts anti-hepatitis B virus effects in a stably HBV-transfected cell line.华中科技大学学报(医学英德文版)，2009，29(2)：169-172.

Zhang G G，Yang Z B，Wang Y，et al.Effects of dietary supplementation of multi-enzyme on growth performance，nutrient digestibility，small intestinal digestive enzyme activities，and large intestinal selected microbiota in weanling pigs.Journal of Animal Science，2014，92(5)：2063-2069.

Zuo J，Ling B，Long L，et al.Effect of dietary supplementation with protease on growth performance，nutrient digestibility，intestinal morphology，digestive enzymes and gene expression of weaned piglets. Animal Nutrition，2015，1(4)：276-282.

第 12 章 促进肠道功能成熟和稳定的菌群干预技术

本章提要

仔猪肠道功能成熟和稳定依赖于肠道菌群的发育，肠道菌群是机体的重要组成部分，其组成与功能受宿主生理状态、遗传、饮食习惯、年龄和环境等多重因素的影响。肠道菌群易受到各方面因素影响的特征，为通过调控肠道菌群干预肠道功能提供了可能性。本章综述了不同肠道菌群干预手段，包括粪菌移植干预技术、益生菌早期干预技术和基于母子传递的调控，以及相关技术在调控仔猪肠道功能中的特点，为实施早期菌群干预提供参考。

12.1 粪菌移植干预技术

仔猪肠道功能成熟和稳定依赖于肠道菌群的发育，肠道菌群是机体的重要组成部分，其组成与功能受宿主生理状态、遗传、饮食习惯、年龄和环境等多重因素的影响。肠道菌群易受到各方面因素影响的特征，为通过调控肠道菌群干预肠道功能提供了可能性。目前用于肠道菌群调节干预肠道功能的主要手段主要包括粪菌群移植（fecal microbiota transplantation，FMT）和益生菌干预。FMT 是无特异性靶向的微生物组调节手段，而益生菌干预则是对肠道菌群进行有针对性的调节。早期菌群干预技术逐渐成为塑造宿主微生物群落组成，干预肠道功能的新工具。

FMT 又称粪便移植、粪便细菌疗法，是一种将健康人粪便中的功能菌群通过不同途径移植到患者胃肠道内，从而起到重建新的肠道菌群结构，实现治疗肠道相关疾病目的的治疗手段（Bojanova and Bordenstein，2016）。FMT 治疗法已经逐渐成熟，在治疗炎症性肠炎和艰难梭菌感染引发肠炎方面效果显著（Anderson et al.，2012，Bojanova and Bordenstein，2016）。其中，在治疗艰难梭菌感染方面的治愈率达到 90%以上（Kassam et al.，2013），并能有效控制艰难梭菌感染的复发性（Quraishi et al.，2017）。

12.1.1 粪菌移植技术在猪生产中的应用

虽然 FMT 技术主要是被用于治疗人类肠道疾病，特别是复发性艰难梭菌感染的治疗。但由于 FMT 具有显著的调节受体肠道菌群结构，修复受损肠道菌群以及促进肠道菌群发育的功能，以及猪和人在解剖学、生理学和肠道菌群组成上具有高度的相似性，因此为了促进新生仔猪肠道健康，提高仔猪生产性能，FMT 在近年来逐渐被广泛用于畜牧业生产中，以促进新生动物肠道菌群定植、调节肠道健康、增强肠道屏障功能、缓解腹泻，从而达到提高生产效率的目的(Brunse et al.,2018; Chen et al., 2018;Cheng et al., 2018; Geng et al 2018;Hu et al., 2018)。

需要注意的是,FMT作为一项新兴的调控肠道健康和治疗疾病的技术,其供体筛选直接影响FMT的效果。首先,FMT供体选择时需要避免致病菌传播。FMT被大量运用于调节和恢复人类肠道菌群,治疗艰难梭菌感染,但目前还没有对供体菌群进行筛选的相关标准,粪菌供体选择不当会导致疾病传播,进一步损害受体患者健康。Chehoud等研究指出,当供体粪菌中含有病毒时,病毒会被传播至接受该粪菌移植受体的肠道内(Chehoud et al., 2016)。两例溃疡性结肠炎和复发性艰难梭菌感染患者接受粪便菌群移植后出现肠毒素产气荚膜梭菌感染的不良事件(Azimirad et al., 2019),说明除了病毒可被传播之外,一些致病菌也需要被排查检测。

结合目前人类进行FMT治疗时出现的风险,在仔猪进行FMT早期干预时也需要严格筛选粪菌供体。在进行粪菌供体筛选时需要考虑如下要点:掌握供体的潜在健康风险、临床检查疾病风险,控制粪菌病原菌风险等(Blaser, 2019)。

因此,在为仔猪进行FMT时,需考虑粪菌供体的健康状况及其用药(抗生素使用)情况(Owens et al., 2013)。提供粪菌的猪身体健康,生长性能指标良好(Moayyedi et al., 2015),不得患有传染性疾病,如猪瘟、猪丹毒病、猪口蹄疫病、猪圆环病毒病、猪蓝耳病、猪伪狂犬病、猪细小病毒病、猪附红细胞体病、猪流行性腹泻等(Owens et al., 2013)。粪菌供体在2～3个月内不得有使用抗生素的记录(Barnes and Park, 2017),另外,需要对供体粪菌成分进行检测,粪菌中不得含有致病菌(原),如沙门氏菌、艰难梭菌、轮状病毒及隐孢子虫等(Owens et al., 2013;Cammarota et al., 2017)。

此外,FMT供体选择应该具有目的性。从研究时间上看,FMT在仔猪上的研究时间较短,因此FMT对仔猪肠道健康及生长的调控机制尚不深入。根据目前已有研究可以看出,用于仔猪的FMT供体主要分为两个类型,成年的具有抗逆性强特点的地方猪种和具有成熟粪菌的母猪。对人类艰难梭菌感染而言,进行FMT的目的是治疗,而FMT在畜牧业中应用时,其目的大多都是为了调控菌群和预防疾病。例如,有研究指出,中国地方猪种具有抗逆性强的特点,因此选择中国地方猪种,如金华猪和丛江香猪,作为粪菌供体,将其粪菌移植至杜×长×大三元杂交仔猪体内,增强了杂交仔猪抵抗早期腹泻的能力(Hu et al., 2017;Geng et al., 2018;Hu et al., 2018)。McCormack等则从饲料利用效率的角度进行了粪菌供体的选择,虽然该研究中FMT对受体仔猪饲料利用效率并无显著影响(Mccormack et al., 2018),但仍为畜牧业中应用FMT技术提供了新思路。

在小鼠模型中的研究发现,新生动物肠道菌群的定植除了优先效应之外(Martinez et al., 2018;Litvak and Baumler., 2019),还具有偏爱性的特点,即相同的菌群更容易在受体肠道中定植(Li et al., 2016)。因此,Cheng等为新生仔猪移植母猪粪菌,显著促进了仔猪生长性能和免疫功能,降低了仔猪腹泻(Cheng et al., 2018)。这说明了为肠道菌群不成熟的新生仔猪移植成熟的母猪粪菌,具有促进仔猪肠道免疫的功能。肠道氧气含量与肠道健康直接相关(Semenza et al., 2011;Semenza et al., 2014),且氧气含量直接影响肠道菌群组成(Espey, 2013)。成熟的仔猪肠道菌群的主体是严格厌氧菌,而新生动物肠道中的氧气含量较高,因此,Xiang等通过将成熟的母猪粪菌与特定功能的两种益生菌联合使用,达到调节仔猪肠道菌群,促进肠道功能的效果(Xiang et al., 2020a;Xiang et al., 2020b)。

12.1.2 粪菌移植技术调控仔猪肠道菌群

FMT增强仔猪肠道功能和提高仔猪生长性能主要通过调控仔猪肠道菌群实现(Xiang et al., 2020a)。总体看来,FMT早期菌群干预能够显著上调新生仔猪肠道菌群的多样性和丰富度,并能达到改善菌群结构的效果。从门水平看,厚壁菌门相对丰度上调,而拟杆菌门、变形菌门等的相对丰度下调;在属水平上,乳酸菌属、双歧杆菌属、普氏杆菌属、颤螺菌属等的相对丰度增加,而拟杆菌属及梭杆菌属等的相对丰度则显示减少(Hu et al., 2017;Geng et al., 2018;Xiang et al., 2020a)。这些菌群变化表明,FMT具有显著增加肠道有益共生菌相对丰度和降低有害菌群相对丰度的作用。

FMT除了对仔猪肠道菌群组成具有显著改善效果之外,还能有效促进仔猪粪菌成熟。多项研究表明,FMT早期干预能显著增加氨基酸代谢、生物合成及其他次级代谢产物,能量代谢、糖的生物合成和代谢、维生素及辅酶因子代谢、萜类化合物和聚酮类化合物的代谢以及核苷酸代谢相关基因的相对丰度,其中,能量代谢、糖的生物合成和代谢等基因都在成年猪中高表达,可视为菌群成熟的标志(Hu et al., 2016;Gao et al., 2017;Wang et al., 2019b)。这说明FMT可能具有促进仔猪肠道菌群成熟的功能,且研究发现,FMT早期干预对仔猪肠道菌群成熟度的影响主要发生在仔猪生命早期(Xiang et al., 2020a)。FMT早期干预技术,通过调节仔猪粪菌结构和组成,促进仔猪肠道菌群成熟度达到促进仔猪肠道发育和增强肠道功能的目的,从而达到降低仔猪腹泻、加快仔猪生长的效果。

12.2 益生菌早期干预技术

益生菌是一类当以足够的量施用以允许结肠定植时对宿主健康有益处的活微生物(Sanders, 2008),其中最常见的益生菌是乳杆菌属和双歧杆菌属的细菌(Helena et al., 2007)。研究发现,益生菌可以维持正常的微生物群落结构,通过增加肠道黏液分泌量,维持黏膜完整性和降低肠通透性来抵抗动物肠道中病原体的入侵(Higgins et al., 2008;Bon et al., 2010;Gaggìa et al., 2010;Ling et al., 2015)。益生菌广泛应用于仔猪生产中,通过饲料添加(Gareau et al., 2010;Wang et al., 2019b)、口服(Hancox et al., 2015)或通过饮水添加益生菌,在提高仔猪生长性能,缓解腹泻,以及部分疾病的预防和治疗方面都有显著效果。

12.2.1 酵母菌

酵母菌通常能在植物原料和动物的小肠微生物菌群中找到(Mathew et al., 1998)。酵母菌通常能为猪提供酶类、维生素和其他营养成分(Kornegay and Risley, 1996)。酵母菌细胞壁的主要组成成分是甘露聚糖(manno-oligosaccharide, MOS)和β-葡聚糖(Pettigrew et al., 2005;Nguyen et al.,1998)。绝大多数的酵母菌生长和代谢的最适温度为30℃,而耐热性的布拉迪酵母菌的最适温度为37 ℃,接近于动物肠道内的温度(Fietto et al., 2004)。

1.酵母菌在养猪生产中的应用

许多种类的酵母相关性的饲料添加剂都是由美国饲料监督(2009)官方联合会(The Association of American Feed Control Officials,AAFCO)命名,并且规定,活性酵母粉是由发酵酵母经干燥且含有一定数量的活酵母菌的菌粉。一些非发酵性的酵母,包括干酵母粉、经辐射的干酵母粉、啤酒干酵母粉、啤酒液体酵母和串酵母属干酵母粉都被认为是蛋白质的来源。

酵母菌具有作为抗生素的替代物潜能，对仔猪的生长、疾病防御可能有重要的作用。研究报道证实，在母猪日粮中添加活性酵母菌能提高仔猪的生长性能（LeMieux et al.，2010；van Heugten et al.，2003）和猪的免疫状况（Monroy-Salazar et al.，2012）。在母猪妊娠期和泌乳期日粮中添加活性酵母菌，能提高仔猪断奶重和断奶窝重（Kim et al.，2008；Shen et al.，2011）。而Jurgens等（1997）报道称，在母猪妊娠期和泌乳期日粮中添加活性酵母菌提高了母乳中免疫球蛋白的含量，表明活性酵母可能具有一定的调节猪肠道健康的作用。

2.布拉迪酵母菌

在众多酵母菌中，布拉迪酵母菌（*Saccharomyces boulardii*）被广泛用于养猪生产中。*S.boulardii* 是从一种产自印度荔枝的果皮中分离的酵母菌，属于酿酒酵母（*Saccharomyces cerevisiae*）的一个种类（Edwards-Ingram et al.，2007）。尽管它有不同的分类学、生理学、代谢和遗传特征（Fietto et al.，2004；Hennequin et al.，2001；Vandenplas et al.，2009），然而，大部分的酿酒酵母最适生长和代谢温度在30 ℃，而 *S.boulardii* 的最适温度在37 ℃（Fietto et al.，2004；Vandenplas et al.，2009），这使得 *S.boulardii* 成为少数能很好适应哺乳动物肠道温度的酵母菌之一（Fietto et al.，2004；Vandenplas et al.，2009；McFarland，2010）。由于 *S.boulardii* 属于真菌类，而抗生素大多针对细菌类，在理论上其可以与抗生素共同使用。在动物模型上的试验表明，*S.boulardii* 能很好地适应胃酸环境（Just et al.，1995）。这可能有利于 *S.boulardii* 经胃进入后肠道，而不会使得其数量大量减少。另外，*S.boulardii* 细胞壁的主要组成成分是酵母 *β-D*-Gal 和甘露聚糖（mannanoligosaccharide，MOS）。其中，酵母 *β-D*-Gal 能够有效刺激免疫受体细胞，从而激活T淋巴细胞、B淋巴细胞以及NK细胞和巨噬细胞，能够有效使得靶细胞坏死或凋亡（Mizuno et al.，2000；Dahan et al.，2003；Mumy et al.，2007）。MOS是免疫功能最强的酵母多糖，它不仅能够影响消化道的非自然免疫系统，还可以调整、改善自然免疫系统的防御功能（Ponton et al.，2001）。MOS通过充当免疫刺激的辅助因子来发挥作用，具有增强动物体液免疫和细胞免疫能力（Ballou et al.，1990），调节肠道菌群平衡（Nathan and Moraes，1993），结合吸附外源性病原菌（Castro et al.，2007）等功能。药物代谢动力学的研究表明，口服冻干的 *S.boulardii*，3 d之内就能在结肠中获得稳定的 *S.boulardii* 浓度，而在停止口服的2～5 d后，在粪便中就已检测不到酵母菌（Blehaut et al.，1989）。这可能说明了 *S.boulardii* 一个重要的特性，它是一种在肠道中转移但不黏附在肠道上皮的益生菌（Zanello et al.，2009）。

3.布拉迪酵母菌对猪肠道菌群的调节

S.boulardii 可能具有减少致病菌在宿主肠道黏附的作用。柠檬酸杆菌（*C.rodentium*）是一种能够移植到小鼠结肠中的微生物，引起附着或脱落损害和结肠组织增生（Schauer and Falkow，1993）。除了以肠出血性大肠杆菌和肠致病性大肠杆菌感染小动物作为模型以外，*C.rodentium* 同样也能作为一种研究引起小鼠肠道内炎症的模型（Higgins et al.，1999）。一份关于 *S.boulardii* 对 *C.rodentium* 感染小鼠作用的研究报道，在这个模型上评估 *S.boulardii* 对诱导性结肠炎的作用。结果表明，与对照组相比，饲喂 *S.boulardii* 组小鼠肠道黏膜附着的细菌数量显著减少（Wu et al.，2008）。产生这个效果的并不是杀菌作用，而是与大肠杆菌B型分泌蛋白和紧密黏附素转移受体蛋白（translocated intimin receptor，Tir）分泌减少相关，而这两种蛋白分别与转运蛋白和效应蛋白相关联的Ⅲ型分泌系统（the type Ⅲ secretion system，TTSS)有关。在 *C.rodentium* 的感染过程中，Tir 和紧密黏附素被证明是必要的毒力因子(Deng et al., 2003；Frankel et al., 1996；Higgins et al., 1999)，同时，EspB 被认为是重要的定植因子(Newman et al., 1999)，而且是转运活性中转运蛋白的必要组成部分(Luo and Donnenberg, 2006；Wolff et al., 1998)。而在阴性对照组中，突变型*C.rodentium*的 TTSS 功能缺陷，即不能分泌 Tir 蛋白或 EspB 蛋白，得到了与添加 *S.boulardii* 组相似的试验结果(Wu et al., 2008)。因而可以推测，*S.boulardii* 对 TTSS 的抑制作用可能使得致病菌在宿主肠道的附着减少，改善由 *C.rodentium* 引起的病变，并维持肠上皮细胞屏障的完整性(Wu et al., 2008)。因而可以推测，*S.boulardii* 同样可能能够抑制大肠杆菌和艰难梭菌等致病菌在肠道上皮的黏附。

除了抑制致病菌黏附的作用，*S.boulardii* 可能还具有维持肠上皮屏障完整性的功能。几种常见致病微生物，如 EHEC、EPEC 和福氏志贺氏菌(*Shigella flexneri*)都能通过一系列特异的感染机制黏附在肠道黏膜并导致肠道紧密连接结构发生改变，同时破坏黏膜通透性、产生肠囊肿并分泌促炎细胞因子(Zanello et al., 2009)。*S.boulardii* 作用于肠上皮细胞屏障，加强紧密连接结构并恢复因致病菌感染而被破坏的细胞膜通透性(Czerucka, 2000；Dahan et al., 2003；Mumy et al., 2007)。在细菌感染过程中，肌球蛋白轻链(myosin light chain，MLC)被磷酸化，紧密连接被破坏。而 MLC 与控制细胞间紧密连接的细胞骨架蛋白相关。*S.boulardii* 阻止 MLC 磷酸化，并同时保护肠道屏障功能。EPEC(E2348/69)感染 T84 细胞时，单层跨膜抵抗减少，紧密连接周围分布的相关蛋白位置发生改变，如闭锁小带 ZO-1，结果导致上皮屏障结构被破坏(Czerucka et al., 2000)。相反的，当感染发生在 *S.boulardii* 存在的情况下时，跨膜抵抗结构不会发生改变，并且，闭锁小带蛋白 ZO-1 分布位置不变。而在 Shigella 感染 T84 细胞时，细胞膜蛋白 claudin-1 和 ZO-2 的表达水平明显下降，而 *S.boulardii* 存在的情况下，*S.boulardii* 对紧密连接组成蛋白(claudin-1 和 ZO-2)有积极的保护作用，并对屏障的功能有显著的保护效果(Mumy et al., 2007)。因此，EHEC、EPEC 和 *Shigella flexneri* 通过影响紧密连接相关蛋白诱导肠上皮细胞屏障的完整性改变。*S.boulardii* 能够阻止 MLC 磷酸化，同时恢复闭锁小带 1 和 2(ZO-1，ZO-2)的完整性及 claudin-1 的分布。因此，*S.boulardii*可能具有提高肠道上皮细胞恢复肠道通透性的功能的能力(Zanello et al., 2009)。

S.boulardii 除了上述两种影响猪肠道菌群的途径之外，有研究指出，*S.boulardii* 属于兼性厌氧真菌，还可能通过加速消耗肠道氧气含量，加速新生仔猪肠道厌氧共生菌定植和成熟(Xiang et al., 2020a)。综上所述，*S.boulardii* 能够调控肠道微生物菌群，有助于恢复和维持肠道微生态平衡，对维持猪的肠道功能和健康具有重要意义。

12.2.2　丁酸梭菌

1.丁酸梭菌的特点

丁酸梭菌(*Clostridium butyricum*)是一种专性厌氧的革兰氏阳性菌，属于厚壁菌门(Firmieutes)梭菌纲(Clostridia)梭菌目(Clostridales)梭菌科(Clostridiaeeae)梭菌属(*Clostridium*)，又名丁酸梭状芽孢杆菌、酪酸梭状芽孢杆菌、酪酸菌等，是肠道内的有益共生菌，具有促进肠道营养、免疫和调节肠道菌群的作用。丁酸梭菌是一种以丁酸、乳酸和乙酸为主要代谢产物的专性厌氧革兰氏阳性芽孢杆菌，具有耐高温、耐酸和耐多种抗生素等生物学特性，优点为安全、无残留、绿色环保、稳定性好等，且有改善动物肠道环境、提高营养物质消化吸收利用率、提高动物机体免疫力和抗病力、抗氧化等多种生物学功能,是一种具有广泛开发潜力和开发前景的新型绿色饲料添加剂。

研究发现,早期补充丁酸梭菌能够增加 SPF 小鼠结肠固有层中的 Treg 细胞数量,并促进关键抗炎因子 IL-10 的分泌,提高早期肠道免疫耐受能力,缓解由葡聚糖硫酸钠(dextran sulfate sodium,DSS)诱导的肠道炎症反应及卵清蛋白诱导的过敏反应(Atarashi et al., 2011)。在小鼠 DSS 模型中发现丁酸梭菌可提高巨噬细胞的增殖能力,通过非依赖 Treg 细胞的作用方式,促进 IL-10 的分泌,缓解肠道炎症反应(Kanai et al., 2015)。另外,丁酸梭菌和双歧杆菌(*Bifidobacterium*)的组合益生菌具有调节肠道菌群,预防及治疗早期腹泻的功能(Zhang et al., 2014;Ling et al., 2015;Zhang et al., 2016)。此外,益生菌可以作用于肠道免疫系统并影响肠道上皮和免疫细胞对肠道管腔微生物进行调控(Thomas and Versalovic, 2010)。

2.丁酸梭菌对猪肠道菌群的调节

丁酸梭菌调控仔猪肠道菌群组成。丁酸梭菌作为益生菌添加剂被广泛用于畜牧生产中,特别是在仔猪日粮中补充。研究发现,日粮补充丁酸梭菌显著增加仔猪肠道菌群丰富度和 α 多样性指数,显著增加放线菌门相对丰度、增加丁酸梭菌的相对丰度(Wang et al., 2019a)。另有研究发现,日粮补充丁酸梭菌能显著增加仔猪肠道中乳酸菌的相对丰度(Sato et al., 2019)。在目水平,长期补充丁酸梭菌能显著增加梭菌科目、乳杆菌目、拟杆菌目以及 *Selenomonadales* 等细菌的相对丰度(Zhang et al., 2018)。上述研究证实,日粮补充丁酸梭菌对猪肠道菌群的组成具有显著的调控作用,能显著增加肠道中有益菌的相对丰度。

除直接影响猪肠道菌群的组成之外,丁酸梭菌还具有促进仔猪肠道菌群成熟的效果。丁酸梭菌的补充能促进肠道菌群之间更均匀地分布、降低不同个体之间菌群差异性(Zhang et al., 2016)。日粮补充丁酸梭菌能够显著增加维生素代谢、糖代谢等在成熟猪群粪菌中高表达的基因(McDonald., 2009;Hu et al., 2016;Wang et al., 2019b),说明丁酸梭菌具有促进仔猪肠道菌群成熟的作用。

12.2.3 其他益生菌

除了上述益生菌之外,乳酸菌如乳杆菌、双歧杆菌、肠球菌以及乳酸菌链球菌都是被广泛运用的益生菌添加剂。研究指出,通过饲料添加(Hur and Lee, 2015;Hayakawa et al., 2016)、口服(Hancox et al., 2015)或通过饮水(Huang et al., 2018)添加益生菌,在提高仔猪生长性能、缓解腹泻以及部分疾病的预防和治疗方面都有显著效果。多项研究表明,益生菌的使用能有效降低仔猪的腹泻(Ji et al., 2013a;Ji et al., 2013b;Hayakawa et al., 2016)。益生菌治疗人类克罗恩病(Crohn's diseases,CD)也被证实(Kanai et al., 2015)。益生菌的使用,能有效降低胃肠道和上呼吸道感染(Maldonado et al., 2016)以及肠道非特异性感染疾病(Braegger et al., 2011)。Meta 分析结果显示益生菌能有效调节肠道菌群,缓解腹泻疾病(Schneider, 2002)。作为仔猪饲料添加剂,益生菌能有效提高仔猪生长性能,提高生产效益,其中乳酸菌(Guerra et al., 2007;Lähteinen et al., 2015)、粪肠球菌(Broom et al., 2006;Ling et al., 2015;Liu et al., 2017)以及双歧杆菌(Herfel et al., 2013)等被认为是目前效果相对稳定的益生菌种。

乳酸菌(*Lactobacilli*)能代谢胃肠道中色氨酸(tryptophan,Trp),生成醛基吲哚(indole-3-

aldeyde，IAld），激活芳烃受体（aryl Hydrocarbon receptor，Ahr）信号通路，促进 ILC3s 的发育和成熟，并产生白细胞介素（interlukin）-22（IL-22），促进抗菌肽的产生，调控肠道黏液屏障功能（Qiu et al.，2012；Zelante et al.，2013）。日粮补充乳酸菌能有效改善仔猪肠道菌群结构、促进仔猪肠道菌群成熟（Qiu et al.，2017；Wang et al.，2019b）。

然而，虽然益生菌种类众多，且在畜牧生产中的应用广泛，但并非所有益生菌都具有相同的优良效果。益生菌的效果会受到益生菌菌株、益生菌不同组合、动物体不同生理以及病理条件的影响（Sazawal et al.，2006；Zhang et al.，2020）。因此，益生菌的使用也需要更加规范、更具针对性。

12.2.4 益生菌使用的规范性和个性化

益生菌种类繁多，在选择益生菌时需要注意以下几点：菌群水解产物、非活性细菌及非定植孢子不能被视为益生菌；对益生菌产品中的菌株有详细了解；防止益生菌菌株或产品中的抗生素耐药性基因；选择对胃肠道环境有耐受性的益生菌菌株；选择的益生菌菌株必须能够在肠道中定植；尽量选择那些可与肠道菌群正面互作的菌株；确认所选益生菌菌株的安全性，评估服用益生菌之前的健康状态，选择有明确临床效果的益生菌（Toscano et al.，2017）。

新兴的研究指出，每个人的肠道都有一套自己的个性化毒素，微生物必须解开其“密码”才能定植，因此，如果需要使用益生菌进行治疗或干扰肠道菌群需要个性化定制（Ross et al.，2019）。此外，Zmora 等（2018）研究指出益生菌在人肠黏膜的定植情况，有明显的个体、部位和菌株特异性，可将个体分为“易定植”和“抗定植”两类，并可对黏膜菌群组成/功能和人肠道基因表达产生短暂而不同的影响，即表明益生菌干预的效果可存在很大的个体间差异（Zmora et al.，2018），因此益生菌的选择和使用需要向个性化干预的趋势发展。Suez 等（2108）指出，在抗生素治疗引起肠道菌群紊乱之后使用益生菌，会明显推迟宿主的粪便和肠黏膜菌群的重建，且使其难以恢复到紊乱前的状态（Suez et al.，2018）。

因此，仔猪肠道菌群的调控中，益生菌的使用也需要更加个性化，从益生菌种类、益生菌添加方式、作用时间以及仔猪日龄阶段等角度系统分析益生菌在仔猪生产中的作用。

12.3 基于母子传递的早期干预技术

母代肠道菌群会影响胎儿肠道菌群的组成。传统研究一直认为分娩前胎儿在无菌的子宫内生长发育，分娩后细菌才开始在肠道内定植（Stark and Lee，1982）。然而，随着 16S rRNA 基因高通量测序技术的发展（Caporaso et al.，2011），胎儿在无菌子宫内发育的结论可能被推翻（Willyard et al.，2018）。Aagaard 等（2014）利用 16S rRNA 基因测序技术检测到女性胎盘存在多种门类细菌，包括厚壁菌门、软壁菌门、变形菌门、拟杆菌门和梭菌门等。Jiménez 等（2005）发现剖腹产孕妇的脐带血中也存在少量的肠球菌、葡萄球菌和链球菌；甚至胎儿出生 2 h后的胎粪中也被发现含有肠球菌属、葡萄球菌属和大肠杆菌属等（Jiménez et al.，2008）。Mold 等（2008）指出母体在树突状细胞（dendritic cells，DCs）或者其他抗原递呈细胞的帮助下，能够将母体肠道菌群吞噬，经过血液循环转移到胎盘组织及胎儿胎粪中。这些研究表明，母体肠道菌群在胎儿分娩前便开始出现在胎儿肠道中。因此，通过妊娠期营养手段来改变母体肠道菌群组成，可能能够对胎儿的肠道菌群起到调控作用。

母乳对新生个体的早期发育至关重要，它不仅为子代提供必需的营养素和生物活性物质（免疫球蛋白、脂肪酸、多胺、寡糖、溶菌酶等），而且还提供共生细菌（Newburg，2005；Martin et al.，2005）。Hunt 等（2011）首次利用 16SrRNA 基因测序技术检测了女性乳汁的菌群组成情况。结果表明，女性母乳中含有 100 多种细菌，包括链球菌属、葡萄球菌属、沙雷氏菌属、假单胞菌属、棒状杆菌属、罗斯氏通菌属、丙酸杆菌属、鞘氨醇单胞菌和慢生根瘤菌属等。Chen 等（2018）研究发现哺乳母猪乳汁中也含有复杂多样的细菌，同时随着泌乳进行，母乳菌群组成和多样性发生了明显的变化。据统计，新生儿每天大约摄入 800 mL 的乳汁，意味着每天有 $1\times10^5\sim1\times10^7$ 个细菌进入肠道内（Heikkilä and Saris，2003），这提示母乳菌群是新生子代肠道菌群的主要来源。母乳菌群的来源包括外源和内生两种途径。外源途径指婴儿吮吸乳汁时，婴儿口腔和乳头皮肤附近的细菌通过逆行回流进入乳腺导管中的现象（Ramsay et al.，2004；Grice et al.，2009）。外源途径依赖于哺乳的启动且提供的细菌主要是好氧菌和兼性厌氧菌（Cephas et al.，2011），因此母乳中占大部分比例的严格厌氧菌主要通过内生途径获得（Perez et al.，2007；Gueimonde et al.，2007）。Rescigno 等（2001）指出肠道黏膜固有层的 DCs 细胞可以打开肠道单层上皮细胞间的紧密连接，把树突伸向上皮细胞外直接抓取肠腔中的细菌，同时通过表达紧密连接蛋白（如闭锁小带蛋白（zonula occludens 1，ZO-1））来保持肠道紧密连接的完整性。被 DCs 细胞吞噬的活菌进一步易位进入肠系膜淋巴结中，并可以在肠系膜淋巴结内存活数天（Macpherson et al.，2004），最后通过淋巴-血液循环进入乳腺中（Perez et al.，2007）。以上过程构成了母乳菌群的“肠道-乳腺”内生途径（Albesharat et al.，2011）。因此，理论上而言，通过妊娠日粮来干预母猪肠道菌群组成，可能能够通过影响母乳菌群的组成来调控子代肠道菌群的定植和发育。

12.3.1 母体日粮纤维干预

日粮纤维是一类不能被内源性消化酶降解、在小肠中不被水解吸收的、具有 3 个或更多单体单元的碳水化合物聚合物（Jones，2014）。综合考虑化学结构及溶解性等因素，日粮纤维可被细分为多糖（非淀粉多糖（non-starch polysacchrides，NSP）、抗性淀粉和非消化性低聚糖）、不可溶性纤维（insoluble fiber，ISF）和可溶性纤维（soluble fiber，SF）三类（Makki et al.，2018）。来源和化学结构的多样性决定了日粮纤维具有独特的理化性质，包括阳离子交换能力、水合特性、黏性和发酵性等四个方面（Stephen et al.，2017）。日粮纤维到达后肠后，具有纤维降解能力的菌群可以利用日粮纤维作为碳源进行大量繁殖，因此日粮纤维可以调控宿主肠道菌群的组成和代谢（So et al.，2018）。

1.日粮纤维调节母猪肠道菌群

饮食习惯对人和动物体的肠道菌群组成、多样性和丰富度具有重要的影响（Singh et al.，2017）。长期的日粮习惯与肠型有关，例如以蛋白质或动物脂肪饮食为主的肠型是 *Bacteroides* 型，而碳水化合物或植物源性食物饮食则是 *Prevotella* 型（Wu et al.，2011）。与长期蛋白质或动物脂肪饮食相比，高日粮纤维饮食可以增加肠道菌群的丰富度和多样性（Smits et al.，2017；Sonnenburg et al.，2016）。de Filippo 等（2010）比较了在农村（植物源性食物）和城市（动物蛋白食物）长大的儿童的肠道菌群的组成情况，结果表明农村儿童肠道中 *Prevotella* 和 *Xylanibacter* 属丰度明显增加，粪样 SCFAs 水平显著升高，暗示肠道菌群降解复杂碳水化合物的能力较强。然而，将农村儿童放在城市生活时，肠道菌群转变为以代谢动物蛋白和脂肪为主的类型，这提示我们饮食习惯的改变可以影响肠道菌群的组成（de Filippo et al.，2017）。除了饮食习惯外，短时间（24 h 内）的饮食改变也会影响肠道菌群的组成。例如，24 h 内，增加日粮纤维的摄入可以提高纤维降解菌群的丰度（David et al.，2014），而减少纤维摄入会降低纤维降解菌群的丰度，提高 *Lactococcus* 和 *Streptococcus* 的丰度，减少 SCFAs 的产量（Mardinoglu et al.，2018）。日粮纤维通过为肠道菌群的生长繁殖提供底物来源来改变肠道的微生态环境。整个肠道菌群共包含 130 个糖化水解酶、22 个多糖裂解酶和 16 个碳水化合物酯酶，这些酶确保了肠道菌群根据日粮纤维的可用性在不同日粮纤维源之间灵活切换（Flint et al.，2012）。*Firmicutes* 和 *Actinobacteria* 是日粮纤维的主要"响应者"（Deehan et al.，2017）。尽管这些菌群含有相对较少的纤维代谢酶，但是它们在启动复杂日粮纤维的降解过程中发挥着重要的作用。例如，摄入抗性淀粉可以使肠道富集 *Bifidobacterium*、*Ruminoccocus bromii*、*Eubacterium rectale*、*Parabacteroides distasonis*（Walker et al.，2011）。*Eubacterium rectale* 被证实是一种初级日粮纤维降解菌，不能代谢日粮纤维生成SCFAs，但是能够启动抗性淀粉的降解（Zhao et al.，2018）。相反，摄入低聚半乳糖主要诱导有酶促机制的 *Bifidobacterium* 的大量增殖。除了启动纤维降解能力（初级日粮纤维降解剂）外，影响肠道菌群利用日粮纤维能力的因素还包括黏附日粮纤维的能力，耐受纤维降解过程环境条件改变的能力（如发酵产酸增加）以及利用日粮纤维次级产物（次级日粮纤维降解剂）和终产物的能力这三个方面（Deehan et al.，2017）。

因此，日粮纤维可以改变肠道菌群的组成，菌群的变化情况与日粮纤维的类型、数量及供给时间密切相关。此外，不同个体对日粮纤维的响应情况不同，这与肠道中是否存在初级日粮降解菌及菌群代谢日粮纤维的酶活性有关。

2.母猪日粮纤维干预对子代肠道菌群的影响

出生后早期是菌群在肠道定植与稳定的关键阶段，同时也是肠道免疫发育和成熟的关键时期（Jain and Walker，2015）。肠道菌群的定植和发育模式会影响新生个体的生长性能及免疫系统成熟（Mach et al.，2015；Thaiss et al.，2016；Schwarzer et al.，2017）。研究证实，母代妊娠日粮可以调控新生子代肠道菌群的组成（Ma et al.，2014；Bisanz et al.，2015）。Gueimonde 等（2006）检测到妊娠后期孕妇口服的鼠李糖乳杆菌在新生儿肠道中定植，且肠道中双歧杆菌的丰度明显增加；Ma 等（2014）在猕猴上的研究表明，母代高脂日粮会对子代肠道菌群造成长期的影响；Chu 等（2016a）研究妊娠期孕妇摄入高脂日粮对子代肠道菌群的影响发现，胎粪和 6 周龄胎儿粪便中与寡糖分解紧密相关的拟杆菌属丰度明显降低。此外，研究指出母代高蛋白高脂肪日粮会增加子代成年后出现肥胖及其他代谢疾病的风险，而母代摄入日粮纤维降低了子代肥胖的发生（Desai et al.，2014；Hallam and Reimer，2013）。基于机体代谢与肠道菌群的密切关系（Tremaroli and Bäckhed，2012），我们推断母代妊娠期日粮纤维可能通过促进子代肠道菌群的发育来改善子代的代谢状态。文献检索发现，大多数母代日粮影响子代肠道菌群组成研究的干预时间包括了整个妊娠和泌乳期（Chu et al.，2016b；Nakajima et al.，2017；Dennison et al.，2017；Val-Laillet et al.，2017），而只评价妊娠期日粮纤维影响的研究非常少。一项在母猪上的研究显示，妊娠日粮添加 0.2%酵母水解物可以降低 7 日龄仔猪肠道中条件性致病菌的丰度，增加有益菌的丰度，并提高仔猪哺乳期的日增重（Hasan et al.，2018）。酵母水解物富含甘露寡糖和 β-葡聚糖等可溶性纤维，是一种广泛应用于动物营养和生产的天然添加剂（Duan et al.，2016）。Hasan 等（2018）指出妊娠期酵母水解物对仔猪肠道菌群的改善可能与其优化母猪肠道菌群组成有关。仔猪出生后，存在于母猪粪便、母乳及空气等位置的菌群开始在相对无菌的肠道中定植（Chen et al.，2018；Guevarra et al.，2019）。因此，妊娠期日粮纤维可能通过调控母猪肠道和乳汁的菌群组成来促进仔猪肠道菌群的定植和发育。

12.3.2 母体益生菌干预

1.益生菌干预对母体的影响

（1）益生菌提高母猪生产性能。在母猪饲料中添加益生菌，能提高母猪泌乳能力和乳汁品质，能有效提高仔猪生长速度。研究发现，日粮补充芽孢杆菌，能提高母猪胎盘效率，从而提高母猪的窝产仔数和仔猪生长速度（Gu et al.，2019）。在母猪日粮中添加地衣芽孢杆菌或枯草芽孢杆菌等益生菌，显著增加了仔猪存活率和仔猪断奶重（Alexopoulos et al.，2004；Taras et al.，2005）。在母猪妊娠后期补充益生菌，能有效维持母猪在母乳过程中乳脂和乳蛋白水平，提高母猪的泌乳性能（Stamati et al.，2006）。

（2）日粮补充益生菌提高母猪免疫力和抗应激能力。母猪日粮补充乳酸菌能使乳汁中 IgA 的水平与初乳中的维持一致（李春丽等，2006）。另外，在母猪日粮中补充由肠杆菌、丁酸梭菌和粪肠球菌组成的混合益生菌，能显著增加母猪抗流行性腹泻疾病的能力，并能通过乳清中增加的 IgA 和 IgG 将抗病能力转移给后代仔猪（Inatomi et al.，2017）。日粮补充芽孢杆菌，能提高母猪胎盘抗氧化应激的能力（Gu et al.，2019）。

（3）益生菌影响母猪肠道菌群。日粮补充枯草芽孢杆菌会显著增加母猪后肠总芽孢杆菌数量（Menegat et al.，2019），降低母猪粪便中产气荚膜梭菌的丰度，改善猪群肠道健康（张媛媛等，2013）。在母猪日粮中补充酵母菌，能有效改善母猪胃肠道菌群结构，增加胃中厌氧菌和双歧杆菌的丰度（李春丽等，2006；王学东等，2006）。此外，在母猪日粮中补充 *S.boulardii*，能有效减少致病菌数量、缓解母猪围产期便秘，改善母猪肠道的健康水平（龙广等，2016）。

综上所述，母猪日粮中补充益生菌，对母猪的生产繁殖性能和免疫能力具有促进作用，且益生菌能通过调节母猪肠道菌群，增强母猪抵抗病原菌感染能力和降低母猪腹泻发生率。

2.母猪益生菌干预对子代肠道菌群的影响

益生菌对母猪免疫功能和肠道菌群等方面的影响会直接影响后代仔猪肠道菌群结构。母猪益生菌的使用，使母猪产后泌乳量和初乳中蛋白质含量更高，初乳中 IgA、IgG 及流行性腹泻特异抗体的含量明显提高（Inatomi et al.，2017）。乳汁是新生仔猪的主要营养来源，母乳中所含有的母源性抗体和微生物在维持仔猪肠道健康中发挥着重要作用（Le Doare et al.，2018；Nyangahu et al.，2018；Hasan et al.，2019）。研究指出，母乳中抗体的产生依赖于其正常菌群，而来自母鼠的母源天然抗体，可保护无法产生 IgA 和 IgG 抗体的新生鼠，抵御肠产毒素大肠杆菌的肠内定植和感染（Zheng et al.，2020）。此外，母乳寡糖，特别是乳酰、岩藻糖（基）乳糖等会直接影响新生儿肠道菌群的形成和构成，母乳中乳寡糖是影响婴儿肠道菌群的重要因素（Borewicz et al.，2019）。母乳中的乳寡糖在新生仔猪菌群发育中起核心作用，可通过多重机制防御病原菌吸附，并为菌群提供营养，有助于预防仔猪腹泻和肠道感染。

母婴菌群传递对婴儿肠道菌群的建立和发育都具有重要作用，母猪粪便菌群直接影响仔猪肠道菌群的发育。母源性的菌株主要来自肠道菌群，母源性菌株在婴儿肠道中的适应性强于其他菌株，出生后一天的婴儿与母亲的粪便菌群差别显著，但在菌种水平上存在母婴传递(York，2018)。在小鼠模型中，使用抗生素破坏母鼠肠道菌群后，会影响新生鼠肠道菌群及抗病毒免疫的发育(Gonzalez-Perez et al.，2016)。综上所述，母猪纤维干预和益生菌干预都能通过影响母猪乳汁品质、免疫功能和肠道菌群，从而影响后代仔猪的肠道菌群定植和发育。

参考文献

李春丽，崔淑贞，惠参军，等.微生态制剂对哺乳仔猪生长及免疫机能的影响.河南农业科学，2006，032(6)：14-15.

龙广，魏宏逵，彭健.布拉迪酵母菌的研究进展及其在母猪生产中的应用.饲料工业，2016，37(20)：34-37.

王学东，呙于明，姚娟.活性干酵母对生产母猪生产性能的影响.中国饲料，2006，(17)：57-57.

张媛媛，罗正，鄢红国，等.益生菌在控制母猪肠道梭菌上的应用.饲料工业，2013，(15)：22-25.

Aagaard K，Ma J，Antony K M，et al.The placenta harbors a unique microbiome.Sci Transl Med，2014，6(237)：237-265.

Albesharat R，Ehrmann M A，Korakli M，et al.Phenotypic and genotypic analyses of lactic acid bacteria in local fermented food，breast milk and faeces of mothers and their babies.Syst Appl Microbiol，2011，34(2)：148-155.

Alexopoulos C，Georgoulakis I E，Tzivara A，et al.Field evaluation of the efficacy of a probiotic containing Bacillus licheniformis and Bacillus subtilis spores，on the health status and performance of sows and their litters.J Anim Physiol Anim Nutr(Berl)，2004，88(11-12)：381-392.

Anderson J L，Edney R J，Whelan K.Systematic review：faecal microbiota transplantation in the management of inflammatory bowel disease.Alimentary Pharmacology & Therapeutics，2012，36(6)：503-516.

Atarashi K，Tanoue T，Shima T，et al.Induction of colonic regulatory T cells by indigenous *Clostridium* species.Science，2011，331(6015)：337.

Azimirad M，Yadegar A，Asadzadeh Aghdaei H，et al.Enterotoxigenic clostridium perfringens infection as an adverse event after faecal microbiota transplantation in two patients with ulcerative colitis and recurrent *Clostridium* difficile infection：A neglected agent in donor screening.J Crohns Colitis，2019，13(7)：960-961.

Barnes D，Park K T.Donor considerations in fecal microbiota transplantation.Current Gastroenterology Reports，2017，19(3)：10.

Bisanz J E，Enos M K，PrayGod G，et al.Microbiota at multiple body sites during pregnancy in a rural tanzanian population and effects of moringa-supplemented probiotic yogurt.Appl Environ Microbiol，2015，81(15)：4965-4975.

Blaser M J.Fecal microbiota transplantation for dysbiosis-predictable risks.N Engl J Med，2019，381(21)：2064-2066.

Bojanova D P，Bordenstein S R.Fecal transplants：What is being transferred? PLoS Biol，2016，14(7)：e1002503.

Bon M L，Davies H E，Glynn C，et al.Influence of probiotics on gut health in the weaned pig.Livestock Science，2010，133(1)：179-181.

Borewicz K，Gu F，Saccenti E，et al.Correlating infant faecal microbiota composition and human milk oligosaccharide consumption by microbiota of one-month old breastfed infants.Mol Nutr Food Res，2019：e1801214.

Braegger C,Chmielewska A,Decsi T,et al.Supplementation of infant formula with probiotics and/or prebiotics: a systematic review and comment by the ESPGHAN committee on nutrition,2011.

Broom L J,Miller H M,Kerr K G,et al.Effects of zinc oxide and enterococcus faecium SF68 dietary supplementation on the performance,intestinal microbiota and immune status of weaned piglets.Research in Veterinary Science,2006,80(1):45-54.

Brunse A, Martin L, Rasmussen T S, et al. Effect of fecal microbiota transplantation route of administration on gut colonization and host response in preterm pigs.The ISME Journal,2019,13.3:720-733.

Cammarota G,Ianiro G,Tilg H,et al.European consensus conference on faecal microbiota transplantation in clinical practice.Gut,2017,66(4):569-580.

Caporaso J G,Lauber C L,Walters W A,et al.Global patterns of 16S rRNA diversity at a depth of millions of sequences per sample.Proc Natl Acad Sci U S A,2011,108(1):4516-4522.

Cephas K D,Kim J,Mathai R A,et al.Comparative analysis of salivary bacterial microbiome diversity in edentulous infants and their mothers or primary care givers using pyrosequencing. PLoS One, 2011, 6(8):e23503.

Chehoud C,Dryga A,Hwang Y,et al.Transfer of viral communities between human individuals during fecal microbiota transplantation.MBio,2016,7(2):e00322.

Chen C Y,Huang X C,Fang S M,et al.Contribution of host genetics to the variation of microbial composition of cecum lumen and feces in pigs.Frontiers in Microbiology,2018,9:2626.

Chen L,Xu Y,Chen X,et al.The maturing development of gut microbiota in commercial piglets during the weaning transition.Front Microbiol,2017,8:1688.

Chen W, Mi J, Lv N, et al. Lactation stage-dependency of the sow milk microbiota. Front Microbiol, 2018,9:945.

Cheng C S,Wei H K,Wang P,et al.Early intervention with faecal microbiota transplantation: an effective means to improve growth performance and the intestinal development of suckling piglets.Animal: an International Journal of Animal Bioscience,2018:1-9.

Chu D M,Antony K M,Ma J,et al.The early infant gut microbiome varies in association with a maternal high-fat diet.Genome Med,2016,8(1):77.

Chu D M,Meyer K M,Prince A L,et al.Impact of maternal nutrition in pregnancy and lactation on offspring gut microbial composition and function.Gut Microbes,2016,7(6):459-470.

Czerucka D,Rampal P.Effect of saccharomyces boulardii on cAMP- and Ca^{2+} dependent Cl^{-} secretion in T84 cells.Dig Dis Sci,1999,44:2359-2368.

Dahan S, Dalmasso G, Imbert V. *Saccharomyces boulardii* interfers with enterohemorragic *Escherichia coli* induced signaling pathways in T84 cells.Infect Immun,2003,71:766-773.

David L A,Maurice C F,Carmody R N,et al.Diet rapidly and reproducibly alters the human gut microbiome.Nature,2014,505(7484):559-563.

De Filippo C,Cavalieri D,Di Paola M,et al.Impact of diet in shaping gut microbiota revealed by a comparative study in children from Europe and rural Africa.Proc Natl Acad Sci U S A,2010,107(33):14691-14696.

De Filippo C,Di Paola M,Ramazzotti M,et al.Diet,environments,and gut microbiota.a preliminary investigation in children living in rural and urban burkina faso and italy.Front Microbiol,2017,8:1979.

Deehan E C, Duar R M, Armet A M, et al. Modulation of the gastrointestinal microbiome with nondigestible fermentable carbohydrates to improve human health.Microbiol Spectr,2017,5.

Dennison C A,Eslinger A J,Reimer R A.Preconception prebiotic and sitagliptin treatment in obese rats affects pregnancy outcomes and offspring microbiota, adiposity, and glycemia. Front Endocrinol (Lausanne), 2017,8:301.

Desai M,Jellyman J K,Han G,et al.Maternal obesity and high-fat diet program offspring metabolic syndrome.Am J Obstet Gynecol,2014,211(3):237.

Duan X D, Chen D W, Zheng P, et al. Effects of dietary mannan oligosaccharide supplementation on performance and immune response of sows and their offspring. Anim Feed Sci Technol, 2016: S0377840116301729.

Espey M G. Role of oxygen gradients in shaping redox relationships between the human intestine and its microbiota.Free Radical Biology & Medicine,2013,55(2):130-140.

Fietto J L R, Araújo R S, Valadão F N. Molecular and physiological comparisons between *Saccharomyces cerevisiae* and *Saccharomyces boulardii*.Can J Microbiol,2004,50:615-621.

Flint H J,Scott K P,Duncan S H,et al.Microbial degradation of complex carbohydrates in the gut.Gut Microbes,2012,3(4):289-306.

Gaggìa F, Mattarelli P, Biavati B. Probiotics and prebiotics in animal feeding for safe food production. International Journal of Food Microbiology,2010,141(1):S15-28.

Gao P, Ma C, Sun Z, et al. Feed-additive probiotics accelerate yet antibiotics delay intestinal microbiota maturation in broiler chicken.Microbiome,2017,5(1):91.

Gareau M G, Sherman P M, Walker W A. Probiotics and the gut microbiota in intestinal health and disease.Nat Rev Gastroenterol Hepatol,2010,7(9):503-514.

Geng S,Cheng S,Li Y,et al.Faecal microbiota transplantation reduces susceptibility to epithelial injury and modulates tryptophan metabolism of the microbial community in a piglet model.J Crohns Colitis,2018,12(11):1359-1374.

Gonzalez-Perez G,Hicks A L,Tekieli T M,et al.Maternal antibiotic treatment impacts development of the neonatal intestinal microbiome and antiviral immunity.J Immunol,2016,196(9):3768-3779.

Grice E A, Kong H H, Conlan S, et al. Topographical and temporal diversity of the human skin microbiome.Science,2009,324(5931):1190-1192.

Gu X L,Li H,Song Z H,et al.Effects of isomaltooligosaccharide and *Bacillus* supplementation on sow performance,serum metabolites,and serum and placental oxidative status.Anim Reprod Sci,2019,207:52-60.

Gueimonde M,Laitinen K,Salminen S,et al.Breast milk:A source of bifidobacteria for infant gut development and maturation? Neonatology,2007,92(1):64-66.

Gueimonde M, Sakata S, Kalliomaki M, et al. Effect of maternal consumption of lactobacillus GG on transfer and establishment of fecal bifidobacterial microbiota in neonates.J Pediatr Gastroenterol Nutr,2006,42(2):166-170.

Guerra N P,Bernárdez P F,Méndez J,et al.Production of four potentially probiotic lactic acid bacteria and their evaluation as feed additives for weaned piglets. Animal Feed Science & Technology, 2007, 134(1): 89-107.

Guevarra R B, Lee J H, Lee S H, et al. Piglet gut microbial shifts early in life: causes and effects. J Anim Sci Biotechnol,2019,10:1.

Hallam M C, Barile D, Meyrand M, et al. Maternal high-protein or high-prebiotic-fiber diets affect maternal milk composition and gut microbiota in rat dams and their offspring.Obesity(Silver Spring),2014,22(11):2344-2351.

Hancox L R,Le Bon M,Richards P J,et al.Effect of a single dose of *Saccharomyces cerevisiae* var.*boular-*

dii on the occurrence of porcine neonatal diarrhoea.Animal,2015,9(11):1756-1759.

Hasan S,Junnikkala S,Peltoniemi O,et al.Dietary supplementation with yeast hydrolysate in pregnancy influences colostrum yield and gut microbiota of sows and piglets after birth. PLoS One, 2018, 13 (5):e0197586.

Hasan S,Orro T,Valros A,et al.Factors affecting sow colostrum yield and composition,and their impact on piglet growth and health.Livestock Science.2019,227:60-67.

Hayakawa T,Masuda T,Kurosawa D,et al.Dietary administration of probiotics to sows and/or their neonates improves the reproductive performance,incidence of post-weaning diarrhea and histopathological parameters in the intestine of weaned piglets.Clinical & Experimental Immunology,2016,195(3):381-394.

Heikkila M P,Saris P E.Inhibition of staphylococcus aureus by the commensal bacteria of human milk.J Appl Microbiol,2003,95(3):471-478.

Helena P, Ma L, G G R. Probiotics and prebiotics in infant nutrition. Proceedings of the Nutrition Society,2007,66(3):405-411.

Herfel T,Jacobi S,Lin X,et al. Stabilized rice bran improves weaning pig performance via a prebiotic mechanism1.Journal of Animal Science,2013,91(2):907-913.

Higgins S E,Higgins J P,Wolfenden A D,et al.Evaluation of a *Lactobacillus*-based probiotic culture for the reduction of *Salmonella* enteritidis in neonatal broiler chicks.Poultry Science,2008,87(1):27.

Hu J,Ma L,Nie Y,et al.A microbiota-derived bacteriocin targets the host to confer diarrhea resistance in early-weaned piglets.Cell Host Microbe,2018,24(6):817-832,e818.

Hu J, Nie Y, Chen J, et al. Gradual changes of gut microbiota in weaned miniature piglets. Front Microbiol,2016,7:1727.

Hu L,Geng S,Li Y,et al.Exogenous fecal microbiota transplantation from local adult pigs to crossbred newborn piglets.Front Microbiol,2017,8:2663.

Huang H C,Vlasova A N,Kumar A,et al.Effect of antibiotic,probiotic,and human rotavirus infection on colonisation dynamics of defined commensal microbiota in a gnotobiotic pig model.Beneficial Microbes,2018,9(1):71-86.

Hunt K M,Foster J A,Forney L J,et al.Characterization of the diversity and temporal stability of bacterial communities in human milk.PLoS One,2011,6(6):e21313.

Hur J,Lee J H.A new enterotoxigenic *Escherichia coli* vaccine candidate constructed using a Salmonella ghost delivery system: comparative evaluation with a commercial vaccine for neonatal piglet colibacillosis.Veterinary Immunology and Immunopathology.2015,164(3):101-109.

Inatomi T,Amatatsu M,Romero-Perez G A,et al.Dietary probiotic compound improves reproductive performance of porcine epidemic diarrhea virus-infected sows reared in a japanese commercial swine farm under vaccine control condition.Front Immunol,2017,8:1877.

Jain N,Walker W A.Diet and host-microbial crosstalk in postnatal intestinal immune homeostasis.Nat Rev Gastroenterol Hepatol,2015,12(1):14-25.

Ji J,Hu S,Zheng M,et al.Bacillus amyloliquefaciens SC06 inhibits ETEC-induced pro-inflammatory responses by suppression of MAPK signaling pathways in IPEC-1 cells and diarrhea in weaned piglets.Livestock Science.2013b,158(1):206-214.

Ji Jian,Hu Sheng Lan,Cui Zhi Wen,et al.Probiotic *Bacillus amyloliquefaciens* mediate M1 macrophage polarization;in mouse bone marrow-derived macrophages.Archives of Microbiology,2013a,195(5):349-356.

Jimenez E,Fernandez L,Marin M L,et al.Isolation of commensal bacteria from umbilical cord blood of healthy neonates born by cesarean section.Curr Microbiol,2005,51(4):270-274.

Jones J M.CODEX-aligned dietary fiber definitions help to bridge the'fiber gap'.Nutr J,2014,13:34.

Jurgens M H,Rikabi R A and Zimmerman D R.The effect of dietary active dry yeast supplement on performance of sows during gestation-lactation and their pigs.J Anim Sci,1997,75:593-597.

Kanai T,Mikami Y,Hayashi A.A breakthrough in probiotics:*Clostridium butyricum* regulates gut homeostasis and anti-inflammatory response in inflammatory bowel disease.J Gastroenterol,2015,50(9):928-939.

Kassam Z,Lee C H,Yuan Y,et al.Fecal microbiota transplantation for *Clostridium difficile* infection: Systematic review and meta-analysis.Am J Gastroenterol,2013,108(4):500-508.

Kim S W,Brandherm M,Freeland M,et al.Effects of yeast culture supplementation to gestation and lactation diets on growth of nursing piglets.*Asia naustralas*.J Anim Sci,2008,21:1011-1014.

Le Doare K,Holder B,Bassett A,et al.Mother's milk:A purposeful contribution to the development of the infant microbiota and immunity.Front Immunol,2018,9:361.

LeMieux F M,Naranjo V D,Bidner T D,et al.Effect of dried brewers yeast on growth performance of nursing and weanling pigs.Prof Anim Sci,2010,26:70-75.

Li S S,Zhu A,Benes V,et al.Durable coexistence of donor and recipient strains after fecal microbiota transplantation.Science,2016,352(6285):586-589.

Ling Z,Liu X,Cheng Y,et al.*Clostridium butyricum* combined with *Bifidobacterium* infantis probiotic mixture restores fecal microbiota and attenuates systemic inflammation in mice with antibiotic-associated diarrhea.Biomed Res Int,2015:582048.

Litvak Y, Baumler A J. The founder hypothesis: a basis for microbiota resistance, diversity in taxa carriage,and colonization resistance against pathogens.PLoS Pathog,2019,15(2):e1007563.

Liu H,Hou C,Wang G,et al.*Lactobacillus reuteri* I5007 modulates intestinal host defense peptide expression in the model of IPEC-J2 cells and neonatal piglets.Nutrients,2017,9(6):559.

Lähteinen T,Rinttilä T,Koort J M K,et al.Effect of a multispecies *Lactobacillus formulation* as a feeding supplement on the performance and immune function of piglets.Livestock Science,2015,180:164-171.

Ma J,Prince A L,Bader D,et al.High-fat maternal diet during pregnancy persistently alters the offspring microbiome in a primate model.Nat Commun,2014,5:3889.

Mach N,Berri M,Estelle J,et al.Early-life establishment of the swine gut microbiome and impact on host phenotypes.Environ Microbiol Rep,2015,7(3):554-569.

Macpherson A J,Uhr T.Induction of protective IgA by intestinal dendritic cells carrying commensal bacteria.Science,2004,303(5664):1662-1665.

Makki K,Deehan E C,Walter J,et al.The impact of dietary fiber on gut microbiota in host health and disease.Cell Host Microbe,2018,23(6):705-715.

Maldonado N C,Silva de Ruiz C,Nader-Macías M E F.Design of a beneficial product for newborn calves by combining *Lactobacilli*, minerals, and vitamins. Preparative Biochemistry & Biotechnology, 2016, 46(7): 648-656.

Mardinoglu A,Wu H,Bjornson E,et al.An integrated understanding of the rapid metabolic benefits of a carbohydrate-restricted diet on hepatic steatosis in humans.Cell Metab,2018,27(3):559-571,e555.

Martin R, Olivares M, Marin M L, et al. Probiotic potential of 3 *Lactobacilli* strains isolated from breast milk.J Hum Lact,2005,21(1):8-17.

Martinez I,Maldonado-Gomez M X,Gomes-Neto J C,et al.Experimental evaluation of the importance of colonization history in early-life gut microbiota assembly.Elife,2018,7:e36521.

Mccormack U M, Curião T, Wilkinson T, et al. Fecal microbiota transplantation in gestating sows and neonatal offspring alters lifetime intestinal microbiota and growth in offspring. Msystems, 2018, 3(3).

McDonald E. Vitamins and cofactors: highlights of ESBOC 2009. Nat Chem Biol, 2009, 5(8): 530-533.

Menegat M B, DeRouchey J M, Woodworth J C, et al. Effects of *Bacillus subtilis* C-3102 on sow and progeny performance, fecal consistency, and fecal microbes during gestation, lactation, and nursery periods1, 2. J Anim Sci, 2019, 97(9): 3920-3937.

Moayyedi P, Surette G M, Kim T P, et al. Fecal microbiota transplantation induces remission in patients with active ulcerative colitis in a randomized controlled trial. Gastroenterology, 2015, 149(1): 102-109, e106.

Mold J E, Michaelsson J, Burt T D, et al. Maternal alloantigens promote the development of tolerogenic fetal regulatory T cells in utero. Science, 2008, 322(5907): 1562-1565.

Monroy-Salazar H G, Pe' rez-Sotelo L, Gonza' lez-Herna' ndez Y, et al. Effects of a live yeast dietary supplement on fecal coliform counts and on peripheral blood CD4+and CD8+lymphocyte subpopulations in nursery pigs. J Swine Health Prod, 2012, 20: 276-282.

Mumy K L, Chen X, Kelly C P. Saccharomyces boulardii interferes with *Shigella pathogenesis* by postinvasion signaling events. Am J Physiol Gastrointest Liver Physiol, 2007, 294: 599-609.

Nakajima A, Kaga N, Nakanishi Y, et al. Maternal high fiber diet during pregnancy and lactation influences regulatory T cell differentiation in offspring in mice. J Immunol, 2017, 199(10): 3516-3524.

Newburg D S. Innate immunity and human milk. J Nutr, 2005, 135(5): 1308-1312.

Newman K E, Newman M C. Evaluation of mannan oligosaccharides on the microflora and immunoglobulin status of sows and piglet performance. J Anim Sci, 2001: 92-98.

Nguyen Q N, Himes J E, Martinez D R, et al. The impact of the gut microbiota on humoral immunity to pathogens and vaccination in early infancy. PLoS Pathog, 2016, 12(12): e1005997.

Nguyen T H, Fleet G H, Rogers P L. Composition of the cell walls of several yeast species. Appl Microbiol Biotechnol, 1998, 50: 206-212.

Nyangahu D D, Lennard K S, Brown B P, et al. Disruption of maternal gut microbiota during gestation alters offspring microbiota and immunity. Microbiome, 2018, 6(1): 124.

Owens C, Broussard E, Surawicz C. Fecal microbiota transplantation and donor standardization. Trends in Microbiology, 2013, 21(9): 443-445.

Perez P F, Dore J, Leclerc M, et al. Bacterial imprinting of the neonatal immune system: lessons from maternal cells? Pediatrics, 2007, 119(3): e724-732.

Pettigrew J E, Miguel J C, Carter S. Bio-Mos in sow diets: performance responses and economics. Biotechnology in the feed industry: proceedings of the Alltech's twenty first annual symposium. Nottingham University Press, Nottinghan, United Kingdom, 2005, 213-220.

Qiu J, Heller J J, Guo X, et al. The aryl hydrocarbon receptor regulates gut immunity through modulation of innate lymphoid cells. Immunity, 2012, 36(1): 92-104.

Qiu Y, Jiang Z, Hu S, et al. *Lactobacillus plantarum* enhanced IL-22 production in natural killer(NK) cells that protect the integrity of intestinal epithelial cell barrier damaged by enterotoxigenic *escherichia coli*. Int J Mol Sci, 2017, 18(11): 2409.

Quraishi M N, Widlak M, Bhala N, et al. Systematic review with meta-analysis: the efficacy of faecal microbiota transplantation for the treatment of recurrent and refractory *Clostridium difficile* infection. Alimentary Pharmacology & Therapeutics, 2017, 46(5): 479.

Ramsay D T, Kent J C, Owens R A, et al. Ultrasound imaging of milk ejection in the breast of lactating women.Pediatrics,2004,113(2):361-367.

Rescigno M,Urbano M,Valzasina B,et al.Dendritic cells express tight junction proteins and penetrate gut epithelial monolayers to sample bacteria.Nat Immunol,2001,2(4):361-367.

Ross B D,Verster A J,Radey M C,et al.Human gut bacteria contain acquired interbacterial defence systems.Nature,2019,575(7781):224-228.

Sanders M E.Probiotics:considerations for human health.Nutrition Reviews,2008,61(3):91-99.

Sato Y,Kuroki Y,Oka K,et al.Effects of dietary supplementation with *Enterococcus faecium* and *Clostridium butyricum*,either alone or in combination,on growth and fecal microbiota composition of post-weaning pigs at a commercial farm.Front Vet Sci,2019,6:26.

Sazawal S,Hiremath G,Dhingra U,et al.Efficacy of probiotics in prevention of acute diarrhoea: a meta-analysis of masked,randomised,placebo-controlled trials.Lancet Infect Dis,2006,6(6):374-382.

Schmidt T S B,Raes J,Bork P.The human gut microbiome:from association to modulation.Cell,2018,172(6):1198.

Schneider S.Probiotics in prevention of antibiotic associated diarrhœa:meta-analysis.Nutrition Clinique Et Metabolisme,2002,16:221-222.

Schwarzer M,Makki K,Storelli G,et al.*Lactobacillus plantarum* strain maintains growth of infant mice during chronic undernutrition.Science,2016,351(6275):854-857.

Semenza G L,Bels D D,Corazza F,et al.Oxygen sensing,homeostasis,and disease.New England Journal of Medicine,2011,365(6):1845-1846.

Semenza L G. Oxygen sensing, hypoxia-inducible factors, and disease pathophysiology. Annu Rev Pathol,2014,9(1):47-71.

Shen Y B,Carroll J A,Yoon I,et al.Effects of supplementing *Saccharomyces cerevisiae* fermentation product in sow diets on performance of sows and nursing piglets.J Anim Sci,2011,89:2462-2471.

Singh R K,Chang H W,Yan D,et al.Influence of diet on the gut microbiome and implications for human health.J Transl Med,2017,15(1):73.

Smits S A,Leach J,Sonnenburg E D,et al.Seasonal cycling in the gut microbiome of the Hadza hunter-gatherers of Tanzania.Science,2017,357(6353):802-806.

So D, Whelan K, Rossi M, et al. Dietary fiber intervention on gut microbiota composition in healthy adults:a systematic review and meta-analysis.Am J Clin Nutr,2018,107(6):965-983.

Sonnenburg E D,Smits S A,Tikhonov M,et al.Diet-induced extinctions in the gut microbiota compound over generations.Nature,2016,529(7585):212-215.

Stamati S,Alexopoulos C,Siochu A,et al.Probiosis in sows by administration of *Bacillus toyoi* spores during late pregnancy and lactation: effect on their health status/performance and on litter characteristics.International Journal of Probiotics & Prebiotics,2006,1(1):33-40.

Stark P L,Lee A.The microbial ecology of the large bowel of breast-fed and formula-fed infants during the first year of life.J Med Microbiol,1982,15(2):189-203.

Stephen A M,Champ M M,Cloran S J,et al.Dietary fibre in Europe:current state of knowledge on definitions,sources,recommendations,intakes and relationships to health.Nutr Res Rev,2017,30(2):149-190.

Suez J,Zmora N,Zilberman-Schapira G,et al.Post-antibiotic gut mucosal microbiome reconstitution is impaired by probiotics and improved by autologous FMT.Cell,2018,174(6):1406-1423,e1416.

Taras D,Vahjen W,Macha M,et al.Response of performance characteristics and fecal consistency to long-lasting dietary supplementation with the probiotic strain *Bacillus* cereus var.toyoi to sows and piglets.Arch

Anim Nutr,2005,59(6):405-417.

Thaiss C A, Zmora N, Levy M, et al. The microbiome and innate immunity. Nature, 2016, 535(7610): 65-74.

Thomas C M, Versalovic J. Probiotics-host communication: modulation of signaling pathways in the intestine. Gut Microbes, 2010, 1(3): 148-163.

Toscano M, De Grandi R, Pastorelli L, et al. A consumer's guide for probiotics: 10 golden rules for a correct use. Dig Liver Dis, 2017, 49(11): 1177-1184.

Tremaroli V, Backhed F. Functional interactions between the gut microbiota and host metabolism. Nature, 2012, 489(7415): 242-249.

Val-Laillet D, Besson M, Guerin S, et al. A maternal western diet during gestation and lactation modifies offspring's microbiota activity, blood lipid levels, cognitive responses, and hippocampal neurogenesis in Yucatan pigs. Faseb J, 2017, 31(5): 2037-2049.

Van Heugten E, Funderburke D W, Dorton K L. Growth performance, nutrient digestibility, and fecal microflora in weaning pigs fed live yeast. J Anim Sci, 2003, 81: 1004-1012.

Vandenplas Y, Brunser O, Szajewska H. *Saccharomyces boulardii* in childhood. Eur J Pediatr, 2009, 168: 253-265.

Walker A W, Ince J, Duncan S H, et al. Dominant and diet-responsive groups of bacteria within the human colonic microbiota. Isme J, 2011, 5(2): 220-230.

Wang K, Cao G, Zhang H, et al. Effects of *Clostridium butyricum* and *Enterococcus faecalis* on growth performance, immune function, intestinal morphology, volatile fatty acids, and intestinal flora in a piglet model. Food Funct, 2019a, 10(12): 7844-7854.

Wang T, Teng K, Liu Y, et al. *Lactobacillus plantarum* PFM 105 promotes intestinal development through modulation of gut microbiota in weaning piglets. Front Microbiol, 2019b, 10: 90.

Wu G D, Chen J, Hoffmann C, et al. Linking long-term dietary patterns with gut microbial enterotypes. Science, 2011, 334(6052): 105-108.

Wu X, Vallance B A, Boyer L, et al. *Saccharomyces boulardii* ameliorates *Citrobacter rodentium*-induced colitis through actions on bacterial virulence factors. A m J Physiol Gastrointest Liver Physiol, 2008, 294: 295-306.

Xiang Q, Wu X, Pan Y, et al. Early intervention using fecal microbiota transplantation combined with probiotics influence the growth performance, diarrhea, and intestinal barrier function of piglets. Applied Sciences, 2020b, 10(2): 568.

Xiang Q, Wu X, Pan Y, et al. Early-life intervention using fecal microbiota combined with probiotics promotes gut microbiota maturation, regulates immune system development, and alleviates weaning stress in piglets. Int J Mol Sci, 2020a, 21(2): 503.

York A. Delivery of the gut microbiome. Nat Rev Microbiol, 2018, 16(9): 520-521.

Zanello G, Meurens F, Berri M, et al. *Saccharomyces boulardii* effects on gastrointestinal diseases. Curr Issues Mol Biol, 2009, 11: 47-58.

Zelante T, Iannitti R G, Cunha C, et al. Tryptophan catabolites from microbiota engage aryl hydrocarbon receptor and balance mucosal reactivity via interleukin-22. Immunity, 2013, 39(2): 372-385.

Zhang C, Jiang J, Tian F, et al. Meta-analysis of randomized controlled trials of the effects of probiotics on functional constipation in adults. Clin Nutr, 2020: 2960-2969.

Zhang J, Chen X, Liu P, et al. Dietary *Clostridium butyricum* induces a phased shift in fecal microbiota structure and increases the acetic acid-producing bacteria in a weaned piglet model.J Agric Food Chem,2018,66(20):5157-5166.

Zhang L,Cao G T,Zeng X F,et al.Effects of *Clostridium butyricum* on growth performance,immune function,and cecal microflora in broiler chickens challenged with *Escherichia coli* K88.Poultry Science,2014,93(1):46-53.

Zhang S F,Tang Z S,Ling T,et al.Effects of *Clostridium butyricum* and *Bifidobacterium* on BTLA expression on CD4＋T cells and lymphocyte differentiation in late preterm infants.Microb Pathog,2016,100:112-118.

Zhao L,Zhang F,Ding X,et al.Gut bacteria selectively promoted by dietary fibers alleviate type 2 diabetes.Science,2018,359(6380):1151-1156.

Zheng W,Zhao W,Wu M,et al.Microbiota-targeted maternal antibodies protect neonates from enteric infection.Nature,2020,577(7791):543-548.

Zmora N,Zilberman-Schapira G,Suez J,et al.Personalized gut mucosal colonization resistance to empiric probiotics is associated with unique host and microbiome features.Cell,2018,174(6):1388-1405,e1321.

第13章 应用饲料加工技术提高猪肠道健康

本章提要

现代养殖与传统养殖的区别之一就是给动物饲喂营养较为全面的配合饲料，而配合饲料必须通过一定的加工技术手段获得。饲料加工技术对饲料原料及饲料成品的物理、化学等特性都有一定的影响，物料理化性质的改变，对动物的生长性能和肠道健康都有积极的促进作用。本章就饲料加工过程中的粉碎、制粒、膨化、膨胀、烘焙和生物工程等加工技术及对猪的生长性能和肠道健康影响进行阐述。

现代畜牧业都是以单位时间内动物处理营养物质能力为第一目标。畜禽摄入的营养物质，能否快速在消化道前端被消化吸收，是提高饲料利用率的关键，因此根据动物的消化生理特点，制定最佳的饲料加工工艺，是提高养殖效益的重要措施。

饲料原料颗粒越小、比表面积越大，其接触水分和消化酶的机会越多，从而消化速度更快。饲料原料的粉碎粒度除了影响动物的消化率、生长性能，还可能影响其肠道健康。组成畜禽饲料的主要原料是谷物，谷物中含有70%～80%的淀粉，而影响淀粉消化吸收的主要因素是淀粉的糊化度。淀粉糊化使其分子结构发生了复杂的变化，变得更加伸展，酶降解速度提高，更容易消化吸收。利用现代生物技术对饲料进行必要的预消化处理，可降解和消除某些原料中的抗营养因子，提高饲料的利用率，其处理过程中产生的有益菌和小肽等物质具有促进动物健康生长和抵抗疾病的功能。因此，各种加工技术是提高饲料消化率，并维持肠道健康的有效途径之一。

13.1 饲料粉碎加工技术

13.1.1 饲料粉碎的一般概念

粉碎(smashing)是指固体物料在外力作用下，克服物料的内聚力，使大颗粒破碎成小颗粒的过程。也就是说，粉碎的目标就是减小物料颗粒的外形尺寸，或者说是减小物料颗粒的体积。

1.粉碎的目的

粉碎不仅是饲料加工工艺中能耗较大、易损构件的磨损较大的工艺过程，其工艺效果对产品的质量也有较大影响。粉碎的作用一般有：①使各种物料的粒度均匀一致，增加物料的总表面积和粒子数目，有利于达到混合均匀的目的；②获得不同粒度大小的物料，以满足生产工艺和其他要求；③可增加物料的比表面积，即单位质量或体积的物料颗粒的总表面积，增加物料与周围介质的接触面积，加快反应速度。

对于饲料生产而言，粉碎不仅对饲料加工效果有显著影响，而且对饲料产品的营养价值及动物生产性能也有影响。对于不同的动物、相同动物在不同生长阶段其适宜的粉碎粒度也各不相同。表 13-1 列出了猪饲料标准中对饲料粒度做出的规定。

表 13-1 猪饲料产品粉碎粒度要求

饲料种类	产品过筛要求
仔猪、生长育肥配合饲料	2.8 mm 筛上物不得大于 1%，1.40 mm 筛上物不得大于 15%
后备母猪、妊娠猪、哺乳母猪、种公猪、瘦肉型生长育肥猪配合饲料	99%通过 2.8 mm 筛，不得有整粒谷物，1.40 mm 筛上物不得大于 15%
仔猪、生长育肥猪维生素预混合饲料	全部通过 1.10 mm 筛

资料来源：由配合饲料国家标准、农业行业标准以及企业标准整理所得。

2.粉碎粒度及其测定

(1)粒度　粒度(particle size)是描述物料颗粒外形尺寸大小的一个物理量。由于饲料粉碎后其形状不规则，粒度大小不可能均匀一致，因此，物料的粒度不可能用某一个颗粒的尺寸来表示。为了便于研究和描述，提出了平均粒径的概念。除特别声明外，粉碎物料的粒径均通常指平均粒径。

(2)粒度的测定　粒度的测定方法很多，常见的有显微镜法、筛分法、激光光散射法等。各种测定方法适用的范围各不相同。在饲料生产企业一般采用筛分法评定物料的粒径。

a.筛分试验筛　筛分试验筛是采用筛分法测定粒度的主要装置。试验筛的筛孔为方形，筛孔尺寸用筛孔边长表示。标准筛筛孔的大小常使用英制单位“目”数来表示。“目”是指每英寸长度上筛孔的孔数(个数)。我国所使用的标准筛筛孔尺寸执行国家标准《试验筛　金属丝编织网、穿孔板和电成型薄板　筛孔的基本尺寸》(GB/T 6005—2008)的规定，见表 13-2。

表 13-2 金属丝编织试验筛筛孔基本尺寸(部分)　mm

筛孔边长	目数	金属丝直径	筛孔边长	目数	金属丝直径
8	2.54	2	0.500	31.166	0.315
5.5	3.528	1.6	0.355	43.869	0.224
4	4.704	1.4	0.250	61.951	0.160
2.8	6.480	1.12	0.180	83.279	0.125
2	8.759	0.9	0.125	118.140	0.090
1.4	12.038	0.71	0.090	166.013	0.063
1	16.282	0.56	0.063	235.185	0.045
0.71	21.897	0.450	0.045	329.870	0.032

b.两层筛筛分法　两层筛筛分法是国家标准《饲料粉碎粒度测定-两层筛筛分法》(GB/T

5917.1—2008)中规定的配合饲料、浓缩饲料、精料补充料、添加剂预混合饲料和单一饲料原料的粉碎粒度测定方法。该法也可用于饲料添加剂粉碎粒度的测定。

c.几何平均粒度法(十五层筛法) 本法是《饲料粉碎机试验方法》(GB/T 6971—2007)中规定的饲料粒度测定方法,一般用于饲料机械制造企业,而饲料生产企业一般不用该方法。

(3)粉碎比 粉碎比(smash ratio)或破碎比,是指物料粉碎前后的粒度之比。也就是经过一次粉碎后,物料的粒度减小的倍数。通常这个数值是指平均值,能近似地反映出粉碎机的工作情况。每一种粉碎机所能达到的粉碎比有一定的限度。一般破碎机的破碎比为 3～30,微粉碎、超微粉碎可达 50～1 000 及以上。

3.粉碎方法

按物料在粉碎过程中所受的作用力来分类,粉碎方法主要有压碎、劈碎、折碎、磨碎和击碎等。

(1)击碎 物料受冲击力作用而破碎,见图 13-1(a)。

(2)磨碎 物料与运动的工作表面之间受一定的压力和剪切力作用后,其剪切应力达到物料的剪切强度极限时,物料便粉碎;或物料彼此之间摩擦时的剪切、磨削作用而使物料粉碎,见图 13-1(b)。

(3)压碎 将物料置于两个工作面之间,施加压力后,物料因压力达到物料挤压强度而破碎,见图 13-1(c)。

(4)锯剪切 利用两个表面带有沟齿而线速度不同($V_1<V_2$)的应力作用而破碎,见图 13-1(d、e、f)。

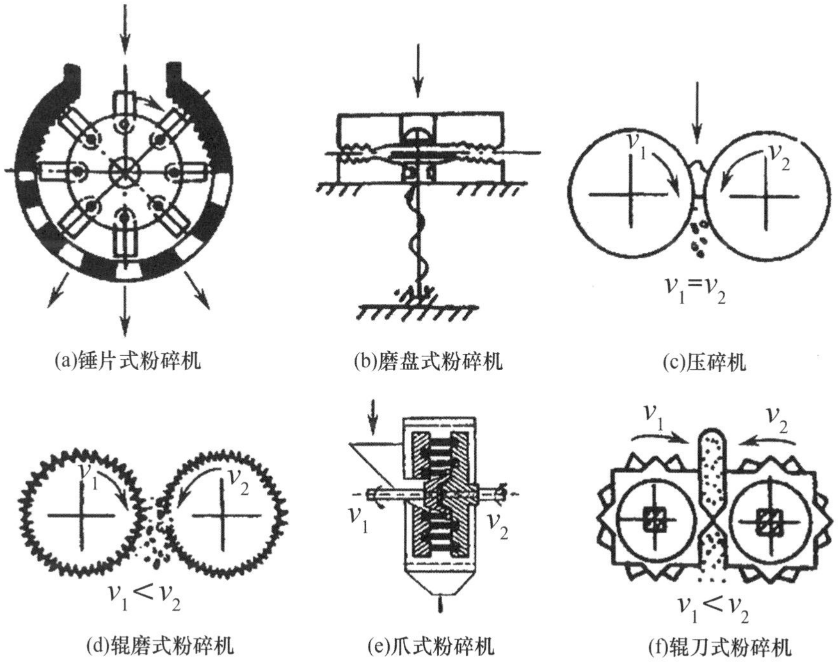

图 13-1 粉碎方法(庞声海等,2001)

实际上，在粉碎过程中，物料的受力状况是比较复杂的，往往是以一种或两种破碎力为主，同时伴随着其他力的作用。饲料生产中常用的粉碎机根据结构特点可分为锤片式粉碎机(hammer mill)、辊式粉碎机(roller mill)、齿爪式粉碎机(claws mill)、磨盘式粉碎机(disc mill)和牧草专用粉碎机等。

近几年也不断开发出一些新型粉碎机，如双轴粉碎机和振筛式粉碎机等。按产品粒度粉碎机又分为粗碎机、普通粉碎机(中碎)、微粉碎机和超微粉碎机。表13-3列出了相关资料中饲料行业对粉碎粒度阶段的划分，以作参考。

表 13-3　粉碎粒度范围　　mm

粉碎阶段	原料粒度	成品粒度
粗碎	100～1 500	10～100
中碎	6～100	1～50
微粉碎	>2.0	<0.6
超微粉碎	0.1～1.5	<0.07

13.1.2　锤片式粉碎机

1.锤片式粉碎机的主要结构

(1)锤片式粉碎机的组成及工作过程　锤片式粉碎机由进料导料机构、转子、筛片(板)、机体和传动控制装置等组成(图13-2)。转子由轴承支撑在机体内，筛片包围着整个转子，构成粉碎室。转子多采用电机直联驱动。工作时，原料依靠重力从粉碎机顶部入口落入粉碎室，下落速度控制在9～18 m/min。原料在破碎区与锤片的顶端接触(图13-3，图13-4)，由于两者之间巨大的速度差造成原料破碎。

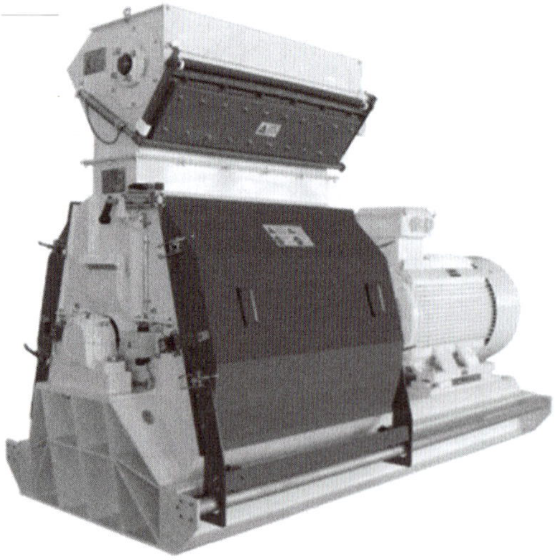

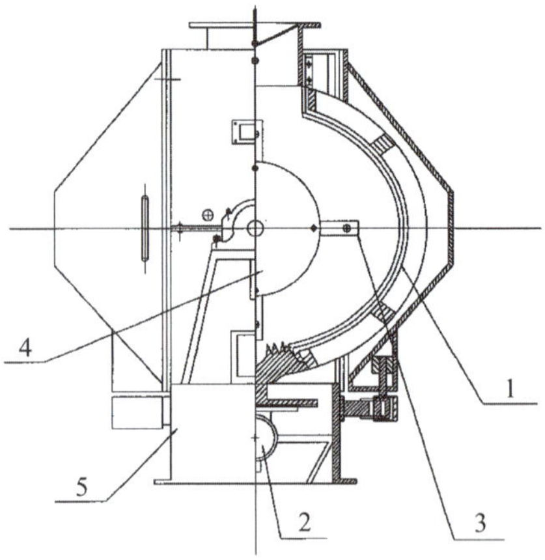

1.筛片　2.机座　3.锤片　4.转子　5.出料门

图 13-2　锤片式粉碎机(谷文英等，1999)

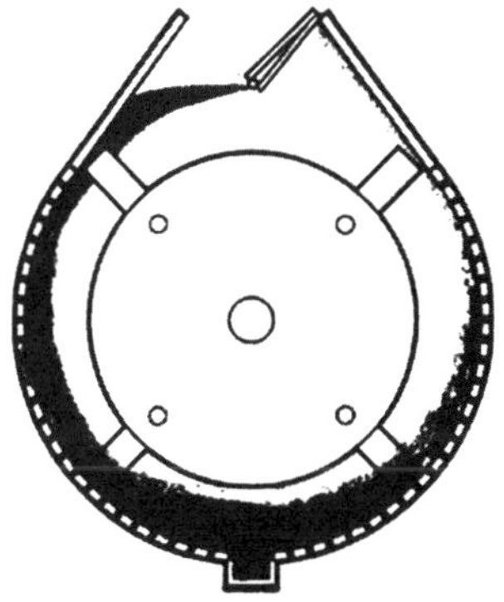

图 13-3　锤片数量较少的粉碎状况(谷文英,1999)

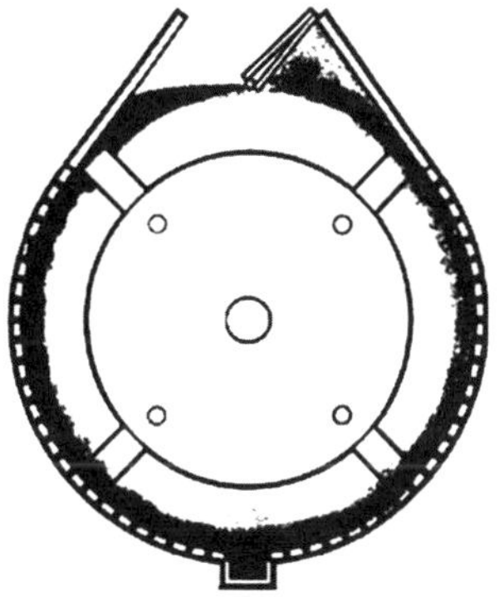

图 13-4　锤片数量较多的粉碎状况(谷文英,1999)

锤片式粉碎机工作时常配有辅助吸风系统,以降低物料温升和提高粉碎机的生产能力,可降温 5～10 ℃。

(2)进料机构　根据进料口的结构,锤片式粉碎机的进料方式可分为切向进料、轴向进料和径向进料。切向进料是由粉碎机的上部沿切线方向喂入物料。大型饲料粉碎机一般为径向(顶部)进料,进料口置于粉碎机的正上方。进料装置应能向粉碎机供给一定量的空气流。强制进料常见的机械进料装置有:叶轮喂料器、螺旋喂料器和气动自控给料器等多种形式。

(3)粉碎室　有筛锤片式粉碎机的粉碎室是由筛片和无筛部分的机体包围的粉碎工作空间,主要由转子、锤片、筛片和齿板等组成。

a.转子　转子是由中心轴(主轴)、锤架板、销轴、锤片和销轴间套等组成的工作构件。锤片在转子离心力的作用下,绕销轴转动至径向方向,最末端的运动轨迹成为转子最大直径圆。这时,锤片的最外末端运动线速度称为锤片的末端线速度,是影响粉碎效果的最主要参数。

b.锤片　锤片是锤片式粉碎机最主要的工作部件和易损件。它的形状尺寸、工作密度与排列方法、材料材质与制造工艺等对粉碎效率和工作质量均有较大的影响。常见的锤片为经过耐磨处理的矩形锤片。

c.筛片　筛片是锤片式粉碎机最主要的工作部件之一,也是易损件。筛片一般由钢板冲孔而制成。

d.齿板　齿板的作用是阻滞粉碎室内饲料的运动,加强对物料的碰撞、搓擦和剪切作用,特别是纤维多、韧性大和水分高的物料,其作用更加明显。它的形式及安装方式视进料方式有所不同。

e.机体　锤片式粉碎机的机体采用钢板或铸铁制造。

(4)锤片式粉碎机的工作过程　锤片式粉碎机工作时,转子保持着高速运转状态,锤片的线速度达 60～128 m/s。物料和气流也随转子做圆周运动,从而产生类似于离心风机的效应:转子中心形成一定的负压区,靠近筛片内表面为正压区。在气压差的作用下不断从喂料口吸入空气，形成有规律的气流分布特性。与气流状态相对应，粉碎室内的物料在转子和气流的驱动下亦做圆周运动。受离心力的作用，颗粒大、质量大的物料所受离心力较大而贴近筛面，颗粒小、质量小的物料离筛面较远，处于物料层的内层，形成了空气和物料混合运动流，称为环流层。稳定的气流状态不利于粉碎，因处于筛面附近的大颗粒料受到锤片打击的机会较小，而环流层内层的小颗粒物料则会受到过度粉碎。为减少环流层对粉碎效果的不利影响，粉碎机通常都配置辅助吸风系统，如图 13-5 所示。配置辅助吸风系统，可在筛外造成一定的负压状态，通过过筛的风量和风速提高物料的筛落能力，提高产量，降低电耗。同时，辅助吸风还可降低粉碎产品的温度和湿度，防止粉尘外溢。

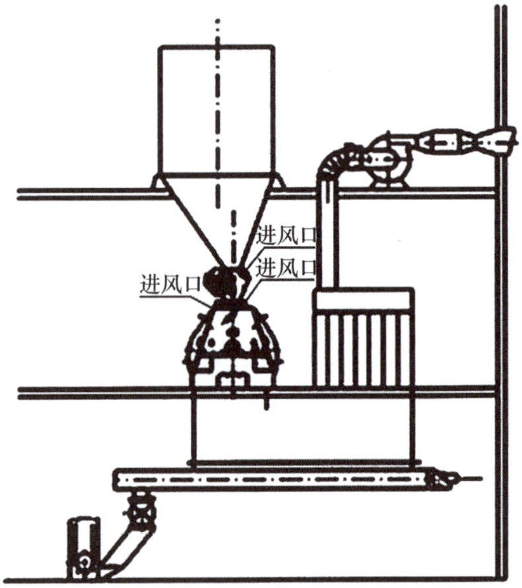

图 13-5　粉碎辅助吸风系统

13.1.3　饲料粉碎粒度对猪消化性能及肠道健康的影响

除日粮组成之外，粉碎粒度对提高猪对饲料的利用率非常重要(Duro et al.,2017)。很多研究结果发现，作为日粮的主要组成部分的谷物，其粉碎粒度的减小会提高猪的生产性能；另外，日粮中饲料颗粒过细也会对猪胃肠道健康产生不良影响(Goodband et al.,2002)。

1.粉碎粒度对饲料中营养物质消化吸收的影响

适宜的粉碎粒度有利于提高饲料的转化率，减少动物粪便排泄量，提高动物的生产性能。粉碎粒度减小有利于饲料中营养物质的消化吸收。研究发现，玉米型日粮的粉碎粒度从 1 500 μm降至 641 μm 后，育肥猪的氮、总能和干物质肠道总消化率提高(Giesemann et al.,1990)。Mavromichalis 等(2000)试验发现，当小麦粉碎粒度从 1 300 μm 降到 600 μm，生长育肥猪饲粮中干物质表观消化率显著提高 4.66%，氮的表观消化率显著提高 5.74%。当高粱颗粒的几何直径从平均 1 262 μm 降至平均 471 μm 时，生长猪对其干物质、淀粉、总能和氮的回肠消化率提高(Owsley et al.,1981)。李星等(2001)用粉碎粒度分别为 360 μm、680 μm和 1 150 μm 的饲料对断奶仔猪进行消化试验，结果表明 360 μm 组相较于 1 150 μm 组饲料中有机物、粗蛋白质和干物质的消化率分别显著提高 6.97%、8.00%、7.44%。Oryschak 等(2002)发现，当大麦和紫花豌豆(大约占日粮的 80%)的平均粉碎粒度从 900 μm 降至 600 μm后，能量消化率和氮的表观全肠消化率提高。向天勇等(2012)通过对玉米秸秆进行超微粉碎的试验发现，超微粉碎后的玉米秸秆理化性状得以改善，营养效价得到提高，便于单胃动物对粗纤维的消化吸收。

2.粉碎粒度影响猪消化性能的机制

(1)粉碎粒度对淀粉消化率的影响　淀粉是能量饲料的主要组成成分，是制作颗粒料的重要填充剂和黏合剂(谷文英，1990)。动物日粮中谷物类原料的粉碎粒度影响猪对淀粉的消化率，原因可能与 α-淀粉酶可以接触的颗粒比表面有关。谷物粉碎粒度每减小 100 μm，每千克淀粉中会多出 26.8 g 的淀粉与 α-淀粉酶发生接触(Blasel et al.,2006)。研究发现大麦和高粱的粉碎粒度增加一倍后,其淀粉消化率降低了 4 倍(Al-Rabadi et al.,2009)。Amaral 等(2014)发现当饲料的粉碎粒度从平均 850 μm 降至平均 550 μm 后,小肠中淀粉的消化率提高。玉米的粉碎粒度降低,其淀粉和总能的消化率线性提高,代谢能浓度提高,因此可以减少猪日粮中脂肪的添加量而不会影响猪的生长性能和胴体组成(Rojas,2015)。

饲料粉碎加工可使饲料原料中的淀粉发生轻度糊化。因粉碎过程中的机械作用,会使被粉碎物料有一定的温升,升温会使淀粉发生轻度糊化,糊化后的淀粉更容易被动物吸收利用和利于后续的制粒加工。淀粉糊化是指淀粉在水热作用下,吸水膨胀,淀粉分子间氢键断裂,淀粉由分子排列紧密的 β-淀粉转变成糊化淀粉,即 α-淀粉。淀粉的糊化受温度、水分、淀粉颗粒的大小以及淀粉种类的影响。温度越高、糊化度相对就会越高,含直链淀粉多的物料则不易糊化。另外淀粉分子的表面可能会被蛋白质、脂肪包围,使其不容易发生糊化。而粉碎过程是对饲料进行碾磨、锤击等作用过程,此过程会破坏物料颗粒的外表皮,使淀粉颗粒减小,表面积增大,使物料能够在后续的调质过程中与蒸汽充分接触,从而使热量和水分的传递更加通畅,则淀粉更易发生糊化,而且粉碎粒度越小,表面积就会增大得越多,糊化度就会越大。另外在此过程中物料还会因受到作用力而摩擦生热,而且粉碎粒度越细承受的摩擦力就越大,由此产生的热量就越多,升温就越高,则淀粉的糊化度就会越高。粉碎粒度对最终饲料产品淀粉糊化度的影响主要是通过影响其调质效果来实现的。在相同的调质条件下粉碎粒度越小,调质效果就会越好,淀粉糊化度就越高。当饲料的几何平均粒径从 595.80 μm 增大到 856.38 μm,淀粉糊化度降低 32.72%(段海涛等,2015)。程译锋等(2009)采用粉碎粒度分别为 81 μm、178 μm、214 μm、303 μm 和 505 μm 的饲料进行试验,得到淀粉糊化度和粉碎粒度之间的回归方程:$y=-0.0101x+15.927$($R^2=0.9272$),表明饲料淀粉糊化度随饲料粉碎粒度减小而提高。

(2)粉碎粒度对蛋白溶解度的影响　研究表明,减小原料粒度可增加蛋白质的溶解度,而其在一定程度上可反应原料蛋白质的可消化性,也可以反映饲粮加热的程度,是评定加工过热程度的指标(王凤红等,2010)。王卫国等(2002)对去皮豆粕、带皮豆粕、普通豆粕、棉粕、玉米、麸皮这 6 种原料采用不同孔径的筛片进行粉碎,结果表明所测定的 6 种原料的蛋白质溶解度都随粉碎粒度的增大而显著减小,且蛋白溶解度与对数几何平均粒度的相关性极显著。

3.粉碎粒度对猪胃肠道健康的影响

肠道损伤和溃疡是养猪生产中十分常见的问题,在集约化猪场中普遍存在,会造成高昂的经济损失(Grosse Liesner et al.,2009;Cappai et al.,2013)。通常非腺体类胃黏膜会受到这些疾病的影响,有 1%～2% 的农场猪会死于胃出血性溃疡,死亡猪大多为 3 月龄到 6 月龄(Cappai et al.,2013)。胃上皮发生这些病变的原因尚不足够清楚,但是日粮结构是其中一个风险因素,即谷物和其他日粮成分的粉碎粒度(Friendship et al.,2006)。

在猪日粮中粉碎粒度的减小可能会提高饲料的养分消化率,改善生产性能。但粉碎粒度过细会增加胃肠内容物流动性,从而增强胃酸分泌和胃蛋白酶活性,最终导致胃肠损伤和角质化现象(颜东,2018)。如,当猪饲粮中玉米的粒度从 1 000 μm 减小到 400 μm 时,胃肠损伤和角质化程度随粉碎粒度的减小而显著升高(Wondra 等,1995)。相似地,粉碎至 1 200 μm 的小麦与 600 μm 的小麦配制的日粮喂猪时,会提高胃溃疡和胃上皮角质化的发病率

(Mavromichalis et al.,2000)。当大麦的平均粉碎粒度在 400～1 100 μm 间变化时,猪的生长性能并没有受到影响,但是胃黏膜的完整性和小肠结构(肠绒毛的形态学损伤)因饲料原料精细粉碎而受到影响,因此会对消化道健康造成不良影响(Morel et al.,2007)。一般认为,粉碎粒度低于 400 μm 的饲料被认为是细料。当日粮中细颗粒料所占比例低于 20%时,不会对猪的胃黏膜造成损伤,但当细颗粒饲料的含量提高至 36%时,就会在上胃黏膜发现溃疡(Grosse Liesner et al.,2009)。另外,饲料粉碎粒度增加显著提高了猪粪便中乳酸杆菌的数量和总挥发性脂肪酸含量,改善了肠道健康(Callan et al.,2007)。在生长猪的小麦-豆粕型日粮中,小麦的粉碎粒度在 430～470 μm 之间时,显著增加粪便中双歧杆菌和乳酸杆菌的数量,降低大肠杆菌数量,促进肠道菌群的多样性,同时,生长猪的腹泻率随粉碎粒度的减小而显著增加。

由于沙门氏菌感染已成为猪健康及人类健康的一个重要问题,因此降低猪胃肠道中的菌群(即沙门氏菌和大肠杆菌)数量,是胃肠道健康的重要指标(Canibe et al.,2005),而饲料的物理特性会影响猪对沙门氏菌感染的敏感性。研究表明,与粉碎粒度小的饲料相比,粉碎粒度大的饲料可降低采食粉料的猪感染沙门氏菌的概率(Klausing,2011)。与采食粉碎粒度小的粉料和细粉碎的颗粒饲料的猪相比,采食粉碎粒度大的饲料的猪的肠道中厌氧细菌总数增加,各种有机酸浓度提高,胃内的 pH 下降(Mikkelsen et al.,2004)。这是因为粉碎粒度增加会降低饲料在猪胃中的流通速率,胃中干物质含量增加,胃内容物的黏稠度更高、硬度更大。由于微生物在胃中有更多的时间进行增殖,促进了胃中乳酸菌的生长,提高了乳酸和其他有机酸浓度,降低了胃内 pH,从而形成了抵抗沙门氏菌和其他革兰氏阴性菌的屏障(Regina et al.,1999)。另外,较粗的饲料颗粒可能降低淀粉在小肠中的消化率,增加进入盲肠的淀粉量。盲肠中的微生物可将淀粉降解为短链脂肪酸,后者能够限制大肠杆菌和沙门氏菌的生长。尽管小肠对淀粉消化的减少会对日粮的能值产生负面影响,降低饲料转化率,但是,综合考虑到养猪生产中沙门氏菌感染的减少,这种轻度的损失应该是可以接受的(Kamphues et al.,2007)。另外,与粉料相比,饲喂颗粒饲料提高了猪感染沙门氏菌的风险(Jorgensen et al.,1999),这可能与饲喂粉碎粒度大的饲料会降低淀粉在小肠中的消化率,增加进入盲肠的淀粉量的结果相似。

4.猪饲料的最佳粉碎粒径

日粮中最适的粉碎粒度分布应适应动物的生理需求,以提高营养物质的利用效率和动物的生产性能。一般认为,猪日粮最适的饲料原料粉碎粒度为 500～1 600 μm 比较合适,小于 400 μm 的饲料颗粒会对肠道健康产生负面影响(Ball et al.,2015)。然而猪日粮的最适粉碎粒度受到日粮的复杂性、所用谷物类型和动物年龄的影响(Chae et al.,1998)。改变饲料的原料成分,其颗粒特性也会随之改变。例如,普通的谷物和纤维源对猪日粮的影响,就要小于蛋白质和脂质源的影响(Sola et al.,2009b)。

对于各种谷物而言,尽管推荐玉米、高粱、小麦和大麦的粉碎粒度不超过 700 μm,但粉碎的谷物粉碎粒度介于 700～1 500 μm 时,它们的营养价值差异不大(Barneveld et al.,2003)。应该注意的是,含高纤维的谷物,如大麦、燕麦,需要粉碎得更细以提高其饲喂价值。在用作玉米的替代品时,大约要粉碎至 700 μm 为宜。而小麦很容易粉状化,就应比玉米和高粱粉碎得更粗些,粒度为 800～900 μm 更合适(Ziggers,2009)。当饲料中谷物的粉碎平均粒度在 600 或以下,饲料粒度从 700～900 μm 降至 600 μm 以下,饲料利用率提高 3.75%(Behnke,1994)。

对于饲料的粉碎粒度,不仅要考虑饲料转化率,还要考虑不同生长阶段猪的胃黏膜完整性。对保育阶段仔猪,玉米和高粱的最适粉碎粒度大约为 500 μm(Healy et al.,1994),小麦型日粮的最适粉碎粒度为 600 μm(Mavromichailis et al.,2000)。生长育肥猪的最适粉碎粒度为 500～700 μm(Behnke,1994)。据李星等(2001)研究报道,饲料粉碎粒度为 680 μm,制粒温度 65 ℃时,颗粒饲料的质量较好,仔猪的日增重最大,营养物质的消化率达到最高水平。适宜的粉碎粒度对哺乳母猪很重要,母猪分娩后,泌乳母猪体内营养物质代谢旺盛,但消化功能却下降,适当粉碎对减少母猪消化功能负担很有好处。Wondra 等(1995)研究发现,母猪饲料的粉碎粒度最适范围是 400～500 μm。粒度大小对哺乳母猪生产性能的影响较大,玉米粉碎粒度从 1 200 μm 减少到 400 μm,母猪的采食量和消化能摄入量提高 14%,窝增重提高 11%。初产母猪日粮的饲料最适粉碎粒度为 400 μm,而第二胎母猪的日粮最适粉碎粒度为 400～600 μm。

13.2 饲料热加工技术

在饲料生产过程中,制粒、膨化、膨胀和烘焙等加工工序中的机械作用力和外加的热能(热水、蒸汽和热辐射等)都对饲料的加工特性和理化特性有影响,并直接影响动物的生长性能和肠道健康。

13.2.1 饲料制粒加工技术

饲料制粒(pelleting)是饲料成型技术之一,是现代饲料加工过程中的一个重要环节。制粒是将粉体或液体饲料原料通过机械或化学的方法,将其聚合成颗粒饲料的过程统称。饲料制粒对于提高配合饲料的消化率、改善适口性、提高动物生产性能、提高饲料资源的利用率具有重要意义。

1.概述

(1)饲料制粒的目的　饲料制粒的目的是将细碎的、动物不易消化的、易扬尘的、适口性差的和难于装运的饲料,利用制粒加工过程中的热、水分和压力的作用将粉状原料制成颗粒状饲料。与粉状饲料相比,颗粒饲料具有以下优势:

①提高饲料消化率。在制粒过程中,由于水分、温度和压力的综合作用,使粉状饲料发生一些物理和化学变化,使淀粉发生糊化反应,酶解作用增强,能使动物更迅速地消化饲料并转化为体重的增加。家禽饲喂颗粒饲料其消化率可提高 10%～12%;用颗粒饲料饲喂育肥猪,平均日增重提高 4%,料肉比(feed/gain,F/G)降低 6%。

②可有效减少动物挑食。通过制粒可使各种粉状原料成为一个整体,可有效防止动物从粉料中挑拣其爱吃的原料、拒绝摄入其他成分的现象,由于颗粒饲料在贮运和饲喂过程中可保持均一性,可减少饲料损失 8%～10%。

③使得储存运输更为经济。经制粒加工后一般会使粉料的密度(density)增加 40%～100%,更便于运输和储藏。

④避免饲料成分的自动分级。由于各类原料的物理特性差异较大,极易产生分级;颗粒饲料的分级现象较小,且不易产生粉尘,在饲喂过程中颗粒对空气和水质的污染较粉料更少。

⑤制粒加工具有一定的灭菌功能。在制粒加工中采用蒸汽高温调质能有效杀灭存在于饲

料中的沙门氏菌及有害微生物，可减少病菌的传播和促进饲喂畜禽的健康生长。

与粉状饲料相比，颗粒饲料也存在一些不足，如能耗高、设备投资大、机器易磨损和不稳定的营养成分受到一定程度的破坏等。但综合经济和技术指标其优于粉状饲料，所以制粒加工是现代饲料加工中一个必备的加工工序。

（2）颗粒饲料的技术要求　在颗粒饲料中，硬颗粒饲料占了相当大的比重，现仅介绍对硬颗粒饲料的技术要求。

①感官指标　颗粒饲料产品的形状要求大小均匀，表面有光泽，没有裂纹，结构紧密，手感较硬。

②物理指标

a.颗粒直径与长度　猪颗粒饲料的直径一般为 2.0～8.0 mm；仔猪颗粒饲料直径一般为 2.0～3.0 mm、生长育肥猪和种猪为 4.0～8.0 mm，颗粒饲料的长度为其直径的 1.5～2 倍。

b.颗粒水分　我国南方的颗粒饲料水分应≤12.5%，贮藏时间长的应更低，北方地区可≤13.5%。

c.颗粒密度　颗粒结构越紧，密度越大，包装运输过程中产生的粉末越少，颗粒饲料的商品价值越有保证，但过度的坚硬会使制粒机产量下降，动力消耗增加，还使动物咀嚼费力。容重一般控制在 0.60～0.75 t/m^3。

（3）制粒机械的分类　饲料加工过程中使用的制粒机有环模制粒机（hoop standard granulator）和平模制粒机（pellets plane-die press）。按制粒机主轴的设置形式可将制粒机分为立式制粒机和卧式制粒机。立式制粒机和卧式制粒机分别对应的是平模制粒机和环模制粒机，目前国内外使用最多的是卧式环模硬颗粒制粒机。

2.环模制粒机

环模制粒机的主要部件是环模和压辊，通过环模和压辊对物料的强烈挤压使粉料成型。环模制粒机也称为卧式环模制粒机，通常有齿轮传动和皮带传动两种形式。皮带传动型环模制粒机又可分为单向皮带传动（单电机）和双向皮带传动（双电机）两种。

（1）环模制粒机的一般构造　环模制粒机主要由进料斗、喂料器、除铁磁选装置、调质器、料槽、压制室（环模、压辊）、主传动系统、过载保护及电气控制系统组成，见图 13-6。

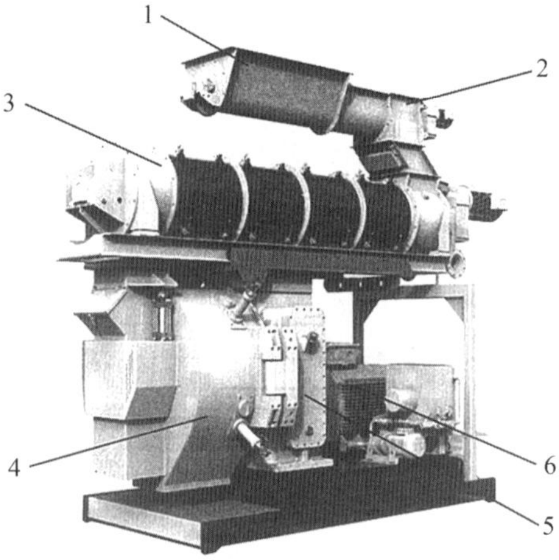

1.进料斗　2.喂料器　3.调质器
4.压粒机构　5.减速机构　6.主电机

图 13-6　环模制粒机（曹康等，2014）

①给料器（喂料器 feeder）　为保证物料能均匀地进入制粒机，通常采用螺旋输送机作为给料器给制粒机喂料。由于制粒机的给料量经常需要调整，所以给料器要在一定范围内无级调速，通常选用变频调速器来控制转速，一般控制在 17～150 r/min 的范围内。

②调质器（conditioner）　图 13-7 所示为通用型调质器。在调质器中，粉状饲料与蒸汽和其他需要添加的液体原料，如油脂和糖蜜等得到充分的混合，并将调质好的物料输送至压制室。调质器的主要作用是通过水和热处理使物料软化，增加物料的塑性和弹性，有利于物料成型。

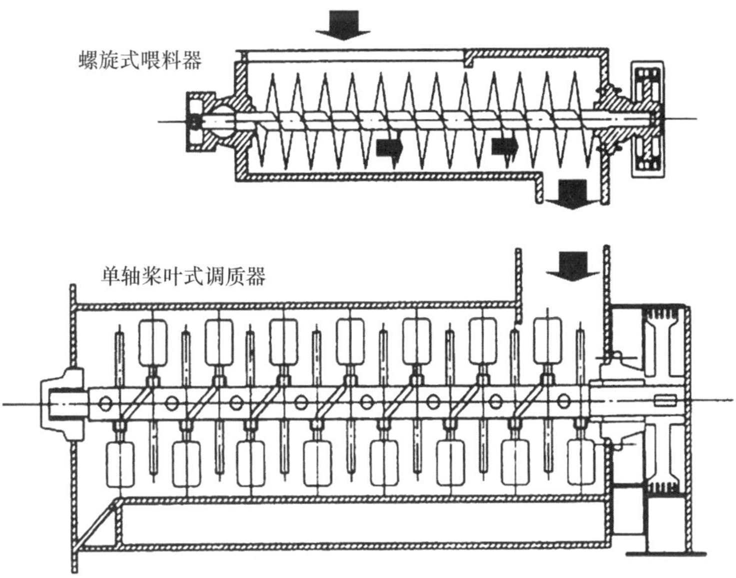

图 13-7 通用型调质器(曹康等,2014)

③压制机构(压制室 pressing mechanism) 压制机构是制粒机的核心部分,其主要包括环模、压辊、匀料板和调节机构。制粒的质量和产量在很大程度上取决于压模和压辊的工作状况及压模和压辊的相对位置。制粒机的压制机构见图 13-8。

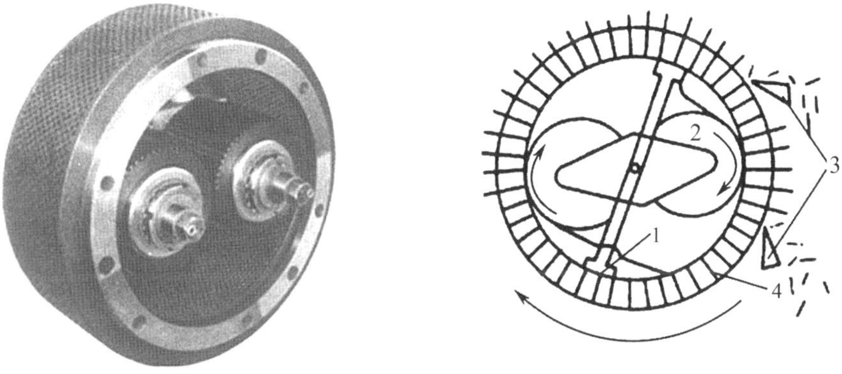

1.匀料板 2.压辊 3.切刀 4.环模

图 13-8 制粒机的压制机构(曹康等,2014)

环模所包围的空间称作压制室。进入压制室的物料经匀料板沿整个压辊宽度均匀分布,为所有模孔提供均一的物料,以使颗粒机平稳并高效工作。环形压模壁上均布小孔,物料在压辊的强制压力作用下在通过这些小孔的过程中被压实成型。

a.压辊(pressure roller) 制粒机内一般安装有 2~3 个压辊。压辊将物料挤压入模孔,在模孔中物料受压成型。为使物料压入模孔,压辊与物料间必须有一定的摩擦力;为增加压辊对物料的摩擦力,压辊制造成不同形式,以防止压辊“打滑”。

b.环模(压模 ring die)　环模是颗粒饲料成型的心脏。在环模内,经过调质的粉状饲料被压制成需要的粒径。在生产中,根据饲喂对象和对产品的质量要求,选择合适的环模。环模的主要结构参数见图 13-9。

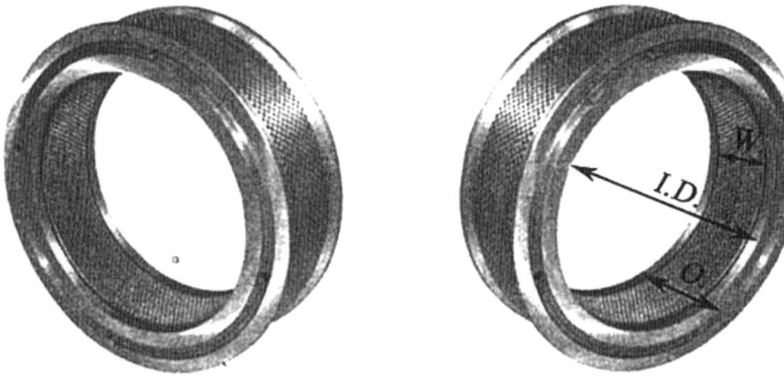

I.D:环模内径　*O*:环模总宽度　*W*:有效宽度

图 13-9　环模及环模的主要结构参数(曹康等,2014)

环模的主要结构及技术参数,结构有环模内径 *I.D.*、环模总宽度 *O*、环模有效宽度 *W*、模孔直径 *d*、模孔有效长度 *L*、入口直径 *D* 以及技术参数压缩比和长径比;其中环模内径是其主要参数,一般在制粒机型号中表示。

压缩比:D^2/d^2,环模入口面积与颗粒料横截面积之比,这是物料进入环模模孔后被压缩的一个指标;

长径比:L/D,是压模的重要参数之一,长径比的大小影响成品的紧密程度和产量。

切刀:切刀用来将从环模外圈被挤出来的柱状物料切成长度适宜的颗粒,通常颗粒长度为颗粒直径 1.5～2.0 倍,一个压辊配一把切刀,它和环模之间的距离可调节,以便生产不同长度的颗粒。

(2)环模制粒机的工作过程和受力分析

①颗粒成型的工作过程　粉状物料经无级调速的螺旋喂料器送至调质器,在调质器内粉料与水蒸气、糖蜜和油脂等充分混合,使物料的水分达到 14%～19%,温度达到 75～90 ℃,然后经过均料器将物料均匀地分配到由环模包围的压制室内,借助重力以及环模旋转产生的离心力以及喂料刮刀的作用均匀地喂入环模内的压缩区,即两个压辊与环模形成的楔形空间内,因压辊与环模内壁的最小间隙仅为 0.1～0.3 mm,在环模和压辊的强烈挤压作用下,物料逐渐被压实挤入环模的模孔中,并在模孔中成型。模孔每经过一次压辊被压入一定量的物料,由于环模转速较高,所以被视为连续地挤压。压辊在物料的摩擦力作用下绕自身轴旋转。电动机带动环模,环模带动物料,物料依靠摩擦力带动压辊转动。在压辊与环模的挤压下,物料呈长条形通过模孔,并由切刀切成长度适宜的圆柱体。

②制粒成型过程中的受力分析　在制粒过程中,根据粉料在挤压过程中所处的状态不同,可将其分成四个区域,即供料区、压紧区、挤压区和成型区,见图 13-10。

a.供料区(feeding zone)　物料基本不受机械外力,但它受环模转动而产生的离心力影响,使粉料紧贴在环模内侧。

b.压缩区(compression zone)　随着压辊的旋转,物料进入压缩区,在此区域内,受压辊的挤压作用，粉粒之间产生相对移动，间隙逐渐减少。随着物料向前移动，速度加快，挤压力逐渐增大，间隙变得更小，但粉粒基本上还未被压缩变形。

c.挤压区（extrusion zone） 在挤压区内，压辊间隙变小，挤压力急剧增大，粉料进一步紧密和镶嵌，粉粒间的接触面增大和连结增强，粉料产生变形，并产生了较好的连结，同时挤压粉体向模孔移送。这时挤压力达到最高值，在这区段物料将发生弹性和塑性综合形变。

d.成型区（forming zone） 在压模模孔内充满了已被压实成型的饲料柱体，在环模内侧又不断接收新挤入的粉料，使饲料柱体向环模外侧推移；排出模孔的挤压力必须大于模孔内料柱所受摩擦力的总和。所以粉料制成颗粒必须满足两个条件：一是压辊要把物料压入模孔；二是压辊对物料挤压力要大于或等于模孔给予物料的摩擦阻力。

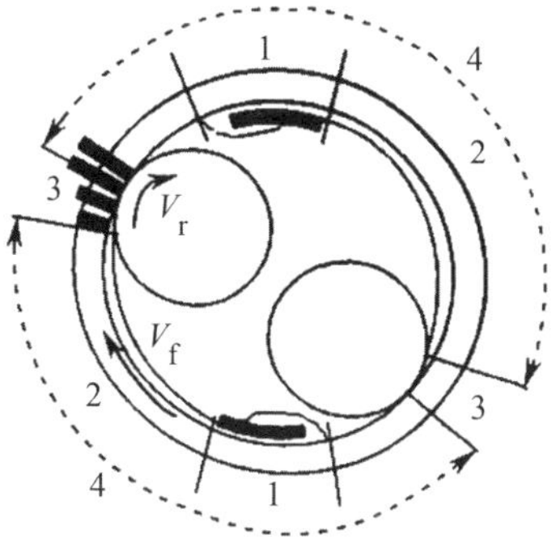

1.供料区 2.布料区

3.压缩与挤压区

4.滞留时间区

V_r：环模切向速度 V_f：压辊切向速度

图 13-10 制粒机构（庞声海等，2001）

3.制粒工艺的其他设备

（1）逆流式冷却器（counter-flow cooler） 粉状物料在调质器内吸收了来自蒸汽中的大量热能和水分，以及来自制粒机机械摩擦的附加热量，一般出机的颗粒料的温度在 75～95 ℃之间，水分达到 14%～19%。这么高的温度和水分不利于物料的储存和运输，同时高温、高湿的颗粒较软，容易粉化。因此应及时将颗粒料进行冷却，降低物料的温度和水分，以提高颗粒料的硬度。

一般的冷却器设计成使用周围的室内空气与颗粒的外表面接触，通过空气的流动达到冷却颗粒的目的。只要空气相对湿度不是饱和状态，空气就会从颗粒料表面带走水分。水分在蒸发作用下脱离颗粒，同时使颗粒得到冷却。空气吸收热量并把自身加热，高温空气又提高了其载水能力。

因颗粒饲料的冷却是利用周围空气来进行的，因此颗粒排出冷却器的温度不会低于室温，一般认为比室温高 6～9 ℃，水分降至 12%～13.5%为合格。

①逆流式冷却器工作原理 逆流式冷却器工作原理如图 13-11 所示。制粒机压制出的湿热颗粒料从冷却器顶部旋转闭风喂料器的进料口进入，经料仓顶部棱形散料器均匀分布于冷却箱体中。开始时颗粒料逐渐堆积，当料触到上料位器时，出料电机接通，排料机构开始工作。当排料大于进料，颗粒料层降至下料位器时，则电机停止转动，排料也相应停止，而进料继续进行，待料层再接近到上料位器时，排料器又开始工作。冷却器在整个工作过程中，风机始终是工作的，由于粒料是从上往下流动的，而空气是从下向上流动的，气流与粒料的流动方向相反，且冷风与冷料相接触，热风与热料相接触，颗粒料在料仓停留期间，与进入的冷风进行热交换，并由风带走物料的热量与水分，起到对物料进行冷却和降低水分的作用。

逆流式冷却器的特点是避免了冷风与热料直接接触而产生骤冷现象，因而能防止颗粒表面开裂，同时由于采用闭风器进料，密封性能好，因此冷却效果显著。

②逆流式冷却器主要结构 逆流式冷却器结构见图 13-12。主要是由旋转闭风喂料器、菱锥形散料器、冷却箱体、上下料位器、机架、集料斗及滑阀式排料机构等构成。

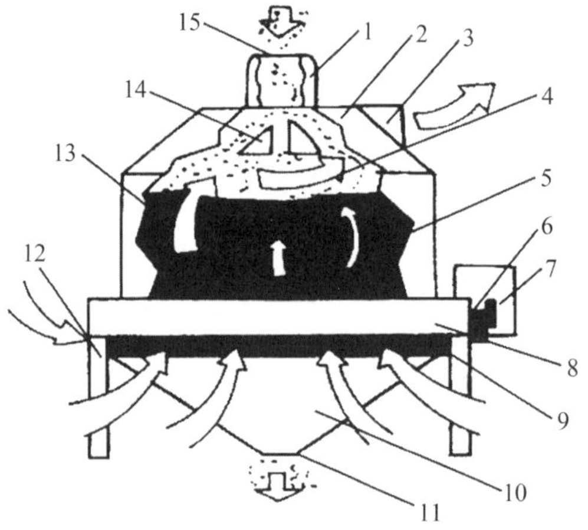

1.闭风器 2.出风顶盖 3.出风管 4.上料位器 5.下料位器 6.固定框调整装置 7.偏心传动装置 8.滑阀式排料机构 9.进风口 10.出料斗 11.出料口 12.机架 13.冷却箱体 14.棱锥形散料器 15.进料口

图 13-11 逆流式冷却器工作原理图

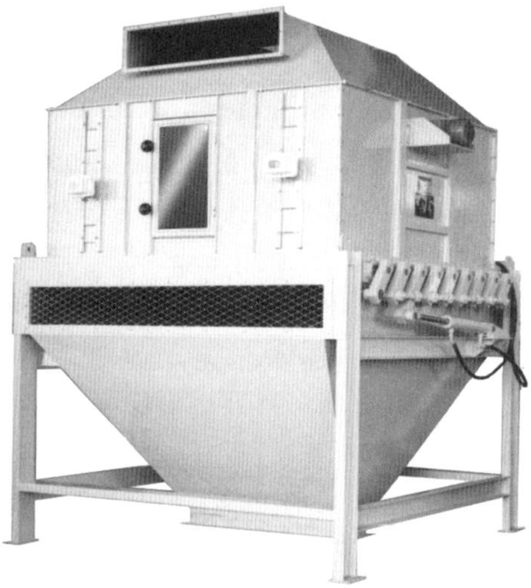

图 13-12 逆流式冷却器(曹康等,2014)

逆流式冷却器的主要机构是排料机构,常见的排料机构有滑阀式排料结构和摆动排料结构。

(2)颗粒破碎机(particle crusher) 不同的畜禽在不同的生长阶段,对颗粒饲料的大小要求亦不相同,如喂养雏鸡和仔猪就需要较小的颗粒饲料。若使用小孔径环模直接生产小颗粒饲料,则产量低,动力消耗大。破粒机是将大颗粒(Φ3.0～6.0 mm)的饲料破碎成小颗粒的碎粒饲料(Φ1.6～2.5 mm)的一种专用设备。采用先生产大颗粒再用碎粒机破碎成小颗粒的生产工艺,可提高产量近 2 倍,也可大幅度降低能耗,提高生产效率。

①破碎机工作原理 破碎机是利用一对直径相等转速不等的轧辊作相向运动,通过两压辊上的锯形齿差速运动,对颗粒进行剪切及挤压而使其破碎,所需破碎粒度可通过调节两轧辊间距来获得。如不需破碎可推动操纵杆,使活门关闭,颗粒料从旁路通过。

②破碎机主要结构 破碎机目前有对辊和四辊两种形式,一般以对辊为主,结构见图 13-13,其由一个快辊和一个慢辊构成。快辊表面为纵向(轴向)拉丝,锯齿形丝。慢辊表面为周向拉丝。快、慢辊转速比为 1.5∶1 或 1.25∶1。拉不同形状丝的目的是增加切割作用,减少挤压,以减少细粉。

(3)颗粒分级筛(particle grading) 当粉料被压制成型并经冷却或再经颗粒破碎机破碎后,需经过分级筛提取合格的产品,把不合格的小颗粒和粉末筛理出来重新制粒;几何尺寸大于合格产品的颗粒重新回到破碎机中进行破碎。

颗粒分级筛结构比较简单。常用的分级筛有振动筛和平面回转筛两种。振动筛产量小,一般用于小型饲料厂;平面回转筛产量大,一般用于大型饲料厂。

4.影响颗粒饲料工艺效果的因素及质量评价

(1)影响制粒工艺效果的因素 影响制粒工艺效果的因素有很多,但主要表现在原料及配方、调质效果、制粒操作、加工设备和加工工艺等几个方面。

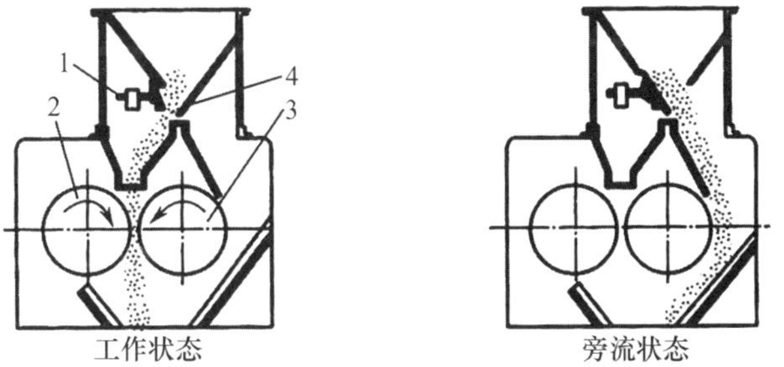

1.压力门 2.快辊 3.慢辊 4.翻板

图 13-13 对辊式颗粒破碎机(庞声海等,2001)

①原料的影响 一般来讲,影响制粒的因素有原料的来源、原料中的水分,原料中的淀粉、蛋白质、脂肪、粗纤维的含量,原料的密度、粒度和物料的结构等。

a.原料物理特性的影响

粒度(particle size):粉料粒度越小越有利于提高调质效果。相反,粒度大的粉料,吸水能力低,调质效果差。

容重(bulk density):物料的容重对产量和制粒效果有直接的影响,一般混合粉状物料的容重在 500 kg/m^3 左右。制成同样粒径的颗粒,容重大的物料制粒时产量高、功率消耗小。

b.物料化学成分的影响

淀粉质:不同形态的淀粉质对制粒有不同的影响。调质过程中淀粉颗粒在受到蒸汽的蒸煮以及在环模、压辊挤压的过程中部分破损及糊化后,产生黏性,使制得的颗粒结构紧密、质量提高。而糊化程度的高低除受温度、水分、作用时间影响外,还与原料中的淀粉种类有关,如大米、大麦、小麦淀粉的黏着性能优于玉米、高粱等。

一般畜禽饲料配方中含有 50%~80%的高淀粉谷物类原料,制粒时应采用较高温度和水分。采用绝对压力 0.4 MPa 左右的蒸汽调质,使料温不低于 80 ℃,水分 14%~19%,淀粉糊化度通常达到 40%左右。

蛋白质:蛋白质经加热变形,增强了黏结力。对于含天然蛋白质 25%~45%的鱼虾等特种水产饲料,由于蛋白质含量高,一般均可制得高品质的颗粒,而且因体积质量大,制粒产量也高。制粒时采用纯度高的蒸汽,有利于高蛋白原料的制粒。

油脂:原料中所固有的油脂因在制粒过程中的温度和压力作用不致使油脂榨出,所以对制粒效果的影响较小,而外加油脂对制粒的产量和质量都有明显的影响。物料中添加 1%的油脂,会使颗粒变软,并且会明显地提高制粒产量,降低环模和压辊的磨损。制粒前油脂的添加量应限制在 3%以内。

糖蜜:通常饲料中的糖蜜添加量小于 10%,可作为黏结剂,对增强颗粒硬度有益,其效果取决于粉状物料对糖蜜的吸收能力,一般在调质器添加较好,但添加量不宜过大。

热敏性原料:当加入某些维生素、调味剂、药物等热敏性物料制粒时,应适当降低制粒温度,并需超量添加,以保证这些成分在成品中的有效含量。

②环模几何参数对制粒质量的影响 对制粒工艺效果有重要影响的环模几何参数主要有:环模的孔径、孔有效长度、模孔的粗糙度、模孔间距、模孔的形状等方面。

③操作因素对制粒质量的影响

a.蒸汽　蒸汽的质量和蒸汽的添加量对颗粒饲料的质量有较大影响。饲料在压制前需进行调质,调质后使物料升温,饲料中淀粉糊化、蛋白质及糖分塑化,并增加饲料中的水分。进调质器前蒸汽的压力应保证在0.2～0.4 MPa,并且必须是不带冷凝水的干饱和蒸汽,温度在130～150 ℃。调质后物料的温度一般在65～85 ℃,水分为14%～19%,这样便于颗粒的成型和提高颗粒的质量。

b.环模转速　主要依据机器的几何参数确定环模转速;如环模内径、模孔直径、模孔的有效长度、压辊数、压辊直径、物料密度以及被压制物料的物理机械性能等,当颗粒料的粒径小于6.0 mm时,一般环模的线速度在4～8 m/s范围内。

c.模辊间隙　制粒机的环模与压辊之间的间隙称为模辊间隙,模辊间隙过大,产量低,有时还会制不出颗粒;间隙过小,模、辊机械磨损严重,影响使用寿命。合适的模辊间隙是0.05～0.3 mm,目测压环模与压辊刚好接触。简单检测方法是:间隙调整后,人工转动环模,压辊似转非转,表明间隙合适。

(2)颗粒饲料的质量测定　颗粒饲料的质量除了有关的化学及营养指标外,还规定了特定的物理指标,颗粒饲料加工质量测定的主要指标是颗粒的粉化率(particle size),对水产饲料还要检测其水中的稳定性等。

粉化率是评定颗粒饲料质量的主要指标之一,粉化率过高,颗粒在贮运过程中易破碎、分离,造成营养成分的损失;粉化率过低,颗粒较硬,则动物消化困难,同时还会增加加工过程中的能耗和成本,降低颗粒饲料的生产能力。

测定颗粒饲料的粉化率的方法目前还没有统一的标准。传统的是用粉化率测定仪来评定颗粒料的粉化率。国内普遍采用由武汉轻工大学(原武汉粮食工业学院)研制开发的SFY-2型粉化仪来评定饲料的粉化率。

13.2.2　饲料挤压膨化加工技术

1.概述

在初期,挤压膨化(extrusion)技术主要用于加工宠物饲料,在20世纪80年代得到了快速发展。目前在我国饲料行业挤压膨化主要应用于水产动物饲料、特种水产动物饲料和宠物饲料,以及仔猪饲料和饲料资源开发等方面。

挤压膨化是将粉状饲料原料或调质后的原料送入膨化机,经过一次连续地输送、混合、加温、加压、挤出模孔、骤然降压(闪蒸)、剪切和成型等多工序为一体的加工过程。

(1)挤压膨化饲料的特点

①挤压膨化饲料的优点

a.淀粉糊化,蛋白质变性。在高温、水热处理和挤压过程中,由于存在机械摩擦所产生的热量、调质的直接蒸汽热量和膨化腔夹套中的间接蒸汽的热量,物料的温度和压力逐渐升高,在高温高压环境下原料中的淀粉颗粒吸水膨胀和质构软化,在机械力的作用下溃散、细化和均化,细胞壁破裂,淀粉分子结构被打散,淀粉糊化,蛋白质变性,物性结构甚至化学性质发生变化。

b.水热处理伴随着物料的理化变化过程。某些物料,如油料籽实及其饼粕中所含的抗营养因子,在一定水分和一定温度条件下,部分失去活性,削弱了对动物的不利影响,提高了动物对养分的消化吸收效率。

c.高温灭菌。挤压膨化过程的最高温度可达130～160 ℃,而物料在高温段的时间却很短,5～10 s。高温使部分微生物、虫卵被杀死,多种酶(如氧化酶、解脂酶等)失活,提高了饲料的卫生指标和饲料的品质，延长了保质期。

d.开发饲料资源。挤压膨化技术不但可改善常规饲用原料的品质，而且还可开发大量的非常规饲用原料。其中包括野生植物、农业副产品和畜禽屠宰废弃物等。

e.效益显著。饲养试验表明，膨化饲料与硬颗粒饲料相比，饲料转化率可提高8%～10%，有效降低了饲料成本，缩短养殖时间，提高了经济效益。

②膨化加工的不足

a.电耗高。膨化加工利用挤压、摩擦和剪切生热，加工时需彻底打破物料原有的组织结构，因此能耗要比普通制粒机高。

b.损失热敏元素。高温高压作用，对一些热敏性元素造成损失。例如对原料中的维生素和氨基酸都有一定的破坏作用。因此一般需适当超量添加或在膨化后喷涂一些热敏性原料。

(2)挤压膨化机的分类　挤压膨化机有多种分类方法。

①按螺杆数量分类　按螺杆数量，挤压膨化机有单螺杆和双螺杆两种形式。单螺杆膨化机(single screw extruder)的结构相对较简单，双螺杆结构相对较复杂；但双螺杆膨化机(twin-screw extruder)能够膨化黏稠状物料，且出料稳定，受供料波动的影响较小。

②按是否添加水分分类　根据在膨化过程中是否向物料中添加蒸汽和水分，挤压膨化又分为干法膨化机(dry expansion)和湿法膨化机(wet expansion)。干法膨化机完全依靠机械摩擦和挤压对物料进行加压和加温，这种方法适用于含水和含油脂较多的原料的加工，如生产全脂大豆的膨化等。对于其他含水和油脂较少的物料，在挤压膨化过程中需加入蒸汽和水，称为湿法挤压膨化机。

2.挤压膨化机

(1)单螺杆挤压膨化机

①单螺杆挤压膨化机的结构　单螺杆挤压膨化机主要由动力传动装置、喂料装置、预调质器、挤压部件及出料切割装置等组成。挤压部件的核心是挤压机膛，由螺杆(screw)、螺套(outer cylinder)外筒及模头(die head)组成。单螺杆膨化机的结构见图13-14。

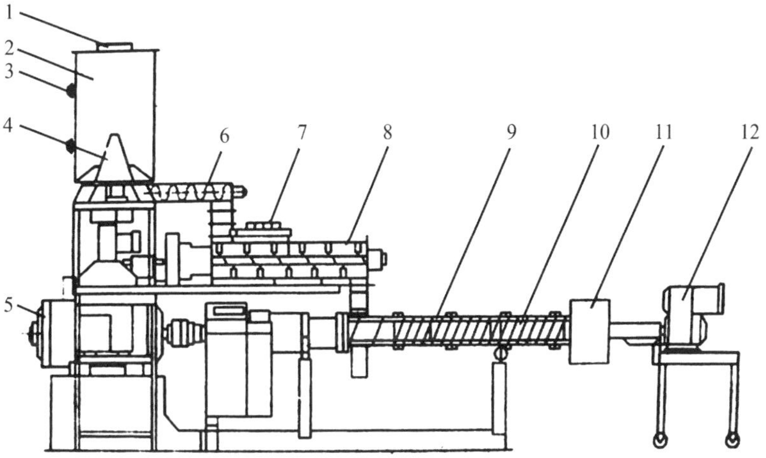

1.料斗　2.喂料搅龙　3.预调质器　4.喂料段　5.传动及减速装置
6.给料器　7.进水、进汽调节装置　8.调质器　9.蒸汽与水调温装置
10.螺杆　11.模头、切刀和出料口　12.切割装置

图13-14　单螺杆挤压膨化机(庞声海等，2001)

a.进料装置　料斗出口一般安装有螺旋喂料器，以保证均匀喂料，个别膨化机也有安装液态饲料添加系统。

b.调质器　与制粒机调质器作用和结构基本相同，但调质后水分较高，达 20%～30%。对于一些调质效果要求较高的饲料产品，也有的采用双层或变径调质器。

c.膨化机主体　膨化机主体由筒体（螺套）、螺杆、模板（或模头）、切割机构、温度调节、加热夹套等组成。见图 13-15。

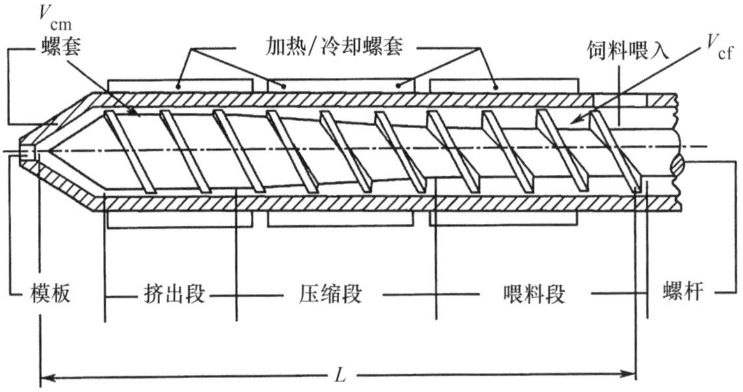

V_{cf}：进料端空间容积　V_{cm}：出料端空间容积　L：螺杆长度

图 13-15　膨化机构

螺套（套筒、筒体）的结构：单螺杆膨化机的螺套结构有双层和单层夹套形式。双层夹套主要是用于添加蒸汽加热和保温，制造加工难度大；单层夹套形式结构简单，制造加工容易。为了防止挤压物在螺套内壁旋转而不向前输送，螺套内壁加工有纵向直槽或螺旋槽；内壁槽增加了物料作圆周运动的阻力，迫使物料向压模口输送。

筒体内腔的空间从进口至出口逐渐变小。进料口空隙容积与出口空隙容积之比称为压缩比，压缩比是挤压膨化机的主要结构技术参数。

螺杆：螺杆是挤压机的主要工作部件。根据螺杆各部分的功用不同，可将螺杆分为 3 段；即喂料段、压缩段和挤出段。挤出段的端部是出料模头（模板）。

②各分段的压力变化　在挤压膨化过程中的不同阶段，其螺杆的参数亦不尽相同。当螺杆长度和直径确定以后，就只能通过改变螺杆的其他参数去满足不同工作段的要求。图 13-16 为螺套内压强沿长度方向的分布示意图，糊化段压力猛增，挤出段前压力达到最高。

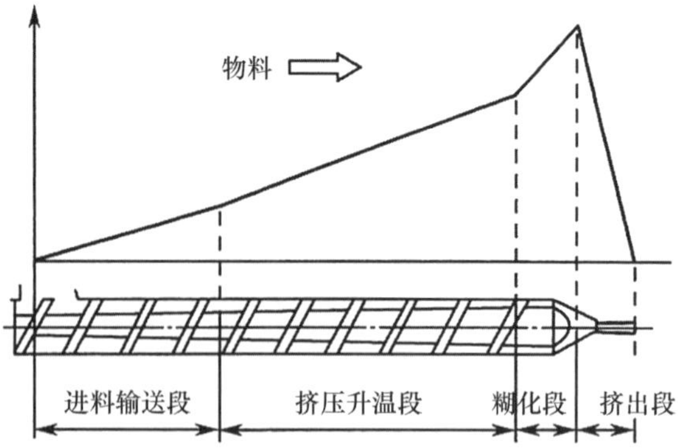

图 13-16　各段的压强变化（庞声海等，2001）

③各工作部件结构

a.螺杆结构　螺杆一般由螺旋叶片组成，它可以采用精密浇注成型或者由车床加工而成，也可以进行合金喷涂，增强其耐磨性。

b.螺套(筒体)结构　由于螺套内部直接与物料接触、磨损较大，一般选用耐磨材料制造。为了防止挤出物在挤压螺套内壁旋转，螺套内壁上开有沟槽，以推送物料，避免物料随螺杆原地旋转。

c.成型模板结构　成型模板一般由螺栓与末端螺套固定在一起，用来控制产品的形状，并可通过调节模板的开孔率起到一定的压力调节作用。根据不同产品形状要求，可以设计制造不同的孔型，畜禽及水产饲料一般做成圆形孔，见图 13-17。高温高压的物料从模板的模孔中挤出进入大气，其压力和温度瞬间骤降，体积迅速膨胀、水分快速蒸发，并脱水凝固，形成结构蓬松的膨化颗粒料或粗粉，经挤压膨化后的物料体积可比原体积增大 5～13 倍。

d.切刀　一般安装 1～12 把切刀，刀数可根据需要增减。刀片刃口必须紧贴模板面转动，刃口要锋利。切刀由调速电机驱动(切刀旋转速度为 500～600 r/min)，见图 13-18。

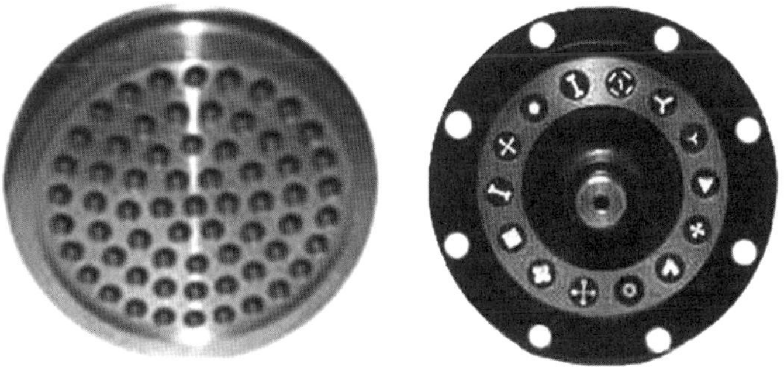

图 13-17　模孔形状(李建文等，2017)

图 13-18　切刀安装图(李建文等，2017)

④挤压膨化原理及主要技术参数

a.挤压膨化的原理　含有一定温度和水分的物料，在挤压膨化机的螺套内受到螺杆的挤压推动作用和出料端模板或螺套内节流装置的反向阻滞作用，以及在来自外部的加热或物料与螺杆和螺套的内部摩擦产热的作用下，物料可达到 3～8 MPa 的高压和 120～150 ℃的高温状态。如此高的压力超过了挤压温度下的饱和蒸汽压，所以物料在挤出模板之前螺套内水分不会沸腾蒸发，物料呈现熔融状的玻璃化状态。一旦物料由模孔挤出，压力骤降至常压，水分便发生急骤的蒸发，产生了类似于“爆炸”式的“闪蒸”，产品随之膨胀，水分从物料中散失时带走了大量热量和水分；使物料在瞬间从挤压时的高温迅速降至 80～120 ℃。从而使物料固化定型，并保持膨化后的形状。挤压过程温度-时间曲线和压力-时间曲线如图 13-19 所示。

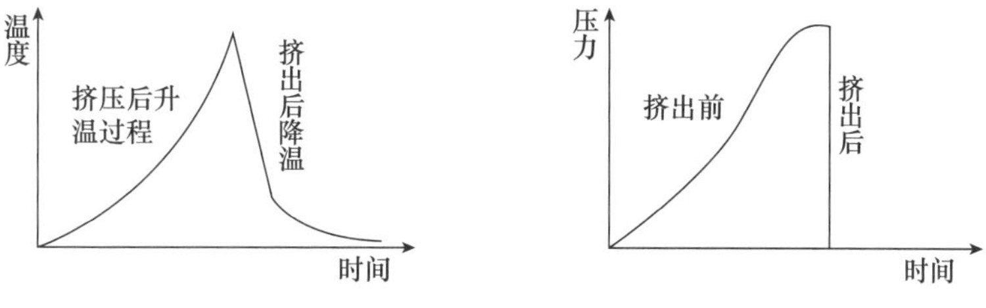

图 13-19　挤压过程的温度-时间和压力-时间曲线

影响挤压膨化产品质量与效果的因素很多。如物料的粒度、水分、密度、化学成分(淀粉、蛋白质、纤维、脂肪),挤压过程中的压力、温度、水分和时间的变化,以及螺杆的转速等诸因素都将影响到挤压膨化制品的质量与效果。

膨化过程中的压力和温度并不固定,应根据设备性能、原料粒度、原料水分含量、产品配方和产品膨化度的要求等具体情况设定。

原料经挤压膨化后,会产生各种各样的变化,其宏观结构的变化可以用膨化制品的密度和膨化度表示。

密度(density)是指单位体积膨化制品的质量(g/L)。

膨化度(expander degree)是指膨化后制品的体积增大倍数,即

$$膨化度=\frac{膨化制品的截面积}{挤压机模具孔口截面积}$$

一般情况下,挤压膨化产品的密度在 400 g/L 以下;物料的膨化度在 5 以上就充分疏松,根据不同的要求,膨化度可达到 10～20。

b.膨化机的主要技术参数　螺杆是挤压膨化机的主要工作部件,它的几何结构比较复杂。螺杆的结构参数(图 13-20)及工作参数直接影响膨化效果,其主要参数有:螺杆的外径 D_s、螺旋导程 B、螺旋升角 θ、压缩比 CR 和长径比 L/D 等,其中压缩比 CR 和长径比 L/D 是主要技术参数。

压缩比(compression ratio,CR):压缩比是衡量螺杆挤压能力的参数,螺套内壁与螺杆之间的容积从进料口至挤出口逐渐减少,其比值称为压缩比,它的范围为 1～3。CR 值小,则物料受挤压程度小,物料膨化程度低;CR 值大,物料受挤压程度较大,物料膨化程度高。

长径比(length to diameter ratio,L/D):螺套的有效工作长度 L 与其内径 D 之比,称为长径比,它的范围在(7.5～25):1。若 L/D 值大,则对物料产生的压力较大,物料能被充分塑化,有利于提高产量。

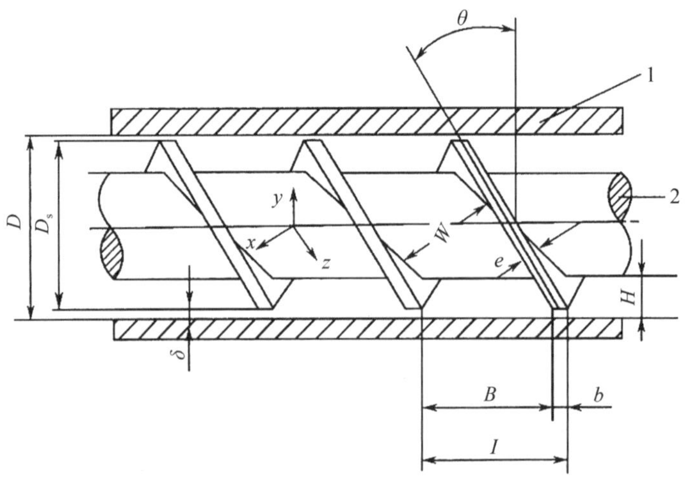

图 13-20　螺杆的结构参数(曹康等,2014)

(2)双螺杆挤压膨化机　近年来双螺杆膨化机的使用日益增多。双螺杆膨化机与单螺杆膨化机的膨化机理基本相同,所不同的是双螺杆膨化机膨化所需要的热量不只靠挤压物料产

生的“应变热”(机械热),还需设置有专门的外部热控温装置,螺杆的主要作用是推进物料,而双螺杆更有利于物料的输送、混合、剪切和自清作用。见图 13-21。

图 13-21 双螺杆挤压膨化机主要结构(李建文等,2017)

根据双螺杆的啮合方式,双螺杆膨化机分为:异向旋转啮合式、同向旋转啮合式、异向旋转非啮合式和同向旋转非啮合式。在各种类型的双螺杆膨化机中,以同向旋转啮合式最为常见。这种类型的膨化机在运转中,一个螺杆的螺纹与相邻螺杆的流槽存在着相互作用,因而螺筒壁无须提供物料防转机构,对物料有良好的混合效果,有较高的单机生产能力以及螺杆表面的自清能力。工作中物料被相互啮合的螺杆齿廓分隔成一些小腔室,各小室的物料在螺杆的推动作用下均匀地被向前推动,也使得各小腔内物料的温度和所受的剪切力比较容易控制。见图 13-22。

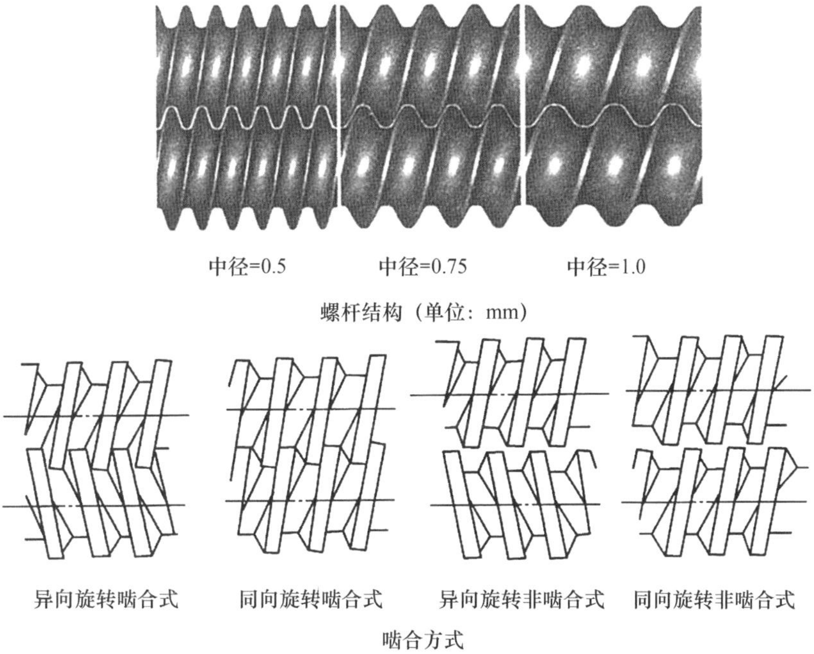

图 13-22 双螺杆膨化机的螺杆结构及啮合方式(李建文等,2017)

双螺杆膨化机螺杆为分段结构，根据要求可增减螺杆长度，以改变物料在机膛内的逗留时间。螺杆长度与直径比的范围为(10～20)：1。对于同向啮合旋转式双螺杆，由于一个螺杆相对于另一个螺杆在几何形状上是相互啮合的，所以在双螺杆膨化机中，螺距可以不受限制地改变。螺纹以单头最为常见。双螺杆膨化机的螺套见图 13-23。

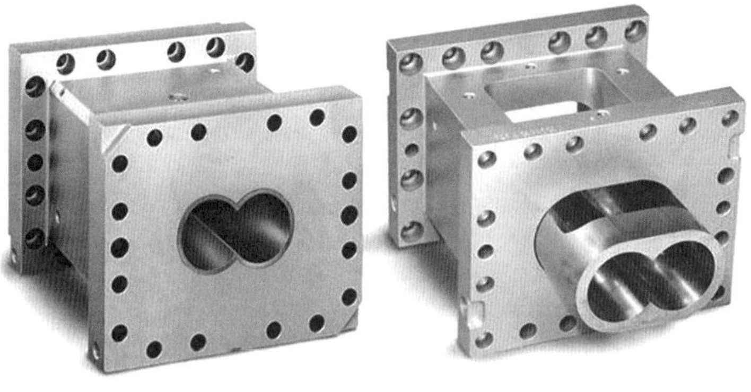

图 13-23　双螺杆膨化机套筒结构图(李建文等，2017)

与单螺杆膨化机相比，双螺杆膨化机有以下优点：①可加工高油脂的饲料，油脂含量可大于 17%；②可加工添加有新鲜肉类或其他水分含量超过 30%的高水分物料；③可加工小颗粒的动物饲料(例如 0.6～1.0 mm 直径的产品)；④有自清能力，便于清理与维修。

3.膨胀器(Expander)

饲料原料膨胀加工技术是采用干法或湿法螺旋挤压技术对谷物原料和一些饲料产品进行水热处理，而产品不一定成型。膨胀加工的强度介于制粒加工和膨化加工之间。使用膨胀器后再制粒可提高制粒机生产能力 20%～40%，相应地降低能耗和加工成本。膨胀加工的优势在于饲料原料的预处理，但在我国应用得不够普及。膨胀器及其加工产品见图 13-24。

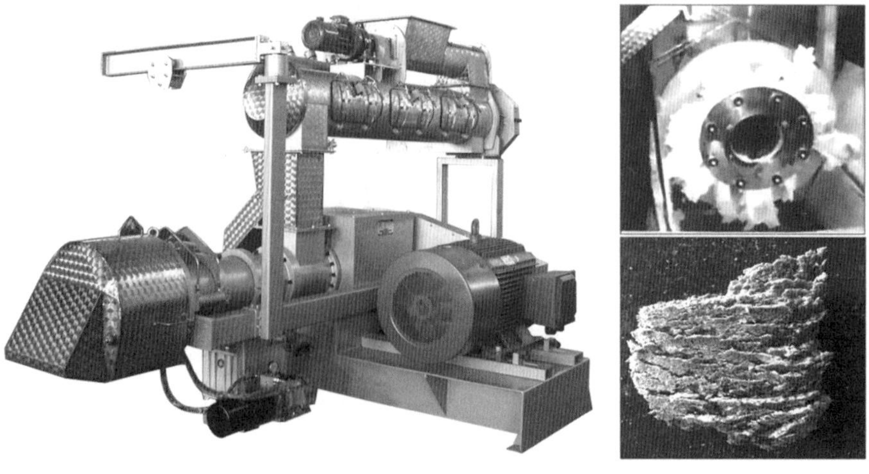

图 13-24　膨胀器及其加工产品

(1)膨胀器及膨胀料的特点及加工工艺　膨胀器的主要结构与膨化机相似，其不同之处在于膨胀器的出料口开启度可在一定范围内任意调节，进而调节挤压力，以生产各种膨化度的产品。膨胀器既可加工饲料原料也可生产饲料成品(例如锅巴料)。

膨胀饲料的特点如下：①对饲料原料选择范围广，可利用廉价原料，降低生产成本。②由于受螺杆的挤压作用，物料温度可达 110 ℃(由于热敏性饲料的影响控制在 110 ℃)，提高了淀粉熟化程度，使淀粉进一步水解，从而增加动物的消化率，具有灭活沙门氏菌等病原微生物的功能，起到卫生处理的作用。③增大添加液体饲料的比例，例如糖蜜、油脂等。④后续如果进一步生产颗粒料，可提高制粒机的效率，增加制粒机的产量，降低制粒机的磨损和吨料电耗。

(2)膨胀器的工作原理　膨胀器的螺杆和螺套具有混合和揉搓的功能，在螺套的外壳口装有蒸汽喷射阀和油脂喷射阀，用于添加蒸汽和油脂，其出料口的开启度由液压系统驱动的滑阀机构来任意调节。经调质后的物料温度应控制在 70～90 ℃，水分应在 20%～30%，被喂入膨胀器后，物料在螺杆、螺套之间受挤压、摩擦、剪切等作用，其内部压力不断升高，最大可达 4 MPa，温度也不断上升，最高可达 140 ℃。在 3～7 s 的时间内温度和压力急剧升高，物料的组织结构发生变化，使淀粉进一步糊化，蛋白质变性，粗纤维破坏，杀灭部分沙门氏菌等有害微生物。高温高压的物料从出料口出来，其压力在瞬间突然释放，水分发生部分闪蒸，冷却后物料呈疏松多孔的结构，膨胀后的物料呈团块状、絮状、粗屑状或棒状。

典型膨胀器温度、压力与膨胀时间的关系见图 13-25。

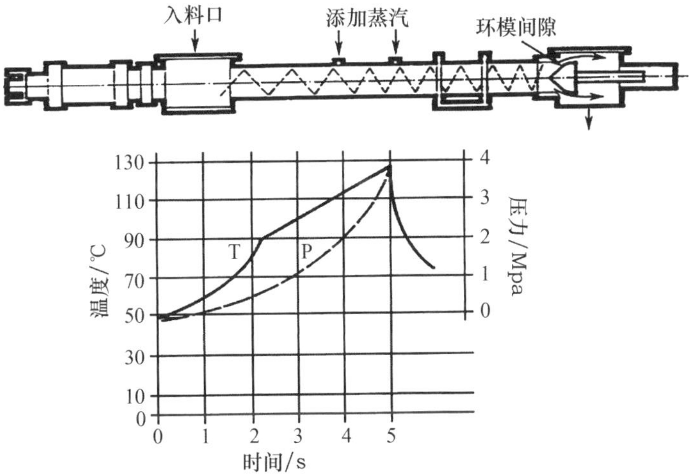

图 13-25　典型膨胀器温度、压力与膨胀时间的关系

(3)膨胀器的结构　膨胀器属单螺杆挤压机，但结构较膨化机简单，主要应用于饲料原料的预处理。其主要由喂料器、调质器、主传动箱、螺杆螺套总成、环形间隙出料调节机构、油脂添加系统等组成，见图 13-26。其中主要部件有螺杆螺套总成和环形间隙出料机构。

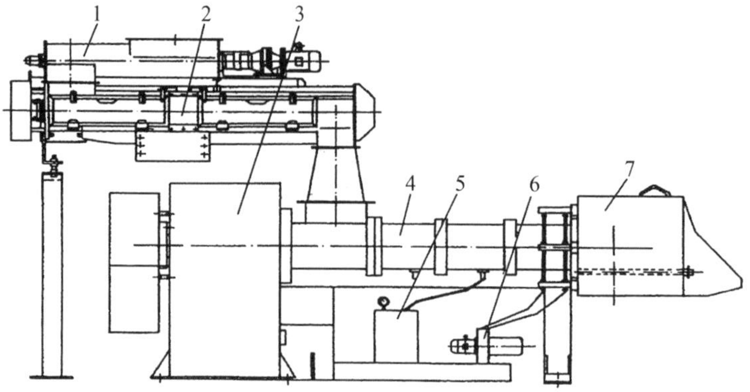

1.喂料器　2.调质器　3.主传动箱.4.螺杆螺套总成

5.停机植物油添加系统　6.液压泵　7.环形间隙出料机构

图 13-26　膨胀器结构图

①螺杆螺套总成　膨胀器的主要构件是螺杆和螺套，螺杆、螺套的技术参数及制造质量直接影响到整机的工艺性能，其结构见图 13-27。

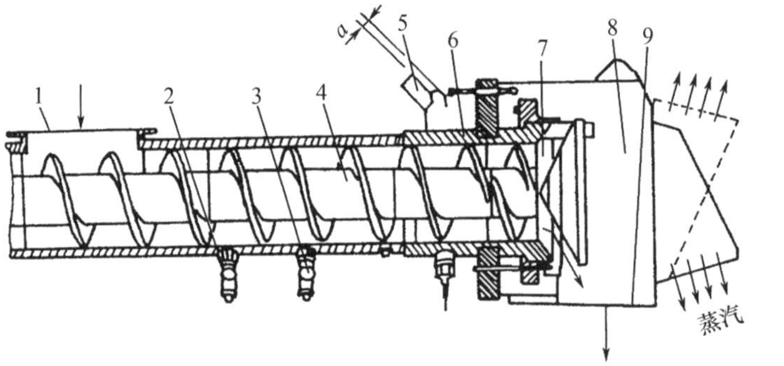

1.进料口　2.蒸汽添加口　3.油脂添加口　4.螺杆

5.环形间隙口开度调节系统　6.螺套　7.环形隙口　8.卸料箱　9.出料口

图 13-27　螺杆螺套结构

a.螺杆　螺杆是膨胀器的主要工作部件，通过圆柱销联结，并相互传递动力。在螺杆的长度方向上（从进料口到出料口），其输送能力逐渐减小，其压缩比一般在(1.05～2.6)：1，因而物料在输送过程中受到的压力越来越大，在环形隙口处达到最大值，物料对螺杆的磨损也越来越剧烈。

b.螺套　螺套也是膨胀器的主要零部件，其结构与膨化机螺套相似，螺套也采用分体装配式结构，相互之间通过弹性柱销联结。

②环形间隙出料机构　膨胀器的出料机构设置在机座末端的分料盘上，机座外圈上装有滑阀机构，滑阀机构后端联结出料口开启度显示装置，此显示装置与滑阀机构和液压系统连接。出料机构的开启度可根据需要在生产前或生产过程中通过液压系统和出料开启度显示装置驱动滑阀机构进行大小调节和定位。见图 13-28。

环形间隙出料口的闭合状态

环形间隙出料口的开启状态

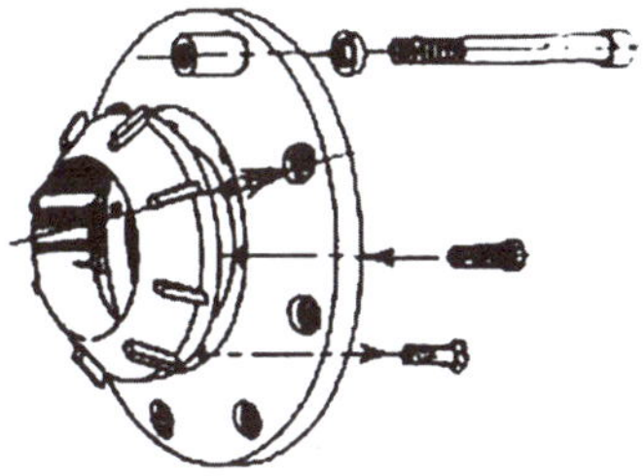

摩擦锥的结构

图 13-28　膨胀器环形间隙出口的开度和摩擦锥的结构

4.挤压膨化过程中物料营养成分的变化

(1)挤压过程中碳水化合物的变化　碳水化合物是饲料中的主要组成成分,通常在畜禽饲料中占到60%～70%,是影响挤压膨化饲料产品品质的重要因素。碳水化合物根据其分子量大小、结构及理化性质可分为淀粉、纤维、亲水胶体及糖等四大类,但在挤压过程中影响和变化最大的是淀粉,所以仅就淀粉的变化做一介绍。

①淀粉的变化　淀粉是饲料中糖类物质的主要存在形式,它在饲料中主要起到提供能量和膨化中的黏结作用。通过挤压膨化使饲料原料中的淀粉糊化,淀粉糊化可使饲料的黏结性能得到很大程度的提高,有利于饲料在水中的稳定性,减少营养物质在水中的溶失;淀粉糊化后能够大量吸收水分而膨胀,增加淀粉与淀粉酶的接触面积,有利于酶的作用,促进消化吸收。

②淀粉在挤压膨化中的作用　一般畜禽饲料中淀粉是主要成分,原料中淀粉含量的多少、淀粉的结构以及淀粉在挤压过程中的变化,与产品的质量有十分密切的关系。天然原料中的淀粉有直链淀粉(amylose)与支链淀粉(amylopectin)之分。在饲料生产过程中为获得良好的膨化产品,有时要添加变性淀粉,以提高产品的质量。

赋型作用:原料经挤压机挤出后,糊化的淀粉分子相互交联,形成了网状的空间结构。

该结构在挤出后迅速冷却,闪蒸掉部分水分后成型,成为膨化饲料结构的骨架,给予产品一定的形状。若淀粉含量很低或根本不含淀粉,则很难达到较高的膨化程度,易形成松散的产品结构。如图13-29。

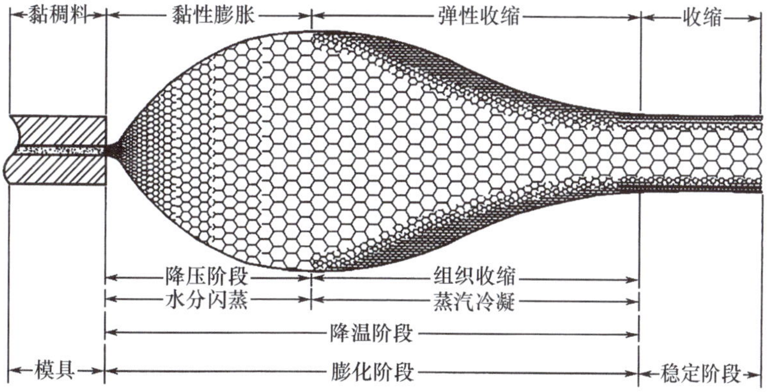

图 13-29　淀粉被挤压出模膨化示意图

密度控制作用:淀粉尤其是支链淀粉和变性淀粉含量高的原料经挤压后易膨化、易成型、产品密度小。

硬度控制作用:直链淀粉和变性淀粉含量高时,膨化制品的抗碎强度大,其质地较硬。

吸水速度控制作用:变性淀粉含量高的原料经挤压膨化后,会产生燧面性结构。该结构的形成可降低产品的吸水速度,能使产品在水中或其他液体中不会立即变成糊状,而能较长时间保持产品的外形。水产饲料要求有较高的耐水性能,否则不仅造成饲料的浪费,而且污染水质。

③淀粉在挤压过程中的变化　淀粉在挤压过程中的变化可采用下列指标衡量。

a.淀粉的糊化特性(pasting property)　淀粉在水中因温度的变化而发生的黏度变化一般均呈现有相同特征的糊化曲线(图 13-30)。这种变化由快速黏度仪连续监测,根据黏度的变化曲线,即可确定其糊化温度、峰值黏度、峰值温度、最低黏度、最终黏度、衰减值和回生值(颜晓荣,1996)。其中实线是仪器设置的温度随时间变化的曲线,虚线是黏度随时间变化的曲线。

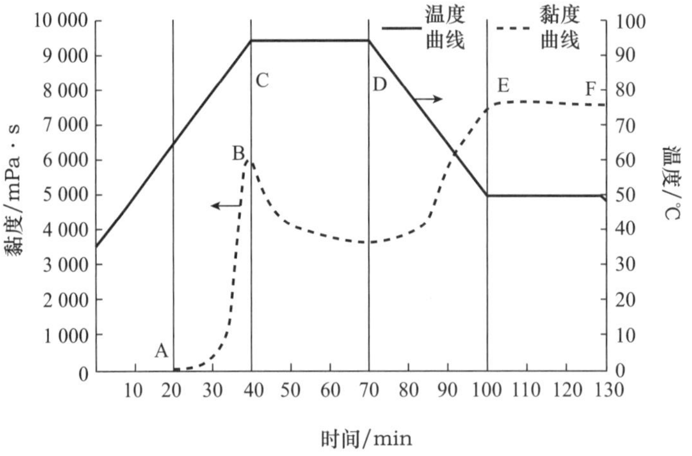

图 13-30　淀粉糊化特性曲线(凌家煜,2002)

淀粉的糊化度可间接反映淀粉的熟化程度,在实际生产应用中淀粉的糊化度很难测量,并且是一个连续的变化过程,所以在实际应用和研究领域是通过研究淀粉黏度的变化规律来评定淀粉的糊化特性。由图 13-30 可以发现,淀粉在低温条件下不会发生糊化,随着温度升高淀粉颗粒开始吸水、吸热发生膨胀和崩解并逐渐糊化,升温至 80 ℃以上,纯淀粉可以完全糊化(或熟化)。谷物类淀粉一般在 50～60 ℃开始膨胀,豆类淀粉在 55～75 ℃开始膨胀。淀粉的糊化特性还受到水分和加热速度(时间)的影响,含水 20%的纯小麦淀粉的糊化温度为 120 ℃。

膨化之后的糊化淀粉与总淀粉含量之比称为淀粉的糊化度。挤压作用能促使淀粉分子内 1,4-糖苷键断裂而生成葡萄糖、麦芽糖、麦芽三糖及麦芽糊精等低分子量产物,致使挤压后产物淀粉含量下降。但挤压对淀粉的主要作用是促使其分子间氢键断裂而糊化。淀粉的有效糊化不仅改善了饲料的营养价值,还有利于饲料成型。

淀粉在挤压过程中糊化度的大小受挤压温度、物料水分、剪切力、螺杆结构、在挤压机内的滞留时间及模头开孔率等因素的影响。一般规律是高水分、低温挤压使淀粉部分糊化，低水分、高温挤压有利于提高淀粉的糊化度，且使淀粉部分裂解为糊精。

淀粉中的直链淀粉与支链淀粉在挤压过程中表现出不同的特性。就膨化度而言，总的趋势是淀粉中直链淀粉含量升高则膨化度降低，有报道说 50% 直链淀粉与 50% 支链淀粉混合挤压可得到最佳的膨化效果。另外，不同来源的淀粉其挤压膨化效果也存在差异，小麦、玉米和大米中的谷物淀粉具有较好的膨化效果，块茎淀粉具有很好的膨化性和很强的黏结能力。

通过膨化加工不仅可以将淀粉颗粒以及中间的介于半晶体状和晶体状区域的表面积显著扩大，而且瓦解其组织结构，使淀粉颗粒融为一体，形成像塑料一样的平缓区域。这种变化可改善肠内淀粉酶活性极低的乳仔猪对淀粉的消化率。

b.吸水指数(water absorption index，WAI)　吸水指数表示挤压膨化后物料吸收水分的能力。将一定水分含量的物料悬浮于水中，在样品经过离心以及除去上层清液之后，每克样品所形成的凝胶体的质量。

c.水溶性指数(water solubility index，WSI)　上述试验的上层清液中所含原始样品的百分率。淀粉糊化程度高，降解程度大的样品水溶性指数大。

天然淀粉是以颗粒状存在的，颗粒的外形有圆形或不规则状态，粒度一般在 1～100 μm 之间。淀粉颗粒靠分子间的氢键和分子内的氢键紧密联在一起，联成类似晶体的结构，故天然淀粉的吸水性很小，口感很硬，不易被淀粉酶作用，进入动物体后不易消化。淀粉在一定的水分含量和温度条件下，其颗粒会溶胀破裂，内部有序状的分子之间的氢键断裂，分散成无序状态，产生“糊化”，糊化之后的淀粉也称为 α-淀粉。几种常见淀粉的糊化温度如表 13-4 所示。

表 13-4　常见淀粉的糊化温度　℃

淀粉种类	糊化温度	淀粉种类	糊化温度
大米淀粉	68～78	玉米淀粉	62～70
小麦淀粉	59～64	马铃薯淀粉	56～66

挤压膨化过程中的淀粉是在一个低水分状态下进行的糊化过程。糊化程度与螺杆的转速(影响到剪切力和挤出时间)、温度和水分含量关系密切。

淀粉在挤压过程中的主要变化是“糊化”。原淀粉是由淀粉粒子组成的颗粒状团块，结构紧密，吸水性差。淀粉经水热处理后，淀粉粒子在湿、热、机械挤压、剪切的综合作用下，结构受到破坏，分子连结被打开，颗粒进一步崩溃，形成胶态的凝胶体糊化，即 α 化。淀粉分子断裂为短链糊精，降解为可溶性还原糖。淀粉的糊化与温度有关，温度不同糊化程度(即糊化度)不同。糊化的淀粉分子相互交联，形成网状的空间结构，物料在瞬间膨化后失去部分水分，冷却后成为膨化产品的骨架，使产品保持一定的形状(图 13-31，图 13-32)。若原料配方中淀粉含量少，则很难形成疏松多孔的膨化结构。配方中淀粉含量的高低可用于控制膨化产品的沉浮性能。变性淀粉含量高的产品，吸水速度慢，持水时间长，这是水产饲料应具备的重要特性。

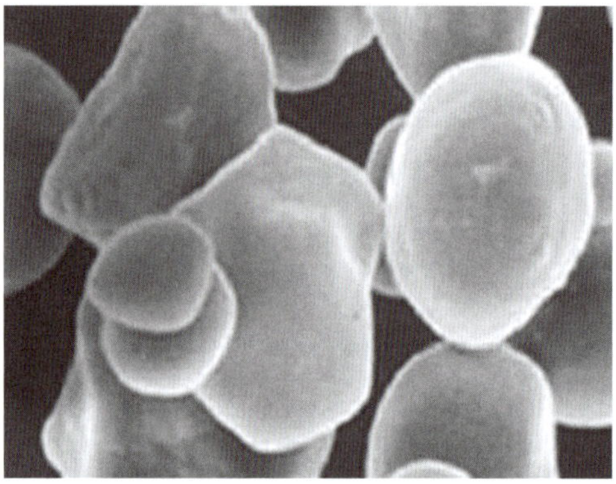

图 13-31　挤压膨化前的淀粉分子结构

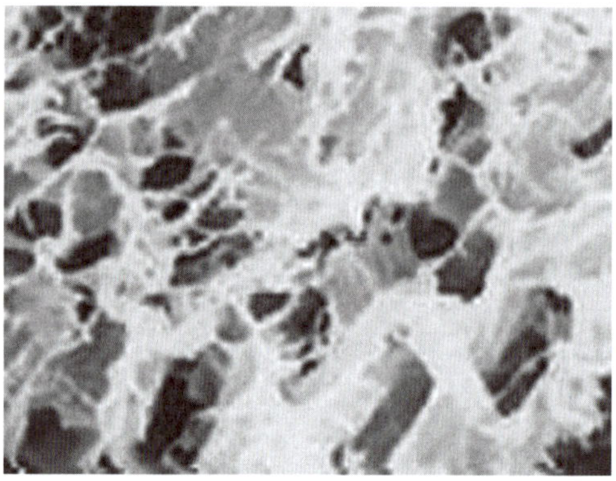

图 13-32　挤压膨化后的淀粉分子结构

(2)挤压膨化过程中蛋白质的变化　蛋白质原料在挤压腔内受到水分、高温、高压及强机械剪切力的作用,导致蛋白质最终发生变性,产生絮状沉淀或形成凝胶结构,这种变性使蛋白酶更易进入蛋白质内部,从而提高消化率。高温、高压和高剪切力可使蛋白质分子在被挤压经过模孔时,形成组织化蛋白。绝大多数蛋白质沿物料流动方向成为线性结构,并产生了分子间重排,蛋白质产生变性的程度与挤压过程中的一些参数有十分密切的关系。挤压膨化对蛋白质的影响主要表现在:

①变性作用　当蛋白质受热或受到其他物理、化学作用时,其特有的结构和性质也随之变化,如溶解度降低,对酶水解的敏感度提高,失去活性等,这种现象称为变性作用。变性不是蛋白质发生分解,而仅仅是蛋白质的二、三级结构发生变化。适度破坏蛋白质的结构可以改善蛋白质的消化性。

②热致变性　蛋清在加热时凝固、瘦肉在烹调时收缩变硬等都是蛋白的热致变性作用。蛋白质受热变性后对酶水解的敏感度提高。

③灭酶与杀菌　热力杀菌也是利用了蛋白质的变性原理。例如挤压膨化可抑制或灭活大豆中的抗胰蛋白酶,也可灭活米糠中的脂肪酶,减缓米糠的腐败变质,从而延长米糠的保质期。

④蛋白质在水中的分散指数下降　这是由于物料中淀粉的存在,糊化淀粉将其他营养物质包裹在淀粉基质中。因此,蛋白质被物理性地结合在糊化淀粉内,被淀粉基质保护起来,简单的水溶液不能溶解淀粉,但肠道中的消化酶可轻易地溶解淀粉基质,将蛋白释放出来。挤压膨化加工对某些氨基酸的稳定性和可利用性有一定的影响,见表 13-5。

表 13-5　膨胀对某些氨基酸稳定性和可利用性的影响　　%

名　称	未处理	膨胀加工	
		120 ℃	130 ℃
赖氨酸	0.84	0.83	0.78
可利用氨基酸	0.80	0.79	0.74
可利用率	95	96	95
苏氨酸	0.61	0.59	0.57
甲硫氨酸	0.55	0.56	0.54

从上表可看出：在 120 ℃和 130 ℃情况下，氨基酸和可利用氨基酸都无变化。但就蛋白质品质而言，不同的挤压膨化条件对其影响不一，这主要表现在挤压过程中有效赖氨酸的损失。总的趋势是在原料水分低于 15%、挤压温度高于 180 ℃的条件下，挤压时水分越低、温度越高、赖氨酸损失越大，蛋白质的生物学效价就越低。适当改变挤压工艺条件，或是降低饲料中葡萄糖、乳糖等还原糖含量，提高原料中水分含量等均可有效减少美拉德反应（Maillard reaction）的发生。实验结果证明：挤压温度高，蛋白质变性程度大，组织化程度好；温度低，挤出产品溶解性好。

挤压过程中，除了蛋白质的变性和组织化外，蛋白质的含量也有所变化。一般情况下，经挤压膨化后蛋白质含量会有所下降。有些氨基酸含量下降程度大、损失多，有些损失少。由实验结果表明，在挤压过程中，赖氨酸有较明显的损失，其次是蛋氨酸。

挤压过程中，原料中的淀粉（多糖）含量在一定程度上影响氨基酸含量的下降。糖含量不变的情况下，氨基酸的损失随温度升高而增大，而水分提高则有利于氨基酸的保留。糖对氨基酸含量的影响主要来自美拉德反应。

蛋白质经挤压后，由于其结构变化而易受酶的作用，因而其消化率明显得到了提高。蛋白质含量高的原料一般在挤压时膨化程度低。因此，为提高产品的膨化率，往往需要提高挤压温度和适量调整水分含量。挤压过程中若蛋白质含量高，则物料的黏稠度大，挤压过程中的能耗大。

（3）挤压过程中脂肪的变化　在相同条件下，挤压膨化饲料要比一般硬颗粒饲料有较长的保质期。经过挤压加工之后，饲料中淀粉糊化、蛋白质变性，生长抑制因子、脂肪氧化酶和脂肪水解酶等被适度破坏。挤压过程对产品起到很好的杀菌作用。另外也普遍认为，由于脂肪在挤压过程中能够与淀粉和蛋白质形成复合物，这些复合物又能降低挤压产品在保存期的氧化现象。

实验研究表明，在挤压膨化过程中，原料中部分脂肪与淀粉、蛋白质形成了复合物，降低了挤出物中游离脂肪酸的含量，例如玉米经挤压之后，游离脂肪酸含量由 4.22% 下降到 1.65%。实验证明，在不同温度、不同水分和不同的螺杆转速条件下，挤压温度和水分含量是影响复合体生成量的主要因素，螺杆转速的影响较小。挤压温度越高，挤出样品中的游离脂肪酸含量也越高，复合体的生成量越少。同样，水分含量越高，挤出样品中的游离脂肪酸含量也越高，复合体的生成量下降。

挤压作用会使饲料中的甘油三酯部分水解，产生单甘油酯和游离脂肪酸，产品中的游离脂肪酸含量升高。就单纯处理来看，挤压过程将降低油脂的稳定性，但就整个产品而言，挤压产品在贮藏过程中游离脂肪酸含量显著低于未挤压样品，主要因为挤压使饲料中的脂肪水解酶、脂肪氧化酶等促进脂肪水解的因子失活。脂肪复合体的生成，使得脂肪受到淀粉和蛋白质的保护作用，对降低脂肪的氧化速度和氧化程度有积极作用。脂肪及其水解产物在挤压过程中能与糊化的淀粉形成复合物，从而使脂肪不能被石油醚萃取。但这种复合物在酸性的消化道中能解离，不影响脂肪的消化率。

脂肪可能影响到产品的膨化度。脂肪含量在 10% 以下时，其对产品膨化度的影响很小；但含量较高时，会使产品的膨化度明显下降。脂肪影响膨化饲料的质构、成型和适口性等。脂肪可能影响到整个挤压过程的顺利与否。例如对脱脂大豆粉的挤压，其脂肪的含量不应超过 1%；在膨化饲料生产中，单螺杆挤压机油脂添加量在 12% 以下时，对挤压效果无影响，当添加量在 12%～17% 时，添加量每增加 1%，产品的密度就增加 16 g/L，添加量继续增大则效果更差；当添加量超过22%时则产品就失去了一般挤压膨化饲料的特性。在生产某些要求脂肪较高的海水鱼饲料时可采用先膨化后表面喷涂的方法来提高脂肪含量。选用双螺杆挤压膨化机加工高油脂饲料，其品质优于单螺杆挤压机。

(4)挤压过程中维生素和矿物质的变化　挤压过程中，热敏性维生素如维生素 B_1、叶酸、维生素 C、维生素 A 等最容易受到破坏；其他维生素如烟酸、维生素 H、维生素 B_{12} 比较稳定。从生产方便性看，挤压膨化之前添加维生素优于挤压后添加，但必须超量添加以克服挤压过程中维生素部分损失对动物的影响。挤压过程中会对维生素产生破坏，产品在储藏过程中维生素的损失也会加快，在挤压之后添加更为经济。比较而言，维生素 A 和维生素 C 的变化要大些。表 13-6 为挤压膨化对维生素稳定性的影响。

表 13-6　挤压膨化对维生素稳定性的影响(曹康等，2014)　%

维生素	稳定度	维生素	稳定度
维生素 A	85～90	维生素 B_{12}	100
维生素 D_3	80～90	生物素	95～98
维生素 E	80～95	维生素 C	50～70
维生素 K_3	60～85	氯化胆碱	94～100
维生素 B_1	93～98	叶酸	98～100
维生素 B_2	98～100	烟酸	96～100
维生素 B_6	90～100	泛酸	100

挤压过程中，矿物质一般不会被破坏，但是具有凝固特性的新络合物的形成可能会降低某些矿物质的生物效价，例如植酸可能与 Zn、Mn 等络合，形成动物不能消化的化合物。一般认为，植物性饲料中矿物质的生物利用率受植酸影响，而挤压膨化提高了植酸磷的利用率。

(5)挤压膨化过程中的抗营养因子变化　挤压膨化加工的另一优势就是破坏饲料原料中的某些抗营养因子，诸如生大豆中的抗胰蛋白酶(toypsin inhibitors，TI)、棉籽中的棉酚、菜籽中的芥籽苷等。TI 抑制胰蛋白的活性，降低蛋白质的消化率。挤压膨化加工，可破坏大部分 TI。挤压膨化的温度、水分、设备配置、滞留时间、模孔大小等因素都会影响对 TI 等抗营养因子的破坏程度。据研究报道，使用单螺杆挤压机膨化全脂大豆，可使其 95%以上的 TI 失活，用双螺杆膨化机处理全脂大豆后，TI 活性完全丧失。

13.2.3　饲料烘焙加工技术

在畜牧行业，玉米是动物日粮中主要的能量饲料，一般占日粮配比的 2/3 以上。玉米中主要营养物质为淀粉，其含量占玉米干物质的 60%～75%，是畜禽获取能量的主要来源。影响动物对玉米淀粉消化率的因素主要有两个：一是动物品种，二是饲料加工，而动物本身综合条件的不易改变，使得改进玉米的加工技术成为提高玉米淀粉消化率的关键措施。

常见的玉米熟化加工方法有蒸汽压片、膨化和膨胀等，也有少量烘炒玉米。蒸汽压片玉米可把淀粉糊化度提高到 40%左右，但淀粉利用率仍然不高，而且适口性差、成本居高不下。膨化玉米糊化度较高，但加工条件不易控制。直接烘炒玉米生产工艺落后、加工效率低，如果加工条件控制不当，会使淀粉结构发生变化，形成抗性淀粉，不利于淀粉的消化吸收。

为提高动物对玉米等能量饲料的消化率，近几年在欧洲兴起了饲料原料烘焙加工技术，并且该技术已引进到国内。

1.烘焙加工原理

烘焙(baking)，又称为烘烤或焙烤，是指在热辐射的作用下使物料熟化脱水的过程。通过烘焙可使淀粉糊化、蛋白质变性，达到使物料熟化的目的，也能使物料的口感发生变化。烘焙过程中物料的形状、水分和添加剂种类对烘焙效果都有较大的影响。水分含量主要影响热量的传递速率，过多的水分会增加物料的熟化时间，水分过低又会使物料被烤焦，适宜的水分才能烘焙高品质的产品。合适的添加剂可以使物料在烘焙过程中适当地膨胀，增加物料的香味和口感。

2.烘焙加工工艺

烘焙玉米主要包括如下工序：原料的清理、粉碎、制粒成型、压片、烘焙、冷却、粉碎和成品打包等。其中制粒成型和烘焙是关键工序。

(1)制粒成型　为了后续的压片和烘焙工序的顺利进行和保证成品质量，首先要将粉料制成水分含量在25%左右的颗粒。

(2)压片　将高水分的颗粒通过压片机压制成厚度1.0～3.0 mm的薄片，以增加物料的受热面积，提高烘焙效果。

(3)烘焙　烘焙技术是利用辐射所产生的热量对物料进行短时高温加热使物料熟化，并发生适度的美拉德反应，产生一定的鲜味，以提高饲料消化率和诱食性。在饲料原料的烘焙工艺中，一般烘焙温度控制在210～230 ℃，烘焙时间为60～120 s，烘焙后淀粉的糊化度最高可达90%以上。

13.2.4　饲料热加工技术对猪消化性能及肠道健康的影响

1.饲料热加工技术对饲料营养成分的影响

(1)饲料热加工技术对淀粉的影响　一般畜禽饲料中淀粉是主要成分，原料中淀粉含量的多少、淀粉的结构以及淀粉在挤压过程中的变化，与饲料产品的质量有十分密切的关系。天然原料中的淀粉有直链淀粉与支链淀粉之分。在饲料生产过程中为获得很好的膨化产品，有时要添加变性淀粉，以提高产品的质量。

饲料原料中的淀粉在原始状态下称为生淀粉，生淀粉颗粒是复杂而紧密排列的结构，其中无定形和结晶层交替形成半结晶颗粒，大小变化为1～50 μm(Svihus et al.，2005)。人们普遍认为，这种高度组织的结构不易消化吸收，因此出现多种生淀粉的加工方法。生淀粉在一定条件下转化为熟化淀粉，本质是湿热蒸汽水分进入淀粉颗粒内部，淀粉分子失去原有紧密排列结构，变成无序状态，即淀粉粒中有序结晶态及无序非结晶态间氢键断开，晶体结构消失，形成非结晶性淀粉(Zimonja et al.，2009)。加工中的温度、湿度、压力和摩擦力等均可影响饲料营养成分的效价以及活性物质的功效(李德发，2002)。在水分和温度作用下，谷物淀粉颗粒在50～60 ℃开始吸水膨胀，豆类淀粉颗粒在55～75 ℃开始吸水膨胀，直至破裂，使乳液变成黏性很大的糊状物，这种黏稠的糊状物称为糊化淀粉，这种现象称为淀粉的糊化。糊化后的淀粉称为α-淀粉，吸水性增加，易受淀粉酶作用，有利于动物消化吸收。制粒过程中温度、压力和水分对淀粉糊化影响较大，温度越高，糊化度越高。粉料在制粒前淀粉糊化度为25%～30%，制粒后可达到30%～

40%。采用压力调质器或膨化设备后可使淀粉糊化度达到40%～90%(刘梅英等,2000)。

(2)饲料热加工技术对蛋白质的影响　制粒的温度、水分等对蛋白质的利用率有很大影响。蛋白质吸热升温后,在热的作用下,分子产生过度振荡,使氢键和其他次级键遭到破坏,引起多肽链原有空间构象发生改变,致使蛋白质变性,动物对变性蛋白质的消化率有所提高(邓君明和张曦,2001)。颗粒料的蛋白质消化率比粉料提高13.3 %(张曦和邓君明,2002)。这是因为变性后的蛋白质分子由于肽链结构伸展疏松,增加了与酶的接触机会,更易为酶所水解(谢正军等,2002)。另外,强烈的水热处理和机械力的综合作用,钝化了热敏性及水溶性抗营养因子的活性,尤其是去除了豆粕等含有的大量胰蛋白酶和胰凝乳蛋白酶抑制因子以及植物凝血素的活性,因而有利于动物的消化和吸收。蛋白质变性可增加可塑性,提高饲料的制粒性能,降低粉化率;使氧合酶失活,提高脂肪质量,延长保质期(刘梅英等,2000)。

2.饲料热加工技术对猪消化性能的影响

(1)制粒对猪消化性能及肠道健康的影响　在现代化养猪生产中,很少以粉状(粉末状)饲料的形式进行饲喂,而是以颗粒状饲料为主,尤其是对于养殖量最大的生长育肥猪(Fahrenholz,2012)。在制粒过程中,热量、水分和压力施加于饲料上,即可挤压形成小的饲料颗粒,颗粒饲料更能提高猪的生产性能,提高饲料转化率,且猪会偏好采食颗粒饲料(Skoch et al.,1983)。研究表明,颗粒饲料可以提高猪的平均日增重,提高猪的干物质和氮的消化率,同时还可以减少猪的氮排泄(Traylor,1997;Ball et al.,2015),这具有积极的营养和环境效应。

有较多的文献报道颗粒饲料对于提高猪生产性能有积极作用。制粒提高营养物质消化率的原因是在制粒过程中谷物的胚乳细胞壁遭到破坏,这使得营养物质更易于与消化酶接触(Doherty et al.,2000)。颗粒饲料可提高猪生产性能的其他原因可能有:颗粒饲料的营养物质消化率和卫生质量得到了提高、由于淀粉的局部糊化作用使淀粉消化率有了提高、饲料成分的分离减少、采食颗粒饲料时耗损减少、猪无法挑食偏爱的成分、抗营养物质含量减少、饲料通过肠道系统的流通速率提高(Lundblad et al.,2011;Fahrenholz,2012)。

由于制粒机的压辊和环模间的间距极小(Svihus et al.,2004;Vukmirovic et al.,2016a),以及由于在制粒机的环模模孔中的摩擦力(Abdollahi et al.,2011),制粒过程中饲料颗粒会发生研磨(二次粉碎),从而会进一步减小饲料成分的粉碎粒度,因此可以预测营养物质的消化率会进一步提高。

另一方面,由于二次粉碎而导致细颗粒饲料增多会引发一些与猪胃肠道健康有关的问题。猪饲料(粉状和颗粒状)中含有的大量细小颗粒会对胃肠道的健康产生不利的影响,导致胃溃疡发病率的提高和胃黏膜的其他不良改变(角化、糜烂)(Duro,2017;韩浩月,2017)。与采食粉料的猪相比,采食颗粒饲料的猪更易发生胃上皮角化过度、黏膜糜烂和出血性溃疡这些问题(Cappai et al.,2013;Moßeler et al.,2014;Liermann et al.,2015)。

(2)挤压膨化/膨胀加工饲料原料对猪消化性能及肠道健康的影响　随着饲料原料资源的短缺和价格的上涨,加工技术对降低生产成本,改善猪生产性能的影响日趋明显。传统的膨化工艺具有降低抗营养因子、毒素和有害菌数量和提高营养物质消化率的作用。新型的膨化和膨胀工艺除了上述优点外,还能提高产能,降低能耗,并进一步释放营养物质,提高营养物质的消化率。膨化和膨胀工艺可破坏非常规原料的纤维成分,增加其应用范围和营养价值。大量的试验结果表明,膨化和膨胀熟化工艺对仔猪、育肥猪和母猪的生产性能具有普遍的提升效果(程宗佳等,2014)。

膨化玉米可提高断奶仔猪的日增重，降低料肉比；可显著提高十二指肠的绒毛高度，显著降低空肠中段的隐窝深度；显著增加十二指肠、空肠前段、后段和回肠的黏膜厚度。仔猪断奶后28 d，膨化玉米显著增加了十二指肠的黏膜厚度（王潇等，2006）。

(3)挤压膨化全价配合饲料对猪消化性能及肠道健康的影响　挤压膨化全价配合饲料可显著提高断奶1～14 d仔猪的生产性能，这可能是由于刚断奶的两周内正是断奶应激最严重的阶段，而难消化的高蛋白日粮会更加剧猪的不适应；低蛋白加上膨化，较大程度地缓解了仔猪断奶应激((piglet weaning stress)，使胃肠道较快适应了对植物蛋白的消化（胡迎利，2010）。

膨胀器的环形间隙出料口开启度，对产品的糊化度和饲喂动物的生长性能有一定的影响。膨胀后大宗原料淀粉糊化度随着环隙开度的减小而增大，膨胀环隙开度为3.2 cm时颗粒饲粮质量最好，断奶仔猪生长性能最佳（段海涛等，2015）。

(4)熟化加工技术对猪消化性能及肠道健康的影响　随着养殖技术的不断提高，营养和饲料相结合的精准饲养观念也逐渐深入于各个养殖场企业。动物的各个生长阶段所需要的营养物质和物理形态各不相同，针对不同的需要，就需要制定不同的日粮和料型，因而对饲料加工技术的要求也越来越高，饲料类别的区分也越来越精细。有研究报道，对饲料进行高温、高压和高水分的熟化加工，不仅使饲料中的营养成分更容易被消化吸收，且熟化过程可以杀死原料中的大部分致病菌，破坏原料中的一些抗营养因子，并且能够使饲料原料中的淀粉糊化，使其具有良好的适口性和诱食性（黄伟等，2017；黄友如等，2011）。

近几年淀粉糊化度大于80%的饲料熟化加工技术得以快速发展，尤其是对于一些特殊阶段的畜禽其优势更加明显。王春维等发明的熟化软颗粒教槽料的制备方法在一年内获得国家发明专利，随后又获得欧洲发明专利授权。熟化软颗粒教槽料在饲喂过程中表现出了良好的适口性和诱食效果，可以明显提高仔猪的平均日采食量（ADFI）、平均日增重（ADG）和饲料转化率（F/G），也降低了仔猪的腹泻率（王春维，2016）。与粉料和硬颗粒相比，熟化软颗粒饲料不仅提高了断奶前后仔猪的生长性能、降低腹泻率，也提高仔猪对蛋白质或氨基酸的利用率从而提高断奶仔猪消化利用率，体现了熟化软颗粒较强的诱食效果，促进断奶前后仔猪采食，并且推荐熟化软颗粒教槽料更适用于14 d断奶的超早期断奶仔猪和弱仔猪（陈帆等，2017；陈浩等，2019）。

研究表明，熟化软颗粒教槽料不仅在一定程度上提高了断奶仔猪十二指肠、空肠和回肠的绒毛高和绒毛高/隐窝深，改善了肠道绒毛结构；同时也改善了断奶仔猪盲肠菌群结构，有利于断奶仔猪肠道有益菌并抑制有害菌的生长（祝家东，2019）。

(5)烘焙加工技术对淀粉糊化特性的影响　淀粉的糊化度是影响淀粉消化率的主要因素之一。淀粉在糊化过程中其淀粉结构会被破坏，淀粉糊化度越高，淀粉酶与其作用越充分，可使淀粉充分水解。热加工方式对玉米淀粉糊化特性有较大影响。刘世操等（2018）研究了不同加工方法处理的玉米（普通玉米、蒸汽压片玉米、膨化玉米和烘焙玉米）的淀粉糊化度、直链淀粉含量、淀粉回升值和淀粉消化速率的变化，并运用扫描电镜观察了不同加工方法后玉米淀粉的表面形态特征，以探究不同加工处理玉米对淀粉特性的影响。其结果如下：①烘焙玉米的淀粉糊化度最高，在最优工艺条件下可达到99%，明显高于普通玉米、膨化玉米和蒸汽压片玉米；②烘焙玉米直链淀粉含量为10.29%，较普通玉米明显降低；③烘焙玉米的淀粉回生值略高于膨化玉米，但低于普通玉米；④烘焙工艺提高了玉米淀粉的消化速率，烘焙玉米的淀粉消化速率比膨化玉米提高了0.61 mg/(g·h)；⑤由扫描电镜观察得到烘焙玉米淀粉颗粒的表面有大量孔洞，且多于普通玉米和蒸汽压片玉米，见图13-33。

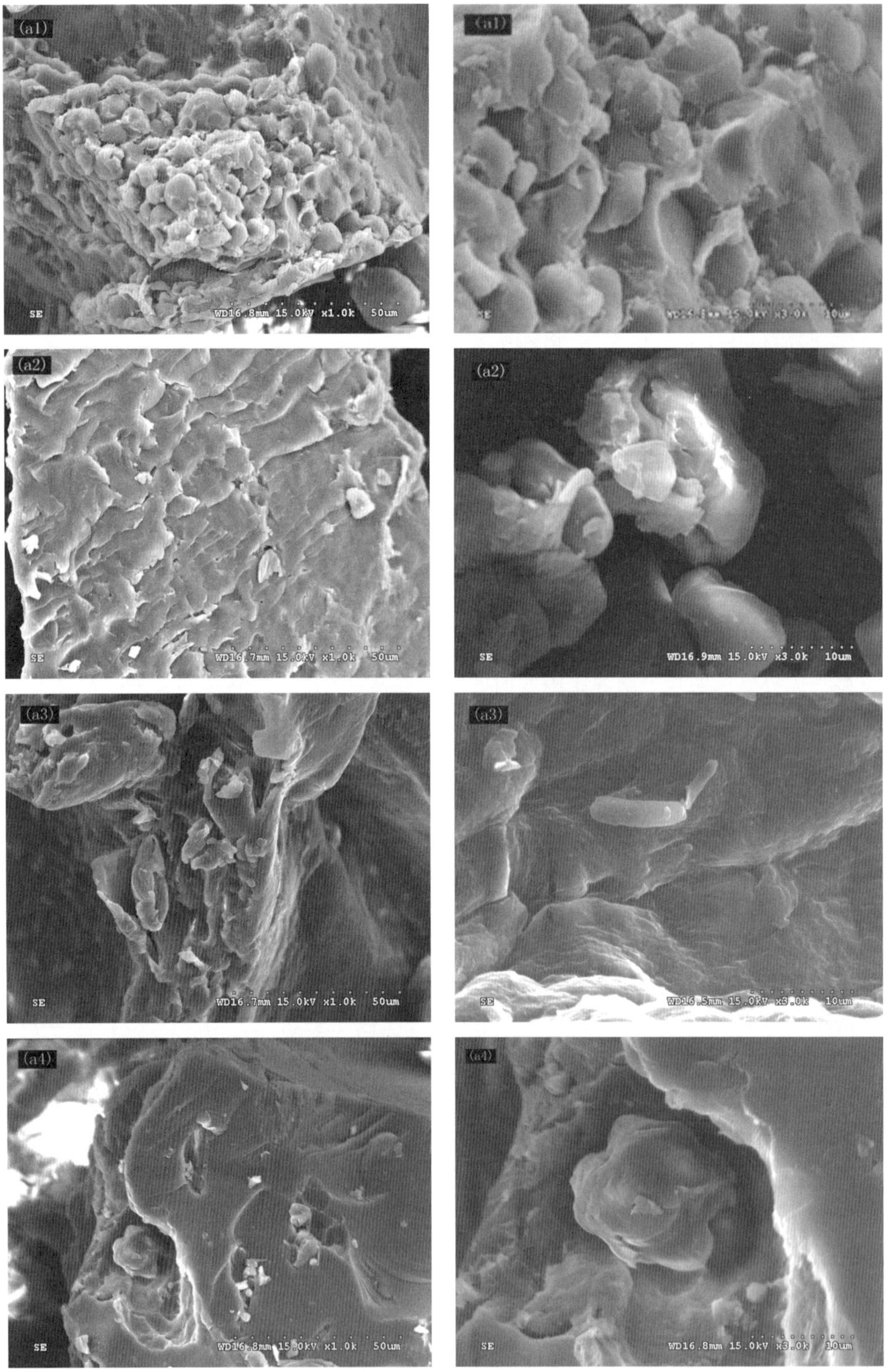

(a1)普通玉米　(a2)蒸汽压片玉米　(a3)膨化玉米　(a4)烘焙玉米

图 13-33　不同加工方法淀粉结构形态扫描电镜图

由图 13-33 可观察到，图 13-33(a1)中未处理的普通玉米中淀粉颗粒较大，排列紧密。淀粉颗粒呈块状聚集，且有大量淀粉颗粒露于外面。图 13-33(a2)中，淀粉表面较平整，淀粉颗粒较分散。蒸汽压片玉米是经过高温的水蒸气蒸煮和挤压加工，淀粉糊化度高于普通玉米，并且经糊化处理后，玉米淀粉出现了交联结构，淀粉大分子结构得到破坏，形成熔融的混合状态。由图 13-33(a3)中可发现，膨化玉米中的淀粉结构疏松、多孔，呈网状结构，糊化度较高。如图 13-33(a4)所示，烘焙玉米中的淀粉有孔洞，结构较松散，但也有结块。

淀粉有糊化和老化两个主要特性，糊化是淀粉颗粒分子间氢键断裂，由有序到无序的变化过程，这一变化有利于动物体对淀粉消化率的提高(Liu et al.,2006)。而淀粉老化，又名回生，是糊化的淀粉分子氢键重新结合，再次回归到有序状态的过程(Mua et al.,1998)，且淀粉老化后难以再次糊化，会降低饲料的营养价值，更不易被动物消化吸收。淀粉的回生值越高，老化越快，这可能也是蒸汽压片玉米在单胃动物上应用效果不理想和膨化玉米经济效益欠佳的原因之一。

(6)烘焙加工技术对淀粉消化速率的影响　淀粉的消化速率与动物体的健康和生长密切相关。研究表明，淀粉的消化速率易受到多种因素的影响。其中，淀粉原料的加工工艺是影响淀粉消化速率的重要外在因素(赵凯等，2007)，且淀粉消化率的增加在很大程度上归功于淀粉的糊化作用和颗粒的破裂变化(Bravo et al.,1998；Tovar et al.,1991)。目前，烘焙技术主要应用于食品加工领域，尤其是谷物类的烘制，烘焙后淀粉可产生糊化、蛋白质变性等一系列理化变化，从而提高淀粉的消化速率。刘世操等(2018)对不同加工处理方式的玉米淀粉糊化度和体外淀粉消化速率进行了对比研究，结果发现，相对于普通玉米和蒸汽玉米，烘焙玉米的淀粉糊化度和淀粉消化速率均更高。Fadel 等(1989)试验发现，与摄入未经处理过的无麸质大麦的仔猪相比，饲喂经烘焙过的无麸质大麦的仔猪在回肠的淀粉消化率呈显著性水平升高，其结果表明，烘焙可通过增加淀粉和膳食纤维的消化率来提高大麦基础日粮的消化率。

13.3　生物技术在饲料中的应用

随着畜牧养殖业的快速发展，“人畜争粮”的矛盾日益凸显，为了解决这个重要问题，世界各国都在探寻新的饲料资源，其中，蛋白质饲料尤其受到重视。饲料资源短缺的问题将长期制约着我国畜牧业的发展，所以利用生物技术开发新的饲料资源和提高现有饲料资源的利用率对于我国饲料工业健康发展具有重要意义(佘宝，2019)。

我国饲料团体标准中将生物饲料(biological feed)定义为：使用农业农村部饲料原料目录和饲料添加剂品种目录等国家相关法规允许使用的饲料原料和添加剂，通过发酵工程、酶工程、蛋白质工程和基因工程等生物工程技术开发的饲料产品总称，包括发酵饲料、酶解饲料、菌酶协同发酵饲料和生物饲料添加剂等。

13.3.1　微生物发酵技术在饲料中的应用

发酵饲料是以配合饲料或饲料原料作为发酵底物，配比微生物菌种，人工控制发酵温度、水分、氧量、发酵时间等条件，通过微生物自身繁殖和代谢，而制出的富含高活性益生菌及其功能性代谢产物的饲料。发酵饲料具有酸香风味，适口性好；饲料经过发酵，小分子物质大幅增加，抗营养因子有效降解；高活性的益生菌可改善肠道菌群环境，抑制有害菌生长；维生素、有机酸等微生物代谢物可增强体质，提高机体免疫力。

1.微生物发酵饲料的作用原理及特点

微生物发酵饲料选用的菌种均属于有益菌，发酵后的饲料在畜禽肠道内的作用机理一般都是综合作用的结果，目前得出的普遍观点有以下几点。

(1)改善肠道内的微生态平衡。发酵饲料进入动物肠道后，饲料中的乳酸菌(lactic acid bacteria，LAB)、酵母菌(*Yeast*)和芽孢杆菌(*Bacillus*)等有益菌之间能够进行协调作用，维持肠道的健康。动物采食后，芽孢杆菌等需氧菌不断消耗氧而形成厌氧环境，从而导致好氧菌死亡。

(2)补充营养成分，提高饲料利用率。饲料经混合菌种发酵后可产生多种营养物质，包括多种不饱和脂肪酸、芳香酸等，发酵产物有特殊的香味可有效改善饲料的适口性；发酵过程中菌种可将大分子物质降解为动物易吸收的小分子物质及多种促生长因子，这些营养物质容易被畜禽机体吸收利用，提高饲料利用率，促进动物的生长和增重。

(3)提高畜禽机体免疫功能。微生物发酵饲料中的有益微生物可以作为一种非特异性免疫调节因子，通过细菌本身或细胞壁成分刺激并激活宿主免疫细胞，促进吞噬细胞活力或作为佐剂发挥作用。乳酸杆菌、芽孢杆菌等在发酵过程中还可产生细菌素，抑制有害病原菌在动物肠道内的生长繁殖。

(4)降解饲料中的抗营养因子。许多乳酸菌和链球菌可以产生细菌素，这些多肽物质对革兰氏阳性细菌有抑制作用。微生物对饲料原料进行生物加工，可以降解其中的棉酚(gossypol)、硫苷(glucosinolate)、脲酶(urease)等抗营养因子。同时饲料中的一些抗原物质被微生物分解利用，减轻了对动物肠道的抗原性刺激。

(5)防止有害物质产生。动物饲喂微生物发酵饲料其有益菌可降低畜禽舍内氨气、硫化氢等有毒气体的浓度，可有效减少粪便中氨氮物质的含量，畜禽养殖舍内的氨气含量明显降低，净化畜禽环境。再者，直接饲用微生态制剂，有益菌在肠道内可形成致密性膜菌群，形成生物屏幕，以防止动物对有害物质和废物的吸收。

2.微生物发酵饲料的菌种

2009年美国联邦食品药品管理局(Food and Drug Administration，FDA)和美国饲料控制官员协会(American of Association Feed Control Officials，AAFCO)允许46种微生物菌种可作为饲料添加剂使用。我国农业农村部发布的“饲料添加剂品种目录”中公布了包括：地衣芽孢杆菌(*Baclicus lincheniformis*，PWD-1)、枯草芽孢杆菌(*Bacillus subtilis*)、两歧双歧杆菌(*Bifidobacterium*)、嗜酸乳杆菌(*Lactobacillus acidophilus*)和乳酸片球菌(*Pediococcusacidilactici*)等34种可以直接饲喂动物、允许使用的饲料级微生物饲料添加剂菌种，其中以乳酸菌、酵母菌、芽孢杆菌和霉菌4大类为主。

(1)乳酸菌　乳酸菌是一类能利用可发酵碳水化合物产生大量乳酸的无芽孢革兰氏阳性菌，在自然界分布广泛，乳酸菌大部分是人体及动物体内必不可少的菌群。按乳酸代谢途径可大致分为：同型乳酸菌、专性异型乳酸菌、兼性乳酸菌和双歧杆菌四类。而且乳酸菌可抑制肠道内腐败菌的生长和腐败产物的产生，可产生多种消化酶，制造营养物质，提高饲料消化率，保持动物体内的微生态平衡。

(2)酵母菌　酵母菌是一类可将糖类物质分解为酒精和二氧化碳的兼性厌氧单细胞真菌。

饲料用酵母菌主要分为热带假丝酵母、产朊假丝酵母、酿酒酵母、红酵母、毕赤酵母等。酵母可以将大分子物质分解成细胞新陈代谢易利用的小分子物质。酵母菌含有丰富的蛋白质、维生素和氨基酸等物质，可有效促进动物的生长发育，其独特的酵母香味还可以改善肉质，增强幼畜禽的抗病能力。

(3)芽孢杆菌　芽孢杆菌作为最理想的微生物添加剂，属兼性厌氧菌，对外界有害因子抵抗力较强。芽孢杆菌在增殖的同时可释放出高活性的分解酵素，还能产生多种营养物质，如维生素、氨基酸、促生长因子等促进动物机体的物质代谢，可抑制有害菌等有害微生物的生长，减少抗营养因子对动物消化利用的负面影响。

(4)霉菌　饲料中常用的霉菌有根霉、黑曲霉、米曲霉等。霉菌可分解纤维素和淀粉。

3.微生物发酵饲料工艺

微生物发酵饲料工艺根据发酵过程中水分的多少分为液体发酵饲料和固体发酵饲料。国外一般使用液体发酵饲料较多，而国内以固体发酵饲料为主。

(1)固体发酵饲料　固体发酵又称为固态发酵，是将粗饲料作为发酵原料，添加单一或混合有益菌种进行发酵的过程，发酵产物中营养成分高、适口性好，还可对原料中有毒物质进行降解。固体发酵微生物菌种主要有霉菌、酵母菌及细菌的一些类群。按发酵过程中微生物的生长是否需要氧气，把发酵工艺分为好氧发酵和厌氧发酵，由于厌氧发酵的设备投资和生产成本均低于好氧发酵，所以现阶段我国饲料生产企业普遍以固态厌氧发酵生产工艺为主。

固态厌氧发酵工艺一般包括以下工序：原料接收、清理、消毒灭菌、接种、发酵(控制水分、温度、pH、溶氧等)、干燥和产品打包。其中关键技术是菌种的选择和发酵条件控制。

(2)液体发酵饲料　液体发酵饲料过程中需要添加一定比例的水，增加了物料与菌种之间接触的表面积，从而加快发酵的速度；液体发酵饲料混合均匀，避免动物挑食，在预防仔猪腹泻等方面有着重要的作用。但由于液态发酵的水分在60%以上，一般采用直接饲喂的较多，若干燥成本较高。

4.饲料原料微生物发酵技术

可作为发酵饲料原料的品种很多，按物料的来源可分为：饼粕类，粮食及食品加工厂的副产类，植物的根、茎、叶类以及畜禽屠宰场下脚料类等。

(1)微生物发酵饼粕类饲料原料　我国饼粕类资源较为丰富，主要有大豆饼粕、菜籽饼粕、棉籽饼粕、花生粕、玉米胚芽粕、芝麻饼粕、油茶饼粕、葵花籽饼粕和亚麻籽饼粕等。饼和粕是不同的两种油脂加工技术在提取油脂后得到的两种不同形态的副产物，即压榨制油工艺得到的是饼，而浸出工艺得到的是粕。由于浸出工艺较为先进，所以粕类占大多数。现阶段已进行规模生产的主要产品有发酵豆粕、发酵菜籽粕和发酵棉籽粕等。

①发酵豆粕　“大豆粕”又称“豆粕”，是在大豆浸出制油后得到的副产品。外观呈浅黄色至浅褐色的不规则碎片状，具有烤大豆的香味。我国每年用于饲料的豆粕有4 000万t～5 000万t。由于大豆的品种和浸出工艺的不同(主要是浸出前是否去皮)豆粕中粗蛋白质含量为40%～52%。豆粕虽蛋白质含量高，但其含有一定量的抗营养因子，如脲酶、胰蛋白酶抑制因子、凝血素、大豆球蛋白、β-伴球蛋白和植酸等。大豆中的抗营养因子对动物构成一定的危害，因此限制了豆粕在饲料中的添加量和使用范围。

a.发酵豆粕加工技术　发酵豆粕加工技术是以豆粕为主要原料，利用现代生物工程通过加入一种或多种微生物菌种，在适宜的温度、湿度和时间条件下通过微生物的生长繁殖最大限度地消除豆粕中的抗营养因子、降解大豆蛋白和产生益生菌等活性物质的生产过程。发酵豆粕常用的菌种有枯草芽孢杆菌、酿酒酵母菌和乳酸菌等。

b.发酵豆粕饲料的优势　经微生物发酵处理后，豆粕中原有的脲酶、胰蛋白酶抑制因子、凝血素、大豆球蛋白、β-伴球蛋白、植酸等抗营养因子部分被消除或抑制，有利于维持动物肠道组织结构，促进免疫功能，提高生产性能。

发酵产品的营养成分更加丰富。马文强等的研究结果表明：发酵后豆粕中粗蛋白质含量比发酵前提高13.48%，氨基酸含量比发酵前提高11.49%，粗纤维素这些难消化吸收物质被酶分解降低，矿物质也相对增加。

豆粕经发酵后乳酸含量有一定的提高，并含丰富的醋酸，有利于维持和改善动物肠道健康，有助于减少动物腹泻。

发酵豆粕经过低温干燥，能保持各种消化酶的活性，富含的乳酸菌、酵母菌、醋酸菌和放线菌等多种益生菌，有助于维持动物肠道微生态平衡。

②发酵菜籽粕　菜籽粕（菜粕）是油菜籽加工后的副产物，我国每年的饲用菜粕在1 000多万t左右。菜粕中粗蛋白含量为34%～42%，粗纤维含量为10%～13%，碳水化合物含量为20%～25%，属低能量的蛋白饲料，氨基酸组成平衡，赖氨酸和含硫氨酸含量高（张涛等，2013）。但菜粕中含有硫苷、异硫氰酸酯、噁唑烷硫酮、单宁和植酸等抗营养因子，严重制约了其在畜牧养殖中的应用，如何有效降低或去除菜粕中的抗营养因子，一直是菜粕利用面临的难题。

利用微生物对菜粕进行发酵脱毒，不仅具有脱毒效果明显、条件温和、工艺过程简单、干物质损失小等优点（刘军等，2007），还可产生多种有益于畜禽生长的因子，是一种安全高效的菜粕脱毒方式。微生物发酵脱毒后菜粕中的抗营养因子被降解，营养成分发生变化，饲用价值提高，在畜禽养殖业中表现出比未发酵菜粕更好的营养价值，进而得到广泛应用。通过生物发酵的措施可改善菜粕的营养价值（何小丽等，2016）。

③发酵棉籽粕　我国是世界第一产棉大国，每年产生1 000余万t棉籽粕，所以长期以来，如何经济、合理地开发和利用好这笔资源，一直是研究热点。棉籽饼粕中粗蛋白质含量在38%～50%（李爱科，2013）。棉籽粕的营养指标差异较大，其主要取决于浸出前的脱壳工艺，即是部分脱壳，还是全部脱壳。

棉籽中含有对动物有害的棉酚及环丙烯脂肪酸等，尤其是棉酚的危害很大。在制油过程中，由于蒸炒和压榨等热作用，大部分棉酚与蛋白质、氨基酸结合而变成结合棉酚；结合棉酚在动物消化道内不被动物吸收，故毒性比较小。另一部分棉酚则以游离形式存在于棉粕中，这部分游离棉酚对动物毒性较大，尤其单胃动物过量摄取或摄取时间较长，可导致生长迟缓、繁殖性能及生产性能下降，甚至导致死亡，幼小动物对棉酚的耐受能力更低。而棉籽粕中游离棉酚的含量与制油方法及制油过程中的加热程度有很大关系。

卜小丽等（2017）以棉籽粕为原料，以最大限度地脱除其游离棉酚为目标，采用微生物、物理复合技术路线，就最佳的脱毒工艺条件及工艺参数进行了较全面的试验研究，并通过动物饲养试验检测了脱毒棉籽粕的毒副作用。在脱毒工艺研究方面，首先采用枯草芽孢杆菌与酵母菌以2∶1的比例进行复合发酵48 h；再以发酵后的湿棉籽粕为原料，采用微波脱毒技术进行第二次物理辅助脱毒。结果表明采用多菌种微生物混合发酵和微波辅助复合脱毒技术，可有效钝化棉籽粕中游离棉酚的活性、降低其毒性，并使其营养价值有所提高。复合法制得的棉籽粕产品的脱毒率达到91%，产品中棉酚含量仅为71 mg/kg，远远低于国家饲料标准值300 mg/kg，属于低酚棉籽粕。脱毒后蛋白质含量为52.17%，提高了25.29%；小肽含量为11.13%，提高了20.19%。通过动物饲养试验证明，其在合理的添加范围内对动物的生长性能和主要的生理生化指标没有显著性的影响。证明棉籽粕经先进的技术加工处理，可作为一种优质的蛋白饲料原料在配合饲料中广泛应用。

(2)微生物发酵食品加工副产物　食品发酵副产物又分为两类，一类是粮食原料通过固态发酵产生的副产物，如酒厂、酒精厂、调味品厂(酱油、醋)等糟渣类副产物；另一类是指粮食原料先分离出淀粉，经过液化、糖化后再利用微生物通过液态发酵产生的副产物，如柠檬酸厂、味精厂、氨基酸厂和抗生素厂等的加工副产物料、食用菌加工中产生的菌糠等。

①原料特点

a.固态发酵糟渣类副产物　蛋白质含量高、脂肪含量高；由于微生物的作用发酵产品中的蛋白质、B族维生素及氨基酸含量均有所增加，并含有发酵过程中生成的未知促生长因子。糟渣类副产物中添加物多、纤维含量高，酒糟中纤维含量特别高，未干燥的酒糟水分50%～70%，含有盐类物质；醋糟有酸香味，能增进猪的食欲。

b.液态发酵产生的副产物　抗生素类药物和生物工程类药物产生的菌丝废渣，需按危险废物处置，该类物料必须在发酵之前经过严格的灭活程序，将原微生物彻底灭活。一般为微生物的菌丝体，微生物蛋白质含量高，但其纤维含量也高，不易被畜禽消化吸收。物料水分高，一般可达60%～70%，且黏性大，不便输送和干燥处理。

②发酵后特点

a.本身含有生物促生长因子，经过发酵后可进一步提高生物生长因子含量；

b.将难以消化的大分子物质降解，有利于畜禽的消化吸收；

c.有些物料本身是危险废料，需要无害化处理，再经过微生物发酵成发酵饲料，变废为宝，扩大蛋白质来源，提高了经济效益。

(3)果蔬加工过程中产生的副产物　这一类副产物如风落果、不合格果以及大量的果皮、果核、种子、叶、茎、花和根等，这类物料水分高、成分复杂。通常被当作垃圾扔掉，既污染了环境，又造成了巨大资源浪费。

①发酵马铃薯渣

a.马铃薯渣发酵技术研究　研究表明，通过微生物固态发酵技术，可使马铃薯渣的粗纤维和粗淀粉降解，蛋白质含量增加，改善其营养组成，提高饲用价值。采用枯草芽孢杆菌、酿酒酵母和绿色木霉组合发酵可使马铃薯渣的粗纤维降解率达到40.14%，真蛋白增加量达到35.78%，增值加权值为37.09%(孙展英，2015)。利用马铃薯渣生产单细胞蛋白的最佳菌种组合为酿酒酵母、白地霉、热带假丝酵母和植物乳杆菌，经发酵后的马铃薯渣粗蛋白含量为35.63%(张鑫，2012)。

b.发酵马铃薯渣在猪饲料中的应用　马铃薯渣经发酵后，粗蛋白含量提高、粗纤维含量降低，同时富含益生菌和未知促生长因子，营养价值得到改善，可替代部分常规饲料原料应用于动物生产。孙展英等(2015)用发酵马铃薯渣完全等量替代育肥猪日粮中15%的麸皮，可以显著提高育肥猪对日粮能量、粗蛋白以及磷的消化率，同时使日增重提高11.11%，料肉比降低8.76%，饲料报酬改善。也有研究发现，在日粮中添加一定量的发酵马铃薯渣，能够显著提高保育猪的生长性能(Thomas 等，2018)。

②发酵甘薯渣　甘薯加工过程中会产生大量的副产物，占原料的10%～14%，年产甘薯淀粉3 000 t的食品企业，每年甘薯淀粉湿渣产出高达6 000 t以上。甘薯渣属低蛋白（3.10%～5.26%）饲料原料，且适口性差、营养价值和消化利用率低，不能满足畜禽对营养的均衡需求，过多饲喂还会导致畜禽发育不良和疾病的发生。

a.甘薯渣发酵技术研究　通过微生物发酵技术处理甘薯渣，可生产大量的微生物蛋白，提高蛋白质含量且氨基酸种类齐全；同时发酵可降解甘薯渣中的粗纤维、粗淀粉，产生多种维生素和生物酶等，营养价值得到提高。赵启美等（2002）采用固液结合的方法，利用鸡腿菇对甘薯渣进行发酵，产物粗蛋白含量可达14.1%，比原料本身的粗蛋白含量提高了46.3%，比所用培养基的粗蛋白含量提高58.4%，发酵产物的粗纤维含量由原料的25.3%下降至14.2%，且具有鸡腿菇特有的清香气味。邢文会等（2016）利用产朊假丝酵母、解脂假丝酵母、乳酸乳球菌和米曲霉作为复合微生物菌剂对甘薯渣进行固态发酵，其甘薯渣的真蛋白含量增加至22.95%。

b.发酵甘薯渣在猪饲料中的应用　甘薯渣经发酵后，营养价值和适口性均得到明显改善，对生长育肥猪饲喂效果良好。周晓容等（2016）在生长育肥猪饲粮中使用33.8%新鲜发酵甘薯渣，对育肥猪的采食量、日增重无显著影响，但料重比显著降低了14.7%；节约了饲料成本，具有较好的经济价值。邢文会等（2016）在育肥猪饲料中添加10%的发酵甘薯渣，可降低料重比、提高屠宰率、改善肉质等。

③发酵柑橘渣　中国是柑橘的重要原产地之一，产量仅次于巴西和美国。2014年全国柑橘产量34 923万t。柑橘渣是柑橘类水果经榨汁、制罐等加工过程后的副产物，包括果皮、种子和残余果肉等，富含矿物质、糖类、氨基酸、维生素以及果胶类物质。据估计，从汁类压榨生产中可获得50%的柑橘渣，罐头加工中可获得25%的柑橘皮渣，这类副产物富含色素、膳食纤维以及具有强抗氧化功能的黄酮类化合物。果渣既可作为粗饲料和多汁饲料使用，也可与其他干饲料混合后青贮或发酵。一般而言，干果渣属于中能量低蛋白质粗饲料，但经微生物发酵后果渣蛋白含量可显著提高。

a.柑橘渣发酵技术研究　柑橘渣的粗纤维含量高，果皮和瓣膜中多为果胶、纤维素和半纤维素，木质素含量较低，易于消化吸收，且含有可溶性糖和有机酸，经微生物发酵后，粗纤维含量下降、粗蛋白和粗脂肪含量升高，还含有许多酶类、核酸类物质以及一些未知促生长因子。杨柳等（2014）以黑曲霉、白地霉和米酒酵母菌为试验菌发酵柑橘渣64 h，其粗蛋白含量可达10.12%，比发酵前提高了56.41%。周炼等（2005）研究表明，柑橘渣最佳发酵菌种组合为黑曲霉、康宁木霉和产朊假丝酵母，接种后发酵4～5 d；发酵后其粗蛋白含量比原料高出近80%，是纯皮渣粗蛋白绝干含量的3～4倍。

b.发酵柑橘渣在猪饲料中的应用　柑橘渣经发酵后蛋白和氨基酸含量提高，饲喂效果明显。在无抗日粮中添加8%的发酵柑橘渣可以提高仔猪采食量，降低腹泻率，提高血糖和谷丙转氨酶的含量；发酵柑橘渣还可降低肠道pH，改善肠道形态结构，增加肠道中乳酸杆菌的数量（王帅，2014）。在等能量、等蛋白质的情况下，用发酵夏橙皮渣饲料替代生长猪基础饲粮中50%、100%的菜籽粕，对生长性能、血清总蛋白、白蛋白、球蛋白、白球比均无不良影响，其中50%替代组的血清尿素氮含量显著降低、饲粮蛋白质和干物质的消化率显著提高（赵蕾，2008）。在育肥猪饲粮中添加青贮柑橘渣，前4周猪的采食量和日增重降低，但4周后不受影响，背膘厚度增加，皮下脂肪中油酸含量下降，猪粪中大肠杆菌数量降低、乳杆菌数量无显著变化（Moset et al.，2010）。

④发酵苹果渣　我国苹果的栽培面积和产量均居世界第一，2014 年苹果产量 4 092 万 t。苹果渣是苹果加工后的下脚料，富含可溶性维生素、果胶、糖类等营养物质，同时也含有丰富的有机酸，造成酸性过强，作为饲料影响其适口性。经过微生物发酵处理可以有效解决苹果渣酸性过大的问题，提高饲喂价值。

a.苹果渣发酵技术研究　鲜苹果渣富含多种营养物质，是良好的多汁饲料资源，但水分含量高（约 80%）、粗蛋白含量低。若将鲜苹果渣与麸皮、米糠、酒糟等加工副产品混合发酵制作成发酵饲料，既能互相补充水分、减少水分流失带来的养分损失，同时果渣内富含果胶、果糖和苹果酸等营养物质又能有效促进微生物发酵，产生菌体蛋白，提高蛋白含量。Joshi 等（2000）研究发现，经酵母发酵和乙醇回收后的苹果渣中含有丰富的粗蛋白、粗脂肪、维生素 C 和矿物质。杨志峰等（2015）研究得到发酵苹果渣的最佳发酵工艺为：发酵菌剂中木霉、白地霉、黑曲霉和米曲霉组成的配比为 3∶2∶1∶2，麸皮与苹果渣比例为 4∶6，氮源为 $(NH_4)_2SO_4$，发酵 72 h，该工艺发酵得到的苹果渣粗蛋白含量高达 14.60%，中性洗涤纤维降低到 53.43%，与对照组比较，粗蛋白和中性洗涤纤维的含量分别提高 24.47% 和降低 18.14%。武运等（2009）以热带假丝酵母菌和啤酒酵母菌为发酵剂，研究了发酵果渣生产菌体蛋白饲料的工艺条件。结果表明，发酵产品的粗蛋白含量由 20.10% 提高到 29.30%，粗脂肪含量也大幅提高，营养价值得到改善。

b.发酵苹果渣在猪饲料中的应用　益生菌发酵苹果渣可显著提高断奶仔猪平均日采食量和平均日增重，显著降低料重比、粪便中大肠杆菌数量和腹泻率，提高血清中内分泌激素含量，降低尿素氮和胆固醇含量（高印等，2016）。

⑤发酵菌糠　选取黑曲霉、枯草芽孢杆菌和嗜酸乳杆菌进行混合发酵杏鲍菇菌糠，可提高菌糠粗蛋白含量，降低粗纤维含量。发酵菌糠在育肥猪饲料的适宜添加量为 10%（刘梓洋等，2014）。

13.3.2 酶解技术在饲料中的应用

酶解是指在适宜的条件下利用酶的作用，将大分子物质降解为小分子物质的过程。在动物体内或体内条件下对饲料进行酶解预消化，可提高饲料的消化率，甚至降低饲料成本。有研究表明，酶解饲料可以有效改善饲料品质。近几年，酶解饲料预消化技术在蛋白质饲料开发方面得到快速发展。

菌酶协同饲料生物技术是近几年提出的新思路，随着科研的深入，发现微生物和酶之间有很好的协同作用，可以使大分子的物质降解得更加彻底，微生物的发酵效率更高。

1.饲料工程中常见酶的分类

酶的种类很多，现已经发现有 3 000 多种，几乎所有的动物、植物和微生物都含有各类酶，由于其种类繁多，所以有不同的分类方法，在畜牧养殖及饲料工程领域主要按酶的来源、按酶解最适宜的酸碱度和按饲料生产中实际用途等分类。

（1）按酶的来源分类

①动物源蛋白酶（animal protease）　胃蛋白酶、胰蛋白酶、糜蛋白酶、凝乳蛋白酶和肽酶等。

②植物源蛋白酶（plant-derived protease）　木瓜蛋白酶、菠萝蛋白酶、无花果蛋白酶、生姜蛋白酶、猕猴桃蛋白酶和朝鲜梨蛋白酶等。

③微生物源蛋白酶(microbial protease)　真菌蛋白酶、细菌蛋白酶和病毒蛋白酶等。

(2)按酶作用最适宜的 pH 分类

①酸性蛋白酶(acid protease)　最适的 pH 为 2.5～5.0,温度 40 ℃,主要是由隆科特黑曲霉优良菌种经发酵精制提炼而成,它能在低 pH 条件下,有效水解蛋白质,广泛应用于食品和饲料等行业。

②中性蛋白酶(neutral protease)　最适的 pH 为 7.0～8.0,37 ℃以下比较稳定,主要由枯草芽孢杆菌经发酵提取而得,属于一种内切酶,可用于各种蛋白质水解处理。

③碱性蛋白酶(alkaline protease)　最适的 pH 为 9.0～11.0,最适温度在 40 ℃以下;碱性蛋白酶是枯草杆菌通过深层发酵、提取及精制而成的一种蛋白水解酶,它能水解蛋白质分子肽链生成多肽或氨基酸,具有较强的分解蛋白质的能力。

(3)按酶的实际用途分类　为便于应用按用途分为蛋白酶(protease)、淀粉酶(amylase)、脂肪酶(lipase)、纤维素酶(cellulase)、植酸酶(phytases,PHY)、木聚糖酶(xylanase)和多种酶的复合物即复合酶等。也有针对不同动物以及其不同生长阶段设计的复合酶制剂,如仔猪用复合酶、生长猪用复合酶、肉禽用复合酶、蛋禽用复合酶、水产动物复合酶以及反刍动物复合酶等。

2.饲料工程中常见的酶解工艺

(1)酶解肠膜蛋白粉　利用中性蛋白酶和木瓜蛋白酶采用双酶分步酶解的工艺对猪小肠黏膜提取肝素后的下脚料肠黏膜进行酶解,然后经喷雾干燥制备成肠膜蛋白粉(DPS),该产品的肽蛋白得率达 46.37%,其中 2～6 肽占主要部分,为 32.79%,其品质优于进口肠膜蛋白粉;其不仅可显著提高仔猪的生长性能,还可提高血液中碱性磷酸酶含量,降低尿素氮的水平和乳酸脱氢酶含量(舒夏娃等,2007)。

(2)酶解血球蛋白粉　胡刚等(2010)以猪血分离血浆后的猪红蛋白为原料,探讨了酶解血红蛋白粉的最佳工艺条件及对断奶仔猪生长性能的影响。该研究以蛋白酶解度(degree hydrolysis,DH)为评价指标,从多种酶中筛选出中性蛋白酶的酶解效果最佳,其酶解产品的水解度为 22.03%,三氯乙酸可溶性氮(TCA-NSI)为 63.83%。该试验选取了 30 日龄断奶仔猪分别饲喂添加鱼粉的基础日粮组和酶解血球蛋白粉组进行了生长性能的饲养试验。饲养试验结果表明:①在试验第一阶段(0～14 d),酶解血球蛋白粉组的仔猪平均日增重比鱼粉组提高了 2.36%;但在试验第二阶段(15～28 d),料肉比高了 5.19%。②与酶解血球蛋白粉组相比,鱼粉组的血清尿素氮含量下降了 24.96%;与鱼粉组相比,酶解血球蛋白粉组的碱性磷酸酶活性上升了 10.36%。结果表明,低质的血球蛋白粉通过酶解处理可以达到优质鱼粉的饲养效果。

(3)菌酶协同发酵大豆蛋白粉　2018 年 7 月农业农村部印发的《农业绿色发展技术导则(2018—2030)》将发酵饲料应用技术作为重点研发和集成示范的指导方向。菌酶协同发酵饲料作为生物饲料的一大类,是指使用农业部饲料原料目录和饲料添加剂品种目录等国家相关法规允许使用的饲料原料、酶制剂和微生物,通过发酵工程和酶工程技术协同作用生产的单一饲料和混合饲料。

豆粕因其富含蛋白质,被广泛应用为饲用的蛋白原料,但因其所含的抗营养因子限制了豆粕在饲料中的添加量和添加范围。抗营养因子不仅破坏了饲料本身的营养价值和可利用效率,还降低了畜禽的生产性能。所以通过有效的预处理技术消除或钝化豆粕中的抗营养因子和提高大豆蛋白的利用率一直是研究热点。以植物乳杆菌 DY6 作为发酵菌株,中性蛋白酶对豆粕进行菌酶协同的发酵工艺可提高豆粕的粗蛋白含量、肽含量、总酸含量和蛋白质体外消化率,说明菌酶协同处理豆粕可以有效提高豆粕的营养指标,提升饲料品质,在生物饲料行业具有广泛应用前景(毛银等,2019)。

豆粕酶解发酵物不仅能提高仔猪生长性能,增强机体抗氧化能力,而且利于乳酸杆菌在肠道内形成优势菌群,降低腹泻率,从而使生长性能达到使用抗生素水平(赵娜,2016)。

13.3.3 生物技术对断奶仔猪肠道健康的作用

肠道包含了复杂的微生物群和高度进化的黏膜免疫系统,被称为机体最大的免疫器官。胃肠道生理学、微生物学和免疫学等功能的正常运行都对肠道健康平衡起到了重要作用。肠道健康是一个动态和相对的概念,最佳肠道健康的状态很难被定义。生物技术通过降低饲料中的抗营养因子,提高仔猪饲料的利用率,增强仔猪的免疫力,改善肠道微生物的平衡,促进和改善断奶仔猪的肠道健康,为我国生猪养殖行业提供了有力保障。

1.生物技术对肠道形态的作用

小肠形态的变化,特别是十二指肠、空肠和回肠的绒毛高度和隐窝深度的变化,是猪肠道健康和消化能力的重要指标,且绒毛高度的增加直接与上皮细胞转化率的增加相关。早期断奶对断奶仔猪的肠道形态产生了不良影响,在断奶前,仔猪绒毛高度随着日龄逐渐增加,而在断奶后,仔猪小肠绒毛高度降低、隐窝深度变浅。生物技术可显著提高仔猪空肠和十二指肠的绒毛高度、空肠和十二指肠的绒毛高度与隐窝深度的比值,小肠内壁的吸收表面积增加,肠道内、肠道壁食糜的接触面积提高,肠道对营养成分吸收功能明显增强(张秀林等,2017)。

2.生物技术对肠道微生物的作用

单胃动物的后肠含有数千种微生物,因此被认为是动物身体的另一个“器官”。日粮通常被认为是影响肠道微生物组成的重要因素之一,因为日粮成分的变化可能导致微生物群组成的快速变化。由于微生物群组成对宿主健康的许多方面(即消化饲料分解产物、刺激免疫系统与病原体竞争)有很大影响,因此它在维持健康方面起着重要作用。断奶引起的应激使得仔猪肠道内乳酸菌数量减少,大肠杆菌等有害菌数量增多,有害菌在肠道定植会引发仔猪腹泻等问题。发酵全价料可明显增加仔猪肠道微生物菌群的种类和有益菌群的数量,提高菌群的多样性和均衡度,改善肠道菌群的平衡和健康(何如芳等,2015)。

3.生物技术对肠道黏膜免疫反应的作用

肠上皮细胞在黏膜免疫反应的启动中起着重要作用,因为它们是抵御病原体和最终到达肠腔的有毒物质的第一道防线。肠黏膜上皮细胞的功能完整性取决于黏液层、细胞间紧密连接、上皮细胞和宿主先天性和适应性免疫反应的协调平衡。覆盖胃肠道的黏液层是先天性宿主防御的前线,主要是由于肠道杯状细胞的分泌产物。不同黏膜结构共同保障肠道免疫功能的发挥。仔猪断奶时饮食和环境等的变化会促进肠道炎症,发炎的肠道也为肠杆菌科的扩张提供了有利的环境。刘虎传(2018)等研究表明,添加屎肠球菌、植物乳杆菌和枯草芽孢杆菌可提高小肠的黏膜免疫力。发酵饲料中富含的益生菌及其代谢产物,在抑制肠道有害菌的同时,也促进肠黏膜修复功能。

13.3.4 生物饲料目前存在的问题及发展趋势

1.生物饲料存在的问题

生物饲料虽然有很多的优点，但目前还存在一些问题，仍需进一步地研究与完善。

(1)自动化程度不高、劳动强度大。现在生产发酵饲料的多为小型饲料厂，专业技术人员相对缺乏；发酵工艺以单元操作为主，自动化程度低，工人的劳动强度大；由于发酵后物料的水分较高，且黏度较大，现还没有定型的发酵饲料的专用干燥设备；一般小型企业的生产条件、卫生管理较差，导致饲料安全存在一定的隐患。酶解工艺过程中一般会释放出大量的有味气体和一定量的废水，对空气和环境有一定的危害。

(2)生产工艺中存在的问题：按照严格的生物发酵技术，其所有原料在发酵前须经消毒灭菌，而消毒灭菌需要必要的设备、消耗一定的热能和一定的时间，既增加生产成本又限制生产能力，所以目前一些小规模的生产企业往往采用未消毒灭菌的"生料"进行发酵。生料发酵最大的危害是生料中原有的有害微生物在适宜的发酵条件下生长，生料耗氧发酵往往会造成霉菌毒素超标。

(3)检测方法存在的问题：生物产品的检测误差较大。饲料发酵过程中产生的菌体、乳酸等次级代谢产物和各种小分子营养产物都会对发酵产品中的粗脂肪、霉菌毒素、酸价和过氧化值的检测结果造成严重干扰，特别是乳酸降低 pH 后对以上指标的干扰尤其严重。因此，有必要建立完善的行业检测标准和检测方法。

(4)生物饲料产品使用效果不稳定。由于固态发酵工艺本身的开放式操作，发酵时间、温度、水分控制等大都靠生产人员的经验，因此，保证产品质量的稳定是关键。

2.生物饲料的发展趋势

随着生物技术研究的不断深入，将会有更多的新技术、新工艺被应用于生物饲料的生产中，在饲料行业中将有如下发展趋势。

(1)特色功能菌株的筛选　未来功能菌株的筛选仍然是生物饲料研究的核心。针对饼粕类原料中存在的抗营养因子、玉米深加工副产物中的霉菌毒素和含硫物质，筛选高效降解菌；针对不同畜种的肠道特点及同一畜种不同发育时期的肠道特点等，筛选适应性好、定植能力强的菌株；以及根据其他特定功能性代谢产物，筛选高效表达菌株。

(2)菌酶协同作用的研究　酶解是利用蛋白酶将大分子蛋白分解为小分子物质，其具有肽类物质含量高、免疫活性强等特点，但在酶解过程中易产生苦味物质，影响饲料产品的适口性。微生物发酵是通过发酵工程中产生的蛋白酶发挥作用，不仅可以降低饲料中抗营养因子的含量，提高发酵产品中游离氨基酸的含量，还可以产生一定量的有机酸、维生素及有益微生物等，有效地抑制肠道内腐败菌生长，调节动物肠道健康和提高机体的免疫力；产生的有机酸及香味物质，可有效地改善饲料适口性。所以菌酶协同预处理饲料工艺表现出了生物技术的极大优势，也成为行业研究热点。

(3)对功能性小肽的认定　酶法水解蛋白的主要目的是获得各种功能性小肽。小肽制品既有丰富的营养性作用又具有防病抗病等功能作用，可以预见，肽类制剂将成为继维生素和氨基酸后在饲料中又一种必不可少的添加物。因此，探讨小肽的转运、吸收、代谢、作用形式和酶解小肽的评价标准以及对功能性肽的认定是今后的研究重点。

(4)生物饲料质量安全性监测　生物饲料首先要符合国家饲料卫生标准。生物饲料因其微生物学属性，还应对其微生物安全性进行监测。监测内容应包括所用菌种是否合法合规，严格禁止选用《饲料添加剂品种目录（2013）》中规定以外的菌种。研究开发发酵饲料中霉菌毒素简单、准确和快速的检测方法。此外，生物饲料往往还具有动态变化的性质，所以生物饲料质量安全监测也应是一个动态监测过程（蔡辉益，2019；李爱科，2012）。

13.4 液态饲料饲喂技术

现代化规模养殖场因考虑到劳动强度和技术问题，普遍采用干饲料（粉料/硬颗粒饲料）来饲喂畜禽，干饲料饲喂虽然一定程度上节约了劳动成本，但也存在着饲料浪费、营养物质消化率低、动物易发生呼吸道和胃肠道疾病等问题。所以近些年国外养殖业发达的国家，开始推广液态饲料养殖技术，据报道在欧洲有 30％的养猪场在采用湿饲料饲喂技术，并取得良好的饲喂效果。实际生产中通常把水分含量超过 40％的饲料称为液态饲料，也称为液体饲料或非固态饲料，液态饲料又根据其水分的多少分为湿拌料和液体饲料。在实际应用中当料水比小于 1∶1.4 为湿拌料，湿拌料一般可以自然堆积；当料水比大于 1∶1.5 为液体饲料，液体饲料一般可以自然流动。

13.4.1 液态饲料概念

液态饲料是指水与干饲料经过一定的加工工艺而成的一种混合物，可直接用于饲喂的液态全价饲料产品，其含水量在 40％以上。这虽是我国农户传统的一种饲喂方式，但现代液态饲喂技术与传统液态饲喂有着本质的区别，现代液态饲料是建立在科学配方基础之上的。随着液体发酵饲料技术的快速发展，现又将液体饲料分为发酵液体饲料（fermented liquid feed，FLF）和非发酵液体饲料（no fermented liquid feed，NFLF）。

13.4.2 液态饲料饲喂技术的优势

1.减少饲料的浪费

在现代化养殖场液态饲料完全在密闭的管道内输送，显著降低了猪舍内粉尘含量。有资料表明，使用干料饲喂时猪舍的气源性微生物数量要比液态饲料饲喂高出 3 倍。而采用液态饲料，饲料引起的粉尘几乎被消除，猪的呼吸道疾病减少，猪的免疫力也有相应的提高，猪舍内的环境更友好，这不仅保证猪群的健康，也为工作人员的健康提供了保障。

2.提高饲料适口性，改善生产性能

适口性是影响动物采食量的限制因素。在炎热的条件下，动物产生热应激，对粉料和硬颗粒饲料的采食量明显下降。液态饲料经过充分的浸湿，饲料中的可溶性营养成分溶于水，饲料颗粒吸水膨胀增加了表面积，变得松软，更利于仔猪的采食和吸收。

3.节约用水，改善猪舍环境

使用液态饲料饲喂可供应畜禽每天大约 70％的水的需要量（以液体饲料含水 85％计）。畜禽在采食的过程中已经吸收了水分，在一定程度上减少畜禽的饮水次数，从而满足了畜禽对水分的吸收率，节省了水资源。

4.有利于生物饲料的推广应用

无论是固态发酵饲料还是液态发酵饲料都含有一定量的水分，如果是生产粉料或者硬颗粒饲料都需先将高水分的生物饲料进行干燥，其一方面增加了饲料成本，另一方面也使部分益生菌失活。

13.4.3 液态饲料对早期断奶仔猪生长性能及肠道健康的影响

仔猪早期断奶，其食物由液态母乳向人工饲料的突然转变对仔猪的影响较大，这种转变不仅意味着营养成分的改变和缺乏，而且也会对仔猪的免疫状态和行为特性产生不利影响，导致仔猪的采食量和消化率下降、肠道结构改变，进而影响健康和生产性能，这些症状被通称为仔猪断奶应激。为减少或降低仔猪由于断奶应激而导致的采食量下降，业界研究开发了多种不同的料型，液态饲料是其中之一。

早期断奶仔猪液态饲料一般是由水、经过处理的谷物原料、糖蜜、动植物蛋白、微量矿物质、维生素等混合而成的液状饲料成品，用以直接饲喂超早期断奶仔猪。其具有较好的适口性，可降低仔猪的腹泻率，提高生长速度等。饲喂发酵液态饲料可使仔猪日增重增长 13%、采食量增长 6%，料肉比降低 5%(Hong et al.,2007)。Russell 等(1996)采用水料比为 2.5∶1 的液态饲料饲喂超早期断奶仔猪，发现仔猪的采食量提高 63%、生长速度提高 69%。Kim 等(2001)将 240 头早期断奶仔猪(11 日龄断奶，3.93 kg)分成 4 组，进行液态饲喂对超早期断奶仔猪影响的试验，液态饲料与颗粒饲料日粮营养水平相当。结果发现，液态饲料组平均体重比对照组提高 21%。同时，平均日增重、采食量、肉料比也分别比对照组高 44%、18%、22%。李朕杰等(2005)研究发现，用水料比为 3∶1 的液态饲料饲喂超早期(14 日龄)断奶仔猪，可以显著提高超早期断奶仔猪的生长性能，尤其在 14～21 日龄阶段，提高程度更加明显，日增重比对照组提高达 72.6%。郭吉利等(2017) 选用 60 头断奶仔猪研究液态饲料对断奶仔猪生长性能的影响。结果显示：试验组的仔猪末重比对照组高 4.52 kg，日增重比对照组高 0.10 kg，日采食量比对照组高 0.13 kg，料重比比对照组降低 0.05，发病率比对照组降低 6.67%。

也有研究表明液态饲料对超早期断奶仔猪生长性能的提高是因为液态饲料改善了肠道的健康和生理功能，从而显著降低了腹泻率，提高了饲料的消化率。Hurst(2001)采用水料比为 1.24∶1 的液态饲料饲喂 28 d 断奶仔猪，电子显微镜观察表明，无论是肠绒毛、微绒毛的高度，还是绒毛的吸收面积，都显著高于饲喂同配方的干饲料。陈理银等(2006)选用平均体重为 2.63 kg、14 d 的断奶仔猪 20 头，随机分为对照组和试验组 2 组，进行 32 d 对比试验。结果表明，液态饲料能显著促进超早期断奶仔猪肠道内乳酸杆菌生长，同时显著降低大肠杆菌含量。Kiyoshi 等(1989)也发现给仔猪饲喂液体饲料能显著增加其盲肠菌群结构的多样性。

Brooks 等(1996)认为，饲喂液态饲料使仔猪十二指肠内容物中总蛋白酶活力、淀粉酶活力、脂肪酶活力分别提高了 31.7%、44.7%、91.9%，并且液态饲料还能使饲料中的部分外源酶在体外被活化，充分发挥添加酶的作用，有利于断奶仔猪对营养物质的消化利用。饲养试验结果发现，液态饲料能使仔猪日粮的总能表观消化率提高 3.9%，粗蛋白质的表观消化率提高 6.1%。饲喂液态饲料也可显著增加早期断奶仔猪消化道内乳酸的含量，并且显著提高肠道及消化道其他部位的酸度(Mikkelson and Jensen,1998)，饲喂液态饲料的断奶仔猪肠道后段的乳酸杆菌和大肠杆菌的比例与持续哺乳的仔猪相似，但似乎对整个肠道的乳酸杆菌数量并没有显著影响，而且显著降低了小肠和盲肠中的大肠杆菌数量。

13.4.4 发酵液态饲料对猪的生长性能及肠道健康的影响

发酵液态饲料是指在人工控制条件下，微生物通过自身的代谢活动，将植物性、动物性和矿物性物质中的抗营养因子分解或转化，产生更能被畜禽采食、消化、吸收且无毒害作用的饲料原料。发酵液态饲料中含有多种益生菌，它能在仔猪肠道内定植，维护肠道菌群平衡，并刺激肠黏膜免疫组织，对仔猪断奶后采食量下降以及自身消化酶水平急剧降低而造成的仔猪能量和各种营养物质吸收不足具有重要的预防和缓解作用。

发酵液态饲料中含有大量的益生菌群，包括乳酸菌、酵母菌、芽孢杆菌、植物乳杆菌、乳酸片球菌等。这些益生菌对仔猪的健康生长有重要作用。其中的酵母菌和芽孢杆菌等厌氧菌的存在为乳酸菌的生长繁殖提供了厌氧环境，而乳酸菌大量繁殖可产生乳酸，使得发酵饲料产品具有酸香味，改善了饲料适口性，从而刺激猪的采食，促进仔猪的生长。发酵液态乳猪料可有效缓减仔猪的断奶应激，对生长育肥猪也有良好的促进作用，对平均体重 30 kg 的生长猪，饲喂发酵液态组比对照组相比日增重提高了 34.03%、采食量提高 12.55%、料肉比降低了 15.48%（杨曙光等，2017；陈鲜鑫，2010）。

发酵液态饲料中的益生菌能抑制致病菌的定植和增殖，还可通过分泌抗菌物质来抑制病原菌的生长和繁殖。如芽孢杆菌进入动物胃肠道后，通过生物夺氧作用在生长繁殖过程中消耗胃肠道内过量的气体，造成厌氧状态，从而抑制需氧有害菌的生长繁殖。饲喂发酵液体饲料组可显著提高粪中乳酸菌数量、显著降低大肠杆菌数量和沙门氏菌数量（陈鲜鑫，2010）。

发酵液体饲料可以通过降低猪胃肠道 pH 抑制肠道致病菌生长繁殖，可有效防止细菌入侵胃肠黏膜免疫屏障，还可以减少饲粮中的病原菌，改变肠道微生物菌落结构，增强机体的免疫功能，防御感染。发酵液态饲料可提高空肠、盲肠和结肠的绒毛高度，降低十二指肠和空肠的隐窝深度，显著提高十二指肠和空肠的 V/C 值和空肠、回肠和结肠的黏膜厚度（李旋亮等，2014）。因此，发酵液态饲料可改善断奶仔猪肠黏膜的形态结构，有助于减少仔猪腹泻和增强仔猪对营养物质的消化吸收能力。

发酵液态饲料的核心关键是菌种，其直接影响发酵饲料品质和饲喂效果。如乳酸菌含量低会导致无法抑制肠道病原菌的增殖；酵母菌过度发酵会导致发酵饲料适口性和畜禽采食量的降低。在发酵饲料中添加哪些外源益生菌种可促进液态发酵，是决定液态发酵饲料品质的关键。液态发酵饲料具备替代饲用抗生素作为促生长添加剂的潜力。随着生物饲料发酵技术研究的不断深入，液态发酵饲料生产设备和投料系统的推广与普及以及食品加工业副产品的广泛利用，发酵液态饲料开发与市场应用前景广阔（刘宇，2016）

13.4.5 湿拌料对早期断奶仔猪生长性能及肠道健康的影响

通常把料水比小于 1∶1.4，其水分通常在 55%以下，且尚可自然堆积的饲料称为湿拌料。在畜禽养殖领域湿拌料主要应用于早期断奶仔猪和哺乳母猪，以减少和缓解仔猪的断奶应激和哺乳母猪的热应激的不良影响。湿拌料相对于液态饲料有较高的营养浓度。

研究发现仔猪在断奶前后每千克体重的耗水量有很大变化，断乳后仅为断乳前的 40%左右，而且摄入的饲料量需要 7 d 时间才能恢复到断乳前水平。分析发现，仔猪断奶后的很多问题都和采食量有关，所以怎样诱导和提高断奶后的采食量一直是研究热点。断奶使仔猪生活条件发生巨大转变，由依靠母乳和采食部分饲料转换到完全依靠采食饲料的独立生活。Barber 等（1989）发现仔猪喜欢在有水的环境下进食，所以采取湿喂法能有效地降低断奶应激现象，其是提高断奶仔猪采食量的有效办法。Pluske 等（1996）研究也发现在装有干饲料的料槽中加入一定量的水，能促进仔猪采食量的提高。Deprez 等(1987)也发现相对于干喂，对仔猪采用湿喂的方式更有利于其肠道的发育。

饮水和采食不足是影响断奶仔猪生产性能发挥的重要因素，仔猪在断奶前除了采食母乳外通常只摄食少量的饲料和少量的饮水，所以断奶后很难适应从液态母乳直接过渡到固态饲料，从而采食量明显减少，产生断奶应激。湿拌料既能提供一定量的干物质又能补充水分，所以湿拌料的采食与自然哺乳方式较为接近，仔猪无须学习新的采食模式，就能很快适应；湿拌料也较容易被仔猪的消化道接受，湿拌料不仅影响断奶仔猪的生长性能，而且对其免疫指标也有一定的影响。孙铭君等(2016)通过在哺乳期开始饲喂湿拌料，以培养仔猪的适口性，降低仔猪的断奶应激。结果表明：试验组在断奶后 1.5 周内，其增重比对照组提高了 9.6%，断奶仔猪的生长性能明显提高，并提高了血清中主要免疫指标，促进了机体免疫力的提高。Partridge 等(1992)也通过把干饲料和水以 1∶1 的比例混合形成浆液，有效地提高了仔猪的采食量。

仔猪早期的消化系统结构和功能发育不健全，表现为肠道容积小，消化道中酶和胃酸的分泌量不足，正常的微生态环境尚未建立。断奶往往导致仔猪食欲减退、消化能力减弱、饲料利用率低、抗病力差、下痢等(李梅，2007)。但长期以来，业界更偏重于从日粮营养、饲喂方法、饲喂次数及调味剂等措施寻找解决方案，而忽略了饲粮加工调制方式的研究。而湿拌料因其适口性好可有效提高断奶仔猪的干物质采食量，有利于营养物质的消化吸收，促进小肠微绒毛的发育，减少营养性腹泻，另外还可促进益生菌在肠道内的定植，抑制有害微生物的繁殖，因而进一步减少断奶仔猪的腹泻概率。研究发现湿拌料能降低仔猪胃内的 pH，从而减少或限制病原菌在肠道生长，进而降低仔猪的腹泻率，有效减缓断奶仔猪的肠绒毛萎缩(Winsen et al.，2001；Scholten et al.，2002)。王菊花等(2004)分别以干颗粒饲料与拌湿的颗粒饲料作为仔猪的开食料，试验结果表明，饲喂湿拌颗粒饲料的仔猪在 9 日龄有个别开食，14 日龄全部开食；而饲喂普通颗粒饲料组在 13 日龄有个别开始采食，在 20 日龄仔猪全部开食。在仔猪腹泻率方面，在 7～21 日龄，由于试验组开食较早比对照组高 8.7%，而在断奶后 21～35 日龄阶段，试验组比对照组低 9.4%，这表明由于试验组仔猪开食早，其消化道还没有完全适应饲料的变化，所以前期腹泻率较高，但随着仔猪消化道发育和消化机能的完善，腹泻率逐渐减少；到断奶时，试验组仔猪发生腹泻较少，而由于对照组开食较晚，到断奶时消化道还没有完全适应饲料的变化，所以腹泻率还较高。

13.4.6 湿拌料对哺乳母猪生长性能及肠道健康的影响

在规模化猪场中，普遍存在因热应激而导致哺乳母猪采食量难以满足产奶需求，因而母猪通过消耗自身的机体蛋白和脂肪来满足哺乳仔猪的母乳需求，导致母猪泌乳期间失重较多，进而影响下一胎的产仔数以及断奶后一周内的发情率，造成母猪的淘汰影响猪场收益的现象。而湿拌料具有很好的适口性，亦可以增加哺乳母猪干物质的采食量，进而减少母猪泌乳期间的体重损失。杨浩等(2013)研究发现，对于干料，母猪每天采食量为 4.7 kg，但是当日粮为湿拌料时，母猪每天的采食量达 5.3 kg，说明相较于干料，母猪更喜爱采食湿拌料。

参考文献

卜小丽,程熠娜,王春维,等.生物与物理复合法脱除棉籽粕中游离棉酚的工艺研究.中国畜牧杂志,2017(3):79-85.

蔡辉益.中国生物发酵饲料研究与应用技术发展趋势.中国畜牧业,2019(16):81-83.

曹康,郝波.中国现代饲料工程学.上卷.上海:上海科学技术文献出版社,2014.

常寨成,黄海龙,施维.发酵饲料原料的特点及发酵优势.粮食与饲料工业,2019,01:44-48.

陈帆,吴丰惟,祝爱侠,等.新型熟化软颗粒教槽料对仔猪断奶前后的生长性能、腹泻率及血清生化指标的影响.中国畜牧杂志,2017,53(8):75-78.

陈浩,王铕,陈懿琳,等.熟化软颗粒教槽料对断奶仔猪生长性能及腹泻率的影响.中国饲料,2019(15):110-114.

陈理银,李朕杰,杨茜,等.液态饲料对超早期断奶仔猪肠道微生物区系的影响.饲料工业,2006,27(11):32-35.

陈鲜鑫,王金全,王春阳,等.乳酸菌发酵液体饲料对生长猪生长性能和粪中微生物区系的影响.饲料工业,2010,31(4):40-42.

程译锋,袁信华,过世东.加工对饲料蛋白质体外消化率和糊化度的影响.中国粮油学报,2009,24(2):125-128.

程宗佳,王勇生,陈轶群,等.膨化和膨胀加工技术及其对猪生产性能的影响.动物营养学报,2014,26(10):3082-3090.

邓君明,张曦.加工工艺对饲料营养价值及动物生产性能的影响.饲料工业,2001,22(9):10-14.

邓君明,张曦.饲料加工工艺对禽生产性能的影响.山东家禽,2002,3:40-42.

段海涛,李军国,张建,等.膨胀器不同环隙开度对饲料品质和断奶仔猪生长性能的影响.动物营养学报,2015,27(5):1511-1518.

段海涛,秦玉昌,于纪宾,等.粉碎粒度对生长猪颗粒饲料加工质量及其生长性能的影响.动物营养学报,2015,27(7):2038-2043.

高印,王国军,来航线,等.益生菌发酵苹果渣对断奶仔猪生长性能、血清生化指标和粪便微生物菌群的影响.动物营养学报,2016(5):1515-1524.

谷文英.饲料含水率对淀粉糊化及蛋白变性温度的影响.食品与生物技术学报,1990(2):26-34.

谷文英等.配合饲料工艺学.北京:中国轻工业出版社,1999.

韩浩月.饲料结构(颗粒粒度)和饲料形态(粉料对制粒)在猪营养中的重要性.国外畜牧学-猪与禽,2017,037(11):71-73.

韩浩月.猪饲料颗粒大小及其对猪生产性能的影响.国外畜牧学:猪与禽,2016(9):14-17.

何小丽,李冲,张妮娅,等.生物发酵法改善菜粕品质的研究.中国粮油学报,2016,031(11):85-91.

胡刚.酶解猪血球蛋白的制备及饲喂效果的研究.武汉:武汉工业学院,2010.

胡迎利.不同蛋白水平的膨化饲料对早期断奶仔猪的饲喂效果观察.郑州牧业工程高等专科学校学报,2001,21(2):86-88.

黄伟,杨秀娟,曹志勇,等.熟化条件对饲用玉米淀粉结构及糊化特性的影响.中国饲料,2017(3):12-15.

黄友如,陈义勇,朱东兴,等.高温处理对脱脂豆粕中大豆分离蛋白结构的影响.中国粮油学报,2011,26(10):51-55.

李爱科.中国蛋白质饲料资源.北京:中国农业大学出版社,2012.

李德发.中国饲料大全.北京:中国农业出版社,2002.

李建文,王春维.饲料加工工艺与设备.武汉:湖北科学技术出版社,2017.

李星,冯尚连,谷建勇.原料粒度、入模温度对仔猪生长性能和消化的影响.粮食与饲料工业,2001(1):38-39.

凌家煜.在粮食品质研究中应用快速黏度分析仪(RVA)的情况简介.中国粮油学会学术年会论文选集,2002.

刘静,陈均志.微波双酶协同水解大豆分离蛋白制备小分子肽的研究.食品研究与开发,2006,27(8):9-13.

刘静,张光华.微波加热多酶协同水解大豆蛋白制备小分子肽.食品科技,2010,35(6):39-43.

刘军,朱文优.菜籽粕发酵饲料的研制.食品与发酵工业,2007,33(1):69-71.

刘梅英,熊先安,宗力.饲料加工对营养的影响及研究方向.饲料研究,2000,1:26-29.

刘梓洋.菌糠发酵饲料的开发及对育肥猪饲喂效果的研究.武汉:武汉轻工大学,2014.

马文强,冯杰,刘欣.微生物发酵豆粕营养特性研究.中国粮油学报,2008(1):128-131.

毛银,陆春波,李国辉,等.菌酶协同发酵豆粕工艺的优化.食品与发酵工业,2019(14):108-114.

庞声海,郝波.饲料加工设备与技术.北京:科学技术文献出版社,2001.

舒夏娃.猪肠膜蛋白粉的制备及对仔猪生长性能的影响.武汉:武汉工业学院,2007.

孙铭君,吴秀钦,张洁,等.湿拌料对断奶仔猪生长性能和免疫指标的影响.现代畜牧兽医,2016(1):28-31.

孙展英,陈雨璇,张晓晗,等.不同组合菌种固态发酵马铃薯渣对其营养价值影响研究.饲料研究,2015,000(16):68-70,74.

王春维,吴丰惟,祝爱侠,等.熟化软颗粒教槽料的制备方法.湖北:105961849A,2016-09-28.

王凤红,刘建平,卢红卫,等.饲料粉碎粒度对饲料品质和猪生产性能的影响.饲料与畜牧,2010(2):18-20.

王菊花,杜晨光,薛秀恒.湿拌饲料对仔猪开食及生产性能的影响.四川畜牧兽医,2004(2):35-36.

王帅.发酵柑橘渣对仔猪生长和肠道发育的影响.重庆:西南大学,2014.

王卫国,李石强,张磊,等.六种饲料原料粉碎粒度与蛋白质溶解度关系研究.饲料工业,2002,23(5):6-8.

王潇,何瑞国,刘俊熙.膨化与加酶玉米对断奶仔猪生长性能和肠黏膜形态的影响.中国兽医学报,2006,026(1):94-97.

武运,李焕荣,陶咏霞,等.发酵苹果渣生产菌体蛋白饲料工艺的研究.中国酿造,2009,000(1):83-86.

向大育.发酵豆粕对断奶仔猪肠道形态及消化酶活性的影响.中国饲料,2019(17):48-50.

向天勇,陆叙元,祝天龙.超微粉碎在玉米秸秆饲料化技术中的研究与应用.浙江农业科学,2012,1(7):1050-1052.

谢正军,赵建伟,周秋香.调质对膨化的影响.饲料工业,2002,23(6):3-4.

邢文会,付瑞敏,王丁,等.微生物发酵甘薯渣产蛋白饲料的工艺优化及对育肥猪生产性能的影响.江苏农业科学,2016,044(4):279-284.

颜东.兔饲料粉碎粒度的研究.成都:四川农业大学,2018.

颜晓荣.快速黏度测定仪在啤酒厂中的应用.酿酒,1996,6:59-61.

杨浩.夏季提高母猪采食量的方法.农家参谋,2013(08):22.

杨柳,郑华,张邑帆,等.复合菌种协同发酵提高柑橘渣蛋白质含量的研究.中国畜牧兽医学会动物微生态学分会全国学术研讨会暨会员代表大会,2014.

杨曙光,王 宏,王茂荣,等.发酵液态乳猪料对断奶仔猪生长性能的影响.中国饲料,2017(17):18-20.

杨志峰.日粮中添加发酵苹果渣对犊牛消化和生长性能的影响.银川:宁夏大学,2015.

余宝,兰小燕,何志军,等.我国微生物发酵饲料研究进展.现代畜牧科技,2019(10):6-8.

张涛,李蕾,朴香淑.菜籽饼(粕)营养特点及其在猪饲料中的应用.饲料研究,2013(9):26-31.

张鑫,高爱武,黄雅娟,等.酵母菌与乳酸菌共培养发酵马铃薯渣的研究.食品工业科技,2012,000(1):

194-197.

赵凯,谷广烨.淀粉消化性分析研究进展.食品科学,2007(9):562-566.

赵蕾,张克英,丁雪梅,等.夏橙皮渣产单细胞蛋白菌种筛选和发酵条件的优化.食品与发酵工业,2008,034(10):101-105.

赵娜,杨雪海,陈芳,等.豆粕酶解发酵物对仔猪生长性能、血清指标及肠道菌群结构的影响.动物营养学报,2016,28(12):3962-3969.

赵启美,何佳.甘薯渣蕈菌发酵饲料的研究.河南农业科学,2002(5):29-31.

周炼,王日葵,郭莉,等.甜橙皮渣发酵蛋白饲料的研制.食品与发酵工业,2005,031(5):51-54.

周晓容,杨飞云,江山,等.发酵甘薯渣对生长猪生产性能的影响及效益分析.饲料工业,2016(13):21-23.

祝家东.熟化软颗粒教槽料对断奶仔猪生长性能及肠道健康的影响.武汉:武汉轻工大学,2019.

Al-rabadi G J S,Gilbert R G,Gidley M J.Effect of particle size on kinetics of starch digestion in milled barley and sorghum grains by porcine alpha-amylase.Journal of Cereal Science,2009,50(2):198-204.

Amaral N O,Amaral L G M,Cantarelli V S,et al.Influence of maize particle size on the kinetics of starch digestion in the small intestine of growing pigs.Anim Prod Sci,2014,55:1250-1254.

Anim N,Wendy Liermann,Andreas Berk,et al.Effects of particle size and hydro-thermal treatment of feed on performance and stomach health in fattening pigs,2015,69(6):455-472.

Ball M E E,Magowan E,McCracken K J,et al.An investigation into the effect of dietary particle size and pelleting of diets for finishing pigs.Livest Sci,2015,173:48-54.

Barber J,Brooks P,Carpenter J.The effects of water delivery rate on the voluntary food intake,water use and performance of early-weaned pigs from 3 to 6 weeks of age.BSAP Occasional Publication, 1989,13:103-104.

Barneveld R J,Hewitt R.Influence of diet particle size and grain processing on the nutrient yield and gastro-intestinal health of growing pigs.CHM Alliance,South Maclean,Australia,2003:1-22.

Behnke K C.Factor affecting pellet quality.Maryland Nutrition Conference.College of Agriculture,University of Maryland,1994.

Blasel H M,Hoffman P C,Shaver R D.Degree of starch access: An enzymatic method to determine starch degradation potential of corn grain and corn silage.Anim Feed Sci Technol,2006,128:96-107.

Bravo L,Siddhuraju P,Saura-Calixto F.Effect of various processing methods on the in vitro starch digestibility and resistant starch content of indian pulses.Journal of Agricultural and Food Chemistry,1998,46(11):4667-4674.

Brooks P H.New developments in liquid feeding.Pig Journal Proceedings,1996,36:43-64.

Callan J J,Garry B P,O'doherty J V.The effect of expander processing and screen size on nutrient digestibility,growth performance,selected faecal microbial populations and faecal volatile fatty acid concentrations in grower-finisher pigs.Animal Feed Science & Technology,2007,134(3):223-234.

Canibe N,Højberg O,Højsgaard S,et al.Feed physical form and formic acid addition to the feed affect the gastrointestinal ecology and growth performance of growing pigs.J Anim Sci,2005,83:1287-1302.

Cappai M G,Picciau M,Pinna W.Ulcerogenic risk assessment of diets for pigs in relation to gastric lesion prevalence.Bmc Veterinary Research,2013,9(1):36.

Chae B J,Han I K,Kim J H,et al.Effects of feed processing and feeding methods on growth performance and carcas chacacteristics for growing-finishing pigs.Asian Austral J Anim,1997,10(2),164-169.

Deprez P,Deroose P,Hende C,et al.Liquid versus dry feeding in weaned piglets:the influence on small intestinal morphology.Journal of Veterinary Medicine,1987,34:254-259.

Duro V,Radmilo Ĉ,Slađana R,et al.Importance of feed structure(particle size)and feed form(mash vs.pellets)in pig nutrition-A review.Animal Feed Science and Technology,2017,233:133-144.

Fadel J G,Newman R K,Newman C W,et al.Effects of baking hulless barley on the digestibility of dietary components as measured at the ileum and in the feces in pigs.Pubmed,1989,119(5):722-726.

Fahrenholz A C.Evaluating factors affecting pellet durability and energy consumption in a pilot feed mill and comparing methods for evaluating pellet durability.USA:Kansas State University, 2012.

Friendship R M.Gastric ulcers diseases of swine.UK:Blackwell Professional Publishing,2006:891-900.

Giesemann M A,Lewis A J,Hancock J D,et al.Effect of particle size of corn and grain sorghum on growth and digestibility by growing pigs.J Anim Sci,1990,68(1):104.

Goodband R D,Tokach M D,Nelssen J L.The effects of diet particle size on animal performance.MF-2050 Feed Manufacturing,Kansas State University,Manhattan,2002.

Grosse Liesner G V,Taube V,Leonhard-Marek S,et al.Integrity of gastric mucosa in reared piglets-effects of physical form of diets(meal/pellets),pre-processing grinding(coarse/fine)and addition of lignocellulose(0/2.5%).J Anim Physiol An N,2009,93:373-380.

Healy B J.Hancock J D.Kennedy G A.et al.Optimum particle size of corn and hard and soft sorghum for nursery pigs.Journal of Animal Science,1994,72(9):2227.

Hurst D. Weekly digestbilities of diets supplemented with com oil, lard or tallow by weaning swine. Anim Sci,2001,66:1430-1437.

Jorgensen L,Dahl J,Jensen B B,et al.Effects of expanding,pelleting,and grinding on Salmonella typhimurium infection, growth performance and gastrointestinal ecosystem in slaughter pigs. The National Committee for Pig Breeding Health and Production,1999.

Joshi V K,Gupta,et al.Production and evaluation of fermented apple pomace in the feed of broilers.Journal of Food Science & Technology,2000,37(6):609-612.

Kamphues J, Brüning I, Papenbrock S, et al. Lower grinding intensity of cereals for dietetic effects in piglets.Livest Sci,2007,109:132-134.

Klausing H K.A closer look at feed structure.All About Feed,2011,2(4):18-19.

Liermann W,Berk A,Böschenb V,et al.Effects of particle size and ydrothermal treatment of feed on performance and stomach health in fattening pigs.Arch Anim Nutr,2015,69:455-472.

Liu H,Yu L,Xie F,et al.Gelatinization of cornstarch with different amylose amylopectin content.Carbohydrate Polymers,2006,65(3):357-363.

Lundblad K K,Issa S,Hancock J D,et al.Effects of steam conditioning at low and high temperature,expander conditioning and extruder processing prior to pelleting on growth37 performance and nutrient digestibility in nursery pigs and broiler chickens.Anim Feed Sci Technol,2011,169:208-217.

Ravindran M R V, Wester T J, et al. Influence of feed form and conditioning temperature on performance,apparent metabolisable energy and ileal digestibility of starch and nitrogen in broiler starters fed wheat-based diet.Animal Feed Science and Technology,2010,162(3-4):106-115.

Mavromichalis,Hancock J D,Sennb B W.Enzyme supplementation and particle size of wheat in diets for nursery and finishing pigs.Journal of Animal Science,2000,78(12):3086-3095.

Mikkelsen L L, Jensen B B. Effect of fermented liquid feed on the activity and composition of the microbiota in the gut of pigs.Nutrition Abstracts & Reviews,1998:919-924.

Mikkelsen L L，Patrick J N，Mette S H，et al.Effects of physical properties of feed on microbial ecology and survival of salmonella enterica serovar typhimurium in the pig gastrointestinal tract. Appl Environ Microb，2004，70(6)：3485-3492.

Morel P C H，Cottam Y H.Effects of particle size of barley on intestinal morphology，growth performance and nutrient digestibility in pigs.Asian Aust J Anim，2007，20(11)：1738-1745.

Moßeler A，Wintermann M F，Beyerbach M J，et al.Effects of grinding intensity and pelleting of the diet-fedeither dry or liquid-on intragastric milieu，gastric lesionsand performance of swine. Anim Feed Sci Technol，2014，194：113-120.

Mua J P，Jackson D S.Retrogradation and gel textural attributes of corn starch amylose and amylopectin fractions.Journal of Cereal Science，1998，27(2)：0-166.

Oryschak M A，Zijlstra R T.Effect of dietary particle size and nutrient supply on energy digestibility and nitrogen excretion in ileal cannulated grower pigs.Can J Anim Sci，2002，82：603-606.

Owsley W F，Knabe D A，Tanksley Jr T D.Effect of sorghum particle size on digestibility of nutrients at the terminal ileum and over the total digestive tract of growingfinishing pigs.J Anim Sci，1981，52：557.

O'Doherty J V，McGlynn S G，Murphy D.The effect of expander processing and pelleting on the nutritive value of feed for growing and finishing pigs.Journal of the Science of Food and Agriculture，2000，6：135-141.

Partridge G G，Fisher J，Gregory H，et al.Automated wet feeding of weaner pigs versus conventional dry diet feeding-effects on growth rate and feed consumption.Proceedings of the British Society of Animal Production，1992：136.

Pluske J R，Williams I H.The influence of feeder type and the method of group allocation at weaning on voluntary food intake and growth in piglets.Animal Science，1996，62(1)：115-120.

Regina D C，Eisemann J H，Lang J A，et al.Changes in gastric contents in pigs fed a finely ground and pelleted or coarsely ground meal diet.J Anim Sci，1999，77：2721-2729.

Rojas O J，Stein H H.Effects of reducing the particle size of corn grain on the concentration of digestible and metabolizable energy and on the digestibility of energy and nutrients in corn grain fed to growing pigs.Livest Sci，2015，181：187-193.

Russell P J，Geary T M，Brooks P H，et al.Performance，water use and effluent output of weaner pigs fed ad iibitumwith either dry pellets or liquid feed and the role of microbial activity in the liquid feed.Journal of the Science of Food and Agriculture，1996，72(1)：8-16.

Scholten R H J，Van d P C M C，Den H L A，et al.Fermented wheat in liquid diets：effects on gastrointestinal characteristics in weanling piglets.J Anim Sci，2002，80(5)：1179-1186.

Skoch E R，Biner S F，Deyoe C W，et al.Effects of pelleting conditions on performance of pigs fed a corn-soybean meal diet.J Anim Sci，1983，57：922-928.

Svihus B，Kløvstad K H，Perez V，et al.Physical and nutritional effects of pelleting of broiler chicken diets made from wheat ground to different coarsenesses by the use of roller mill and hammer mill.Anim Feed Sci Technol，2004，117：281-293.

Thomas S，Kanengoni A T，Chimonyo M.Impact of fermented liquid potato hash diets on growth performance of grower pigs.Journal of Agricultural Science，2018，10(6)：1-7.

Tovar J，Francisco A D，Bjrck I，et al.Relationship between microstructure and in vitro digestibility of starch in precooked leguminous seed flours.Food Structure，1991，10：19-26.

Tran T T H，Jan E L.Effect of cooking and fermentation of a pig diet on gut environment and digestibility in growing pigs.Livestock Science,2007,109(1-3):0-137.

Vukmirovic D, Fistes A, Levie J R, et al. Possibilities for preservation of coarse particles in pelleting process to improve feed quality characteristics.J Anim Physiol,2016,101(5):857-867

Wondra K J, Hancock J D, Behnke K C, et al. Effects of particle size and pelleting on growth performance, nutrient digestibility, and stomach morphology in finishing pigs. Journal of Animal Science, 1995,73(3):757-763.

Ziggers D.Correct particle size benefits animal performance.All About Feed,2009,13(5):8-11.